电力电子基础

Elements of Power Electronics

（原书第 2 版）

[美] 菲利普·T. 克莱恩（Philip T. Krein） 著

邓　成　谭平安　李帅虎　徐德鸿　译

机械工业出版社

随着电力电子技术的迅速发展,其技术已广泛应用于计算机、通信、工业加工和航天航空等领域。因此,从事电力电子技术学习和研究的高校师生以及从事电力电子技术研发的工程技术人员都迫切需要理论性、实用性强的学习资料,这便是我们向同行介绍本书的用意所在。

本书是目前行业公认的、最具权威的电力电子技术指导著作之一《电力电子基础》的再版,介绍了电力电子技术的诸多方面,为高校师生和工程技术人员在可再生能源与可替代能源领域的研究及应用提供了基础的文本资料,以此来帮助解决不常见且具有挑战性的问题。为了与实际应用相结合,本书不仅注重介绍该领域的热点和具有前景性的电路应用,而且将电路分析和设计结合在一起,通过应用案例加以分析,从而使读者更容易理解吸收。本书表达严谨、规范,材料全面、系统,因此是电力电子技术原理分析与实际电路设计结合得非常好的一本书。

需要说明的是,《电力电子基础》是由美国伊利诺伊大学电气与计算机工程系 Philip T. Krein 教授编写,共两个版本。本书是基于英文第 2 版的中译版,电路中的符号均采用第 2 版原版形式。

Copyright©2015 by Oxford University Press

Elements of Power Electronics was originally published in English in 2015. This translation is published by arrangement with Oxford University Press. China Machine Press is solely responsible for this translation from the original work and Oxford University Press shall have no liability for any errors, omissions or inaccuracies or ambiguities in such translation or for any losses caused by reliance thereon.

北京市版权局著作权合同登记 图字:01-2018-8101 号。

图书在版编目(CIP)数据

电力电子基础:原书第 2 版 /(美)菲利普・T. 克莱恩(Philip T.Krein)著;邓成等译.
—北京:机械工业出版社,2022.9
书名原文:Elements of Power Electronics
ISBN 978-7-111-70240-5

Ⅰ.①电… Ⅱ.①菲…②邓… Ⅲ.①电力电子技术 Ⅳ.① TM1

中国版本图书馆 CIP 数据核字(2022)第 035073 号

机械工业出版社(北京市百万庄大街 22 号 邮政编码 100037)
策划编辑:于苏华　　　　　责任编辑:张振霞
责任校对:郑　婕　王明欣　封面设计:马精明
责任印制:李　昂
北京捷迅佳彩印刷有限公司印刷
2022 年 9 月第 1 版第 1 次印刷
184mm×260mm · 31 印张 · 787 千字
标准书号:ISBN 978-7-111-70240-5
定价:158.00 元

电话服务　　　　　　　网络服务
客服电话:010-88361066　机 工 官 网:www.cmpbook.com
　　　　　010-88379833　机 工 官 博:weibo.com/cmp1952
　　　　　010-68326294　金 书 网:www.golden-book.com
封底无防伪标均为盗版　机工教育服务网:www.cmpedu.com

译者序

原书作者 Philip T. Krein 为美国工程院院士和 IEEE 会士，国际知名的电力电子技术专家，长期在美国伊利诺伊大学香槟分校讲授电力电子技术课程，积累了丰富的经验。原书介绍了电力电子技术中常用元件、电力电子电路和系统原理以及电力电子技术应用，涵盖了电力电子技术、材料和器件的最新进展。

本书分为四部分。第 I 部分基本原理介绍了开关电源变换的应用和方式。第 II 部分变换器及其应用介绍了常见的能量变换电路及其运行原理。第 III 部分实际电力电子元件及其特性介绍了实际元件在能量传递过程中的作用，涵盖了实际电源和负载、电容、电感、功率半导体和接口电路等。第 IV 部分控制方面介绍了有关电力电子系统控制技术方面的内容。

本书具有以下特点：

1）系统回顾了电力电子技术的发展历史，晶闸管的诞生推动了交流与直流能量变换的应用，各种新的能量变换需求又催生了 IGBT、MOSFET 等新器件的出现，进一步出现了许多新的应用。

2）从电路、电磁学、电子技术、控制理论等基础原理出发进行了系统的讲解和推导，通俗易懂。作者擅长从物理概念出发，对主要概念进行说明。本书将原理分析与实际电路设计相结合，通过大量的例子来说明原理和方法。

3）介绍了新兴宽禁带半导体器件 SiC 和 GaN、电池、燃料电池和太阳能电池等内容，另外还包含了电力电子变换电路控制的章节，这在目前国内教材中是不多见的。

本书适合作为电气工程高年级本科生、研究生或从事电力电子产品研发的工程技术人员的参考书。

本书的翻译工作由邵阳学院邓成、湘潭大学谭平安、长沙理工大学李帅虎、浙江大学徐德鸿等共同完成。浙江大学李楚杉和邵帅对部分章节进行了校对，翻译过程中得到了雍马思倩、余云、周游、李双、姜博和张石磊等大力支持，深表感谢。

由于译者水平有限，时间仓促，译文的不足和错漏之处在所难免，希望读者予以批评指正。

译　者

前　言

通过为计算机系统、便携式数字产品、固态照明、交通电气化、电机控制、可再生和替代能源、电池管理、家用电器、节能建筑和其他众多应用提供必要的能源支持，电力电子技术有力地推动了21世纪的能源革命。如今，与电力电子装置集成在一起的电机已司空见惯。利用电力电子装置能够实现风能和太阳能与电网之间的互连。采用电动或混合动力的汽车和卡车不但可以减少尾气排放，同时还能提高燃油经济性。在全球电力市场，数据中心和云计算的能耗所占据的份额正日益增加。高性能集成电路也通过电力电子技术将数字电子技术和模拟电子技术进行深度融合。电力电子技术已然成为电气工程和计算机工程专业学生的一项重要研究课题。

第2版的《电力电子基础》介绍了电力电子技术各个方面的内容。期望本书能为正在研究这一领域的工程师们提供必要的理论基础，并能帮助其解决不常见或具有挑战性的问题。本书提供了一个能导出各自转换类型的基本框架，并介绍了各种电路是如何从这个基本框架演化出来的。本书给出了制造实际设备和元件的必要材料，还阐述了磁性元件设计和无源元件应用等关键问题，这些问题对于工程设计师而言至关重要。现有的功率半导体和其他功率器件几乎可以解决任何应用的挑战。为解决各种电力电子问题，富有创造力的电路设计工程师能够找到许多实用的解决方案。如果能以新的方法来评估新的或重要的应用，则对于电力电子装置系统层面的理解会非常有价值。相比现有的技术方案，若要实现更为有效、更加可靠、更具成本效益和功能性的解决方案，仍然还有很多工作要做。

为什么要学习电力电子？首先，是它很有趣。隐藏在照明、移动、交通运输、信息管理、电池使用、通信、做饭或数据存储等应用背后的是电力电子及其系统所提供的基本能源模块，这些正在深刻地改变世界。其次，由于电力电子技术涉及的领域非常广泛，为寻求对其新的深刻理解，需要充分运用学生所学电气工程专业知识。显然，电路、半导体器件、数字和模拟设计、电磁学、电力系统、电机学和控制等方面的原理性知识对电力电子工程师的帮助很大。最后，对于抽象概念的实现，电力电子技术无疑带来了生机、活力和广度。对于电力电子工程师而言，基尔霍夫定律既是指导设计的灯塔，也是捕捉粗心大意的陷阱。由于功率变换存在广泛的需求，电力电子工程师涉及的功率范围广泛（如从微瓦到兆瓦），涉及的应用领域众多。

第2版新增内容

根据学生和读者的反馈意见，本书第2版进行了大量的修订。本书的组织结构与目前正使用的教学次序相匹配。在广泛介绍各种能源转换方式的基础上，第1章中增加了许多关于功率变换的实例。本书将变换器的概念和其他基础信息与电路分析和设计结合在一起，以便与实际应用相联系。本书还增加了更多关于功率滤波器及其设计的案例。本书将高压侧开关等的实现问题放入了变换器设计中，电路运行的各个方面，如断续模式，被涵盖到变换器的分析和设计当中。

为可再生能源和可替代能源提供基础的文本资料是本书新增内容的一个目标。许多电力电子工程师之所以从事这一领域，是因为该领域能够提供对能源系统、能源基础设施和全球生活水平进行深刻变革的工具。几乎每一章都新增了用来进行实际应用探讨和强调新能源发展的设计示例。对于可替代能源、固态照明和电力运输这三个典型应用领域，本书以实例或习题的形式加以呈现。

本书着重介绍了目前日益增长的各种电路应用，例如，即使在小功率电源中，有源整流器也正在迅速取代无源和经典整流器。关于脉冲宽度调制的讨论也已经扩展到空间矢量调制。电源和负载的章节新增了关于电池、燃料电池和太阳能电池等作为电源的特性介绍。功率半导体器件部分重点介绍了作为能量变换主流器件的功率 MOSFET 和 IGBT。本书还介绍了新兴的宽禁带半导体，特别是 SiC 和 GaN。关于控制部分的章节，通过增加更多的示例进行了重新编排。本书结尾还介绍了诸如 ac-ac 变换器、谐振电路和几何法控制等前沿问题。通过重点介绍功率变换电路并新增更多的应用实例，修订后的版本较前版更为简洁。

本书的每章末尾都对参考书目和习题集进行了扩充。每章习题集中的进阶问题都用图标清晰地标注出来，以鼓励读者挑战难题。这些问题以设计为主，希望读者们在阅读过程中充分发挥自己对电力电子的判断。设计问题存在多种解决方案，并不唯一。

组织架构与补充说明

本书分为四部分。第 I 部分由两章组成，介绍了开关电源变换的应用和方式。第 II 部分由 3 章组成，介绍了常见的能量变换电路及其运行原理。第 III 部分由 5 章组成，介绍了实际元件及其在能量传递过程中的作用，内容涵盖了实际电源和负载、电容、电感、功率半导体和接口电路的各种建模与评估方法。第 IV 部分由两章组成，介绍了有关电力电子控制技术方面的内容。

本科阶段的电力电子课程可能已经覆盖了本书第 1~8 章的内容，或许对第 9~10 章的内容也有所涉及。配套的实验课程涵盖了其他的一些应用实例。研究生阶段的课程则涵盖第 9~12 章的内容。电路、电子学和电磁学课程被视为已经学习过，本书不再赘述。对已学习过的电机学、模拟和数字滤波器设计、电力系统等课程内容，本书也不做过多阐述，但在有关现代电力和能源问题的广阔背景下，上述课程具有一定的价值，但并非很重要。

有几位读者曾问过关于实验的问题。网站 (www.oup.com/us/krein) 上可以免费获取实验手册电子版，内容包含详尽全面的实验过程。我们的实验室所使用的设备是通过伊利诺伊大学的开源项目 Blue Box 设计并制造的。根据开源许可协议，所有的电路设计、图样、制造细节和文档都是对公众开放的，但是对于演示 PPT 和其他课程资料的获取，则需要获得牛津大学出版社的许可。

电力电子电路的仿真存在一定的难度，许多读者都问及仿真工具及其方法。本书中的许多电力电子电路仿真是通过 Mathcad® 或利用 Mathematica® 的直接方程完成的。除此之外，还有一些行业内广受好评的仿真工具，包括 PSIM® (www.poweresim.com) 以及免费软件 PowereSIM (www.poweresim.com)。然而，许多仿真者使用的是 PSpice®，这款仿真工具需要特殊的使用技巧，尤其是在分析变换器闭环控制时。专业级仿真工具包括 Transim® (www.transim.com) 以及 MATLAB® 和 Simulink® (www.mathworks.com) 中专用的电力电子工具箱。一些仿真示例可以从网站中获取。鉴于电力电子仿真工具发展迅速，本书并未对具体的仿真工具做重点介绍。

致谢

非常感谢诸多学生对本书第 1 版的内容及其使用所提供的各种反馈。本科生和研究生的教学和实验课程对本书第 2 版的修订工作起到了指导性作用。本书许多新增章节的内容受到学生们所提挑战性问题的启发，他们对于能源变革的热情是促成本书修订成功的主要动力。

在完成本书第 2 版的过程中，外部审稿人也提供了许多宝贵意见。在此，衷心感谢大家的鼓励与批评。此版本的修订也归功于以下审稿人。

Osama Abdel-Rahman，中佛罗里达大学

Robert Balog，得克萨斯 A&M 大学

Radian Belu，德雷塞尔大学

Simon Foo，佛罗里达州立大学

Rob Frohne，瓦拉瓦拉大学

Shih-Min Hsu，阿拉巴马大学伯明翰分校

Roger King，托莱多大学

Brad Lehman，东北大学

Maciej Noras，北卡大学夏洛特分校

Martin Ordonez，不列颠哥伦比亚大学

William L. Schultz，凯斯西储大学

Wajiha Shireen，休斯顿大学

Russ Tatro，萨加缅度加州州立大学

Hamid A. Toliyat，得克萨斯 A&M 大学

Zia Yamayee，波特兰大学

Zhaoxian Zhou，南密西西比大学

信用与注意事项

本书中的多数电力变换电路及其控制技术存在有效专利的保护。本书作者不能保证书中所述的特定电路或方法可用于一般用途，尤其是第 8 章中关于谐振变换提到的技术资料。

本质上，电力电子技术是一门为实现实验室研究的优秀学科。然而，在大家所熟悉的领域之外，电力电子技术还存在很多意想不到的危险，读者在实验操作时应当采取适当的安全事故预防措施。

Mathcad 属于 Mathsoft 股份有限公司的注册商标。Mathematica 属于 Wolfram Research 股份有限公司的注册商标。pspice 属于 MicroSim 公司的注册商标。Matlab 属于 MathWorks 股份有限公司的注册商标。Xantrex、Lambda、Kyosan、Magnetek、Semikron、Vicor、Tektronix 和 Motorola 属于其各自公司的注册商标。

目　录

第 Ⅳ 部分 控制方面

第 I 部分 基本原理

第 1 章 电力电子与能源革命

1.1 电气工程的能源基础知识

自 19 世纪以后，由于便于转换、传输和使用，电能成为主流的能源方式。不断增长的电能生产与消费成为经济发展和幸福的重要标志。电能的强大性、便利性和灵活性造就了电网成为全球最大的行业之一。按照电能的形式，一座城市的电能供应只需几根不要太粗的导线进行传输。电能控制的便利性使其需求范围涵盖了从纳米医疗植入到移动电话，再到钢铁加工和国家轨道交通系统。

其他能源形式有哪些呢？水力已经驱动工业发展数百年。目前，与改道一条河流将其能量传送给一个城市的数百工厂和商业相比，将水力转换成电能则更便宜、也更便捷，如图 1.1 所示。由于电能的灵活性和强大性，加拿大、巴西、埃及、中国等国的水电资源已为广大地区提供了电能。天然气作为另一种能源，其可以通过管道被传输到数千公里之外以供交通运输和暖气使用。但由于其转换效率低而难以满足更多的需求。热能也是极为常见的能源之一，为了满足许多大城市的冬天供暖需求，低压蒸汽从发电厂配送到各个建筑物中。但是由于温度不太高和卡诺循环的限制，使其难以被用于其他目

a) 尼亚加拉瀑布，加拿大

b) 马林邦杜水力发电站，巴西电力公司

图 1.1 富蕴能量的尼亚加拉瀑布能轻而易举地将水力转换成电能并传送给遥远的用户

的。即使一个大规模的汽轮发电厂，其转换效率仍低于 40%。电能能规避卡诺循环的限制：一个 1V 电池与 50,000℃热源的能量密度相当。电动机最高能实现超 98% 的转换效率。

电能便于产生、分配、控制、转换与使用，因此用作"能量货币"。电能的应用形式很广泛，表 1.1 对比了一些应用领域及其主要特性。可见，电能可应用于直流电池或交流插座、单

相或三相电路、5V 或 1V 逻辑电平、±12V 电平、15kV 小区配电线路、百万伏输电系统等，并具有不同的频率。每一应用领域与一特定形式的电源相匹配。图 1.2 给出了某些需要或已经包括了电能转换装置的实例。即便如此，人类并非直接使用电能，而是获得了由电能产生的热、光、信息、通信和机械能等不同的终端能源。

表 1.1　电能类型的例子

目的	典型的电能形式	期望的"理想形式"
大功率发电	三相交流，50～60Hz、10～30kV	多相交流
笨重的能量传输	三相交流，765kV 及以上	直流，500kV 及以上
室内布线	单相交流，120V（北美地区）、230V（欧洲、亚洲）	低压直流
电动机	单相交流、三相交流	变频控制的多相交流
数字电路	不高于 +3.3V 的直流	低压直流（0.5V，后续将讨论）
模拟电路	+12V、±12V 或更低电平	双极性直流
荧光照明	约 230V 的单相交流	高频交流
固态照明	受控直流电流	受控直流电流
储能电池应用	取决于负载	受控直流电流
应用于医用和工业的磁元件	取决于使用的电源	大电流直流
光伏能源	固定直流负载或大型逆变器	匹配峰值功率传输
移动电源系统	+12V 直流（汽车）、+28V 直流（飞机）、400Hz 交流（飞机、船舶）、变频交流（飞机）	300V 及以上等级直流
电力运输	700V 直流或其他直流电压等级	中压直流
电话或其他通信系统	48V 或其他直流电压等级	低压直流
地下电力电缆	多相交流	双极性直流
便携式设备	1.5～20V 电池级别	使用多电压电平，尽可能高效率以供数字、模拟、射频和显示等电子设备使用

　　虽然电能具有很好的基本特性，但仍存在诸多限制。电能工作速度之快以至于故障发生时其传播范围之广远，使得工程师们不能及时做出反应。不同的电能形式存在巨大差别。例如，它的最大特点是方便运输，但对大部分应用来说并非最好。由于电能难以存储，根本上属于"实时"能源，电能的产生和消耗在毫秒时间级别上必须匹配。采用电容（电池存储化学能）可以直接存储电能，但是体积笨重。下面的例子说明了典型电容器在电能存储能力方面的诸多限制。

　　例 1.1.1　图 1.3 所示 2700μF 电容跨接在 375V 直流电源上，该电容能存储多少能量？给一

图 1.2　电能的不同应用领域
（每一种分别需要不同的电能形式）

个 20W 电灯供电的时间为多久？

　　2700μF 电容在 375V 电源电路中能存储（1/2）CV^2，即 190J 的能量。20W 电灯每秒消耗 20J 能量。存储在该电容中的能量可以维持电灯点亮的时间为（190J）/（20J/s）= 9.5s。提高电压或电容值只能增加数秒的维持时间。采用电容来提供更长的电灯点亮时间具有相当的挑战性。1L 汽油在典型发动机中燃烧能产生 10MJ 的能量，远大于相近体积的电容或电池。

图 1.3　电容器是仅有的直接存储电能的元件（图中所示电容，在电压 375V 时额定电容为 2700μF，能给一个 20W 电灯供少于 10s 的电）

　　在此例中，需要注意能量与功率的区别，能量表征做功，功率表示单位时间做功或单位时间输出的能量。虽然人们在讨论电网时经常交替使用"功率"和"能量"，但表征能量流动强度的瓦特（W）不应与表征做功效果的焦耳（J）混淆。它们在电气工程设计中具有迥异的作用。

1.2　电力电子学是什么？

　　多数电气工程师从事于信息、控制和通信行业，或者建造并运营电网。那么能量转换和控制归属什么？这属于电力电子学的范畴，它的目的是运用电子技术实现能量处理。电力电子学的具体定义如下。

> **定义**：电力电子学是关于研究电子电路以实现对电能流动的控制及应用的学科。相比所使用单个器件的额定值，该电路能处理大得多的功率。

　　正如图 1.4 所示，实际上电力电子学与模拟电子学、数字电子学和射频电子学是平行学科。其显著差别在于研究范围的广度，由图 1.5 可见，电力电子学领域结合了能源系统、电子学、控制学以及许多专业学科。

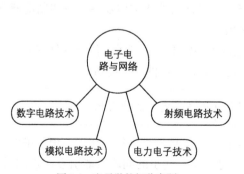

图 1.4　电子学的细分专题

图 1.5　控制、能源与电力电子学的关系（改编自参考文献 [1]）

　　电力电子学科的广度和多样性引起了许多跨领域人才和本专业工程师的兴趣，这正是由于不同电气工程议题之间的广泛联系。由于功率变换器为大信号非线性网路，电力电子学所面临的挑战是独一无二的。电路拓扑和许多元器件已不能借助常规工具和方法进行分析。这也为新的思维方法和创新提供了更多机遇。举例如下：

例 1.2.1 音频放大器作为一个电子电路，通常要处理相当大的能量。在北美，典型的立体声收音机通过使用 60Hz 交流电，检测低功率 FM 电磁信号，发出大功率音频输出。这属于电力电子学的范畴么？

也许是。然而，许多放大电路并不能处理相对大的能量。传统的 AB 类放大器就不属于电力电子。功率为 100W 的该类放大器需要使用足够大的晶体管和散热器耗散 100W 以上的功率。晶体管用于对音频信号进行重构而非控制和转换能量，其转换效率通常低于 50%。开关 D 类放大器[2] 则是电力电子电路，被用于便携式通信产品、汽车电子、电话和许多家用影院系统。100W 的 D 类音频放大器按照转换能量的目的进行设计，只需使用仅能耗散 20W 的晶体管，并能实现 80% 转换效率，处理功率与功率损耗之比达到 4:1 或者更高。

例 1.2.2 如图 1.6 所示，半波整流器由 1 个标准 1N4004 二极管和 1 个电容构成。该二极管的额定反向峰值电压为 400V，额定平均正向电流为 1A，额定功率耗散为 1W。该电路的输入为 60Hz、有效值为 120V 的交流电，输出为 170V 直流，最大电流为 1A。试问该电路为电力电子电路吗？

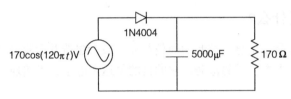

图 1.6　例 1.2.2 的半波整流电路

是的。二极管的额定损耗虽然只有 1W，但能控制电路输出 170V 电压和 1A 电流（其乘积为 170W）。该电路所控制的功率是其器件损耗功率的 170 倍。整流器是电力电子电路的典型例子。

例 1.2.3 FDP36N40 是一种金属氧化物半导体场效应晶体管（MOSFET）。根据厂商数据手册，其最大连续漏极电流额定值为 26A，最大漏源击穿电压为 400V，额定功率损耗为 265W。在电力电子应用中，该器件被用于控制高达 26A×400V = 10.4kW 的功率。该晶体管的额定损耗功率仅有 265W，但它能控制 10kW 电路。基于该器件或类似器件，一些制造商开发了电力电子控制器以供冰箱、空调甚至电动汽车使用。

电力电子设计人员主要关注开关器件的额定电压和额定电流。开关器件能够处理的额定功率是制定设计需求的重要因素，它不同于（而且远高于）开关器件的损耗功率。

> **定义**：给定开关器件的处理功率额定值为额定电压与额定电流的乘积。

处理功率额定值需设定一个目标，然后通过某种方法使用器件来控制接近该值水平的功率流。使用开关器件接近其处理功率额定值的一个不足在于一些小的问题可能引发严重的后果。工程师们发现，虽然功率半导体的开关速度快，但是价格昂贵而且容易引发损耗。

1.3 电能转换的需求

在 19 世纪 80、90 年代电网发展的初期，存在由爱迪生倡导的直流配电与由怀特豪斯和特斯拉倡导的交流配电[3] 之间的争论。由于交流电网的优点导致了三相交流电力系统处于主导地位，虽然大多数人宣称怀特豪斯和特斯拉"赢"了，但是对于电力电子工程师来说，结果是比较微妙的。这是由于电网系统刚刚建立，总是需要 ac-dc 和 dc-ac 的转换。

需要指出的是，最初爱迪生电力系统失败的原因在于缺乏好的方法实现 dc-dc 的转换。即便如此，随着科学技术飞速发展，爱迪生电力系统也并未真正消失。在世界很多地方，存在两套独立的电力系统，一个是大家熟悉的使用特斯拉技术的交流系统，主要满足工业和住宅消费者的能量需求；另一个是直流系统，主要服务于电话和通信基础设施。

许多现代的应用场合并不能完美匹配特斯拉或爱迪生的电力系统，这就使得电力电子技术无处不在。个人电脑消耗的功率由约 1V、3V、5V、12V 等三四个甚至更多的直流电压等级来提供，而不是由爱迪生系统的 ±150V 直流电压提供。在电动汽车、工业机器人、工业生产线、磁盘驱动器甚至现代洗衣机中所使用的电机也不能由特斯拉所设想的固定电压、固定频率的交流电力系统来直接运行。最终的结果是在电能的产生、传输、分配、终端使用的各个阶段，最佳的电能形式千差万别。电力电子工程师的职责是实现不同电能形式之间的能量交换——为曾经被视为互斥的两个电能领域搭建桥梁。

表 1.1 推荐了长期理想的电能形式。例如，基于特斯拉的发明，三相交流可能是电能的最好发电方式。对大规模长距离输电来说，高压直流输电（HVDC）已被证明是最好的方式。在学校、工厂或家庭等场合，采用哪种方式更具优势并不明显。直流系统比较安全、高效，而交流系统更易于保护。目前讨论的热点是在家庭和建筑物内直流电是否应被更广泛的使用。

在电能的终端使用上，需求差别巨大。如计算机、平板电视这样的电气设备需要低压直流电。虽然荧光灯可以在电压合适的工频电网下直接运行，但可控的高频交流电可以满足它的非线性特性，以提升节能性。微波炉和取暖器的灵活性较大，较高的电压对其运行更有益。在家用电器、采暖通风、空调系统以及机器人中所使用的电机通常需要使用将交流电转回直流电的电力电子逆变器。电能的需求多种多样，一个专家可能今天从事智能手机内部复杂的功率分配，明天从事电动汽车的数千瓦电池充电和管理，后天又从事风力发电。因此，电力电子工程师要面临功率从微瓦级到兆瓦级、电压从数百毫伏电压电子装置到数百千伏电网需求的挑战。

1.4　历史

1.4.1　整流器和二极管

自从电网建立开始，就出现了直流与交流之间能量转换的需求。作为一种交流转换直流的常用方式，**整流器**最开始是用于交流电动机驱动直流发电机。整流二极管是一种基于电流极性实现电流不对称导通并将交流转换为直流的开关器件。19 世纪就已经对二极管整流电路的基本形式进行了讨论，有趣的是整流二极管是 19 世纪 80 年代才发明的 [4]。固态电子学的时代远早于现代半导体时代。起初，基于硒、氧化铜和其他非线性材料的固态电子学，与 20 世纪 50 年代的半导体二极管具有同等的重要性。约 1901 年，真空二极管开启了电子管时代。如今，硅二极管具备了阻断 6kV 以上电压和承载数千安培电流的能力 [6]。采用 SiC[7]、GaN[8] 和其他材料 [9] 的肖特基二极管甚至能达到更高的额定容量。

作为二端元件的整流二极管不能被控制，而是根据电路条件进行运行。从一开始，能对电压和电流进行调整的可控整流器在冶炼、焊接、发动机、电化学过程和电池充电器等方面已经变得相当重要。1902 年，Hewitt 发明了由少数汞材料和辅助控制网络组成的真空管 [5,10]。1905 年，

C. P. Steinmetz 的一篇论文中从本质上指出了可控整流器的整套控制方法及其波形[11]，并提供了更直接的整流器控制方法。直到 20 世纪 60 年代，汞弧管已经是工业生产中可控整流器的支柱，其后它们又占据了高压直流传输线的传输领域。

有人将 1957 年晶闸管整流器（SCR）的发明与电力电子学的诞生联系在一起[12,13]。图 1.7 所示的符号为某三端开关器件，仅当第三端口**门极**被施加脉冲时，其能像二极管一样进行运行，这种固态器件实现了汞弧管的基本功能。作为**晶闸管**家族中最基本的器件，SCR 仍然是工业整流器最常用的选择。当电路不需要进行控制时，可以使用半导体二极管。单个的现代 SCR 或二极管器件就可以处理高达 10MW 的额定功率，而其串并联组合则可以胜任高压直流传输线的传输级别。如图 1.8 所示为位于美国太平洋海岸上，一条用于连接俄勒冈州与南加利福尼亚州之间的高压直流传输线，其具有 ±500kV 的额定电压和 3100MW 的额定功率。巴西建造的一条从伊泰普发电厂连接到圣保罗的 HVDC 传输线，则能实现 ±600kV 和 6300MW 额定功率。甚至已开始讨论将撒哈拉沙漠的光能横跨大陆传输到欧洲城市的更大容量的传输系统。

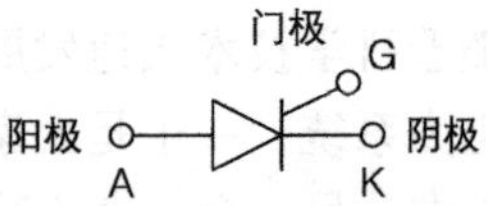

作为较新研究的成果，有源整流器是从本质上不同于二极管或 SCR 桥式电路的交流转直流电路。有源整流器能够实现交流源与直流负载之间动态地能量控制，并通过快速调整来跟踪交流侧所期望的正弦电流。有源整流器在小型直流电源和电动汽车充电器领域中得到了应用，并逐步向工业电机控制领域推广。

图 1.7　晶闸管整流器的电路符号

图 1.8　美国太平洋海岸上一台用于连接俄勒冈州与南加利福尼亚州之间的国际高压线整流和逆变装置（由洛杉矶水利电力部提供。摄影者：Peter S. Garra）

1.4.2　逆变器和功率晶闸管

逆变器通常被用于直流到交流的转换。自一开始，虽然逆变器的作用就如整流器同等重要，但由于无法用二极管实现该功能，从而使逆变器面临更多的挑战。通过使用辅助电路，汞弧管和 SCR 器件能支持逆变器的运行。早在 20 世纪 20 年代，少数工程师就研发了该技术[14,15]，但是直到 SCR 器件的引入，实用的辅助电路才正式出现。该领域早期的先驱者如 McMurray[16] 和 Hoft[17]，就因他们基于 SCR 的逆变器设计而声名显赫。1964 年，通用汽车公司展示了将这些逆变器用于交流电机驱动的电动汽车[18]。

虽然逆变器可通过 SCR 器件构建，但功率晶体管能提供更多的灵活性和控制能力。在 20 世纪 70 年代，功率双极结晶体管（BJT）被用于逆变器，并实现高达数十千瓦的功率等级。受到航天电源系统和工业电机控制的需求激励，20 世纪 70、80 年代逆变器得到了广泛发展并产生了许多成熟的电路设计。然而功率 BJT 存在较低的增益，很快发现它无法支持更高功率等级的应用。虽然实际中多采用 250kW 的器件，但其最大功率器件能达到 1MW 的功率容量。20 世纪 70 年代末期引入功率 MOSFET，它是一种便于使用的压控型器件。功率 MOSFET 很快便替代了功率小于 1kW 的应用场合使用的 BJT。目前，对太阳能逆变器和整个高性能应用场合所使用的逆变器来说，MOSFET 已经变得相当重要。射频发射机、音频放大器和小型电机控制中使用的逆变器也通常采用 MOSFET 器件。典型的单个器件能处理高达 10kW 的功率，封装有多个裸芯片的器件将进一步提升其功率容量。

绝缘栅双极晶体管（IGBT）是一种独特的电力电子器件。该器件在 20 世纪 80 年代末期实现商业化，并将压控器件的优势应用到了功率 BJT 器件上。IGBT 主要用于构建中等功率（约500kW）逆变器，这也是混合和纯电电动汽车重获成功的原因。IGBT 的额定值已经超过 4kV和 2000A，处理功率额定值也超 200kW。图 1.9 所示为一台典型电机控制器。对大多数电机控制应用来说，IGBT 已变成基本选项。

图 1.9　额定功率为 100kW 的工业电机控制器

对于大于 1MW 的超高功率等级，IGBT 和 SCR 并非最佳选择。这属于门极关断 SCR（GTO）器件所能处理的范围，能够提供类似晶体管控制能力，并具有很高的额定值。虽然 GTO 不如IGBT 便于使用，但它的大容量特点更适用于风力发电和电力牵引。目前，一种叫作门极换流晶闸管（GCT）的升级型器件被制作成全集成门极换流晶闸管（IGCT）模块。将大功率 GCT或 GTO 器件以及大量门极控制电路安装在一块印制电路板上就构成了 IGCT。这些集成器件有效地帮助了电力电子支撑额定功率达数兆瓦的电机驱动和变流器的运行。

1.4.3　电机驱动应用

电机控制和电机驱动有时被认为是与电力电子相关的独立应用领域。在典型的商业化交流电机控制器中，交流功率输入被整流成直流电压。该直流电压通常使用 IGBT 器件向逆变器供电。自从 19 世纪 80 年代末期特斯拉提出了多相感应电动机[19]，交流电机控制已经成为一个重要的研究课题。由于直流电机具有通过调节输入直流电压高低来改变转速以及通过控制主绕组电流来控制输出转矩等优点，在早期的电机控制领域中直流电机更为常见。但直流电机也存在成本高和可靠性低的缺点：实际的直流电机需要经常维护电刷和机械换向器。相比直流电机，交流电机，特别是感应电机，天生就能以更低的成本去制造和维护，并具有更好的功率 - 质量比以及提供更高的转速。交流电机的活动部件少，在遵循交流电机额定值运行的情况下仅需保养轴承。然而，交流电机的转速正比于输入频率，其转矩可通过改变装置内的磁场强度等级来调节。

提供可变的磁场和输入频率所带来的挑战使交流电机变得难以控制。在 20 世纪 80 年代以前，由于使用电力电子装置所带来的额外成本高于直流电机不足所产生的费用，因此当需要对电机转速和转矩进行调节时优先使用直流系统。在某些应用中，当交流电机的高可靠性变得非常重要时，可通过旋转机械为这些应用实现调频。

使用功率 MOSFET 或 IGBT 构建的逆变器能够满足交流电机控制的实际需求。在 20 世纪 90 年代中期，这类电子传动成本的急剧下降使电力电子电路与交流电机集成后的费用低于同等功能的直流电机系统。先进的交流电机控制装备几乎可以解决任何自动化应用问题。之后出现了高性能的稀土永磁材料（PM），现代永磁电机能实现高性能和高效率，但必须使用逆变器才能运行。由 MOSFET 器件支撑的永磁电机在小型机器人执行机构和其他如磁盘驱动器和 DVD 播放器的装置中得到应用。有时为了强调控制能力，逆变器与永磁交流电机的集成装置被称为"无刷直流电机"。电气传动可以用在如图 1.10 所示喷气式飞机的机翼操控、动力转向系统的运行、轻轨通勤列车的安静行驶以及赛车加速。

图 1.10 波音 787——高度电气化飞机

1.4.4 电源与 dc-dc 转换

对于像电脑、便携式通信设备、电视机、家用电器、家庭影院等电气设备来说，电源已经成为其基本配置。图 1.11 展示了作为系统组成部分的典型电源。早期使用的真空电子管的电源通过整流器和滤波电路实现了光滑的直流输出。公元 2000 年之前，许多电源都需要在交流输入端额外增加一个变压器来获得合适的电压等级。自从引入了单片集成**串联调整电路**[20]，20 世纪 70 年代以后的常规电源已趋于成熟。串联调整器是一种可以将带有噪声的整流信号转换成固定功率输出的功率放大器。变压器、整流器和调整器的组合被称作**线性电源**，其电路输出借助线性放大器而保持电压固定（系统整体上来说仍是非线性）。今天，这些电路已经被更全面的电力电子装置取代了。

20 世纪 60 年代末期，直流电源在航天航空领域中的使用推动了 dc-dc 转换电路的发展。基本的电力电子电路年代更早，是由早期的整流器应用发展而来。功率半导体器件的使用让这些电路成本更低也更稳定。在典型的电路拓扑中，墙上电源插座输出的交流电不需要使用变压器，而是进行直接整流，所产生的高压直流通过 dc-dc 电路转换成应用场合所需要的 12V、5V、1V 或其他等级的电压。这些**开关电源**已得到了广泛应用。

图 1.11 典型的计算机供电电源和双固定输出开关电源

个人电脑通常需要电源提供 1V、3.3V、5V、12V、−12V、24V 和其他等级的电压。视频显示器、以太网供电和其他外围设备还需配置其他类型的电源。只有开关电源能以较低的成本满足如此复杂的需求。对个人电脑、手持式通信设备、计算器、笔记本电脑、平板电脑、平板电视等许多小功率电气设备来说，体积庞大笨重的线性电源已不合时宜。

图 1.12 匹配功率为 5W 的开关电源的交流插头

开关电源通常使用功率 MOSFET 器件。其高可靠性、低成本和小型化的发展趋势已经可以做到卖出的 12V 电源寿命能持续 100 万小时（超 100 年）、在小于 10cm³ 尺寸内提供 100W 的输出且价格低于 0.1$/W。额定功率只有几瓦的电源可直接接入如图 1.12 所示的交流插头中。

除了辅助从交流电网取能的电源外，dc-dc 变换器也为许多功率转换提供重要的构造单元。在电信系统和太空计划中，如何实现完全不同的直流电压或电流等级之间的能量交换变得相当重要。dc-dc 转换技术曾是 20 世纪 60 年代美国太空计划中最重要的议题之一。

1886 年，由 Stanley 和 Westinghouse 研制的磁变压器方便了不同交流电压等级之间的能量交换[21]。为便于运输，由发电机产生的数千伏电能被抬升至数百千伏，然后为实现配电，再降回数千伏，最终以约 240V 或更低的电压等级送给用户。对于 dc-dc 转换，"变压器"其实并不直接传送能量，磁变压器需要转递交变信号。目前，多数高功率 dc-dc 变换器实际上是通过嵌入小型高频变压器来改变电压等级的 dc-ac-dc 变换器。变压器的尺寸反比于其运行频率，运行频率为 50kHz 的 dc-dc 变换器的体积只有同等功率运行频率为 50Hz 变压器的千分之一。

也可通过将开关器件与电感互连而不是使用变压器来实现 dc-dc 转换。1.6 节将给出部分实例。20 世纪 40 年代著名的基本变换电路就是使用真空管构建的；60 年代功率 BJT 器件的使用使该电路更为简便。阿波罗登月飞船通过集成 28V 直流和 400Hz 交流来实现对其子系统的管理，但它仍然需要为电子系统配备 dc-dc 变换器[22]。国际空间站是一个使用了多种 dc-dc 变换器和其他电力电子装置的高度复杂的直流功率系统[23]。

20 世纪 80 ~ 90 年代，功率 MOSFET 器件的成熟极大地推动了变换器的发展。在 90 年代早期，标准化的 dc-dc 变换器以"功率砖块"的形式被广泛应用于通信电源领域，作为标准单元，在蜂窝电话发射台、数据中心和许多高性能场合使用。进入 21 世纪，dc-dc 变换器与电源的差别逐渐模糊，封装了整流桥的 dc-dc 变换器取代了各种老式的整流电源。目前，图 1.12 所示的集成了 USB 的插头所对应的微型电源是根据 dc-dc 转换电路设计而成的。目前，由于 dc-dc 变换器成本的下降，"直流变压器"获得了广泛应用。dc-dc 变换器为现代依赖电池供电的设备提供了必要的支撑。

先进的计算机和大型数据中心使用了非常复杂的 dc-dc 变换器。原本仅在卫星中使用的完善的直流功率分配架构，现在已用于服务器和工作站。以直流为基础的数据中心采用高达数百或数千伏的直流分配电压，然后将其转换成单个电路板或计算机所需的 12V 或 48V 电压。自此，电能通过作为负载点的 dc-dc 变换器升压或降压成为本地所需的电压。

由于自动化工业、通信工业、可再生能源、个人便携设备、医疗装备和其他应用场合需求的不断扩大，极大地推动了电源和 dc-dc 变换器使用的开关器件的研发。汽车使用的电子硬件、计算机控制的数量和复杂度持续增长，导致汽车工业所需的功率转换不仅要成本低廉，而且需要具有抗振动和宽温度范围运行的韧性。全球各地使用的精密设备是保证全球通信的基础，然而，全球很多地方的电力存在不可靠或不统一的问题。在北美地区，电压波动经常小于额定值的 5%，而在许多发展中地区，电力波动可达到 ±25%，因此电池充电器和计算机必须能够承受这些波动。便携式设备要求设计师们从小型电池中获得尽量优异的性能，从而要求装置必须使用尽可能少的能量。便携式电池堆的 2 ~ 20V 范围的低电压，对功率转换提出了更高的要求，以适应世界各地不同规格的交流电源。

除了硅功率半导体器件，宽带材料，耳熟能详的 SiC、GaN 在电力电子器件中也获得了广泛的关注[24]。这些材料具有诸多优点，相比硅器件，其理论效率更高，可在更高温度和电压条件下运行，还能更有效地散热。很少有材料能满足器件的性能指标，终极材料可能是炭或具备与钻石、石墨烯一样晶体结构的材料。相比其他已知的固体材料，钻石和石墨烯是更好的导热体[25]，对能量集中的功率变流器来说，这是一个重要的优点。然而，钻石很难制成功率器件[26]。

1.4.5 可替代能源处理

许多可替代或可再生能源与电网并不兼容。光伏板和燃料电池输出直流功率，风力发电机、波浪发电机和小型燃气轮机通常输出变频的交流。许多可再生能源的利用得益于必须与之相连的电池储能。电力电子装置是所有这些能源得以利用的重要支撑。简言之，可替代能源的利用离不开电力电子装置。

为了安全地将电能从可替代电源传送到电网或负载，需要电力电子装置来实现全部的控制功能。例如，图 1.13 所示的光伏板输出的能量需要通过控制在任何时刻将尽可能多的功率传送到电网：光伏板价格很贵，所以用户不会在这一点上妥协。由于光伏板运行时受到云朵、日照的变化、灰尘、温度的变化和其他扰动的影响，因此最大功率控

图 1.13 太阳能光伏板将其产生的直流功率传送到负责 dc-ac 转换和传送至电网的逆变器

制是一个难点。如图 1.14 所示的风力发电机也需实现最大功率控制，但是还必须进行动态限制控制以保证不受强风和暴风雨的破坏。

　　如图 1.15 所示的微型燃气轮机以极快的速度（50000r/min 或更高）拖动小型交流发电机。这些装置能够燃烧由填埋的废物或生物废料产生的废气。微型燃气轮机所使用的电力电子装置通常对发电机输出进行整流，然后再通过逆变器连接到电网。如同光伏和风力发电一样，该装置所使用的逆变器必须产生与电网一致的频率和电压等级，而且当电网或可替代能源发生故障时，能够与其断开连接。

图 1.14　大型风力发电机是具有高性价比的电力资源，但必须通过电力电子设备将能量传送到电网

图 1.15　微型燃气轮机是利用天然气、废甲烷和生物废气产生数千瓦功率的中等功率装置（内部的整流器和逆变器负责将其产生的能量传送到电网，该装置不到 2m 高）

1.4.6　能源的未来——电力电子革命

　　2003 年，美国国家工程院将电气化评为 20 世纪最伟大的工程成就[27]。电能在发达国家看似平常，事实上，当停电时所有商业和活动都将停止。在世界的大多数地方，作为经济增长、水处理与传送、健康、教育和通信的关键支撑，电气化列入优先发展的内容。实际上，20 世纪的电气化革命仅采用了少量电力电子技术，目前和将来最根本的能源变革将包括：交通运输电气化、能量使用效率的显著提高、可再生能源和个性化电子产品，所有这些都将依赖于电力电子来实现。

　　电力电子技术推动了即将到来的第二次电能革命，正如发生在我们身边的：混合或纯电汽车大量进入消费市场、紧凑型荧光灯和固态 LED 灯替代了白炽灯、电子产品变得更小且便于携带、风能和太阳能需求的增长。现在，电力电子技术对电能的处理存在于电能产生的起点与终端使用之间的某个节点上。关于爱迪生直流系统与特斯拉交流系统的过时争论已经变得毫无意义，电力电子技术可使用最方便的形式获得电能，并提供所期望的结果。电网系统关于交流或直流的选择是次要的，支配电网系统的是安全性、保护性和可靠性，而非发电装置或负载。现代能量和电能的需求与主导第一次电气化浪潮的白炽灯、简易电炉和接入电网的电动机已经大相径庭。图 1.16 所示电路是基于 dc-dc 变换器为固态灯使用而设计的一套 LED 电路[28]。电力运输的快速增长对电网和能源的使用模式产生了巨大而不可预测的影响。世界某些地方可能跳过了有线电网的发展阶段而选择直接使用本地可再生能源。

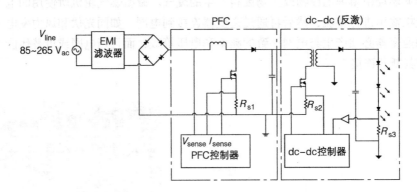

图 1.16　LED 驱动电路拓扑（B. Lehman 提供）

数十年以来，能源危机以及能源生产和消耗对环境的影响得到了强烈关注。虽然电力电子技术不能直接解决这些挑战，但是它能为实现高效率、优化控制、开发可再生能源提供一种新型解决方案。未来的交通传输系统极有可能受益于大规模灵活的能源。能源使用者希望寻找到成本更低但不牺牲性能的高效率产品。电气化为几乎无尽的能源与负载之间的能量交换提供了灵活的能量货币。电力电子技术是以上内容"货币交换"的物理实现方式，为能源的未来打开了广阔的新天地。

1.4.7　总结与未来发展

不久之前，功率半导体器件还是变换器设计的受限因素。时至今日，功率半导体器件已经能够毫不费劲地满足家用电器、工业过程和汽车等行业功率等级的需求。为了满足某应用场合的需要，设计者可以有许多电路拓扑和器件以供选择，该领域已经转变为"应用驱动"型学科。图 1.17 展示了一些快速增长的应用场合。表 1.2 对此进行了总结。

图 1.17　一些电力电子快速发展的应用领域：可再生能源、集成功率模块、重型汽车、数据中心和电动交通工具

表 1.2 电能变换年鉴

日期	器件或技术	转换技术
1880	变压器、发电机 - 电动机组	ac-dc 转换的机电单元 交流电的电平移位电路
1900	真空二极管	重要应用的研制
1920	汞弧管	可控整流 ac-dc 和 dc-ac 转换电子电路 ac-ac 转换基本技术
1930	硒整流器、电网控制	常规生产中的"半导体"整流技术
1940	磁放大器	电子功率放大器 电能转换的进一步提高
1950	半导体二极管	适用于高压直流电力传输的电能转换开始 应用于电子产品的小型电源需求增长
1960	晶闸管整流器（SCR）	快速替代汞弧管并实现可控 ac-dc 变换器的高功率半导体器件
1970	功率双极晶体管	dc-ac 和 dc-dc 转换技术的大量简化 电力电子技术成为独立学科的出现
1980	功率场效应晶体管	dc-dc 转换的新方法 微型电源市场的快速扩张
1990	IGBT	几乎任何应用都成为可能 着重研究给定应用场合的最佳替代方案
2000	电力电子组成模块、SiC 器件	设计人员关于完整系统的多方面考虑
2010	GaN 器件	汽车应用的快速增长 固态照明的快速增长 可再生能源的增长

现代电力电子技术正应用到音频放大器、智能电话、医疗装置、微处理器、从周围环境捕获振动能量的传感器以及智能电网，这就需要熟练的工程师以非传统的方式应用这些技术。

1.5 电能转换的目标和方法

1.5.1 基本目标

如图 1.18 所示，电力电子技术的目标是通过功率变换器控制电源与负载之间的能量流动。变换器应该操纵能量流动而不是消耗能量，原因很简单：任何变换器使用的能量都将造成整体系统效率的损失。为了增加实用性，变换器应该具有高输入 - 输出能量效率，$\eta = P_{out}/P_{in}$，这是电力电子的第一和首要设计目标：

$$效率目标 \rightarrow 100\%$$

因此应当寻找能实现无损耗过程的变换器。

图 1.18 电能转换系统的基本过程

连接在电源与负载之间的变换器能影响系统的稳定性。变换器故障如同电源故障一样会对用户（负载）造成影响。不稳定的功率变换器将会造成不稳定的系统。换个角度看，以一个典型的美国家庭一年掉电仅几分钟为例，99.999% 的时间都可以使用电能。变换器一定要设计得比这更好以避免降低系统的性能。在实现高效率以后，第二个目标即可靠性逐渐变得重要：

可靠性目标→全运行时间无故障

相比效率，可靠性是一个更难实现的目标，试设想力图保证一个电路无故障运行几十年的难度。

1.5.2 效率目标——开关器件

一个简单的电路元件，如图 1.19 所示的电灯开关在电力电子装置中不算特别新奇却需求量巨大。理想条件下，当开关器件导通时，其表现为 $v_{switch} = 0$ 并能承载任意大小的电流；当开关器件关断时，无论加载在其两端的电压为多大，都能阻断电流流过（$i_{switch} = 0$）。任何时刻，**器件功率** $p_{device} = v_{switch}i_{switch}$ 都为零。该开关器件可控制电流实现无损流动，如家用电灯开关能够运行几十年并开关 10 万次以上，其可靠性非常高。但机械电灯开关并不能满足所有的需求，即便是质量很好的机械开关也无法运行到几百万次。

使用理想开关的电路并不产生损耗。许多人将电力电子技术等同于开关功率变换器的研究，实际上，其他的无损元件如电容器、电感器以及传统变压器都有助于实现能量转换。图 1.20 给出了完整的电力电子系统概念。该系统由电源、电气负载、无损功率变换器和控制逻辑组成。功率变换器就是由开关器件、无损储能元件和磁性变压器组成的电力电子电路。从电源、负载和设计者中获得的控制信息可以确定开关器件的运行以实现所期望的功率转换。通常，控制电路由传统的低功耗模拟和数字电路构成。

<table>
<tr><td align="center">图 1.19　开关及其端口电气值</td><td align="center">图 1.20　基本的电力电子系统</td></tr>
</table>

1.5.3 可靠性目标——简化与集成

系统工程学表明，系统使用的部件越多，发生故障的概率就越高。电力电子电路倾向于使用少量部件，特别是在主能量流动通路上。通过使用这些部件，可以实现必要的开关运行过程。通常，这意味着采用复杂的控制策略来简化转换电路。

一种避免可靠性与复杂度相互妥协的方法是使用具有高集成度的元件。例如，高端微处理器就包含了上百万个单元。由于所有的连接方式和信号流都在一个单独的芯片内部，其可靠性就如同一个单独元件。一个电力电子器件重要的发展趋势就是集成模块，制造商寻找各种方法将多个开关器件、连接线、保护元件和滤波元件等封装在一个单元里。变换器的控制电路也尽可能进行集成以实现高可靠度。

1.5.4　重要变量和符号

在电力电子系统中，需要特别关注一些电气量，如之前提到的效率。为确定器件额定值，需要了解电流和电压的最大值。能量流动是根本目标，系统每部分的功率和能量水平变得相当重要，合理时间间隔内的能量流动最值得关注。电力电子电路必须控制从电源到负载的能量流动。平均能量流动速率，或者说**平均功率**特别受到关注。一些重要的电气量如下：

■ 某一位置的平均功率。其代表有用的能量流动。

■ 电压和电流的峰值。其决定器件的额定值。

■ 电压和电流的平均值、电路的直流值。

■ 电压和电流的均方根（RMS）值。电压和电流的 RMS 值决定电阻上消耗的平均功率。功率变换器的损耗通常由 RMS 值决定。

■ 电路波形。电力电子电路具有清晰的图形特性。电路波形的研究是一种评估电路运行状态的直接方法。

■ 器件功率。开关器件并非相当理想，会消耗一些功率。

这些电气量对电力电子装置的理解和电路拓扑的研究至关重要。

某周期函数 $v(t)$ 的平均值和 RMS 值的计算式如下：

$$V = \langle v \rangle = \frac{1}{T} \int_0^T v(t)\mathrm{d}t, \ V_{\mathrm{RMS}} = \sqrt{\frac{1}{T} \int_0^T v^2(t)\mathrm{d}t} \tag{1.1}$$

表 1.3 列出了本文中所用到的符号及其含义。

表 1.3　符号命名总结

符号	描述
$v(t)$, $i(t)$, …	电压、电流、功率或其他电气量的瞬时值，以小写字母表示。时间通常须显式表示
$\langle v \rangle$, $\langle i \rangle$	尖角括号用于表示平均量或直流量。时间周期 T 内的积分计算可得平均值
V, I, P	大写字母形式。用于表示直流电压值和平均值，特别是平均功率
V_{RMS}, I_{RMS}	真实的方均根值与给定的时间函数相关联。时间周期 T 内的积分计算可得方均根值。按照传统功率系统惯例，除非明确说明，指定的电压或电流值就代表均方根值
$\bar{v}(t)$, $\bar{i}(t)$	移动平均量。通过移动"积分窗口"（时间变量 t 的函数）来维持时间依赖度的平均值形式。简单的例子，如 $P(t)$ 通常用于表示移动的平均功率值
$\tilde{v}$, $\tilde{I}$	以方均根单位表示幅值的复相量
$\tilde{v}(t)$, $\tilde{i}(t)$	小信号扰动或纹波。围绕某一常数的微小变化

本书优先使用 SI 系统的单位符号[30]，虽然本书以能量为背景，但也常用到其他单位符号。例如，优先使用千瓦·时而不是焦耳来测量电能。由于焦耳等同于瓦特·秒，故其转换公式为 1kW·h = 3.6MJ。

能源系统和电力电子的许多问题都与成本分析相关。由于全球能源成本的广度和快速波动，不可能进行详细的成本分析，但是可以进行一些有价值的比较。比较效率也是一种有效工具。

1.6 开关功率变换器的能量分析

对包含开关器件和储能元件的电路分析必然是间接的。由于存在开关器件，回路方程和节点方程无法连贯写出；由于开关器件要么处于导通状态，要么处于关断状态，电路存在多个不同的拓扑。有三种方法对此进行分析：第一个方法是**直接分段分析法**，需分别对每种电路拓扑进行研究，在开关器件运行的不同时刻，电流和电压的解必须匹配，当匹配成功时，就可以像拼拼图一样将各个时刻的解进行组合从而给出完整的答案，该方法通常适用于仿真工具，手动求解则需要很长时间；第二个方法是检查每种电路拓扑能量流动的**能量分析法**，其将基于时间的匹配方式替换为能量转换方式；基于能量分析法，出现了第三种得到广泛使用的**平均分析法**。本节介绍能量分析法，后续章节将介绍导出的平均分析法及其应用。

1.6.1 一段时间的能量守恒

由于电力电子电路期望实现 100% 的效率，一段时间内的能量守恒有助于电路分析。通常，在一部分时间段能量被存储到储能元件中，而在另一部分时间段储能元件中的能量被移除并传送至负载。在能量的流进流出过程中，由于并无能量损失，一定时间段内变换器输入的能量等于其输出的能量。大多数电力电子电路以周期性开关运行。在一个完整的周期内，流入电路的净能量为零。能量守恒总是正确的，所以其可在电路的任意位置使用。该定律既能适用于整个功率变换器，也能适用于变换器的任意单个元件。当关注变换器工作过程中经历最大变化的储能元件时，能量分析法能提供有价值的信息。

图 1.21 所示电路给出了一个能量分析实例。以半导体器件作为开关器件，电力电子电路通常按周期性开关方式运行。图 1.22所示为部分时间段内左端器件导通时的电路结构；图 1.23 所示为剩余时间段内右端器件导通时的电路结构。变换器内部的电感承

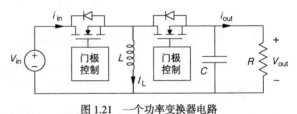

图 1.21　一个功率变换器电路

受显著的电压变化（从而发生功率和能量流动），电感的能量分析是一个研究电路的好策略。能量分析需要对能量流动进行量化和比较。能量方程必须守恒，由于能量是功率的积分，电压与电流乘积的积分就产生了能量方程。

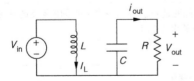

图 1.22　左端开关器件导通时能量转换开关电路结构

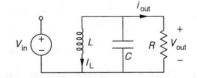

图 1.23　右端开关器件导通时能量转换开关电路结构

例 1.6.1　图 1.21 所示电路的开关周期为 T。开关器件交替工作，各运行半个周期。输入和输出电压以及电感电流几乎保持恒定。试运用能量分析方法找出 V_{out}、I_L 和 i_{out} 与 V_{in} 以及其他电路参数的关系。

当左端开关器件导通时，电感的输入功率为 $V_{in}I_L$。在一个开关周期的前 $T/2$ 持续时间内，流入电感的能量为

$$W_{\text{in(left)}} = \int_0^{T/2} V_{\text{in}} I_{\text{L}} \mathrm{d}t = \frac{V_{\text{in}} I_{\text{L}} T}{2} \tag{1.2}$$

当右端开关器件导通时，电感的输入功率为 $V_{\text{out}} I_{\text{L}}$。因此，在剩下的 $T/2$ 时间内，流入电感的能量为

$$W_{\text{in(right)}} = \int_{T/2}^{T} V_{\text{out}} I_{\text{L}} \mathrm{d}t = \frac{V_{\text{out}} I_{\text{L}} T}{2} \tag{1.3}$$

由于能量守恒，流入的能量必然等于流出的能量。也就是说，一个完整周期内流入电感的能量必然为零，即有

$$W_{\text{in(total)}} = \frac{V_{\text{in}} I_{\text{L}} T}{2} + \frac{V_{\text{out}} I_{\text{L}} T}{2} = 0 \tag{1.4}$$

从而有

$$\frac{V_{\text{out}} I_{\text{L}} T}{2} = -\frac{V_{\text{in}} I_{\text{L}} T}{2} \tag{1.5}$$

假定开关周期 T 不为零（只要开关动作，就成立），I_{L} 不为零（只要电路存在能量流动，就成立），上式可简化为

$$V_{\text{out}} = -V_{\text{in}} \tag{1.6}$$

那么电流值怎么样呢？由于 i_{out} 不与电感相连，则不纳入分析。基于电容的能量分析可以得到第二个方程以求解电流。首先，根据欧姆定律，$i_{\text{out}} = V_{\text{out}}/R$。流入电容的能量可按下列各式进行计算（需注意电流极性）：

$$W_{\text{in(left)}} = \int_0^{T/2} V_{\text{out}} (-i_{\text{out}}) \mathrm{d}t = -\frac{V_{\text{out}}^2 T}{2R} \tag{1.7}$$

$$W_{\text{in(right)}} = \int_{T/2}^{T} V_{\text{out}} (-I_{\text{L}} - i_{\text{out}}) \mathrm{d}t = -\frac{V_{\text{out}} I_{\text{L}} T}{2} - \frac{V_{\text{out}}^2 T}{2R} \tag{1.8}$$

$$W_{\text{in(total)}} = -\frac{V_{\text{out}} I_{\text{L}} T}{2} - \frac{V_{\text{out}}^2 T}{2R} - \frac{V_{\text{out}}^2 T}{2R} = 0 \tag{1.9}$$

于是

$$-\frac{V_{\text{out}} I_{\text{L}} T}{2} = \frac{V_{\text{out}}^2 T}{R} \tag{1.10}$$

从而可得

$$I_{\text{L}} = -\frac{2 V_{\text{out}}}{R} \tag{1.11}$$

根据式（1.6），上式变为

$$I_{\text{L}} = \frac{2 V_{\text{in}}}{R} \tag{1.12}$$

图 1.21 所示电路能实现极性反转：输出电压与输入电压的极性相反。这里，电感电流是负载电流的 2 倍。此分析中一个重要的假定是电压与电流的变化很小。此假定似乎要求很高，存储的能量不能发生变化，除非电压或电流发生了改变，但如果电流和电压只发生了适量变化就不会影响上述结论。

在能量分析过程中，需要关注极性问题，选择一个能量方向并遵循下去很重要。比如，对于电容来说，正的输入能量意味着正的输入电流，由于图中电流方向定义为流出电容的方向，因此方程式（1.7）和式（1.8）需标注负号。

1.6.2 dc-dc 变换器的能量流动和动作

例 1.6.1 中电路只是 dc-dc 的一个例子。在此例中，该电路将输入电压极性反转并施加到非零负载上。现在将 dc-dc 变换器扩展到更宽的运行范围。图 1.24 所示给出了类似的双开关变换器，两个开关器件交替工作。这次，假定在开关周期的某一比例 D（被称为占空比）的时间里，左端开关器件导通，而右端开关器件在剩余时间段内导通。通过能量分析能够说明该变换器的功能。

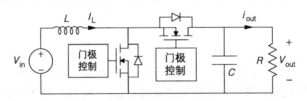

图 1.24 例 1.6.2 的 dc-dc 变换器电路

例 1.6.2　图 1.24 中两开关器件交替工作。左管导通占空比为 D，在开关周期 T 的剩余时间段内右管导通。假定电压和电感电流变化不大，试用能量分析法找出 V_{out} 与 V_{in} 的关系。

由于输入和输出电压都施加在电感上，所以电感为能量分析提供了一个合理的对象。图 1.25 给出了左右两管分别导通时的电路结构。请注意极性，电感的输入能量为

$$\begin{aligned}
W_{in(left)} &= \int_0^{DT} V_{in}I_L dt = V_{in}I_L DT \\
W_{in(right)} &= \int_{DT}^{T} (V_{in}-V_{out})I_L dt = V_{in}I_L(T-DT)-V_{out}I_L(T-DT) \\
W_{in(total)} &= V_{in}I_L DT + V_{in}I_L T - V_{in}I_L DT - V_{out}I_L T + V_{out}I_L DT = 0
\end{aligned} \qquad (1.13)$$

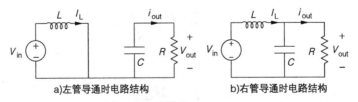

a)左管导通时电路结构　　　　b)右管导通时电路结构

图 1.25 开关变换器电路结构

由于一个周期时间段内总的输入能量为零，且根据 T 和 I_L 为非零，从而可以直接求解 V_{out}

$$V_{out} = \frac{V_{in}}{1-D} \qquad (1.14)$$

值得注意的是，D 不能小于 0（开关器件导通时间比率不可能小于 0），也不能大于 1（开关器件导通时间也不可能大于全周期时间）。对于 $0 < D < 1$ 的情况，例 1.6.2 的输出电压将高于输入电压，该电路是**升压**型 dc-dc 变换器。基于电容的能量分析能用于求解电流值。

图 1.26 概述了 dc-dc 变换器通用的能量分析过程。该图表示可以使用"一端口"方法进行能量分析，在一端口内部存在一个无损的储能元件被封闭在一个盒子里面。端电压与输入电流确定输入功率，再在合理的时间段内对其进行积分就可计算得到能量值。流入周期性系统一端口无损储能元件的净能量必然为零——无论流入的能量为多少都将被取出，这已成为求解工作电压和电流的基础。所有的电路都必然遵守能量守恒，所有的电路也都遵守电荷守恒，但是电压和电流却可以不同；输入与输出的电压和电流值并不保持一致而是存在差异的。许多经验丰富的电气工程师习惯性认为输入、输出电流应保持一致，但却惊讶地发现了双倍电流公式（1.12）。可以发现该电流变化是由电力电子电路能量守恒决定的，并没有违反电荷守恒。

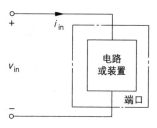

图 1.26 能量分析过程演示
（一端口轮廓线用于强调储能元件）

即便需要考虑能量损失，能量分析法依然很实用。图 1.27 所示电路为电感串联直流电阻的升压 dc-dc 变换器。在电路的时间分段分析中，该加入的电阻意味着出现指数式运算，能量分析法能够提供更为直接的结果。

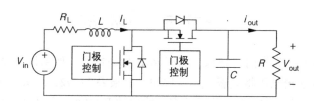

图 1.27 使用串联电阻替代电感能量损失的升压 dc-dc 变换器电路

例 1.6.3 基于能量分析，试找出如图 1.27 所示有损升压 dc-dc 变换器中输出电压与输入电压、开关占空比 D 以及电路参数的函数关系式。两开关管在开关周期 T 内交替工作，并假定输入、输出电压和电感电流变化不大。

在此问题中，电感能量必然处于平衡状态，即在一个完整的开关周期内，任何流入的能量必然全部流出。虽然现在左或右开关器件导通时两电路结构多了一个串联电阻 R_L，但电路状态并未发生实质性改变。电感左侧的电压为 $V_{in}-I_LR_L$，两种电路结构中各能量的计算结果如下：

$$W_{in(left)} = \int_0^{DT} (V_{in} - I_L R_L) I_L \mathrm{d}t = V_{in} I_L DT - I_L^2 R_L DT$$

$$W_{in(right)} = \int_{DT}^{T} (V_{in} - I_L R_L - V_{out}) I_L \mathrm{d}t = V_{in} I_L (T - DT) - V_{out} I_L (T - DT) - I_L^2 R_L (T - DT) \quad （1.15）$$

$$W_{in(total)} = V_{in} I_L DT + V_{in} I_L T - V_{in} I_L DT - V_{out} I_L T + V_{out} I_L DT - I_L^2 R_L T = 0$$

假定 I_L 和 T 为非零值，开关周期 T 从上式中被抵消，上式可以简化为

$$V_{out} = \frac{V_{in} - I_L R_L}{1 - D} \quad （1.16）$$

该结果与例 1.6.2 的结果相对应：将输出电压减去电阻压降，再除以 $1-D$ 就可计算得到输出电压。

但是 I_L 并非独立变量，因此上式容易引起误导。可以利用 I_L 与 V_{out} 和负载电阻的关系式来消除 I_L。求解电流需要建立第二个方程，自然想到利用电容的能量平衡原理。电容电压 V_{out} 随输入电流而变化，其能量平衡关系式列写如下：

$$W_{in(left)} = \int_0^{DT} V_{out}\left(-\frac{V_{out}}{R}\right)dt = -\frac{V_{out}^2}{R}DT$$

$$W_{in(right)} = \int_{DT}^T V_{out}\left(I_L - \frac{V_{out}}{R}\right)dt = V_{out}I_L(T-DT) - \frac{V_{out}^2}{R}(T-DT) \qquad (1.17)$$

$$W_{in(total)} = V_{out}I_L T - V_{out}I_L DT - \frac{V_{out}^2}{R}T = 0$$

假定 I_L 和 T 为非零，上式可简化为

$$I_L = \frac{V_{out}}{R(1-D)} \qquad (1.18)$$

将该式代入电压表达式（1.16），输出电压可表示为

$$V_{out} = \frac{V_{in}}{1-D+[R_L / R(1-D)]} \qquad (1.19)$$

如果 $R_L = 0$，上式可简化为先前的结果。比率 R_L/R 相当重要，如果该值较小，其影响也较小；如果该值足够大，则输出电压将显著减小。比如，如果 D 为 1/2，R_L/R 为 1/10，则输出电压为 $1.43V_{in}$，而不是理想状态下的 $2V_{in}$。关于效率、输出功率与输入功率 $V_{in}I_L$ 的比率计算留给读者练习。串联电阻的损耗降低了转换效率。

在升压电路中，理想表达式 $V_{in}/（1-D）$ 意味着能实现高电压输出，然而式（1.19）存在上限。将式（1.19）最大化可找出该上限值：对 D 进行求偏导，并令求导结果为零后求解方程，请注意限制条件为 0<D<1。当 D 为下式时输出电压能达到最大值

$$D_{(max\ output)} = 1-\sqrt{\frac{R_L}{R}} \qquad (1.20)$$

而最大输出电压为

$$V_{out\ max} = \frac{V_{in}}{2\sqrt{R_L / R}} \qquad (1.21)$$

实际上，输出电压最大值是有限的。例如，如果 R_L 仅为负载电阻值的 1%，则最大输出电压为 $5V_{in}$。因此，升压变换器很少用来实现高转换比。

基于周期性行为的能量分析意味着功率变换器已经起动且进入稳态运行。在稳态条件下，输入与输出能量必然匹配，上述例题中的分析推导才是正确的。那么变换器起动时的情况又如

何呢？以图 1.24 所示的升压电路为例，初始时刻开关器件处于关断状态，所有电流、电压都为零。当开关器件开始运行，施加到电感上的电压和流过电感的电流逐渐增加，此过程一直持续多个周期，输出电压逐步建立。当 $V_{out} = V_{in}$ 时，在左管导通、右管关断情况下的电感电流仍将继续增大，输出电压将继续爬升并高于 V_{in}。这种情况一直持续直到左管导通时注入的能量刚好与右管导通时释放的能量达到平衡为止，这也是例 1.6.2 中的能量平衡条件。达到此条件所需的时间长短与开关周期、L、C 和 R 的值有关。

升压变换器存在一个严重的缺陷。如果使用者不经意间将其运行于无负载状态，情况将如何呢？现在的问题是：每次当左管导通时，一些能量流入电感，当右管导通时，一部分能量被传送到电容中，而电路没有阻性负载来消耗能量！能量持续堆积，周而复始，但无法转移，因此电容中的能量 $(1/2)CV^2$ 和电容电压也持续增大。电容电压将持续升高直到通过某种方式转移这些来自变换器的能量，然而在这个过程中，一旦电容电压高过其设计限制，电容将被破坏。如果能提前考虑，能量分析将有助于避免不好的情况发生。

1.6.3　整流器的能量流动和动作

作为 ac-dc 转换电路的整流器，其能量分析过程更加复杂。之前提到的电路结构基本原理、能量守恒和分段分析仍然适用。但是整流器输入波形为正弦波，这就需要花费更多精力用于能量计算所需的积分运算。在多数情况下，直接分段分析法更加方便。为了观察整流器的动作，首先分析简化的电路，然后再加上储能元件。

　例 1.6.4　以图 1.28 所示电路为例。该电路包含了一个交流电源、一个开关管和一个阻性负载。其电路拓扑虽然简单，却是一个完整的电力电子系统。定义开关器件的控制动作如下：当 $v_s > 0$ 时开关管导通，反之则开关管关断。试计算输出电压的瞬时值、平均值和有效值。

图 1.29 所示为该电路输入和输出电压波形，按直接分段法分析可得：当开关管关断时，电流和输出电压必然为零，而当开关管导通时，输出电压则等于 v_s；输入电压的平均值为零，有效值为 $0.707 V_{peak}$；输出电压的平均值为非零，可按下式进行计算：

$$
\begin{aligned}
\langle v_{out}(t) \rangle &= \frac{1}{2\pi} \left(\int_0^\pi V_{peak} \sin\theta \, d\theta + \int_\pi^{2\pi} 0 \, d\theta \right) \\
&= \frac{V_{peak}}{\pi} = 0.3183 V_{peak}
\end{aligned}
\tag{1.22}
$$

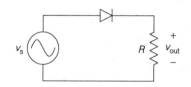

图 1.28　简化的电力电子系统

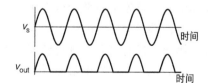

图 1.29　图 1.28 中源电压和输出电压波形

而输出电压的有效值为 $V_{peak}/2$（此有效值的计算留作练习）。由于输出电压存在非零值的直流分量，故该电路为整流器。

例 1.6.4 中的电路为带有阻性负载的半波整流器。二极管限制电流的流动方向，但理想开关不会。理想开关管通过控制可以使其处于导通或关断状态，而二极管的运行状态则受到电路的影响。以图 1.30 所示带有 L、R 串联负载的半波电路为例。

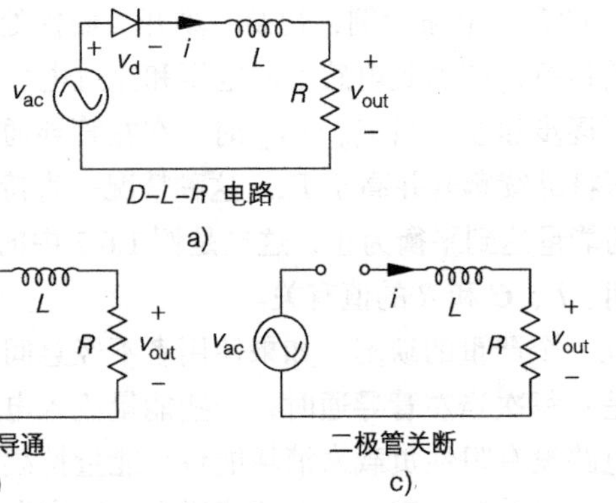

D–L–R 电路

a)

二极管导通

b)

二极管关断

c)

图 1.30　串联 *D-L-R* 电路及其两种电路结构

例 1.6.5　*D-L-R* 串联电路的输入连接交流电压源。该电路的运行方式与带阻性负载的半波整流电路显著不同。按直接分段分析法开始对此进行分析。二极管处于正向偏置时导通，处于反向偏置时关断。在此电路中，二极管关断时 $i = 0$。当二极管处于导通状态时，有交流电源与 *R-L* 负载相连（如图 1.30b 所示）。设交流电压为 $V_0\cos(\omega t)$，根据基尔霍夫定律，则有

$$V_0\cos(\omega t) = L\frac{\mathrm{d}i}{\mathrm{d}t} + Ri \qquad (1.23)$$

假定初始时刻的二极管处于关断状态（此假定是任意的，当求出解后会对此进行检验）。如果二极管处于关断状态，则 $i = 0$，施加在二极管上的电压 $v_d = v_{ac}$。当 v_{ac} 为正时，二极管处于正向偏置，当输入电压在正方向上过零时，二极管将开通。可以建立电路初始条件：$i(t_0) = 0$，$t_0 = -\pi/(2\omega)$。用常规方法求解微分方程可得

$$i(t) = V_0\left[\frac{\omega L}{R^2 + \omega^2 L^2}\exp\left(\frac{-t}{\tau} - \frac{\pi}{2\omega\tau}\right) + \frac{R}{R^2 + \omega^2 L^2}\cos(\omega t) + \frac{\omega L}{R^2 + \omega^2 L^2}\sin(\omega t)\right] \qquad (1.24)$$

式中，时间常数 τ 为 L/R。最终二极管将会关断，那么什么时候会发生呢？首先的猜想是当电压变为负时二极管将会关断，但这是不正确的。值得注意的是，在 $t = \pi/(2\omega)$ 时刻电压变负时，上式电流的解并不是零（求解可得）。如果二极管以某种方式关断，则电感电流必然立刻降为零，电感电流的导数 $\mathrm{d}i/\mathrm{d}t$ 将变为负无穷。那么，电流下降将使电感两端感应出负电压，并维持二极管的正向偏置状态。因此二极管只有当电流到零时才会关断。当电流到零时刻，式（1.24）并无解析解。对于角频率 $\omega = 120\pi$ rad/s 和时间常数 $\tau = L/R = 0.01$s 的情况，二极管在 $t = 8.39$ms 时刻关断。电路的输入、输出电压波形如图 1.31 所示。

能量分析看起来可行，但实际帮助并不大。当二极管处于导通状态，电感的输入能量为

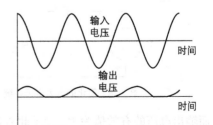

图 1.31　半波 *D-L-R* 电路的输入、
输出电压波形

$$W_{\mathrm{in(on)}} = \int_{t_{\mathrm{on}}}^{t_{\mathrm{off}}} [V_0\cos(\omega t) - v_{\mathrm{out}}(t)]i(t)\mathrm{d}t \qquad (1.25)$$

当二极管处于关断状态，则输入能量为零。由于电流等于输出电压除以 R，单个周期时间段内的净输入能量为零，根据能量分析可得

$$W_{\text{in(on)}} = \int_{t_{\text{on}}}^{t_{\text{off}}} [V_0 \cos(\omega t) v_{\text{out}}(t) - v_{\text{out}}^2(t)] / R \mathrm{d}t = 0 \qquad (1.26)$$

虽然该表达式正确无误，但是求解 $v_{\text{out}}(t)$ 相当困难。

至此已经研究了两个简单电路中的二极管。虽然二极管的动作类似开关，但是却无法对其进行操控。下例演示了使用一种不同的方法来运行例 1.6.4 中的开关管。

例 1.6.6　仍以图 1.28 所示电路为例，只要当 $V_{\text{ac}} > V_{\text{peak}}/2$，使开关管导通半个周期，然后关断，则该电路的输入、输出电压波形如图 1.32 所示。输入电压 $\langle v \rangle = 0$、$V_{\text{RMS}} = V_{\text{peak}}/\sqrt{2}$。当输入电压波形超过 $V_{\text{peak}}/2$ 线，即 30° 时，开通开关管。输出电压的平均值由下式计算

$$\langle v_{\text{out}}(t) \rangle = \frac{1}{2\pi} \int_{\pi/6}^{7\pi/6} V_{\text{peak}} \sin \theta \mathrm{d}\theta = \frac{\sqrt{3}}{2\pi} V_{\text{peak}} = 0.2757 V_{\text{peak}} \qquad (1.27)$$

上式得到的输出电压平均值是式（1.22）的 87%，但有效值仍然为 $V_{\text{peak}}/2$，原因是开关器件开通时间的变化改变了整流器的输出。

在例 1.6.6 所示电路中，二极管无法满足所需要的电路运行要求。该电路仍可实现整流功能，但需要使用另一种器件以实现必要的操控。可以通过控制开关器件的开通时间，或者在满足器件要求下调整负载特性来调整整流运行的状态。直流输出依赖于何时对开关器件进行开通和关断。然而，不管哪种运行的方式，电路的输出不是一个干净的直流波形，需要通过滤波器滤波获得直流分量。理论上，低通滤波器是可行的，但需要使用无损耗的低通滤波器。滤波器是储能元件在电力电子领域的一种应用方式。

至此，上述几个例题中的电路都只包含少量的元件。图 1.33 所示为融合了升压电路和桥式整流器的商业化太阳能逆变器。该电路还与 1 个 48V 电池组相连。其升压电路部分能在直流电压 400V 时提供 3000W 的功率。该电路通过使用额外的元件实现控制功能，但其电力电子部分本质上与图 1.24 所示相同。另外一个商业化电路 [31] 如图 1.34 所示。虽然该电路比之前的例题更复杂，其电力电子电路的核心仍是极性反转电路。

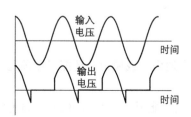

图 1.32　例 1.6.6 电路的输入、输出电压波形　　　图 1.33　用于 3000W 光伏板和电池接口并使用前端升压变换器的逆变器

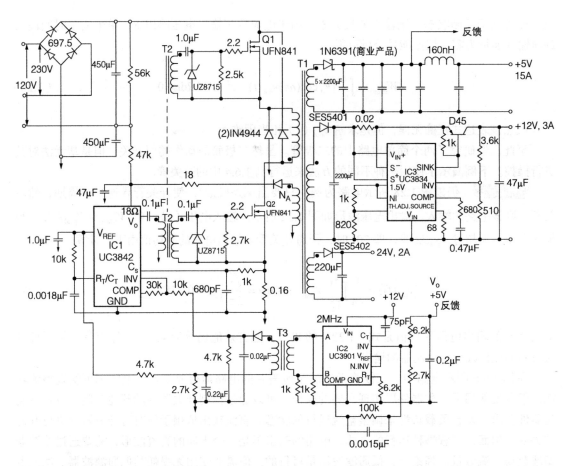

图 1.34 基于极性反转的功率电源（来自 F. R. Patel、D. Reilly 和 R. Adair，"150W 反激变换器"，
尤尼特德功率电源设计讨论会。列克星敦，马萨诸塞州：尤尼特德，1986。经尤尼特德公司授权印制）

1.7 电力电子应用——通用能源推动者

1.7.1 光伏系统结构

电力电子对能量转换的重要性日益凸显。可再生能源的诸多应用展示了电力电子许多重要的方面。对太阳能而言，光伏转换颇有效，但它产生的是直流电能。虽然光伏电池或其串联电池的输出电压随着光照强度、温度和电气负载的变化而变化，但大致保持恒定，其输出电流随着光照条件的改变而改变。一个适合光伏发电的电力电子系统必须至少满足以下三方面需求：

1）将电流和电压调节至合适水平以输出能量，通常输出最大功率。

2）将直流转换成交流。

3）对进入电网的能量流进行管理。

以上需求融合了电力电子电路及其控制。设备可以安装在地面、或屋顶，还能以屋顶瓦片的形式进行安装。

图 1.35 展示了一种光伏电力电子系统。一组串联连接的太阳能板能产生约 400V 的直流电压。电感与电容组合用于连接光伏电池与逆变器的直流侧。逆变器的交流侧是通过另一电感连

接到电网，其目的是开关切换运行也能保证注入单相电网的电流为正弦波。与其他单相逆变器一样，都须面对能量挑战：从太阳能输出的直流功率近似恒定

$$P_{dc} = V_{panel}I_{panel} \tag{1.28}$$

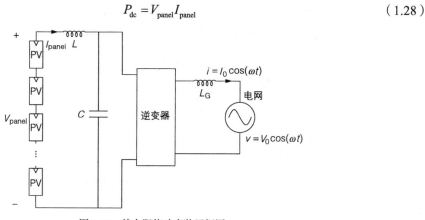

图 1.35　某太阳能功率装置框图

但输送到正弦电网的功率却是时变的

$$P_{ac} = V_0\cos(\omega t)I_0\cos(\omega t) = \frac{V_0 I_0}{2} + \frac{V_0 I_0}{2}\cos(2\omega t) \tag{1.29}$$

　　该交流功率中包括了一个直流分量和一个通常称为纹波功率的两倍频交流分量。根据能量守恒原理，代表交流功率与直流功率之差的纹波功率就必须以某种方式进行弥补。在此电路中，纹波功率作为时变可储存的能量流入电容。值得注意的是，当直流源将功率传送到单相交流负载时，纹波功率的产生是一种基本现象，与开关过程无关。

　　图 1.35 所示的电路拓扑直观、简洁，但它的一个主要缺陷是：如果有一个阴影降落到光伏板上，即便是一块，其减小的电流都将限制整个串联光伏板的电流输出。另一个电路拓扑如图 1.36 所示，此例中，每个光伏板分别使用一个专门的 dc-dc 变换器以保证本地控制，通过变换器而不是光伏板串联将能量传送至逆变器。由于每个 dc-dc 变换器都能将各自的光伏板调节为最大功率输出，因此该拓扑被称为直流优化方案。图 1.37 给出了一种每个太阳能板都自带独立逆变器的光伏电力电子系统，还展示了一个典型的与电网互联的光伏逆变器，其将 dc-dc 变换器与逆变桥进行组合，由于输出功率远低于图 1.35 所示的电路拓扑，因此该组合设备被称为**微型逆变器**。为了与电网直接连接，目前实用的方法是将太阳能光伏板与微型逆变器封装在一起构成一个完整的交流输出光伏板。按照直流优化的方法，每个小的逆变器都能通过调节实现最大能量输出。

1.7.2　风能体系结构

　　风能是目前发展快速的能源，部分原因是相比数年甚至数十年才能完成一个大型发电厂的建造，一个风力发电厂的建设只需几个月就能完成。虽然小型风力发电机便于制造，但目前大多数发展的重点是建造额定功率 1MW 及以上的风力发电机。风力发电机的功率输出依赖于**扫风面积**，对大多数几何形状来说，该值就是以叶片长度为半径的圆周面积。某些大型风机叶片长度超过 100m，其主要限制因素是如何运输、组装和安装如此大的部件。海上风电机组额定功率能达 10MW 以上，由于能使用大型驳船，其运输基本不受限制。

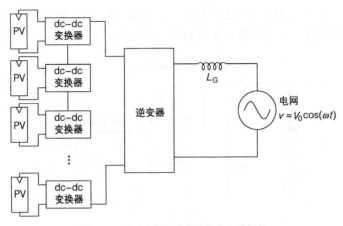

图 1.36　用于太阳能的直流优化电路拓扑

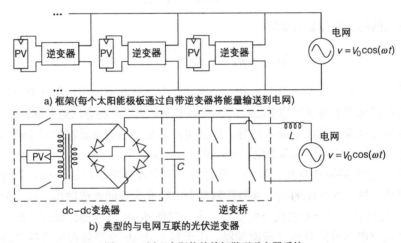

a) 框架(每个太阳能极板通过自带逆变器将能量输送到电网)

b) 典型的与电网互联的光伏逆变器

图 1.37　用于太阳能的单相微型逆变器系统

　　在风能转换中，大型机械和机电装置与电力电子设备联合工作来实现发电。风机风轮需要进行迎风控制，叶片需要进行桨距角控制，同时必须在极端阵风情况下进行保护。在大型风机中，需要分别设计电机驱动装置的控制和保护功能。为实现大功率转换，会使用驱动变速箱或者直接驱动发电方案。一些厂商使用输出交流电能的、频率与风轮转速相关的同步发电机；另外一些厂商则使用直接接入三相电网的异步发电机。

　　图 1.38 展示了基于额定功率为 2MW 的永磁同步电机的风力发电功率架构。发电机产生某一频率交流电压，然后通过由多个子电路串联而成的多级单元整流、逆变，连接至电网。整流器与逆变器的组合被称为**直流环节**变换器。逆变器的控制必须与瞄准控制和桨距角控制配合使用来调节风轮与风力的匹配并实现最大输出功率。典型地，电能通常以 1 ~ 35kV 交流范围内的"中压"进行连接，并且可以使用三相电避免功率波动。在此范围内，传统的 2400V、4160V 和 7200V 相对比较普遍。在此功率等级下的直流环节变换器体积较为庞大，一个体积为 10m³ 的单元对风能转换来说比较普遍，通常占据了风塔的底部空间。其使用的滤波电容和电感也较为庞大和笨重。

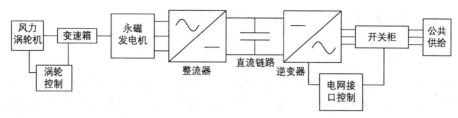

图 1.38　基于齿轮驱动永磁电机的 2MW 风力发电功率构架

1.7.3　潮汐能体系结构

太阳能和风能具有足够的潜力来支撑全球的电力需求，但它们都面临着间歇运行与不确定性的挑战：风并不会一直在吹，天气也不可能总是阳光明媚。虽然可以进行能量存储，但是费用昂贵。作为能量源，海洋的潮汐和波浪运动是有规律的、可预测的，本质上也是连续的。当潮汐流进、流出传统的"径流式"水轮机时，海水的流动就能直接产生潮汐能。波浪运动则需要复杂的发电机和电力电子装置来产生能量。

图 1.39 所示为一个停泊在海上的海洋波浪发电样机。波浪运动产生的浮力使一个伸展可活动的部件上下摇晃，从而形成一个变化的磁场以产生电能。该应用面临的问题在于运动过程比较缓慢，而传统水轮机的优点在于速度较快并且持续运动，慢速会带来机械方面的问题。由于功率是力量和速度的乘积，低速系统中对力量的要求很大。电力电子装置必须通过与低速系统相互作用来最终将能量传送到电网。运行周期较慢的潮汐能并不能很好地与电网进行匹配。一种有效提高性能的方法是使用大量的这种海洋波发电机，让其分散在一大片海域，从而实现平均输出能量的恒定。这种发电机能与直流功率系统相连，或者通过大功率逆变器与陆上电网相连。

图 1.39　利用波浪运动摇动大杠杆臂的海洋波浪发电机（经允许，由哥伦比亚电力科技公司提供）

波浪、潮汐和离岸风力发电方式都需要在水下进行电能传输和配电。多数海底电缆用于连接的端口位于干燥的沙滩上，但是离岸系统需要许多水下连接点。无论离岸系统使用交流或直流，都需要额外的多层保护，且其能量管理不同于典型电网。电力电子装置能够提供多种设备以满足这些需求。该系统的一个优点就是使用交流电系统无须以传统 50Hz 或 60Hz 的频率运行。一些设计者提出使用高频（0.5 ~ 20kHz）交流而不是直流作为替代方案进行离岸功率传输[32]。

通常，较高的工作频率有助于减小连接端电感和电容的体积。

1.7.4 电气化交通系统结构

使用电动机提供动力用于交通运输的电力牵引，相比其他交通方式具有许多优势。电力牵引控制简便、支持大功率 - 重量比、能高效转换成机械力、清洁、便于维护。电力牵引所面临的挑战是电力运输需要足够大的功率和能量级别，因此，电力运输与移动能量的传输以及存储关系密切。例如，在 20 世纪 10 年代，电动汽车比汽油车更受欢迎，但储能电池容量的限制一直是其弱点。在电气化轨道系统中，第三根铁轨或者架空接触线为可移动电气触点提供了解决方案，从而避免了对大容量电池或其他车载能量存储设备的需求。

几乎所有的重要交通运输领域，包括火车、现代船舶和大型矿用卡车都使用电力牵引。当移动电力无法使用时，柴电系统获得了应用：柴油机通过驱动发电机，进而为逆变器和牵引系统供电。柴电运输是混合系统的一个案例。在普通的混合动力汽车中，能量以燃料的形式存储在车上，再通过内燃机 - 发电机组或者燃料电池转换成电能。单位质量的燃料能存储比电池更多的能量，因此混合动力系统能保证更远距离的运行。

图 1.40 给出了电力机车的结构框架。在此例中，电能从架空线中取出后供给若干个牵引电动机驱动。这些电动机被安装在机车的底部并保证每个从动轴的动力供应。驱动器对每个电动机的转矩分配进行控制。当制动时，将转矩设为负值；当机车减速时，制动产生的动能通过作为发电机运行的电动机反馈回供电线。这种**再生制动**是电力牵引的典型特征。无论能量从供电端流入机械端，还是从机械端流入供电端，电动机和逆变器的运行方式本质上是相同的。

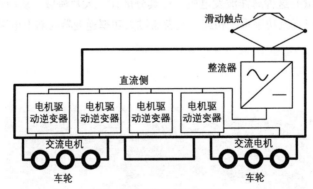

图 1.40　电力机车结构框架

图 1.41 所示的串联型混合动力汽车结构框架，意味着能量要经历链式转换，使用电力电子装置从燃料转换成电能，然后通过电动机转换成机械做功。在图 1.41 中，一台内燃机驱动一台交流发电机。整流器产生的直流输出同时与电池、驱动逆变器以及为照明、控制和其他辅助设备供电的 dc-dc 变换器相连。即便没有使用电池，柴电传动仍是长期公认的一个串联混合驱动实例。此图表示了一种增程电动汽车，电池能通过电网或者车载内燃机 - 发电机组进行充电。由此带来的便利性就是：一台增程型混合动力汽车能够以纯电能在城市中运行或者以燃料动力实现长距离高速行驶。在并联型混合电驱系统框架图中，电动机和燃料驱动发动机能够同时驱动转动轴。由于不需要中间的电能转换，并联型混合动力汽车能避免满载能量转换。相比增程混合动力汽车，该方式在高速行驶时具有更高的效率，但对城市驾驶或插电型应用来说效率并不高。

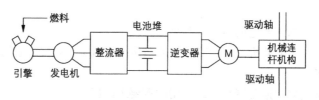

图 1.41　串联型混合动力汽车结构框架

1.8　回顾

> **定义**：电力电子学包括电路及其电能控制和应用的研究。相比单个器件，电力电子电路能处理的功率等级更高。

人们日常使用的照明、机械做功、信息、加热和其他实实在在利用能量的结果，都属于能量转换的范围。电能只是手段而非目的，所以能量转化就是一项基本的活动。在大多数电子产品中，器件受限于其耗散损失能量的能力。然而在电力电子学中，人们感兴趣的是器件能处理多大的能量流以及如何让损耗尽可能的低。对许多器件来说，功率处理等级（额定电压与额定电流的乘积）是其功耗等级的 100 倍以上。

暂且回避关于支持整流器和逆变器的交流与直流的过时争论，电压变换和频率变换是普遍的电能转换。功率变换器在各行各业获得了应用，在接下来的几年内，交流传动、电力运输、移动电源、可再生能源和其他应用设备将会有显著增长。

功率变换器位于电源与负载之间，其主要目标是尽可能实现接近 100% 的高效率。高可靠性也相当重要。开关是大家熟悉的能够控制功率流的无损器件，使用开关的电路能通过能量守恒原理来进行分析，许多功能如直流电压转换，都可以通过开关电路来实现。

> **定义**：电力电子系统由电源和负载、包涵开关器件和储能元件的电力电子电路以及控制环节组成。电力电子电路部分通常使用的元件较少，而实际系统中的多数元件用于实现控制功能。

时至今日，电力电子技术的发展已经从器件驱动领域发展为应用驱动领域。几乎每一种现代能源应用都得益于电力电子技术。许多增长性领域，比如可再生能源和电气化交通，都需要电力电子器件和电路的支撑。

电力电子以循序渐进的方式向前发展：一个特定的转换功能先被发现，再被分析，最后被应用。一旦电力电子电路从实验室测试转变为商业化产品，就需要加入控制和保护功能。电路的功率转换部分接近于初始拓扑，那么是否存在一个更缜密的方法？是否能从所希望的控制功能来选择或设计一个合适的变换器呢？是否存在指导设计和分析的基本原则呢？控制功能从哪里来？它们又能做什么？电路是如何工作的？在本书中，将探究如何让能量流、检测和控制、能量源和负载等各个方面匹配在一起构成一个完整的设计，目标是将电力电子当作系统来对待。值得注意的是，虽然许多电路看似简单，但它们都是非线性系统，并期望能够实现无损耗和高可靠性运行。

习题

1. 列出 5 种你拥有的需要电能转换的产品。

2. 试列写家用电器中电动机及其功能（如冰箱压缩电机）。与并网电动机相比，电力电子控制器可节能 10%~30%。

3. 解释为什么整流器和逆变器是电力应用的重要组成部分。

4. 列出某些可能使用整流器的应用。其中哪些应用可以从通过可控整流器调节直流输出电平的能力中获益？

5. 列出并讨论 dc-dc 变换器可能的应用场合。其中哪些需要调节直流电压？

6. 解释为什么电力电子技术是可再生能源系统的重要推动者。

7. 某电力公司的用户总用电量为 10GW，其中 30% 用于荧光灯。该电力公司核算发 1kW·h 电的价格为 0.1 美元。一家小公司开发了一种为荧光灯供电的新型开关电源变换器。该变换器可以使这种照明的能耗降低 40%。如果每个公共事业用户都安装这种新型变换器，每年将节省多少电费？

8. 以上题 7 为例，如果使用固态照明，相比现有的荧光系统可将照明能耗降低约 60%。然而，固态照明的成本更高。当支出固态照明灯的费用为多少时，仍能让客户在一年内通过节省能源收回额外成本？

9. 以电能形式的批量化能源运输通常最有效率。考虑下面的情况：位于某地区的风力发电机能以约 10GW 的速度产生电能，希望将这种能源传输到 1000km 远的人口中心地区。为此，可修建额定值分别高达 1MV 和 5kA 的高压直流输电线，或者将能量转化为由卡车进行运送的液态氢（转化效率约为 50%）形式，然后使用燃料电池将其转化成可用形式（效率也约为 50%）。大型车的容量为 35000L，液态氢的能量密度约为 10.1MJ/L。

（1）为此需要修建多少条高压直流输电线？如果总损失为 4%，那么每小时输送到终点的电能为多少？

（2）将氢气从风区运送到使用点，每小时需要多少辆卡车？假设卡车所需的燃料能量约为 20MJ/km，在终点每小时可提供多少有用能量？

10. 考虑运行更为普遍的例 1.6.6 中电路。无论何时只要 $V_{ac} > V_{peak}/k$ 就导通开关器件，其中 k 为可调参数，然后半个周期之后再关断该器件。试求作为 k 函数的平均输出电压为多少？

11. 在例 1.6.1 所示的极性反转电路中，假设每个开关器件在一半的开关周期 T 时间内处于导通状态，则可以利用能量平衡确定输出电压。若左侧开关器件导通 75% 的开关周期，而右侧开关器件导通 25% 的开关周期，输出将会如何？

12. 例 1.6.2 的升压转换器可实现双倍电压输出。设置左侧开关器件在 95% 的周期 T 时间内处于导通状态，右侧开关器件在 5% 的周期时间内处于导通状态。此时，V_{out}/V_{in} 为多少？

13. 图 1.42 所示电路给出了另一种使用开关器件和储能元件的电路结构。假设两开关器件交替动作，且各在 50% 的周期时间内处于导通状态。V_{out}/V_{in} 为多少？

14. 如例 1.6.5，计算使用串联 $R\text{-}L$ 负载的半波整流器中二极管在每一个周期中的关断时间。

15. 某无损耗 ac-ac 变换器的输入电压为 50Hz/ 峰值

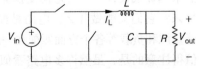

图 1.42　合理的开关功率变换器

400V、输出电压为 60Hz/ 峰值 400V。试为该变换器中必须的储能列写表达式。如果峰值电流为 50A，则以焦耳为单位的储能峰值为多少？

16. 开关功率变换器在输出功率为 100W 时具有 95% 的效率。当输出功率为 200W 时，效率线性增加至 97%（即 150W 时效率为 96%，依此类推）。同样地，当输出功率为 50W 时，效率降低至 94%。当电路内部功率损耗超过 6W 时，就会损坏变换器。如果变换器用于输出负载在 20W 和某最大极限负载之间时，能实现安全供电的输出功率上限是多少？

17. 某设计者构建上题 16 的变换器。但买方发现变换器效率略低于预期：效率 i 在 100W 时为 94.5%，在 200W 时为 96.5%，依此类推。用户将遇到什么功率限制？

18. 在图 1.43 所示电路中，两开关器件交替动作。左侧开关器件在 75% 的周期时间内处于导通状态，右侧开关器件在 25% 的周期时间内处于导通状态。电感和电容值都很大。基于能量分析，试找出变换器的 V_{out} 与 V_{in}、R_L 和 L 的关系式。如果 $R_L = R/100$，电路效率为多少？

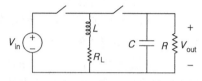

图 1.43　使用电感带损耗的开关功率变换器

19. 某电动机驱动一个具有平均 50 马力（1 马力 = 735.499W）机械输出的负载。该电动机的效率为 87%，预计至少运行 20 年，成本为 500 美元。其平均电费为 0.10 美元 /kW·h。

（1）在这台电动机 20 年的使用寿命中，与之相关的能源成本为多少？

（2）可通过一台价格为 2000 美元的逆变器用于调节电动机的运行并提高其运行效率。结果发现电动机加逆变器的综合效率为 90%。在 20 年的使用寿命中，其能源成本为多少？

20. 在典型的温带气候中，测量数据显示一块铭牌额定功率为 100W 的太阳能电池板，多年来平均每天能产生约 500W·h 的电能。以平均能耗为 300kW 的商业建筑为例：

（1）需要多少块这样的太阳能电池板才能为这座建筑提供全部能源？

（2）以 0.10 美元 /kW·h 的价格计算，一块功率为 100W 的太阳能电池板每年生产的电能的现金价值为多少？

21. 升压变换器（图 1.24）中，两开关器件交替工作。每个开关器件导通 10μs，再关断 10μs，依此类推。输入电压为 5V、电感量为 1mH、电容量为 100μF、电阻值为 10Ω、电容器的额定电压为 50V。

（1）试用能量平衡法求解输出电压和电感电流。

（2）当电阻器被断开但仍让变换器继续工作时，问题来了：试估计从电阻断开到电容电压超过额定限值需经历多长时间。

22. 如图 1.44 所示的某极性反转电路包括一个电容损耗模型。电阻 R_C 表示内部材料和电线的损耗。两开关器件交替工作。每个开关器件处于导通的时间为 50% 的开关周期。电感和电容值都很大。试给出变换器的 V_{out} 与 V_{in}、R_C 和 R 的关系式。（提示：能量守恒要求输入平均功率与加上内部损耗 $I_C^2 R_C$ 的输出平均功率相匹配）

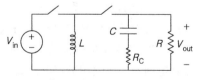

图 1.44　使用电容损耗模型的极性反转器

23. 串联调节器既能实现电流守恒又能实现能量守恒。举个例子，一个电路从 20V 直流源中提供 10V 直流输出，负载拖动电流为 5A，输入功率等于输出功率加上所有损耗，但输入、输出电流必须匹配。该变换器的效率为多少？对这种方法给出你的建议。

24. 设计者希望获得极性反转器的优点，但又要避免极性发生变化。一种方法是将两个变换器进行级联，第二个变换器"反转"第一个变换器的输出。如果每个变换器的左侧开关器件在 75% 的开关周期时间内处于导通状态，而右侧开关器件在 25% 的开关周期时间内处于导通状态，那么总比率 V_{out}/V_{in} 为多少？

25. 某逆变器产生频率为 60Hz、峰值为 200V 的电压方波。试问该电压的有效值为多少？

26. 某电动汽车逆变器具有 98% 的典型效率。该逆变器使用 6 个功率器件，6 个功率器件消散的功率大致相等，每个功率器件能处理 250W 功率损耗、600V 电压和 600A 电流。逆变器的其他部分共耗电约 200W。直流电源可提供 350V 直流电压。试问如何在不违反任何约束的条件下实现最大功率输出？

27. 如图 1.21 所示电路，如果存在功率流初始失配，经过较长的时间间隔，会发生什么？可以以起动的情况为例，初始时刻 i_L、v_C 均为 0。

28. 测量效率并不是件简单的事。在实验室环境下，测量某变换器具有 28.2W 的输入功率、28.4W 的输出功率。该测量仪表的精度为 ±0.75%。在此精度水平下，什么范围的功率损耗值能实现与数据保持一致？

29. 由于图 1.35 所示光伏板为串联连接，所以受到光照最低的一块常常对整体性能影响最大。对于图 1.36 和图 1.37 所示的光伏结构来说，情况并非如此，因为每块光伏板都独立运行。试比较下列情况中光伏发电系统输出到电网的功率。每个系统包括 10 块光伏板，在当地中午时间进行测量。

（1）以图 1.35 所示结构为例，每块光伏板在 50V 电压时能输出 500W 功率，电压并不会发生较大变化，但照明差异或其他因素能使单块光伏板输出电流下降达 5%。逆变器在 5kW 时的效率约为 97%。试求出传送到电网的输出功率。

（2）以图 1.36 所示结构为例，光伏板输出 500W 功率时其效率为 95% ~ 100% 之间随机均匀分布。dc-dc 变换器效率为 98%，逆变器效率为 97%。试求出传送到电网的输出功率。

（3）以图 1.40 所示结构为例，光伏板输出 500W 功率时其效率为 95% ~ 100% 之间随机均匀分布。微型逆变器的效率为 96%。试求出传送到电网的输出功率。

30. 风力涡轮机的额定功率为 1.5MW。目前正在探索两种不同的发电方式。在第一种方式中，涡轮机输出被转换成 750V 直流电，再分配给带有 10 组涡轮机的组合器，然后连接到逆变器以实现向电网的功率传送。在第二种方式中，涡轮机输出被抬升为 15kV（线电压方均根值）的三相交流电，然后直接连接到配电系统。试计算在每种方式下单台涡轮机和在第一种方式下 10 组涡轮机各需多大电流。并对不同方式给出你的建议。

31. 某海浪发电系统处于运行状态。浪波运动可以用峰 - 峰位移 1m、周期 5s 的正弦曲线来模拟。波浪转换装置被抛锚在海底使用，其大型浮漂可跟随波浪运动从而驱动发电机。如果发电机输出 250kW 的峰值功率，则其产生的力的峰值为多少？输出先被整流，再被逆变，最后连接到电网。如果使用额定电流高达 500A（峰值）的电力电子设备，你建议整流器的输出电压为多少？

32. 某混合动力汽车使用可存储 10kW·h 能量的 200V 电池堆。电池堆电压先通过升压变换器被抬升至 700V，然后传递到如图 1.41 所示的三相逆变器。在高速公路驾驶过程中，汽车以 20kW 每小时的速率消耗能量。在发动机熄火的情况下，你期望的电池电流为多少？你期望的逆变器输入电流为多少？为实现加速运动，这辆车在短短几分钟内消耗的功率可达 100kW。

在以上情况下，流入的电流各为多少？升压变换器需要使用多大额定电流的开关器件？

　　33. 地铁车辆通过第三轨道滑动触头从 750V 电压获得电能。严重情况下的电动机所需总功率高达 500kW，滑动触头的额定电流必须为多少？如果希望滑动触头的损耗小于 1kW（0.2%），则其接触电阻的最大值允许为多少？

参考文献

[1]　J. Motto, Ed., *Introduction to Solid State Power Electronics*. Youngwood, PA:Westinghouse, 1977.

[2]　J.M. Goldberg and M. B. Sandler, "New high accuracy pulse width modulation based digital-to-analogue convertor/power amplifier," IEEE Proc. Circuits, Devices and Systems, vol. 141, no. 4, pp. 315–324, Aug. 1994.

[3]　IEEE Global History Network. "AC vs. DC: The struggle for power" . [Online]. Available: http:// www. ieeeghn.org/wiki/index.php/AC_vs._DC.

[4]　C. T. Fritts, "A new form of selenium cell," *American Journal of Science*, vol. 26, p. 465, 1883.

[5]　P. C. Hewitt, "Method of controlling gas or vapor electric lamps," U.S. Patent 682 695, Sept. 17, 1901.

[6]　SDD303KT, Malvern, PA: Silicon Power, 2001（example）. [Online]. Available: http://www. siliconpower. com/_documents/Comp_Date/sdd303kt.pdf.

[7]　IDW40G65C5, Infineon Technologies, Rev. 2.0, June 2012（example）. [Online]. Available:http://www. infineon.com/search/en？ q = IDW40G65C5&sd = PRODUCTS.

[8]　E. Bahat-Treidel et al., "Fast-switching GaN-based lateral power Schottky barrier diodes with low onset voltage and strong reverse blocking," IEEE Electron DeviceLetters, vol. 33, no. 3, pp. 357–359, Mar. 2012.

[9]　R. F. Davis, J. W. Palmour, and J. A. Edmond, "A review of the status of diamond and silicon carbide de-vices for high-power, -temperature, and -frequency applications," in Tech Digest, Int'l. Electron Devices Meeting（IEDM）1990, pp. 785–788.

[10]　P. C. Hewitt, "Gleichrichter fur Wechselstrom," [Rectifier for ac] German patent 157 642, Dec. 19, 1902.

[11]　C. P. Steinmetz, "The constant current mercury-arc rectifier," Trans. AIEE, vol. 24, p. 271, 1905.

[12]　F. E. Gentry, F. W. Gutzwiller, N. Holonyak, Jr., and E. E. Von Zastrow, Semiconductor Controlled Recti-fiers: Principles and Applications of p-n-p-n Devices. Englewood Cliffs, NJ: Prentice Hall, 1964.

[13]　N. Holonyak, Jr., "The silicon p-n-p-n switch and controlled rectifier（thyristor）," IEEE Trans. Power Electronics, vol. 16, no. 1, pp. 8–16, Jan. 2001.

[14]　H. Rissik, Mercury-Arc Current Converters. London: Sir Issac Pitman and Sons, 1935.

[15]　H. Rissik, The Fundamental Theory of Arc Converters. London: Chapman and Hall, 1939.

[16]　W. McMurray and D. P. Shattuck, "A silicon-controlled rectifier inverter with improved commutation," *AIEE Trans., Part I*, vol. 80, pp. 531–542, 1961.

[17]　B. D. Bedford and R. G. Hoft, Eds., Principles of Inverter Circuits. New York: John Wiley, 1964.

[18]　K. Rajashekara, "History of electric vehicles in General Motors," IEEE Trans. Industry Applications, vol. 30, no. 4, pp. 897–904, July/Aug. 1994.

[19]　N. Tesla, "A new system of alternate current motors and transformers," *Trans. AIEE*, vol. V, no. 10, pp. 308–327, 1888.

[20]　J. Widlar, "New developments in IC voltage regulators," *IEEE J. Solid-State Circ.*, vol. SC-6, no. 1, pp. 2–7, Feb. 1971.

[21]　H. G. Prout, A Life of George Westinghouse. New York: Charles Scribner's Sons, 1922, pp. 109–112.

[22]　T. C. Quebedeaux, "The Apollo spacecraft electrical power distribution system," *IEEE Trans. Aerospace*, vol. 2, no. 2, pp. 472–477, Apr. 1964.

[23] I. M. Hackler, R. L. Robinson, and R. Hendrix, "A power management and distribution concept for space station," in *Proc. IEEE Int'l. Telecommunications Energy Conf.*, 1984, pp. 124–129.

[24] J. Millan, "Wide bandgap power semiconductor devices," IET Circuits Devices Syst., vol. 1, no. 5, pp. 372–379, 2007.

[25] A. A. Blandin, "Chill out: Better computing through CPU cooling," *IEEE Spectrum*, vol. 46, no. 10, pp. 34–39, Oct. 2009.

[26] K. Shenai, R. S. Scott, and B. J. Baliga, "Optimum semiconductors for high-power electronics," IEEE Trans. Electron Devices, vol. 36, no. 9, pp. 1811–1823, Sept. 1989.

[27] N. A. Armstrong, "The engineered century," The Bridge, vol. 30, no. 1, pp. 14–18, Spring 2000. Also available at: http://www.greatachievements.org.

[28] B. Lehman, personal communication.

[29] M. Rausand and A. Hoyland, System reliability theory: models, statistical methods, and applications, 2nd ed. Hoboken, NJ: Wiley, 2004.

[30] *American National Standard* for Metric Practice, ANSI/IEEE/ASTM SI 10-2010, April 2011.

[31] F. R. Patel, D. Reilly, and R. Adair, "150 Watt Flyback Regulator," Unitrode Power Supply Design Seminar. Lexington, MA: Unitrode, 1986.

[32] S. Meier, S. Norrga, and H.-P. Nee, "New topology for more efficient AC/DC converters for future offshore wind farms," in Proc. 4th Nordic Workshop on Power and Industrial Electronics（NORPIE）, 2004.

第2章 开关变换与分析

2.1 引言

开关元件种类繁多，图 2.1 仅展示了少量样本。探寻系统性的方法组装这些开关元件成为实用的电力电子电路，并研究如何运行它们是相当重要的。图 2.2 给出了基于第 1 章中通用电路得到的两种典型 dc-dc 变换器。其中图 2.2a 为降压变换器电路，图 2.2b 为添加了磁隔离而构成的极性反转电路（反激电路）。

图 2.1　机械开关和半导体器件是所有能量控制电路或系统的主要元器件

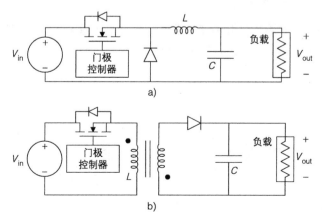

图 2.2　两种典型的 dc-dc 变换器

本章的目的是系统地介绍变换器原理和设计方法。图 2.2 采用金属氧化物半导体场效应晶体管（MOSFET）和二极管作为开关器件。图 2.3 所示的结构复杂的交 - 交变换器要满足基尔霍夫定律，并遵循开关器件配置的基本原则。这些规则影响开关器件和储能元件（电容和电感）的运行。基尔霍夫电压定律（KVL）和基尔霍夫电流定律（KCL）应用于电力电子领域。此外，我们还将分析作为开关的实际半导体器件特性及对系统设计的影响。

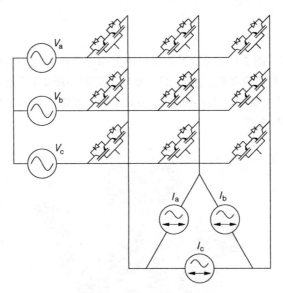

图 2.3　一种控制电网的 ac-ac 变换器

2.2　组合传统电路与开关器件

图 2.2 所示的非线性电路由线性电路与开关器件组合而成。开关器件状态决定了我们熟知的回路方程和节点方程的建立。尽管电路必须始终遵循 KVL 和 KCL 定律，但应当使用什么样的回路呢？以及开关器件动作时，应保持什么样的节点布置？为此，需要研究电力电子电路搭建和分析的方法。

2.2.1　关注构成变换器的开关器件

图 2.4 所示电路为一种隔离型开关变换器，其各种晶体管和二极管仅作为开关器件动作的过程并不明显。采取如下两个步骤进行初步分析：

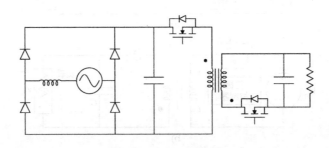

图 2.4　隔离型开关变换器

　　1）找出承载电流处于导通状态的半导体器件和承受阻隔电压处于关断状态的半导体器件。根据半导体器件的开关状态，绘制不同电路有助于了解功率传输路径。

　　2）用理想开关替换这些半导体器件。

　　多个开关的电路，常被电力电子工程师绘制成桥式电路。例如，图 2.5 中的四个开关器件可以视为图右侧所示的"H 桥"。图中圆形的"非"符号表示其相连两开关器件状态互补。两开关器件本身并不执行此操作，该符号仅用来表明门极驱动电路需保证它们交替运行。

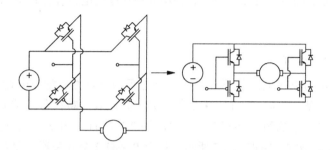

图 2.5　直流电机控制电路（右侧为等效 H 桥结构）

　　例 2.2.1　图 2.6 所示电路既能从电网中获取电能为电动汽车的电池充电，同时也可以驱动电动汽车的主电机。图中还展示了滤波元件和控制模块。下面用理想开关替换功率半导体器件，重新绘制凸显开关器件的电路。

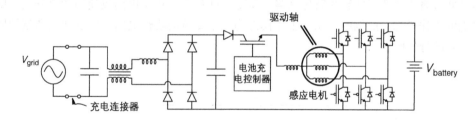

图 2.6　电动汽车双用途逆变器

　　图 2.7 重新绘制了强调电能路径的电路，包含功率半导体器件和主要的无源元件。电路左端为二极管桥式整流电路，右端为由六个功率开关器件所构成的三相桥式电路。并不存在电路的最佳画法，尽管有些电路结构（如桥式电路）为常见形式，但并非重新排列的电路总与基本工作模态相匹配。即便如此，重新排列电路通常还是值得的。图 2.8 给出了用理想开关替换功率半导体器件后得到的电路，为后续的电路分析提供了有益的开端。

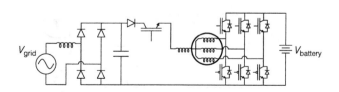

图 2.7　重新绘制的强调功率器件的双用途变换器

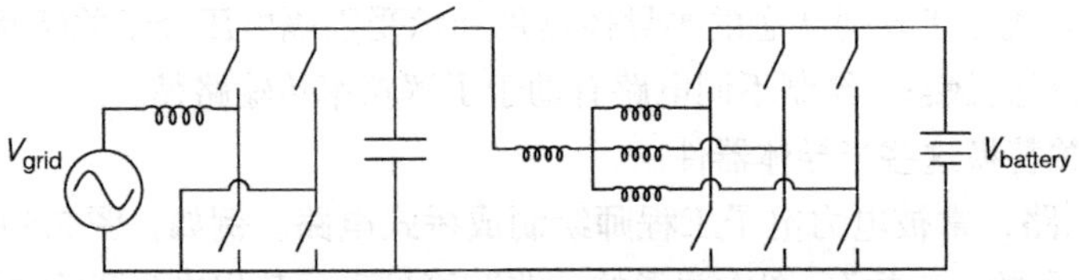

图 2.8　使用理想开关的双用途变换器

以上电路表示方法的目标有二：第一，强调处理功率的电路部分；第二，将功率器件用抽象的开关表示。

2.2.2　基于配置的分析

重新组织后的电力电子电路仍不能采用回路方程和节点方程加以分析，原因是开关的存在不适合直接列写方程。然而，每个开关器件必处于开通或关断状态，因此对于具有 n 个开关器件的电路，其开关状态的组合共有 2^n 个。如例 2.2.1 有 11 个开关，其开关状态的组合共有 $2^{11} = 2048$ 个。比较典型的电路如图 2.2 所示，每个电路有 2 个开关器件和 4 种可能的开关组合状态。每个开关组合定义为一种电路配置，或被称为一种工作模式，其中每个开关器件要么开通、要么关断。一种电路是一个易于分析的线性电路。电路是第 1 章中介绍的直接分段分析的基础，分段分析每个电路配置并将结果进行整合，可以得到完整的电路动作状态。

图 2.9 所示为一个用于平板显示器 LED 背光驱动电路，该电路包含了传感器、控制电路、功率半导体器件和作为负载的串联发光二极管（LED）。图 2.10 给出了用理想开关替换功率半导体器件并省略非功率元件后的简化电路。如图 2.11 所示，由于电路仅使用两个开关，即存在四种可能的工作模式。此例中，每个工作模式为一个简单的线性电路，可以通过典型的回路和节点方程来进行分析。

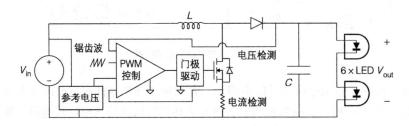

图 2.9　平板背光所使用的升压变换器

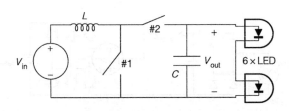

图 2.10　仅显示功率器件的升压变换器

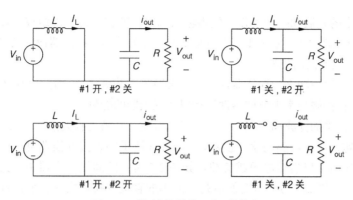

图 2.11 升压变换器的四种工作模态

基于配置的分析是电力电子电路的基本工具。虽然很少有一种方法可以将一个完整的电路作为一个整体来分析，但通过不同电路配置进行分析通常比较直观。实际电路的一个重要特征就是采取了减少工作模态数的开关策略。例如，图 2.6 理论上存在 2048 种工作模态，但由于二极管整流桥输出端的电容存在，使得输入整流桥与输出全桥相互独立工作。这样，输入整流桥有 4 个开关器件，可实现 16 种开关组合方式，而输出全桥有 7 个开关，可实现 128 种组合形式，从而最多需要研究 128+16 = 144 种组合。很快就会看到，电路定律将会快速减少电路工作模态的数量。

2.2.3 作为设计工具的开关矩阵

前述几节给出了评估和分析电力电子电路的步骤，对于电力电子电路的设计而言，则必须扭转问题的方向，需要求解开关器件的配置问题。图 2.12 给出了开关动作理想化处理后的一般案例。当需对任意数量的 m 个输入源和 n 个输出负载进行连接时，最多需要 $m \times n$ 个开关器件来搭建所有可能的电路配置。为了便于画图，可以将电路设置为如图 2.12 所示的 m 行 n 列**开关矩阵**。大多数情况下，这仅是一个概念，因为许多电路的规模很小。图 2.13 所示为一种使用 2×2 开关矩阵的通用 dc-dc 变换器，其具有 2 条输入线、2 条输出线和 4 个开关器件。如图 2.5 的右图所示，通常被绘制为具有四个器件的简单 H 桥电路。对于电网领域的应用将使用结构更加复杂的电路。比如，已经成功搭建了多于 48 条输入和输出线的多电平逆变器和高压直流电路。复杂的 ac-ac 变换器有时被称为矩阵变换器[1]，因为通用开关矩阵最适合对其进行表示。

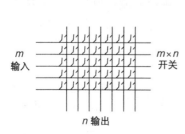

图 2.12 连接于任意输入和输出数目的开关矩阵

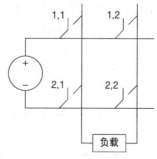

图 2.13 使用 2×2 开关矩阵的 dc-dc 变换器

由于在电路中的开通和断开动作，使得输入和输出的波形为分段组成。而滤波器可以平滑电流和能量流，比如图 2.2 所示的 LC 低通滤波器。开关动作与滤波器设计的结合使得电力电子工程师要面对以下三方面的挑战：

1）**硬件**问题：使用功率半导体器件构建开关矩阵，并满足容量需求和执行指定任务。

2）**软件**问题：控制功率半导体器件运行以实现预期的能量变换。

3）**接口**问题：添加滤波和储能元件以平滑能量流，并满足有关指标。

基于接口问题，存在两类功率变换器。如图 2.5 所示的直接变换器可以以开关矩阵的形式直接绘制出来，任何接口连接电源或负载。如图 2.7 所示的间接变换器中，其部分接口元件已嵌入到开关矩阵中。图 2.2 的降压变换器是最简单的直接变换器之一，而极性反转变换器则属于间接变换器。

软件问题需对开关动作进行刻画。为此，开关函数是一种有效的工具。既然任何开关状态都是或通或断，所以实际开关矩阵的动作可以用 $m \times n$ **开关状态矩阵** $\boldsymbol{Q}(t)$ 来表示。矩阵元素值为 1 或 0，并随开关运行所处的时间而变化。如图 2.14 所示，开关动作与状态矩阵 $\boldsymbol{Q}(t)$ 之间存在着直接映射关系。开关状态矩阵的元素 $q_{ij}(t)$ 称为**开关函数** [2,3]。开关函数广泛应用于电力电子电路的控制和运行。开关函数还有一个重要的用途：图 2.2 所示"门控制器"模块通过使用模拟或数字电路设计来实现一定功能的开关函数并控制开关运行。一些厂商制造可满足此需求的**门极驱动**集成电路。

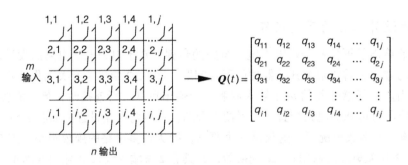

图 2.14 硬件开关与开关状态矩阵之间的映射关系

图 2.15 所示为 5V 转 3.6V 的 dc-dc 变换器（用于 USB 电池充电器）的典型开关函数。该周期性波形通过驱动器件的导通和关断来控制功率变换器。还可以通过模拟或数字调制方法调节该方波来实现对功率变换器的控制。

基于以上的讨论，硬件问题可以通过选择满足额定值和开关特性的开关器件来解决。软件问题是确定正确的开关函数以及调节方法。接口问题则给滤波器设计带来了挑战。考虑如图 2.16 所示开关交替工作的变换器，存在两种电路结构，当 1 号开关器件导通时 $v_s = V_{in}$，关断时则 $v_s = 0$，从而有

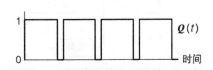

图 2.15 用于 USB 电池充电器的典型开关函数

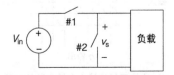

图 2.16 开关交替工作的变换器

$$v_s = q_1 V_{in} \qquad (2.1)$$

它为方波。如果此变换器用于传输电流，就必须滤掉 v_s 的交流分量以保留所期望的直流输出。

2.3　基尔霍夫定律的存在

2.3.1　切换冲突带来的挑战

在常规的电路分析中，KVL 和 KCL 定律是建立电路方程的工具。在电力电子领域，情况则有所不同。开关器件并不"清楚"电路的基本定律，初学者有可能提出与这些定律相违背的电路结构。对电力电子电路的设计与运行而言，确保电路结构遵循 KVL 和 KCL 定律至关重要。考虑图 2.17 所示试图实现 ac-dc 变换的简单电路，存在许多问题。KVL 定律阐明"闭合回路的电压降代数之和为零"。开关器件关断时电路结构不会出现任何问题，但如果开关器件导通，则回路电压之和将不为零。实际上，由于仅受导线电阻的限制，闭合回路将会产生大电流。导线电压降仍遵循 KVL 定律，但导线过热将会引发火灾。这促进了熔断器和断路器的使用，但因它们动作太慢，无法防止功率变换器的损坏。KVL 定律警告说："不相等的电压源不能直接相连"。设计者所面临的挑战是确保电路结构不能违背 KVL 定律。如图 2.17 所示电路在开关器件导通时会引发麻烦，因此没有任何规则可以阻止人们构建和操作这样的电路，这个意识很重要。图 2.18 展示了一种高功率交流和低功率直流的危险组合形式。基本常识告诉我们不应该使用这种电路。由于 KVL 定律的存在：**必须避免连接不等电压源的开关操作**。值得注意的是，一根导线突然短路可能造成电压源 $V = 0$，因此此通用的警告就是避免电压源短路。

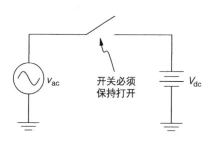

图 2.17　假定的 ac-dc 变换器

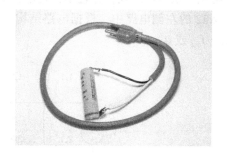

图 2.18　高功率交流电源与低功率直流电源的危险组合（若无足够安全防护措施，切勿进行试验）

现在考虑图 2.19 所示的电路。如果电流源不同，开关器件导通时不会出现问题。但如果开关器件断开，流入中心节点的电流之和将不会为零。在实际电路中，形成的高压会产生电弧，并迫使该电弧建立另一条电流通路。这种情况有可能同样对电路造成损害，使用熔断器也无济于事。在交流电网中，电流通路相当重要。当电网中的开关器件导通时，电弧几乎会同时出现。但是，交流波形每周期有两个过零点，这为电流降为零和电弧熄灭提供了一种方式。可见，KCL 定律的存在：**必须避免导致不等电流源相连的开关运行动作**。开路可以看作 $I = 0$ 的电流源，因此需对断开单个电流源的问题提出警告。在实际中，KCL 被理解为"始终提供一条电流通路"的规则。当需要切换成电流源时，必须提供一条通路。

在电网中，大型机械开关配有提供一个可接受的电弧通路并起到灭弧作用的辅助"电弧管理"装置。在电力电子领域，这并不简单。如果设计者不小心短路了两个电压源或断开了一个电流源，则会产生一些问题。图 2.20 所示为一个用于电机控制系统的 dc-dc 变换器。该电路当时价值约 1000 美元，由于开关器件误导通使得不等电压并联而受到损坏。

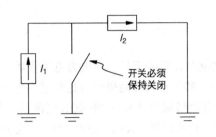

图 2.19　包含电流源的功率变换器

图 2.20　昂贵的电机控制器，由于"违反 KVL 定律"的意外事故而受到损坏（注意晶体管盒中的孔洞，半导体的爆炸穿透了其封装）

2.3.2　电压源与电流源的互连

由于 KVL 禁止不等电压源互连，KCL 禁止不等电流源互连，貌似我们因此陷入了僵局。如图 2.21 所示，使用任何电源、负载和开关器件进行操作以提供电能变换的概念仍不完善。这个问题在图 2.22 所示的电压源和电流源互连得到了纠正。此外还存在一些限制：电路结构必须提供电流路径，并且不得使电压源短路，但是可以开路电压源和短路电流源。例如，在图 2.22 的左侧电路中，根据电路结构，输出电压可以为 $+V_{in}$、$-V_{in}$ 或 0，输入电流可以是 $+I_{out}$、$-I_{out}$ 或 0。

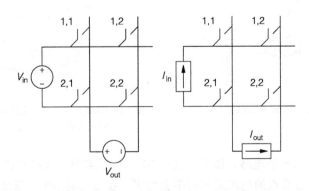

图 2.21　同类电源之间不能进行能量交换

电压源与电流源必须互连的约束条件为电能转换电路增加了不寻常的特性。在电力电子领域，与传统上重视电压源相比，电压源和电流源其实同等普遍。电路接口部分经常模拟电压源或电流源，最终实现"电压转换为电流"或"电流转换为电压"。在复杂的多级功率变换器中，KVL 和 KCL 暗示了这样一个进程：电压先转化为电流，再转化为电压，再转化为电流，以此类推。

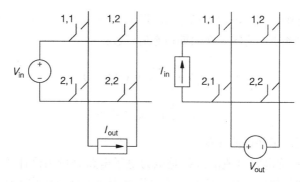

图 2.22 采用开关矩阵方式可进行电压源和电流源之间的能量交换

2.3.3 短期与长期的违规操作

当电路中包含储能元件时,电路定律限制将带来一些有趣的影响。试观察图 2.23 所示电路。在图 2.23a 中,根据 $V = L\mathrm{d}i/\mathrm{d}t$,电压源将导致电感电流无限上升。由于其长时间的影响类似于短路电源,这可能会被认为是一个 "KVL 问题",但是,只要确定没有一直保持这种连接,就不会存在问题。在图 2.23b 中,电流源导致电容电压无限增大,这可能也被认为是一个 "KCL 问题"。在足够长的时间之后,电弧将形成一条额外的电流路径,就像电流源开路一样,但只要确认是短时间的就不会有问题。功率转换器的运行会周期性地经历该电路结构,而不是无限期地停留在该状态。这可能会引起学生的困惑,因为他们经常会学到电路稳态时的电感可视为短路,从而认为图 2.23 存在问题。然而,只要持续时间有限,图 2.23 就不会有问题。

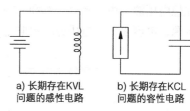

a) 长期存在KVL
问题的感性电路 b) 长期存在KCL
问题的容性电路

图 2.23 与电源相连的储能元件

违反 KVL 和 KCL 定律的行为以短期问题出现,即便在纳秒时间级别上,也必须始终提供电流通路。长期问题则表现在储能元件连接电源的时间过长。问题时间的长短取决于功率水平、开关器件和设计目标。在用于微处理器的高性能 dc-dc 变换器中,"短期" 以皮秒计算,而 "长期" 以微秒计算。在公用电网中,短期问题以微秒为单位,而经历数十或数百毫秒的长期违规可能对电网并没有影响。某些特殊的应用场合,其要求更为严苛。在超导磁储能中,电压源可能与电感连接数小时。当超级电容被用来储存汽车的制动能量时,其可能会被施加电流源好几秒钟。

2.3.4 电感电压和电容电流平均值的理解

即便在有限的时间间隔内按图 2.23 所示的电路连接,电感也不能施加过长时间的直流电压,电容也不能通过过长时间的直流电流。因为施加在电感上的直流电压(无论多小)将使其电流不断上升,施加在电容上的直流电流将使其电压不断升高,最终会超过它们的安全极限。由于直流电压和直流电流是按平均值进行计算,在较长的时间间隔内以下两个规则可以适用:

1)电感两端的平均电压为零。

2)通过电容的平均电流为零。

大多数功率变换器呈周期性开关动作。开关周期提供了一个合适的时间间隔。在**周期性稳**

态运行过程中，当电路中各值已经进入稳态后，即 $v_L(t)=v_L(t+T)$ 和 $i_C(t)=i_C(t+T)$，则平均电感电压和平均电容电流必然为零。在周期稳态运行过程中

$$\langle v_L \rangle = \frac{1}{T}\int_t^{t+T} v_L(s)\mathrm{d}s = 0$$
$$\langle i_C \rangle = \frac{1}{T}\int_t^{t+T} i_C(s)\mathrm{d}s = 0$$

$$(2.2)$$

式中，角括号符号广泛用于平均值计算。

平均电感电压和平均电容电流的规则是电力电子电路分析和设计的强有力工具。由于式（2.2）的积分单位分别为伏特·秒和库仑，许多设计者将电感公式称为伏秒平衡条件，将电容公式称为电荷平衡条件。也就是说，条件 $\langle v_L \rangle = 0$ 等同于要求每周期内对电感施加的净伏秒为零；条件 $\langle i_C \rangle = 0$ 要求每周期内对电容施加的净电荷为零。

在图2.24所示的电路中，因为电感两端的平均电压为零，则平均端电压 $\langle v_T \rangle$ 必与 V_{in} 相同。假设瞬时电感电压有限，由于 $v_L = L(\mathrm{d}i/\mathrm{d}t)$，按照 $\mathrm{d}i/\mathrm{d}t = v_L/L$，意味着电感上的电流变化也是有限的。从而可以选择足够大的电感以使电流的变化尽可能小。某个输出电流变化很小的电源可以看作理想电流源。正如图2.25给出的，大电感可用于模拟理想电流源，大电容可模拟理想电压源。由于 $\langle v_L \rangle = 0$ 和 $\langle i_C \rangle = 0$，其平均值也将保持不变。注意到对偶性，电感表征为电流源，电容表征为电压源；串联电感的电压源表征为电流源，并联电容的电流源表征为电压源。

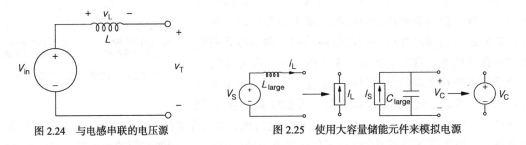

图2.24 与电感串联的电压源　　　图2.25 使用大容量储能元件来模拟电源

2.3.5 电源转换

开关电源的用户期望使用理想的电源。电气和电子设备的设计者通常认为可以获得理想的（或接近理想的）能量供应。许多商品化电压源都很接近这一要求。典型的美国家用插座可以输出从空载至断路器电流限定值的120V/60Hz电能。汽车中的12V直流电源额定电流高达约200A。对理想电源的期望导致了电源转换的构想。根据这个构想，功率变换器通常被设计成理想电源，而电力电子电路被用来管理理想输入和输出之间的能量流动。

> **定义**：电源转换是指描述控制理想电源之间能量流的电力电子电路的运行行为的概念。

这个概念如图2.26所示，其包含了一个理想输入电压源、一个电力电子电路和一个理想输出电流源。电力电子电路担负着电源之间能量交换的管理角色。

根据KVL和KCL定律，电源转换必须满足"电压源变换为电流源"或"电流源变换为电压源"的约束，因为开关矩阵不能实现对两个不等电压源或两个不等电流源之间的能量流动

图2.26 通过电源转换来实现能量交换的电力电子系统

的控制。在某些场合中，无法满足电压源变换电流源或电流源变换电压源的约束，一种替代方案是在功率变换器内部引入中间电源。这样将"电压—电压"转换通过电压—电流—电压的过程来实现。该中间环节被称为转移电源。转移电源不提供或消耗能量，由于它位于输入和输出之间，应该不影响要求的能量交换。

　　定义：转移电源位于输入电源和输出电源之间的功率通路上，是一种不消耗能量的理想电源，它在能量从输入到输出之间的传输中充当一个临时的中介。

　　包含转移电源的变换器为间接型变换器。图 2.27 给出的是一个用户寻求理想电压源的示例，通过转移电流源 I_T 的中间步骤实现的。

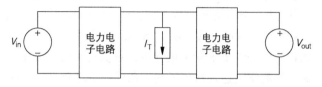

图 2.27　用于电压—电压转换需求的转移电流源

2.4　开关函数及其应用

　　我们能否根据给定的开关矩阵框架和开关函数以及 KVL 和 KCL 定律约束条件，找出一些系统的方法来研究开关的工作方式。软件问题可描述为选择开关函数实现所期望的运行动作。

　　例 2.4.1　考虑如图 2.28 所示一个三相四线制交流输入直流输出变换器。KVL 定律施加的约束条件可以通过开关函数的数学表达式来表述。试写出代表 KVL 定律约束条件的表达式。

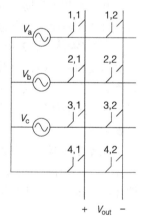

图 2.28　三相四线制交流输入两线直流输出的开关矩阵

　　该变换器的开关状态矩阵 $\boldsymbol{Q}(t)$ 有八个元素，分别为 $q_{11} \sim q_{41}$，$q_{12} \sim q_{42}$。通常，三个输入电压并不相同。为了满足 KVL 定律，必须确保这些电压之间不存在互连。值得注意的是，在图 2.28 所示开关矩阵中任一列不能同时导通两个或多个开关器件。对于开关状态矩阵，要么单列的所有四个元素都为零，要么只有一个元素为 1。如果将列元素相加，如 $q_{11} + q_{21} + q_{31} + q_{41}$，KVL 定律要求列元素之和不得大于 1。则 KVL 定律的约束条件可表述为

$$\sum_{i=1}^{m} q_{ji} \leqslant 1 \text{（对于任意 } j\text{）} \tag{2.3}$$

如果满足上式，则单列上导通的开关器件数量不会超过两个，也满足 KVL 定律。在此例中，每列独立动作。对于 KVL 定律来说，开关 1,1 和 1,2 可以同时导通，开关 1,1 和 2,2 也可以同时导通，如此类推。

　　可以用带电压源和电流源的 2×2 矩阵来展示其数学处理的能力。

　　例 2.4.2　对于图 2.29 所示的电路，试写出代表 KVL 和 KCL 约束条件的独立表达式。当两者组合在一起，会对开关运行产生什么影响呢？

避免电压短路的 KVL 约束条件意味着 $Q(t)$ 单列数值的总和不得超过 1。KCL 约束条件要求始终存在电流通路。该电流通路要求任意瞬间单列中至少有一个开关处于导通状态。即便单列中有两个开关实现导通，KCL 定律也能得到满足，因为多个开关器件将为电流提供多条通路。满足 KVL 约束条件的结果是 $q_{11}+q_{21} \le 1$ 和 $q_{12}+q_{22} \le 1$；而满足 KCL 约束条件的结果是 $q_{11}+q_{21} \ge 1$ 和 $q_{12}+q_{22} \ge 1$；当两者组合在一起，其结果是 $q_{11}+q_{21} = 1$ 和 $q_{12}+q_{22} = 1$。该数学表达式代表的结果可以满足如图 2.29 所示开关矩阵的 KVL 和 KCL 约束条件，矩阵每一列在任何时刻都必须恰好有一个开关器件处于导通状态。如果导通开关减少，将断开 KCL 所需的电流通路，而导通开关增多，将使电压源短路。在任一列中，开关器件必须交替工作，任何时候都只能有一个开关器件导通。

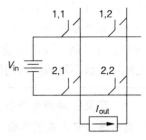

图 2.29 2×2 变换器的输入电压和输出电流

这些例子仅给出了对当前问题的一些看法。例如，如果图 2.29 中的输入是电流源而输出是电压源，则 KVL 和 KCL 约束条件要求开关矩阵单行数值总和恰好等于 1。开关状态矩阵缩减了某些开关动作，其缺点是数学表达式掩盖了约束条件的物理意义。须谨记 $q_{11}+q_{21} = 1$ 并不仅代表"矩阵列和为 1"的概念，更要迅速想到"有且仅有一个开关器件处于导通状态"。如果开关器件的运行违背了这些约束条件，则变换器、电源和负载都将可能受到损坏。

开关函数也有助于描述变换器的运行。试考虑另一个带三输入的变换器来解释这些概念。

例 2.4.3 图 2.30 所示为具有三个输入源、四个输入线、两个输出线和一个阻性负载的变换器。在许多实际应用中，期望电源和负载存在一个公共参考点。在此，可通过始终保持开关 4,2 导通来实现。这会如何影响其他开关器件呢？试用开关函数写出 $V_{out}(t)$ 的表达式。

在此变换器中，每列中最多只有一个开关器件导通。如果开关器件 4,2 一直导通（比如总是 $q_{42} = 1$），那么第二列中的其他开关器件都不能导通。则开关状态矩阵可表述为

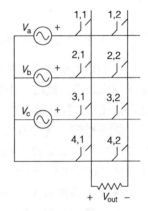

图 2.30 带有三输入源、四个共输入线、两个输出线和一阻性负载的功率变换器

$$Q(t) = \begin{bmatrix} q_{11}(t) & 0 \\ q_{21}(t) & 0 \\ q_{31}(t) & 0 \\ q_{41}(t) & 1 \end{bmatrix} \qquad (2.4)$$

KVL 约束条件要求 $q_{11}+q_{21}+q_{31}+q_{41} \le 1$。通过选择 Q，可以看到当开关器件 1,1 导通时输出电压为 V_a；当开关器件 2,1 导通时输出电压为 V_b；当开关器件 3,1 导通时输出电压为 V_c；当开关器件 4,1 导通时输出电压为零。由于负载为阻性，从而允许四个开关都关断，此时负载无电流流过且输出电压为零。从而可以得到输出电压表达式为

$$V_{out} = q_{11}(t)V_a(t) + q_{21}(t)V_b(t) + q_{31}(t)V_c(t) \qquad (2.5)$$

按照矩阵表示法，上式为一个矩阵乘法 $V_{out} = V_{in}Q$，其中 V_{in} 被定义为行向量 $[V_a\ V_b\ V_c\ 0]$，V_{out} 被定义为行向量 $[V_{out}\ 0]$。

开关函数的实际选取决定于变换器的具体运行。在此例中，适当的开关函数选取能够构建整流器或交 - 交变换器。以下给出了一些选取案例。

例 2.4.4 考虑例 2.4.3 中的变换器，设输入为 60Hz 正弦波，$V_a(t) = V_0\cos(120\pi t)$，$V_b(t) = V_0\cos(120\pi t - 2\pi/3)$，$V_c(t) = V_0\cos(120\pi t + 2\pi/3)$。操控开关器件以满足 $q_{11} + q_{21} + q_{31} = 1$，使得三个开关器件中的每个都能对称导通三分之一个周期，并保证每个开关器件在对应的交流输入电压峰值处导通。试绘制 $V_{out}(t)$ 的波形图。

图 2.31 中的上图为三个输入电压波形，中间波形为问题描述的三个开关函数。输出电压由多个输入片段组成。当 $q_{11} = 1$ 时，V_{out} 等于 V_a，依此类推，V_{out} 波形如图 2.31 下图所示。可见，该波形平均值不为零。直流分量意味着该电路为整流器。该波形在工业可控整流器系统中很具有典型性。（通过积分验算）直流分量为 $0.413V_0$。

例 2.4.5 考虑与例 2.4.4 中相同的变换器，其不同之处在于开关器件在输入电压的正、负峰值附近对称地导通。则开关函数可表示为

$$q_{11} = \begin{cases} 1 & \text{靠近} V_a \text{的正峰和负峰} \\ 0 & \text{其他} \end{cases}$$

$$q_{21} = \begin{cases} 1 & \text{靠近} V_b \text{的正峰和负峰} \\ 0 & \text{其他} \end{cases}$$

$$q_{31} = \begin{cases} 1 & \text{靠近} V_c \text{的正峰和负峰} \\ 0 & \text{其他} \end{cases}$$

绘制此工况下输出电压 $V_{out}(t)$ 的波形。

输入电压和开关函数波形如图 2.32 所示。输出电压波形可以通过直接的方式构建而成，如图 2.32 下图所示。有趣的是，V_{out} 的平均值为零。选择此开关矩阵 Q 形成的是交 - 交变换器而不是整流器，其波形为频率 180Hz 的方波，电路是合理的 60 ~ 180Hz 变换器。选择不同的开关函数将产生不同的输出结果。

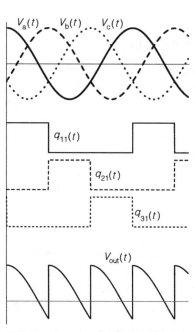

图 2.31 例 2.4.4 的电压和开关函数波形

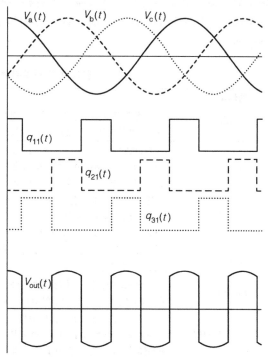

图 2.32 例 2.4.5 的三种输入电压、开关函数和输出电压波形

开关函数能够决定任何开关矩阵的输出行为。由于它们描述了变换器的操作，因此开关函数是电力电子设计强有力的工具，是刻画许多变换器存在的问题和对比不同方案的基础。

2.5 功率开关器件综述

2.5.1 实际的开关器件

开关函数的值为 1 或 0，或者说开关器件要么导通要么关断。当开关器件导通时，它将在任意时间范围和任意方向上承载任意大小的电流。当开关器件关断时，无论施加的电压为多少，其流过的电流都为零。以上两种情况组合描述的是**理想开关**。理想开关是无损元件，并且导通状态变为关断状态是瞬时完成的。

实际开关是一种近似于理想开关的器件。如图 2.33 所示的实际开关器件不同于理想开关器件的特性在于：

- 限制导通电流的大小或方向
- 限制关断电压的幅度和方向
- 非零通态压降（如二极管正向电压）
- 开关器件被关断后存在漏电流
- 有限的开关速度。导通与关断状态之间的过渡时间可能很重要。

图 2.33　一些典型的功率半导体器件

实际开关器件特性与理想开关特性的匹配程度取决于应用。例如，二极管可以导通直流电流；其单向导电特性可能是优点而不是缺点。表 2.1 列出了最常见功率半导体器件的基本特性。该表显示了各种不同的开关速度和额定值等级。一般来说，较快的开关速度应用于较低的功率等级。对于每种器件类型，速度更快或功率等级更高的成本往往也会增加。

表 2.1　一些现代功率半导体器件类型及其基本特性

器件类型	功率器件特性
二极管	电流额定值从小于 1A 到大于 5000A、额定电压值从 10V 到 10kV 或更高。最快的功率器件开关器件时间小于 20ns，而最慢的则需要 100μs 或更多。适用于整流器和 dc-dc 变换器
场效应晶体管	当施加足够的栅极电压时可以开通漏极电流。功率 MOSFET 的物理结构上存在一个并联反向二极管。额定值从约 1A 到约 100A、从 20V 到 1200V，开关时间从 50ns 到接近 200ns。适用于广泛使用场效应晶体管的 dc-dc 变换器和逆变器
晶闸管	施加栅极脉冲后像二极管一样传导。只有当电流变为零时，晶闸管（SCR）才会关闭，从而在出现脉冲之前阻止电流流动。额定值为 10～5000 A 以上、0.2～6kV。开关要求 1～200μs，主要用于可控整流器
门极可关断晶闸管	门极可关断（GTO）晶闸管是一种三极管，可通过向其门极发送负电流脉冲来关断。额定值接近三极管，且开关速度相近。它用于额定功率超过 500kW 的逆变器
双向晶闸管	一个采用五层半导体实现两个 SCR 反向并联的功率半导体器件。其额定值从 2A 到 50A、从 200V 到 800V。应用于灯具调光器、家用电器和手持工具
绝缘栅双极晶体管	一个具有双极结型晶体管 BJT 功能且其基极由 FET 驱动的功率晶体管。其开关速度快于同等功率等级的 BJT。额定电流从 10A 到 600A 及以上、电压从 600V 到 4500V。绝缘栅双极晶体管 IGBT 主要应用于 1～200kW 以上的逆变器

2.5.2 受限开关

导通与极性阻断本质上与每种器件的类型相关，这些基本特性限制了在指定转换功能下开关器件的使用。以二极管为例，其能导通某方向的电流而对另一个方向的电流进行阻断。理想二极管无正向导通压降或断态泄漏电流，虽然理想二极管并不具备理想开关的所有特性，但它仍是一种重要的开关器件。定义受限开关来表征此行为相当有用。

> **定义**：受限开关是一种受电流方向和电压极性约束的理想开关。理想二极管就是受限开关的一个例子。

根据极性组合方式，存在五种可能的受限开关。由于二极管始终允许电流沿一个方向流动并阻止反方向的电流流动，因此它是一个正向导通和反向阻断（FCRB）的受限开关。通过两个端子提供必要的信息，该 FCRB 功能能够自动实现。其他所有受限开关需要一个第三门极端口来确定它们的工作状态。表 2.2 中列出了可能出现的极性。像双向传导反向阻断（BCRB）等其他功能可以通过反向连接五种类型中的一种来获得（此例中，双向传导正向阻断与其功能相反）。

表 2.2　受限开关类型

动作	名称	器件
正方向导通电流，反方向阻断电流	正向导通反向阻断（FCRB）	二极管
导通或阻断单方向电流	正向导通正向阻断（FCFB）	绝缘栅双极晶体管
单方向导通电流或双向阻断电流	正向导通双向阻断（FCBB）	门极可关断晶闸管
双向导通电流，单方向阻断电流	双向导通正向阻断（BCFB）	场效应晶体管
双向导通或阻断电流	双向导通双向阻断（BCBB）	理想开关

若将二极管的三角形解释为载流方向，条形理解为阻断方向，就可以构建受限开关的符号。图 2.34 给出了五种受限开关类型符号。虽然受限开关符号并不经常使用，但它们表明了开关器件的极性行为。使用受限开关绘制的电路代表了理想化的功率变换器。

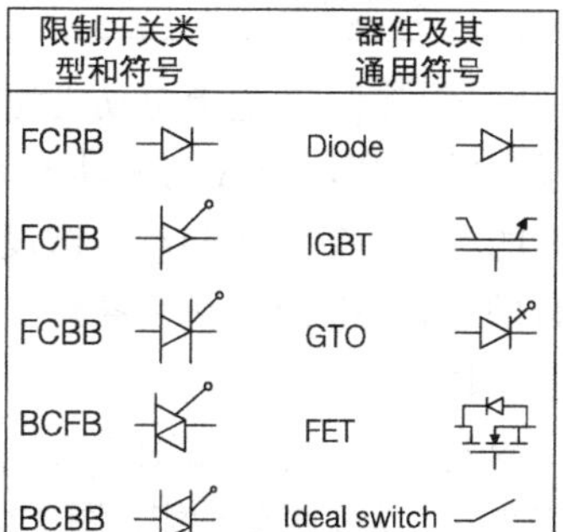

因为功率变换能直接映射到受限开关，进而到器件，因此这个概念很有价值。以将直流电压源转换为交流电流的逆变器为例，实现该功能的开关矩阵必须控制双向电流和单向电压，从而期望开关矩阵使用 BCFB 型受限开关。其得到的正确结果是：逆变器使用由 MOSFET 或带反向并联二极管的绝缘栅双极型晶体管（IGBT）构成的受限开关从直流电压源获取能量。图 2.35 所示为 IGBT 和

图 2.34　受限开关器件名称和符号

二极管组成的复合开关。图 2.36 所示的符号指明了晶体管和二极管组合可以实现 BCFB 功能。IGBT 通常与反向二极管共同封装在一起以供逆变器设计使用。

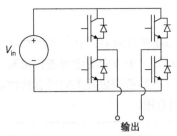

图 2.35　需要使用 BCFB 功能的逆变器或类似设备

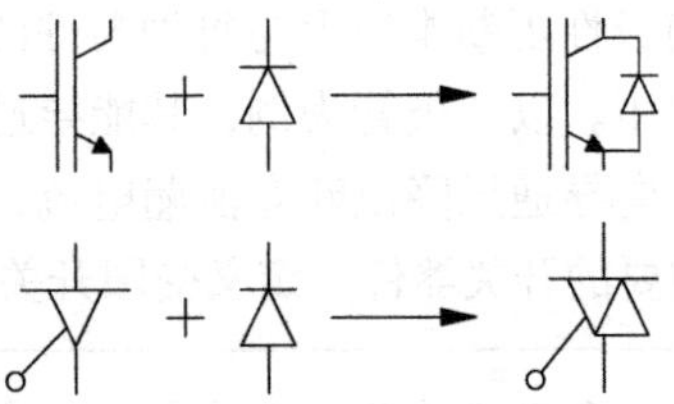

图 2.36　实现 BCFB 功能的绝缘栅双极晶体管 - 二极管组合器件

由于必须具有在两个方向上导通或阻断电流以及在任何条件下实现导通或关断的能力，BCBB 型受限开关难以用半导体器件来实现。这种双向开关功能必须由更为复杂的开关组合构成。图 2.37 所示案例就是采用背靠背式的 IGBT 和二极管组合而成。该开关器件共享同一单独的控制门极。

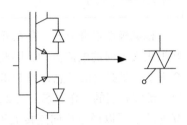

2.5.3　典型器件及其功能

图 2.37　实现 BCBB 功能的绝缘栅双极晶体管 - 二极管组合器件

当新型器件推向市场时，都会明确其适用于哪些类型的变换器。表 2.3 列出了几种不同转换类型及其与受限开关的映射关系。将开关器件映射到具体的变换器，对极性判断很有帮助。当器件导通时，允许哪个方向的电流？当器件关断时，阻断哪个方向的电压？这些问题有助于研发人员进行电路布局和合理选择器件的功率容量。比如下面的例子。

表 2.3　基于变换器功能的受限开关选择

变换器功能	器件类型	备注
不可控整流（无控制）	FCRB	无须任何控制的无门极运行方式
交流输入可控整流器	FCBB	必须调整导通或关断来实现控制，必须处理双极性电压，但仅需处理直流电流
直流输入逆变器	BCFB	必须处理双极性电流
直 - 直变换器	FCFB, FCRB	仅需单极性
交 - 交变换器	BCBB	对交 - 交变换来说需要全双向开关

例 2.5.1　一直流电动机为电子装配厂自动物料搬运小车提供动力。小车配有 24V 电池组。电动机需要高达 50A 的驱动电流来实现加速操作。在再生制动期间，该电动机能够产生高达 50A 的电流回馈到电池组。试设计一个可以控制该电动机的功率转换电路，并定义施加于开关运行的 KVL 和 KCL 约束条件。试设计功率等级、说明器件类型及其方向，并推荐开关器件的额定参数。

这是一个从电池端两输入到电动机端两输出的 dc-dc 变换器应用实例。为实现此功能，图 2.38 重新绘制了具有 2×2 开关矩阵的 H 桥电路。电动机为感性负载，其电感电流不能突变。这意味着开关矩阵必须为电动机提供电流通路，但是不能使电池短路。KVL 要求任何时候开关矩阵每列中不能超过 1 个开关器件处于导通状态。KCL 和电流通路则要求每列中至少有一个开关器件处于

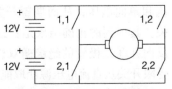

图 2.38　例 2.5.1 中用于电机控制的
H 桥 dc-dc 变换器

导通状态。因此，每一列中的开关器件需交替导通，从而有 $q_{11}+q_{21}=1$ 和 $q_{12}+q_{22}=1$。

　　开关器件类型如何选取呢？由于电动机能实现再生制动，开关器件在导通时能在另一个方向上导通电流。因此，所有开关器件需要具有双向导通的能力，并在关断时能阻断电压。例如，当开关器件 1,1 关断时，KVL 和 KCL 约束条件需要开关器件 2,1 导通。此时电路结构使得开关器件 1,1 两端承受上正下负的 24V 电池电压。对四个开关器件来说，具有同样的道理，因此所有开关器件都采用条形在上面的 BCFB 型器件。由于应用场合电压较低，从而使用了功率 MOSFET，图 2.39 给出了最终的结果。每个开关器件在导通时必须能承载（最高 ±50A）电动机电流、关断时必须阻断（+24V）电池电压，因此每个开关器件的额定值必须至少为 24V 和 50A。

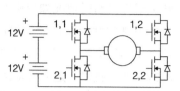

图 2.39　使用 MOSFET 器件的 H 桥 dc-dc 变换器（功率 MOSFET 明确带有反向二极管）

　　虽然例 2.5.1 的 H 桥为 dc-dc 变换器，但其具有与逆变器相同的拓扑结构。这是因为从开关器件的角度来看，电动机再生制动将产生与交流电等效的双向电流。表 2.4 列出了功率 MOSFET FQP50N06 的部分参数[4]。该器件额定电流为 50A、额定电压为 60V。额定电压需要预留一定的裕度，因为：①24V 电池在充电期间电压可升至 30V；②电路需要额外的电压裕量以确保可靠性。对于例 2.5.1 这样的应用场合，FQP50N06 是一个典型的器件应用。

表 2.4　功率 MOSFET FQP50N06 的部分参数

参数	数值
最大导通漏极电流	50A 连续电流，200A 脉冲电流（温度限制）
最大关断漏源电压	60V
导通压降	阻性，典型值 0.022Ω
断态漏电流	在 150℃时为 10μA
总开通时间	120ns
总关断时间	125ns
反并联二极管正向导通压降	电流 50A 时为 1.5V

　　图 2.40 所示电路可能适用于三相可控整流器。六个开关器件组合构成"桥"式连接。注意图中使用了 FCBB 型开关符号：每个器件在关断时都需阻断输入交流电压，导通时则都需承载单方向的输出电流。下面这个示例给出了其详细阐述。

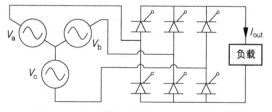

图 2.40　基于受限开关的三相可控整流电路

　　例 2.5.2　图 2.40 所示电路为用于焊机的可控整流器。其三相输入线电压有效值在频率为 50Hz 时为 200V，输出电流最高可达 20A。试给出 KVL 和 KCL 约束条件，并推荐适合此应用的开关器件。

　　输出负载包含能使电流保持连续的电感。KVL 约束条件要求三相输入电压不能相互连接，即要求在给定时刻每**行**不能超出一个开关器件处于导通状态。KCL 约束条件需要保证一定的电流通路，则每行必须至少有一个开关器件导通。综上可得，约束条件为 $q_{11} + q_{12} + q_{13} = 1$ 和 $q_{21} + q_{22} + q_{23} = 1$。每个开关器件在导通时都须承载输出电流，因此其额定电流必须至少为 20A。开关器件关断时情况如何呢？以开关器件 1,1 关断时为例。底部电压为 V_a，顶部电压具体取决于由哪个开关器件提供电流通路，为 V_b 或 V_c。这意味着在断开时开关器件 1,1 需要阻断 $V_{ab} = V_a - V_b$ 或 $V_{ac} = V_a - V_c$。根据定义，线电压给定有效值为 200V，其峰值电压为 $200\sqrt{2}$ V = 282V。为了提供一定的安全裕量，额定值为 400V 和 20A 的开关器件比较合理。FCBB 功能可以直接映射到 GTO 器件，但在此应用中，晶闸管整流器（SCR）在时间限制方面具有一定优势，因此额定值为 400V/20A 的 SCR 能够很好地满足该要求。

表 2.5 列出了 2N6403SCR 的部分参数 [5]。一个重要但微妙的问题是 SCR 电流额定值是基于平均值或有效值，而不是其能处理的电流值。图 2.40 所示电路使用了 SCR 器件，每个器件每周期仅导通 1/3 的时间。由于器件在导通时必须承载 20A 电流，因此平均电流不会超过（1/3）× 20A = 6.67A。这些开关器件具有合适的额定值。

表 2.5　晶闸管整流器 2N6403 的部分参数

参数	数值
最大通态阳极电流	平均电流 10A，峰值 160A（脉冲）
最大断态阳极 - 阴极电压	400V
导通压降	20A 时 1.55V
断态漏电流	在 125℃和最大电压时为 2mA
总开通时间	1.0μs
总关断时间	35μs
运行温度范围	−40 ～ +125℃

图 2.41 所示为用于混合动力汽车电机驱动的三相逆变器理想开关示意图。直流输入电压的增加是通过电池堆的叠加。类似电路也能用于太阳能电池阵列的功率转换，并将电能传输给三相电网。下面的示例考虑了开关器件的选择及其额定值。

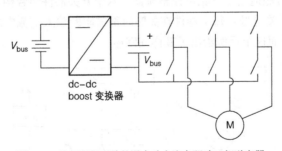

图 2.41　基于理想开关的混合动力汽车驱动三相逆变器

例 2.5.3　图 2.41 所示逆变器用于控制并联型混合动力电动汽车的电机。其直流母线电压控制在 700V。当电压和电流达到 100% 额定值时，电动机能够输出高达 30kW 的功率。在此条件下，电动机线电流有效值为 40A。试推荐开关器件类型及其额定值，并绘制开关器件按正确方式布局的电路图。

正如例 2.5.1 所示 H 桥电路，每列的开关器件必须交替工作。这意味着当任何开关器件导通时，其必须能够承载所有的交流电动机电流；当某开关器件断开时，其同列开关器件导通，则该开关器件两端将承受 700V 的电压。由于电流有效值高达 40A，则峰值电流为 $40\sqrt{2}\,A = 57A$，因此这些器件需要具有 BCFB 功能，其额定值分别为 700V 和 57A。而这恰好是 IGBT 合适的额定工作范围；但是，IGBT 器件的额定电压范围较宽，如 600V、1200V 或 1700V。此例中额定电压为 600V 的开关器件并不适合，需要使用 1200V 的器件。IGBT 通常需要与二极管组合使用以实现 BCFB 功能。

图 2.42 所示为包含 IGBT 器件的电机驱动电路。值得注意是，它们按某一方向布置，以便其在关断时能阻断 700V 的电压，并在导通时能为三根电动机线中的一根传输电流。与二极管共同封装的 IGBT 对该应用来说是一个合理的选择。

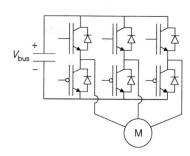

图 2.42 例 2.5.3 的电机驱动电路

表 2.6 列出了与二极管共同封装的 IGBT IRGPS60B-120KDP 的部分参数[6]。该器件可以满足此例所需的性能要求，是该额定功率范围内的典型器件。

表 2.6 汽车逆变器使用的 IGBT IRGPS60B120KDP 的部分参数

参数	数值
最大通态集电极电流	100℃时 60A 连续，240A 峰值
最大断态集电极 - 发射极电压	1200V
导通压降	60A 时 2.2V
断态漏电流	125℃和 1200V 时为 650μA
总开通时间	110ns
总关断时间	410ns
反并联二极管正向导通压降	60A 时为 1.95V

本节讨论了一些典型的电力电子器件以及其映射的受限开关、额定值与电路拓扑选择等设计。这涵盖了硬件问题的基本议题，引出了开关器件的选择及其在开关矩阵中实现的问题。后续章节的讨论将考虑如何将开关函数转换成门极控制信号等一些细节问题。例如，表 2.6 中的 IGBT 是通过在导通状态下施加 +15V 的门极 - 发射极电压、在关断状态下施加 0V 的门极 - 发射极电压进行驱动的。每个器件的门极驱动电路需要将开关函数 $q(t)$ 转换为在门极和发射极两端施加的 15V 控制信号。逆变器将需要六个门极驱动电路。

2.6 包含二极管电路的配置方式

电路结构的概念对于任何电力电子电路都是通用的，但对二极管而言会困难一些。由于它没有外部门极，其运行由端部条件而不是用户定义的开关函数来决定。因此，需要一个额外的方法来解决此问题。如图 2.43 所示的二极管桥式整流器，其包含 $n = 4$ 个开关，并产生 $2^n = 16$ 种可能的电路结构。那么在某些设定条件下，以下哪个是正确的呢？

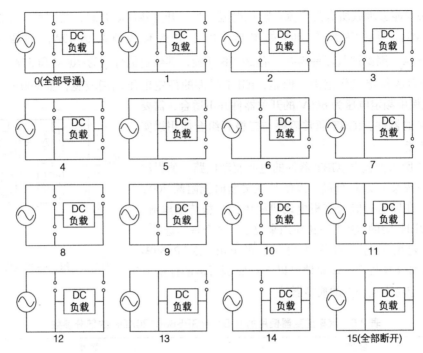

图 2.43　二极管桥式电路及其配置方式

试凑法（也称之为**假定状态方法**[7]）是一种确定电路结构是否正确的有效方法。理想元件网络中的每个二极管要么处于导通状态，要么处于关断状态。如果二极管处于导通状态，则二极管正向电流为正值；如果处于关断状态，则器件正向电压将为负值。**试凑法**是对电路结构有根据的猜测。正确的电路结构在服从 KVL 和 KCL 约束条件的同时，还能反映二极管的行为。**试凑法**的流程如下：

1）假设为电路中的每个二极管分配一个状态（或开或关），即定义了一个候选电路结构。

2）求解这个电路结构的网络方程，找出开关器件导通时的电流和开关器件关断时的端电压。

3）确认所有导通二极管的正向电流均为正值，所有关断二极管的正向电压均为负值。

4）如果所有电流和电压与要求保持一致，电路可进行求解，则电路结构正确。如果不一致，则开关状态的初始假设肯定是错误的，该电路结构无效。

5）更改假设并重复操作，直到找到一致的解决方案。

6）如有必要，组合不同的求解方案，得到随着时间变化的整个工作过程的状态。

这种方法看起来不过是反复试错，但实际上只要稍加实践，就不难选择出合理的电路结构（KVL 和 KCL 能够很快消除许多可能性）。通常可以用一种通用的方式测试开关动作，这样就可以在不彻底检查的情况下确定电路结构。当电路包含较多二极管时，这种方法会比较复杂，但能通过自动化来实现。

例 2.6.1　如图 2.44 所示，交流电源通过理想二极管整流桥为带内阻的蓄电池提供直流电压源。该电路有时用于廉价的电池充电器。假设电池连接正确，则有 $V_{dc} > 0$。试使用试凑法求出并绘制各二极管的电阻电流和开关函数。求解传输到直流电源的平均功率；如果电池不小心接反了，会发生什么？

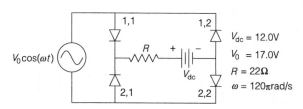

图 2.44　例 2.6.1 的低成本电池充电器

1）假定所有二极管都为关断状态。对应于图 2.43 中的开关器件设为 0。

2）求解电路。由于所有开关器件都处于关断状态，则有 $I = 0$。检查并确保每个二极管是反向偏置的，与假定的关断状态一致。检查沿电流正方向的一个 KVL 回路，该回路需满足 $v_{in} - V_{dc} - v_{11} - v_{22} = 0$，并需要同时满足 $v_{11} < 0$ 和 $v_{22} < 0$。值得注意的是，除非 $V_{dc} > v_{in}$，否则上式都不能成立。沿电流的另一方向，则有 $v_{in} + v_{12} + V_{dc} + v_{21} = 0$，在这种情况下，如果 $V_{dc} > -v_{in}$，v_{12} 和 v_{21} 都可能为负。要使指定的开关器件配置有效，则需同时满足 $V_{dc} > v_{in}$ 和 $V_{dc} > -v_{in}$，即 $V_{dc} > |v_{in}|$。

3）测试一致性。无论什么时候都有 $V_{dc} > |v_{in}|$，开关配置都能保持一致性，所有四个二极管都处于关断状态，输出电流 I_{out} 为零。如果在任意时刻发生 $V_{dc} < |v_{in}|$，说明至少有一个二极管处于正偏状态，则之前的假设将不成立，须改变配置方式。

4）在初始条件不满足的情况下，检查其他配置方式的可能性。其中有许多配置方式都是可以忽略不计的。例如，在仅有一个二极管导通的任意配置方式下，电路中的电流都为零，这与任何一个二极管处于导通的情况不一致，因此这些配置方式都是无效的。假定左侧的二极管 1,1 和 2,1 都导通，而其他二极管都断开。在这种配置方式下，输入电压 v_{in} 会被短路，这违背了 KVL 约束条件。如果实际电路采用此配置方式，回路中将会流过较大的短路电流。由于二极管采用反向串联连接，因此它们不能同时承载正向电流。这种情况与二极管的工作特性不一致，因此这种配置方式也是无效的。通过尝试各种可能性，不难确定合理的配置方式为：配置方式 1（所有二极管都关断）、配置方式 6（二极管 1,2 和 2,1 导通）和配置方式 9（二极管 1,1 和 2,2 导通）。

5）更改假设条件，直到与实际情况一致。考虑二极管 1,1 和 2,2 同时导通的配置方式，此时，KVL 回路定律要求 $v_{in} - V_{dc} - i_{out}R = 0$。而二极管导通运行要求 $i_{out} > 0$，$v_{21} = -v_{in} < 0$ 和 $v_{12} = -v_{in} < 0$。从而，假定的配置方式与约束条件 $v_{in} > 0$ 和 $v_{in} > V_{dc}$ 能够保持一致。现在检查二极管 1,2 和 2,1 同时导通的配置方式。此时，KVL 回路定律要求 $-v_{in} - V_{dc} - i_{out}R = 0$，而二极管导通运行要求 $i_{out} > 0$，$v_{11} = v_{in} < 0$ 和 $v_{22} = v_{in} < 0$，当 $-v_{in} > V_{dc}$ 时，即满足所有三个约束条件。

至此，已经检查了所有配置方式，可以对该电路的运行方式进行总结了。图 2.45 给出了 $v_{in}(t)$、V_{dc}、开关函数 $q_{11}(t)$ 和 $q_{12}(t)$ 的波形。当 $v_{in} > V_{dc}$ 时，开关函数 q_{11} 为高电平，反之为低电平。类似地，当 $-v_{in} > V_{dc}$ 时，q_{12} 为高电平。值得注意的是，对该电路来说存在 $q_{22} = q_{11}$ 和 $q_{21} = q_{12}$。当二极管 1,1 导通时，电阻电压 V_r 等于 $V_{in} - V_{dc}$，当二极管 1,2 导通时，其值为 $-V_{in} - V_{dc}$，当所有二极管都关断时，其值为 0，这与在测试配置方式时所得到的结论保持一致。电阻电压波形如图 2.46 所示。表达式 $\max(|v_{in}| - V_{dc}, 0)$ 所得结果是带有偏移量为 V_{dc} 的全波整流信号。

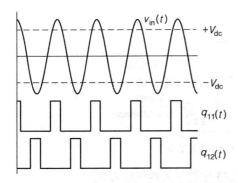

图 2.45 $v_{in}(t)$、$\pm V_{dc}$、$q_{11}(t)$ 和 $q_{12}(t)$ 的时序波形

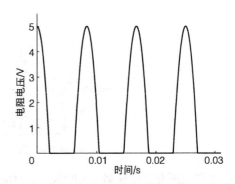

图 2.46 电阻电压 $I_{out}R$ 的波形

传送至电池的平均功率可通过积分运算求得

$$P_{bat} = \frac{1}{T} \int_{-T/2}^{T/2} V_{dc} i_{out}(t) dt = \frac{1}{T} \int_{-T/2}^{T/2} V_{dc} \frac{\max(|v_{in}(t)-V_{dc}|,0)}{R} dt \qquad (2.6)$$

当使用数学软件时，虽然最大值函数会使计算过程变得复杂，但是积分运算可以通过使用开关时间 t_{on} 和 t_{off} 来获得更简单的表示方式。积分时间对应为 V_{dc} 超越 $|v_{in}|$ 或 $\omega t = \cos^{-1}(V_{dc}/V_0)$ 的区域。为便于计算，将变量改为 $\theta = \omega t$，并利用对称性，只需要计算半个脉冲。设 $\theta_{sw} = \cos^{-1}(V_{dc}/V_0)$，周期为 π，积分运算可简化为

$$P_{bat} = \frac{2}{\pi} \int_0^{\theta_{sw}} V_{dc} \frac{V_0 \cos\theta - V_{dc}}{R} d\theta \qquad (2.7)$$

采用图 2.44 所示数值，可得平均功率为 $P_{bat} = 0.894W$。

如果电池反向连接了，该怎么办？其基本分析过程类似，可以通过将直流电压 V_{dc} 反向来观察电路会发生什么状况。其分析过程留给读者做练习，此时电阻电压波形如图 2.47 所示。

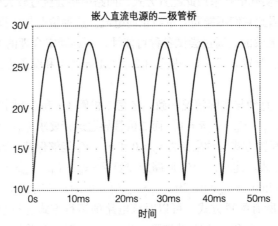

图 2.47 当图 2.44 中直流电源反向时的电阻电压波形

在例 2.6.1 中，测试方法能快速地从 16 种配置方式中排除 13 种，从而只需核实 3 种配置方式，就可轻松地进行电路分析。接下来观察一个更为复杂的例子。

例 2.6.2 图 2.48 所示为一个将交流电源作为负载使用的二极管桥式电路。图中直流电源表示实际二极管的正向导通压降。该电路及其相关电路有时为测试或者通信场合产生特殊的波形。试绘制其电阻电压波形。

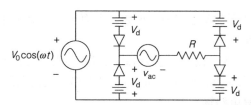

图 2.48　例 2.6.2 中将交流电源作为负载使用的二极管桥式电路

通过快速检查显示，该电路只有合理的三种配置方式，如同前面的例子中一样（尝试将图中两个二极管同时导通作为一次测试）。可以对这三种配置方式的有效性进行评估。

配置方式 0：无二极管导通。由于 $i = 0$，则电流状态与二极管截止状态一致，二极管端电压为反向偏压，$|v_{in}| < v_{ac} + 2V_d$。

配置方式 6：二极管 1,2 和 2,1 导通。此时，$v_{out} = -v_{in} - 2V_d - v_{ac}$。当 $-v_{in} > v_{ac} + 2V_d$ 时，该配置方式有效。

配置方式 9：二极管 1,1 和 2,2 导通，有 $V_{out} = V_{in} - 2V_d - V_{ac}$。当 $v_{in} > v_{ac} + 2V_d$ 时，该配置方式有效。

此时，假定 $v_{ac} = (1/2) V_0 \cos(\omega t)$，则输出电阻电压波形应为

$$v_{out}(t) = \begin{cases} \dfrac{V_0}{2}\cos(\omega t) - 2 & 1,1\,和\,2,2\ \text{导通} \\[2mm] -\dfrac{3V_0}{2}\cos(\omega t) - 2 & 1,2\,和\,2,1\ \text{导通} \\[2mm] 0 & \text{均未导通} \end{cases} \tag{2.8}$$

其对应波形绘制于图 2.49。

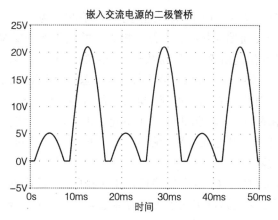

图 2.49　例 2.6.2 的输出电阻电压波形

至此为止，对二极管电路的分析都是静态的，这意味着动态变化对于电路配置方式并不重要。由于二极管的行为特性与历史状态和实际电路配置方式有关，动态过程的分析增加了二极管行为特性的复杂度。为求解此时的电路网络方程，需要具备适当的初始条件。在考虑初始条件的情况下，该试凑法仍然有效。

实际应用中存在较多重要的动态二极管电路。下面给出一个在许多电源中普遍使用的二极管 - 电容组合作为案例分析。

例 2.6.3　图 2.50 所示的二极管 - 电容桥式电路有时用于具有极端输入电压范围的工作电源。假设电容初始时刻并未充电，而在时间 $t = 0$ 时施加了交流电源。输入电压为 $V_0\sin(\omega t)$，其中 $\omega = 120\pi\ \text{rad/s}$。试计算电路输出电压。

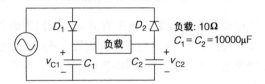

图 2.50　用于电源输入接口的二极管 - 电容桥式电路

在该电路中，只存在三种有效配置。在首次施加电压时，左侧二极管很快由关闭状态变为正向偏置。由于电容电压初始为零，因此右侧二极管最初是反向偏置的。该电路运行过程如下：

从 $t = 0^+$ 到 1/240 时刻：左侧二极管导通，右侧二极管保持关闭状态。电路配置方式如图 2.51 所示。电容电压 v_{C1} 等于 v_{in}，电流对电容 C_1 进行充电。由于 RC 时间常数比 v_{in} 的正弦变化要慢，所以右边的电容暂时不会充很多电。只要二极管 D_1 导通，v_{C1} 就必须跟随 v_{in} 进行变化。此电路配置方式将继续保持有效直到 V_{in} 达到峰值。由于 $dV_{in}/dt < 0$，因此有 $i_{C1} < 0$。一旦二极管电流试图反向，电路配置方式将会发生改变，而二极管必须关断。从本质上讲，左侧的二极管 - 电容组合起峰值检测电路的作用，电容 C_1 的电压将被充至 V_0。

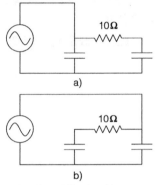

图 2.51　二极管 - 电容桥式电路的配置方式

从 $t = 1/240^+$ 到 1/120 时刻：当电源电压达到正向峰值时，两个二极管都被关断并处于反向偏置状态，右侧二极管上的电压保持反偏是由于电压 v_{C2} 仍然接近于零；而左侧二极管的反偏是由 RC 时间常数较大引起的：当 v_{C1} 以较慢的速度呈指数下降时，其正弦波逐渐衰减至零。最终，二极管 D_1 呈反向偏置状态，而电压 v_{C1} 接近于 V_0。

从 $t = 1/120^+$ 到 1/60 时刻：右侧二极管 - 电容桥组合与左侧二极管 - 电容桥组合呈镜像对称。在负半周的电压下降阶段，v_{C2} 跟随 v_{in} 发生变化，电容电压最终接近 $-V_0$。在达到反向峰值之后，电源电压开始上升，电容 C_2 的电流也开始反向。一旦流过二极管 D_2 的电流试图反向，右侧二极管就会被关断。

在经历一个完整的周期后，C_1 始终保持接近 V_0 的电压，而 C_2 保持接近 $-V_0$ 的电压。电阻上的电压约为 $2V_0$，可见该电路可实现倍压。为确定电路工作的具体细节，图 2.52 给出了其 SPICE 仿真结果。

试凑法表明了考虑开关电路各种不同配置方式的重要性。虽然电路整体结构通常比较复杂，但使用传统的方法可以逐一研究每种电路配置方式。当电路包含二极管时，可以利用二极管的工作特性检查和测试电路配置方式。对分析电力电子电路来说，具备快速绘制草图并熟悉不同电路配置方式的技能是非常有用的。电力电子初学者常犯的错误就是，在分析变换器和开关动作时，即便是很简单的电路也不愿意绘制。

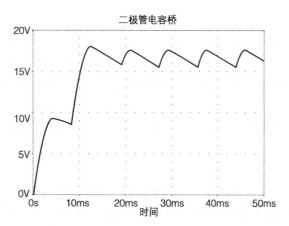

图 2.52　二极管 - 电容桥式电路的输出波形

2.7　基于开关动作的变换器控制

由于任意开关函数 $q(t)$ 要么为 0，要么为 1，且通常呈周期性，则给定的 $q(t)$ 波形图将是一系列方波脉冲。图 2.53 所示为周期为 T 并以时间 $t = t_0$ 为中心的脉冲序列。序列中的脉冲持续时间为 DT，其中 D 被定义为**占空比**。注意，$0 \leqslant D \leqslant 1$。脉冲序列的频率为 $f = 1/T$，角速度为 $\omega = 2\pi/T$。

对于开关函数 $q(t)$ 的傅里叶分量，其直流分量就是时间平均值，通过观察图 2.53 可知其值为占空比 D。傅里叶级数本身可以列写为

$$q(t) = D + \frac{2}{\pi} \sum_{n=1}^{\infty} \frac{\sin(n\pi D)}{n} \cos(n\omega t - n_0) \tag{2.9}$$

其中，相位 $\phi_0 = \omega t_0$。该级数表明函数 $q(t)$ 完全由 3 个参数确定：占空比 D、角频率 $\omega = 2\pi f$（或周期 T）和基准时间 t_0（或基准相位 ϕ_0）。它们可以完整定义开关函数，且开关动作总能用其中的一个或多个参数来进行解释。

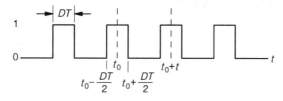

图 2.53　周期脉冲序列

功率变换器的开关动作必须根据环境、输入源或输出负载的变化进行实时调整。级数表达式存在以下几种可能性：

1）**占空比调整**。占空比决定了脉冲宽度 DT。变换器的运行是通过调整占空比实现的，最好的例子就是脉冲宽度调制（PWM）技术。

2）**频率调整**。频率调整在电力电子中并不常见的，其基本原因是：对电压或电流特定频率分量的需求导致对频率存在严格限制。但直流 - 直流变换器却是例外。由于直流 - 直流变换器仅对平均值感兴趣，从而有可能对频率进行调整。虽然真正的调频在功率转换中很少见，但

是在数学上是可行的。

3）**相位调整**。改变功率变换器行为的最古老的方法之一是调整开关动作的触发时刻。由于波形形状总比特定频率更为重要，导致触发时刻的调整通常是基于变量 $\theta = \omega t$ 的角度变化来实现的。**相位控制用来**描述实时调整开关动作的概念。一些功率变换器有规律地改变相位，就相当于相位调制。

我们研究的大多数变换器将使用 PWM 控制或相位控制来调整变换器的运行。

2.8 等效电源法

在开关功率变换器中，电源通过开关矩阵处理产生的各种复杂波形，典型的如方波、三角波、正弦波和分段正弦波。以图 2.54 所示简单逆变电路的动作为例。开关将所需的方波施加在负载上。当变换器产生方波时，负载无法区分该方波是否来自真正的理想方波电源。可以使用一个方波来替代变换器，这种表示方法对许多直接变换器来说很有用，被称为**等效电源**概念。

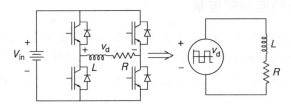

图 2.54 方波逆变器及其等效电源

定义：等效电源是一种理想的电压或电流源，通常是非正弦的，代表了实际电源和一组开关器件的组合作用。

等效电源法功能强大，因为通常可以采用线性电路方法，如叠加原理分析和设计功率变换器的各个部分。考虑下面这个例子。

例 2.8.1 如图 2.55 所示的整流桥为串联 *R-L* 负载、提供频率为 60Hz 的交流电。试用等效电源进行替代，并求得稳态电流波形和峰 - 峰电流纹波。

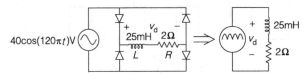

图 2.55 带 *R-L* 负载的二极管整流桥

整流桥将信号 $|V_0 \cos(\omega t)|$ 施加在 *R-L* 电路上（这种电路配置方式可以通过试凑法来确认，并与 *R* 和 *L* 的值无关）。$|V_0 \cos(\omega t)|$ 被视为一种理想的非正弦电压源。存在好几种方法用于分析即将生成的电路网络，比如求解下面这个微分方程

$$|V_0 \cos(\omega t)| = L\frac{\mathrm{d}i}{\mathrm{d}t} + iR \tag{2.10}$$

如果需要可以使用拉普拉斯变换对其进行求解，或者根据傅里叶级数把电源分解成一系列电源的组合。图 2.56 所示为一组等效电源示意图。新电路呈线性化，从而避免了开关器件的非

线性和复杂性，并可以采用叠加原理、拉普拉斯变换或其他用于线性网络分析的技术来求解负载电流 $i(t)$。

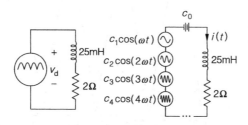

图 2.56　应用于 R-L 负载的等效电源和傅里叶级数等效

采用叠加定理，可以逐项求解变换器输出电流的傅里叶级数。表 2.7 列出了不同频率的电压相量（有效值）$c_n / \sqrt{2} \angle \theta_n$ 以及不同频率分量所对应的阻抗 $R + j\omega L$。电压的傅里叶级数如下：

$$|V_0 \cos(\omega t)| = \frac{2V_0}{\pi} + \frac{4V_0}{\pi} \sum_{n=1}^{\infty} \cos(n\pi - n_0) \qquad (2.11)$$

表 2.7　逐个组件的电流计算

频率 /Hz	电压相量（有效值）/V	阻抗（$R+j\omega L$）/Ω	电流相量（有效值）/A
0	25.5	2	12.73
120	12.00 ∠ 0°	18.96 ∠ 83.94°	0.6333 ∠ −83.94°
240	2.401 ∠ 180°	37.75 ∠ 86.96°	0.0636 ∠ 93.04°
360	1.029 ∠ 0°	56.58 ∠ 87.97°	0.0182 ∠ −87.97°
480	0.572 ∠ 180°	75.42 ∠ 88.48°	0.0076 ∠ 0°
600	0.364 ∠ 0°	94.27 ∠ 88.78°	0.0039 ∠ −88.78°
720	0.252 ∠ 180°	113.1 ∠ 88.99°	0.0022 ∠ 91.01°
840	0.185 ∠ 0°	132.08 ∠ 0°	0.0014 ∠ −89.13°
960	0.141 ∠ 180°	150.8 ∠ 89.24°	0.0009 ∠ 90.76°

每个频率分量对应的电流分量为 V/Z。表 2.7 所列电压相量和电流相量只是傅里叶级数的前几项。由于电压分量大致随频率的平方而减小，导致电流分量也快速下降，但阻抗则随着频率的增大而增加。相量值乘以 $\sqrt{2}$ 后可用来描述电流傅里叶级数

$$\begin{aligned} i(t) &= 12.73 + 0.896\cos(2\omega_{in}t - 83.94°) + 0.899\cos(4\omega_{in}t - 83.94°) \\ &\quad + 0.0257\cos(6\omega_{in}t - 87.97°) + \cdots \end{aligned} \qquad (2.12)$$

图 2.57 所示为基于傅里叶级数前八次谐波分量得到的电压和电流波形。其电压波形非常接近实际的等效电源。由于电流分量下降得很快，更接近真实情况。该波形可以用来估算电流纹波，或者使用较大的第一次电流谐波来估计纹波。第一次电流谐波有效值 0.6333 ∠ −83.94° A 意味着电流纹波峰 - 峰值为 1.791A，实际的纹波峰 - 峰值（通过求解微分方程得到）为 1.778A，误差仅为 0.7%。

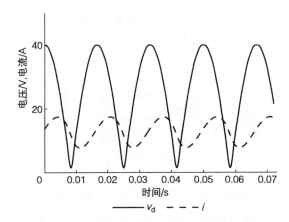

图 2.57 例 2.8.1 的电压和电流波形（基于傅里叶级数的前八次）

2.9 仿真

本章和后续章节中的许多例子都使用到了电路仿真。电力电子电路仿真是一个复杂的课题，目前还没有理想的方法来实现它。电力电子电路具有非线性，尤其是开关动作过程，许多广泛使用的数值方法都难以对其进行处理。通过提供合适的模型以供开关器件使用，像 PSpice 这样的常用程序可以通过调整来实现基本的电路仿真。像 MATLAB[9] 这样的工具对仿真微分方程组也很有用处。

电力电子最成功的仿真方法是将分段开关瞬态解组合在一起，从而得到准确的结果。尤其像 SIMPLIS[10]、PSIM[11]、PowereSim[12] 和 PLECS[13] 等都是为电力电子电路专门设计的商用仿真工具。以上是较为有名的电力电子仿真软件，但所列并非详尽无遗。其中许多软件提供了试用或培训的版本。本书中大多数仿真是使用 Mathcad 软件进行电路分析，有些则是使用 PSpice 软件。应当鼓励学生多使用不同的电力电子仿真工具，因为专家们还没有对电力电子电路分析最佳工具的问题达成一致。

2.10 总结与回顾

开关器件是实现电能变换的关键部件。电力电子电路设计的三个主要方面——硬件、软件和接口问题需要定义与研究。对目前为止介绍的一些概念总结如下：

1）硬件问题（构建开关矩阵）。开关器件可以按矩阵形式组织起来。给出关于电源和负载的信息就可以确定开关矩阵的维数（如 2×2 或 4×3）。电源信息有助于定义开关器件所需承受的电流和电压。由于受限开关的类型对应于特定的电力电子器件，因此开关矩阵的构建允许选型不同的受限开关。

2）软件问题（通过控制开关矩阵实现所需电能的转换）。开关函数为开关动作提供了便捷的数学表达式。电路定律约束了开关动作，需要避免可能违背 KVL 或 KCL 定律的开关动作。占空比、频率和相位完整地定义了开关动作。产生一个特定的期望波形是软件问题的最终目标。

3）接口问题（通过应用需求增加储能元件对能量流进行滤波）。这方面还有待进一步深入研究。

开关矩阵可以是将输入和输出互连的直接型；也可以是将储能元件嵌入其中的间接型。开关矩阵是设计人员可以尝试突破 KVL 或 KCL 定律的少数几种电路之一，但是违背了基本的物理法则。试图违背电路定律的意外开关动作可能是功率变换器发生故障最常见的原因。

1）KVL 约束：开关矩阵必须避免不同电压源互连。

2）KCL 约束：开关矩阵必须避免不同电流源互连。

尽管短时间允许电压源与电感并联，电流源与电容串联，但因违反 KVL 或 KCL 定律，不能长时间工作。在周期性稳态情况下，KVL 和 KCL 约束条件意味着：

1）电感两端的平均电压为零——伏秒必须平衡。

2）通过电容的平均电流为零——电荷必须平衡。

开关函数可以用来描述具体的开关动作，当物理开关导通时，开关函数值为 1；当物理开关关断时，开关函数值为 0。例如，KVL 和 KCL 约束条件可以用开关函数来描述。可以证明变换器波形是开关函数和电源乘积的结果。

理想开关可以承载任意电流、阻断任意电压、在任何条件下实现开关动作以及瞬时完成开通和关断的切换动作。由于理想开关很难构建实际器件，因此其在电能变换方面的用处并不大。半导体器件除了受电流、电压和时间等物理因素限制外，还受到极性的限制。基于极性限制可以定义受限开关。半导体器件的这些特点在变换器设计中相当有用。任何变换器最初都可以通过受限开关来进行定义，一旦对变换器进行了充分的分析和理解，这种受限开关就可以被替换为相应的半导体器件。根据电流和电压的极性定义了五种受限开关类型：

1）FCRB 开关，对应于理想二极管。

2）正向导通正向阻断（FCFB）开关，对应于理想绝缘栅双极晶体管（IGBT）或双极结型晶体管，虽然后者在电力电子领域已很少被使用。

3）FCBB 开关，对应于理想 GTO 或 FCFB 与 FCRB 器件的串联组合。

4）BCFB 开关，对应于理想功率 MOSFET。

5）BCBB 开关，对应于理想开关。

还有一些其他重要的开关器件（如 SCR），可以将计时特性增加到受限开关上。后续章节将对这些开关器件进行阐述。

通过试凑法可以对二极管电路进行分析。如果二极管处于导通状态，其正向电流必定为正。如果处于截止状态，其正向电压必定为负。从配置电路可能的开关状态开始，接下来分析其中合理的配置方式，观测哪一种配置方式与电路定律和二极管特性保持一致。如果某电路配置方式中电压或电流与二极管特性发生矛盾，则在实际电路中会出现改变电路配置方式的开关动作。试凑法表明，在二极管桥式电路中器件的常用动作呈斜对角运行。

以角频率 ω、占空比 D 和相位 ϕ（以脉冲中心作为参考点）为参数的通用开关函数有如下傅里叶级数的表达式

$$q(t) = D + \frac{2}{\pi} \sum_{n=1}^{\infty} \frac{\sin(n\pi D)}{n} \cos(n\omega t - n\phi) \qquad （2.13）$$

这三个参数完整定义了开关函数及其开关动作。一个实用的变换器必须允许对其运行进行调节。PWM 控制和相位控制是电力电子电路中最常用的调节方法。

习题

1. 绘制最常用的单相交流 - 直流变换器的开关矩阵。并说明该矩阵中有多少个开关器件？

2. 某直流 - 直流变换器输入端为电流源。假设输出端连接某类电子负载。在使用四个开关器件的组合中，哪些组合运行时不违背 KCL 约束？

3. 某开关矩阵实现交流转直流。其输入为四相交流电压源，输出为直流电流源。

（1）试画出转换器拓扑并标注开关器件。

（2）试根据开关函数描述 KVL 约束条件。

（3）试根据开关函数描述 KCL 约束条件。

（4）由于必须同时满足 KVL 和 KCL 约束条件，试根据开关函数说明其组合需求。

4. 如图 2.58 所示为单相到单相的 ac-ac 变换器。输入电源频率为 50Hz。开关函数频率为 80Hz，占空比为 50%。试绘制输出电压波形，并指出该波形频率为多少？

5. 图 2.59 所示为三相整流器，其输出电流 I_{out} 保持恒定。当某相电压为正时导通该相开关器件，即当 $V_a > 0$ 时导通开关器件 a，依此类推。试判断该运行方法是否满足 KVL 和 KCL 约束要求？如果满足，试绘制开关函数 q_a 和电压 $V_{out}(t)$ 的波形。如果不满足，对该问题进行讨论并提出解决方案。

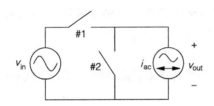

图 2.58　习题 4 ac-ac 变换器电路

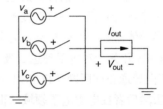

图 2.59　习题 5 和 6 交流 - 直流中点变换器电路

6. 某 ac-dc 变换器如图 2.59 所示，其输出电流 I_{out} 为保持恒定的正向电流。由于使用了中性线，因此该变换器称为"中点变换器"。开关函数为理想二极管，并有 $I_{switch} > 0$ 时二极管导通，$V_{switch} > 0$ 时二极管关断。

已知：$V_a(t) = V_0\cos(\omega t)$，$V_b(t) = V_0\cos(\omega t - 2\pi/3)$，$V_c(t) = V_0\cos(\omega t + 2\pi/3)$

（1）试绘制 $V_{out}(t)$ 波形图。

（2）计算 $V_{out}(t)$ 平均值。

（3）描述开关器件 a 的开关函数。

7. 对于图 2.60 所示电路，试求出关于 V_{in} 的 V_{out} 函数表达式。其中各电阻阻值相同，而 V_{in} 可具有任意时变值。

8. 试求出图 2.61 所示电路中 V_{out} 关于 v_{in} 和 V_{dc} 的函数表达式，其中各电阻阻值相同。

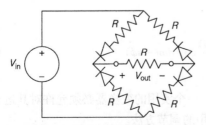

图 2.60　习题 7 全波整流器电路

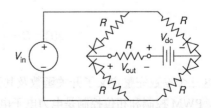

图 2.61　习题 8 内置直流电源的全波整流器电路

9. 某 dc-dc 变换器的输出电压、输入电压、输出电流和输入电流均大于等于 0。

（1）试画出该变换器的开关矩阵。

（2）说明哪种类型的受限开关适用于该变换器？

10. 某变换器需使用正向导通正向阻断的开关器件。在五种可能的受限开关类型中，哪几种具备这种功能。可以使用其中的哪种开关器件来实现该变换器？如何决定？

11. 五种可能的受限开关中的其中任意一种都可由 IGBT 和二极管组合而成。是否可以仅使用二极管和晶体管来设计每种受限开关？（提示：参考不同器件的受限开关符号）

12. 试推导出图 2.53 所示通用周期性脉冲序列的系数 a_n 和 b_n。并说明文中提到的 c_n 和 θ_n 的值是正确的。

13. 某单相 ac-dc 变换器采用相位控制。其输入为电压源 $V_0\cos(\omega t)$。矩阵开关中四个开关器件的每个只导通一半的时间。输出负载为一个电阻。开关器件的运行方式需使输入电源与输出总是以某种方式连接在一起。

（1）当开关函数相位为 0° 时，试绘制开关函数和电阻电压随时间变化的曲线。

（2）当开关函数相位为 45° 时，重新绘制以上波形。

14. 试计算习题 6 中变换器输出电压的傅里叶级数。

15. 某变换器具有一个幅值为 v_{in} 的单相交流输入电压和两个开关器件。当开关器件 1 导通时，输入与输出相连；当开关器件 2 导通时，输出短路。开关器件运行使 $q_1 + q_2 = 1$。

（1）试画出该变换器电路图。

（2）输入电压频率为 60Hz、峰值为 V_0，q_1 频率为 10kHz，平均输出功率为 P_{ave}。则输入电流中 60Hz 傅里叶分量的幅值为多少？

16. 采用所谓的"全周期控制"方法可以将单相 60Hz 电压转换成单相 30Hz 电流。电路如图 2.62a 所示。该控制方法的原理如下：开关器件 1 在 $V_{in}(t)$ 的一个完整周期内全导通，再在一个完整周期内全关断，接着再导通一个完整周期，依此类推。图 2.62b 给出了近似的输出波形。

（1）试绘制开关器件 1 的开关函数 $q_1(t)$。

（2）试写出 $q_1(t)$ 的傅里叶级数，并指出相位角为多少度？

（3）该开关函数能否实现所需的电能变换？如果不能，试画出合适的开关函数。

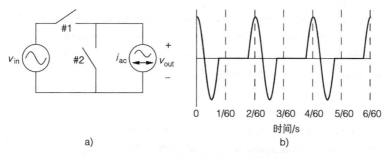

图 2.62 习题 16 完整周期控制电路及其输出波形

17. 某 dc-dc 变换器满足 $V_{out}(t) = q_1 V_{in}(t)$。其开关频率为 50kHz，占空比为 50%。其输出电压为转折频率为 500Hz 的单极低通滤波器的输入。试写出滤波器输出信号的傅里叶级数？

18. 除采用 SCR 替代二极管外，根据图 2.43 所示线路重构一个具有电流源负载的桥式整流器，其开关函数运行延迟 90°。

（1）试绘制输出电压波形。

（2）指出输出电压基波分量的幅值为多少？

（3）试计算负载上的平均功率。

19. 变换器具有正弦交流电压源输入和交流负载。4 个开关器件用于 2×2 的开关矩阵。输入电源频率为 60Hz，开关频率为 40Hz，能实现 $q_{11} = q_{22}$。

（1）如果负载需要电流通路，其他开关函数如何关联到 q_{11}？

（2）绘制输出电压波形并确定其基波频率。

（3）假定所期望的输出为幅值最大的傅里叶分量，那么所期望输出的频率为多少？

20. 某实用三相电流源，由于三个电流之和能实现 $I_0\cos(\omega t) + I_0\cos(\omega t - 2\pi/3) + I_0\cos(\omega t + 2\pi/3) = 0$，故该三个电流源共享同一个参考点。其输出是具有电压源特性的直流负载。试绘制能实现电能变换的开关矩阵，并说明需要什么类型的开关器件？

参考文献

[1] P. W. Wheeler, J. Rodríguez, J. C. Clare, L. Empringham, and A. Weinstein, "Matrix converters: a technology review," *IEEE Trans. Ind. Electron.*, vol. 49, no. 2, pp. 276–288, Apr. 2002.

[2] C. E. Shannon, "A symbolic analysis of relay and switching circuits," *AIEE Trans.*, vol. 57, pp. 713–723, 1938. Shannon calls them "hindrance functions" in this paper and "switching functions" in later work.

[3] P. Wood, *Switching Power Converters*. New York: Van Nostrand Reinhold, 1981, p. 21. Wood calls them "existence functions." Many of the switch matrix and restricted devices concepts in this chapter derive from Wood.

[4] Fairchild Semiconductor, "FQP50N06 data sheets," Mar. 2003. Complete data for this device available: https://www.fairchildsemi.com/ds/FQ/FQP50N06.pdf.

[5] On Semiconductor, "2N6400 series data sheets," Nov. 2012. Complete data for this device available: http://www.onsemi.com/pub_link/Collateral/2N6400-D.PDF.

[6] International Rectifier, "IRGPS60B120KDP data sheets," Sept. 2004. Complete data for this device available: http://www.irf.com/product-info/datasheets/data/irgps60b120kdp.pdf.

[7] J. G. Kassakian, M. F. Schlecht, and G. C. Verghese, *Principles of Power Electronics*. Reading, MA: Addison–Wesley, 1991, p. 33.

[8] "Cadence PSpice A/D circuit simulation" data sheet. Cadence Design Systems, San Jose, CA. Available: http://www.cadence.com/products/orcad/pspice_simulation/pages/default.aspx.

[9] "MATLAB tutorials and learning resources." MathWorks, Natick, MA. Available: http://www.mathworks.com/academia/student_center/tutorials/launchpad.html.

[10] "SIMPLIS tutorial—getting started." Simplis Technologies, Portland, OR. Available: http://www.simplistechnologies.com/documentation/simplistutorial/tutorial.html.

[11] "PSIM simulation environment for power electronics and motor drives." Powersim, Inc., Rockville, MD. Available: http://powersimtech.com/wp-content/uploads/2013/03/PSIM_4pages.pdf.

[12] F. N. K. Poon, "A switching power converter design platform on the interet." PowerELab, Ltd., Hong Kong, China. Available: http://www.poweresim.com/about/about.jsp ? page = whatis.

[13] "PLECS simulation software for power electronics." Plexim GmBH, Zurich, Switzerland. Available: http://www.plexm.com/.

第 II 部分 变换器及其应用

第 3 章 dc-dc 变换器

3.1 dc-dc 变换的重要性

磁变压器的存在使得交流电成为现代电网的首选。不同电压水平之间便捷的能量转换克服了早期爱迪生直流系统的主要缺点。**变压器**通常被认为是处理交流信号的磁性元件，但更通用的描述是输入、输出电压比为 a 的无损双端口网络。如同交流变压器一样，**直流变压器**可实现在不同电压或电流等级的电路之间无损耗地传递能量。由于实际交流变压器使用的磁技术无法处理直流电，因此直流变压器并不被人们所熟悉。在电力电子学中，直流变压器是通过 dc-dc 变换器来实现的。在电子电路和许多其他应用中，灵活的 dc-dc 变换相当重要。许多电路会使用多个电压等级——普通的手机可能使用四种或五种不同的电压。由单一电源变换获得多种电源比提供多种不同的电源更为方便，这在电池供电的装置中尤为突出。

通过使用工频变压器改变电压等级并对输出结果进行整流，直流电源曾一度从交流市电电源获得能量。如今，大多数电源，如图 3.1 所示电源，都是通过 dc-dc 变换器构建的。输入的交流电先经二极管桥式电路进行整流，再由 dc-dc 变换器直接对其进行转换以输出所需的电平。这种类型的现代电源既可以为计算机芯片提供不到 1V 的电压，也可以为汽车充电和工业应用提供 700V 甚至更高的电压。许多产品通常设计为约 170V 输入（120V 交流整流后的峰值）或 400V 输入（高于 230V 交流、240V 交流以及许多三相电整流后的峰值），其他电压等级还包括用于处理电信网络的 48V 或用于军用和有线通信应用的 28V。例如，48V 转 2.7V 的变换器能为固定电话的逻辑电路供电，400V 转 12V 的变换器能为模拟电源、汽车电气设备和数据服务器供电。

在研究 dc-dc 变换器时，需要考虑其他替代方案，然后基于开关矩阵来检查这些 dc-dc 变换器的正确性。基本变换器能为输入输出隔离、高转换比或其他目标提供不同的电路。某些非开关电路常用于直流电压调节，有必要对其进行一些讨论。

图 3.1 目前基于 dc-dc 变换器的电源

3.2 为何不使用分压器

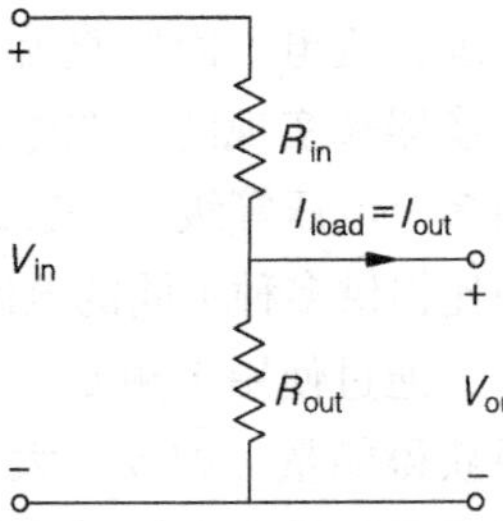

为什么不用分压器实现 dc-dc 转换呢？毕竟，分压器很容易产生直流低电压。然而，使用分压器实现功率转换存在许多严重的问题：分压器本质上是低效的（最好的情况，其效率也只有 V_{out}/V_{in}），而且无法实现控制；分压器无法实现 $V_{out} > V_{in}$ 或改变极性。

可对图 3.2 所示分压电路进行分析，获得其效率和功率转换特性。在电压为 V_{out} 时，该电路能为负载提供输出电流 I_{out}。则通过分析电路可得

图 3.2 作为 dc-dc 变换器使用的电阻分压器

$$\text{如果} \qquad I_{out} = 0, \quad V_{out} = \frac{R_{out}}{R_{in} + R_{out}} V_{in}$$

$$（3.1）$$

$$\text{如果} \qquad I_{out} \neq 0, \quad V_{out} = \frac{V_{in} - I_{out} R_{in}}{1 + R_{in} / R_{out}}$$

电路输出取决于 V_{in} 和 I_{out}，且不容易进行调节，因为必须通过改变电阻值来改变输出，即便在空载时也会产生极大的损耗。当 $I_{out} > 0$ 时，其效率为

$$\eta = \frac{P_{out}}{P_{in}} = \frac{V_{out} I_{out}}{V_{in} I_{in}} \qquad （3.2）$$

该值可能很低，尤其是试图实现大分压比时。由于输入电流大于等于 I_{out}，所以效率永远不会高于 $V_{\text{out}}/V_{\text{in}}$。符合逻辑的结论是，分压器对传感和测量来说很重要，但它不适用于电源。以下面这个例子为例进行说明。

　　例 3.2.1　某分压器可从 12V 输入中分出 5V 到输出，额定负载为 5W。试设计一个为 3～5W 负载提供（1 ± 5%）× 5V 电压的分压器电路，假设输入正好为 12V。求空载时的输出和额定负载情况下的效率？

　　在分压器中，负载通过与电阻器组的相互作用产生输出。负载越重，输出电压越低。对于设计，要求满足额定负载为 5W 时输出最小电压为 V_{out} = 4.75V，额定负载为 3W 时输出最大电压为 5.25V。功率为 5W/ 输出电压为 4.75V 情况下所对应的负载电阻 R_{load} 为 4.51Ω，而功率为 3W/ 输出电压为 5.25V 情况下对应的负载电阻为 9.19Ω。则分压器设计需要

$$\frac{V_{\text{out}}}{V_{\text{in}}} = \frac{R_{\text{out}} \| R_{\text{load}}}{R_{\text{in}} + R_{\text{out}} \| R_{\text{load}}} \tag{3.3}$$

　　对于这两种负载，可以用未知的 R_{in} 和 R_{out} 建立两个方程，然后同时求解。对于 4.75～5.25V 输出范围的情况，该计算结果为

$$R_{\text{in}} = 2.13\Omega, \quad R_{\text{out}} = 2.03\Omega \tag{3.4}$$

　　对于 5W 负载，分压器为实现 4.75V 输出，需从 12V 电源中获得 3.40A 电流和 40.8W 功率，此时效率为 12.3%。对于 3W 负载，分压器需从电源中获得 3.16A 电流和 37.9W 功率，而此时效率仅为 7.9%。虽然 R_{in} 和 R_{out} 的其他（较小）值也能满足设计要求，但效率将更低，所以上述电阻值是一种"最佳情况"的选择。而空载时该电路的输出电压为 5.84V，将超过允许值。

　　在此限定的负载范围内，输出变化仅为 ± 5%，但这种小范围的变化是以低效率为代价实现的。分压器能够获得远比负载所需更大的电流，以至于任何负载变化都会被分压器本身所获得的大电流消耗所淹没。即使空载，分压器的损耗也超过 34W！

　　分压器适用于传感应用以及在模 / 数变换器中创建多个参考电压电平。当效率不是问题时，可以使用它们。

3.3　线性稳压器

3.3.1　稳压电路

　　稳压器是一种即使遭遇电源或负载变化也能提供严格可控输出的电源电路。当开关变换器用于实现稳压时，反馈控制器必须调整占空比或移相时间以保持输出在较窄的范围内，有时将实现这种方式的电力电子电路称为**开关稳压器**。相反的，**线性稳压器**是一种含有自身内部控制的非开关电路，能在输入和负载发生变化时精确调节输出。图 3.3 给出了两类主要的线性稳压器。图 3.3a 中的基本**串联稳压器** [1,2] 是作为射极跟随器进行连接的晶体管 [或作为源极跟随器进行连接的场效应晶体管（FET）]。通过设计可以使晶体管运行于有源区而不是工

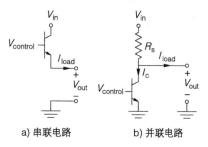

a) 串联电路　　b) 并联电路

图 3.3　可实现线性调节的稳压器基本电路

作在开关状态。如果基极电压保持固定，则发射极电压将比设定值低大约一个二极管的管压降。发射极电压 V_{out} 表征为 $V_{control}$，而不是输入电压或负载电流的函数。"纯调节"功能体现为输出不受各种干扰的影响。由于 $V_{out} = V_{control} - V_{be}$，输出电压是低功率控制电压的线性函数，从而使用**线性稳压器**这个术语是合适的。

图3.3b中的并联稳压器[3,4]类似于共射极放大器电路。晶体管运行于有源区。集电极电流为 βI_b，而不是负载电流的函数。较小的基极电流可根据需要调节产生所需的输出电压，输出电压是控制电压的线性函数。图3.4给出了由齐纳二极管构成的一个更简单的并联稳压器。只要反向电流在器件中流动，该电路就会维持几乎固定的电压 V_z。要使用并联稳压器，必须保证负载没有大电流进行分流，否则并联器件就不再起作用。

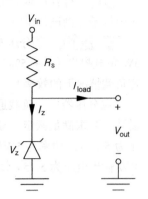

图3.4 并联稳压器中的齐纳二极管（为便于从电源拉出电流以供给负载和二极管，串联电阻 R_s 必须足够小）

线性稳压器以牺牲效率来实现稳压。稳压的实现仅限于 $V_{out} \le V_{in}$ 的情况。对于使用高增益器件以至于可忽略基极电流的串联稳压器，其输入和输出电流相同，且有

$$P_{loss} = (V_{in} - V_{out})I_{load}, \quad \eta = \frac{V_{out}I_{load}}{V_{in}I_{load}} = \frac{V_{out}}{V_{in}} \tag{3.5}$$

可见高效率的实现要求降压比尽可能接近1。对于并联稳压器，其损耗和效率为

$$P_{loss} = V_{out}I_c + (I_{load} + I_c)^2 R_s, \quad \eta = \frac{V_{out}I_{load}}{V_{in}(I_{load} + I_c)} \tag{3.6}$$

在并联稳压器中，由于 $I_c \ne 0$，即使在空载情况下也会产生很大的损耗。最好的情况是当 $I_{load} \gg I_c$ 时，电路效率为 V_{out}/V_{in}。并联稳压器用于产生低功率的参考电压信号，但在其他现代功率应用中很少使用。

由于有源器件的额定功率必须与所需的输出功率差别不大，所以线性稳压器并不是电力电子电路。作为变换器，它们的效率较低。然而，由于线性稳压器的输出几乎不受扰动的影响，因此经常在大功率变换系统中作为元件使用。它们能实现滤波功能，将不稳定输入处理成精确输出。传统的串联稳压器要求输入电压至少比输出电压高2V，以便为晶体管提供足够的偏置电压。工程师已设计了低压降（LDO）串联稳压器，在有源器件上仅需要50mV压降[5,6]。

例3.3.1 图3.5所示为一个LDO串联稳压器，输出为1.5V。对于任何大于1.55V的输入，该电路能精确输出1.5V电压。1.55V输入时，效率接近97%，并兼顾损耗与调节精度的折中。该稳压器将被用于滤波场合。

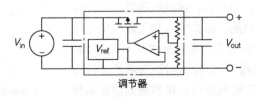

调节器

图3.5 可实现1.5V输出应用的LDO串联稳压器

在该应用中，某开关变换器的输出略高于所需值 V_{out}，并包含明显的电压纹波。如图 3.5 所示开关变换器，输出电压中叠加了一个在 1.55 ~ 1.75V 之间起伏的三角波，由于该电压始终高于 LDO 要求的 1.50V+50mV = 1.55V，因此 LDO 可以确保精确输出 1.50V 电压。在此稳压器中，$I_{out} \approx I_{in}$，即控制部分所需电流比负载要小得多。效率为输入、输出平均功率之比

$$\eta = \frac{P_{out}}{P_{in}} = \frac{\langle V_{out} I_{out} \rangle}{\langle V_{in} I_{in} \rangle} \tag{3.7}$$

由于 $I_{out} \approx I_{in}$，并且输出电压固定可基本保持电流恒定，所以电流可视为平均积分运算前面的常数而相互抵消，从而有

$$\eta = \frac{\langle V_{out} \rangle}{\langle V_{in} \rangle} = \frac{1.50}{1.65} = 90.9\% \tag{3.8}$$

这 9.1% 的损失是为实现固定输出所付出的代价。

3.3.2 调节措施

调节是变换器面临的一项常规性挑战。用户通常要求实现精密调节并保证输出稳定。稳定度用实际测得的输出变化与所需的输出的比值表示。例如，任何直流电源都有一定的电源**调节率**（Line reg），表示在输出平均值上下的波动。其标准定义 [7] 按百分比表示为

$$\%\text{Line reg} = \pm \frac{\max(V_{out}) - \min(V_{out})}{\max(V_{out}) + \min(V_{out})} \bigg|_{\text{allowed input range}} \times 100\% \tag{3.9}$$

这里，"允许输入范围（allowed input range）"表示输入电压的额定范围，标称输出是希望的输出电压值。某电源输入交流电压的变化范围为 100 ~ 265V，输出为 12V，并要求优于 ±0.1% 的电源调节率。当实际施加输入电压从 100V 到 265V 范围变化时，输出电压变化不应超过 ±12mV（千分之一）。

直流电源的另一个重要指标是以百分比表示的负载调节率 [7]（Load reg）

$$\%\text{Load reg} = \pm \frac{\max(V_{out}) - \min(V_{out})}{\max(V_{out}) + \min(V_{out})} \bigg|_{\text{allowed input range}} \times 100\% \tag{3.10}$$

此时，应在要求的负载范围内进行测量。例如，额定功率为 10 ~ 100W、输出为 12V 的变换器应在整个范围内进行测试，以确定输出波动范围以及是否可接受。对于理想信号源，电源调节率和负载调节率均为 0。

在许多电源中，**温度调节率**（Temp reg）也很重要，通常用偏导数表示

$$\text{Temp reg} = \frac{\partial V_{out}}{\partial T} \tag{3.11}$$

例如，某一个电源额定的温度调节率优于 0.1mV/K。通常用每开尔文（或者℃）输出变化的百分比来表示温度调节率 [7]。其他如随时间变化的调节率，也可以通过偏导数来定义。多输出电源必须考虑**交叉调节率**，比如某个端口输出电压的变化可能与其他端口输出的负载的变化相关联，其定义如式（3.10）所示，并在其他端口的允许负载范围下进行测试。

3.4 直接 dc-dc 变换器和滤波器

3.4.1 buck 变换器

虽然线性稳压器和分压器在传感、控制和滤波方面有很多应用，但并不是真正的能量变换器。最基本的 dc-dc 变换器之一是如图 3.6 所示的直流电压转直流电流的直接开关变换器。根据基尔霍夫电压定律（KVL）和基尔霍夫电流定律（KCL）约束调节，要求在给定时间内开关矩阵的任意一列中有且只有一个开关处于导通状态，可以写成 $q_{11} + q_{21} = 1$ 和 $q_{11} + q_{22} = 1$。只有四种开关组合可以避免违反 KVL 或 KCL 约束调节，如表 3.1 所示。瞬时输出电压值有三种可能值（$+V_{in}$，$-V_{in}$ 和 0），开关动作在这三种可能值中进行选择。

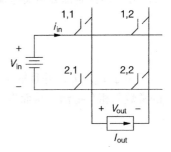

图 3.6 通用的直流电压 - 电流变换器电路

表 3.1 在通用直流电压转直流电流变换器中允许的开关器件配置

开关组合	电压	电流
1,1 和 2,2	$V_{out} = V_{in}$	$I_{out} = i_{in}$
2,1 和 2,2	$V_{out} = 0$	$i_{in} = 0$
1,1 和 1,2	$V_{out} = 0$	$i_{in} = 0$
1,2 和 2,1	$V_{out} = -V_{in}$	$-I_{out} = i_{in}$

将输入电源与输出电源共享公共接地参考点，则图 3.6 所示的桥式变换器可以简化。这可以通过始终将开关器件 2,2 处于导通状态，而将开关器件 1,2 处于关断状态来实现。此外，输出电流源通常由一个大电感与负载串联组成，图 3.7 给出了这种配置方式。为简单起见，这些开关器件被重新标记为 #1（前 1,1）和 #2（前 2,1）。#1 开关器件必须能够承载或阻止 I_{out} 的流动，因此使用晶体管是合适的。可以使用二极管来提供 #2 开关器件导通所需要的 I_{out} 并防止反向流动。在实际中，buck 变换器通常指的是这种共地的配置方式，而不是图 3.6 中的一般情况。

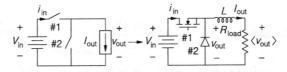

图 3.7 共地的 dc-dc 电压 - 电流变换器或 buck 变换器电路

由于无论何时晶体管关断，电路都必须为电感提供一条电流通路，因此如图 3.7 所示电路要求 $q_1 + q_2 = 1$。当 #1 开关器件导通时，电路输出为 V_{in}；当 #2 开关器件导通时，电路输出为 0；从而可以得出 $v_{out}(t) = q_1 V_{in}$。因此，v_{out} 看起来像开关函数 q_1，不同点在于其幅值为 V_{in} 而不是 1。电路输出的平均值为

$$\langle v_{out} \rangle = \frac{1}{T}\int_0^T q_1(t)V_{in}\mathrm{d}t = \frac{V_{in}}{T}\int_0^T q_1(t)V_{in}\mathrm{d}t = D_1 V_{in} \tag{3.12}$$

由于 $\langle v_L \rangle = 0$，电阻电压平均值必须与 $\langle v_{out} \rangle$ 匹配，平均输入电流为 $\langle i_{in} \rangle = D_1 I_{out}$。电感与负载起到低通滤波器的作用，以确保直流分量被传递到输出端，而不需要的交流分量得到衰减。

图 3.8 所示为一个典型的输出波形。

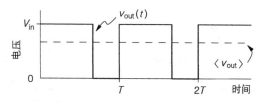

图 3.8　图 3.7 所示变换器的典型输出波形

共地降压变换器可用于许多开关直流电源、高性能直流电机控制器、计算机主板、驱动 LED 灯以及几乎所有包含电子控制的家电。该变换器及一些密切相关的电路有时被称为 "buck 调节器" 或 "降压变换器"。值得注意的是该电路的调节特性，由于输出电压的计算与负载电流或电阻无关，因此只要约束条件 $q_1 + q_2 = 1$ 有效，关系式 $<v_{out}> = D_1 V_{in}$ 就成立。一方面，由于输出与负载无关，理论上具有理想负载调节率；另一方面，输出与 V_{in} 成正比，因此输入的任何变化都会在输出中成比例地反映出来。这些调节特性与理想变压器的完全相同：负载调节仅受内部阻抗限制，对多输入扰动完全没有调节能力，需要通过控制来实现电源调节率。

buck 变换器中的一些重要关系式如下

$$
\begin{aligned}
& v_{out} = q_1 V_{in}, \qquad i_{in} = q_1 I_{out} \\
& \langle v_{out} \rangle = D_1 V_{in}, \quad \langle i_{in} \rangle = D_1 I_{out} \\
& P_{out}(t) = p_{in}(t) = q_1 V_{in} I_{out} \\
& \langle P_{out}(t) \rangle = \langle p_{in} \rangle = D_1 V_{in} I_{out} \\
& v_{out(RMS)} = \sqrt{\frac{1}{T}\int_0^T q_1^2(t) V_{in}^2 dt} = V_{in}\sqrt{D_1}
\end{aligned}
\qquad (3.13)
$$

理想情况下，在开关上不存在损耗，因此输入功率总是等于输出功率。各开关器件导通时必须承载电感电流，关断时必须阻断输入电压：

极限电流：$\qquad\qquad\qquad\qquad i_1 = I_L,\ i_2 = I_L$

$\qquad\qquad\qquad\qquad\qquad\qquad\qquad\qquad\qquad\qquad\qquad\qquad (3.14)$

阻断电压：$\qquad\qquad\qquad\qquad v_1 = V_{in},\ v_2 = V_{in}$

可以通过一个应用实例来说明其中的一些关系。通过使用先前的源接口概念，展示低输出纹波。

例 3.4.1　图 3.9 所示为带 *R-L* 负载的 buck 变换器电路。设 $V_{in} = 15V$，开关频率为 50kHz。如果输出电压的标称值为 5V，则所需占空比为多少？包含纹波的实际输出 $V_{load}(t)$ 为多少？

由于电路是一个 buck 变换器，因此期望 $<V_r> = D_1 V_{in}$。#1 开关器件的占空比应为（5V）/（15V）= 1/3。开关频率为 50kHz，则开关周期为 20μs，可得出 #1 开关器件导通时间为 6.67μs，关断时间为 13.33μs，依此类推。如果输出电压为 5V，则当 #1 开关器件导通时，电感电压为 $V_{in} - V_{load} = 10V$；当 #1 开关器件关断时，电感电压为 $-V_{load} = -5V$。输出电流是否保持恒定呢？由于 $V_{load} = 5V$，电阻电流平均值为 5A。当 #1 开关器件导通时，电感电流以 $di/dt =$（10V）/（2mH）= 5000A/s 的速率变化，而当 #2 开关器件导通时，$di/dt = -2500A/s$。在 #1 开关器件导通时，电路结构如图 3.10 所示。电流增加量为（5×10^3A/s）×（6.67μs）= 0.033A，这只占平均值 5A 很小的一部分，因此可以将负载电流合理地视为有效常数。

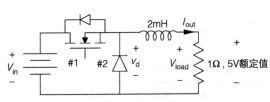

图 3.9　例 3.4.1 的 buck 变换器电路

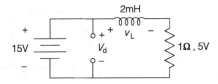

图 3.10　#1 开关器件处于导通状态的 buck 变换器电路

当 #2 开关器件导通时，电路结构为图 3.11 所示的 R-L 形式。由于输出电压为 5V，因此只要 #2 开关器件导通，电感电压就为 −5V。如果时间常数 L/R 比 #2 开关器件的导通时间大得多，则该假设成立。在此电路中，时间常数 L/R = 2ms，是 #2 开关器件导通时间的 150 倍。电感电流减小量为（2.5×10^3A/s）×（13.33μs）= 0.033A。电感电流减小量与增加量必须保持平衡，这与使用能量分析法所得结论一致，进入电感的净能量在一个开关周期时间内必然为零。如果不是，则输出平均值将发生相应变化。对 1Ω 负载来说，0.033A 的电流变化会产生 0.033V 的输出电压变化。图 3.12 给出了电路的输出波形，图中 V_{out} =（5 ± 0.017）V，可见输出电压几乎保持恒定。

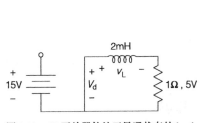

图 3.11　#2 开关器件处于导通状态的 buck
变换器电路

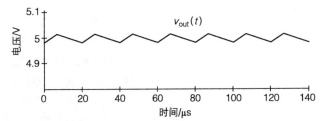

图 3.12　buck 变换器的输出电压波形

建议读者将此分析计算得出的三角波形与实际呈指数增长或衰减的 i_L 进行比较。并计算指数结果与图 3.12 所示三角波形之间的最大百分比之差为多少。

例 3.4.1 的降压变换器能实现几乎恒定的电流输出。由于该输出非常接近于电流源，因此 V_{out} 平均值可以用 D_1V_{in} 精确表示。有趣的是，平均功率施加到一个电阻上，电阻上呈现几乎恒定的电流和电压，因此无法区分供电的是恒流源还是恒压源。

例 3.4.2　某 buck 变换器的负载为直流电动机。为实现电机控制，可以利用变换器的占空比。直流电动机可以等效为图 3.13 所示的电路模型。试画出电动机的电流波形，并对电流源模型做出评论，再说明占空比对电动机转速产生了什么影响。

该电路包含一个内部电压或反电动势，与单位为 rad/s 的角速度 ω 成正比，即 $V_g = k_g\omega$。由于绕组和磁性材料，电路呈感性。施加到电感上的电压为 $v_L = V_{in} - I_aR_a - V_g$ 或 $v_L = -I_aR_a - V_g$，取决于具体的电路结构。在任何一种情况下，电感电流的时间变化率都是有限的，并且电感电流 I_a 在短时间内（如开关器件发生导通或关断所需的时间）的变化很小。如果电感电流非零，根据 KCL 约束条件，则必须为此提供电流通路。图 3.14 给出了 $D_1 = 0.5$ 时的电流波形。在任何时间点，电流都为正方向并缓慢变化。即便该波形不是纯直流，电流也始终在流动，因此将电机等效为一个电流源模型是有效的。

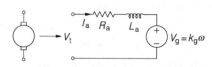

图 3.13　简化直流电机电路模型

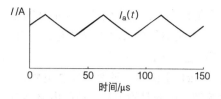

图 3.14　从 buck 变换器流入感性负载的电流

通常情况下，电阻 R_a 很小，电压 V_g 应与 V_t 的平均值相匹配。由于 V_g 与电机的速度成正比，且 $<V_t> = D_1 V_{in}$，于是电机的运行速度可以近似为

$$\omega = \frac{D_1 V_{in}}{k_g} \tag{3.15}$$

利用占空比实现直接调速具有广泛的应用前景。许多先进的直流驱动系统都是从这个概念开始，然后增加了如对 $I_a R_a$ 电压降补偿或对机械负载引起的微小速度扰动进行校正等功能。

buck 变换器的输出电压和输入电流具有一定的纹波。$L\text{-}R$ 型负载可以对纹波进行滤波。传统的 buck 变换器仅提供正向的输出电流，且其输入电压总是高于输出电压，这些条件对受限开关来说很合适。为了控制 $<v_{out}>$ 的值，可以改变 #1 开关器件栅极控制信号的占空比。如果开关器件的切换速度很快并且损耗很小，则可以实现近乎完美的 buck 变换器。该电路相当于具有降压比为 D_1 的直流变压器。这种变压器的一个限制是它无法实现电气隔离，一种被称为正激变换器的电路拓扑可以通过将变压器插入 buck 电路来实现此功能。本章后续将对此进行讨论。

3.4.2　boost 变换器

buck 变换器能实现 $V_{out} \le V_{in}$ 的直流变换。另一种直接 dc-dc 变换器类型具有电流源输入和电压源输出的特点，如图 3.15 所示，由于该变换器能实现与 buck 变换器相反的功能，因此不应对出现 $|V_{out}| \ge V_{in}$ 的情况感到惊讶。

boost 变换器的关系式与 buck 变换器的关系式存在对偶关系。boost 变换器的输入电流源和输出电压源为固定值，而输入电压和输出电流由开关矩阵函数来确定。对如图 3.15b 所示的共地电路拓扑，存在如下关系式：

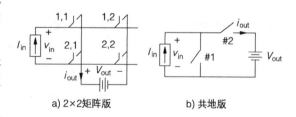

a) 2×2 矩阵版　　　b) 共地版

图 3.15　boost dc-dc 变换器电路

$$
\begin{aligned}
q_1 + q_2 &= 1 \\
v_{in}(t) &= q_2 V_{out} = (1 - q_1) V_{out} \\
i_{out} &= q_2 I_{in} = (1 - q_1) I_{in} \\
\langle v_{in} \rangle &= D_2 V_{out} = (1 - D_1) V_{out} \\
\langle i_{out} \rangle &= (1 - D_1) I_{in}
\end{aligned}
\tag{3.16}
$$

令 $V_{in} = <v_{in}>$，$I_{out} = <i_{out}>$。上述关系式可以写成

$$V_{out} = \frac{1}{D_2} V_{in} = \frac{1}{1 - D_1} V_{in}, \ I_{in} = \frac{1}{D_2} I_{out} = \frac{1}{1 - D_1} I_{out} \tag{3.17}$$

输入和输出功率以及它们的平均值必须始终相等，因为理想的 boost 变换器不存在损耗。

#1 开关器件导通时承载电流 I_{in}，当其关断时，#2 开关器件必须导通，同时 #1 开关器件必须阻断 V_{out}。因此，#1 开关器件必须具有正向导通和正向阻断的能力，而 #2 开关器件可以是二极管。buck 变换器通过使用串联电感来保持电流的恒定。boost 变换器在输入端使用电感来模拟电流源，电容是输出端合适的电路接口，可以提供电压源特性。以下面的例子为例。

例 3.4.3 图 3.16 所示为 5V 输入转 120V 输出的 boost 变换器。其额定输出功率为 50W。该电路性能指标要求输出电压为（1±0.1%）×120V，输入电流变化不超过 ±1%。电路的开关频率为 20kHz。试选择符合该性能指标要求的电感和电容。所用开关器件的额定电流和电压应为多少？如果 #1 开关器件的导通时间为 D_1T，存在 ±50ns 不确定时间，那么会对 V_{out} 产生多少不确定性？

输入电压源和电感的组合能有效地构成一个电流源。施加在该电流源上的电压为 $v_{in} = q_2 V_{out}$。然而，由于电感不能承受直流电压，因此平均电压 $<v_{in}> = D_2 V_{out}$ 必须与 V_{in} 匹配。当 V_{in} = 5V 和 V_{out} = 120V 时，占空比 D_2 =（5V）/（120V）= 0.0417，且 #2 开关器件在 50μs 开关周期中只导通 2.083μs。#1 开关器件每个开关周期导通 47.92μs。为了产生高输出电压，需要花费大量时间来增加电感能量，然后在高电位下花少量时间来实现快速放电。输出与输入功率同为 50W（这里没有对损耗进行建模），从而有 I_{in} = 10A。电流的指标要求其变化不超过 ±1%，对总的变化来说就是 0.2A。在 #1 开关器件导通期间，电感电压 V_{in} = 5V。电流呈下式描述的线性上升

$$5V = L\frac{di}{dt} = L\frac{\Delta i}{\Delta t}$$

$$\frac{(5V)\Delta t}{L} = \Delta i \leqslant 0.2A \tag{3.18}$$

$$L \geqslant 25\Delta t\,H$$

由于 Δt 表示的导通时间为 47.92μs，只要电感 $L \geqslant 1.20$mH 就能确保电流变化小于 0.2A。

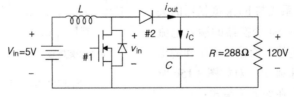

图 3.16　例 3.4.3 的 boost 变换器电路

在输出端，电容必须在 #2 开关器件关断的时间周期内提供 0.417A 电流。在此间隔期间电压将下降，但性能指标要求其变化率不允许超过 ±0.1%，对于总的变化就是 0.24V。该变化近似表示为

$$i_C = C\frac{dv}{dt} = C\frac{\Delta v}{\Delta t}$$

$$\frac{i_C\Delta t}{C} = \Delta v \leqslant 0.24V \tag{3.19}$$

$$C \geqslant 4.17 i_C\Delta t\,F$$

当 $\Delta t = 47.92\mu s$ 且 $i_C = 0.417A$ 时，只要电容值 $C \geqslant 83.3\mu F$ 就可满足性能指标的要求。开关器件在导通时必须能承受 10A 的电感电流，且在关断时必须能阻断电压 $V_{out} = 120V$。因此，开关器件所需的额定电压和电流至少为 10A 和 120V。对于 boost 变换器，所面临的第一个重要的实际问题就是实际比率 V_{out}/V_{in} 相当有限，开关器件的正向导通压降和电阻限制了增益的增大；第二个问题是非常高或非常低的占空比的精确控制很难实现。在该电路中，#1 开关器件若有 ±50ns 的随机抖动，则实际的导通时间将位于 $47.87 \sim 47.97\mu s$ 之间。这种看似无关紧要的导通时间扰动对应的输出不确定度为 $117.2 \sim 123.0V$，约 ±2.5% 的误差，远超预期 ±0.1% 的目标。

3.4.3 功率滤波器设计

设计 boost 变换器时的元件选择就是接口问题的一个例子。在设计功率滤波器时，需要消除不需要的纹波并保留所期望的直流或交流值，最终实现不同电源之间的转换。例如，如果输出端口需要直流电流源特性，则可通过添加串联电感来实现；当需要直流电压源特性时，基于电容能维持电压不变的特性来并联电容；当需要交流电源时，可能会使用更为复杂的结构。滤波器的基本目标是让需要的频率分量 ω_{wanted}（对于直流可能为零）流过，同时衰减所有其他不需要的频率分量。当所需要的分量为直流时，应使用低通滤波器；当所需要的分量为交流时，则使用带通滤波器。变换器通常只有一个所需的频率分量，因此为实现交流波形的滤波，有时需要使用谐振滤波器。

用于功率滤波器分析和设计的常用方法有两种：

■ 等效电源方法

■ "理想动作"方法

图 3.17 所示为带谐振 *L-C-R* 负载的 H 桥逆变器及其产生的波形。在图 3.18 所示的等效电源电路中，由 H 桥输出的某方波（所需频率）传送到谐振负载上。通过选择 $\omega_{wanted} = 1/\sqrt{LC}$ 让需要的频率分量通过，同时衰减不需要的分量。正弦的电流和电压能通过电阻得以体现，并且该电压就是方波傅里叶分解后的基波分量。在等效电源方法中，产生波形的器件组合的电路被理想电源所替换。

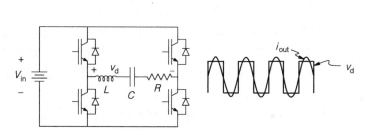
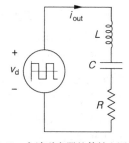

图 3.17   带有谐振负载的方波逆变器电路及其产生的波形   图 3.18   方波逆变器的等效电源表示

基于工程设计基本原则的**理想动作**方法具有更为深远的意义：答案是已知的，应尽可能找出能解决问题所需的更多的方法。在功率变换器中，滤波器的输出是已知的，如低纹波直流输出、理想的正弦波或其他特定的输出。如果滤波器能合理设计，它将能有效工作；如果它能有效工作，就能知道它的输出。根据需要，可以通过已知的输出来建立滤波器的设计。

以图 3.19 所示按 50% 占空比运行的 buck 变换器为例，可以了解理想动作方法。变换器的输入为 10V，因此其平均输出电压为 5V。为了获得所期望的纹波，该如何选择电感值呢？一种方法是，针对变换器的运行进行分段并求解各微分方程，从而找出能实现纹波限制的精确的电感值。另一种方法是，可以使用如图 3.20 所示的等效电源来消除开关动作，进而求解线性电路。这些方法都是可行的，但欠缺对已知答案的洞察力——通过选择合适的电感来实现纹波最小的 5V 电阻电压。如图 3.21 所示的理想动作电路，通过利用已知的答案（实现输出为 5V 的理想电源）来简化等效电源的表示：±5V 方波施加到电感后，反过来形成的三角形电流的峰 - 峰值由下式所得。

$$5V = L\frac{\mathrm{d}i}{\mathrm{d}t} = L\frac{\Delta i}{\Delta t}$$

$$\Delta i = \frac{(5V)\Delta t}{L}$$

（3.20）

有些算法能计算出所需纹波指标的电感值。

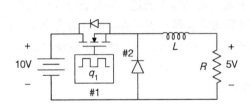

图 3.19　具有 10V 输入和 50% 占空比的 buck 变换器电路

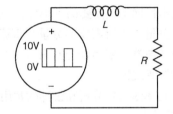

图 3.20　适用于 buck 变换器的等效电源和 *R-L* 模型

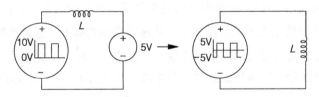

图 3.21　适用于输出电感滤波器和简化等效电源模型的理想开关动作设计

在电力电子中，理想动作方法通常将一阶或二阶微分方程问题简化为快速运算结果。实际上，式（3.20）是以一组一阶微分方程的解为基础的，微分方程的约束条件就是滤波器必须有效工作。事实证明，理想动作方法是工程设计的基本工具，以下还有一些其他的例子：如果数据已经正确地写入了磁盘，就会表现为磁性发生了适当的变化，这可用于定位同心圆轨迹并引导读写磁头；要设计一座必须高出河面 40m 的桥梁，路面的标高就是用来求解的已知答案；为成功研制喷气式飞机，可以使用机翼上的升力来支撑飞机的整个负载重量，同时有限偏转的桁架结构支撑着这个重量。

由于功率滤波器通常被当作电源接口使用，因此可以用理想动作方法来简化其计算，在其他元件保持理想动作的同时，依次检查单个元件。下面给出几个实例。

例 3.4.4　图 3.22 所示变换器使用一个 1mH 电感。求满载时的输出电压纹波。

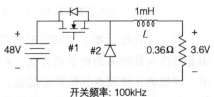

开关频率: 100kHz

图 3.22　例 3.4.4 的降压变换器电路

由于输出电压和电阻已知，且输出电流几乎保持恒定，所以输出电流必然为 10A。当 #1 开关器件导通时，电感试图保持固定值 10A，但是由于电感值并非无限，所以电流会略微上升。在 #1 开关器件导通期间，电感电压的理想值为 $V_{in} - V_{out} = 44.4V$，则电感电流的变化为

$$44.4V = L\frac{di_L}{dt}, \quad 44.4V = L\frac{\Delta i_L}{\Delta t}, \quad \Delta i_L = \frac{44.4V \times \Delta t}{L} \tag{3.21}$$

#1 开关器件导通时间为 Δt。这段时间仅为占空比 10μs 的 3.6/48 倍（看你能否确定这为什么是真的）。因此可得，电流变化量 $\Delta i_L = 46.3mA$，只占平均值 10A 的一小部分。输出电压纹波为 $\Delta V_{out} = R\Delta i_L = 16.7mV$。

例 3.4.5　图 3.23 所示 dc-dc 变换器通过使用电感为开关矩阵提供必要的电流源特性，通过使用电容保证输出端特性为电压源，这两者需要相互折中。例如，较大的电容意味着可以忍受更大的电感电流纹波。试以 ±50% 电感电流变化和 ±12% 输出电压变化选择合适的电感和电容。

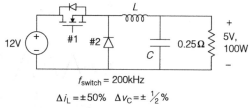

图 3.23　例 3.4.5 的 dc-dc buck 变换器

这个 $R\text{-}L\text{-}C$ 电路分析问题可通过列写二阶微分方程一起求解。然而，我们知道该问题可以通过已知结果反推求解。由于输出电压是固定的，因此为了选择电感，可将电容视为固定电源，然后继续求解过程。如果将输出视为 5V 电源，其平均电流必须为 20A 才能输出 100W。可见，电感电流的平均值为 20A，且在 10A 和 30A 之间不断变化。当 #1 开关器件导通时，电感电压为 7V，电流增加为 20A，因此可得 #1 开关器件的导通时间占整个开关周期的 5/12 或 2.08μs。从而可根据下式计算电感值：

$$7V = L\frac{\Delta i_L}{\Delta t}, \quad \Delta i_L = 20A, \quad L = \frac{7V \times 2.08μs}{20A} = 0.73μH \tag{3.22}$$

对于电容，可将电感视为三角形等效电源。电阻电流保持恒定，但为什么不能将其视为一个等效电源呢？基于上述电源的等效电路如图 3.24 所示。

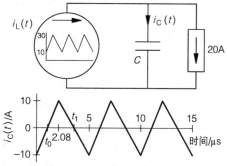

假设电容电流如图 3.24 所示，则可求得电容电压变化量为 Δv_C。由于电流并不保持恒定，因此不能将 dv_C/dt 设置为斜率 $\Delta v_C/\Delta t$，但是 i_C 是时间的三角函数。只要 i_C 为正，电压就会增加。从图 3.24 可以看出，当 #1 开关器件导通时，在时间 $t_0 = 1.04μs$ 时刻电流变为正值，电流在 1.04μs 时间内以 $9.6 \times 10^6 A/s$ 的斜率上升至 10A。在 #1 开关器件关断时，可以计算得出该斜率为 $-6.86 \times 10^6 A/s$。电压 v_C 在 t_0 时刻将达到最小值（刚好在电流为负值的半周期之后），然后开始上升直到 t_1 时刻，其净变化为 $\Delta v_C = v_C(t_1) - v_C(t_0)$，此时电流再次变为负。在正半周期内对电流进行积分可得 $v_C(t_1)$ 为

图 3.24　施加在例 3.4.5 中输出电容上的理想等效开关动作电流源和等效电容电流波

$$v_C(t_1) = v_C(t_0) + \frac{1}{C}\int_{t_0}^{2.08} 9.6 \times 10^6 (t-t_0)\mathrm{d}t + \frac{1}{C}\int_{2.08}^{t_1} -6.86 \times 10^6 (t-t_1)\mathrm{d}t \quad (3.23)$$

实际上，做积分计算有点过于复杂。通过计算图 3.24 中三角形区域面积 $(1/2)bh =$ $(2.5\mu s) \times (10A)/2 = 12.5 \times 10^{-6}$，可得 $v_C(t_1) - v_C(t_0) = 12.5 \times 10^{-6}/C$。为实现电压纹波小于 $\pm(1/2)\%$，电压变化不能超过 0.05V，这就需要 $C = 250\mu F$。图 3.25 所示为完整电路的 PSpice 仿真结果。可见，仿真结果满足设计要求且电压变化很小。

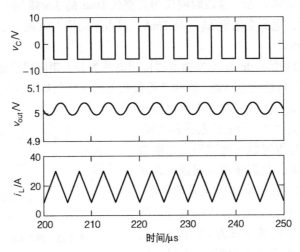

图 3.25   12V 转 5V 变换器的 i_L 和 v_C 仿真结果（$P_{out} = 50W$，$L = 0.73\mu H$，$C = 250\mu F$）

为了给出基于例 3.4.5 的更通用的计算公式，使用一组通用值重新考虑图 3.23。电感具有给定的峰-峰值电流变化 Δi_L。电容电流为电感电流与其平均值之间的差，与如图 3.24 所示的峰-峰值相同。对开关周期 T 来说，三角形面积 $(1/2)bh$ 为 $1/2(T/2)(\Delta i/2)$，而电容电压的变化量可以用下式计算：

$$\Delta v_C = \frac{T\Delta i_L}{8C} \quad (3.24)$$

这是 dc-dc 变换器所期待的结果，能在电路输出端保证电流源特性并提供 L-C 滤波器。

3.4.4   不连续模式和临界电感

到目前为止，所考虑的滤波器和变换器都使用了较大的电感和电容值，从而能够保持几乎恒定的电流和电压。如果电感和电容值不够大的情况会怎样呢？电路分析会发生哪些变化？当电感和电容值变化很大或变得不可预测时，还可以设计变换器吗？下面将以图 3.26 所示的 buck 变换器作为基础进行讨论，仍采用大电容以保持固定的输出电压，目前讨论的重点是电感。

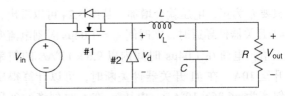

图 3.26   基于电感尺寸考虑的 buck 变换器电路

如果电感与之前的值相比是适中的，能允许 20% 的峰-峰值纹波，情况如何呢？图 3.27 所示为使用合适占空比时的电流和电压波形，还包括了输入电流波形和电容电流波形。二极管电压仍为如前所述的 $v_d = q_1 V_{in}$。即使电流变化很大，根据 KCL 约束条件必须提供电流通路，即满足 $q_1 + q_2 = 1$。当 $<v_L> = 0$ 时，输出平均值必须与 $<v_d>$ 匹配，所以变换器仍有 $V_{out} = D_1 V_{in}$。由于电容的平均电流为零，因此电感的平均电流为 I_{out}。从图 3.27 可以看出，输入的平均电流 $<i_{in}>$ 由 $D_1 I_{out}$ 提供。尽管通常 $<x(t)y(t)> \neq <x(t)><y(t)>$（可尝试使用余弦对此进行证明），但对电感值无穷大的电感来说，在图 3.27 所示 i_{in} 的分段波形情况下，其承受的平均电压与平均输入电流的乘积是一样的。

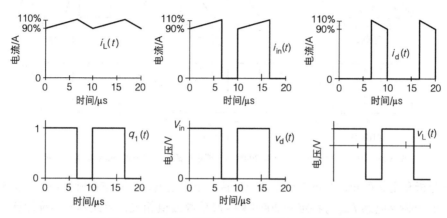

图 3.27 基于 20% 峰 - 峰值电感电流纹波的 buck 变换器波形

现在考虑使用一个允许 100% 峰 - 峰值电流纹波的小感值电感，其电流和电压波形如图 3.28 所示。即便电流不保持恒定，根据 KCL 约束条件仍需要提供一条电流通路。KVL 和 KCL 约束条件的组合要求开关器件交替工作，使得 $q_1 + q_2 = 1$。平均值则要求实现 $D_1 + D_2 = 1$。按照之前讨论的结果，仍旧可以得出 $V_{out} = D_1 V_{in}$，$<i_L> = I_{out}$，$<i_{in}> = D_1 I_{out}$，依此类推。这些平均关系式保持不变，并且与具有大电感的理想变换器保持相同。

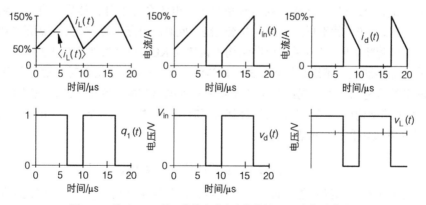

图 3.28 基于 100% 峰 - 峰值电感电流纹波的 buck 变换器波形

上述情况能保持到什么程度呢？图 3.29 给出了一个极限情况的例子，该电路允许 200% 的峰 - 峰值电流纹波，从而使 i_L 为零值。此时，电感电流是峰 - 峰值变化量为 $\Delta i_L = 2<i_L> = 2I_{out}$ 的三角波，流动的电流仍须满足 KCL 约束条件，从而有 $q_1 + q_2 = 1$ 和 $D_1 + D_2 = 1$。可见，前面所述的平均关系式仍然存在。对于分析和设计而言，这种极限情况特别有用，它与一个被称为**临界电感**的特殊值有关。任何较大的电感值都可让此变换器的平均关系式保持不变，但使用较小的电感值就不一样了。只要 $i_L>0$ 且提供一条电流通路，关系式就相同。一个定义如下：

> **定义**：临界电感是始终保持 $i_L>0$ 的最小电感值。

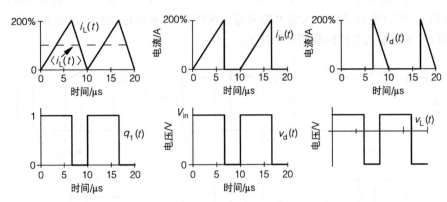

图 3.29　基于临界电感值的具有 200% 峰 - 峰值电感电流纹波的 buck 变换器波形

根据分析和定义可知，并不需要电流源保持一个固定值，而只需在所有条件下实现电流非零即可。由于临界电感 L_{crit} 与特定的 200% 峰 - 峰值纹波值相关，因此其并不难计算。值得注意的是，纹波的大小与电感值成反比。图 3.28 中具有 100% 峰 - 峰值纹波的电感值 $L = 2L_{crit}$。图 3.27 中具有 20% 峰 - 峰值纹波的电感值 $L = 10L_{crit}$。为了实现 0.1% 的峰 - 峰值纹波，则需要 $L = 2000L_{crit}$，依此类推。如果设计人员确定了 L_{crit}，则立即可求出满足性能指标的值。下式为以电感比值表示的相对纹波计算式

$$\frac{\Delta i_L}{\langle i_L \rangle} = \frac{2L_{crit}}{L} \tag{3.25}$$

如果 $L < L_{crit}$，会发生什么呢？在这种情况下，电流会先上升，然后一直下降到零，如图 3.30 所示。一旦 $i_L = 0$，就不再需要提供电流通路。此时的电路配置方式不再满足二极管的导通条件，因此二极管将关断。"双关"电路结构不再违反 KCL 约束条件并在开关周期的部分时间内是有效的，变换器进入**不连续导电模式**（DCM）。当 $q_1 + q_2 < 1$ 出现时，就会有 $D_1 + D_2 < 1$，那么此时输出的情况如何呢？观察图 3.31 所示的三种电路结构，着重注意开关期间变化最大的 v_d。在图 c 的电路结构中，当两个开关器件都关断时电路结构仍然有效，$i_L = 0$ 且 v_d 为开路电压 V_{out}。通过使用开关函数，v_d 可表示为

$$v_d = q_1 V_{in} + q_2(0) + (1 - q_1 - q_2)V_{out} \tag{3.26}$$

由于电感值很小，已经不能保证提供直流电压，并且需满足 $\langle v_L \rangle = 0$。因此可得，v_d 的平均值必须与 V_{out} 匹配，并且有

$$V_{out} = D_1 V_{in} + (1 - D_1 - D_2)V_{out}$$

$$V_{out} = \frac{D_1}{D_1 + D_2} V_{in} \tag{3.27}$$

因为之前 $D_1 + D_2 = 1$，而现在 $D_1 + D_2 < 1$，上式是对更多基本结论的总结。因为分母小于 1，所以实际输出较之前的要高。

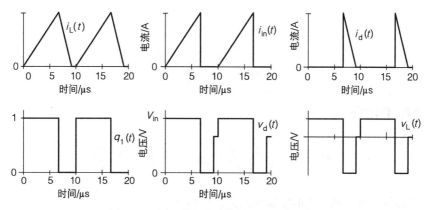

图 3.30　具有亚临界电感值的 buck 变换器波形

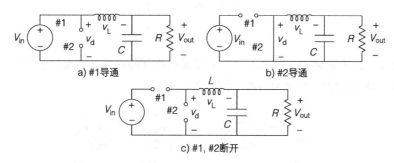

图 3.31　buck 变换器处于 DCM 状态时的三种电路结构

但这存在一个问题——占空比 D_2 未知：以前为 $1 - D_1$，但现在不是。平均关系式又无法计算输出电压或功率，那么怎么生成第二个方程？使用能量分析法可以做到这点。在 DCM 模式中，每个周期开始和结束时的电感都不存储能量，所有注入的能量都消耗在负载上。每周期负载消耗的能量为

$$W_{\text{load}} = \int_0^T V_{\text{out}} I_{\text{out}} \mathrm{d}t = V_{\text{out}} I_{\text{out}} T = \frac{V_{\text{out}}^2}{R_{\text{load}}} T \tag{3.28}$$

可以通过表现为三角波的电感电流计算变换器的输入能量。仅当 #1 开关器件导通时，电流 i_{L} 才从输入 V_{in} 中获得，因此输入能量可计算为

$$W_{\text{in}} = \int_0^{D_1 T} V_{\text{in}} i_{\text{L}}(t) \mathrm{d}t \tag{3.29}$$

并且该值必须与一个周期内负载消耗的能量相匹配。而电流上升的斜率为

$$\frac{\Delta i}{\Delta t} = \frac{i_{\text{Lpeak}}}{D_1 T} \tag{3.30}$$

最终电流峰值为多少？当 #1 开关器件导通时，$v_{\text{L}} = L \mathrm{d}i/\mathrm{d}t$ 且电流从零上升到峰值，从而有

$$V_{\text{in}} - V_{\text{out}} = L \frac{\mathrm{d}i}{\mathrm{d}t} = L \frac{i_{\text{Lpeak}}}{D_1 T} \tag{3.31}$$

可得

$$i_{\text{Lpeak}} = \frac{(V_{\text{in}} - V_{\text{out}})D_1 T}{L} \qquad (3.32)$$

式（3.29）重新列写如下

$$W_{\text{in}} = \int_0^{D_1 T} V_{\text{in}} \frac{(V_{\text{in}} - V_{\text{out}})}{L} t \mathrm{d}t = \frac{V_{\text{in}}^2 - V_{\text{in}} V_{\text{out}}}{L} \frac{(D_1 T)^2}{2} \qquad (3.33)$$

由于该值必须与输送到负载的能量相匹配，从而有

$$\frac{V_{\text{in}}^2 - V_{\text{in}} V_{\text{out}}}{L} \frac{(D_1 T)^2}{2} = \frac{V_{\text{out}}^2}{R_{\text{load}}} T \qquad (3.34)$$

可以使用二次方程式来求解 V_{out} 表达式。二次型意味着可能存在两个解，但这是一个输出为正且小于输入的 buck 变换器，因此只有唯一解，为

$$V_{\text{out}} = \frac{-D_1^2 V_{\text{in}} R_{\text{load}} T}{4L} + D_1 V_{\text{in}} \sqrt{\frac{R_{\text{load}} T}{2L} + \frac{R_{\text{load}}^2 T^2 D_1^2}{16L^2}} \qquad (3.35)$$

虽然这个表达式有点复杂，但它能由能量分析直接得出。这里 $R_{\text{load}} T/(2L)$ 是半个周期时间（$T/2$）与时间常数 L/R_{load} 的比值。

类似的情况也适用于图 3.32 所示的 boost 变换器。临界电感值 L_{cirt} 强制 $i_{\text{L}} > 0$。假设电感大于此值（给定一个大电容），其平均关系式与使用无限电感值时的情况是一样的。如果 $L < L_{\text{cirt}}$，当两个开关都关闭时，如图 3.33c 所示的电路结构有效。此时电压 v_{t} 表示为

$$v_{\text{t}} = q_1(0) + q_2 V_{\text{out}} + (1 - q_1 - q_2) V_{\text{in}} \qquad (3.36)$$

由于 $v_{\text{L}} = 0$，得到

$$\begin{aligned} \langle v_{\text{t}} \rangle = V_{\text{in}} &= D_2 V_{\text{out}} + (1 - D_1 - D_2) V_{\text{in}} \\ V_{\text{out}} &= \frac{D_1 + D_2}{D_1} V_{\text{in}} \end{aligned} \qquad (3.37)$$

其中，D_2 是另外一个未知数。图 3.34 所示为典型情况下 $L < L_{\text{crit}}$ 时的电流和电压波形。

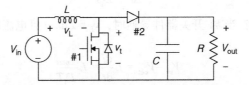

图 3.32　用于临界电感值分析的 boost 变换器电路

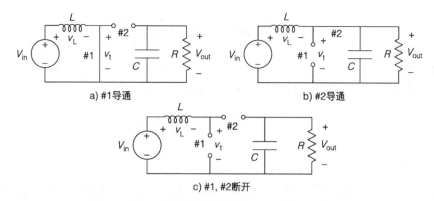

a) #1导通　　　　　　　　　　　　　b) #2导通

c) #1, #2断开

图 3.33　基于亚临界电感值的有效 boost 变换器电路结构

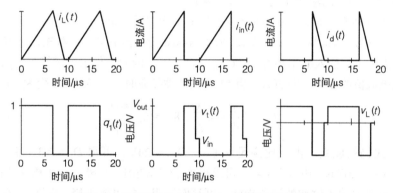

图 3.34　使用亚临界电感值的 boost 变换器电路波形

当 boost 变换器处于 DCM 模式时，虽然占空比 D_2 未知，但可以通过能量分析法建立第二个方程求得 V_{out} 的独立解。与降压情况一样，亚临界电感以零储能状态开始和结束每个周期。所有注入的能量都被传递给负载，而输入能量必须与之匹配。然而，除非两个开关器件都关断，否则能量将从输入源流出，所以当 #1 开关器件或 #2 开关器件处于导通时，输入能量就是非零的。参照 buck 变换器的分析，有

$$W_{in} = \int_0^{D_1 T + D_2 T} V_{in} i_L(t) \mathrm{d}t = W_{out} = \frac{V_{out}^2}{R_{load}} T \tag{3.38}$$

对于 boost 变换器，当 #1 开关器件处于导通时，输入电压施加到电感上，从而有

$$V_{in} = L \frac{\mathrm{d}i}{\mathrm{d}t} = L \frac{i_{Lpeak}}{D_1 T} \tag{3.39}$$

和

$$i_{Lpeak} = \frac{V_{in} D_1 T}{L} \tag{3.40}$$

由于电感电流呈线性上升和下降，所以输入能量的积分可通过计算三角波面积得到，即有

$$W_{\mathrm{in}} = \frac{V_{\mathrm{in}}^2 D_1 T}{2L}(D_1 T + D_2 T) = W_{\mathrm{out}} = \frac{V_{\mathrm{out}}^2}{R_{\mathrm{load}}}T \tag{3.41}$$

此时式（3.37）和式（3.41）可以同时求解。由此可以得到两个解，但是 boost 变换器必须具有大于 V_{in} 的正输入才是有效的，因此只有一个是正确的。该结果就是

$$V_{\mathrm{out}} = \frac{V_{\mathrm{in}}}{2} + \frac{V_{\mathrm{in}}}{2}\sqrt{1 + \frac{2D_1^2 R_{\mathrm{load}}T}{L}} \tag{3.42}$$

下面给出一个实例。

例 3.4.6 一输入 8V/输出 24V 并带有大输出电容的 boost 变换器，其负载额定功率为 200W。假定开关频率为 40kHz，试求临界电感值。对于这种情况，设 $L = L_{\mathrm{crit}}$。现在负载功率降至 24W，则维持 24V 的输出需使占空比为多少？

当电感匹配其临界值时，传统 boost 变换器的平均关系式仍成立，电感电流纹波具有 200% 峰 - 峰值（平均值的 ±100%）。如图 3.32 所示，boost 变换器的电感承载输入电流。对于 8V 输入和 200W 输出，平均输入电流必为（200/8）A = 25A。因此，如果电感等于 L_{crit}，则电流纹波将是平均输入电流值的 2 倍，即 50A。当 #1 开关器件导通时，电流从 0A 变为 50A，从而有

$$V_{\mathrm{in}} = L\frac{\mathrm{d}i}{\mathrm{d}t} = L\frac{\Delta i}{\Delta t},\ 8\mathrm{V} = L_{\mathrm{crit}}\frac{50\mathrm{A}}{D_1 T} \tag{3.43}$$

由于平均关系式仍然成立，占空比满足 $V/(1 - D_1) = 24\mathrm{V}$，可得 $D_1 = 2/3$。由于开关周期为 25μs，因此 $D_1 T = 16.67\mu s$。由式（3.43）可求得 $L_{\mathrm{crit}} = 2.67\mu H$。另外，请注意这是直接的设计结果。此例并没有给出输入纹波的性能指标，可举例说明，如果要求峰 - 峰值为 10%，则电感值为 53.33μH 就能满足要求，其他依此类推。

现在负载功率降至 24W，可得平均输出电流为 1A、负载电阻为 24Ω。由于输入电流很小，在这种情况下，2.67μH 的电感值不再足以维持非零电流（电感电流连续），预计 $L < L_{\mathrm{crit}}$。将各值代入式（3.42），则有

$$24\mathrm{V} = \frac{8\mathrm{V}}{2} + \frac{8\mathrm{V}}{2}\sqrt{1 + \frac{2D_1^2 (24\Omega)\times(25\mu s)}{2.67\mu H}} = (4 + 4\sqrt{1 + 450D_1^2})\mathrm{V} \tag{3.44}$$

求得 $D_1 = 0.231$ 就能维持 24V 输出（远小于 $L \geqslant L_{\mathrm{crit}}$ 时所需的 2/3）。此时的电路波形如图 3.35 所示。虽然输出电流只有 1A，平均输入电流也只为 3A，但峰值电感电流却大于 17A！

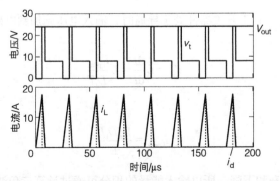

图 3.35　例 3.4.6 的电流和电压波形

L_{crit} 的值通常能直接进行计算，因为当 $L = L_{crit}$ 时，电感电流为具有最小电流 $i_L = 0^+$ 的三角形，并且 DCM 模式与传统占空比的关系式同时有效。对于 buck 变换器，可以通过在式（3.34）或（3.35）中设置 $V_{out} = D_1 V_{in}$ 来求得该值，即有

$$\frac{D_1^2 V_{in}^2}{R_{load}} = D_1^2 \frac{T}{2L_{crit}}\left(V_{in}^2 - D_1^2 V_{in}^2\right), \quad L_{crit} = \frac{R_{load} T}{2}(1 - D_1) \tag{3.45}$$

对于 boost 变换器，在临界值时存在 $V_{out} = V_{in}(1 - D_1)$，则有

$$\frac{V_{in}^2}{(1-D_1)^2} = \frac{V_{in}^2 D_1^2 T R_{load}}{2L_{crit}} + \frac{V_{in}^2}{1-D_1}, \quad L_{crit} = \frac{R_{load} T}{2} D_1 (1-D_1)^2 \tag{3.46}$$

鉴于很高的峰值电流以及变换器在部分时间内无法传递能量，为什么还要考虑 DCM 模式？变换器在轻载状态时将进入 DCM 模式，因此对此进行识别很重要。在 DCM 模式下，占空比的大小与负载轻重有关，降低负载调节率，其运行会变得复杂。即便如此，在某些情况下，DCM 模式优于连续导通模式（CCM），表 3.2 列出了 DCM 模式的一些优点和缺点。本章后面将讨论与电网功率流动相关的一些问题。

表 3.2　dc-dc 变换器中 DCM 的优缺点

优点	动作迅速。每周期都从亚临界状态下器件的零能量开始，快速进入周期性稳态
	有些开关动作发生在零电流状态下，减少了开关器件的损耗
	使用低价格、低储能的小型电感
缺点	变换器使用不理想，部分时间内无能量传递
	电流峰值极大
	运行特性与负载有关

还有一个对偶概念——**临界电容**，将在后面进行探讨。

定义：临界电容是始终保证 $v_C > 0$ 的最小电容值。

在迄今为止的分析和示例中，假定电容都很大。基于这个定义，电容更多地被认为远大于其临界值。

3.5　间接 dc-dc 变换器

3.5.1　buck-boost 变换器

直接 dc-dc 变换器可实现基本的转换功能。对 buck 变换器来说，须 $V_{out} \le V_{in}$，对 boost 变换器来说，须 $V_{out} \ge V_{in}$，这是最明显的限制。如何才能创作出一个更完美的直流变压器呢？一种方法是将两个直接变换器进行级联构成一个间接变换器。两个变换器可以独立调整，以提供任何所需的输出比。图 3.36 给出了这种级联结构。

图 3.36 所示变换器是一种被称为四开关 buck-boost 变换器的已知电路，因其灵活性而有时被使用[8]。然而，由于它有两个受控开关，因此其运行可能会很复杂。基于冗余和转移电流源的零平均功率目标，可以减少级联结构中的某些开关器件，如在图 3.37 所示的最终简化电路中只需两个开关器件。因为可以输出任何幅值但极性为负的电压，这种简化后的共地电路被称为 buck-boost **变换器**；这也是第 1 章介绍过的极性反转电路。这种四开关电路以结构复杂为代价而避免了极性反转。

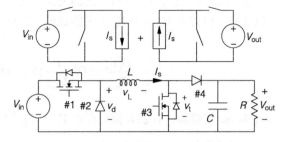

图 3.36　buck 和 boost 变换器级联后可提供任意电压比

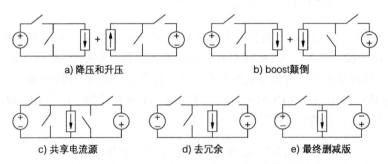

图 3.37　buck-boost 变换器，由四开关电路简化而来

因为转移电源的电压在开关过程中变化显著，因此可以围绕转移电源来分析此电路。KVL 和 KCL 约束条件要求提供电流通路并避免电压短路，因此某一时刻有且只有一个开关器件处于导通状态。施加在转移电源上的电压为 v_t，当 #1 开关器件导通时为 V_{in}，而当 #2 开关器件导通时为 V_{out}。转移电流源的大小为 I_s。为了满足电力电子的基本目标，转移电源必须满足条件 $\langle p_t = 0 \rangle$。关系式为

$$\begin{cases} q_1 + q_2 = 1 \\ v_t = q_1 V_{in} + q_2 V_{out} \\ p_t = v_t I_s = q_1 V_{in} I_s + q_2 V_{out} I_s \\ \langle p_t \rangle = D_1 V_{in} I_s + D_2 V_{out} I_s = 0 \end{cases} \tag{3.47}$$

在 $I_s > 0$（即 $L > L_{crit}$）的任何情况下，KVL 和 KCL 约束条件需满足 $D_1 + D_2 = 1$。如果 $D_1 V_{in} = -D_2 V_{out}$，对于 I_s 为非零的情况，式（3.47）的最后部分成立。上式可简化为

$$D_1 V_{in} = -D_2 V_{out}, \quad D_1 V_{in} = -(1-D_1)V_{out}, \quad V_{out} = \frac{-D_1}{1-D_1}V_{in} \tag{3.48}$$

由开关动作可确定其他变量，包括输入和输出电流。从而可得下列关系式

$$\begin{cases} i_{in} = q_1 I_s, \quad \langle i_{in} \rangle = D_1 I_s \\ i_{out} = q_2 I_s, \quad \langle i_{out} \rangle = D_2 I_s \\ \langle i_{in} \rangle + \langle i_{out} \rangle = I_s \\ D_1 \langle i_{out} \rangle = D_2 \langle i_{in} \rangle \end{cases} \tag{3.49}$$

开关的简化过程要求对 boost 变换器输出的极性进行反转：与之前的极性反转实例一样，buck-boost 变换器的输出相对于输入为负电压，原理上的输出范围可以是 $-\infty \sim 0$。当 $D_1 = 0$ 时，输出电压为 0，而当 D_1 趋近于 1 时，输出电压则趋近于无穷大，当 $D_1 = 1/2$ 时，输出等于输入。除了能实现极性反转外，buck-boost 变换器还能实现直流变压器的功能。值得注意的是，#1 开关器件导通时能承载电流 I_s，关断时则能阻断电压 $|V_{in}| + |V_{out}|$，因此需要使用具有正向导通、正向阻断特性的器件；#2 开关器件可以使用具有相同额定值的二极管；输出负载需要一个电容来实现电压源特性。那么转移电源在其中发挥什么作用呢？它必须维持电流恒定且不产生损耗——相当于电感的作用。可以通过一个类似于例 3.3.3 的变换器来评估 buck-boost 变换器。

例 3.5.1 图 3.38 所示为 buck-boost 变换器，其期望通过 +5V 的输入、在传送 50W 功率时提供 −120V 的输出。为实现该功能，开关器件的占空比应为多少？开关器件的电压和电流的额定值各为多少？ L 和 C 取何值会使输出变化小于 ±0.1%、转移电流的变化小于 ±1%？变换器的开关频率为 20kHz。

假定 I_s 和 V_{out} 几乎保持恒定并考虑极性反转，从而有 $D_1 V_{in} = D_2 V_{out}$。进而可得 $D_1/D_2 = 24$ 且 $D_1 + D_2 = 1$，求解可得 $D_1 = 24/25$，

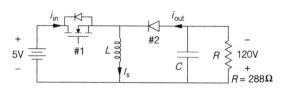

图 3.38 buck-boost 变换器电路的实现

$D_2 = 1/25$。由于 #1 开关器件几乎在整个周期内导通，所以电感中的能量会积累很长一段时间，然后迅速释放到负载上。平均输入电流必须为 10A 才能实现 50W 的输入，而此功率级的平均输出电流必须为 0.417A。转移电流源的值为 $I_s = \langle i_{in} \rangle + \langle i_{out} \rangle = 10.417\text{A}$。每个开关器件在导通时须承载 10.417A 电流，关断时则须阻断 125V 电压。转移电流的变化应小于 ±1% 或 ±0.104A，这意味着总电流的变化为 0.208A。当 #1 开关器件导通时，转移电压 v_t 为 5V，由于 $v_L = L di/dt$ 为正，电流开始上升，其结果是

$$5\text{V} = L\frac{di}{dt} = L\frac{\Delta i}{\Delta t}, \quad \Delta i \leqslant 0.208\text{A} \tag{3.50}$$
$$L \geqslant 1.15\text{mH}$$

对于电容，能允许的电压降为 ±0.1% 或 0.24V。电压下降将在 #1 开关导通的间隔或 24/25 的开关周期时间内发生，其结果是

$$i_C = C\frac{dv}{dt} \approx C\frac{\Delta v}{\Delta t}, \quad \Delta v \leqslant 0.24\text{V} \tag{3.51}$$
$$C \geqslant 83.3\mu\text{F}$$

在求解 buck-boost 变换器过程中一个常见的错误就是关于 I_s 值的问题。该值既不是 I_{in}，也不是 I_{out}，而是它们的总和。下面这个实例说明了此问题。

例 3.5.2 buck-boost 变换器将能量从 +12V 电源转移到 −12V 电源上，负载额定输出功率为 30W。试计算开关器件占空比和转移电流电源的值各为多少？对开关器件额定值有什么要求？

由于 $|V_{out}| = V_{in}$，则占空比应为 $D_1 = D_2$ 且 $D_1 = 1/2$。I_{in} 的平均值为 $P_{in}/V_{in} = (30/12)\text{A} = 2.5\text{A}$。$I_s$ 的值为 $2.5/D_1 = 5\text{A}$。转移电流源的值为输入和输出电流平均值的两倍。开关器件导通时必承载 5A 电流，关断时必阻断 $|V_{in}| + |V_{out}| = 24\text{V}$ 电压。

3.5.2 boost-buck 变换器

正如 buck 变换器可以与 boost 变换器级联来实现能量转换一样，boost 变换器也可以向 buck 变换器供电。图 3.39 给出了此想法的电路图。如同在 buck-boost 变换器中出现的情况一样，这是一种很少被使用的四开关电路，但通过最终分析可知，电路只需两个开关器件即可。

图 3.40 所示为最终简化并使用储能元件的电路图。位于中心的电容被当作转移电压源使用。其从输入端吸取能量，经过短暂存储，然后传送给负载。对于转移电压源，应有 $\langle p_t \rangle = 0$。

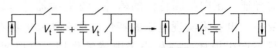

图 3.39 boost 变换器为 buck 变换器供电从而形成四开关 boost-buck 电路

开关动作能决定输入电压、输出电压和转移电压源上的电流。其中一些主要的关系式为

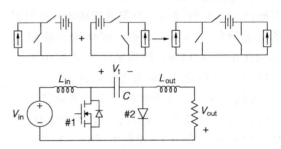

$$\begin{cases} v_{in}(t) = q_2 V_t, \quad \langle v_{in} \rangle = D_2 V_t \\ v_{out}(t) = q_1 V_t, \quad \langle v_{out} \rangle = D_1 V_t \\ i_t = q_2 I_{in} + q_1 I_{out} \\ p_t = q_2 I_{in} V_t + q_1 I_{out} V_t \\ \langle p_t \rangle = 0 = D_2 I_{in} + D_1 I_{out} \\ D_2 I_{in} = -D_1 I_{out} \end{cases} \quad (3.52)$$

图 3.40 简化为两开关器件的 boost-buck 变换器电路

假定转移电压源 V_t 为非零值。与 buck-boost 电路一样，boost-buck 变换器也能实现输入和输出之间的极性反转。在 20 世纪 70 年代中期，研发人员获得该电路结构的专利之后，许多文献将这种双开关器件电路结构称为 Ćuk 变换器。

图 3.41 给出了此变换器处于 CCM 模式的电路结构。每个开关器件必须在导通时能承载两电流之和 $|I_{in}| + |I_{out}|$，在关断时能阻断转移电压 V_t。由式（3.52）可得 $V_t = |V_{in}| + |V_{out}|$。该变换器具有与 buck-boost 变换器相同的电压转换比，即

$$V_{out} = \frac{-D_1}{1 - D_1} V_{in} \quad (3.53)$$

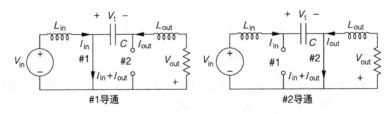

图 3.41 boost-buck 变换器的电路结构

虽然转换比相同，但 boost-buck 变换器与 buck-boost 变换器的应用场合并不相同。在 boost-buck 电路中，输入和输出电感能实现滤波器功能以平滑输入和输出电流。而 buck-boost 电路本身并不能平滑输入电流（虽然可以通过在输入端添加额外的 L-C 滤波器来减轻该问题）。这两个双开关器件电路都不能解决极性反转的问题。

3.5.3 反激式变换器

到目前为止，所研究的 dc-dc 变换器的输入和输出都共享同一个参考点。两个间接变换器通过使用两个开关器件能实现宽范围输出，但都造成了极性的反转。因此，仍需寻找更完美的直流变压器。一种可能的解决方案是对现有的间接变换器进行改进：如果转移电源能够被某种可以提供独立能量输入和输出的元器件替换，则理想变压器的电气隔离和其他特性就有可能实现。可以考虑用电感替代转移电流源。实际中，通过线圈缠绕在磁性材料上所构成的电感将能量存储在磁场中，在一定时间内，电感的平均功率（和平均电压）必然为零，因此能量并不会累积在电感内。

如果没有特殊原因，电感磁芯不会容纳第二个线圈。如果这样做，一个绕组向电感注入能量，另一个绕组则移除该能量——一个双端口储能装置！两个绕组间不存在任何电气连接。如图 3.42 所示，这种**耦合电感**版本的 buck-boost 变换器很受欢迎，特别是在功率水平小于 150W 的应用场合。因为当输入侧开关器件关断时，电感线圈的输出电压"反

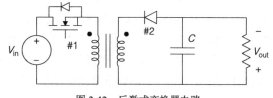

图 3.42 反激式变换器电路

向偏置"从而使二极管导通，此变换器又被称为反激式变换器。虽然通常认为电感用于维持电流的恒定，但在实际设备中，电感的作用是维持磁通的恒定。当使用一个绕组时，磁通与电流成比例；当使用两个或多个绕组时，磁通与所有绕组安 - 匝乘积之和成比例。变换器可以通过耦合电感上的任意绕组来提供电流通路以满足 KCL 约束条件。

反激式变换器在功能上与 buck-boost 变换器相同，这由图 3.42 中绕组匝比的均匀性可知。唯一的区别是反激式变换器使用一个双端口电感作为转移电流源。由耦合电感实现的隔离意味着输出端口可以根据需要进行连接以实现任一极性，而且还能实现传统交流变压器的隔离特性。反激式变换器具有理想直流变压器的所有基本特性，但存在一个限制：实施细节限制了反激式变换器使用的额定功率。典型的反激式变换器的功率通常小于 100W，很少高于 200W。

非均匀匝比的可能性是反激式变换器的一个有用特征。虽然没有单端口电感的特殊优点，但例 3.5.2 中 +12V 转 −12V 的变换器可以使用匝比为 1:1 的耦合电感实现。通过使用匝比为 1:1 的耦合电感，电路能构成 +12V 转 −12V 或 +12V 转 +12V 的变换器（通过调节占空比可以变为其他值），其功能与非耦合的 buck-boost 电路类似。当给定 $D_1 = 1/2$ 时，使用匝比为 1:2 的耦合电感能实现 12V 输入转 −24V 输出，匝比为 12:5 时则提供 −5V 输出。相比调节占空比，使用匝比为 5:120 的耦合电感能应用于更方便的范围，从而使之前实例中 5V 转 −120V 的变换器更为实用。占空比为 200:5 的变换器可能适合于小型 5V 电源，为其从整流过的电网电压中获取能量，这些变换器使用 50% 占空比的情况比较普遍。为实现控制的目的，许多设计人员在反激式设计中针对 #1 开关器件占空比约 40% 的情况进行了大量研究。

为了分析和设计具有非单位匝比的**反激式变换器**，可以参照前面几节提到的方法建立**等效的 buck-boost 变换器**。对于任何反激式电路，存在两个等效的 buck-boost 变换器。**输入侧等效**具有与反激模型相同的输入电压、电流和占空比，但它通过一个 1:1 的匝比来改变输出电压和电流。**输出侧等效**能实现与反激式电路的输出电压、电流和占空比的匹配，但它通过一个 1:1 的匝比来改变输入电压和电流。可以将上述两个等效电路结合在一起使用以满足各种必要条件、额定值的需求和其他电路值。由于匝比为 1:1 的情况可以直接从 buck-boost 电路（但具有隔离）

中得来，所以接下来考虑一个具有非均匀匝比的设计。

例 3.5.3 图 3.43 所示的反激式变换器用于 5V 转 120V 变换，其匝比如图所示。试确定其开关占空比、电流和额定电压。为维持输出变化小于 ±0.1% 且转移电源磁通波动小于 ±1%，试计算 L 和 C 的值。电路的开关频率为 20kHz。须注意的是，因为隔离允许与输出端的任意一端相连，所以输出可用于 +120V 或 −120V 的负载。

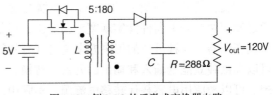

图 3.43　例 3.5.3 的反激式变换器电路

在图 3.43 中，通过反转输出绕组极性可以使反激式变换器产生正输出。当占空比设置正确，电阻在输出端的消耗功率为 50W，从而可得，平均输出电流为 0.417A，平均输入电流为 10A。在输入侧，匝比意味着电感一次侧为 5V 的电压将被转换为电感二次侧 5V × 180/5 = 180V 的电压。在输出侧，电感二次侧 120V 的电压则被转换为电感一次侧 120V × 5/180 = 3.33V 的电压。从而得出了如图 3.44 所示的输入侧和输出侧 buck-boost 等效电路。按输入侧等效，占空比可以根据 5V 输入和 −3.33V 输出进行计算，所以有

$$V_{\text{out}} = \frac{-D_1}{1 - D_1} V_{\text{in}}$$

$$D_1 = \frac{-V_{\text{out}}}{V_{\text{in}} - V_{\text{out}}}$$

（3.54）

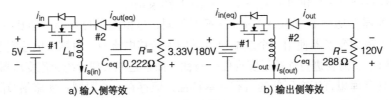

a) 输入侧等效　　　　　　　　　　　b) 输出侧等效

图 3.44　用于反激式变换器的输入侧和输出侧 buck-boost 变换器电路

为实现 5V 输入和 −3.33V 输出，需要 D_1 = 3.33/8.33 = 0.4。由于磁通变化须小于 ±100% 且电感必须远大于 L_{crit} 才能使电感电流保持恒定，所以二极管的占空比必须为 0.6。通过 180V 输入和 −120V 输出以及对应的 D_1 = 0.4（注意符号），可以检查输出侧是否等效。输入侧变换器的转移电流为（10A）$/D_1$ = 25A，所以 MOSFET 在导通时须承载 I_s = 25A 电流，关断时必须阻断 8.33V 电压。在输出侧，转移电流为（0.417A）$/D_2$ = 0.695A，因此二极管在导通时必须承载 0.695A 电流，关断时必须阻断 180V + 120V = 300V 电压。

小于 ±1% 标称值的磁通变化量正比于电流变化量。在这种情况下，当 #1 开关器件导通时，输入电流的变化不能超过 25A 的 2%，因此为实现输入侧等效，$\Delta i < 0.5\text{A}$。从输入侧测量得到的电感值必须满足下列关系式

$$5\text{V} = L\frac{\Delta i}{D_1 T}, \quad \Delta i < 0.5\text{A}, \quad D_1 T = 20\mu\text{s}$$

（3.55）

这要求

$$\frac{(5\text{V})(D_1 T)}{L} = \Delta i < 0.5\text{A}, \quad L > \frac{(5\text{V}) \times (20\mu\text{s})}{0.5\text{A}}$$

（3.56）

给定输入侧电感 $L > 200\mu H$，输出侧将有 $L > 0.154\mu H$（请验算）。在输出侧等效电路中，电容必须在二极管关断时为负载供电，即在 40% 的开关周期时间内，电容电压的变化不得超过 0.2% 或 0.24V。从而有

$$0.417A = C\frac{\Delta v_{out}}{D_1 T}, \quad \Delta v_{out} < 0.24V, \quad D_1 T = 20\mu s \qquad （3.57）$$

根据以上表达式，求得 $C > 34.7\mu F$。图 3.45 给出了施加在输入侧耦合电感上的电压波形。

　　通常，反激式变换器设计时将额定占空比保持在 40% ~ 50% 的范围内。其目的是将所需存储的能量最小化并保持对变化的低敏感性。反激式电路结构简单，只需少数几个部件即可。当需要提供几个不同的直流电压时，反激式电路可实现一个的额外优势：如果磁芯上可以使用两个独立的线圈，为什么不能是三个、四个甚至更多？每个线圈都具有自己的匝比且相互隔离。

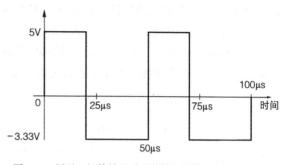

图 3.45　展示二极管导通时反激效应的输入绕组电压波形

　　图 3.46 所示给出了商业化设计的 5W 反激式变换器电路图 [9]。交流电经过整流和滤波，使得纹波的峰 - 峰值约为有效值的 30%，然后供给 dc-dc 变换器。图中有五个输出绕组，包括左下角一个用于开关电源控制供电和输出检测的绕组。线圈上的点号表示从输入到输出的极性反转——这是反激式电路的典型标志。

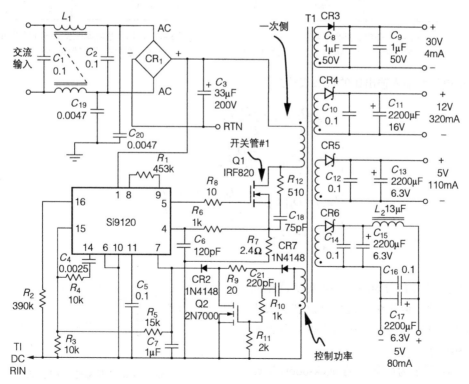

图 3.46　实现 170V 输入转多路输出的商业化 5W 反激式变换器
（来自 C.Varga，应用笔记 AN90-2。加利福尼亚州圣克拉拉市：Siliconix，1990 年。经许可再版）

3.5.4 SEPIC、Zeta 和其他间接变换器

buck-boost 电路和 boost-buck 电路是间接变换器的基本示例之一。它们具有一个转移电源，并且只需使用两个开关器件。通过使用多个转移电源构建结构更为复杂的变换器也是可以实现的。然而，在众多变换器中，只有少数几个在实际中应用。

图 3.47 所示的**单端初级电感式变换器**（SEPIC）电路是 boost-buck-boost 变换器级联后的简化形式。当不希望出现极性反转时，该电路是 buck-boost 和 boost-buck 电路的常用替代方案。通过使用理想化电源代替各种存储元件，图 3.48 给出了 SEPIC 电路的理想化模型。从电路模型可以看出该变换器使用了两个转移电源。电路的开关动作决定了输入电压 $v_{in}(t)$、输出电流 $i_{out}(t)$、转移电压源中的电流 $i_{t1}(t)$ 和转移电流源中的电压 $v_{t2}(t)$。两个转移电源的平均功率流必须为零以避免内部损耗。该变换器的主要关系式如下

$$\begin{cases} v_{in} = q_2(V_{out} + V_{t1}), & \langle v_{in} \rangle = D_2(V_{out} + V_{t1}) \\ i_{out} = q_2(I_{in} + I_{t2}), & \langle i_{out} \rangle = D_2(I_{in} + I_{t2}) \\ i_{t1} = -q_1 I_{t2} + q_2 I_{in}, & \langle i_{t1} \rangle = 0 = -D_1 I_{t2} + D_2 I_{in} \\ v_{t2} = -q_1 V_{t1} + q_2 V_{out}, & \langle v_{t2} \rangle = 0 = -D_1 V_{t1} + D_2 V_{out} \\ q_1 + q_2 = 1, & D_1 + D_2 = 1 \end{cases} \quad (3.58)$$

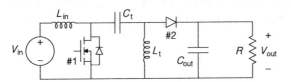

图 3.47 SEPIC 变换器电路
（两个转移电源能实现无极性反转的任意输入输出比）

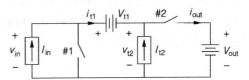

图 3.48 使用理想电源建模的 SEPIC 电路
（注意存在两个转移电源）

计算转移电源和输入输出比的代数表达式为

$$\begin{cases} I_{t2} = \dfrac{D_2}{D_1} I_{in} = \dfrac{1-D_1}{D_1} I_{in} \\ V_{t1} = \dfrac{D_2}{D_1} V_{out} = \dfrac{1-D_1}{D_1} V_{out} \\ \langle v_{in} \rangle = D_2\left(V_{out} + \dfrac{1-D_1}{D_1} V_{out}\right) = \dfrac{1-D_1}{D_1} V_{out} \\ V_{out} = \dfrac{1-D_1}{D_1} V_{out} \end{cases} \quad (3.59)$$

该变换器具有与 buck-boost 变换器相同的输入输出比，但无法实现极性反转。关于变换器开关电流和额定电压需求的计算留给读者作为练习。

图 3.49 所示为简化后的 buck-boost-buck 变换器，称为"逆 SEPIC"或 Zeta 变换器。

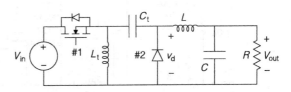

图 3.49 Zeta 变换器是一个简化的 buck-boost-buck 级联电路

某些场合会使用到该电路的耦合电感隔离 Zeta 版本。通过使用三个或更多转移电源并将开关器件数量减少为两个，即可得到 SEPIC 和 Zeta 变换器的简单扩展形式。例如，双开关 buck-boost-buck 级联就是一个带有额外 L-C 滤波器的 Zeta 变换器。Zeta 变换器存在的平均关系式与 SEPIC 相同。

间接变换器也可以通过并联而不是级联来构成。图 3.50 所示为由 SEPIC 和 boost 变换器经并联组合并简化后的双开关变换器。由于电路输出为 $V_{out} = D_1 V_{in}$，因此该电路有时被称为"电流馈入 buck"变换器，其输入电感可实现输入电流源的特性。更多 dc-dc 变换器的内容可见参考文献 [10]。如果使用更多的开关器件，则电路结构的数量将不受约束地增加。

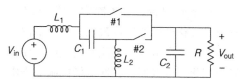

图 3.50　双开关电流馈入 buck 变换器是 SEPIC 和 boost 变换器并联组合简化后的电路

3.5.5　间接变换器中的功率滤波器

间接变换器的分析和设计得益于等效电源和理想动作法。转移电源如输入电源和输出负载也被看成理想元件，这些设计要求用于电路分析。考虑下面的例子：

例 3.5.4　图 3.51 所示为 buck-boost dc-dc 变换器。其开关频率为 100kHz，占空比为 50%。为使电感电流纹波保持在额定值的 ±10% 以下，且输出电压纹波小于额定值的 ±1%，试求出 L 和 C 的值。

值得注意的是，该电路能实现电压 - 电流 - 电压的转换。其中电感是转移电源，能

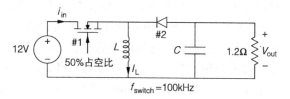

图 3.51　例 3.5.4 的 buck-boost 变换器电路

为该间接变换器提供电流源特性。基于第 1 章的能量分析，该电路产生 −12V 的输出，因此电容电压的标称值为 −12V，输出负载为 120W。由于此理想变换器不产生损耗，输入功率必然为 120W。据此可以求出电感电流的标称值如下：

- 当 #1 开关器件导通时，输入电源提供的为电感电流，即有电流 $i_{in} = q_1 I_L$。
- 平均功率为 120W，但输入源只在一半开关周期时间内接入电路，平均电流 $\langle i_{in} \rangle$ 必须为 10A 才能提供 120W 的平均功率。
- 因此，需要 $I_L = 20A$ 来提供所需功率。

该讨论利用了 I_L 几乎保持不变的特点来确定电感电流的标称值为 20A。

现在求解各元件所需的值，其中值得注意的是 I_L 和 V_C 的变化量。当 #1 开关器件导通时，电感电流最小；而当 #1 开关器件关断时，电感电流最大。当 #1 开关器件导通时，电压 $v_L = L di/dt$ 为 +12V，因此在 #1 开关器件导通的 5µs 时间内电流呈线性变化。通过已知 $\Delta t = 5µs$，可得 $di/dt = \Delta i_L / \Delta t$。性能指标要求电流的变化量不应大于 ±10%，这意味着它不得小于 18A 或高于 22A。因此，电流变化量必须小于 4A，即有

$$12V = L \frac{\Delta i_L}{\Delta t}, \quad \frac{12V \times 5µs}{L} = \Delta i_L \leqslant 4A \tag{3.60}$$

因此有 $L \geqslant 15µH$。当 #1 开关器件导通时，电容电压呈 R-C 指数衰减。然而，并不需要把问题弄得如此复杂。电容的目标是维持输出电压的恒定，从而使电阻电流保持接近 10A。当该目标

实现时，式 $i_C = C \mathrm{d}v_C/\mathrm{d}t$ 中的电流使电压按 $\mathrm{d}v_C/\mathrm{d}t = \Delta v_C/\Delta t$ 呈线性变化。当 #1 开关器件导通时，电容上的电压在 5μs 时间内的变化不应超过 0.24V（即 12V 的 ±1%），从而有

$$10\mathrm{A} = C \frac{\Delta v_C}{\Delta t}, \quad \frac{10\mathrm{A} \times 5\mu\mathrm{s}}{C} = \Delta v_C \leqslant 0.24\mathrm{V} \tag{3.61}$$

因此有 $C > 208\mu\mathrm{F}$。关键波形如图 3.52 所示。

在 boost-buck 变换器中，唯一的本质区别就是转移电压源应该被视为理想电源。但它实际上是一个电容，电流的进进出出使得电压发生变化。可以通过将性能指标施加于电压的变化量来满足要求。在 SEPIC 和 Zeta 变换器中存在多个转移电源，可按顺序进行分析。

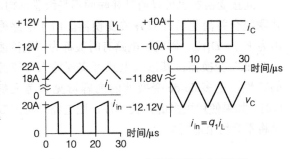

图 3.52　buck-boost 电路的电流和电压波形

3.5.6　间接变换器中的不连续模式

与直接变换器一样，只要能通过提供电流通路和避免电压短路来保证电容和电感的非零能量存储，间接变换器就能遵循其平均关系式。对于双开关变换器，这意味着如果所有的储能元件满足 $C \geqslant C_{\mathrm{crit}}$ 和 $L \geqslant L_{\mathrm{crit}}$，则有 $D_1 + D_2 = 1$。在间接变换器中，多个储能元件中的任何一个（或多个组合）可导致电路处于 DCM 运行状态，因此间接变换器的不连续模式变得更为复杂。能量分析法仍是分析这些情况的有效工具。图 3.53 所示为当传输电感为临界值时的 buck-boost 变换器的各种波形。与直接变换器一样，这种情况下的峰值电流纹波是平均电流的 200%。这是能支撑式（3.47）~ 式（3.49）平均关系式的最小电感值。

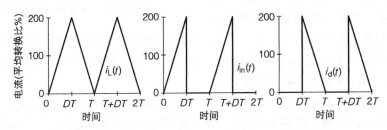

图 3.53　使用 $L = L_{\mathrm{crit}}$ 的 buck-boost 变换器的电流和电压波形

如果电感值更小，情况如何呢？在亚临界情况下，将产生类似于图 3.54 所示的波形。某些时候转移电流变为零，两个开关器件都关断，这意味着将存在三种有效的电路结构，分析过程也将发生变化，电路结构如图 3.55 所示。由于转移电源电压受开关过程的影响，因此它对电路的分析仍很有用。在图 c 所示的"双关"电路结构中，转移电压源打开时并无电流通过，因此其电压必然为零。可得

$$v_t = q_1 V_{\mathrm{in}} + q_2 V_{\mathrm{out}}, \quad \langle v_t \rangle = 0,$$
$$0 = D_1 V_{\mathrm{in}} + D_2 V_{\mathrm{out}} \tag{3.62}$$

因此有

$$V_{\mathrm{out}} = -\frac{D_1}{D_2} V_{\mathrm{in}} \tag{3.63}$$

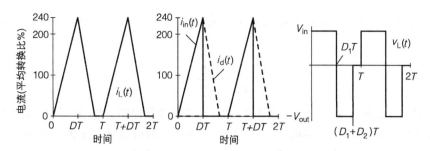

图 3.54 DCM 模式下 buck-boost 变换器的电路波形

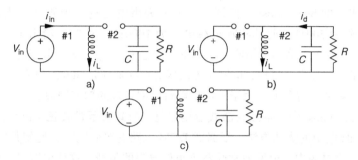

图 3.55 DCM 模式下 buck-boost 变换器的电路结构

这与 CCM 模式相同，但现在的占空比 D_2 是未知的，需要建立第二个方程式来求解结果。已知在 DCM 模式下，初始和终止时刻的电感能量必须为零，因此可以使用能量分析法对此进行分析。在此变换器中，能量交换需要完成；电感与输入相连，当 #1 开关器件导通时，能量不断累积直至达到峰值，然后通过二极管的导通将所有能量传递到负载上。传递到负载的能量与峰值电感能量相匹配，即有

$$W_t = \frac{1}{2}Li_{Lpeak}^2 = W_{out} = \frac{V_{out}^2}{R_{load}}T \tag{3.64}$$

峰值电流发生在 #1 开关器件关断瞬间，其值为

$$i_{Lpeak} = \frac{V_{in}}{L}D_1T \tag{3.65}$$

这需要

$$\frac{1}{2}\frac{V_{in}^2 D_1^2 T_1^2}{L} = \frac{V_{out}^2}{R_{load}}T \tag{3.66}$$

虽然存在两种可能的解决方案，但 buck-boost 变换器会产生极性反转，只有负的解才有效，即

$$V_{out} = -D_1 V_{in}\sqrt{\frac{R_{load}T}{2L}} \tag{3.67}$$

变换器的平均输入电流表现为一个有趣的形式，通过平均积分可得

$$\langle i_{in}\rangle = i_{Lpeak}\frac{D_1}{2} = \frac{V_{in}D_1^2 T}{2L} \tag{3.68}$$

可见上式与负载电阻无关，而是与输入电压有关。在 DCM 模式下的 buck-boost 变换器中，设 $I_{in} = \langle i_{in} \rangle$，则有

$$\frac{V_{in}}{I_{in}} = \frac{2L}{D_1^2 T} \tag{3.69}$$

式中，$2L/(D_1^2 T)$ 表征的是可通过占空比[11]进行调节的**等效电阻**。能量守恒与输出相关联：输入功率为 V_{in}^2/R_{eff}，且与输出功率相匹配。输出电压必须选取能满足上述条件的任意值。在移动平均意义下，即使 V_{in} 随时间发生变化，等效电阻在 DCM 模式下的 buck-boost 变换器（由于具有相同电路拓扑，因此也被称为 DCM 反激式变换器）输入端的作用类似一个电阻。

某 DCM 模式下的 buck-boost 变换器，其输入为市电通过二极管桥产生的 $|V_0 \cos(\omega t)|$，电网侧的等效电阻为 $500\,\Omega$，而其实际负载电阻为 $1000\,\Omega$，图 3.56 给出了该 DCM 模式下的 buck-boost 变换器的波形和移动平均值。只要设计满足 $L < L_{crit}$，输入电流滑动平均值就能跟踪电压的变化。除了开关频率纹波外，电网是无法区分变换器还是 $500\,\Omega$ 电阻。对阻性负载来说，电网能运行在最高效率是有利的。由于阻性负载对电网呈现的功率因数 $pf = P/(V_{rms}/I_{rms})$ 为 1，DCM 模式下的 buck-boost 变换器或反激式变换器是具有**功率因数校正（PFC）**功能的变换器，是设计低功率 ac-dc 电源的优选方法。反激式 DCM 电路的等效电阻特性使其广泛应用于手机、个人电子设备等小型电源中。电网通常受益于类似电阻的负载，这样电网只需向负载提供最小的电流。对于给定的负载功率，电网电流越低，则电网运行的效率就越高。PFC 电路将在后续的章节中进行探讨。

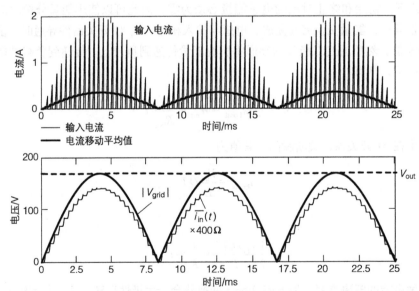

图 3.56　用于整流正弦输入的 DCM 模式下 buck-boost 变换器的电路波形
（输入电流移动平均值跟踪输入电压波形。选用较低的开关频率（3kHz）以便查看波形细节）

由于当 $L = L_{crit}$ 时，DCM 模式和常规关系式都是准确的，因此可以求得 buck 和 boost 变换器的临界电感值。将常规占空比关系式代入式（3.66），其结果为

$$\frac{V_{in}^2 D_1^2}{(1-D_1)^2} = \frac{V_{in}^2 D_1^2 R_{load} T}{2 L_{crit}}, \quad L_{crit} = \frac{R_{load} T}{2}(1-D_1)^2 \tag{3.70}$$

Boost-buck 变换器为 DCM 电路增添了新的变化。由于它有两个电感，每个电感都有临界值，因此当电感值很小时会出现类似于之前研究的 DCM 模式。新的变化与转移电源（此时为一个电容）有关。当两个电感都超过其临界值，但是 $C < C_{crit}$ 时，图 3.57 所示 Boost-buck 变换器会发生什么？转移电容的能量在每个周期内从零开始累积，然后完全传送给负载。在某些时候的电容储能为零，$v_C = v_t = 0$。当电容电压为零时，电容端不会出现 KVL 问题，在开关周期的部分时间内两个开关器件将同时处于导通状态。在图 3.57d 所示的电路结构中，两个开关器件都处于导通状态，则会发生 $D_1 + D_2 > 1$ 的情况。此时的电路波形和开关时间如图 3.58 所示。

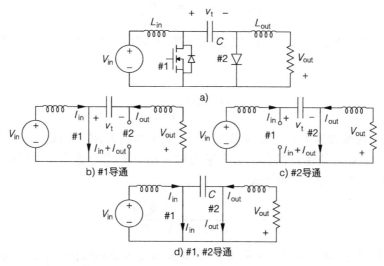

图 3.57 使用亚临界转移电容的 boost-buck 变换器电路的各种结构

某些方面的情况与 buck-boost 变换器相反。当 #2 开关器件，即二极管导通时，转移电源中的能量逐渐增加。当 #1 开关器件导通时，此能量被负载所消耗。当转移电压达到零（然后试图变负）时，二极管不再满足关断条件，因此二极管将再次导通，两个开关器件同时处于导通状态，直到 #1 开关器件收到被关断的命令。

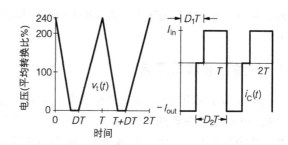

图 3.58 基于电容和 DCM 模式下的 boost-buck 变换器的动作行为

此时，二极管的占空比变得未知，看起来有点复杂。当二极管关断时，转移电流为 I_{out}；当 #1 开关器件关断时，则为 I_{in}；当两个开关器件都导通时，转移电流为零。从而，电容中的转移电流为

$$i_t = (1-q_2)I_{out} + (1-q_1)I_{in} \qquad (3.71)$$

即使在 DCM 模式，电容中的平均电流也需为零，从而有

$$\langle i_t \rangle = 0 = (1-D_2)I_{out} + (1-D_1)I_{in}, \quad I_{out} = \frac{-(1-D_1)}{1-D_2}I_{in} \qquad (3.72)$$

由于 $D_1 + D_2 = 1$ 不再成立，因此上式无法进一步简化，进而需要构建第二个方程式。

如前所述，能量分析法同样适用。在 #1 开关器件关断时，电容电压上升至峰值，当二极管关断时，能量都转移到负载。根据 $i_C = C(\mathrm{d}v/\mathrm{d}t)$，在 #1 开关器件关断的时间（$1-D_1$）$T$ 期间具有恒定的电流 I_{in}，可以确定峰值电容电压为

$$I_{\mathrm{in}} = C\frac{\mathrm{d}v}{\mathrm{d}t} = C\frac{\Delta v}{\Delta t} = C\frac{v_{\mathrm{Cpeak}}}{(1-D_1)T}, \quad v_{\mathrm{Cpeak}} = \frac{I_{\mathrm{in}}(1-D_1)T}{C} \tag{3.73}$$

为实现能量守恒，在每个开关周期中有

$$\frac{1}{2}Cv_{\mathrm{Cpeak}}^2 = W_{\mathrm{out}} = I_{\mathrm{out}}^2 R_{\mathrm{load}}T \tag{3.74}$$

同时求解式（3.72）和式（3.73）可以得到两种可能的结果，但这种 boost-buck 变换器的输出极性反转，即有

$$I_{\mathrm{out}} = -(1-D_1)I_{\mathrm{in}}\sqrt{\frac{T}{2R_{\mathrm{load}}C}} \tag{3.75}$$

可见，平方根下的参数为半个开关周期与时间常数（本例为 RC）的比值。可将最终结果与式（3.67）进行对比。须注意的是，由于平均输入功率必须与输出功率匹配，即有 $V_{\mathrm{in}}I_{\mathrm{in}} = V_{\mathrm{out}}I_{\mathrm{out}}$，从而可以确定电压比，见下式

$$V_{\mathrm{out}} = -\frac{1}{(1-D_1)}V_{\mathrm{in}}\sqrt{\frac{2R_{\mathrm{load}}C}{T}} \tag{3.76}$$

这就是基于亚临界转移电容的 DCM 模式下 boost-buck 变换器的输出结果。值得注意的是，在 DCM 模式下，式（3.73）的峰值电容电压并不是负载电阻的函数。这意味着与 buck-boost 情况类似，对由占空比控制的输入，该变换器提供了等效电阻。正如图 3.56 所示，它可用于 PFC 电网电源。

3.6 正激变换器与隔离

在迄今为止所研究的 dc-dc 变换器中，反激式电路最接近理想的直流变压器。反激式电路中的耦合电感使人联想到了传统的磁变压器。然而与磁变压器不同的是，耦合电感必须存储能量并承载净直流电流。由于 buck 和 boost 电路中缺少转移电源，因此使用耦合电感进行简单替换不会给它们带来隔离特性。在 buck 和 boost 电路中，先在变换器内部找出交流信号，再在该位置插入磁变压器，基于这种思想的电路称为**正激变换器**。

3.6.1 基本的变压器运行过程

此节对变压器的运行进行简短回顾。如图 3.59 所示，将两个线圈缠绕在磁芯上就可构成磁变压器。磁芯内的磁通 ϕ 通过两个线圈。定义线圈 1 的磁链为 $\lambda_1 = N_1\phi$，线圈 2 的磁链为 $\lambda_2 = N_2\phi$。根据法拉第定律，每个线圈产生的电压为 $v = \mathrm{d}\lambda/\mathrm{d}t$。因此有 $v_1 = \mathrm{d}\lambda_1/\mathrm{d}t$、$v_2 = \mathrm{d}\lambda_2/\mathrm{d}t$。要使电压比率 $v_1/v_2 = N_1/N_2$ 成立，必须满足 $\mathrm{d}\phi/\mathrm{d}t \neq 0$，后者的意义重要，表明必须使用交流信号。

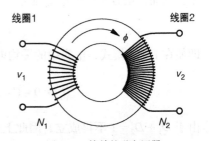

图 3.59 简单的磁变压器

实际的变压器还有几个其他的特点：

1）绕组有电阻。

2）有些磁通会泄漏到空气中而不是连接在两个线圈之间。

3）即使没有负载，线圈上也会有磁通。

无论磁通存在于何处，由于 $v = \mathrm{d}\lambda/\mathrm{d}t$，磁通都将会跟一个与其时间变化率成比例的电压相关联。与电流成比例的磁动势产生磁通，公式 $\lambda = Li$ 定义了电感大小。根据电阻和磁通效应得出的更完整的变压器电路模型如图 3.60 所示。图中的点标记表示同名端；也就是说，以点作为高点进行测量得到的电压具有相同的相位。

激磁电感 L_m 是等效电路中最重要的部分之一。在空载条件下，从输入端看到的电感就是激磁电感。在变压器中，通常使 L_m 尽可能大，从而使得相关的电抗 X_m 很大且激磁电流很小（相反地，反激式变换器的耦合电感具有相对较小的 L_m，从而相比其他电

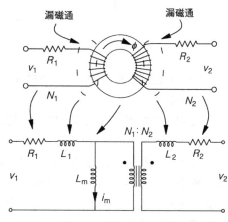

图 3.60　实际的变压器及其对应的电路模型

流，使其电流 i_m 占主导）。激磁电感 L_m 与磁芯的磁通有关，磁通通过一、二次绕组。在某个绕组上测量得到的激磁电感值与绕组匝数的平方成正比。在图 3.60 中，电感 L_m 可通过线圈 1 求得，它同样可以通过线圈 2 求得。图 3.61 给出了这种情况的电路模型，其等效值为

$$L'_\mathrm{m} = L_\mathrm{m}\left(\frac{N_2}{N_1}\right)^2 \qquad （3.77）$$

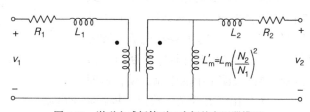

上式表示在线圈 2 侧的电感。在分析正激变换器时考虑 L_m 的影响，有助于了解变压器是如何影响电路运行的。与往常一样，存在 $\langle v_\mathrm{L}\rangle = 0$。

图 3.61　激磁电感折算到二次侧的变压器模型

3.6.2　正激变换器的一般注意事项

观察图 3.62 所示的降压电路，由于二极管电压为一个脉冲序列，能够很方便地在该位置插入一个交流变压器。然而，V_out 具有正的平均值，磁化电感并不能维持该直流电压。每个脉冲都会在变压器上施加正电压，并且在每个周期内磁通会逐步增加。就像电流或电压存在物理限制一样，磁通也存在物理限制。因此，简单地插入变压器并不可行。有两种方法可以避免这个问题，并将变压器嵌入 buck 电路：

1）通过级联逆变器和整流器将变换器

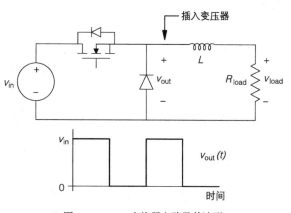

图 3.62　Buck 变换器电路及其波形

构建为交流链路电路。如图 3.63 所示，在这种电路结构的电路中创建一个交流点，并在该交流点插入一个变压器。

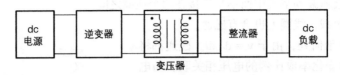

图 3.63 交流链路变换器的通用形式

2）通过在线圈上添加第三个**捕获绕组**，可以实现磁通守恒，并维持 dϕ/dt 为非零值而不引发其他问题。

反激式变换器存在的基本限制促使设计人员考虑其他的替代方案。在反激式变换器的前提下考虑图 3.60 所示的实际电路，其中漏电感的存在可能引起故障，因为漏电感与开关器件串联。当开关器件断开时，漏感电流被迫尽快归零。比值 Ldi/dt 意味着会产生极高的尖峰负电压，在每个周期中，漏感中储存的能量都将消耗在开关器件上。漏电感的存在限制了反激式变换器的容量，因此反激式变换器很少应用于 200W 以上的场合。作为合适的拓扑，正激变换器可以避免上述可能的故障。

3.6.3　带捕获绕组的正激变换器

图 3.64 所示为一个带捕获绕组的正激变换器。线圈 3 的作用类似于反激式变换器耦合电感的二次线圈。当 #1 开关器件导通时，它承载一次电流 i_1 和激磁电流 i_m。当 #1 开关器件关断时，激磁电感维持线圈 1 中的电流流动，从而

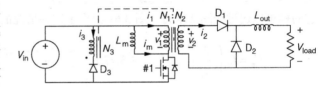

图 3.64　使用捕获绕组的正激变换器电路

有 $i_1 = -i_m$。由于 i_1 为负，输出二极管阻止电流 $i_2 = i_1(N_1/N_2)$ 流入线圈 2。捕获绕组二极管 D_3 允许电流 $i_3 = -i_m(N_1/N_3)$ 流过。当二极管 D_3 导通时，线圈 3 两端的电压被钳位到 $-V_{in}$。开关器件关断且二极管 D_3 导通后，电压 $v_1 = -V_{in}(N_1/N_3)$。该负电压降低了流过磁芯的磁通。当 #1 开关器件再次导通时，磁通正常上升。捕获绕组不断提高和降低磁通的功能称为**磁通复位**。每个周期内磁通的变化如下：

$$
\begin{aligned}
&\text{#1 开关器件导通：} & v_1 &= v_{in} = \frac{d\lambda_1}{dt} = N_1 \frac{d\phi}{dt} \\[2mm]
&\phi \text{ 的变化：} & \frac{d\varphi}{dt} &= \frac{V_{in}}{N_1} = \frac{\Delta\phi}{\Delta t}, \quad \Delta\phi = \frac{V_{in}}{N_1}D_1 T \\[2mm]
&\text{#3 开关器件导通：} & v_3 &= -V_{in}, \quad \frac{d\phi}{dt} = \frac{v_3}{N_3} = \frac{\Delta\phi}{\Delta t} \\[2mm]
&\phi \text{ 的变化：} & \Delta\phi &= -\frac{V_{in}}{N_3}D_3 T
\end{aligned}
\tag{3.78}
$$

计算结果绘制在图 3.65 中。当且仅当 #1 开关器件导通时，二极管 D_1 导通，所以可以使用简化的符号，其中 D_1、D_2 和 D_3 分别表示其对应二极管的占空比。

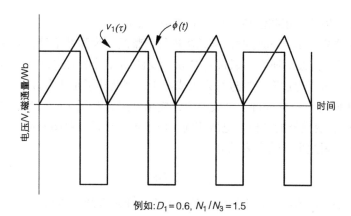

图 3.65　捕获绕组变换器中随时间变化的磁通和一次电压波形

除非 #1 开关器件关断，否则二极管 D_3 不会导通，从而有 $D_3 \leq 1 - D_1$。因为此电路中的 i_m 不会为负，所以磁通永远不会小于零。为了使电路能够正常运行，减少的磁通必须等于增加的磁通，因此有：

$$\frac{V_{in}}{N_1} D_1 T = \frac{V_{in}}{N_3} D_3 T \quad \text{或者} \quad \frac{D_1}{N_1} = \frac{D_3}{N_3} \qquad (3.79)$$

考虑式（3.79）所表达的含义。由于 $D_3 \leq 1 - D_1$，从而有：

$$D_1 \frac{N_3}{N_1} \leq 1 - D_1 \quad \text{或} \quad D_1 \leq \frac{N_1}{N_1 + N_3} \qquad (3.80)$$

在实际中，一般要求磁通处于不连续模式，部分周期时间内可降为零，下一周期又从零开始。如果 $N_3 = N_1$，#1 开关器件的占空比不允许超过 50%。如果占空比超过 50%，则没有足够的时间使磁通量下降到零，变换器将无法正常工作。较小的 D_1 值则没有问题。当 #1 开关器件导通时，变换器二次侧电压为正。二极管 D_1 与 #1 开关器件的状态相同，除匝比之外，电压 V_{out} 与降压变换器的输出电压一样。输出电压和平均值分别为

$$v_{out} = q_1 V_{in} \frac{N_2}{N_1}, \quad \langle v_{out} \rangle = D_1 V_{in} \frac{N_2}{N_1} \qquad (3.81)$$

因此正激变换器也通常称为**降压变换器的派生**电路。

由于二极管 D_3 导通时将钳位第三绕组的电压，因此在许多文献中，捕获绕组正激变换器又称为电压钳位正激变换器[12]。设计人员会使用其他方法来钳位某电压（不是 $-V_{in}$），比如使用电容、齐纳二极管等。降压变换器派生的正激变换器通常用于需要隔离的降压应用场合。

3.6.4　带有交流链路的正激变换器

带捕获绕组的变换器允许磁通发生变化，从而可以使用变压器，但由于工作中的磁通不连续，因此不能充分利用磁芯的磁通能力，从而导致变换器的应用仍局限于低功率场合，且在大多数情况下无法取代反激式变换器。交流链路电路拓扑能够广泛应用于几百瓦以上的隔离型直流电源。图 3.66 所示为实现降压的通用电路拓扑。在此电路中，逆变器的开关器件在变压器一次侧产生方波电压，然后通过整流器对此方波进行处理。由于整流后的方波无须额外滤波就能

直接产生直流输出，因此与正弦波整流器相比要方便很多。

实际上当方波占空比 $D = 50\%$ 时，是无法进行调整的。为弥补不足，逆变器输出通常采用图 3.67a 所示的波形。该波形通常是通过对 H 桥两支路的开关函数进行相移而产生的，后面会对此进行讨论。信号可以通过变压器进行升压或降压，因此除了匝比常数 $a = N_2/N_1$ 之外，二次侧输出的波形是相同的。一旦进行了全波整流，输出结果将是图 3.67b 所示的绝对值波形。该波形与非隔离型 buck 变换器的二极管电压相同。由于占空比是按照图 a 定义的，双脉冲的输出要考虑 2 倍的因子，因此平均输出表示为

$$\langle v_{\text{out}} \rangle = 2aDV_{\text{in}} \tag{3.82}$$

所以逆变器侧的单个开关器件在每个周期中的导通占空比不会超过 50%。

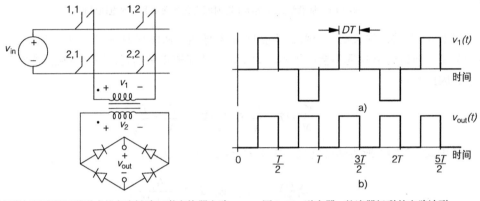

图 3.66　逆变器与整流器级联形成的交流链路正激变换器电路　　图 3.67　逆变器 - 整流器级联的电路波形

图 3.68 所示桥式电路是实现上述概念的一种方法，**称为全桥变换器**，常用于 500W 及以上的功率场合。图 3.69 所示照片为一种使用全桥变换器的直流电源[13]，输入交流后直接整流，再经 dc-dc 变换器可实现降压、控制和隔离。可以通过改变开关函数的相位来获得所需的控制性能，如满足精确的电源和负载调节率。全桥电路的优点是不受漏电感的影响，是大功率场合的首选。

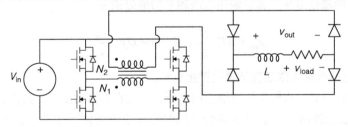

图 3.68　全桥变换器电路

此外，还有其他几种 buck 派生的或**电压馈入的**交流链路变换器，图 3.70 给出这几种电路的拓扑。许多电路避免使用四个晶体管所带来的复杂性。一个值得注意的拓扑结构是图 3.70c 所示的推挽正激变换器。推挽式电路通过使用带中心抽头的变压器将开关器件减少到两个[14]。位于下部的开关器件将正电压施加于一次侧，当下部的开关器件导通时，磁

图 3.69　基于全桥变换器的商用 1500W 直流电源

芯的磁通增加；而位于上部的开关器件导通时，磁通减小，因此通过控制两个开关器件，可使每个开关周期内的磁通增加和减小实现完美的对称。输出整流器也通过使用中心抽头来避免使用两个二极管。该电路的输出为

$$v_{out} = (q_1 + q_2)aV_{in}, \quad \langle v_{out} \rangle = 2aD_1V_{in} \tag{3.83}$$

其中，$D_1 = D_2 \leq 0.5$。值得注意的是，在此变换器中，开关函数 q_1 与 q_2 无须相加等于 1；确保开关函数永远不会重叠很重要，因为这会使输入源短路。所需的电流通路是由输出二极管而不是晶体管的交替动作来实现的。

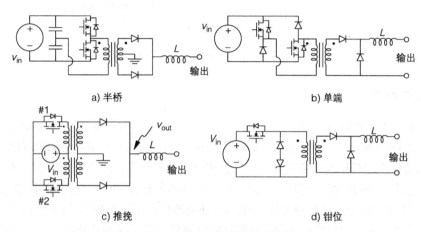

a) 半桥   b) 单端

c) 推挽   d) 钳位

图 3.70 四种备选的正激变换器拓扑

3.6.5 Boost 派生（电流馈电）正激变换器

虽然 boost 派生的正激变换器比 buck 派生的少见，但也常常会用到。使用电流源替代输入电压源的全桥变换器就是一个例子，如图 3.71 所示，也称为**电流馈入桥式电路**[15]。在此电路中，开关器件 1,1 和 2,2 导通时产生一次电流 i_{in}；开关器件 1,2 和 2,1 导通时产生一次电流 $-i_{in}$。开关器件 1,1 和 2,1 或 1,2 和 2,2 在一次电流为零时可用于延时控制。二次电流等于一次电流除以匝比 a。此整流开关器件组具有与传统 boost 变换器中整流器相同的电流。boost 派生变换器

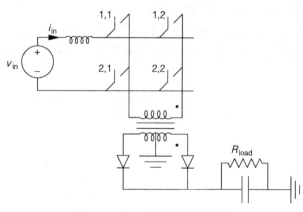

图 3.71 boost 派生的全桥变换器

的输入输出关系式类似于传统的 boost 变换器，表示如下

$$\langle i_{out} \rangle = \frac{2D}{a} I_{in}, \quad V_{out} = \frac{a}{2D} \langle v_{in} \rangle \tag{3.84}$$

图 3.72 所示为推挽电路的 boost 派生版。与全桥电路一样，该电路能产生 $av_{in}/2D$ 的输出。与 buck 电路不同是，开关器件必须始终提供电流通路，并允许重叠导通，这意味着 $D_1 =$

$D_2 \geqslant 0.5$。如果储能元件大于临界值，则使用重叠导通功能的电流馈入电路和使用非重叠导通功能的电压馈入电路不会进入 DCM 模式。相反地，在每个周期剩余时间内电路的其他开关器件能保持 KVL 和 KCL 关系。

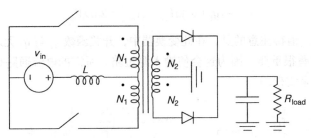

图 3.72 boost 派生的推挽正激变换器电路

3.7 双向变换器

图 3.6 所示的全矩阵降压变换器可输出正和负的输出电压。如果输出的是真实电流源，则负电压允许能量流回输入源。由于功率可实现双向流动，因此该矩阵被称为**双向变换器**。图 3.15 所示为能实现升压的开关矩阵电路。这些电路并不常见，但当有合适的电源时，它们的确能够实现能量流动的控制。实际上，简化的双向变换器已得到了广泛的使用。例如，当共地型 buck 变换器需使用两个有源开关器件时，#2 开关器件使用 MOSFET 通常比使用二极管具有更小的正向导通压降。这种减少了变换器损耗的电路就变成了**同步整流器** [16]。虽然电路本身能实现能量的双向流动，但这不是通常强调的重点。

任何共地型电路，包括 buck-boost 变换器，都有助于进一步深入了解能量双向流动的过程。buck-boost 变换器被设计成电压源输出特性，能量双向流动需要改变输出电流的极性，因此也就需要改变转移电源的极性。自然地，这就产生了一个问题：为什么变换器的运行受限于转移电源？实际上，电路运行无需受到转移电源的限制。如图 3.73 所示，电感可作为"可逆电流源"实现能量双向流动的运行。变换器的唯一变化是必须选用能保证电流双向流动的开关器件。

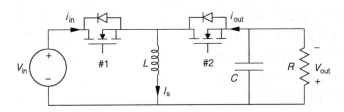

图 3.73 双向 buck-boost 变换器电路

实际的电机和其他负载中的电感并不总是很大。例如，对于图 3.74 所示的直流电机电路模型，任何试图通过 buck 变换器降低电机电压的操作都会造成 50ms 左右的电流反转。参照双向 buck-boost 电路，使用能够保证电流双向流动的开关器件可以适应"可逆电流源"型负载。如图 3.75 所示，双向 buck 变换器不仅可以向负载传送能量，还可以在输出电流极性反转后回收能量。当电机电流为正时，该电路可视为标准 buck 电路。如果电机电流变负，则电机可作为 boost 变换器的输入使用，开关器件继续按 $q_1 + q_2 = 1$ 运行，并从电机内部电压中回收能量。

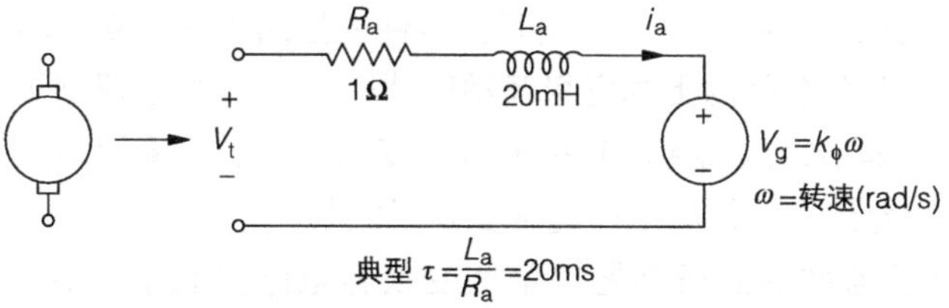

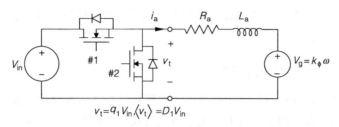

图 3.74 具有低电感的直流电机电路模型

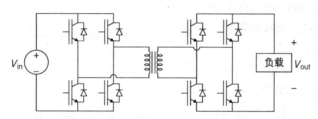

$$v_t = q_1 V_{in}, \langle v_t \rangle = D_1 V_{in}$$

图 3.75 用于直流电机控制的双向 buck 变换器电路

对于更高的功率等级，可以通过调整全桥正激变换器来实现能量的双向流动。如图 3.76 所示，输出二极管桥被绝缘栅双极晶体管（IGBT）所取代，形成了**双有源桥 dc-dc 变换器** [17]。

图 3.76 适用于双向高功率应用的双有源桥 dc-dc 变换器电路

该电路允许能量双向流动，并能满足功率高达数百千瓦的设计需求。例如，它能实现大型储能电池的充电和管理，常常用于电动交通工具储能电池接口电路的设计。

3.8 dc-dc 变换器设计问题和实例

3.8.1 上端开关器件的挑战

dc-dc 变换器的一个不便之处是开关函数必须作用于开关器件才能使电路正常工作，这有时是有一定难度的。例如，为了导通功率 MOSFET 或 IGBT，必须在栅极端施加比源极或发射极大 10V 左右的电压。在典型的电子电路中，很容易产生比大地高 10V 或 12V 的脉冲序列，但在电路中任意点创造这样的信号却有难度。观察图 3.76 所示电路。如果输入源和输出源与大地相连，由于下部开关器件的一端与大地相连，因此能够通过直接电子电路进行控制。在电力电子设计中，这些器件被称为**下端开关器件**，能便于对其进行控制，而其他开关器件并无此优势。实际上，上端开关器件的发射端并不处于大地电位之上，在某些应用场合，该器件可能置于数百或数千伏的电压方波 V_{in} 之下，因此这些**上端开关器件**需要设法进行控制。

为实现上端开关器件的运行，需要有使开关动作的能量和开关函数的信息。在大功率系统中，通常采用低功率多输出反激式变换器为栅极控制提供 12V 的直流电源，以此为开关器件运行提供所需的能量。在小功率系统中，上端开关器件的控制仍有创新空间，许多供应商将功率和信息传送到所需控制开关器件的**上端栅极驱动器**[18]。设计人员也遇到了与正激变换器相同的挑战：开关函数平均值非零，因而无法直接通过磁变压器传送，采用类似于捕获绕组变换器的方法能有所帮助，但所允许占空比的范围通常受到了限制。

　　由于没有上端开关器件的运行问题，某些变换器电路受到了青睐。例如，boost、boost-buck 和 SEPIC 变换器只有下端开关器件，推挽式变换器也是如此；反激式变换器的隔离允许输入端开关器件连接在上端或下端；但对于 buck、buck-boost 和桥式变换器，则困难得多。更多细节将在第 10 章中介绍，但须注意的是，必须对开关器件进行控制，这关系到许多应用的设计方案。

3.8.2　电阻和正向导通压降的限制

　　到目前为止所考虑的变换器都是理想化的，变换器通过使用无损的受限开关以实现电路运行，不存在内部损耗。实际的变换器中，无论多么高效，都会产生一些损耗，最明显的是导线和连接点存在电阻，半导体器件也具有特定的正向导通压降。这些因素可添加到模型中，只需增加适度的额外工作量便能实现对变换器的分析。考虑以下一般情况：在 buck 变换器中，MOSFET 导通时表现为串联电阻，二极管导通时等同于给定值的电压降，电感包含串联电阻。图 3.77 给出了包含这些额外元件的变换器，明确表示了变换器建模所需的理想受限开关和额外寄生元件。

　　如图 3.78 所示，在此变换器中，（假定 $L \geqslant L_{crit}$）两种电路结构仍需满足 KVL 和 KCL 约束条件。基于理想动作方法，将电容电压和电感电流视为恒定

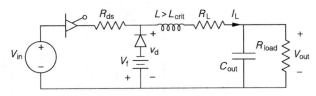

图 3.77　具有寄生电阻和二极管压降的 buck 变换器电路

来进行电路分析是合理的。由于二极管瞬时电压 v_d 在一个周期内的变化很大，因此是电路分析的一个好起点。根据电路结构可得

$$v_d = q_1(V_{in} - I_L R_{ds}) + q_2(-V_f) \tag{3.85}$$

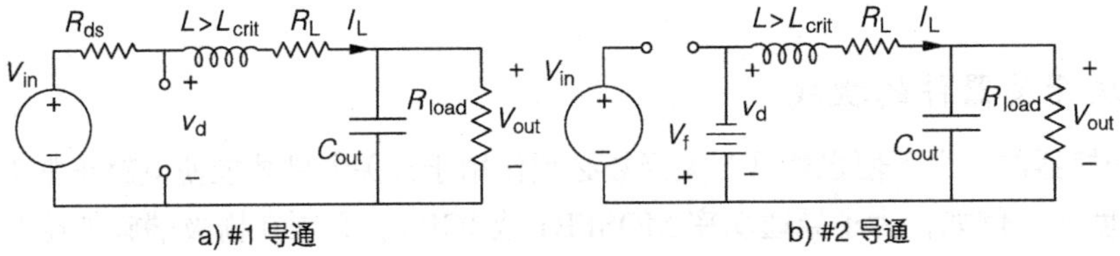

a) #1 导通　　　　b) #2 导通

图 3.78　具有寄生电阻的 buck 变换器电路结构

　　平均电感电压必须为零，但现在的二极管与输出之间出现了直流电压降 $I_L R_L$，这意味着

$$\langle v_d \rangle - I_L R_L = V_{out} \tag{3.86}$$

于是得到

$$D_1(V_{in} - I_L R_{ds}) + D_2(-V_f) - I_L R_L = V_{out}$$
$$V_{out} = D_1 V_{in} - (1-D_1)V_f - D_1 I_L R_{ds} - I_L R_L \tag{3.87}$$

然而这并不完整，因为 I_L 并非独立而是与输出负载有关。根据电容的平均电流为零，得到另一个方程 $I_L = V_{out}/R_{load}$。将其代入式（3.87），通过推导可得

$$V_{out} = D_1 V_{in} \frac{1}{1 + R_L/R_{load} + D_1 R_{ds}/R_{load}} - (1-D_1)V_f \frac{1}{1 + R_L/R_{load} + D_1 R_{ds}/R_{load}} \qquad (3.88)$$

如果电阻和 V_f 很小，则 V_{out} 就能恢复到之前的 $D_1 V_{in}$。如果二极管电压降占据了输入电压的很大一部分，则输出就会显著减小。

到目前为止，阻性和其他的电压降都包含在分析中，且不改变所使用的平均分析方法。虽然表达式会更加复杂，但基本方法仍然有效。正如在第 1 章中提到的那样，电阻会带来重要的限制。下面考虑一个 boost 变换器的例子。

例 3.8.1 在一个基于 USB 的照明应用中，连续模式 boost 变换器将输入的 5V 电压转换成 24V 电压输出。所需输出功率为 2W，电感串联电阻为 0.1Ω，MOSFET 导通电阻为 0.1Ω，输出二极管具有 1V 正向导通压降。试计算额定负载条件下的占空比为多少？此变换器的效率为多少？

图 3.79 所示电路带 288Ω 电阻时输出为 2W。由于在变换器运行过程中开关电压 v_t 的变化较大，因此适合用作电路分析点，其值为

$$v_t = q_1(0.1 I_L) + q_2(V_{out} + 1) \qquad (3.89)$$

经过平均，此电压必须满足 $V_{in} - I_L R_L$，所以有

$$V_{in} - 0.1 I_L = D_1(0.1 I_L) + D_2(V_{out} + 1) \qquad (3.90)$$

计算可得平均输出电流为 0.0833A，且二极管的平均电流必须与平均输出电流匹配。二极管在导通时承载电流 I_L，从而有

$$\begin{aligned} q_2 I_L &= i_d \\ \langle i_d \rangle &= D_2 I_L = I_{out} \\ I_L &= \frac{I_{out}}{D_2} \end{aligned} \qquad (3.91)$$

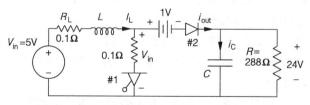

图 3.79 具有电阻寄生和电压降的 boost 变换器电路

由于此变换器不工作于 DCM 模式，因此开关器件的占空比之和为 1。由于输入和输出电压已知，式（3.90）和式（3.91）可以联立求解，最后得到两个解：$D_1 = 0.803$ 和 $D_1 = 0.997$。两者都是正确的，但只有较小的一个是有效的，这作何解释呢？让我们考察效率 $\eta = P_{out}/P_{in}$。按照第一个结果计算可得：输入电流为 0.0833A/（1-0.803）= 0.423A，输入功率为 2.12W，效率为 2/2.12 = 0.945，即 94.5%；按照第二个结果计算可得：输入电流为 0.0833A/（1×0.997）= 24.6A（远超 USB 设备的输出能力），输入功率为 123W，效率为 1.62%。显然，没有必要让电

路运行这样高的值，因此将占空比设定为 80.3%，此时的变换器效率接近 95%。

一般地，boost 变换器的电阻会产生第二个高损耗解的运行方式，实际中应避免这种情况的发生。

3.8.3 调节率

调节率是指当电路条件发生变化时变换器保持固定的输出的能力。相比输入（电源线）和输出负载，变换器设计的主要焦点在于输出的变化。当不考虑电压降和内部电阻时，CCM 模式下 dc-dc 变换器的运行独立于负载，并具有理想的（零）负载**调节率**。电源调节率的缺点是：在任何情况下，输出电压都与输入电压成正比，因此当输入发生变化时，输出也发生变化。某些现代电源性能极好，例如，85V 转 265V 交流电源调节率可达 ±0.01%，而计算机电源的要求较为宽松，其典型要求为 ±5%。

为获得可接受的调整率，需要采用自动控制。定期化的占空比须进行动态调整，以确保在输入和负载发生变化时的输出平均值能保持稳定。从理论上讲，占空比须基于误差进行调整：在 buck 变换器中，如果输出电压太低，则应增大占空比，如果输出电压太高，则应减小占空比。在基本的电源应用中，可以使用**比例控制**，即有

$$D_1 = D_{nom} + k_p(V_{ref} - V_{out}) \tag{3.92}$$

其中，k_p 是比例增益，由于 $0 < D_1 < 1$，意味着 k_p 无法设置得很大。变换器起动时，实际输出与理想输出的误差很大，占空比立即达到极值，而我们希望能快速恢复到正常值。例如，某 12V 转 5V buck 变换器的增益为 1，设标称占空比为 5/12，仅当输入正好 12V 时才会出现零误差；如果输入为 10V，则占空比需要为 0.5，从而有

$$0.5 = \frac{5}{12} + 1 \times (V_{ref} - V_{out}) \tag{3.93}$$

对于参考信号为 5V 的情况，会产生 $V_{out} = 4.92$V，从而表明在 10 ~ 12V 输入范围内的线路调节率为 ±0.84%。

原则上，比例控制比较直观，但会产生以下三个问题：

1）在 buck 变换器中，上端开关器件所面临的挑战使得在开关器件上施加正确的占空比变得比较复杂。但这可通过使用上端栅极驱动器来解决。

2）在 boost 变换器中，如式（3.90）的内部电阻会产生两种可能占空比的解，而比例控制并不能保证在这两者中找到所需的解。这可以通过对 D_1 施加上限来解决，如 $D_1 < 0.85$，则其他电路必须满足此类限制条件。

3）低增益往往对性能进行了限制；动态效应和纹波增加了复杂性。

即便如此，比例控制仍是调节 dc-dc 变换器的典型方法，第 11 章和第 12 章将对此进行更深入的探讨。其他的调节方法，如比例积分控制帮助很大，基于测量电感电流的控制也被广泛使用。即使存在内部阻性压降，有效精确的控制也可实现几乎固定的输出。基于式（3.88），考虑二极管压降和电阻的存在，实际 buck 变换器以略高于理想 V_{out}/V_{in} 的占空比运行。由于这些元件中存在功率损耗，因此电路效率会降低，但仍能保持变换器的功能。

优秀的调节性能可能会受到连接方式和电路布局等问题的影响，设计人员必须认真对待这些问题。下面的实例说明了这一点。

例 3.8.2　在 10 ~ 200W 的输出功率范围内，某个采用精密控制的 dc-dc 变换器能精确输出 2.5V（加上小纹波）电压。稳态状态下，该变换器能实现很好的电源和负载调节率；任何线路或负载条件的变化都可通过调整控制得以处理。工程师使用铜线将此变换器与距离 10cm 远的负载进行连接。铜导线的电阻为 0.001Ω/m。试问在允许的功率范围内，负载端会观察到什么样的负载调节率？

尽管变换器具有很好的调节特性，但由于连接线具有电阻，因而会产生与负载相关的电压降，并使负载电压发生变化。由于必须使用两根导线实现直流连接（正极和负极），因此总导线长度为 20cm，每根导线的电阻为 0.0001Ω。

电路如图 3.80 所示。由于标称输出电压为 2.5V，因此 10W 负载对应的输出电流为 4A，200W 负载对应的输出电流为 80A。当带负载的输出电流为 4A 时，总的导线电压降为 2 × 0.0001Ω × 4A = 0.8mV，输出电

图 3.80　连接线中具有电阻压降的理想变换器电路

压为 2.4992V。当带负载的输出电流为 80A 时，总的导线电压降为 2 × 0.0001Ω × 80A = 16mV，输出电压为 2.4840V。根据式（3.10）可知，负载调节率为

$$\pm \frac{2.4992 - 2.4840}{2.4992 + 2.4840} \times 100\% = \pm 0.305\% \qquad (3.94)$$

这种"完美"变换器实际呈现的特性比很多线路电阻小于 1mΩ 的商用电源要差很多。该实例说明，为实现精确的电源应用，不能忽略电路的连接方式。

如何解决连接方式所产生的限制？实际中，将连接电阻拉入变换器"内部"，进而允许控制器来解决限制问题。实现此方法的概念如图 3.81 所示，其中使用了被称为四端连接的**开尔文检测**[19]。此时，两根（大）导线向负载传输功率，两根（小）**检测线**连接到负载为变换器控制提供 V_{out} 的测量值。通过检测线，控制器应测得最小的电流值，从而使得检测线具有与负载电流无关的微小电压降。变换器控制器必须通过稍微增加占空比将输出电压调节至 2.5V，最终达到 D 值调节随负载变化并恢复系统的理想负载调节的目的。只要连接导线电压降足以影响系统性能，开尔文检测就至关重要。在低电压、高电流或低阻抗的测量应用中，几乎都是使用达尔文检测。

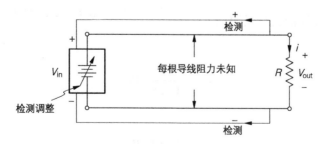

图 3.81　低电压控制应用中为导线电阻电压降进行补偿的开尔文检测连接方式

例 3.8.3　某 dc-dc 变换器允许的输入范围为 8 ~ 30V，负载范围为 0 ~ 20W。期望输出电压为 5V。电源调节率经过测量为 ±0.2%。负载调节率经过测量为 ±0.5%。用于连接负载的导线总电阻为 10mΩ。空载状态下，输出已精确调整为 5V。这里不使用开尔文连接。根据这些信

息，带负载时预期能看到的最高和最低电压是多少？

线路调节和负载调节是分开测量的，因此误差的影响是累积的。测量的线路调节率为 ±0.2%，相对于 5V 输出其值为 ±10mV。对负载调节率来说，其值为 ±25mV，负载范围为 0~20W，或 0~4A。已知总线电阻为 10mΩ，则导线上可能存在高达 40mV 的额外电压降。基于线路调节率和负载调节率，预计的输出值为 ±35mV。根据连接情况，电压不会增加，但可能会降低到 40mV，这意味着测量得到的输出电压可能是 5.000V+35mV/-75mV，即允许范围为 4.925~5.035V。某些制造商指定了**总调节率**，这是线路、负载、温度和其他因素（除连接导线外）组合变化的预期偏差。如果没有提供连接导线信息，则必须考虑该影响。

3.8.4 太阳能接口变换器

太阳能发电的第一步就是将光伏（PV）面板连接到 dc-dc 变换器。下面这个实例给出了 PV 系统许多与设计相关的问题。

例 3.8.4 太阳能电池板的工作范围通常为 28~44V，实现最大功率输出的典型电压为 33V。阳光明媚时，标称电压输出的电流可达 8A。功率输出不超过 264W。该面板用于为额定电压为 48V 的串联铅酸蓄电池组充电。为避免影响功率输出，在全功率输出时的光伏面板的电流纹波峰-峰值应小于 0.1A。试推荐一款能完成此功能的功率变换器。铅酸蓄电池的典型充电电压为 55.2V，且不应超过 58V。试计算期望的占空比范围为多少？并给出变换器所需的电感和电容值。由于连接导线和开关器件的电阻很小，故可忽略，但须考虑二极管的正向导通压降。

在 dc-dc boost 变换器中，二极管与输出相连，其正向导通压降约为 1V。即使光伏面板能够通过二极管直接连接到电池，其输出电压也不会超过 44V-1V = 43V。因此，电池电压始终高于光伏面板电压，boost 变换器是合适的选择。尽管在上述功率和电压范围内的变换器可使用 30~200kHz 的频率，但开关频率并不确定，这里以 100kHz 的开关频率对变换器进行设计。虽然电池是良好的电压源，但它也受益于接口滤波器。图 3.82 所示为包含接口部分和二极管模型的 boost 变换器。

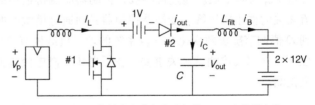

图 3.82 用于衔接太阳能与电池组的 boost 变换器电路

如果开关器件和储能元件的电阻较低，则输出为

$$V_{out} = \frac{V_p}{1-D_1} - 1V \tag{3.95}$$

这意味着

$$D_1 = \frac{V_{out} + 1 - V_p}{V_{out} + 1} \tag{3.96}$$

该结果考虑了 1V 二极管导通压降。光伏面板的电压为 28~44V，典型输出为 55.2V，从而占空比的范围为 0.217 < D_1 < 0.505。如果输出电压高达 58V，则占空比升至 0.525。在标称条件下，光伏面板电压为 33.0V，输出为 55.2V，从而占空比为 0.413。

电感值需要满足电流纹波的指标要求，即 $\Delta i_L \leqslant 0.1\text{A}$。已知当 #1 开关器件导通时的电感电压为 V_p，导通持续时间为 D_1T，可以表示为

$$V_p = L_{in}\frac{di_L}{dt} = L_{in}\frac{\Delta i_L}{D_1T}, \quad \Delta i_L \leqslant 0.1\text{A} \tag{3.97}$$

D_1 存在一个合适的取值范围，但仍与 V_p 相关联，因此可使用式（3.96）进行简化

$$\frac{V_pD_1T}{L_{in}} = \Delta i_L = \frac{V_pV_{out} + V_p - V_p^2T}{V_{out} + 1}\frac{T}{L_{in}} \leqslant 0.1\text{A} \tag{3.98}$$

对于 55.2V 输出和 10μs 开关周期的情况，要求电感满足

$$L_{in} \geqslant \frac{56.2V_p - V_p^2}{56.2} \times 100\text{μH} \tag{3.99}$$

由于在任何工况下的电感都须满足以上条件，因此式（3.99）右侧的 2 次项应取最大值。当 $V_p = 28.1\text{V}$ 和 $D_1 = 0.5$ 时达到最大值，这意味着电感至少为 790μH 才能满足要求。

严格地说，电池本身具有电容，能够由 boost 变换器直接供电，但如果使用图 3.82 所示的 L-C 接口电路，则电池内部电阻的损耗将会降低。此处的纹波并不那么重要，但应确保电池电压在 58V 以下。相比目标输出 55.2V，如果峰 - 峰值电压纹波允许达到 1V，即使电池充满也能避免故障的发生。电感电流最高可达 8A。由于 $\langle v_C \rangle = 0$，可见电池平均输出电流就是二极管的平均电流 D_2I_L。二极管导通时的电容电流为 $I_L - D_2I_L$，关断时的电容电流为 $-D_2I_L$（#1 开关器件导通时二极管关断）。对于 1V 峰 - 峰值电压纹波，这意味着

$$i_C = C\frac{dv_C}{dt}, \quad (1 - D_1)I_L = C\frac{\Delta v_C}{D_1T}, \quad \Delta v_C \leqslant 1\text{V} \tag{3.100}$$

当 $D_1 = 0.5$ 时，C 将取最大值，为满足上述要求，C 应至少为 20μF。

对于输出电感，电池可理想地等效为固定电位，但电容上的电压却具有三角形纹波。根据式（3.24），电感与电池的峰 - 峰值之间的偏差为

$$\Delta i_B = \frac{T\Delta v_C}{8L_{filt}} \tag{3.101}$$

仅为 10μH 的滤波电感可将电流纹波限制在 0.125A 的峰 - 峰值范围内，如此低的电流纹波几乎可以消除任何额外的电池损耗。

3.8.5　电动卡车接口变换器

当功率等级增大，特别是 dc-dc 转换需要高的升压和降压比时，基本的共地型电路无法满足需求。推挽和半桥式正激变换器只能适用于功率为几百瓦的应用场合，一旦功率水平超过 1kW，大多数设计人员更喜欢全桥型的电路拓扑。以下实例说明了大功率应用所面临的一些挑战。

例 3.8.5 某大型采矿作业卡车采用纯电动运行。车辆内部构建了一条 700V 直流母线为各种电机驱动器和其他子系统供电。为取代传统的交流发电机，该车辆使用一台能产生 200A/14V 的 dc-dc 变换器为辅助电源和机舱空调供电。试为此需求提供一种变换器设计。700V 母线调节率水平为 ±5%，14V 输出的调节率水平应更为严格。

假定功率为 2.8kW、高电压比为 700∶14，匝比在此应用中至关重要。全桥 dc-dc 变换器可能是最合理的选择。若采用非隔离 buck 变换器，占空比仅为 14/700 = 0.02，并且开关器件需要非常高的额定值。若使用全桥变换器，占空比将不超过 50%。理想情况下，当占空比为 50% 时，变压器内部将呈现方波信号。此时，最高输入电压为 700V × 1.05 = 735V，而最低为 665V。

若考虑开关器件的导通压降，则变压器的匝比约为 660∶14，在高功率和低输入电压情况下，将产生 0.5 的占空比。对于最高输入电压，有效占空比可降至约 0.45，所得电路拓扑如图 3.83 所示。由于输出电压适中，采用中心抽头变压器，在功率流动路径上仅放置一个二极管。

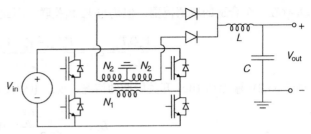

图 3.83　适用于电动卡车接口电路的全桥正激变换器电路

下面考虑开关器件的额定值。在输出侧，电流高达 200A。高输入电压按 660∶14 比例降压，因此最高输入 735V 的电压在低压侧被转换为 735 × 14/660V = 15.6V。在输入侧，电流按 660∶14 比例减小，200A 的输出电流对应的输入电流为 4.25A。因此，输入侧器件须承载 4.25A 电流，阻断 735V 电压，而输出侧器件须承载 200A 电流，并阻断 16V 电压。按此需求，其典型电路输入侧可使用额定电流为 5A 的 1200V IGBT，输出侧可使用额定电流为 200A 的 25V 肖特基二极管（平均值为 100A，但仍需多个器件并联）。对于这些额定值的开关器件，20kHz 左右的开关频率是合适的，输出波形为双倍开关频率，因此输出周期为 25μs。

为设计电路，需考虑高输入电压的情况，图 3.84 所示为等效电源折合到低电压侧的电路。为简单起见，忽略二极管的导通电压降。在这种情况下，此桥式电路运行在 0.45 的有效占空比。二极管的输出类似于 15.6V 输入、14V 输出、200A 负载和 90% 占空比的 buck 变换器。电感纹波的需求主要基于磁损考虑，此例中峰 - 峰值纹波为 10%。当二极管导通时，电感的电压为 1.6V，持

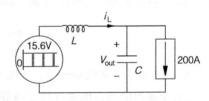

图 3.84　带有输出侧等效电源模型的高输入电压电动卡车接口电路

续时间为 0.90 × 25μs = 22.5μs。为了将纹波峰 - 峰值保持在 20A 以内，须使 $L \geqslant 1.8μH$。基于式（3.24），如果输出电容高于 450μF，则输出电压纹波峰 - 峰值将小于 1%。为实现良好的调控，占空比须在 45% ~ 50% 之间进行调整。完整的电路如图 3.85 所示。

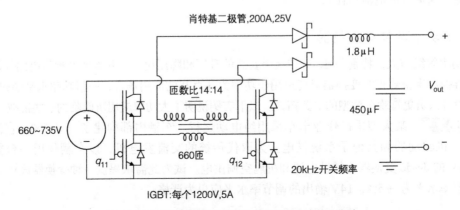

图 3.85　给出具体器件及其额定值的电动卡车接口电路

3.8.6　通信电源

dc-dc 变换器是各种通信环境下常见的电源形式。通信设备通常使用适度的直流电压，以便在电网断电时能通过备用电池供电。陆上电话网络电压标准为 48V（实际上通常为 -48V），并使用串联的铅酸电池作为主动备用电源。由于铅酸电池每单元通常以约 2.3V 进行充电，24 节单元串联能产生约 56V 电压，因此有时也被称作 56V 系统。汽车使用典型的 14V 系统 [20]。28V 和 42V 系统也为许多交通工具中的设备供电，如移动电话收发器、有线电视、互联网系统和更大的便携式系统 [21]。由于这些系统的电子设备很少直接在这些直流电压下运行，因此 dc-dc 变换器得到了广泛的应用。

例 3.8.6　dc-dc 变换器可用于发射塔传输装置的电路中。在一个网络机架中，电路需要的电压为 12V，功率为 50 ~ 800W。可用电源是标称 48V 的直流总线。总线可能的变化范围为 ±20%，原因是备用电池有可能是唯一的电源。输入总线以大地为参考点，为此应采用适当的转换电路，无隔离需求。定义变换器的运行特性，选择合适的元件值，使最大输出纹波不大于 ±1%。

在这种场合，降压变换器应该是合适的，如图 3.86 所示。它能实现降压并具有公共参考点。每个开关器件的额定值需满足满载运行时的电流，即（800W）/（12V）= 67A。可能的输入电源线电压为 48V×（1+ 20%），即约 58V。当开关器件关断时，需能阻断此电压。额定值为 75A 和 100V 的商业化功率 MOSFET 足以满足上述要求。由于 MOSFET 运行速度很快，可通过选择 20kHz 以上的开关频率来避免噪声。实际中，大电流对最高开关频率产生了限制，50kHz 可能是用于评估设计问题的合适的开关频率。

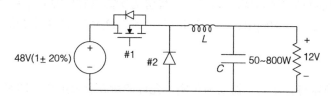

图 3.86　例 3.8.6 的 dc-dc 变换器电路

输入电压可在 38 ~ 58V 之间变化，对应电压为（1 ± 20%）× 48V。由于 $V_{out} = D_1 V_{in}$，为保持固定输出，占空比需要在 12/58 ~ 12/38 之间进行调整，即 $0.207 < D_1 < 0.316$。考虑到阻性压降和二极管导通电压，实际占空比会略高一些。

可在 $C_{out} = 0$ 时选择电感作为设计的开始。该电感必须限制电流的摆幅在 ±1% 以内。在满载情况下，总电流摆幅为 1.33A。在最轻负载时，摆幅仅允许为 0.083A。由于需要使用更大的电感来减少电流纹波，因此轻载是最坏的情况。当二极管导通时，电感电压基本保持为 $v_L = 12V$，而电流线性下降。可得

$$v_L = L \frac{\mathrm{d}i}{\mathrm{d}t} \approx L \frac{\Delta i}{\Delta t}, \quad v_L = -12V, \quad \Delta t = D_2 T, \quad \Delta i \leqslant 0.083A \qquad (3.102)$$

其中，开关周期 T 为 20μs；D_2 值的范围为 $0.684 < D_2 < 0.793$，且电感必须足够大，以保证在此范围内的 $\Delta i < 0.083A$。于是

$$12V \times \frac{D_2 T}{L} < 0.083A, \quad L > D_2 \times 2.880\mathrm{mH} \qquad (3.103)$$

当 C_{out} = 0 时，为满足整个变换器工作范围的要求，电感应至少为 2.28mH。采用输出电容有利于减小电感，这对处理 67A 的大电感来说是有益的，2.28mH 的电感意味着有相当大的能量存储。

为考察电容的问题，试着选择 L = 100μH，然后求解所需电容的大小。电感电流将按下式进行变化

$$\Delta i = 12\text{V} \times \frac{D_2 T}{L} = \frac{12\text{V} \times 20\mu\text{s}}{100\mu\text{H}} D_2 = 2.4\text{A} \times D_2 \qquad (3.104)$$

当 D_2 值为最大时，电流的变化为 1.90A。由例 3.4.5 可知，电感可视作三角波等效电源，输出可作为固定电源。三角波以负载电流为中心上下变化。图 3.87 给出了等效电源电路，其中 $i_C(t)$ 为电容电流。当 i_C 为正时，电压 v_C 将增加 Δv_C。在一半时间内的电容电流为正，并达到峰值 1.2A × D_2。根据积分计算可得

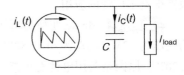

图 3.87　表征电容电流的等效电源电路

$$\frac{1}{C} \int_{v_C > 0} i_C \text{d}t = \Delta v_C, \quad \Delta v_C < 240\text{mV} \qquad (3.105)$$

由于积分就是求三角形的面积（10μs × $i_{C(peak)}$），因此电容值可表示为

$$C > \frac{5\mu\text{s} \times 1.2\text{A}}{0.24\text{V}} D_2, \quad C > 25\mu\text{F} \times D_2 \qquad (3.106)$$

22μF 标准电容能满足指标要求，该设计的优势为所需电感仅为 C_{out} = 0 时所需电感值的一小部分。f_{switch} = 50kHz、L = 100μH、C = 22μF 和 0.207 < D_1 < 0.316 的组合能满足所有要求。

3.9　应用探讨

现代 dc-dc 变换器将直流变压器变为现实，允许能量在直流电压之间来回传输。不断扩展功率范围和广泛应用 dc-dc 转换电路以应对更多的电力电子问题已成为一个重要趋势。一个潜在的优势是 dc-dc 变换器与备用电池的连接更为简便。图 3.88 所示为用于计算机服务器主板的正激变换器，通过二极管与小型电池充电器进行连接。基于二极管特性，有源输入源应是电压为最高的电源；如果由电网供电的电源失效，备用电池将会无延迟或无中断地介入。当电网恢复供电时，可以顺利接管电池组并为其充电。类似的连接使得太阳能、燃料电池和其他直流电源能无缝接入直流电源系统，其灵活性使直流系统比交流系统更加可靠。用于卫星和空间探测器的电源架构通常将多个直流电源组合在一起，以实现高可靠性和冗余性。

直流变压器的不断扩展重新激发了关于交流和直流的争论，这可以追溯到电网起源的时代。许多工业设备、电子装置甚至家用电器的电源输入端都使用了整流器，加入直流输入也可以正常运行。若采用灵活控制设计，基于 DCM 模式反激型或 SEPIC 变换器的小型开关电源均可以在直流上运行。然而，关于是否应该转为直流系统或者如何转，人们尚未达成共识[22]。回到爱迪生式直流系统（基本上为 ±150V）是否有意义呢？该直流电压与输入 120V 或 240V 交流的整流器的输出兼容，但直流保护比较昂贵。是否应该转向更安全和可靠，但须使用较多铜材以承载大电流的低电压（如 ±48V）呢？工业界是否应该转向"中压"直流（1～20kV）以获得效率优势呢？虽然中压直流在大型数据中心占主导地位，有利于减少电子设备所消耗的能

量，但任何此类转变的过程都是缓慢的[23, 24]。电气化交通有提高直流电压的趋势，但电压提升受到安全性考量的限制。在此背景下，交流最重要的优势就是每周期的两次过零可以增强故障处理与保护，然而也有人认为快速的电力电子变化可以做得更好[25]。

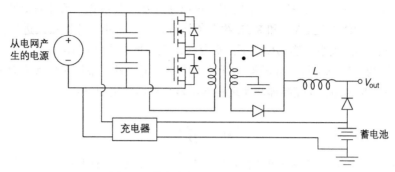

从电网产生的电源

充电器

L

V_{out}

蓄电池

图 3.88　带集成备用电池的正激变换器

无论是否要大规模使用直流系统，dc-dc 变换器正变得更加普遍。便携式设备可以通过使用各种内置直流电压，使其不再受限于电池。控制输出直流电流的变换器是运行 LED 灯的最好方式，即便在直流输入和直流输出的场合也能实现电气隔离。对于船舶、采矿车辆、空间站和数据中心而言，实现功率超过 1MW 是切实可行的。功率低于 1mW 的变换器则被用于医疗传感器、为跟踪鸟类迁移的具有能力捕获的变换器以及许多大规模传感器阵列[26]。这些应用涉及数十亿变换器设备，通常采用基本的 buck 和 boost 电路。

3.10　总结

多种类型的 dc-dc 变换器被广泛应用于直流电源。它们在基于电池的系统和通信系统中很常见。因为分压器不能显著增加调节率，却产生了大量损耗，所以分压器无法替代 dc-dc 变换器。线性稳压器作为功率变换器时也存在严重局限，已被用作开关变换器的输出滤波元件。线性稳压器能实现输出的精确控制，而开关变换器在设计时能够使调节损耗最小化。

首要关注的是开关 dc-dc 变换器。本章使用开关函数来定义开关矩阵的动作。通过求平均值得到用占空比表示的关系式，占空比代替开关函数。这些变换器需要使用具有低通特性的滤波器，其设计方法通常遵循本章所介绍的功率滤波器概念。**理想动作法**对于滤波器设计特别有用，可使用所期望的结果作为分析的基础。占空比调节是这些类型系统中进行小范围调整的合适方法。设计 dc-dc 变换器的一般目标是采用一个具有理想直流变压器特性的电路，其输入和输出电压之比与占空比 d 相关，输入和输出电流之比与 d 的倒数相关，此外，功率流动满足功率守恒定律。

直流电压转电流和电流转电压变换器的代表电路分别是 buck 和 boost 电路。这两个电路获得了广泛的应用。buck 变换器是隔离正激变换器和降压型变换器的基础，适用范围涵盖了从低压便携式设备到几千瓦直流电源。在 buck 变换器中，其输出平均值可由下式计算：

$$V_{out} = D_1 V_{in} \tag{3.107}$$

其中，D_1 是有源开关器件（通常是 FET 或 IGBT）的占空比。对于 boost 变换器，存在相反的关系式：

$$V_{out} = \frac{V_{in}}{D_2} \qquad (3.108)$$

其中，D_2 是电路中二极管上的占空比。如果电感和电容超过其临界值，则根据 KVL 和 KCL 的约束条件，要求 $D_1 + D_2 = 1$。基于以上要求，可以建立基本关系式。当开关变换器工作在较小电压或电流，难以始终满足 KVL 和 KCL 约束条件时，可以采用非连续模式进行分析。虽然非连续模式下的变换器的关系比连续模式下的更复杂，但能量方法仍然适用。

间接变换器为各种电源接口和转换比开辟了广泛的可能性。最简单的代表是 buck 和 boost 电路的级联形式。buck-boost 变换器能实现极性反转，平均输出如下：

$$V_{out} = -\frac{D_1}{D_2} V_{in} \qquad (3.109)$$

嵌入在变换器中作为转移电源的电感，其承载的电流等于平均输入和输出电流之和。boost-buck 级联电路也被用于间接变换器，能实现与式（3.109）相同的比值。SEPIC 和 Zeta 变换器是电路比较复杂的间接变换器的例子，它们同时使用转移电流源和转移电压源，并遵循下列关系：

$$V_{out} = \frac{D_1}{D_2} V_{in} \qquad (3.110)$$

但不能实现极性反转。

buck-boost 变换器（或任何带有转移电流源的变换器）能够使用多绕组电感。这种**耦合电感实现了电路的隔离**，因为**耦合电感**的输出可以采用任意电位为参考点，所以避免了极性问题。buck-boost 变换器与耦合电感的组合称为**反激式**变换器，是最重要的直流电源电路之一，其功率可达 150W。许多为便携式设备充电的小型电源采用基于反激式变换器的电路拓扑，通常运行于 DCM 模式，能够使用多个电感绕组轻松构建多个电压输出。

一个重要的概念是临界值，即在允许条件下维持非零储能的储能元件的最小值。虽然这个概念适用于全部储能元件，但最常见的为**临界电感**，即总能保证 $i_L > 0$ 的最小电感值。当储能元件高于临界值时，须满足 KVL 和 KCL 约束调节，且开关函数为互斥。当亚临界值导致变换器进入非连续模式运行时，将出现所有开关器件都处于导通或关断状态的情况，这是因为 KVL 和 KCL 约束条件发生了变化。对于最常见的 dc-dc 变换器，其临界电感值分别为

降压： $\qquad L_{crit} = \frac{R_{load}T}{2}(1 - D_1)$

升压： $\qquad L_{crit} = \frac{R_{load}T}{2}D_1(1 - D_1)^2 \qquad (3.111)$

降压 - 升压： $\qquad L_{crit} = \frac{R_{load}T}{2}(1 - D_1)^2$

将 buck 和 boost 变换器改造成逆变器 - 整流器级联的形式，可以使其具有隔离功能。在电路内部交流端口处，可添加传统的磁变压器。基于此技术的电路称为**正激变换器**，通常用于 200W 及以上的 dc-dc 电源中。如果电路的输入充当电压源而输出充当电流源，那么正激变换器属于降压型。升压型正激变换器使用输入电感来获得电流源特性，而在输出端呈现为电压源特性。

在某些应用中，包括直流电机驱动器和交通工具的电池接口电路，dc-dc 变换器需要处理

正、反两个方向的能量流。为了构建这样的**双向变换器**，通常对开关器件进行合理配置，使输出或转移电流源的极性可正可负。基于此概念的 buck 变换器可以通过正向电流驱动电动机，使其加速运行或为机械负载提供能量。当需使电机减速时，可将输入电流反向，动能被回收至电源。

在使用平均法分析电路时要考虑电阻损耗和电压降。将电阻损耗和电压降包含在电路模型中，研究它们如何改变输入和输出平均值的。有些情况下，阻性损耗导致变换器的占空比存在多个解，通常只有一个解是有效的，其他解可能会造成极端功率损耗或性能降低。关键值的分析和概念能简化设计。可以通过选择合适的电感和电容来满足特定纹波的需求和其他运行的要求。

习题

1. 某分压器将 5V 输入转换为 1V 输出，其最大输出电流为 1mA。试选择电阻，使其在 0 ~ 1mA 的负载电流范围内提供优于 1% 的负载调节率，并计算此应用所需的电阻值，以及满载时的电路效率为多少？

2. 如图 3.89 所示，某分压器用于将 12V 电池分成 ±6V 电平。该分压器能提供高达 10W 的功率，并以任意比率分配两输出电平。在 0 ~ 10W 的功率范围内，负载调节率应小于 1%。为满足上述需求并实现最高效率，电阻该如何选择？此时，电路效率为多少？

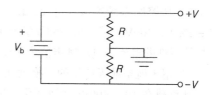

图 3.89   将电池分成双极性电源的分压器电路

3. 某串联线性稳压器可为 1.2V 输出电压提供 1A 以上电流。假设其输入电压至少为 2.0V。对于 0.1A 负载和 1A 负载的情况，试绘制 2 ~ 24V 变化的输入电压与电路效率的关系图。在此范围内，稳压器需消耗多少功率（以热能的形式）？

4. 并联稳压器由串联电阻和 4.7V 齐纳二极管组成。当输入电压在 6 ~ 15V 之间变化时，能为 4.7V 负载提供 0 ~ 0.1A 的电流。在此情况下，试找出能实现最大效率的特定串联电阻值（提示：齐纳二极管中的电流在最高负载或最低输入电压时刚好为 0，可按这种方式选择电阻）。在最大负载和最小输入电压情况下，稳压器的效率为多少？最大负载和最大输入电压为多少？空载时消耗多少功率？

5. 某特定计算机应用场合，电源电压为 5V。标称负载电流为 10A，数字电路本身使用标记为 V_{dd} 的电压。为了省电，建议降低电压 V_{dd}，可使用可调 LDO 串联稳压 5V 电源来实现。如果电流保持不变，当 V_{dd} = 4.5V 时，需向稳压器提供多少功率？如果 V_{dd} 降至 1.5V 呢？在这两个输出电压下，并联稳压器的效率分别为多少？

6. 接着习题 5，另一台计算机应用场合需 5V 电源，输出时的负载电流为 10A。作为负载运行的数字电路必须由电压 V_{dd} 供电。建议使用可调节 LDO 稳压器降低电源电压来节省功耗。此时，数字电路的电流随着电压的降低而近似线性地降低。当 V_{dd} = 4.5V 时，需向稳压器提供多少功率？如果 V_{dd} 降至 1.5V 呢？在这两个输出电压下，并联稳压器的效率分别为多少？

7. 现使用理想的 buck 变换器代替 LDO 稳压器，在允许的运行条件下，变换器的效率为 100% 重复习题 5 的问题。

8. 现使用理想的 buck 变换器代替 LDO 稳压器重复习题 6 的问题。

9. buck 变换器将某数字电路由 5V 降至 1.2V，负载电流在 1 ~ 50A 之间变化，开关频率为

500kHz。电感需满足峰 - 峰值纹波不超过 1A，电容需限制输出纹波峰 - 峰值在 10% 之内。

1）试计算满足这些要求的 L 和 C。

2）分别绘制负载电流为 1A、10A 和 50A 时的电感电流和输出电压。

10. 某 dc-dc 变换器具有 12V 输入和 3.3V 输出，功率介于 10W 和 60W 之间，开关频率为 120kHz。试绘制可以实现此功能的电路，并计算能将输出纹波保持在 ±1% 以下的电感和电容值。

11. 某用于模拟电路的变换器输入为 5V，在额定负载为 4W 时产生 15V 输出，开关频率为 250kHz。试绘制可以完成此功能的电路，并选择电感和电容，使输出纹波峰 - 峰值小于 200mV。

12. 某 buck 变换器的输入为 48V，功率在 5 ~ 100W 时产生 15V 输出。其设计限制使 $L \leqslant 200\mu H$，$C \leqslant 22\mu F$，$f_{switch} \leqslant 100kHz$。对于 100W 的输出，以上三种情况的哪种组合能够实现最小的纹波？该纹波值为多少？此设计用于 5W 输出时会产生多大的纹波？

13. 某传感设备需要 10V 直流电压并消耗 0.1W 功率，由大约 3.6V 电压的电池供电。电流和电压纹波应小于 ±0.2%。合理的开关频率应该是 200kHz。试给出合适的变换器设计方案。

14. 某控制系统需要一个 dc-dc 变换器。其负载为 30W，输入电压为 60 ~ 90V，输出为 $(1 \pm 2\%) \times 300V$。试提出一种能满足上述要求的电路，并给出开关频率和各个元件的值，以及半导体器件的电流和电压额定值为多少？

15. 用于航空航天应用的变换器从 20 ~ 40V 之间变化的输入总线中为 48V 输出电压提供能量。其负载在 10 ~ 400W 之间变化。试设计电路使其能保持纹波电压和电流小于 ±1%，并给出开关频率和各个元件的值。

16. 探索理想动作法。buck 变换器具有 100V 输入和 25V 输出，无电容，电感为 1mH，负载电阻为 0.1Ω，开关频率为 1kHz。

1）绘制该电路并给出其等效电源模型。

2）利用指数上升和下降来精确计算 Δi_L 和 Δv_{out}。绘制电阻电压波形（提示：无论涉及何种电流，电感平均电压为零）。

3）相反地，使用理想动作法（25V 精确输出）求解 Δi_L，然后找出相关的 Δv_{out}。

4）绘制并比较 2）和 3）部分的结果。

17. 为 USB 端口设计 buck 变换器。其输入电压在 12 ~ 20V 之间变化，输出电流为 1A 时输出电压为 5V。此设计的最小负载为 0.1W。为保持变换器尺寸适中，当电感进入 DCM 模式时负载电流需小于 0.1A。推荐开关频率为 250kHz。

1）试画出所描述的电路。

2）电感值为多少？为提供峰 - 峰值小于 100mV 的输出纹波，需多大电容？

3）满载情况下控制器输出的占空比范围为多少？最小负载范围为多少？

18. 某变换器需将 10V 输入转换为 24V 输出，额定负载为 100W，开关频率为 100kHz。试画出合适的电路，此电路的临界电感值为多少？如果 $L = L_{crit}/2$，开关器件使用的占空比为多少？

19. 某通信应用中需变换器将 +12V 输入转为 -12V 输出，负载范围在 1 ~ 40W，输出纹波峰值应小于 0.5%。基于 50kHz 的开关频率，试给出满足以上需求的设计方案。

20. 汽车高功率音频放大器需要输出 ±40V、功率为 200W 的电源，其输入为 12V。为满足上述要求，试推荐一种或一组变换器，并绘制该电路图。基于 132.3kHz 的开关频率（为了避免干扰采样频率为 44.1kHz 的数字音频播放），假定期望输出纹波峰 - 峰值小于 20mV，试计算为实现此变换器所需的 L 和 C。

21. 某 dc-dc 变换器为汽车摄像机组供电。汽车电气系统正常运行的电压在 10～15V 之间变化。摄像机需要精确的 10.2V 电源才能实现正常的工作和充电，其功率为 20W。通过使用隔离可避免任何与接地有关的问题。在此功率水平下，可选用 200kHz 的开关频率。试绘制一个可完成上述功能的电路。为实现 10.2V 输出，占空比范围为多少？为使输出纹波峰 - 峰值限制在 80mV 以内，试计算电感和电容值。

22. 笔记本电脑充电器需要一个隔离变换器。其输入为 12V，输出为 16V，峰 - 峰值纹波小于 1%，额定负载为 65W。典型的开关频率为 100kHz。试给出合适的变换器设计。

23. 用于电动机系统的 dc-dc 变换器可在 1500V 输入时产生 100～500V 的可调输出，功率范围为 1～200kW，开关频率为 8kHz。

1）需要隔离，使用全桥正激变换器作为设计的基础，试计算该变换器占空比的范围，并给出磁变压器的匝比？

2）为使输出电压纹波小于 ±10%，试计算电感和电容值。

3）半导体开关器件和磁变压器所需电流和电压的额定值为多少？

24. 某 dc-dc buck 变换器以角频率 ω_s（rad/s）进行开关动作。输入开关的栅极由脉冲宽度控制模块控制，只要输入大于 +5V，该模块就会自动调节以保持 +5V 的精确输出。二极管具有 1V 正向导通压降。当 V_{in} = 10V、15V、7V 时，求输出端开关器件的占空比，以及傅里叶级数中开关频率分量的幅度。

25. 某 dc-dc 变换器需按以下指标进行制造：允许的直流输入电压范围为 +3～+18V；输出电压（平均值）为 +24V；输出电压纹波：额定负载时最大为 ±0.05V；额定负载为 120W，阻性；输入电流纹波：额定负载时最大为 ±100mA；开关频率为 100kHz；输入与输出共地。

1）试画出合适的转换电路。开关器件需要多少个栅极驱动？

2）每个开关器件的占空比范围为多少？

3）计算符合性能指标的电路元件 L、C、R 的值。

26. 设计一个输出 +12V/ 输入 +150V 的 dc-dc 变换器。

1）绘制一个能实现此功能的转换电路。

2）每个开关器件的占空比为多少？

3）需要使用一个电感来模拟电流源。设 L = 2mH，负载为 120V。如果开关频率为 50kHz，试求解并绘制电感电流 $i_L(t)$。

27. 某 dc-dc 变换器的输入 V_{in} = + 10V，输出 V_{out} =（5 ± 0.05）V，额定负载为 200W，开关频率为 50kHz。

1）试画出合适的转换电路。

2）试计算符合指标的 L 或 C 值。

3）绘图 $I_{in}(t)$ 曲线。

28. 将 boost 变换器构建为一个完整的四开关矩阵（参见图 3.15）。该电路具有 V_{in} = + 48V。输入电感和输出电容相当大，负载呈阻性。

1）如果 $q_{11}(t) = q_{22}(t)$，且 D_{11} = 0.75A，试求 $V_{out(ave)}$。此时若假定 $P_{out(ave)}$ = 120W，试绘制输出电流（流入 RC 组合）曲线。

2）设 $q_{11}(t) = q_{22}(t)$，占空比 D_{11} 突然下降到 0.20。此变化发生之后 V_{out} 的值为多少？

此外，对带负载情况下变换器的长期稳定行为给出你的建议。

29. 对于使用固定占空比的 buck 变换器，试绘制作为负载电阻函数的 $V_{out(ave)}$ 曲线。假定变换器运行于 DCM 模式，电感和占空比做何选择。

30. 某 dc-dc 变换器如图 3.90 所示。$R = 10V$，$C = 100\mu F$，L 非常大，$V_{out} = (20 \pm 0.1)V$。

1）两个开关函数的占空比和频率为多少？

2）电感电流为多少？

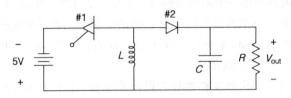

图 3.90　习题 30 的反向 dc-dc 变换器电路

31. 图 3.91 所示的"离线"反激式变换器可提供 +12V、+5V 和 +3.3V 输出。每个输出可提供 20W 负载。晶体管占空比 $D_T = 0.5$。

1）N_3、N_5 和 N_{12} 应该是多少？如果二极管存在 0.5V 的导通电压降呢？

2）L_μ 为何值时可确保开关频率为 50kHz 时电流纹波小于 ±10%？

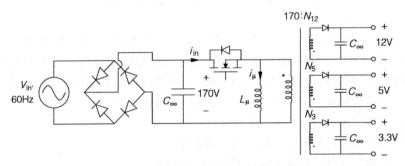

图 3.91　"离线"反激式变换器电路

32. 按照以下性能指标制造 dc-dc 变换器：允许的直流输入电压范围为 +8 ～ +18V；平均输出电压为 +24V；输出电压纹波：额定负载时最大为 ±0.06V；额定负载为 300W，阻性；输入电流纹波：额定负载时最大为 ±250mA；开关频率为 250kHz；输入与输出共地。

1）绘制合适的转换电路。

2）每个开关器件所需的占空比范围是多少？

3）试计算符合上述性能指标的电路元件 R、L 和 C 的值。

33. 在图 3.92 所示的变换器中，#1 开关器件的工作频率为 200kHz。

1）两个开关器件的占空比为多少可使得 $\langle v_R \rangle = 5V$？

2）试求 L 为何值时，可实现 $v_R = (1 \pm 0.2\%) \times 5V$。

3）对于 R 的微小变化，该电路的负载调节率为多少？

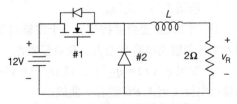

图 3.92　习题 33 的变换器电路

34. 某 dc-dc 变换器需将电池输入转化为 5V 的负载输出。为了实现灵活性，该变换器需要适应多种不同的电池类型，因此可能的输入电压范围为 3.0 ~ 8.0V，输出纹波峰 - 峰值小于 1%，输出负载具有 10 ~ 50W 的功率水平。

1）给出一个能满足上述要求的转换电路，并指出多少开关频率比较合理？

2）选择能满足该电路要求的电容和电感值。

3）开关器件和电感需要的电压和电流额定值为多少？

35. 电池充电器电路旨在将所需电流输送给电池，并在充满电时维持固定的“浮动电压”。对于小型汽车的电池，一个合理的情况是向电池提供 5A 电流直到电池电压达到 13.8V，然后一直维持变换器的输出电压为 13.8V 左右。

1）考虑一个类似于图 3.50 所示的离线反激式电路，可以根据需要调整占空比，试选择匝比并推荐开关频率。

2）当电池处于低电量且端电压为 11.5V 时，需多大占空比才能为其提供 5A 电流？

3）当电池电压达到 13.8V 时，又需要多大占空比？

36. 双向降压 - 升压变换器为图 3.74 所示的直流电机供电，当速度以弧度每秒为单位时，电机参数为：$R_a = 1\Omega$、$L_a = 0.02H$、$k_\varphi = 0.05H$。电机机械负载功率为 $V_g i_a$，使用 24V 直流电源。

1）当电机以 500rad/s 的速度驱动 100W 机械负载时，占空比为多少时可维持其端电压？电感电流为多少？

2）当电机作为发电机进行驱动时，机械功率作为其输入，且有 $P < 0$。当转速为 400rad/s、负载为 -100W 时，需要多大占空比？此时电感电流为多少？

3）当开关频率为 20kHz 时，电机预计能带负载 ±200W。为了确保 L_a 上的纹波小于 2mA（峰 - 峰值），变换器输出应使用多大的电容？

37. 考虑如下问题：为什么要使用降压变换器而不是串联稳压器将 12V 汽车电气系统转换为 5V 逻辑负载。试对此进行解释，并通过数值计算来证明这种情况下降压变换器的优点。

38. 给出一种从汽车直流输出端口为笔记本电脑中 SEPIC 变换器供电的设计。输入范围为 8 ~ 30V，输出为 16V，负载范围为 1 ~ 50W。通过选择合适的开关频率能实现很低的输入和输出纹波，此时所需开关器件的额定值为多少？

39. 试找出图 3.50 所示变换器中每个器件所用占空比与电路平均电流和电压的关系。图中，输出负载为固定电阻，给定输出电压为 V_{out}。

参考文献

[1] F. V. Hunt and R. W. Hickman, "*On electronic voltage stabilizers*," *Rev. Sci. Instruments*, vol. 10, no. 6, pp. 6-21, Jan. 1939.

[2] R. J. Widlar, "*New developments in IC regulators*," in *Dig.*, *IEEE Solid-State Circuits Conf.*, 1970 pp. 158-159.

[3] W. G. Doyle, "*Voltage regulators of the shunt type*," *Rev. Sci. Instruments*, vol. 19, no. 4, pp. 244-245, Apr. 1948.

[4] J. S. Brugler, "*Optimum shunt voltage regulator design*," *Proc. IEEE*, vol. 53, no. 3, p. 312, Mar. 1965

[5] R. Gariboldi and M. Morelli, "*Very-low-drop voltage regulator with a fully complementary power process*," *IEEE J. Solid-State Circuits*, vol. 22, no. 3, pp. 447-450, June 1987.

[6] G.A. Rincon-Mora and P.E. Allen. *"A low-voltage, low quiescent current, low drop-out regulator,"* *IEEE J. Solid-State Circuits*, vol. 33, no. 1, pp. 36-44, Jan. 1998.

[7] "IEEE recommended practice for electronic power subsystems : parameter definitions, test conditions, and test methods," IEEE Standard 1515-2000, reaffirmed 2008.

[8] M. Gaboriault and A. Notman, *"A high efficiency, noninverting, buck-boost dc-dc converter,"* in *Proc. IEEE Applied Power Electron. Conf.*, 2004, pp. 1411-1415.

[9] C. Varga, "Designing low-power off-line flyback converters using the Si9120 switchmode controller IC.Application Note AN90-2." Santa Clara: Siliconix, 1990.

[10] R. Tymerski and V. Vorperian, "Generation and classification of PWM dc-to-dc converters," *IEEE Trans. Aerosp.Electron. Syst.*, vol. 24, no. 6, pp. 743-754, Nov. 1988.

[11] R. Erickson, M. Madigan, and S. Singer, "Design of a simple high-power-factor rectifier based on the flyback converter," in *Proc. IEEE Appl. Power Electron. Conf.*, 1990, pp. 792-801.

[12] E. H. Wittenbreder, V. D. Baggerly, and H. C. Martin, "A duty cycle extension technique for single ended forward converters," in *Proc. IEEE Appl. Power Electron. Conf.*, 1992, pp. 51-57.

[13] V. G. Agelidis, P. D. Ziogas, and G. Joos, "An efficient high frequency high power off-line dc-dc converter topology," in *Rec., IEEE Power Electron. Specialists Conf.*, 1990, pp. 173-180.

[14] M. Shoyama and K. Harada, "Steady-state characteristics of the push-pull dc-to-dc converter," *IEEE Trans. Aerosp.Electron. Syst.*, vol. AES-20, no. 1, pp. 50-56, Jan. 1984.

[15] V. Yakushev, V. Meleshin, and S. Fraidlin, "Full-bridge isolated current fed converter with active clamp," in *Proc. IEEE App. Power Electron. Conf.*, 1999, pp. 560-566.

[16] R. P. Love, P. V. Gray, and M. S. Adler, "A large-area power MOSFET designed for low conduction losses," *IEEE Trans. Electron. Devices*, vol. ED-31, no. 6, pp. 817-820, June 1984.

[17] M. H. Kheraluwala, R. W. Gascoigne, D. M. Divan, and E. D. Baumann, "Performance characterization of a high-power dual active bridge dc-to-dc converter," *IEEE Trans. Ind. Appl.*, vol. 28, no. 6, pp. 1294-1301, Nov/Dec. 1992.

[18] P. Schimel, "A few brief gate drive tricks can improve your design," *Electron. Design*, Sept. 16, 2010. Available : http://electronicdesign.com/archive/few-brief-gate-drive-tricks-can-im prove-your-design.

[19] M. P. MacMartin and N. L. Kusters, "A direct-current-comparator ratio bridge for four-terminal resistance measurements," *IEEE Trans. Instrum.Mea.*, vol. IM-15, no. 4, pp. 212-220, Dec. 1966.

[20] J. G. Kassakian, J. M. Miller, and N. Traub, "Automotive electronics power up," *IEEE Spectrum*, vol. 37, no. 5, pp. 34-39, May. 2000.

[21] Military Standard, "Characteristics of 28 volt dc electrical systems in military vehicles," MIL-STD-1275A, September 1976.

[22] J. Marshall, "Dc power: back to the future ? " *Currents, News and Perspectives from Pacific Gas and Electric*, Nov. 20, 2012. Available http://www.pgecurrents.com/2012/11/30/dc-power-back-to-the-future/.

[23] M. Ton, B. Fortenbery, and W. Tschudi, "Dc power for improved data center efficiency," Tech. Rep., Lawrence Berkeley National Laboratory, Mar. 2008. Available : http://hightech.lbl.gov/documents/data_centers/DCDemoFinalReport.pdf.

[24] R. Miller, "Alliance boost 380-volt dc power standard," *Data Center Knowledge*, Oct. 20, 2010. Available: http://www.datacenterknowledge.com/archives/2010/10/20/alliance-boosts-380-volt-dc-power-standard/.

[25] F. P. Dawson, L. E. Lansing, and S. B. Dewan, "A fast DC current breaker," *IEEE Trans. Ind. Appl.*, vol. IA-21, no. 5, pp. 1176-1181, Sept. 1985.

[26] G. K. Ottman, H. F. Hofmann, A. C. Bhatt, and G. A. Lesieutre, "Adaptive piezoelectric energy harvesting circuit for wireless remote power supply," *IEEE Trans. Power Electron.*, vol. 17, no. 5, pp. 669-676, Sept. 2002.

附加书目

G. C. Chryssis, *High-Frequency Switching Power Supplies*, 2nd ed. New York : McGraw-Hill, 1989.

D. M. Mitchell, *Dc-Dc Switching Regulator Analysis*. New York : McGraw-Hill, 1988.

Motorola, *Switchmode Designer's Guide*. Phoenix, AZ : Motorola. Manual SG79/D, 1993.

A. I. Pressman, *Switching Power Supply Design*. New York : McGraw-Hill, 1991.

R. P. Severns and E. J. Bloom, *Modern Dc-to-Dc Switchmode Power Converter Circuits*. New York : Van Nostrand, 1985.

G. W. Wester and R. D. Middlebrook, "*Low-frequency characterization of dc-dc converters,*" *IEEE Trans. Aero. Elec. Sys.*, vol. AES-9, no. 3, pp. 376-385, 1973.

第4章 整流器和开关电容电路

4.1 介绍

第3章基于开关矩阵对 dc-dc 变换器进行了系统性阐述，引出了 buck 和 boost 变换器，然后再到其他电路。在本章中，开关函数方法及其设计思想将应用到实际的二极管电路、可控整流器和开关电容变换器中。除开关电容电路包含一些 dc-dc 的应用，本章将重点围绕电能从交流电源转换到直流负载的电路拓扑。本章的第一部分回顾了二极管桥式整流电路，并为经典的桥式整流电路建立了设计框架。在更高的功率等级下，整流桥控制尤为重要。由于二极管整流桥不便于控制，因此带控制的有源整流桥的应用不断增加。其解决方案分为两类，一类是晶闸管整流器，另一类是基于 boost 直流变换器和非连续导电模式（DCM）的有源整流器。可控

整流器可应用到电解过程、直流电机驱动、电池充电器、高压直流输电和直流电源。图 4.1 所示为带相位延时控制的通用三相晶闸管整流电路。这是一类典型的小型工业整流器。开关电容电路的分析方法与不可控整流器相似。

在某些方面，整流器和逆变器之间的差别是人为造成的。整流器将交流源能量传递给直流负载。在逆变器中，能量传递方向被反转。这些电路大多可镜像使用。整流器的分析和设计，特别是有源整流器，可自然地引入到下一章将要介绍的逆变器中。

图 4.1　三相晶闸管整流器及其控制

4.2 整流器概述

如同直流 dc-dc 变换器一样，整流器可以按开关矩阵和开关函数进行分析。为了将能量从交流电压源传递给直流负载，负载应该具有电流源特性。如图 4.2 所示是对此概念的示意。开关器件必然承载直流电流，阻断交流电压，因此整流器一般具有正向导通、双向阻断（FCBB）的能力。超大功率可控整流器使用具有此能力的门极可关断晶闸管（GTOs）。晶闸管整流器类似 FCBB 器件，但只能实现控制开通，这对于许多基于交流电压的整流器而言已足够（有时会更好）。当不需要进行控制时，使用二极管就可以了。正如在第3章中已经讨论过的一种备选方案，特别是在低功率等级场合，可以使用带 dc-dc 变换器的无

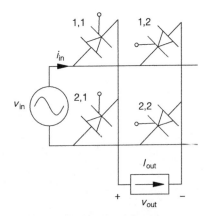

图 4.2　一种交流电压转直流电流的开关矩阵变换器示意

源二极管整流桥，通过组合实现可控整流器的功能。

前面已经对二极管桥式电路进行了描述，接下来需要分析其作为整流器的运行过程并探索其设计方法。一种二极管桥式整流电路如图 4.3 所示。给定输入电压 $V_{in}(t) = V_0 \cos(\omega t)$，图中的电压 $v_d(t)$ 为全波整流波形 $|V_0 \cos(\omega t)|$。由于 $\langle v_L \rangle = 0$，电阻上的平均电压 $v_{out} = \langle v_d \rangle$。电源电压 V_0 决定输出值，输出值可按下式进行计算：

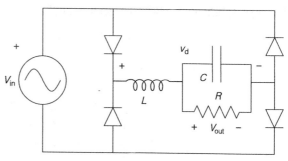

图 4.3　模拟成电流源的带输出滤波器的二极管桥式整流电路

$$\langle v_d \rangle = \frac{1}{T} \int_{\tau}^{\tau+T} |V_0 \cos(\omega t)| dt = \frac{2V_0}{\pi} \qquad (4.1)$$

二极管整流电路没有对电源波动的调节能力，为了得到所需电压，必须通过磁变压器实现降压。因此，通常运行在 50Hz 或 60Hz 的变压器或滤波电感的体积大且笨重。

整流器的波形跟随输入正弦波。正如式（4.1）所表示的，平均值或其他电量与交流频率无关。无论整流器运行于 50Hz、60Hz、400Hz 或其他频率，整流器运行时的特性受电源电压波形的影响，而不是电源的频率。相比频率和时间，为强调波形形状，一般采用**角度时间**和**相位角**更为方便。下式是变量的替换：

$$\text{角度时间标度}\quad \theta:\ \theta = \omega t,\ d\theta = \omega dt \qquad (4.2)$$

比如，电压平均值可以用角度时间进行描述：

$$\langle v_d \rangle = \frac{1}{\pi} \int_{-\pi/2}^{\pi/2} |V_0 \cos \theta| d\theta = \frac{2V_0}{\pi} \qquad (4.3)$$

其中，值得注意的是，$|\cos\theta|$ 的周期是弧度 π，$|\cos\theta| = \omega T/2$。

4.3　经典整流器——运行与分析

由于图 4.3 所需的电感在工频整流器中的体积通常很大，因此电路经常不带电感进行工作。其产生的结果就是图 4.4 所示的经典整流电路。尽管它已逐渐被有源整流器所取代，但由于其电路结构简单，仍然被广泛使用，特别是在低功率场合。在许多开关电源中，带电容的经典整流器被用作输入，然后再接入 dc-dc 变换电路中。该电路貌似违反了电力电子设计原则：它试图将两个不等电压源进行互联。由于交流电压源与电容相互作用，可能会产生基尔霍夫电压定律（KVL）问题，在实际中，不带 dc-dc 变换器的经典整流器会给系统造成较低的功率因数和较大的电流畸变。图 4.4 还展示了一组用于模拟经典整流器瞬态分析的 SPICE 命令语句。在所有二极管关断时间内，SPICE 仿真会比较缓慢，但在二极管上并联电阻可保证 SPICE 仿真仍能继续。

该电路的输出波形如图 4.5 所示。作为参照，用点画线给出 $|v_{in}(t)|$ 的波形。当指定的二极管对导通时，负载与电源直接相连，即有 $|v_{out} = v_{in}|$。当这对二极管关断时，负载与电源断开，v_{out} 按时间常数 RC 呈指数衰减。试算法可用于研究开关动作，从而快速排除许多开关器件的组合方式（例如，不存在某个二极管导通而其他二极管关断的情况）。表 4.1 列出了可行的组合方

式。其中，多次存在所有二极管都关断的情况：由于不存在电流源，因此所有开关器件关断，且不会产生基尔霍夫电流定律（KCL）问题。

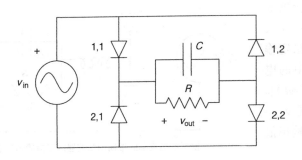

基本的二极管桥
```
.opt reltol=0.01 itl5=0
.tran 100us 0.025s 0s 10us uic
vin 1 0 sin(0 30 60 0)
d12 102 1 dio
d21 0 101 dio
d22 102 0 dio
rload 101 102 100
cload 101 102 1000uf ic=0v
rstray 102 0 10000
.model dio D(Is=10p Rs=0.01)
.probe
.end
```

图 4.4 经典整流器：二极管 - 输出电容的桥式电路

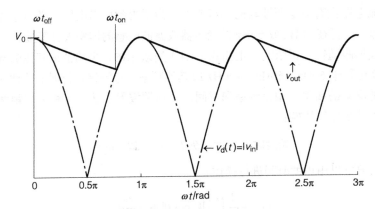

图 4.5 经典整流器的输出波形

表 4.1 经典整流器的二极管组合模式（处于导通状态的开关）

组合	何时允许？	注　解
1,1 和 2,1	不允许	KVL 问题：输入短路；与二极管导通方向不一致
1,2 和 2,2	不允许	同上
全导通	不允许	同上
1,1 和 1,2	不允许	输出电压 V_{out} = 0，输出电流也为零，因此二极管关断
2,1 和 2,2	不允许	同上
1,1 和 2,2	当 $i_{in}>0$ 时	输出电压 V_{out} 等于输入电压 V_{in}
2,1 和 1,2	当 $i_{in}<0$ 时	输出电压 V_{out} 与输入电压 V_{in} 大小相等，方向相反
全关断	当 $V_{out}>|V_{in}|$ 时	输出电压按时间常数 RC 呈指数衰减

图 4.6 总结了三种允许的组合方式。为了深入理解电路波形，需对电路进行分析以决定开关动作的时间。电路可借助于基于理想开关动作的强大近似设计工具进行分析。假定当 $t=0$ 时开关器件 1,1 和 2,2 导通。由于在此电路结构情况下会有 $v_{out}=v_{in}$，因此二极管电流 $i_d=i_{in}=i_C+i_R$。为使该电路结构成立，要求 $i_d>0$，这意味着：

$$C\frac{dv_{in}}{dt}+\frac{v_{in}}{R}>0 \quad 或 \quad C\frac{d}{dt}[V_0\cos(\omega t)]+\frac{V_0\cos(\omega t)}{R}>0 \tag{4.4}$$

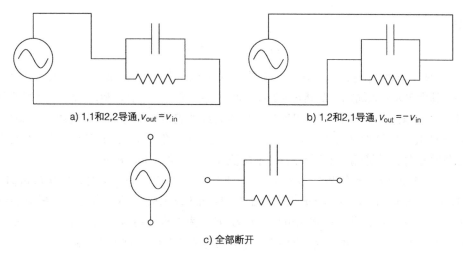

a) 1,1和2,2导通，$v_{out} = v_{in}$　　　　　b) 1,2和2,1导通，$v_{out} = -v_{in}$

c) 全部断开

图 4.6　经典整流器的电路组态

在 $t = 0$ 时，电容电流为 0，电阻电流为 V_0/R，由于两者之和为正，所以该电路结构成立。随着时间的推移，电压开始降低，电容电流变为负值，当 $i_C + i_R$ 变为零时，二极管关断。上述情况发生在 t_{off} 时刻，此时电路满足下式条件：

$$C\frac{dv_{in}}{dt}\bigg|_{t_{off}} + \frac{v_{in}(t_{off})}{R} = 0 \quad 或 \quad -\omega C V_0 \sin(\omega t_{off}) + \frac{V_0}{R}\cos(\omega t_{off}) = 0 \quad (4.5)$$

上式除以 V_0 再进行代数运算，可得：

$$\frac{1}{\omega RC} = \tan(\omega t_{off}) \quad (4.6)$$

根据给定的 $\arctan 1/(\omega RC)$，按角度时间计算可得关断时间 $\theta_{off} = \omega t_{off}$。在许多关于电源的书中，关断角设为 0°，但这只是近似值，只有当电容值趋于无穷大时才是准确值。实际上，关断只在电容电流与电阻电流之和为零时才会发生。

一旦二极管关断，输出电压从初始值开始呈指数衰减。其分析过程可表征为一阶方程解的形式。初始电压值为 $v_{in}(t_{off})$，时间常数 τ 等于 RC 乘积，随着二极管的关断，则有：

$$v_{out}(t) = V_0\cos(\theta_{off})\exp[-(t - t_{off})/\tau], \quad \tau = RC \quad (4.7)$$

只要二极管被反向偏置，即 $v_{out} > |v_{in}|$，上述衰减仍将持续。在下一个半波周期内，全波电压将再次增大，当其超过呈衰减变化的输出电压时，两个二极管导通。如图 4.5 所示，二极管开通时刻 t_{on} 需满足：

$$V_0\cos(\theta_{off})\exp[-(t_{on} - t_{off})/\tau] = |V_0\cos(\omega t_{on})| \quad (4.8)$$

该超越方程不存在解析解，但可能存在数值解。

随着二极管导通与关断时刻的确定，输出电压也随之确定。开关矩阵还掌控了输入电流 i_{in} 的波形，当开关 1,1 和 2,2 导通时，$i_{in} = i_C + i_R$，或当 1,2 和 2,1 导通时，$i_{in} = -(i_C + i_R)$。输出电压最大值为输入电压 V_0 的峰值，其最小值出现在 t_{on} 时刻。因此，输出电压纹波峰 - 峰值为 $V_0 - |v_{in}(t_{on})|$。为了实现小的电压纹波，二极管关断时的输出电压衰减应尽量小，这意味着满足 $\tau \gg t_{on} - t_{off}$ 可实现小的电压纹波。当 $(t_{on} - t_{off})/\tau$ 很小时，指数项可以用泰勒级数展开中的线性项

精确表示。

$$e^x \approx 1 + x \qquad (x很小) \tag{4.9}$$

值得注意的是，时间间隔 t_{on}-t_{off} 小于一半的输入正弦周期，因此低电压纹波要求可表述为 $RC \gg T/2$，其中 T 为输入周期。既然 $\omega = 2\pi/T$，低纹波要求也可表示为 $RC \gg \pi/\omega$。下面举例说明。

例 4.3.1 某 120V 转 10V、60Hz 的变压器为经典整流桥供电。负载电阻为 13.5Ω。希望获得低电压纹波，所以设计 $RC = 10(T/2)$。试求电容 C，然后画出输出电压和输入电流波形。忽略二极管管压降，计算输出电压 $v_{out}(t)$ 平均值和电压纹波的峰-峰值。

由于 $T = (1/60)$s，则有 $RC = 10(T/2) = (1/12)$s。当 $R = 13.5\Omega$ 时，C 取 6200μF，此时 $\omega RC = 31.6$。关断角为 $\arctan(1/\omega RC)$，等于 0.0317rad 或 1.81°，非常接近设定的 $\theta_{off} = 0$°。关断时刻 t_{off} 发生在 84.1μs，此时的输出电压为 0.999V_0。为求得开通时刻 t_{on} 的值，可以对式（4.8）进行迭代计算。显然，开通时刻 t_{on} 应早于 $|v_{in}|$ 达到峰值的时间。对于迭代初始值，先考虑 160° 角，其对应 $t_{on} = 7.4$ms。一种可能求得 t_{on} 的迭代算法是使用 $f(t) = t$，即

$$t_{next} = f(t_{previous}) \tag{4.10}$$

则式（4.8）的另一种表述为

$$\cos^{-1}\left\{ \cos(\theta_{off}) \exp\left[-\left(t_{on(previous)} - t_{off} \right)/\tau \right] \right\} = t_{on(next)} \tag{4.11}$$

这里需要注意的是，反余弦函数所应处的正确象限（角度在 90° ~ 180° 之间）。经过五次迭代，收敛的结果为 $t_{on} = 7.25$ms，或者 $\omega t_{on} = 156.6$°。输出电压的波形如图 4.7 所示。

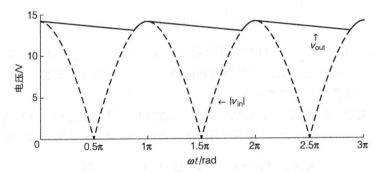

图 4.7 例 4.3.1 的输出电压波形

既然输出电压已知，且周期为（1/120）s，则输出电压平均值可按下式进行计算：

$$
\begin{aligned}
\langle v_{out} \rangle &= \frac{1}{T} \int_0^T v_{out}(t)\mathrm{d}t = 120 \int_0^{1/120} v_{out}(t)\mathrm{d}t \\
&= 120 \left\{ \int_0^{t_{off}} v_{in}(t)\mathrm{d}t + \int_{t_{off}}^{t_{on}} V_0 \cos(\theta_{off}) \exp\left[-(t - t_{off})/\tau \right] \mathrm{d}t + \int_{t_{on}}^{1/120} -v_{in}(t)\mathrm{d}t \right\}
\end{aligned}
\tag{4.12}
$$

可得 $\langle v_{out} \rangle = 13.6$V。电阻电流平均值为 $\langle v_{out} \rangle /13.5 = 1.01$A。电压纹波 $\Delta v_{out} = V_0 - v_{out}(t_{on}) = 1.17 V_{peak\text{-}to\text{-}peak}$，它为平均值的 8.6%。

在 180°（每半个周期）中二极管的导通时间约占 25°。输入电流仅在开关器件 1,1 和 2,2 处于导通状态时流入，其值为 $-\omega C V_0 \sin(\omega t) + V_0/R \cos(\omega t)$。即有

二极管 1,1 和 2,2 导通： $i_{in}(t) = [-33.06\sin(\omega t) + 1.05\cos(\omega t)](A) \tag{4.13}$

总的输入电流绘制在图 4.8 中。需要注意的是，虽然输出电流平均值只有 1A，但输入电流峰值超过 14A，表现为高幅值的尖峰脉冲。该结果意味着接下来的 KVL 问题：不等电压源相连，在实际整流电路中会产生脉冲电流。

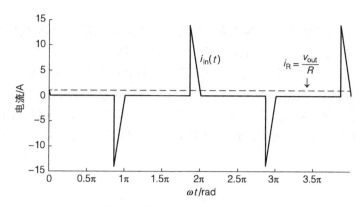

图 4.8   例 4.3.1 中的输入电流波形

经典整流器可能从电源获得很大的输入电流。例 4.3.1 为实现 1A 输出负载，却需要尖峰高达 14A 的输入电流。对传递所需的能量，电容值越大，导通时间越短，电流尖峰就越高。为了使纹波小于 1%，上例所需输入电流尖峰接近 50A，这就造成很低的功率因数。上例的输出功率为 13.7W，将式（4.13）整理计算可得输入电流有效值为 3.09A。视在功率 $S = I_{rms}V_{rms} =$（3.09A）× （10V）= 30.9VA。相比理想值 1，其功率因数 P/S 只有 0.442。

例 4.3.1 的分析虽然直接但冗长。一些合理的假设可以简化分析与设计。从上例中可以看出，若要实现小的纹波系数，时间常数 RC 需远大于半个输入波形周期。有效的简化条件包括：

1）对于很小的角度，有 $\tan\theta \approx \theta$。因为关断角很小，所以有 $\omega t_{off} \approx 1/\omega RC$。

2）当角度 θ 很小时，$\cos\theta$ 接近于 1，可假定二极管关断时的输出电压为 V_0。

3）因为时间常数比输入正弦波慢很多，所以可将指数衰减近似为线性。在二极管关断之后，输出电压约按 $V_0(1-t/RC)$ 下降。这就是所谓的**线性纹波**假设。

4）二极管开通的时间点大致可由式 $1-t_{on}/(RC) = |\cos(\omega t_{on})|$ 来决定。

5）对于全波整流来说，指数衰减的时间间隔不会超过半个周期，二极管导通时刻的输出电压不会小于 $V_0[1-T/(2RC)]$。电压纹波峰 - 峰值 ΔV_{out} 不会高于 $V_0 T/(2RC)$。若线性周期的频率 f 由周期的倒数 $1/T$ 进行替代，电压纹波将不会超过 $V_0/(2fRC)$。

6）输出电压 v_{out} 的平均值大概处于最大值和最小值的中点，即 $\langle v_{out} \rangle$ 约等于 $V_0[1-(1/4fRC)]$。

7）当二极管导通时，输入电流呈现很高的尖峰。其大部分都被输出电容吸收而不是流向负载，所以在 t_{on} 时刻，输入电流峰值近似为 $C(dv/dt) = \omega C V_0 \sin(\omega t_{on})$。

以上所有的简化都需满足 $RC \gg 1/(2f)$ 的要求。若不能满足，电压纹波将达到 V_0 的大部分，整流器需要添加额外的滤波器或变换器。

根据上面第 5 点，电压纹波可由一个简单方程进行近似计算。假定所期望的输出电流 I_{out} 和电压纹波分别为 V_0/R 和 ΔV_{out}，可得：

$$\Delta V_{out} \approx \frac{I_{out}}{2fC} \quad \text{或} \quad C \approx \frac{I_{out}}{2f\Delta V_{out}} \quad\quad (4.14)$$

基于最大允许负载电流，可计算输出电容值，实际的输出电压平均值是峰值电压减去一半的电压纹波。半波整流电路只有在 $v_{out} > 0$ 时才传送电压 v_{out}。若全波整流电路被半波整流电路替代，除了最大延迟时间由 $T/2$ 变成 T 外，式（4.14）中的因子 2 也不存在了，电路的基本运行不会改变。

例 4.3.2　基于 120V/60Hz 的输入源，试设计一个典型整流器，其负载功率为 24W，输出电压为 12V，电压纹波系数为 3%。假设二极管管压降为 1V。

为此，要求变压器提供合适的匝比以实现降压。负载应获得 24W/12V = 2A 的电流，因此可用 6Ω 电阻进行建模。电路如图 4.9 所示。当指定的二极管对导通时，输出电压为输入电压减去两个二极管管压降，即 $|v_{in}|$-2V。输出电压峰值接近 12V。因此，输入电压峰值约为 14V，其有效值大概为 10V。由此，可以选择一个 120V 转 10V 的变压器，实际电路的输出电压峰值为 12.14V。

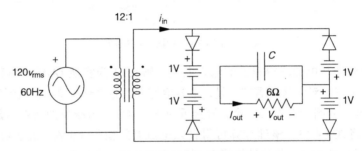

图 4.9　例 4.3.2 的求解电路

为了满足电压纹波 3% 的要求，输出电压的上限为 12.36V，下限为 11.64V。在上述变压器和输入电压条件下，最大输出电压能自动满足该条件。为了避免输出电压低于下限 11.64V，输出电压纹波应不超过（12.14-11.64）V = 0.5V。根据式（4.14），输出电容应为

$$C = \frac{I_{out}}{2f\Delta V_{out}} = \frac{2\text{A}}{2\times(60\text{Hz})\times(0.5\text{V})} = 0.0333\text{F} \tag{4.15}$$

近似计算的结果只是略微高估了输出电压纹波，因此 33mF 的电容能满足上述需求。最终，根据上述结果的电路主要波形如图 4.10 所示。

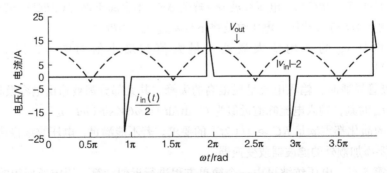

图 4.10　例 4.3.2 的输出电压和输入电流波形

为了验证简化整流器的设计方法，可将例 4.3.2 的近似结果与更精确的计算结果进行比较。可以输入电压有效值为 10V、二极管总管压降为 2V、负载电阻为 6Ω、滤波电容为 33mF 的桥

式整流电路为例进行分析和比较。表 4.2 对分析结果进行了总结。

表 4.2　例 4.3.2 整流电路的近似与精确计算结果

参数	简化条件	近似值	精确值
输出电压峰值	无	12.14V	12.14V
纹波电压峰-峰值	5	0.505V	0.460V
输出电压最小值	5	11.64V	11.68V
输出电压平均值	6	11.89V	11.92V
关断时间	1	35.5μs	35.5μs
开通时间	4	7.6ms	7.66ms
输入电流峰值	7	48.0A	46.4A

当采用上述假设时，输出电压平均值等一些重要的理论值与近似值非常接近。例如，输出电压 $\langle v_{out} \rangle$ 的误差只有 0.25%。将纹波近似为线性可以得到较为接近的结果，注意，此结果是一个保守的估计，估计纹波相比真实值总是偏大。近似结果为这种类型电路的设计提供了一个有用的参考。

由于输出电压由交流电压峰值 V_0 决定，因此电路没有内在的调节能力。例 4.3.2 的分析与精确的 120V 交流输入相关联。由于实际交流电源的容差约为 ±5%，因此这种类型的设计无法满足 ±3% 的容差要求，纹波控制变得尤为重要。负载调节则没有那么麻烦，负载电阻 R 的变化将改变指数衰减的时间常数，但如果时间常数足够长，影响将很小。

需要注意经典整流器的某些关键特性：

■ 在经典的二极管-输出电容整流器中，输出电压只由输入电压幅值决定，电路本身无法实现线路调节。要实现优秀的负载调节特性，需要低的电压纹波以及超大的电容值。

■ 经典整流电路所获得的输入电流时间极短且为极高的尖峰，导致功率因数低下（例 4.3.2 电路的功率因素 $pf = 0.3$）。

■ 低纹波系数的设计需要很大的电容。在某些情况下，为实现 5% 或 10% 的纹波系数，所需的电容值高达数千微法。

■ 输出电压平均值由所选的变压器决定，且不可调节。变压器的优点是为输入与输出提供了隔离。

在该电路中，变压器和输出电容根据交流输入频率进行选择。对于 50Hz 或 60Hz 的情况，这些元器件体积庞大且笨重。

4.4　相控整流器

4.4.1　不可控整流的情况

当桥式电路增加输出电感时，经典整流电路的输出可以得到明显的改善，这与电源变换概念保持一致。如果输出电感值很大，输出电流几乎可以保持恒定，每个二极管可以实现半个周期的全导通。当输出电感 $L \to \infty$ 时，输入电流波形如图 4.11 所示。整流桥的输出将是一个完整的全波整流信号。由于电感电压平均值为零，可得负载电压为 $|V_0 \cos(\omega t)|$ 的平均值，即 $2V_0/\pi$。如果考虑 1V 的二极管管压降，则负载电压平均值为 $2V_0/\pi - 2$。

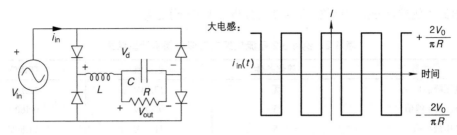

图 4.11 使用大电感的二极管桥式整流器输入电流波形

与 dc-dc 变换器一样，整流器存在一个**临界电感值**，即以最小的 L 来保持 i_L 始终大于零。相比 dc-dc 变换器，整流器的输入为正弦，但仍可以基于复杂的能量分析来确定其临界电感值的大小。试考虑图 4.3 所示电路中使用大电容时 L_{crit} 的值。电流连续导通，输出电压 $V_{out} = 2V_0/\pi$。图 4.12 给出了理想动作和等效电源模型，以及对应的波形。当电感电压为正时电流上升，为负时电流下降。当电感取最小值时，在周期开始时刻的电感电流为零，180° 角以后又重新变为零。在 $\pm 50.5°$ 时，$|V_0\cos(\omega t)| = 2V_0/\pi$，电感电流过零点。当输出电感 L 取 L_{crit} 时，从电感电流过零点开始，以角度时间 $\theta = \omega t$ 所表示的电感电流为

$$i_L(\theta) = \frac{1}{\omega L}\int_{-50.5°}^{\theta}|V_0\cos\theta| - \frac{2V_0}{\pi}\,d\theta \qquad (4.16)$$

电感电流一直上升至角度达到 50.5°，然后在 129.5° 时电感电流又下降为零。每个周期内注入电路的能量为

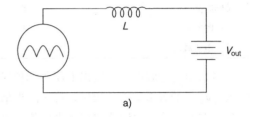

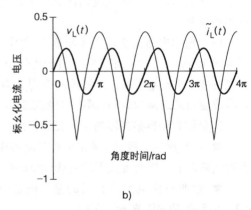

图 4.12 在采用归一化电感电压 $v_L(t)$ 和电感纹波电流的情况下，基于大电感的整流电路等效电源分析（为了强调纹波，直流偏置已被删除）

$$W_{in} = \frac{1}{\omega}\int_{-50.5°}^{129.5°}i_L(\theta)|V_0\cos\theta|\,d\theta \qquad (4.17)$$

由能量守恒可知，每个周期输入的能量必须等于输出能量，即有

$$W_{out} = \frac{V_{out}^2}{R}\frac{T}{2} = \left(\frac{2V_0}{\pi}\right)^2\frac{T}{2R} = \frac{4V_0^2}{\pi\omega R} \qquad (4.18)$$

设式（4.17）与式（4.18）相等（然后利用计算工具进行简化），可得

$$L_{crit} = \frac{RT}{2\pi}\left[\frac{\sqrt{\pi^2-4}}{2} - \cos^{-1}\left(\frac{2}{\pi}\right)\right] = 0.105\frac{RT}{2} \qquad (4.19)$$

如果 $L \geq L_{crit}$，如图 4.12 所示的等效电源法可用于滤波器分析。与式（4.16）有所不同，电流起始时刻非零，其低输出电流纹波可按下式进行计算：

$$\Delta i_L = i_{L(max)} - i_{L(min)} = \frac{1}{\omega L}\int_{v_L>0}|V_0\cos\theta| - \frac{2V_0}{\pi}\,d\theta \qquad (4.20)$$

因为电容电流平均值为零，所以电感电流平均值必等于电阻电流，即 $i_R = 2V_0/(\pi R)$。对于临界电感的情况，电感电压为正值的时间跨度就是余弦值远大于 $\langle |\cos\theta| \rangle$（±50.5° 之间）的时间段。对上式积分进行计算，可得

$$\Delta i_L = \frac{2V_0}{\pi\omega L}\left[\sqrt{\pi^2 - 4} - 2\cos^{-1}\left(\frac{2}{\pi}\right)\right] = 0.421\frac{V_0}{\omega L} \qquad (4.21)$$

如图 4.13 所示，为了计算输出电压纹波 Δv_C，电感电流纹波可等效为一个电流源。对于 L 大于 L_{crit} 的情况，图中的电流具有较大的纹波。值得注意的是，电流纹波的频率约为两倍的输入正弦频率，这意味着电容电流（不包含直流部分）可以用峰-峰值的一半近似表示：

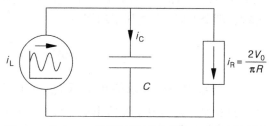

图 4.13　在 $L > L_{crit}$ 条件下不控整流器的 v_C 等效电源分析

$$i_C(t) \approx \frac{\Delta i_L}{2}\sin(2\omega t) \qquad (4.22)$$

由 $i_C = C\mathrm{d}v_C/\mathrm{d}t$ 可知，电流为正时电容电压上升，电流为负时电容电压下降，则电压纹波可按下式进行估算：

$$\Delta v_C = v_{C(\max)} - v_{C(\min)} \approx \frac{1}{\omega C}\int_{i_C > 0}\frac{\Delta i_L}{2}\sin 2\theta\mathrm{d}\theta = \frac{\Delta i_L}{2\omega C} \qquad (4.23)$$

其中，积分区间为 $0 \sim \pi$。根据纹波周期 T 与角频率 ω 之间的关系，可以通过式（4.23）与式（3.28）比较正弦纹波与三角纹波对电容纹波的不同影响，即

三角纹波：
$$\Delta v_C = \frac{T\Delta i_L}{8C}$$
$$\qquad (4.24)$$
正弦纹波：
$$\Delta v_C = \frac{T\Delta i_L}{2\pi C}$$

将式（4.23）带入式（4.21），在工频及 $L > L_{crit}$ 条件下，整流器的输出电压纹波（纹波电流波形近似为正弦波）为

$$\Delta v_C \approx 0.211\frac{V_0}{\omega^2 LC} \qquad (4.25)$$

可见当电感足够大时，输出电压纹波与负载无关。

式（4.25）中的电容-电感对应一个确定的谐振频率，即 $\omega_r = 1/\sqrt{LC}$，从而上式可表示为

$$\Delta v_C \approx 0.211V_0\frac{\omega_r^2}{\omega^2} \qquad (4.26)$$

可见，为了保证有效的滤波效果，谐振频率应远小于工频。当谐振频率接近 ω 时，电压纹波变大，理想动作的假设条件也失效，因此只有当谐振频率远小于 ω 时，式（4.26）才有效。这带来了一个普遍的问题：谐振频率低于 50Hz 或 60Hz 的电路通常需要很大的电感和电容。由于这些器件的体积巨大，具有良好滤波效果的工频整流器很难实现小型化。这也是经典整流器避免使用电感的原因。

例 4.4.1 在例 4.3.2 的 12V 典型整流器设计中添加一个电感，可形成一个不可控整流器，试评估其纹波结果。电路条件为负载功率 24W、输出电压 12V、纹波系数 3%。在例 4.3.2 中，需要 33mF 的电容实现滤波。为了将该电容值降到合理的 1000μF 左右，试计算所需的滤波电感值。

添加足够大的电感会使输出电压等于全波信号的平均值，而不是接近电源峰值。当考虑 2V 的总二极管管压降时，为了实现预期效果，变压器需提供 20/15.6 的匝比。若变压器二次电压为 15.6V，则全波信号的电压平均值为

$$15.6\text{V} \times \sqrt{2} \times \frac{2}{\pi} - 2\text{V} = 12.04\text{V} \tag{4.27}$$

3% 的纹波系数要求输出电压 V_{out} 在 11.64 ~ 12.36V 之间。输出电压峰值 V_0 为 15.6V × $\sqrt{2}$ = 22.06V。为实现小的输出电压波动，设电压纹波为 0.6V。在输入频率为 60Hz、电容为 1000μF 的条件下，根据式（4.23），当电流纹波满足下式时可实现电压纹波的要求：

$$\Delta i_{\text{L}} \approx \Delta v_{\text{C}} 2\omega C = \Delta v_{\text{C}} 0.754, \quad \Delta i_{\text{L}} < 0.452\text{A} \tag{4.28}$$

由式（4.21）可知，为满足此条件所需的输出电感值为

$$L > 0.421 \frac{V_0}{\omega \Delta i_{\text{L}}} = 0.421 \times \frac{22.06}{377 \times 0.452} \text{H} = 54.5\text{mH} \tag{4.29}$$

将电感（L = 55mF）、电阻（R = 6Ω）、电容（C = 1000μF）代入电路进行仿真，仿真所得的 R-C-L 上的全波信号、负载电感电流和输出电压等波形如图 4.14 所示。实际的电压纹波为 0.609V，比分析值高出约 1.5%，输出虽不是理想的固定电压，但仍在允许的公差范围内。实际电流纹波为 0.462A，比分析值高出约 2%。电压纹波接近正弦波。

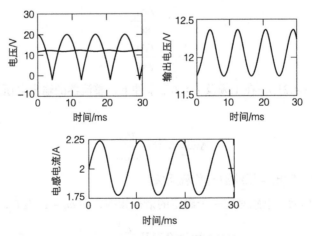

图 4.14　例 4.4.1 整流器的仿真结果

在 dc-dc 变换器中，当 $L > L_{\text{crit}}$ 时，输出电压平均值与负载无关，本分析中，$\langle v_{\text{out}} \rangle = 2V_0/\pi$；当 $L \ll L_{\text{crit}}$ 时，输出电压近似为电压峰值 V_0；如果在以上两种情况中间，且 $L < L_{\text{crit}}$，则输出电压平均值位于 $2V_0/\pi$ ~ V_0 之间。可见，由于二极管的自动开关动作特性，妨碍了对输出的任何调整或电源调节率的提升。然而，SCR、GTO 等器件可实现整流电路的控制。

4.4.2 可控整流桥和中点整流器

将图 4.2 中 2×2 桥式整流器矩阵的二极管替换为 SCR 器件，可实现对该电路的控制，如图 4.15 所示。只能对 SCR 的开通进行控制。一旦开通，该器件如同二极管一样保持导通状态，直到电路中出现一条新通路供给电流源。通过试算法，只有两种电路结构允许使用电流源负载：一种是开关器件 1,1 和 2,2 处于导通状态的情况，

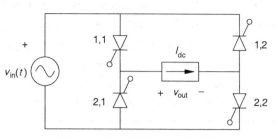

图 4.15 晶闸管单相桥式整流电路

此时 $v_{out} = v_{in}$；另一种是开关器件 1,2 和 2,1 处于导通状态的情况，此时 $v_{out} = -v_{in}$。相比二极管整流电路，SCR 整流电路可以实现开通时间的延迟控制，这等效于将每个开关函数延迟一个角度 $\alpha = \omega t_{delay}$。

图 4.16 给出了占空比为 50% 情况下的不同相位延迟角的输出电压波形。由于输出为直流，输出电压平均值 $\langle v_{out} \rangle$ 可按下式计算：

$$\langle v_{out} \rangle = \frac{1}{\pi} \int_{\alpha-\pi/2}^{\alpha+\pi/2} V_0 \cos\theta \mathrm{d}\theta = \frac{2V_0}{\pi} \cos\alpha \qquad (4.30)$$

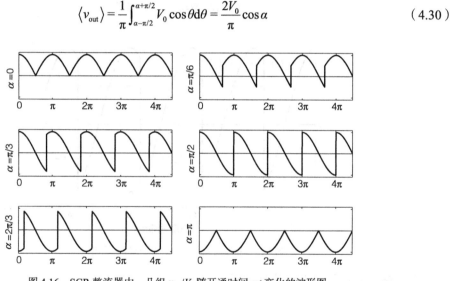

图 4.16 SCR 整流器中，几组 v_{out}/V_0 随开通时间 ωt 变化的波形图

正如占空比能够控制 dc-dc 变换器的输出一样，相位延迟角也能实现对整流器输出直流的控制。

图 4.15 所示电路的一种简化形式是使输入与输出共享同一个参考点。图 4.17 为图 4.15 全桥电路的简化结构（即 $q_{22} = 1$，$q_{12} = 0$）。因为只有 $v_{out} = v_{in} > 0$ 和 $v_{out} = 0$ 两种可能的电压输出，所以波形不再是半波对称，即从图 4.16 所示的波形中去除另一半周期波形。如果将共享参考点的电

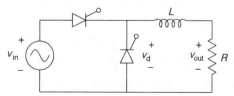

图 4.17 输入与输出共享参考点的半波可控整流器

路扩展到多个输入，就可以恢复桥式电路的特点。在桥式电路中，可以实现两种输出，即 $v_{out} = v_{in}$ 和 $v_{out} = -v_{in}$。在公共参考点设置 v_{in} 和 $-v_{in}$ 两个独立的电压源。图 4.18 给出了按此概念构建

的中点整流器。当开关器件的占空比都为 50% 时，开关矩阵输出电压 v_d 的波形与图 4.16 完全一样，其平均值 $\langle v_{out} \rangle = (2V_0/\pi) \cos\alpha$。图 4.19 给出了导通角 $\alpha = 60°$ 时的输出电压波形及开关函数。对于无延迟（类似于二极管运行）的情况，延迟角 α 定义为 0°，于是延迟角 α 也可以表示为输入电压 v_a 的峰值与脉冲 $q_a(t)$ 的中点之间的相移。

> **定义**：使用两个及以上交流输入电压、且多个输入电压和单个输出电压共享公共参考点（通常称为中性点）的整流电路，称为中点整流器。

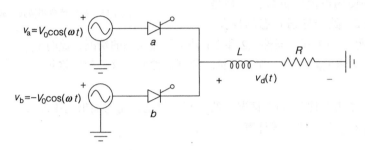

图 4.18 双输入中点整流器

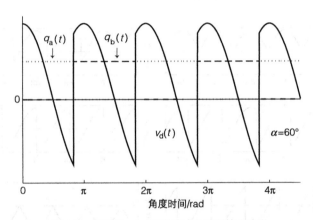

图 4.19 导通角 $\alpha = 60°$ 的中点整流器输出波形

以双输入为例，中点整流器通常使用带中心抽头的变压器来实现，如图 4.20 所示。此中心抽头电路将产生与图 4.15 桥式整流器相同的输出电压 $v_d(t)$ 和输入电流 $i_{in}(t)$ 波形，两者之间只存在一个微妙的差别。在桥式电路的闭合回路中存在两个串联开关器件，而中心抽头电路只有一个开关器件，因而开关器件的正向导通压降减

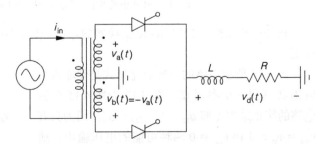

图 4.20 利用带中心抽头变压器实现的双输入中点整流器

小了一半。这对低压整流来说是一个显著的优点。中点整流器的概念可直接扩展到任意数量的电压源。实际中常常使用多相电源，因为这是产生和分配大容量电能的最便捷方式。

定义： 平衡多相电源由 m 个正弦电压源构成，每个电压源具有相同的频率和幅度，且共用同一个公共参考点（中性点）。各电压源在相位上相差 2π/mrad。通常用 mφ、3φ 等符号表示该多相电源。如果每个电压源的幅度或相位与准确值存在偏差，则称为不平衡多相电源。

图 4.18 和图 4.20 中的双电源电路表示相位相差 180° 的 "两相" 输入。三相电是最常见的电源形式。如图 4.20 所示，有效相数可能与实际电源不同。在此例中，带中心抽头变压器将单相电源成功地转换为两相电源。为此，定义了一个专有名词——**脉波数**。图 4.18 和 4.20 为**两脉波整流器**，其运行与具有两相输入的整流器一样。m 相中点整流器是实现 m 脉波电路的便捷方式。六脉波电路可以通过使用三个带中心抽头变压器与一个三相输入源构成。某些大功率整流器通过使用变压器连接可以产生 12 脉波、24 脉波甚至更高脉波的电路[1]。

图 4.21 所示为通用 m 相中点整流器。该电路运行的一种自然方法是，每个电源接入电路的时刻相差 T/m，因此开关器件的占空比均为 1/m。傅里叶分析表明，开关频率必须与输入交流频率匹配才能确保能量的成功传输。可将相位角用作可调变量进行控制，即将任意一相的开关函数延时对应相的电源 α 角度。当时间轴以角度 θ = ωt 表示时，输出电压 $v_d(t)$ 的波形如图 4.22 所示。此波形的时间周期为 T/m，或角度周期为 2π/m。平均值可按下式进行计算：

$$\langle v_{\mathrm{d}} \rangle = \frac{m}{2\pi} \int_{-\pi/m+\alpha}^{\pi/m+\alpha} V_0 \cos\theta \mathrm{d}\theta = \frac{mV_0}{\pi} \sin\frac{\pi}{m} \cos\alpha, \quad m \geq 2 \tag{4.31}$$

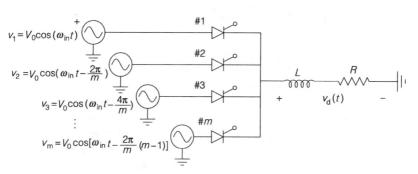

图 4.21　通用 m 相中点整流器

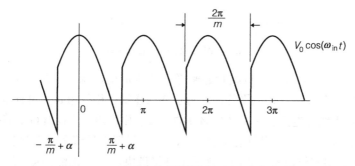

图 4.22　m 相中点整流器输出电压 $v_d(t)$ 的波形

当 m 趋近于无穷大时，利用洛必达法则可求出电压平均值为

$$\lim_{m \to \infty} = \frac{mV_0}{\pi} \sin\frac{\pi}{m} \cos\alpha = V_0 \cos\alpha \tag{4.32}$$

第 i 个电源的输出电流为 $i_i(t) = q_i(t) I_{out}$，即一组脉冲序列。根据 KVL 和 KCL 定律，带感性或电流源型负载的中点整流器在任何时刻有且仅有一个开关器件处于导通状态，即

$$\sum_{i=1}^{m} q_i(t) = 1 \tag{4.33}$$

对任意变换器而言，能量转换的关键在于输入与输出之间传递的平均功率是否为零。如果输出电流近似保持为固定值 I_{out}，则输出功率由电压平均值决定，即

$$P_{out} = \langle v_d I_{out} \rangle = \langle v_d \rangle I_{out} = \frac{m V_0 I_{out}}{\pi} \sin \frac{\pi}{m} \cos \alpha, \quad m \geq 2 \tag{4.34}$$

值得注意的是，输出功率 P_{out} 可正可负。通过在电路两端施加负的平均电压，能量可从电流源中流出。由于每个输入源具有同等条件和波形，因此输出功率会平均分配到每个输入源。

例 4.4.2　某超导磁能存储使用中点整流器[2]，为此通过一组变压器构建了一个 $480V_{rms}/60Hz$ 的平衡六相电源。整流器的输出馈入电感 L 为 15H 的大型超导线圈。其引线、连接点和开关器件的电阻之和约为 0.01Ω。线圈的最大额定电流为 4000A。电力设施样机系统中使用该线圈存储磁能。需要多长时间才能使线圈能量从 0 充到 100%，又是如何实现的呢？在稳态时，为维持线圈能量为满额，相位延时应设定为多少？线圈能量又是如何消耗的呢？图 4.23 所示为中点整流器模型。

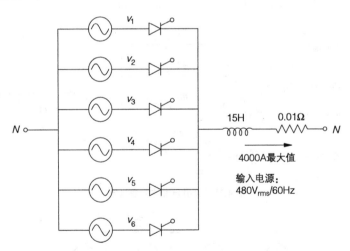

图 4.23　例 4.4.2 的超导储能系统

1500s 的 L/R 时间常数很大，负载看起来像一个直流电流源。另外，由于时间常数很大，线圈对输入电压的响应依赖于 v_d 的平均值。为了增加能量，相位角 α 需设置得很小，从而提升平均电压 $\langle v_d \rangle$，增大线圈电流。为了减少储存的能量，相位角 α 应设置得足够接近 180°，从而使 $\langle v_d \rangle$ 成为很大的负值。为了保持能量稳定，$\langle v_d \rangle$ 应设置得足够大以应对电阻的直流电压降。

当 $\langle v_d \rangle$ 最大，即相位角 $\alpha = 0°$ 时，能量上升得最快。由于电源电压的有效值为 480V，其峰值 $V_0 = 679V$。当相位角 $\alpha = 0°$ 时，平均电压 $\langle v_d \rangle$ 为

$$\langle v_d \rangle = \frac{6 \times 679V}{\pi} \sin \frac{\pi}{6} \cos 0 = 648V \tag{4.35}$$

此时，电感的 di/dt 值为 43.2A/s，需经历 92.6s 才能将电流提升到 4000A 的额定上限值。此时，

线圈中的存储能量为 $0.5Li^2 = 120\text{MJ}$（等于 $33.3\text{kW} \cdot \text{h}$）。当流入线圈的电流为 4000A 时，电阻上的电压降为 40V，它会导致线圈电流减小，线圈存储的能量会在若干小时内消失。为了维持线圈满能量，$\langle v_\text{d} \rangle$ 应设为 40V 以保持净电感电压为零。这需要：

$$\frac{6 \times 679\text{V}}{\pi} \sin\frac{\pi}{6} \cos\alpha = 40\text{V}, \quad \alpha = \cos^{-1}(40/648) = 86.5° \tag{4.36}$$

在"电压维持"期间所消耗的功率为 $40 \times 4000\text{W} = 160\text{kW}$，这是系统的损耗。因为线圈只能储能 $33.3\text{kW} \cdot \text{h}$，所以这种线圈和电路适用于几分钟级的储能场合。维持 12 分钟储能所消耗的能量将超过实际的储存能量。

在某些应用场合，如电池充电器和某些类型的直流电机驱动，将二极管与负载反向并联，如图 4.24 所示。由于二极管导通，感性负载或电机中的能量不会发生显著的变化，因此该二极管被称为**续流二极管**。在此类电路中，$v_\text{d}(t)$ 的波形将永不变负，且每个 SCR 在角度 $\omega t = \pi/m$ 处关断，图 4.25 的波形反映了这种现象。这种波形也会出现在带纯电阻负载的情况，当中点整流器的负载是纯阻性时，由于 SCR 器件无法反向流过电流，因此输出电压永远不会小于零。

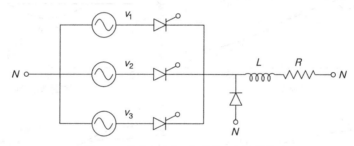

图 4.24　带输出续流二极管的中点整流器

对于图 4.25 所示波形，其电压平均值为

$$\langle v_\text{d} \rangle = \frac{m}{2\pi} \int_{-\pi/m+\alpha}^{\min(\alpha+\pi/m,\ \pi/2)} V_0 \cos\theta \mathrm{d}\theta = \frac{mV_0}{2\pi} \sin\frac{\pi}{m}(1+\cos\alpha), \quad 0 \leqslant \alpha \leqslant \pi \tag{4.37}$$

对于电流源负载 I_out，平均输出功率可按下式进行计算：

$$P_\text{out} = \langle v_\text{d} I_\text{out} \rangle = \langle v_\text{d} \rangle I_\text{out} = \frac{mV_0 I_\text{out}}{2\pi} \sin\frac{\pi}{m}(1+\cos\alpha), \quad 0 \leqslant \alpha \leqslant \pi, \quad m \geqslant 2 \tag{4.38}$$

如果负载为纯阻性，电流不会保持恒定，则平均功率为

$$P_\text{out} = \langle v_\text{d}(t) i_\text{out}(t) \rangle = \left\langle \frac{v_\text{d}^2(t)}{R_\text{load}} \right\rangle = \frac{v_\text{d(rms)}^2}{R_\text{load}} \tag{4.39}$$

图 4.25 所示波形的有效值可按下式进行计算：

$$v_\text{d(rms)} = \sqrt{\frac{m}{2\pi} \int_{-\pi/m+\alpha}^{\min(\alpha-\pi/m,\ \pi/2)} V_0^2 \cos^2\theta \mathrm{d}\theta}$$

$$= V_0 \sqrt{\frac{1}{2} + \frac{m\cos(2\alpha)\sin(2\pi/m)}{4\pi}}, \quad \alpha + \frac{\pi}{m} \leqslant \frac{\pi}{2} \tag{4.40}$$

$$= V_0 \sqrt{\frac{1}{4} + \frac{1}{8} - \frac{m\alpha}{4\pi} - \frac{m\sin(2\alpha - 2\pi/m)}{8\pi}}, \quad \alpha + \frac{\pi}{m} > \frac{\pi}{2}$$

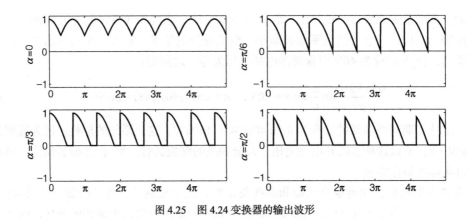

图 4.25　图 4.24 变换器的输出波形

这些参数的相互关系如图 4.26 所示。

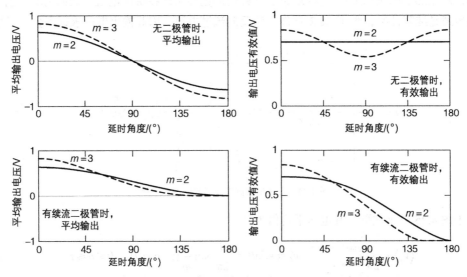

图 4.26　当 $m=2$ 和 $m=3$ 时，中点整流器输出电压的平均值和有效值

中点整流器具有实现单向输出电流的功能。严格来说，当平均输出电压为负时，中点整流器实现了能量反转，所以相当于逆变器。相同电路可使用反向器件来实现电流的反向。图 4.27 所示为**互补中点整流器**。该电路与图 4.21 所示的中点整流器在本质上是相同的。因为电压和开关器件的位置保持不变，所以电压 $v_{\rm d}(t)$ 仍相同。相位延迟角仍是调节电路运行的有效控制方式。唯一改变的是电流方向。当 $\langle v_{\rm d} \rangle$ 为负时，功率为正向流入电流源，因此整个电路相当于整流器。当电流方向改变后，开关仍需轮流导通负载电流，但不能明显地看出 SCR 能否仍有效地开关，下面对此进行分析。

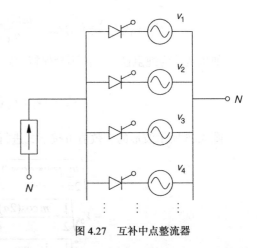

图 4.27　互补中点整流器

例 4.4.3　某互补中点整流器将 5A 电流源连接到三相电源。相对中性点，每相电源的电

压峰值为 200V。若要利用此变流器进行整流，SCR 的延迟角 α 应设置在什么范围内？电路如图 4.28 所示。记住：一旦施加了门极脉冲，SCR 相当于二极管，但在脉冲到来之前 SCR 应处于关断状态。

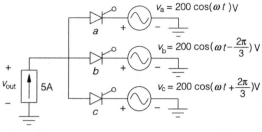

图 4.29 给出了三相电压波形以供参考。首先考虑 $\alpha = 0°$ 的情况，如果开关正常切换，在任意给定时刻，v_{out} 总能保持最大值。每个开关器件在导通时将流过 5A 的电流。那么，预期的 SCR 开关动作是否与实际情况一致呢？可以通过使用试算法来检验。假设开关器件 a 处于导通而其他器件处于关断状态，流过开关器件 a 的电流为正，这与处于导通状态的二极管保持一致。开关器件 b 需阻断电压 v_a-v_b。在开关器件 a 导通期间，该电压差为正，可见若无门极脉冲开通开关器件 b，该电路结构有效。在 $\pi/3$ 角度时刻，触发脉冲使开关器件 b 导通。然而，此时电压差 v_a-v_b 已变成负，SCR 被反向偏置。由于反向偏置不满足 SCR 开通条件，尽管 SCR 收到门极开通脉冲，仍保持关断状态。

图 4.28　例 4.4.3 的互补中点整流器

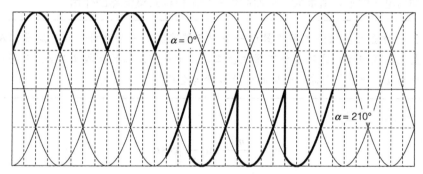

图 4.29　有助于评价 SCR 作用的互补中点整流器的三相电压波形

事实上，无论 α 取 0°～180° 中任意值，SCR 都将无法工作，因为触发导通开关器件 b 时，v_a-v_b 总为负，电路无法通过有序的开关动作实现连续运行。对于更大的延迟，则会出现相反的情况。例如，在 $\alpha = 210°$ 时，v_a 将远大于 v_b，从而期望此时触发导通开关器件 b。此时通过施加门极脉冲，SCR 处于正向偏置而立即导通，其动作类似于二极管。在互补的中点整流器中，SCR 有效导通角范围为 180° ≤ α ≤ 360°。当 180° ≤ α ≤ 270° 时，平均输出电压 $\langle v_d \rangle$ 为负，电路相当于整流器；而 270° ≤ α ≤ 360° 时，平均输出电压 $\langle v_d \rangle$ 为正，电路相当于逆变器。

4.4.3　多相桥式整流器

互补中点整流器将桥式电路推广到多个交流源。图 4.30 展示了中点整流器与互补中点整流器共享同一电流源的全控桥式整流电路。为避免导线的重叠，图中的电压源画了两遍。在左边电路中，任意时刻有且只有一个开关器件处于导通状态，其电压平均值为

$$\langle v_{left} \rangle = \frac{mV_0}{\pi} \sin\left(\frac{\pi}{m}\right) \cos \alpha_{left} \tag{4.41}$$

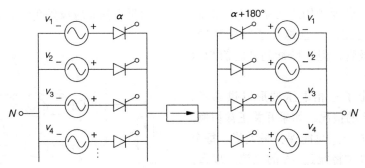

图 4.30　全控桥式整流电路

在右边电路中，任意时刻也有且只有一个开关器件处于导通状态，其电压平均值为

$$\langle v_{\text{right}} \rangle = \frac{mV_0}{\pi} \sin\left(\frac{\pi}{m}\right) \cos \alpha_{\text{right}} \quad (4.42)$$

其中，m 为电源相数，不是脉冲数。那么，α_{left} 和 α_{right} 如何选取呢？如果选择相同的角度，则负载的电压平均值 $\langle v_{\text{left}} - v_{\text{right}} \rangle = \langle v_{\text{left}} \rangle - \langle v_{\text{right}} \rangle$ 为零。最明确的选择是通过设置 α_{left} 和 α_{right} 相差 $180°$，实现输出电压的平均值最大，从而起到一个全控桥式整流器的作用。

> **定义：** 一种全控多相桥式整流器由一个中点整流器、一个互补中点整流器以及位于中间的单独直流负载组成。这两个整流器联合工作，中点整流器的相控角为 α，互补中点整流器的相控角为 $\alpha + 180°$。通常，这样的电路被称为全桥可控整流器。

由此，平均输出电压为

$$\langle v_{\text{d}} \rangle = \frac{2mV_0}{\pi} \sin\left(\frac{\pi}{m}\right) \cos \alpha \quad (4.43)$$

对于 $m = 2$ 的情况，图 4.30 所示的全控桥式整流电路与图 4.15 所示的 SCR 整流电路等效。对于 $m = 3$ 的情况，可得如图 4.31 所示的三相六桥臂电路。三相全控整流桥是一种典型的工业整流电路。这是一种六脉冲电路，其输出波形频率是工频的六倍。须注意：左侧的输出电压等于 v_a、v_b 或 v_c，右侧的情况也类似。电流源两端可能的输出电压为：$v_{ab} = (v_a - v_b)$、v_{ac}、v_{bc}、v_{ca} 或 v_{cb}。这六个电压分别间隔 $60°$ 角度，反映了峰值为 $V_0\sqrt{3}$ 的六相电源组的作用。六桥臂平均输出电压可用下面两种方式表示：

$$\langle v_{\text{d}} \rangle = \frac{2 \times 3V_0}{\pi} \sin\left(\frac{\pi}{3}\right) \cos \alpha = \frac{6\sqrt{3}V_0}{\pi} \sin\left(\frac{\pi}{6}\right) \cos \alpha \quad (4.44)$$

直流侧输出波形具有六脉冲特征，含有六倍工频的频率分量。

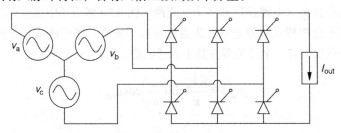

图 4.31　三相六桥臂电路

　　半控桥式电路是全控桥式电路的替代电路之一，其中的互补中点整流器部分使用的开关器件是二极管[3]。在这种情况下，只能调节左侧相控角 α，而右侧相控角固定在 180°。若该电路全部使用二极管则为**不可控桥式**电路，其左侧相控角 α 保持 0°，同时右侧相控角 α 保持 180°。不可控桥式电路是单相桥式电路的推广形式。

　　例 4.4.4　图 4.32 展示了一种为永磁直流电机供电的使用六个 SCR 器件的全控桥式电路（其中电压源画了两遍）。输入为 380V$_{\text{line-to-line}}$/50Hz 的平衡 3ϕ 电源。图中还给出了电机的内部等效电路模型。其中，25mH 的串联电感和 1Ω 的串联电阻分别表示电枢绕组的电感和电阻，内部产生的与轴转速成正比的电压表征了电机的动作。其比例常数 $K_\phi = 2.3\text{V}\cdot\text{s/rad}$，速度单位为 rad/s。对于任何正向速度，轴负载保持恒定转矩 $T_{\text{load}} = 25\text{N}\cdot\text{m}$。试找出以相控角 α 为变量的轴转速函数表达式。

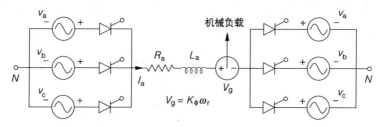

图 4.32　给直流电机供电的三相全桥 SCR 整流电路

　　由于这类问题广泛存在于桥式整流器中，必须从几个新维度来考虑。首先，通常按照相邻相电压有效值来制定多相电源。

　　对于三相电路，如果任意两相之间的电压为 V_{ll}，通过三角函数等式可以证明单相与公共中线之间的电压 V_{ln} 为 $V_{\text{ll}}\sqrt{3}$（为了得到这个数值，可使用三角函数等式对线电压之差 $v_{ab} = v_a - v_b = V_0\cos(\omega t) - V_0\cos(\omega t - 120°)$ 进行简化。由此可得，每个电源的电压有效值为 220V，峰值 V_0 为 310V。

　　V_g 所获得的功率转化为机械功率，如同力作用于物体一定距离会产生功（或能量）一样，转矩转动一定角度也做功。机械功率表征的是能量的时间变化率。假设固定的力作用于运动的物体，功率 $P = fv$，其中 v 是速度。在以恒定转矩旋转的情况下，功率 $P = T_{\text{load}}\omega_r$，其中 ω_r 为角速度，T_{load} 为转矩。该功率是由给定的电能 $V_g I_a$ 转化来的，即存在：

$$V_g I_a = k_\phi \omega_r I_a = T_{\text{load}}\omega_r, \quad k_\phi I_a = T_{\text{load}} \tag{4.45}$$

　　既然机械负载保持转矩 25N·m 恒定，电机应该将获得的持续的（25N·m）/（2.3N·m/A）= 10.9 A 电流传送到此扭矩。电机电路的 L/R 时间常数为 25ms。由于波形由六相中点整流器产生，因此期望直流和 300Hz 倍频的输出供电机使用。时间常数的变化应该足够慢以便有效滤除 300Hz 及以上频率的谐波分量，让电流的直流分量占主要成分。

　　如果电流保持恒定，则 R_a 两端的电压为 $I_a R_a$，即 10.9V。由于电感上无直流电压，变换器输出电压平均值应等于（10.9V + V_g）。从而可得电压关系表达式为

$$\langle v_a \rangle = \left[\frac{3}{\pi} \times 310 \times \sin\frac{\pi}{3}\cos\alpha - \frac{3}{\pi} \times 310 \times \sin\frac{\pi}{3}\cos(\alpha + 180°) \right]\text{V} = 10.9\text{V} + V_g \tag{4.46}$$

简化可得

$$V_g = (513\cos\alpha - 10.9)\text{V} \tag{4.47}$$

由于速度 $\omega_r = V_g/k\phi$，以 rad/s 为单位的最终结果为（也可转换为 RPM）

$$\omega_r = 223\cos\alpha - 4.73\,\text{rad}/\text{s}$$
$$\omega_r = (2130\cos\alpha - 45.1)\text{RPM} \tag{4.48}$$

转速是 $\cos\alpha$ 的线性函数。在这个例子中，通过调节 α，转速可在 $0 \sim 2100$RPM 之间变化。

下面分析桥式电路的输入电流。在中点整流器中，输入电流是占空比为 $1/m$ 的正脉冲序列。对于桥式电路，每个交流源都存在两个连接元件，它们的导通时间间隔为半个周期。在线电压的上半个周期，正电流流过左侧的变换器；在线电压的下半个周期，负电流流过右侧的变换器。如图 4.33 所示，电流对称。电流脉冲的中心与输入电压峰值相差 α 角，因此输入端的功率因数将受到控制角 α 的影响。输入电流的有效值可以通过积分运算求出。对于双脉冲单相桥式电路和六脉冲三相桥式电路，其输入电流有效值为

$$i_{\text{in(rms)}} = I_{\text{out}}\sqrt{\frac{2}{m}}, \quad m = 2,3 \tag{4.49}$$

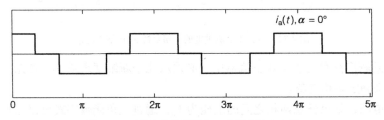

图 4.33　三相全控整流桥中 v_a 支路的输入电流

只有电流 i_{in} 的傅里叶基波分量提供功率，该分量可由下式计算：

$$i_{\text{in(1)}} = \frac{4I_{\text{out}}}{\pi}\sin\frac{\pi}{m}\cos(\omega_{\text{in}}t - \alpha) \tag{4.50}$$

其中，有效值为 $(2\sqrt{2}\,I_{\text{out}}/\pi)\sin(\pi/m)$；输入功率因数为 $pf = P/S$，表示单个电源的功率与电压、电流有效值的乘积之比。由于电路中存在 m 个电源，因此每个电源只负责提供 $1/m$ 的输出功率。对于双脉冲单相桥式电路和六脉冲三相桥式电路，可以得到

$$P = \frac{2V_0 I_{\text{out}}}{\pi}\sin\frac{\pi}{m}\cos\alpha, \quad S = \frac{V_0 I_{\text{out}}}{\sqrt{m}}, \quad m = 2,3$$
$$pf = \frac{2\sqrt{m}}{\pi}\sin\frac{\pi}{m}\cos\alpha \tag{4.51}$$

当 $m = 2$ 时，功率因数为 $0.9\cos\alpha$；当 $m = 3$ 时，功率因数为 $0.955\cos\alpha$。尽管严重畸变的非正弦电流在电力系统中越来越受到关注，但对于小的延迟角度，功率因数还是不错的。

图 4.34 所示为十二脉冲整流电路通过星形 - 三角形变压器与三相电压相连[4]。该电路在冶炼和焊接等大功率工业整流器中得到了普遍应用，同时它也经常作为大功率电机驱动逆变器的前端整流器使用。如果变压器中三角形联结的匝比是星形联结的 $\sqrt{3}$ 倍，则变压器可以形成一组 12 个幅值相等和相位间隔 30° 的电压源。基于等效的 12 相中点整流，其输出电压为

$$\langle v_{\mathrm{d}} \rangle = \frac{12 V_0}{\pi} \sin\left(\frac{\pi}{12}\right) \cos\alpha = 0.989 V_0 \cos\alpha \qquad (4.52)$$

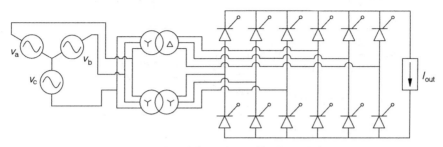

图 4.34　基于两组变压器并由三相电源供电的 12 脉冲整流电路

由于每个 SCR 的占空比为 1/6，因此要跟踪从每个电源获得的电流具有很大的挑战性。二极管导通时流过的电流为 I_{out}，关断时的电流为零。变压器绕组上的情况更加复杂：当与星形联结相连的二极管导通时，其绕组上的电流为 $\pm I_{\mathrm{out}}$；当与三角形联结相连的二极管导通时，由于二极管的分流，其绕组上的电流为 $\pm I_{\mathrm{out}} \sqrt{3}$ 或 $\pm 2 I_{\mathrm{out}} \sqrt{3}$。当变压器中三角形联结与星形联结的匝比为 $\sqrt{3}$ 时，变压器一次电流为零、$\pm I_{\mathrm{out}} \sqrt{3}$、$\pm I_{\mathrm{out}}$ 或 $\pm 2 I_{\mathrm{out}} \sqrt{3}$，该波形如图 4.35 所示。电流趋向于正弦波，其功率因数为 $0.959\cos\alpha$。

通过使用更复杂的变压器和额外的连接，可以产生 18 脉冲、24 脉冲甚至更高的脉冲数。这些电路需要综合考虑变压器和电源连接的复杂度，以及滤波器的尺寸和性能。最高脉冲数可以应用在功率等级超过 1000MW 的高压直流输电系统中。虽然最高功率的应用也在朝着 4.5 节所述的有源整流器方向发展，

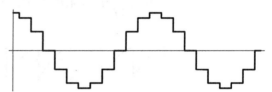

图 4.35　基于输出电流源的 12 脉冲整流器中 a 相的理想输入电流波形

但作为耐用的功率半导体，SCR 和 GTO 更适用于超高容量的相控整流器。

4.4.4　整流器的滤波

工业整流器通常工作在工频，其滤波所需的电感非常大。在传统整流器中，经常会用到小于临界值的电感。由式（4.19）计算得到的单相桥式电路临界电感值，也能满足两相整流器的需求。随着相位或脉冲数的增加，所需的电感值会越来越小，然而，相位控制的复杂度却增加了，无论选择何种相位角和脉冲数，滤波器的使用都很重要。图 4.36 展示了一台模拟六脉冲六角桥的使用大于临界电感值的六相中点整流器。该图还给出了理想电感电压动作的等效电源模型。其波形所示为当 $\alpha = 0°$ 的情况。当电压为正时电流上升（从最小值变化到最大值），为负时电流下降（从最大值变化到最小值）。通过对电感电压进行积分可得电流变化量，即有

$$\Delta i_{\mathrm{L}} = \frac{1}{L} \int_{v_{\mathrm{L}} > 0} v_{\mathrm{L}}(t)\mathrm{d}t = -\frac{1}{L} \int_{v_{\mathrm{L}} < 0} v_{\mathrm{L}}(t)\mathrm{d}t \qquad (4.53)$$

虽然上述两个公式都能用，然而含有负号的计算公式通常能得出更为直接和有效的结果。

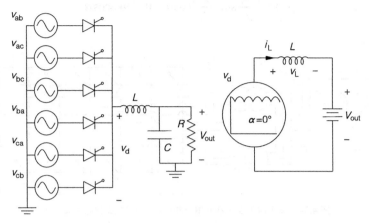

图 4.36　为实现滤波器设计，模拟桥式电路并使用等效电源模型的六相中点整流器

图 4.37 所示为 $\alpha = 30°$ 的六脉冲整流器电压波形。电感电压由等效电源模型给出。可以看到，当 $v_L < 0$（整流器电压小于 V_{out}）时，电感电压波形近似为三角波。电流波动可按此三角形面积进行估算，即 $0.5 \times$ 底 $\times$ 高，底是 v_L 为负值的时间段，高是输出电压平均值与最小值之差。电流纹波峰 - 峰值的计算公式如下：

$$\Delta i_L \approx \frac{1}{2L}(t_2 - t_1)(\langle V_{\text{out}}\rangle - V_{\text{min}}) = \frac{1}{2\omega L}(\theta_2 - \theta_1)(\langle V_{\text{out}}\rangle - V_{\text{min}}) \tag{4.54}$$

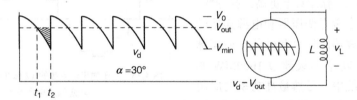

图 4.37　以 30° 延时角运行的六脉冲整流器输出电压波形
（其中近似三角形的面积部分简化了纹波分析）

其中，角度（或时间）θ_1 表示输出电压与平均电压相交的位置，而电压最小值出现在角度为 $\pi/m + \alpha$ 处。对于如图 4.37 所示延迟 30° 的情况，输出电压平均值为 $0.827V_0$，最小值为 $0.5V_0$，角度跨度为 $\theta_2 - \theta_1$，即 60°-34.2° = 25.8° 或 0.45rad。图中阴影部分近似三角形的面积为 $0.0736\text{V} \cdot \text{s}$（通过积分精确计算所得的面积为 $0.0685\text{V} \cdot \text{s}$）。对于输入频率为 60Hz 的情况，通过式（4.54）计算所得的电流纹波为 $0.195/L$ mA。如果电流纹波峰 - 峰值期望为 1A，则所需电感为 0.195mH。由于实际面积略小，因此此估计值较为保守。

若以正弦来近似计算电流纹波，则输出电容上的电压纹波可按下式进行计算：

$$\Delta v_C = \frac{1}{C}\int_{i_C>0} i_C(t)\mathrm{d}t \approx \frac{1}{m\omega C}\int_0^\pi \frac{\Delta i_L}{2}\sin\theta\mathrm{d}\theta = \frac{\Delta i_L}{m\omega C} \tag{4.55}$$

其中，变量 m 为脉冲数，纹波频率为工频的 m 倍。

例 4.4.5　一个由 400V/50Hz 电源供电的全控三相桥式整流器为卡车工厂中小型升降机的电阻负载提供 20 ~ 50A 的电流。负载电压在 200 ~ 500V 之间变化。试设计一个输出滤波器，将整流器电流纹波峰 - 峰值限制在 10%，输出电压纹波峰 - 峰值限制在 1%。

指定标准三相电压的输入线电压有效值为 400V，这意味着每相相电压有效值为 $400/\sqrt{3}$ = 231V。一个六相中点整流器使用幅值为 $V_0 = 400/\sqrt{2}$ = 566V 的线电压。电路如图 4.38 所示。整流输出电压平均值为 $6V_0/\pi\sin(6/\pi)\cos\alpha$ = 540cosαV。为了实现负载电压在 200 ~ 500V 之间可调，延迟角位于 22.2° ~ 68.3° 之间。对于滤波器的设计而言，相位角越大，则施加在电感上的电压也越大（可通过绘制波形来确认），在最坏情况下的电感电流变化量 Δi_L 也不应超过 2A。这意味着在 α = 68.3° 时，也须满足电感电流纹波峰 - 峰值 2A 的设计要求。

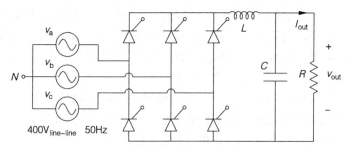

图 4.38　例 4.4.5 中由 400V/50Hz 三相电源供电的六角桥电路

图 4.39 给出了当延迟角为 68.3° 且 m = 6 时的整流器输出电压和负载电压波形。阴影部分标注的三角形区域可简化纹波的计算。该区域电压的最大值为 200V，最小值为 566 × cos(98.3°) V = −81.4V，电压为 200V 时的角度为 566 × $\cos^{-1}$(200/566) = 69.3°。三角形区域的角度跨度为 98.3°−69.3° = 29.0° 或 0.506rad。三相电的频率为 50Hz 时，角度时间跨度为 1.61ms。此时三角形区域的高度为 281.4V，因此可得阴影部分面积为 0.226V·s。根据式（4.54）可知，Δi_L = 0.226/L。为了使电流纹波峰 - 峰值不超过 2A，电感至少为 113mH。为了限制输出电容上电压纹波不超过 1%，即 2V，根据式（4.55），电容值计算如下：

$$\frac{\Delta i_L}{m\omega C} \approx \Delta v_C < 2V, \quad C > \frac{1}{6\times100\pi} = 531\mu F \tag{4.56}$$

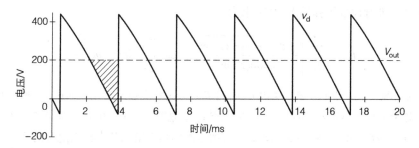

图 4.39　例 4.4.5 中以最小输出电压和最小输出电流运行时的波形

在任何允许的运行条件下，电流纹波峰 - 峰值不应超过 2A，上式的计算结果应该适用于整个范围。根据标准值和误差精度，电感 L = 125mH 和电容 C = 560μF 可满足设计需求。两者可根据需要进行折中选取：较大的电感值允许按比例减小电容值，而较小的电感值会产生较大的电流纹波，从而需要增大电容值。同时还需考虑 SCR 的正向导通压降，稍微减小延迟角会更凸显此电压。典型的 SCR 正向导通压降约为 1.5V。

4.4.5 非连续导通模式

例 4.4.5 中的电感值和电容值并不小，尤其在额定情况下。例如，当额定电流为 50A 时，125mH 电感的存储能量为 156J；额定电压为 500V 时，560μF 电容的储存能量为 70J。对于中等功率电气设备来说，这些值都相当大。对整流器来说，通常使用小电感来降低这些需求。经典整流器就是一种电感值很小或为零的极端例子，会引发 KVL 问题而产生电流尖峰，相应的措施是通过使用适当但仍低于临界值的电感值，从而获得折中的情况。在 dc-dc 变换器中，使用 $L < L_{\text{crit}}$ 的整流器只有部分时间运行于 DCM 模式（所有开关器件关断且 $i_L = 0$）。由于输入波形为分段正弦而非方波或三角波，整流器的数学分析相比 dc-dc 变换器更为复杂，但原理是相同的。本节将给出通用的临界电感计算公式，并探讨几个处于 DCM 模式下的实例。

在多脉冲整流器中，满足临界电感值（如前所述，维持 $i_L > 0$ 的最小值）的条件是：在 $v_L > 0$ 的时间段，电感电流从零开始一直上升到正峰值，然后在周期结束时正好回落到零。当电感电压变正时，整流器输出电压 $v_d(t)$ 与平均输出电压 V_{out} 刚好相交，该相交时刻的余弦角度为 $\langle V \rangle / V_0$。由电流波形和能量分析所推导出的式（4.17）和式（4.18）并未体现电流波形与相位数 m 的关系。当导通角 $\alpha = 0°$ 时，a 相的电流表达式为

$$i_L(\theta) = \int_{-\cos^{-1}(\langle V \rangle / V_0)}^{\theta} V_0 \cos\phi - \langle V \rangle \, \mathrm{d}\phi, \quad -\cos^{-1}(\langle V \rangle / V_0) \le \theta \le \frac{\pi}{m} \tag{4.57}$$

对于能量的计算则需要更为细致的分析。与输入电压为 $|V_0 \cos\theta|$ 的两相情况不同的是，整流器的输入电压为许多不同正弦曲线的片段。为了计算一个周期内输入的能量，整个周期内的积分必须持续运算，直到电流减少为零。对于 $\alpha = 0°$ 的情况，输入功率存在统一的表达式：

$$W_{\text{in}} = \frac{1}{\omega} \int_{-\pi/m}^{\pi/m} i_L(\theta) V_0 \cos\theta \, \mathrm{d}\theta, \quad i_L\left[-\cos^{-1}(\langle V \rangle / V_0)\right] = 0 \tag{4.58}$$

由于输出周期是输入工频周期的 $1/m$ 倍，因此一个周期内的输出能量为

$$W_{\text{out}} = \frac{V_{\text{out}}^2}{R} \frac{T}{m} = \frac{\langle V \rangle^2}{R} \frac{2\pi}{m\omega} \tag{4.59}$$

当两者相等时（进行代数运算后），其结果为

$$L_{\text{crit}} = \frac{RT}{2\pi} \left\{ \frac{\sqrt{\pi^2 - m^2 \sin^2(\pi/m)}}{m \sin(\pi/m)} - \cos^{-1}\left[\frac{m}{\pi} \sin(\pi/m)\right] \right\} \tag{4.60}$$

对于 $m = 2$ 的情况，上式等同于式（4.19）。周期 T 为工频的倒数。表 4.3 列举了一些值得关注的参数。例如，对于周期为 60Hz、负载为 1Ω 的六脉冲整流器，在 $\alpha = 0°$ 时其临界电感值为 25.1μH，随着 m 的增加，该电感值迅速下降。图 4.40 所示为使用临界电感和大输出电容的六脉冲整流器输出波形。值得注意的是，其电流纹波近似为正弦波。由于平均电压小于 V_0，故电流略小于 $2V_0/R$。

表 4.3　当延迟角 $\alpha = 0°$（或不可控整流器）时，几组不同脉冲数的临界电感值

脉冲数 m	临界电感 /H
2	0.105$RT/2$
3	0.0263$RT/2$
6	0.00301$RT/2$
12	0.000369$RT/2$

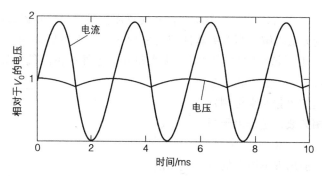

图 4.40　当输入频率为 60Hz、$L = L_{\text{crit}}$、$\alpha = 0°$ 且 $R = 1\,\Omega$ 时，归一化后六脉波整流器的电流和电压波形

dc-dc 变换器的临界电感值是一个有用的参数，这时的电流纹波峰 - 峰值为 200%。使用相对较大的电感值可以获得指定的较小纹波（例如，当电感 $L = 20L_{\text{crit}}$ 时，电流纹波减小为原来的 10%；当电感 $L = 200L_{\text{crit}}$ 时，电流纹波减小为原来的 1%，依此类推）。然而，式（4.57）仅适用于 $\alpha = 0°$ 时不可控整流的情况。相位延迟会导致纹波的增加。观察图 4.37 和图 4.39 可以发现，当电感电压为负时，纹波形状近似为三角形，按照三角形分析法可以找出延迟角非零时 L_{crit} 的表达式。

当整流器进入 DCM 模式时会发生什么情况呢？要么会由于负载太轻使得电感无法实现纹波抑制，要么电感已被有目地设为亚临界值。与在 dc-dc 变换器的情况类似，会多次出现所有开关器件关断而使输出变成开路的情况。相比连续模式，DCM 模式下的平均输出电压上升，并需要通过一个额外的公式来计算关断时间和输出电压平均值。这个公式来源于能量守恒：已知每个周期内的电流从零开始，然后在输入电压超过输出电压使开关器件正向导通期间不断增加，最后在周期结束前又衰减至零。对于所有开关器件按同样方式运行的 m 脉冲整流器，仅需要考虑一个时间长度为 $2\pi/m$ 的单周期即可。基于未知（假定为常数）的直流输出和关断时间，在 $\alpha = 0°$ 的情况下，式（4.57）中的电感电流可用下式计算：

$$i_{\text{L}}(\theta) = \frac{1}{\omega L} \int_{-\cos^{-1}(V_{\text{out}}/V_0)}^{\theta} V_0 \cos\phi - V_{\text{out}}\mathrm{d}\phi, \quad -\cos^{-1}(V_{\text{out}}/V_0) \leqslant \theta \leqslant \theta_{\text{off}} \tag{4.61}$$

如同式（4.58）一样，每个周期的输入能量为

$$w_{\text{in}} = \frac{1}{\omega} \int_{-\cos^{-1}(V_{\text{out}}/V_0)}^{\theta_{\text{off}}} i_{\text{L}}(\theta) V_0 \cos\theta \mathrm{d}\theta \tag{4.62}$$

与式（4.58）的不同之处在于上式的关断点未知。若负载为阻性，按式（4.59）计算所得的输出能量为

$$w_{\text{out}} = \frac{V_{\text{out}}^2}{R} \frac{2\pi}{m\omega} \tag{4.63}$$

可同时对输出电压和关断时间进行求解：

$$\begin{cases} w_{\text{in}} = w_{\text{out}} \\ i_{\text{L}}(\theta_{\text{off}}) = 0 \\ L < L_{\text{crit}} \end{cases} \tag{4.64}$$

虽然无法得到封闭解，但可求得数值解。

当考虑延迟时间非零时，虽然开关器件正向偏置需要足够长的延迟时间才能导通电流，但仍然可以采用同样的方法求解。当开关器件使用 SCR 时，在**死区**时间内，若延迟角小于某最小值，则电路无输出。由于较小的延迟时间无法实现开关器件的正向偏置导通，因此在 $0 < \alpha <$ $\alpha_{\min}$ 范围内，输出电压平均值（和关断角）相同。若通过施加短脉冲来控制延迟，则可能导致**换相失败**，这是由于当指令发送时，下一个 SCR 不会导通，并在输出电压下降之前出现不该有的时间间隙。对于六脉冲电路，当 $L = L_{\mathrm{crit}}$ 时，$\alpha_{\min} = 10.1°$，此时开关器件导通时的输出电压高于输出电压平均值。图 4.41 给出了频率为 60Hz、负载为 1Ω、延迟角大于最小值时的六脉冲整流器运行所需的临界电感值随延迟角的变化曲线。可见，当延迟角大于 75° 时电感值迅速上升；当延迟角为 90° 时输出为零，而所需的电感值为无穷大。

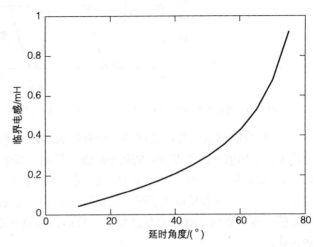

图 4.41　频率 60Hz、负载 1Ω 的六脉波整流器运行所需的临界电感值随延迟角的变化曲线

图 4.42 给出了频率为 60Hz、延迟角为 30° 的六脉冲整流器处于典型的亚临界电感值情况下的电路波形，并在负载为 1Ω、电感为临界值一半的条件下进行了测试。图中还给出了当电流断开、电路跳变为开路时整流器的输出电压 $v_{\mathrm{d}}(t)$ 和电感电流 $i_{\mathrm{out}}(t)$ 波形以及由此产生的 a 相输入电流波形等。其中值得注意的是，三相桥式整流器的输入为双脉冲电流。

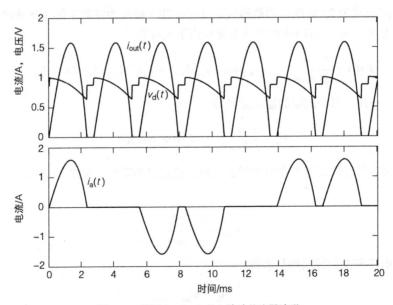

图 4.42　使用 $L = L_{\mathrm{crit}}/2$ 的六脉冲整流器波形

（上图为电压归一化为 1V、负载电阻为 1Ω 时整流器输出电压和电感电流波形，下图为 a 相电网电流波形）

交流侧的输入电流也与亚临界电感值有关。图 4.43 给出了基于 1Ω 负载、大电容和 $L =$

$L_{crit}/10$ 的六相中点整流器的电感电流和输出电压波形。当所有开关器件关断时，输出电压由于大电容的存在而保持恒定。在约 10° 时导通电流，在电压峰值到来之前，电流续流时间间隔小于 30°。图 4.44 给出了此时根据 a 相电源所产生的输入电流。较短的时间间隔正好反映了电路运行于 DCM 状态。

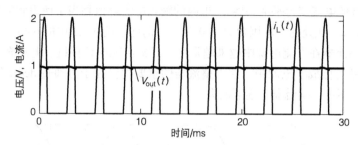

图 4.43　在 $L = L_{crit}/10$、$\alpha = 0°$ 条件下，六相中点整流器的输出电压和电感电流波形（其输出电容很大，通过使用电阻 $R = 1\Omega$ 和 $V_0 = 1V$，电流进行了归一化处理）

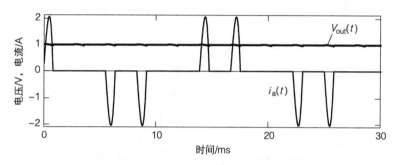

图 4.44　在 $L = L_{crit}/10$、$\alpha = 0°$ 条件下，六脉冲桥式整流电路的输出电压和 a 相输入电流

迄今为止，考虑的都是采用较大电容来实现输出电压纹波最小化的情况，但是采用体积较小的滤波器（即较小的 L 和 C）的效果可能会更好一些。

4.5　有源整流器

4.5.1　boost 整流器

鉴于工频与相控整流器之间的关系，boost 整流器通常使用体积较大的滤波器，但这并不适用于低功率等级场合。另一个问题是输出控制与功率因数之间的关系：在相控整流器中，功率因数应与 $\cos\alpha$ 成比例，并且随着期望输出的降低而减小。其替换方法就是采用由不可控二极管（可能使用相对适中的电容进行过滤）与 dc-dc 变换器构成的**有源整流器**电路。事实上，不可控整流器的输出电压被视为缓慢变化的直流电源，输入到较快控制的 dc-dc 变换器中，从而通过占空比的调节得到期望的结果。

图 4.45 所示为此类变换器的最简形式，在采用的经典整流桥中使用了较小的滤波电容，电压纹波峰 - 峰值可达 30% 以上。然后将桥式

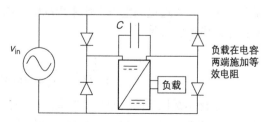

图 4.45　使用 dc-dc 变换器间接给负载供电的小尺寸滤波器的经典整流器电路

电路的输出通过 buck 或正激式变换器转换成低压直流输出。虽然输入纹波很大，但其变化较慢，因此 dc-dc 变换器能够通过快速调节以保持输出的稳定。尽管此方法延长了二极管的导通时间，但输入电流仍存在严重的失真。图 4.46 给出了无电感、滤波器按照电压纹波 30% 设计，即时间常数 $RC = T$ 时的输入电流与输出电压的波形图。对于台式计算机，该波形较为典型（尽管小电感只是稍微使电流变得平滑一些）。电路的输入电流峰值相当于使用此类滤波器的负载电阻电流峰值的 500%。此处的功率因数只有 0.60，但仍优于例 4.4.1 中的 0.44。这些使用"简化滤波器"的经典整流器在直流电源中越来越常见，经常出现在计算机、电池充电器、荧光灯和许多其他电子设备的低成本电源中。这类整流器的重要优势在于可通过 dc-dc 转换器来实现控制和调节，而老式不可控整流器正逐渐消失。

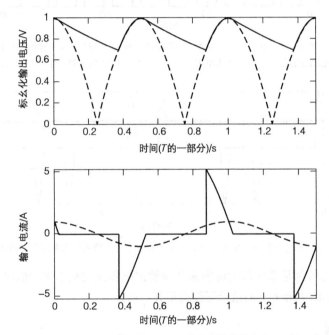

图 4.46　使用 $RC = T$（约 30% 纹波）时，经典整流器的输出电压和输入电流波形

考虑不可控整流器与 dc-dc 变换器相连的电路结构，其可能产生更多的纹波，且使不可控整流器中的二极管持续导通（就像在理想的电流源作用下一样）。单相桥式电路的输出为 $|V_0 \cos(mt)|$，即可以有效提供 $0 \sim V_0$ 之间的任意电压。这种输入电压对 buck 电路而言，难免会出现输入过低的情况；而对于输出总是高于输入的 boost 电路而言，若假设其输出至少大于 V_0，则 boost 变换器就能实现期望的结果。基本的电路拓扑如图 4.47 所示。下面考虑一种可能的运行策略，可通过调整占空比来跟踪输入电源电压。设电路输出为 V_0，基于 boost dc-dc 变换器的平均模型，可得

$$\frac{V_{\text{out}}}{V_{\text{in}}} = \frac{1}{1-D_1}, \quad \frac{V_0}{|V_0 \cos(\omega t)|} = \frac{1}{1-D_1}, \quad 1-D_1 = |\cos(\omega t)| \tag{4.65}$$

占空比不是恒定的，而是随时间进行调整，即 $D_1(t) = 1 - |\cos(\omega t)|$。由于 dc-dc 变换器的典型开关频率为 20kHz 以上，与其控制相比，整流桥的输出则以 100Hz 或 120Hz 缓慢变化，因此并不会出现特别的问题。

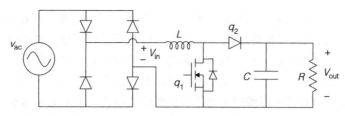

图 4.47　boost 有源整流器电路

式（4.65）中的**脉宽调制方法**（PWM）存在两个主要优点。首先，输出电压不仅可以通过调节达到 V_0，甚至可以达到最高的期望电压。变换器可以承受极端的输入电压范围，如目前市面上许多支持电压有效值 100 ~ 265V 的小型电源。其次，即使运行在 DCM 模式，其尺寸会大幅减小，相比传统的整流器，通过使用体积更小的电路和容量更少的储能元件就能实现功率只有数瓦的变换器。然而，这些电路也存在比较严重的缺点。例如，输出电压必须相对较高；有效值为 265V 的输入电压，其峰值达到 375V，而有源 boost 变换器通常会产生 400V 的输出，因此需要增加一个额外的 dc-dc 变换器使电压降低到最终值，这无疑会损失一些效率。

同样的电路也存在其他的运行方法。一是直接调节占空比，使电感电流跟踪电压波形（不含 dc-dc 变换器开关频率处的高频谐波）[5]。在这种情况下，在给定期望输出功率 P_{out} 和输入电压 $V_0|\cos(\omega t)|$ 的情况下，电感电流能以缓慢变化的移动平均值方式进行控制：

$$i_L(t) = \frac{2P_{out}}{V_0} |\cos(\omega t)| \qquad (4.66)$$

图 4.48 所示为典型情况下式（4.66）的升压电感电流和工频输入电流波形。虽然 100kHz 的开关频率比较典型，但 10kHz 的开关频率更容易辨识出高频纹波。相比工频纹波，这种高频纹波更容易滤除。滤波器的尺寸与激励源的开关周期呈近似线性关系：在同等功率下，滤除 50kHz 纹波的滤波器的体积比滤除 50Hz 纹波的滤波器体积约小 1000 倍。

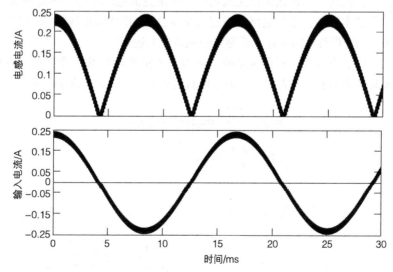

图 4.48　基于电压跟踪电流控制、开关频率为 10kHz 的 boost PFC 变换器中的电感电流波形（上）和桥式输入电流波形（下）

图 4.48 所示的工频输入电流与负载功率无关，非常接近正弦波。该电流幅值的大小可以根据输出功率进行调节，而其控制策略可基于式（4.66）实现。使用该控制策略的变换器，其功率因数非常接近 1.0。这类变换器通常被称为**有源功率因数校正或功率因数校正（PFC）变换器**[6]。有源 PFC 变换器适用于台式计算机、工作站计算机和其他产品。由于它们与电网的友好性，特别是与图 4.45 所示的经典整流器和简化滤波器的整流器相比，未来的新标准和规则都将鼓励采用有源 PFC 变换器。图 4.47 所示的输入正弦可控的 boost PFC 变换器就是此类应用中最常见的一种形式。

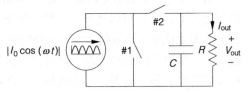

PFC boost 变换器仍需使用足够大的电容，通过观察图 4.49 所示的等效电源电路和使用能量守恒定律可以证明这一点。当功率因数为 1 时，输入电流源 $i_{in}(t) = |I_0\cos(\omega t)|$，其输入电压的移动平均值必然为 $|V_0\cos\omega t|$，从而可得输入功率（不含高频纹波）为

图 4.49　PFC boost 变换器的等效电源电路

$$p_{in}(t) = v_{in}(t)i_{in}(t) = V_0 I_0 \cos^2(\omega t) = \frac{V_0 I_0}{2} + \frac{V_0 I_0}{2}\cos(2\omega t) \tag{4.67}$$

相反地，在理想情况下的输出负载保持恒压，因而具有恒功率。根据能量守恒定律，它必须与平均值匹配，即有

$$p_{out}(t) = \frac{V_{out}^2}{R} = V_{out}I_{out} = \langle p_{in}(t)\rangle = \frac{V_0 I_0}{2} \tag{4.68}$$

式（4.68）中，双倍频功率项存在于哪里呢？由于能量守恒定律，该项必然存在。由于开关器件是无损的，所以不存在于开关器件中，因此它必然流进了电容。任何的单相整流器都存在一个基本特性：交流侧功率以双倍频方式流入，直流侧输出则为常数。只有滤波器和储能元件能实现这一特性。任何一个连接正弦交流电源和恒定直流电压源的功率变换器都具有**双倍频功率纹波**这样一个基本特征，整流电路与逆变电路也会遇到同样的问题。由于这与能量守恒而非电路控制相关，因此没有电路拓扑或控制策略能避免上述问题[7]。

在有源整流器中，电容电压近似为常数。在如图 4.50 所示的基于理想动作的 PFC boost 变换器中，电容瞬时功率（平均值为零）必须考虑双倍频项。在这种情况下，存在以下公式：

$$\begin{cases} p_C(t) = \dfrac{V_0 I_0}{R}\cos(2\omega t) \approx V_{out}i_C(t) \\[2mm] i_C(t) \approx \dfrac{V_0 I_0}{2V_{out}}\cos(2\omega t) \end{cases} \tag{4.69}$$

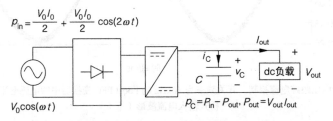

图 4.50　有源整流器中存在交流、直流和双倍频功率纹波的变换器

由于 $i_C(t) = C\mathrm{d}v/\mathrm{d}t$，通过基本的积分运算表明了电容必然存在一些纹波电压，其计算公式如下：

$$v_C(t) = \frac{1}{C}\int i_C(t)\mathrm{d}t \approx \frac{V_0 I_0}{4\omega C V_{\text{out}}}\sin(2\omega t) \qquad (4.70)$$

基于式（4.69），电容电压变化值的计算公式重写如下：

$$\Delta v_C = \frac{I_{\text{out}}}{\omega C} = \frac{I_{\text{out}}}{2\pi f C} \qquad (4.71)$$

将其与经典整流器的式（4.14）进行比较发现，这里使用的电容较小（小 π 倍），虽然纹波波形不同且电流连续，但所需的电容仍然很大。控制电路中的纹波不只是由电容决定的，例如，一个负载为 200W、输出额定电压 400V 且纹波峰 - 峰值为 10%、频率为 50Hz 的输入电压有效值为 230V 的 PFC 升压变换器，所需的电容 $C = 40\mu F$。与之前的经典整流器实例相比，此电路电压相对较高，所需要的电容相对较小，从而允许在处于下游的 dc-dc 变换器上施加一个较大的纹波电压。

与经典整流器相比，有源 PFC 整流器，如基于 boost 变换器的整流器至少存在四个主要优势：

1）由于 boost 变换器可控，当电路和负载发生变化时，其输出可保持恒定，因此有源整流器具有良好的调节能力。

2）该变换器能适应极端范围的电压输入，从而能为任何使用此类变换器的电网供电。

3）在所有运行条件下的功率因数几乎为 1，从而降低了电网的负担。电流以正弦波方式流动，而不是短尖峰。

4）开关器件的使用更有效。二极管桥式电路会持续导通，电容纹波平滑，大部分滤波是基于 dc-dc 变换器内部较高开关频率完成的。

双倍频功率纹波是单相交流电源变换的一个基本特征，有源 PFC 整流器无法消除或避免这个问题，但电压等级和额外 dc-dc 电路的使用有效减小了系统中此部分所需滤波器的尺寸。

例 4.5.1 白光灯由一组高亮度发光二极管（LED）和荧光粉制作而成。每个 LED 存在一个约 3V 的正向导通压降，其额定正向电流为 0.3A。体育场照明串联使用了 125 个白光灯。由于发光二极管对输入源响应迅速，因此双倍频功率纹波会造成闪烁。试设计一个能在任意大小交流输入情况下工作的 PFC 升压变换器，并为亮度可调的照明灯供电，且满功率运行时的纹波峰 - 峰值低于 5%。

图 4.51 所示为一个可能的电路结构。固态灯通常工作在一个较窄的电压范围内，在此范围内，其亮度几乎是驱动电流的线性函数。每一个 LED 以 3V 左右的电压运行，125 个 LED 串联的总电压为 375V，非常适合于 PFC boost 变换器的应用场合。在满功率情况下，该变换器应能在 0.3A 电流下输出 375V 电压，即 112.5W 功率，纹波峰 - 峰值应低于 5% 以防止闪烁的发生。这就要求电压纹波小于 18.75V。基于式（4.71），波纹对低频的影响最严重（国际上广泛使用的频率为 50Hz），抑制波纹所需电容值为

$$C > \frac{I_{\text{out}}}{2\pi f \Delta v_C} = \frac{0.3}{2\pi \times 50 \times 18.75}\text{F} = 51\mu F \qquad (4.72)$$

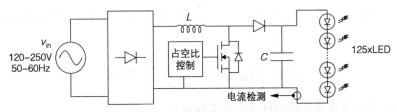

图 4.51　用于体育馆照明的固态灯驱动器及其灯组

基于式（4.66），可以对 boost 变换器进行控制以获得期望亮度所需的电流。一个旋钮或外部计算机驱动的控制可以用来调整所需的亮度。那么输入电感需要多大呢？对 boost 变换器而言，最差的输入电流纹波一般发生在占空比为 50% 的时候，此时输入为 188V、输出为 375V。在此条件下，电路以 0.6A 的电感平均电流向负载提供所需的功率。例如，当开关频率为 50kHz 时，开关频率处的电感电流纹波可按下式进行计算：

$$v_L = L\frac{di_L}{dt}, \quad (375-188)\text{V} \approx L\frac{\Delta i_L}{10\mu s}, \quad L \approx \frac{1870\mu s}{\Delta i_L} \tag{4.73}$$

开关频率为 50kHz 时的电流纹波需要使用额外的元件进行滤除，以避免将噪声引入到电路，然而约 100mA 的电流值可能只是一个有效起点。电路所需的电感值约为 19mH。图 4.52 展示了该变换器在频率为 60Hz 和输入电压有效值为 120V 条件下的全功率输出工作情况。图中显示了电感电流波形，波形轨迹线宽度反映了电感电流纹波。按预期 375V 输出对电压进行了归一化处理，电流需要保持在预期波形周围 100mA 的范围内，由此可见在过零点附近电流产生了失真。

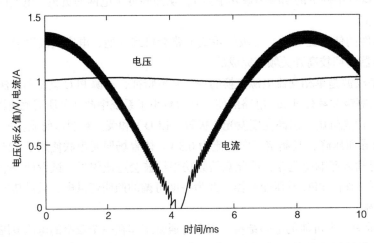

图 4.52　基于等效负载模型的由 PFC boost 变换器驱动 375V/0.3A 固态灯负载的仿真波形

4.5.2　非连续模式反激变换器和相关变换器——有源整流器

3.5.5 节给出了 DCM 模式下 buck-boost 变换器存在的如下直流输入关系：

$$\frac{V_{in}}{I_{in}} = \frac{2L}{D_1^2 T} = R_{eff} \tag{4.74}$$

DCM 模式下的反激变换器也存在以上关系。耦合线圈匝比 a 可以根据需要升压或降压以实现

有效的输出电压。如图 4.53 所示，构建了一个使用不可控二极管桥式电路作为输入的 DCM 模式下的反激变换器，在滤除开关频率纹波后，电感电流的移动平均值将跟踪桥式电路的输出电压，则 $v_{in}(t)=|V_0\cos(\omega t)|$ 会产生与之成比例的输入电流。以上过程表征了 PFC 变换器的运行过程。

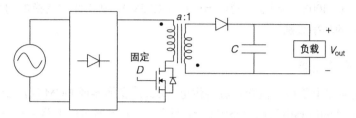

图 4.53　DCM 模式下的反激变换器电路

式（4.74）表征了输入功率的有效阻抗 [8]。只要变换器运行于 DCM 模式，由使用者设定的**固定**占空比就可以确定输入（以及输出）功率。这点令人感到有些惊讶：若输入功率设为 10W，则无论负载大小为多少，输出功率必然为 10W（忽略任何损耗）。为实现能量守恒，输出电压可以为任意值。当输出开路时，则可能会出现问题。在实际的变换器中，占空比需要根据输出电压进行调整。输出电压过高，意味着有效电阻过低，从而需要减小占空比使等效电阻增大，于是输入功率降低。输出电压过低则意味着有效电阻过高。通过控制占空比可响应输出电压的误差以实现期望的输出电压。

DCM 模式下的反激变换器，其峰值电流随着电感的减小而增大。为保证电路运行于 DCM 模式，令电感值任意减小并不是一个好策略，因为这将导致实际的输入电流出现短暂的高尖峰，比较好的方法是使电感接近 L_{crit}。开关周期 T 是式（4.74）中的一个变量。利用这点，许多设计人员在变换器工作时动态调整开关周期 T，调整的目的是使电感匹配 L_{crit}，这被称为**临界模式**运行 [9]。一些设计人员倾向于使用这种模式，因为此模式不但能使电流峰值尽可能的小，而且还能同时保持与 DCM 模式相同的特性。另一些设计人员则不使用这种模式，因为开关频率必须根据负载进行调整，且滤波器也不能按照预先设定的开关频率进行设计。图 4.54 所示为输入 230V/50Hz、额定开关频率 200kHz、输出电压 5V、功率 5W 的 PFC 反激变换器运行于临界模式下满载时的输入电流波形。由于无法在 200kHz 开关动作运行条件下观察慢时间尺度 50Hz 的输入，因此图中所示为 50μs 缩放窗口中的电流波形。在这种情况下，电感值从高压侧测量为 10mH，从低压侧测量则为 1.56μH。虽然输入电流呈尖峰状流动，但磁通是连续的，且电流总是在一次侧或二次侧中流动。

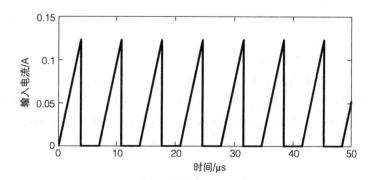

图 4.54　具有 80∶1 降压比、输入 230V/50Hz、输出 5W 的临界模式反激变换器的输入电流放大窗图

有效电阻、基于输出电压的简单占空比控制、耦合电感匝比以及相关的电气隔离等诸多特性使 DCM 反激变换器特别适用于低功率直流电源，甚至做到了将 PFC 的优点扩展到中等功率级别。这种设计方法成为许多微型电源的基础。例如，为实现 80∶1 的降压比，将 PFC 升压变换器的典型输出电压 400V 降到很低的输出电压（如 5V）。基于此类变换器的有源 PFC 特性可以支持 1W 及以下的功率级别。

4.5.3 多相有源整流器

boost PFC 变换器由单相二极管整流桥供电。Boost 变换器或 DCM 反激变换器也可由三相整流桥供电，变换器的电感电流跟踪整流桥的电压。图 4.55 所示的电路并非一个好的方案：由于整流桥二极管的占空比各为 1/3，所以每相交流电的电流仅在每个周期的部分时间内流入，因而输入电流不是正弦信号。基于这种特性，多相有源整流一般不采用不可控二极管桥式电路与 dc-dc 变换器相连的电路结构。由于 KVL 和 KCL 约束条件使得多个整流器的输出无法直接互连，因此仅靠增加更多的二极管是无法解决上述问题的。

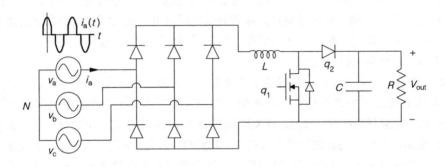

图 4.55　使用三相二极管桥式电路的 PFC boost 变换器

受到 PFC boost 变换器的启发，图 4.56 所示的**电流源有源整流器**是一种更全面的替代方案。使用串联电感的交流电源具有"类电流"的特性，同时电容有助于直流电压母线的形成[11]。通过逐列控制开关器件并调节其占空比，可以实现在有效电流源上提供适当的正弦电压。为了理解该桥式电路的工作原理，需要注意

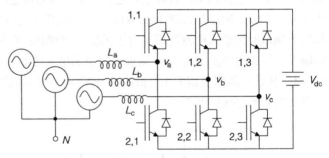

图 4.56　输入为电流源的有源整流器电路

不同开关器件组合（存在 8 组满足 KVL 或 KCL 约束条件的开关器件组合）是如何将 $\pm V_{dc}$ 或零的电压施加到线电压 v_{ab}、v_{bc} 和 v_{ca} 上的。表 4.4 给出了 8 种"合法"开关组合，并列出了每种配置所产生的 3 种电压。要实现此类变换器的正常运行，上述开关器件的开关频率须运行于 10kHz 及以上，并具有一个可随时间调整的占空比，如下式所示：

$$D_{1,1} = \frac{1}{2} + m\cos(\omega t + \phi) \tag{4.75}$$

表 4.4　三相有源整流器的开关器件组合及其交流侧电压

组合序号	左列开关器件	中间开关器件	右侧开关器件	v_{ab}	v_{bc}	v_{ca}
0	1,1 开, 2,1 关	1,2 开, 2,2 关	1,3 开, 2,3 关	0	0	0
1	1,1 开, 2,1 关	1,2 开, 2,2 关	1,3 关, 2,3 开	0	$-V_{dc}$	$+V_{dc}$
2	1,1 开, 2,1 关	1,2 关, 2,2 开	1,3 开, 2,3 关	$-V_{dc}$	$+V_{dc}$	0
3	1,1 开, 2,1 关	1,2 关, 2,2 开	1,3 关, 2,3 开	$-V_{dc}$	0	$+V_{dc}$
4	1,1 关, 2,1 开	1,2 开, 2,2 关	1,3 开, 2,3 关	$+V_{dc}$	0	$-V_{dc}$
5	1,1 关, 2,1 开	1,2 开, 2,2 关	1,3 关, 2,3 开	$+V_{dc}$	$-V_{dc}$	0
6	1,1 关, 2,1 开	1,2 关, 2,2 开	1,3 开, 2,3 关	0	$+V_{dc}$	$-V_{dc}$
7	1,1 关, 2,1 开	1,2 关, 2,2 开	1,3 关, 2,3 开	0	0	0

　　另外两列开关器件组合延迟三分之一周期的行为正好反映了输入为三相电。尽管可以对幅值 m 进行有限范围的调节来改变功率流动，但它本质上表征的是电网电压相对中性点的峰值与直流母线电压之间的比值。图 4.57 所示为基于 $m = 0.8$ 和低开关频率（1260Hz）的电压波形。严格来说，采用低开关频率使波形更容易解读。图 4.58 显示了基于开关频率为 10kHz 和电感约 5mH 的有效值约 10A 的某相交流电流波形，该电流近乎正弦波，在开关频率处有纹波。

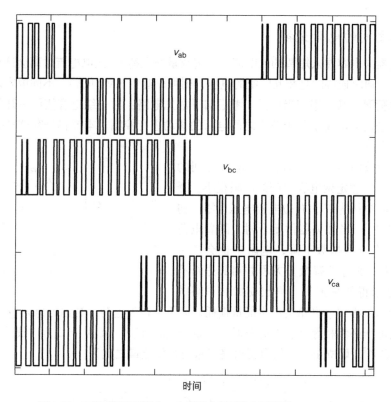

图 4.57　三相有源整流器在一个周期内的采样电压波形 v_{ab}、v_{bc} 和 v_{ca}
（$m = 0.8$、$\phi = 0$、交流侧频率为 60Hz、开关频率为 1260Hz）

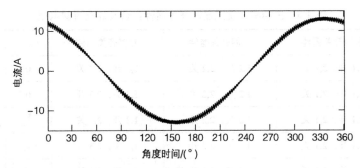

图 4.58　有源整流器的采样相交流电流波形（电感 $L = 5\text{mH}$，相电流有效值约 10A）

　　虽然快速的开关使三相有源整流器的效率低于 SCR 相控整流器，但通过控制幅值 m 和相位 ϕ 使得其调节变得非常便利。在工业应用中，将输入变换为直流母线的有源整流器称为**有源前端**。一些工业电机驱动器、大型电池充电器和工艺设备都使用这种有源前端连接作为逆变器使用的六角桥电路，有时也被称为**双有源桥**变换器。当灵活性和控制精度足以抵消增加的功率损耗时，此类有源整流器也被用于为实现电网控制的公共设备中。对于 100kW 及以上功率，相控整流器的效率可达 99%，而有源整流器的效率只有 97% 或 98%，虽然看起来区别不大，但两者的损失其实相差两倍甚至更多。

4.6　开关电容变换器

4.6.1　电容之间的电荷交换

　　经典整流器向电容注入短暂的大电流（一定数量的电荷），充电电流过高会造成 KVL 问题。如果开关器件导通时连接的是相互匹配的电压，则可以避免 KVL 问题。不同电容之间电荷移动的过程称为**电荷泵**，其应用相当广泛。考虑如下常见电路：对一组电容使用一开关矩阵进行重新排列连接，进而对电路中各个节点之间电荷的移动进行控制。本节将研究这种基于电荷泵概念的开关变换电路。

　　首先，考虑如图 4.59 所示的两个电容之间的电荷交换问题，并假定两电容之间的电阻很小。开始时，左边电容电压为 V_0，右边电容电压为零。初始储能为 $0.5C_1V_0^2$。当开关器件闭合时，随着电荷的流动，输入电压呈指数下降，电阻中也会产生 I^2R 的功率损失。通过求解微分方程并对其进行积分计算，能够求得能量损失，得出初始和最终的

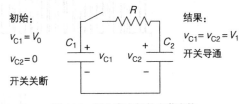

图 4.59　两电容之间的电荷交换

能量条件。瞬态过程中，电路会产生能量损耗，但不会损失电荷。初始电荷为 $Q_0 = C_1V_0$。在最终状态，两边电压必然相等且总电荷守恒，即 $Q_1 = Q_0 = C_1V_1 + C_2V_1 = C_1V_0$。最后存储的能量为 $0.5C_1V_1^2 + 0.5C_2V_1^2$。联立上式求解可得最终能量与初始能量之比为

$$\frac{C_1V_1^2 + C_2V_1^2}{C_1V_0^2} = \frac{C_1V_1^2 + C_2V_1^2}{(C_1V_1 + C_2V_1)^2}C_1 = \frac{C_1}{C_1 + C_2} \tag{4.76}$$

　　该比值与电阻值无关；电阻值会改变电荷转移所需的时间，但不会影响能量损失。如果两

电容相同，转移过程中会造成 50% 的能量损失。无论两电容是以短路方式或以非常大的电阻进行连接，当初始时刻的一个电容充满能量而另一个电容能量为零时，在电荷转移过程中都会损失一半的能量，从而使 KVL 问题更加明显。

如果初始时刻两电容之间的电压差比较小会发生什么情况呢？在初始条件时，左侧电容电压为 V_0，右侧电容电压为 $V_0 - \Delta v$。此时，初始的能量和电荷分别为

$$W_{\mathrm{init}} = \frac{1}{2} C_1 V_0^2 + \frac{1}{2} C_2 (V_0 - \Delta v)^2$$
$$Q_{\mathrm{init}} = C_1 V_0 + C_2 (V_0 - \Delta v) \tag{4.77}$$

最终电荷与初始电荷相同，能量损失为

$$W_{\mathrm{loss}} = \frac{C_1 C_2}{C_1 + C_2} \frac{\Delta v^2}{2} \tag{4.78}$$

对 Δv 取极限，最终能量与初始能量之比为

$$1 - \frac{C_1 C_2}{(C_1 + C_2)^2} \left(\frac{\Delta v}{V_0} \right)^2 \tag{4.79}$$

与式（4.76）相同，该比值与电阻值无关。这意味着当两电容电压更为接近时，电荷的转移效率就更高。例如，如果 C_2 上的初始电压为 V_0 的 90%，则在电荷转移过程中只损失了少于 1% 的能量。这是一个比较正面的结果：尽管存在 KVL 问题，但如果电压相差不大，则由开关器件和电容元件构成的互联网络内部可以有效地传输电荷。在充、放电过程中使用串联电感可以进一步降低损耗，这类似于谐振开关过程，后面将对此进行讨论。

4.6.2　电容与开关矩阵

保持两电容电压接近相等的约束条件使得转换过程更为复杂，但是可以考虑下面这个策略。通过开关矩阵满足电容的串并联连接需要，进而实现与电源之间的能量传递。一组电容与开关矩阵的电路结构如图 4.60 所示。如果对串联电容充电至电压为 V_{in}，则每个电容须承载的电压为 $V_{\mathrm{in}}/2$，在断开串联后与负载并联，则会产生一个 2∶1 的降压变换器。虽然开关电容电路的组合方法有很多种 [12,13]，但通常是使用串并联组合来构建所需的电压比。基于这种思路，图 4.61 给出了一种高变比的升压变换器。通过使用 n 个相同的电容，该变换器能产生 $V_{\mathrm{out}} = n V_{\mathrm{in}}$ 的电压，从而可以作为 boost 变换器进行使用。事实上，相比于基于电感的 boost 变换器，开关电容变换器是高升压比应用的更好选择，特别是在低功率场合。

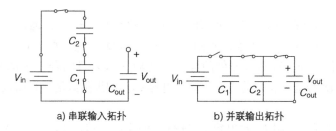

a) 串联输入拓扑　　　　　　　b) 并联输出拓扑

图 4.60　匹配电容串并联的开关组合

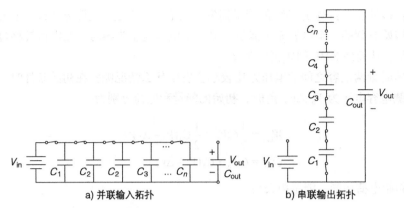

a) 并联输入拓扑　　　　　　　　b) 串联输出拓扑

图 4.61　基于 n 个电容的 boost 开关电容变换器电路

图 4.62 给出了更为通用的、包括开关矩阵和一组电容以及输入源和输出源的开关电容变换器电路方案。通过使用不同的串并联电容组合可以创建所需电压比。与之前的分析一样，电路结构可用于分析开关电容变换器的运行过程，但由于电路中没有使用电流源，因此 KCL 约束条件不起作用。通过开关器件的动作可以实现各种整数比（只要提供足够的器件，最终任何有理数几乎都能作为电压比）。通过调整开关器件的布局可实现极性反转，进而产生负的电压比。

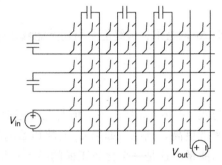

图 4.62　通用开关电容变换器的开关矩阵示意图

例如，只使用四个电容的变换器通过不同的串并联组合，可以产生 1/4、1/2、1、2 或 4 的电压比。甚至可通过对电容的不同组合产生 1/3、3/4 或 4/3 的电压比。基于十个或更多电容的变换器具有更好的灵活性，即使不能实现连续的电压比，也可以产生更多的电压比。

开关频率在开关电容电路中相当重要，因为它控制着电荷交换的速率。例如，如果要求将 1mC 电荷转移至一组串联电容中，且之后要为负载提供 1A 电流，则需采用 1kHz 的开关频率，且按 1C/s 的速率进行电荷交换以实现该电流。转移预定电荷量是这些电荷泵电路的一个基本概念。在较大的电路中，电荷泵是一个顺序过程，当电荷在输入与输出之间流动时，须依次通过多个电路拓扑和多个电容。

4.6.3　倍压电路

一个典型的电荷泵应用如图 4.63 所示，这是一个基本的开关电容倍压电路。该电路的运行过程如下：

■ 初始时刻，两电容均未充电，#2 开关器件开始导通，电容 C_1 通过二极管 D_1 和 #2 开关器件充电，直至电压 $v_{C1} = V_{in}$。电容 C_2 通过二极管 D_1 和 D_2 充电，直至 $v_{C2} = V_{in}$。

■ #2 开关器件断开、#1 开关器件闭合。一旦 #1 开关器件闭合，D_2 的阳极电压将为 $V_{in} + v_{C1} = 2V_{in}$。二极管 D_2 导通并将电荷转移到输出电容 C_2。如果负载足够轻以致可忽略电压降，则电压 v_{C2} 将达到 $2V_{in}$。

■ 重复上述过程，使用 V_{in} 对电容 C_1 进行并联充电，然后 C_1 与 V_{in} 串联，将电压 $2V_{in}$ 传递到电容 C_2 和负载。

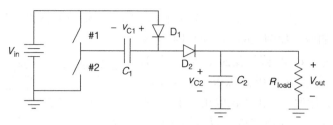

图 4.63　电荷泵倍压电路

每个开关器件处于导通的时间应足够长，从而保证所需的电荷都流入电容。由于在电容器 C_1 充、放电时，电容 C_2 须维持固定的输出电压，因此其电容值应该很大。为了使该电路有效工作，C_1 上的电压应始终保持接近 V_{in}。

对倍压电路运行过程更详细的说明如下：当 #2 开关器件闭合时，电荷流入 C_1 直到其电压达到 V_{in}；当 #1 开关器件闭合时，电压 v_{C1} 将随着 C_1 中的电荷流入 C_2 而减小，如果该电压少许下降 Δv_{C1}，则转移的电荷量为 $C_1\Delta v_{C1}$，当下一个周期的 #2 开关器件闭合时，此损失的电荷将被恢复。由于电荷守恒，转移的电荷量与负载上的电流直接相关，从而可得负载电流为

$$I_{load} = f_{switch}C_1\Delta v_{C1} \tag{4.80}$$

对于给定的负载电流，要使电路实现高效率，则需 Δv_{C1} 很小，这可以通过使用更高的开关频率来实现。对于给定的纹波目标（如 2% 左右），负载电流与开关频率成正比。假定 $C_2 \gg C_1$，实际变换器的输出纹波将远小于 Δv_{C1}。二极管的导通压降会对该电路在低电压场合的应用产生影响，因此通常使用金属氧化物半导体场效应晶体管（MOSFET）来代替二极管以避免此问题。在高电压应用场合，1V 的导通压降对电路的影响并不显著。

例 4.6.1　试设计一个由 5V 电源供电、输出 10V 电压的倍压电路，并能满足特定的通信硬件标准。该电路使用低导通压降的 MOSFET 而非二极管。目标开关频率为 20kHz，额定电流高达 0.01A，且输出电压峰 - 峰值纹波须小于 1%。

图 4.63 所示的倍压电路就能满足此要求。其额定值为 1000Ω 的负载能从 10V 输出电压中获得 0.01A 电流，则输出电容应取多大？当 #1 开关器件闭合时，电容快速充电，然后在剩余的周期内衰减。在 50μs 的开关周期内，为满足 1% 电压纹波要求，电压跌落不得低于 0.1V。在满载条件下，应满足

$$i_C = C\frac{dv_C}{dt}, \quad I_{load} \approx C\frac{\Delta v_C}{\Delta t}, \quad \frac{0.01A}{C}50\mu s \approx \Delta v_C < 0.1V \tag{4.81}$$

从而有 $C_2 > 5\mu F$。为了实现高效率，电容 C_1 上的纹波电压不应超过 0.2V，该值为输入电源的 4%，并根据式（4.79）可计算其产生的损耗小于 0.1%。根据式（4.80），可以求得电容值为

$$0.01A = 20000Hz \times C_1 \times 0.2V \tag{4.82}$$

最终得出电容 $C_1 = 2.5\mu F$。电容值 C_1 的取值相对灵活：该值较小时会产生较高的纹波和略低的效率，但不会产生额外的输出纹波；更高的开关频率则允许两个电容值更小。

开关电容 dc-dc 变换器在集成电路上相对容易实现，因此它们经常出现在低功率和低电压的应用中。例如，在一个由 3.6V 锂电池供电的医疗传感器应用中，比值为 3:1 的开关电容降压变换器是驱动运行电压约 1.2V 的小型微控制器的有效方法。集成电路使这些变换器在单片机设备供电中发挥了重要作用。一些设计人员已将它们扩展到更高的功率水平 [14]。作为其他电源

的补充，如电池和燃料电池，也使用到了开关电容电路[15]。倍压电路的一个应用是以低电压驱动上端开关器件的栅极，如图 4.64 所示的具有 12V 输入和可调输出的传统 dc-dc 降压变换器。典型的 N 沟道功率 MOSFET 需要在栅极到源极上施加 10 ~ 15V 的电压才能使其导通——由于该电压高于 V_{in} 从而无法在电路中获取。倍压电路则可以将输入转换成低功率的 24V 电压输出，以供 MOSFET 栅极驱动使用。

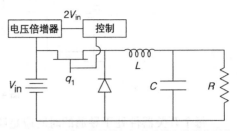

图 4.64 为上端开关器件栅极驱动供电的带倍压电路的 buck 变换器

开关电容变换器的应用并不局限于 dc-dc 变换器，一个经典整流器也可以被认为是一个 ac-dc 电荷泵的实例。如图 4.65 所示，级联形式的电荷泵装置被称为 Cockcroft-Walton 乘法器[16]，常用于产生非常高的电压。其输入为交流，电路仅在 V_{in} 正峰值附近吸收能量。在此电路中，位于上面电路的每个电容产生的电位等于峰-峰值输入，但下一阶段的峰值则会对此进行抵消。因此，如果 C_1 的输入为峰值 170V 的正弦波，则 C_1 会产生 340V 峰值，且其后续电容会额外增加 340V。电荷从前一个电容向后一个电容依次传输，需要多个开关周期才能到达输出。在图 4.65 中，最终输出电压大约是输入电压峰-峰值的五倍，在此条件下约为 1500V。与倍压器一样，电容中的电荷和输入频率决定了最大负载电流。具有多级的 Cockcroft-Walton 可为静电除尘器、绝缘测试仪和用于公用事业开关设备的高压测试设备提供 100kV 以上的电压。当其所产生的电压在 10kV 范围时，可用于复印机、小型 X 射线发生器和其他低电流高压设备。

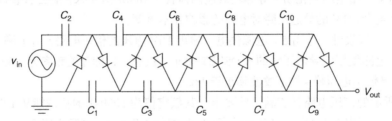

图 4.65 用于高压输出的 Cockcroft-Walton 电荷泵

4.7 电压和电流倍增器

图 4.63 所示电荷泵电压倍增器是一个通过重新连接电容来实现 1:2 升压功能的 dc-dc 变换器。已知 PFC boost 和 DCM 模式反激式变换器可以适应宽范围交流输入电压，另一种常见的由开关电容电路驱动的宽范围交流输入的电路称为**电压倍增器**，电路如图 4.66 所示。它的功能在某些方面类似于图 4.63 所示的电压倍增器，但无源二极管运行于工频，这是因为桥式电路中的两个电容与输入并联，而与输出

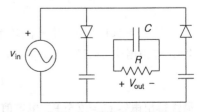

图 4.66 二极管桥式倍压电路

串联。当二极管压降很小且负载很轻时（通过使用很大的输出电容且没有纹波），输出电压为 $2V_0$。电压倍增器在许多类型的产品中很常见。为实现 120V 与 240V 电压的切换，许多电源都设置了一个可选开关。在 120V 电压所处的位置，通过与电压倍增器相连可以产生约 340V 的内部电压；在 240V 电压所处的位置，通过与传统的经典整流器相连也可产生约 340V 的内部电压。

为提供独立的高压和低压工作范围，目前该电路只是权宜之计。有一些与电压倍增器相关的电路可以产生三倍或多倍的电压[17]，其本质与 Cockcroft-Walton 乘法器基本相同。

两个桥式倍压电路可以构成图 4.67 所示的电流倍增器。倍压电路中施加在两桥臂电容上的电压为 V_0，输出电压为两倍 V_0；电流倍增器在每个电感上施加一定的电流，按照 KCL 定律，则流过负载的电流为总电流的两倍[18]。根据能量守恒，输出电压减半，加上使用的是大电感，所以输出可近似为直流电流源，每个二极管的导通时间为工频周期的一半，输出电压是按照 $\langle |V_{in}| \rangle$ 进行计算的，而不是输入电压的峰值。由于电流倍增特性，使用大电感电路的输出电压为

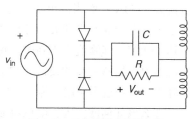

图 4.67 二极管桥式倍流电路

$$V_{out} = \frac{V_0}{\pi} \tag{4.83}$$

对于输入电压有效值为 120V 的情况，且当二极管导通压降为零时，输出电压约为 54V。

倍流电路很少工作于工频，其主要应用是为高频正激变换器提供低压输入。例如，在一个输出仅 1V 但功率为 100W（因此输出电流为 100A）的电路中，可以首先设计成输出为 2V/50A 的可控电路，然后再通过使用输出电压减半的电流倍增器来实现。每个电感的额定电流仅为输出电流的一半。

4.8 变换器设计实例

4.8.1 风电功率整流器

构建风力发电系统可以有许多方法，其中一种典型的方法是采用变速风力涡轮机驱动同步三相交流发电机。发电机的输出通过整流（可能仅使用二极管桥式电路）输出给直流母线，直流母线再输出给逆变器[19]。同步发电机的输出为一组幅度和频率都与速度成比例的正弦电压。在下面的实例中，发电机的输出可通过整流器进行相控，使之能够在某些速度范围内保持平均输出的恒定，混合动力汽车就采用了类似的结构。与许多流体系统一样，风力涡轮机输送的功率与风速的立方成正比。

例 4.8.1 一台风力涡轮机驱动同步发电机，当额定风速为 20m/s、满输出功率为 2MW 时，能产生频率为 300Hz 和线电压有效值为 1200V 的三相交流输出。此输出作为相控整流桥的输入。在风速为 10m/s 的条件下，发电机的输出电压为 150Hz/600V、输出功率为 0.25MW。试设计所需的相控整流器，使之能在 10 ~ 20m/s 的工作范围内通过控制产生固定的输出电压（电压纹波峰 - 峰值可达 10%）。以此为基础，5m/s 的风速会产生多大的电压？

如果滤波电感足够大，则相控整流器的平均输出与频率无关。当输出线电压的有效值为 1200V 时，相对中性点的相电压有效值为 $1200/\sqrt{3}$ V = 693V，而相电压的峰值 $V_0 = 693\sqrt{2} = 980$V。在风速 20m/s 条件下，峰值电压为 49v，其中风速 v 以 m/s 为单位。按照式（4.44），桥式电路的平均输出为

$$V_{dc} = \frac{6 \times 49v}{\pi} \sin\left(\frac{\pi}{3}\right)\cos\alpha = 81v\cos\alpha \tag{4.84}$$

根据要求，须使输出电压在风速 10 ~ 20m/s 的范围内保持恒定。为实现高功率因数，选择 $\alpha = 0°$ 时对应 10m/s，$\alpha = 60°$ 时对应 20m/s。直流电压为 810V，当输出功率为 2MW 时，所需电流为 2470A；而当输出功率为 250kW 时，所需电流为 309A。那么，整流桥所用开关器件的额定值为多少呢？当开关器件导通时，最高电流约为 2500A；当开关器件关断时，最高线电压可达 1200V，其峰值为 1700V。每个开关器件的占空比为 1/3，因此平均电流约为 830A。在此整流器中，虽然大多数设计人员会选用更高额定电压的开关器件来应对开关处出现的高电感电压峰值，但是选用额定值为 2000V 和 830A（平均值）的 SCR 器件是可行的。

那么该如何滤波呢？电压纹波的目标是小于 10%，或者说 81V。基于式（4.55），需要对电容和电感的尺寸进行折中处理。但是由于频率随风速变化，为 15v Hz，因此角频率（rad/s）为

$$\omega = 31\pi v \tag{4.85}$$

由式（4.55）可知，输出电压纹波可近似为

$$\Delta v_{dc} = \frac{\Delta i_L}{m30\pi vC}, \quad m = 6 \tag{4.86}$$

纹波会随速度的增加而下降，因此为实现滤波器的设计，首先应关注最小速度，即 $\alpha = 0°$ 时的情况，然后为了适应最大风速进行相关的设计。一个有效的起始点是表 4.3 所示的值为 0.00301RT/2 的临界电感，且低速时的电阻为 810V/309A = 2.63 Ω，频率为 150Hz，从而可得临界电感为 26.3μH。为了得到其他的电路参数，先假设 $C = 100$μF。由式（4.86）可得，满足 81V 纹波要求的电感电流纹波不超过 46A，但是临界值会产生大约 618A 的纹波，因此需要比临界电感值大 13.5 倍的电感才能实现目标纹波的要求。从而，电感和电容的暂定值分别为 $L = 356$μH 和电容 $C = 100$μF。

上述参数能适应最大风速的运行吗？当相位角 $\alpha = 60°$ 时，虽然电感电压的变化更快，但频率也更高，此时整流器的输出电压波形如图 4.68 所示。在电感电压为负值的时间段内，输出波形为三角波，从而有

$$\Delta i_L = -\frac{1}{L}\int_{v_L < 0} v_L(t)\mathrm{d}t \approx \frac{1}{2L}bh \tag{4.87}$$

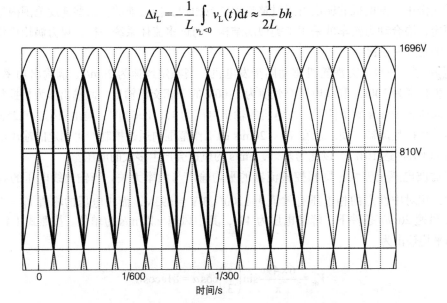

图 4.68 用于六脉冲电路的具有 60° 相位延迟的整流器输出电压波形

从图中可以看出，三角形的底边 b 约为 0.27ms，高 h 为 810V。由式（4.87）计算可得 $\Delta i_L = 300A$，显然电流的变化过大，从而无法满足性能指标，因此必须增加 L 或 C（或两者）。比如，设 $L = 750\mu H$，在高风速下该电感值产生的电流纹波约为 143A，为满足性能指标，要求电容 $C = 156\mu F$。由于电流纹波可以与电容值进行折中选取，因此选择其他电容值也是可行的。

当风速较低（如 5m/s）时，相位延迟角仍可能保持在 0°。如果整流器仍处于连续模式，则电压将下降一半，约为 405V。当风速减小一半时，功率随之减少至原来的 1/8，且频率降至 75Hz。从表 4.3 可以得出，临界电感将增大 4 倍，达到 105μH，但是所使用的电感为 750μH，远高于此值，因此电流为连续且输出电压为期望的 405V。

4.8.2 电力系统控制和高压直流系统

整流器可为电网与高压直流（HVDC）系统的互联提供接口[20]。在许多大功率应用场合中，普遍采用相控整流器，而对于较新的"直流输电"则使用有源整流器[21]。许多 HVDC 系统可将电力从遥远的地方（如水电站大坝）单向输送到某一城市。在这种情况下，发送端可以建模为一个多脉冲中点整流器，而接收端则为互补中点变换器。下面这个例子展示了基于单向传输的高压直流输电是如何实现功率以及功率因数控制的。

例 4.8.2 为了将电力传输至 1500km 外的人口中心城市，使用串并联 SCR 器件的 48 脉冲整流器连接水力发电站与 HVDC 输电线。为此，发送端可以建模为输入电压有效值为 425kV 的 48 相中点整流器。接收端可以建模为输出电压有效值为 400kV 的 48 相互补中点整流器，其传输电流高达 2000A，所使用的连接线及其滤波器可以建模为串联 4mΩ/km 电阻的大电感。根据上述条件，试对相位控制进行讨论。在以尽可能高的功率因数运行时，为实现 1000MW 的功率输出，相控整流器的相位该如何取值？是唯一的么？

电路拓扑如图 4.69 所示，输出线路总电阻为 $0.004\Omega \times 1500km = 6\Omega$，在发送端，电压幅值 $V_0 = 425000\sqrt{2}$ V $= 601.0$kV，其平均电压为

$$\langle V_{send} \rangle = \frac{48 V_0}{\pi} \sin\left(\frac{\pi}{48}\right) \cos\alpha_{send} = 600.6\cos\alpha_{send}\,(kV) \tag{4.88}$$

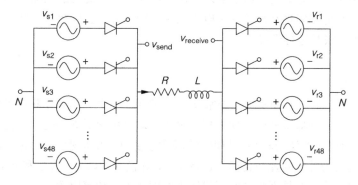

图 4.69 使用中点和互补中点整流器建模的 48 脉冲 HVDC 线路

在接收端，电压峰值为 $400000\sqrt{2}$ V $= 565.7$kV，其平均电压为

$$\langle V_{receive} \rangle = 565.3\cos\alpha_{receive}\,(kV) \tag{4.89}$$

显然，电感无法承受平均电压，线路上的平均电流值由线路电阻（6Ω）两端的电压降决定。此电压降取决于发送端与接收端之间的电压差，线路上最终的电流值可由两端的相角之差进行控制。由于电流值为 0 ~ 2000A 之间的任意值，因此电压差将介于 0 ~ 2000A × 6Ω = 12kV 之间。实际的相位角 α 可以控制传输线上的运行电压，进而确定平均功率。根据式（4.51），多脉冲电路的功率因数近似为 $\cos\alpha$，因此最大可能的功率因数意味着相位角接近 0°。根据例 4.4.2 可知，接收端的相位角 $\alpha_{receive}$ 须介于 180° ~ 360° 之间（相当于 -180° ≤ α ≤ 0°），从而能够实现 SCR 的正常工作。

在此电路中，如果发送端与接收端的相位角都设为 0°，则传输线两端的电压差为 600.6kV - 565.3kV = 35.3kV，导致线路电流为 5900A。显然，该电流值太高，所以需要减小发送端相位角 α_{send} 直至得到所需的电流和电压。考虑下面这种可能的方案。当电流为 2000A 时，线路上的损耗为 I^2R = 24.0MW，因此为实现接收端 1000MW 功率的传输，需要发送端发出 1024MW 的功率，进而要求发送端的电压为 512kV，接收端的电压为 500kV，对应的发送端的相位角为 α_{send} = 31.5°，接收端的相位角为 $\alpha_{receive}$ = -27.8°。上述方法是否实现了最高功率因数呢？答案是否定的。在相同功率条件下，为提高功率因数，须保证较高的电压和较低的电流。其解决方案是将低压（接收）端的相位角 α 设为 0°，然后求解发送端的相位角，使其产生的功率为 1000MW 与线路损耗的功率之和。此时，传输线上的电流为 1000MW/565.3kV = 1769A，线路电阻上的电压降为 10.6kV，因此发送端的电压应为 575.9kV，其对应的发送端相位角 α = 16.5°。这时，功率因数达到最高（约 0.96）且减少了线路损耗。基于最高功率因数法求解得到的相位角是唯一的：任何其他的接收端相位角 $\alpha_{receive}$ 会产生更低的电压，导致电流增大、损耗增加，进而降低了发送端的功率因数。在上述情况下，传输线上运行的电压和电流分别约为 575kV 和 1770A。

即使能实现最高功率因数的接收端电压相位角是唯一的，但介于 16.5° ~ 31.5° 之间的发送端相位角都能产生 1000MW 的输出功率，这些不同的相位角又有什么区别呢？在此角度范围内，由于功率因数会发生变化，因此三相系统的**无功功率**也会发生变化。在电力系统和电力电子设备中，无功功率 $\sqrt{(V_{rms}I_{rms})^2 - P^2}$ 表示的是在储能元件之间来回流动的能量，并不能被负载有效使用，因而不是用户想要的。由于必须使用储能元件，因此无法根除无功功率。HVDC 系统中的相位控制几乎能够实现平均功率（电力系统工程师称为**实际功率**）和无功功率的独立控制，这对电网来说，极具运行优势。

4.8.3 固态照明

固态照明之所以流行，其一是由于通常基于 LED 器件，其二得益于精确的整流器控制。为减少灯泡闪烁，如何实现低纹波电流变得相当重要。通过设定所需的亮度，输出电流能从 0 变化到 100%，而输出电压的波动较小（与电流呈对数关系）。为实现设计目标，可将电压视为近似恒定，因此电流成为首要的控制目标。运行于 DCM 模式的降压 - 升压和 flyback 变换器在固态照明控制中值得关注，这是因为它们不但能为电网实现高功率因数，且其固有的内阻特性更容易与传统的调光电路相连，此外还能通过调节占空比来实现独立的亮度控制。

例 4.8.3 由五个 LED 串联而成的小灯可用于替换 60W 的白炽灯。每个 LED 在开通时具有 3.2V 的正向导通压降，其额定电流可达 0.4A。基于电压为 120V、频率为 60Hz 的输入，为驱动这些器件，试设计一个运行于 DCM 模式下的反激式变换器。在此设计中，为实现 LED 全亮，变换器的占空比须设为多大？如果半亮呢？

这是一个不存在唯一解的设计问题，但可给出一些通用原则作为设计参考。首先，临界电感与电流有关，电流越小，所需电感就越大，这意味着在满载情况下，如果 $L \leqslant L_{\text{crit}}$，负载较轻时的变换器将处于 DCM 状态。其次，由于输入电压的有效值为 120V，其峰值达到了 170V，而输出额定电压只有 $5 \times 3.2\text{V} = 16\text{V}$，因此降压比为 8∶1 ~ 10∶1 比较合适。最后，功率等级相对适中（6.4W），因此开关频率可设置为约 200kHz。考虑到以上这些方面，可以尝试一种基于 8∶1 匝比和 200kHz 开关频率的设计。满载情况下，LED 在下桥臂所消耗的功率与使用 40Ω 电阻所消耗的功率相同。图 4.70 给出了该电路拓扑和等效的低压侧 buck-boost 变换器。此等效变换器的输入电压有效值为 15V。

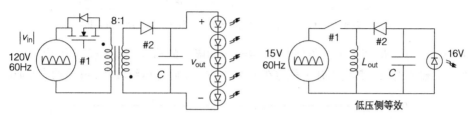

图 4.70　用于低功率照明灯驱动器的 DCM 模式下的反激式变换器电路拓扑及下桥臂等效电路

为实现相同的功率等级及其相关特性，高压侧等效 buck-boost 变换器可实现 128V 的直流输出，并为 2560Ω 的负载提供 6.4W 的功率。此等效电路拓扑如图 4.71 所示。为使从电网看过去的变换器类似于一个等效电阻，该变换器的占空比须保持恒定。由于需从 $120V_{\text{rms}}$ 交流源中获得 6.4W 的功率，该有效电阻应为 2250Ω。第 3 章给出的 buck-boost 变换器临界电感值的计算公式为

$$L_{\text{crit}} = \frac{R_{\text{load}} T}{2} (1 - D_1)^2 \qquad (4.90)$$

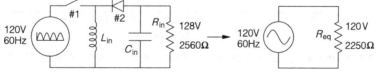

图 4.71　用于照明灯驱动器的上桥臂等效 buck-boost 变换器电路拓扑

为使变换器始终运行于 DCM 模式，所需电感不应超过高压侧等效电路最重负载 2560Ω 时的临界电感值。实际中需要检测此值的有效性。联立式（4.74）和式（4.90）求解可得 $R_{\text{eff}} = 2250\Omega$，这时所需的占空比为

$$2250\Omega = \frac{2L_{\text{crit}}}{D_1^2 \times 5}, \quad 2250\Omega = \frac{2560 \times 5 \times (1 - D_1)^2}{D_1^2 \times 5}, \quad D_1 = 0.516 \qquad (4.91)$$

根据式（4.90），从高压侧测量的电感 $L = 1.50\text{mH}$。若该值设置较小（比如 1mH），即使出现较大误差和轻微过载等情况，也可以保证变换器运行于 DCM 模式。由式（4.74）计算可得满载条件下的 $D_1 = 0.422$。半亮度情况下，功率降低一半，则有效电阻为 4500Ω，占空比需要进行相应的调整。

即使变换器看起来对电网呈阻性，但它仍能从电网中获得会使固态照明灯闪烁的双倍频功率，因而必须对其进行滤波。在允许 10% 闪烁（即低压侧 ΔV_C 应不超过 1.6V）的情况下，要实现输出侧负载的电流为 0.4A、频率为 60Hz，根据式（4.71），输出侧电容须为 663μF，其额定电压约为 20V。完整的电路拓扑如图 4.72 所示。

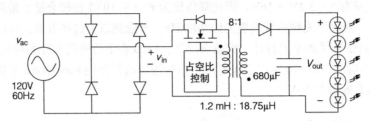

图 4.72　基于 DCM 模式反激式电路的 6.4W 固态照明灯驱动器电路拓扑

图 4.73 给出了短时间（满载条件下 3 ~ 4ms）间隔内的输入电流和输出电压波形。电流峰值跟踪整流器输入电压，其输出几乎稳定在 16V 左右，实际电压纹波峰 - 峰值约为 9.4%。

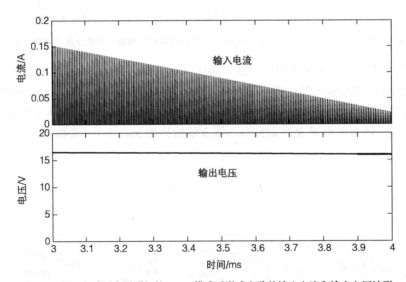

图 4.73　用于驱动固态照明灯的 DCM 模式反激式电路的输入电流和输出电压波形

4.8.4　车载有源电池充电器

无论是置于车内还是安装在停车设施中，电池充电器需为插电式电动汽车的长距离行驶提供多方式的充电功能。例如，充电器的功率因数应接近 1，这不仅有利于电网的安全运行，而且还能使车辆从给定的充电端口中获得更多的电能。充电器应采用计算机来控制其运行，如实现在电价较低时对汽车进行充电，或者多个充电器协调运行以防止局部过载。即使交流侧的电压或频率发生变化，充电器也必须精确满足电池的充电要求。本节给出了一个用于 ac-dc 变换的有源充电器的示例。某些商用充电器要求提供电气隔离，其常用的实现方式是采用带有高频变压器的 dc-dc 桥式电路。本设计不要求实现电气隔离。

例 4.8.4　电池充电器被安装于电动汽车内部。此充电器几乎能够从所有的单相住宅电源（如 100 ~ 130V/60Hz 或 200 ~ 250V/50Hz）中获取电能，并传输到额定电压为 356V 的电池包中。实际的电池电压范围为 200 ~ 400V。充电器能从 120V 电源中获得高达 12A 的电流，或者从 240V 电源中获得高达 18A 的电流，此外，如果插座支持的话，在手动设置下可以从插座获得高达 40A 的电流。基于上述目的，试设计可满足尽可能多种电流值的充电器。

在此应用中，有源整流器的使用显得尤为重要。传统的整流器既无法提供所需的控制能力（例如 2∶1 输出直流电压范围），也无法提供所需的功率因数。如果充电器的设计要求达到 95% 的效率，当单位功率因数为 1 时，12A 的电流从 120V 电源中所获得的充电功率限制在约 1370W，而当功率因数为 0.7 时，充电功率仅为 960W。这意味着车载单位功率因数充电器的充电速度比采用 70% 功率因数的充电器快 40%。为了满足这些要求，考虑采用 boost PFC 驱动 dc-dc 变换器的设计来管理充电过程，电路如图 4.74 所示。

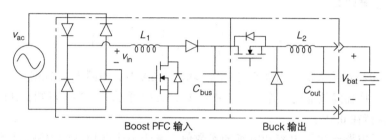

图 4.74　应用于汽车电池充电的有源 boost 整流器与输出 back dc-dc 变换器电路

为实现给定的大电流输出，多数设计人员会在输入侧并联两个 boost 变换器，这种设计也可通过使用等效的单个变换器来实现。由于功率因数须为 1，因此须对 boost 变换器进行控制，使得被整流的正弦电流能够跟随电压，从而保持同相位。开关变换器几乎都会在开关频率处产生一些声学噪声，部分原因是**磁致伸缩**导致的，电感使用的大多数磁材料存在磁场强度与机械应力之间的相互耦合作用的物理特性。20 ~ 30kHz 范围的开关频率避免了人类听觉范围的声学噪声，但这个频率范围也会骚扰到家庭宠物，所以 50kHz 可能是一个更好的选择。整流器在采用上述控制时，最低额定输入电流有效值为 12A，因此在此条件下的 boost 电感的额定电流有效值、电流峰值和平均电流分别为 12A、17A 和 10.8A。在预期正弦波附近设定电流纹波峰 - 峰值为 1A 是合理的。

在实际应用中要考虑功率容量，可能采用全桥正激式变换器，并需要电气隔离。然而，这里是基于简单的共地型 buck 变换器设计参数及其额定值，boost 电路的输出电压必须足够高才能够驱动输出端的 buck 电路满足所有电池的运行情况。由于电池电压最高可达 400V，因此 boost 变换器的输出电压须达到此值。峰值电压 400V 对应有效值为 283V 的交流电压，因此在整个给定的可能的交流电压输入范围内，变换器都须实现升压运行。为维持稳定的电压，母线电容要足够大。在此充电器中，最大输入功率为 250V × 40A = 10kW，输出功率永远不会超过此值，这意味着从 400V 直流母线流入到 buck 变换器的电流为 25A。在低频 50Hz 时，由式（4.71）可得

$$\Delta v_{\mathrm{C}} = \frac{I_{\mathrm{out}}}{2\pi f C} \leqslant \frac{25\mathrm{A}}{2\pi C(50\mathrm{Hz})} \tag{4.92}$$

为实现电压纹波峰 - 峰值 10V 的目标（虽然选取的有点随意，但其目的是试图保持平均母线的电压足够高以便为电池充电），所需电容 $C = 8000\mu\mathrm{F}$。

boost 输入电感的电压波动范围很大，且占空比的变化范围也很宽，那么该如何设计呢？当输入电压有效值为 120V 时，平均输入电压为 108V。由于所需的输出电压为 400V，因此变换

器二极管上的占空比为 $D_2 = 108/400 = 0.27$，晶体管上的占空比为 $D_1 = 1-D_2 = 0.73$。如果允许电流纹波为 1A，则有

$$v_L = L\frac{di}{dt}, \quad 400V - 108V = L\frac{\Delta i_L}{D_1 T} = L\frac{1A}{0.73 \times 20\mu s} \tag{4.93}$$

可得电感 $L > 4.26mH$。当频率为 60Hz 时，该电感的阻抗为 1.6Ω。虽然该感抗产生无功功率，但变换器获得的电流只有几安培，因此功率因数仍将大于 0.95。

buck 变换器也能工作于 50kHz 开关频率。在此频率下，电池能够承受几安培的电流纹波，但 buck 变换器使用了电感和电容滤波器。当 buck 变换器连接到高压侧时，输出电感上的电压将为 $V_{dc} - V_{batt}$，这意味着

$$V_{dc} - D_1 V_{dc} = L_2 \frac{\Delta i_{L2}}{D_1 T}, \quad L_2 = \frac{V_{dc} T}{\Delta i_{L2}}\left(D_1 - D_1^2\right) \tag{4.94}$$

当 $D = 0.5$ 时，电感取最大值。当电流纹波峰 - 峰值为 2A 时，电感 $L_2 = 1mH$。根据前面章节讲述的关于 buck 变换器滤波器的工作原理，并由式（3.28）和式（4.24）可知，$10\mu F$ 的电容能使输出电压纹波保持在 0.5V。

图 4.75 所示电路给出了电容和电感的参数值。基于整个变换器的控制，我们希望有以下特性：

■ boost 变换器工作的目的是保持直流母线电压 400V，且流过其输入电感的电流为 $|I_0\cos(\omega t)|$。电流幅度的选取必须与实际输送到电池的功率等级相对应，也必须满足性能指标的限制。

■ buck 变换器通过检测电池电压来调整占空比，使其输出略高于电池电压以驱动电流到电池。如果输入电流被限制，电池电流也被限制。

■ 当充电完成后，按照定时或电价进行充电设定，只需关闭所有开关器件以停止充电。

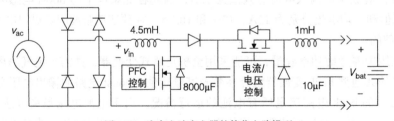

图 4.75　汽车电池充电器的简化电路模型

例如，在输入电压为 120V、频率为 60Hz、电池电压为 356V 条件下，boost 变换器将获得 12A 电流和大约 1440W 功率。由于输入功率受到限制，电池电流被限制在约 4A（可使损耗更小）。在输入电压为 240V、频率为 50Hz、电池电压为 300V 条件下，boost 变换器将获得 18A 电流和大约 4320W 功率。电池电流被限制在 14A。变换器通过检测输入电压来设置电池的限流条件。如果车主使用的是大功率插头，如额定电压为 240V、额定电流为 30A，则在进行合适的设置后可以允许增加输入功率。

值得注意的是，图 4.75 是实际充电器的简化模型。实际的器件可能在输入端并联了两个 boost 变换器，而在输出端连接了一个全桥正激式变换器。虽然可能存在由多个器件并联达到所需要的额定值，但电感或电容的值基本是相同的。

4.9 应用讨论

自电力系统开创以来，整流器一直是电能变换的基础。不使用滤波电感、通过二极管将交流电耦合母线电容的传统整流器已不再适用，而有源整流器和由二极管桥式电路与 dc-dc 变换器组合而成的多级电路正逐渐取代它们。通过直接调节占空比来修改开关动作以实现所需的电路输出，可见有源电路增加了控制功能。虽然传统整流器的应用具有悠久的历史，以电池充电器为例，其增益能力和相关特性也可通过使用有源整流器来获得。对整流器而言，其调节电网输入和控制电路输出的能力变得越来越重要。高功率因数、低电流失真、"断电"情况下很小的电流消耗以及适应输入变化等作为整流器的基础属性变得越来越常见。

在很高的功率等级，如兆瓦级工业过程和大规模 HVDC 传输线路中主要采用相控整流器和整流桥。由于这些电路以较低的工频运行，所以它们的损耗较小。尽管它们所使用的滤波电感和电容很大，但具有高额定值的 SCR 和 GTO 使得相控整流器能应用在千兆瓦功率等级。从全球范围来看，这些电路可以控制能量在大陆板块之间进行流动，比如，将水利发电从内陆地区向巴西或中国的城市进行传输，将太阳能从北非传递到欧洲，将风能从北美高原转移到五大湖和东海岸的人口中心。以上这些应用有望得到更广泛的发展。

电气化运输、固态照明和移动设备的小型电池充电器是整流器应用增长的重要领域。对于电气化交通而言，与电网的紧密联系对避免发生过载和电池充电能量的管理至关重要。从几百瓦到 10kW 以上的功率等级场合，都要求控制精良的有源整流桥。对于固态照明设备来说，低纹波的电流可调电路能满足这类设备的运行特性。对于小型电池充电器，DCM 反激式和 buck-boost 电路可能是电路微型化和实现成本与性能之间良好权衡的合适选择。

连接单相交流系统的整流器存在基础能量的限制：交流侧吸收二倍工频功率，而直流侧输出恒定功率。能为交流电与直流电提供良好接口的功率变换器，须对两者之间的能量差异进行管理，并利用储能元件来弥补能量差异，对所有的单相整流器，包括最复杂的有源电路来说，这是必须考虑的基本要求。由于输出纹波已经耦合到储能元件中，这类问题对于传统整流器来说往往是最严重的。现代电源和许多其他整流器在输出端常常使用 dc-dc 变换器，这不仅将纹波管理与主要储能元件进行了分离，而且将对储能元件的要求降至最低。如今，直流电源通常使用不带滤波器的不可控二极管桥式电路，然后再与合适的 dc-dc 变换器进行连接。这些电路避免了使用工频变压器，同时简化了电路控制。这类电源可以用于台式电脑、家用电器、电视机、笔记本电脑和大型电池充电器、工业和实验室设备以及很多其他领域。

由于三相（或更高相）电源的功率之和保持恒定，因此作为三相电系统接口电路的桥式电路不存在倍频问题。虽然六脉冲和十二脉冲相控整流器在三相电的应用中很常见，但有源六角桥式整流器在三相电中的应用正不断增长，包括交流电机控制器的输入级和为大型建筑物和数据中心供电的大功率整流器。像用于处理氯气生产、冶炼铝、精炼铜、电解水以及其他电化学过程的整流器通常使用相控三相电路。在这些情况下往往不使用中点整流器，这是因为三脉冲整流器会对电网施加非零的平均电流，而将三脉冲中点整流器作为模型有助于多脉冲整流器的分析。

开关电容电路具有令人关注的前景。相比大多数功率变换器，它们更容易设计到集成电路中。对于需要从直接接触的周围环境中进行**能量收集**和**功率采集**的应用场合来说，开关电容电路变得十分重要。振动、热梯度和光是典型的能量来源，但这些能源相当有限，小型装置必须通过简单高效的微型电路来进行处理。它们也正被研制用于各种规格的芯片电源中。该方法允许各种场合的集成电路能够管理本地的功率需求。例如，得益于更高的电压，射频模块比模拟模块运行得更好，且得益于电压差，数字功能模块的性能比存储器电路更好。

作为以桥式电路方式将电容与二极管进行组合的基本开关电容电路，电压倍增器早已应用于宽范围的输入电源。通过开关设置将电路的输入、输出与倍频器连接，例如，输入 120V 的电路具有与输入 240V 电路相同的功能。对倍增器扩展，可以使其变成三倍、四倍，最终变成 Cockcroft Walton 电压倍增器。电压倍增器是高压应用中的常见元件，可用来驱动复印机、激光打印机甚至工业静电除尘器中的电晕线。电流倍增器将电感和二极管组合在一个电桥，可以增加输出端的电感电流。电流倍增器在低压高电流电路中很重要，它们可以用在正激变换器中的输出二极管部分，使电流增倍并使电压减半。虽然级联是可行的（三倍，甚至是电流倍增器连接电压倍增器），但在电力电子技术中，它们的发展是有限的。电压和电流倍增器可以使用二极管或受控开关，可应用于工频电路和更高频率的情况。

4.10 总结

我们考虑了将整流器作为交流电压至直流电流的转换器，以及用于控制交流侧电流并提供直流电压的有源整流器。二极管 - 电容经典桥式整流器中的四个二极管组成的电桥支持基本的电源设计。如果电容很大，整流器的输出将接近交流峰值 V_0。如果负载与电容的 RC 时间常数远低于交流频率，则纹波会很小，当这个条件成立时，可以使用线性函数来近似表示

$$e^x \approx 1 + x, \quad x 很小 \tag{4.95}$$

在此二极管 - 电容整流器中，我们可以得到以下结论：

- 二极管大部分时间都处于关断状态，关断时间由 $\tan(\omega t_{off}) = 1/(\omega RC)$ 给定。
- 输出电压峰值为 V_0，t_{off} 时刻电压接近该峰值。
- 当二极管关断时，RC 呈指数衰减。若 $RC \gg T$，这种衰减几乎是线性的，因此电压下降为 $V_0[1-t/(RC)]$。
- 当交流电压大于指数衰减时的电压，二极管会再次导通。这种情况可能发生在当 $1-t_{on}/(RC) = |\cos(\omega t)|$ 时。
- 对于全桥整流器，最严重的纹波 $\Delta V_{out}/V_0$ 为 $1/(2f_{in}RC)$，对于半波整流器，则为 $1/(f_{in}RC)$。
- 电流具有很大的尖峰和有效值，功率因数很低。
- 低纹波设计需要通过工频变压器来设置合适的电压，并采用 10mF 及以上的电容。

通常，在整流器输出端接入电感可改善其输出性能，电感通常是加入相控整流器中，其中晶闸管由脉冲控制，以延迟其相对于二极管的动作。这里的时间通常用电角度 $\theta = \omega t$ 表示，通常使用 α 作为延迟角，其中 $\alpha = 0°$ 时可等效为二极管，电路中的整流器纹波可用理想的动作方法分析。对于不可控的单相桥式整流器，临界电感为

$$L_{crit} = \frac{RT}{2\pi}\left[\frac{\sqrt{\pi^2-4}}{2} - \cos^{-1}\left(\frac{2}{\pi}\right)\right] = 0.105\frac{RT}{2} \tag{4.96}$$

当始终保持 $i_L > 0$，即电感大于临界值时，电压值的求解较简单，输出电压与负载无关。对于单相桥式电路，其输出电压平均值为 $2V_0/\pi$。当延迟角 $\alpha = 0°$ 时，电流纹波可计算为

$$\Delta i_L = \frac{2V_0}{\pi\omega L}\left[\sqrt{\pi^2-4} - 2\cos^{-1}\left(\frac{2}{\pi}\right)\right] = 0.421\frac{V_0}{\omega L} \tag{4.97}$$

电流纹波近似为正弦波，则电压纹波为

$$\Delta v_{\mathrm{C}} \approx \frac{\Delta i_{\mathrm{L}}}{2\omega C} \tag{4.98}$$

LC 定义的谐振频率要远低于工频，以提高滤波器效果。当延迟角非零时，可对电感电压（基于理想动作估计）积分来确定电流变化，由于电压的负值部分近似为三角形，从而提供了一种估计积分值的简化方式。

当输入为三相交流电源时，可以使用六脉冲六边形整流桥。对于一般的 m 脉冲电路，输出电压平均值如下

$$\langle v_{\mathrm{out}} \rangle = \frac{mV_0}{\pi} \sin \frac{\pi}{m} \cos \alpha \tag{4.99}$$

其中，相电压的峰值为 V_0；α 是相位延迟控制角；m 是脉冲数（至少为 2）。当使用续流二极管来避免输出为负时，平均输出为

$$\langle v_{\mathrm{out}} \rangle = \frac{mV_0}{2\pi} \sin \frac{\pi}{m} \cos(1+\alpha) \tag{4.100}$$

当 $\langle v_{\mathrm{out}} \rangle < 0$ 时，若直流电源可以保持电流流动，则没有续流二极管的中点整流器可以适应两个方向的能量流动。从这个意义上来说，该电路也是一个逆变器，尽管中点整流器很少以这种方式应用。这提示我们可以构造**互补的中点整流器**，通过改变开关器件的方向以实现电流的反向流动。此变换器的输出电压与中点整流器的输出电压相同，仍采用 SCR，但运行时将相位角限制在 $180° \leqslant \alpha \leqslant 360°$。**全控整流桥**是由这两个电路组合而成，并将它们的相位延迟角分别控制为 α 和 $\alpha + 180°$，可最大化输出电压。实际上，左、右变换器在负载上分别施加一定的电压，因此平均输出翻倍。在半控**整流桥**中，中点整流器电路采用相位延迟控制，而互补中点整流器电路由二极管构成。

当相位延迟角为零时，m 脉冲整流器的临界电感如下式所示

$$L_{\mathrm{crit}} = \frac{RT}{2\pi} \left\{ \frac{\sqrt{\pi^2 - m^2 \sin^2(\pi/m)}}{m\sin(\pi/m)} - \cos^{-1}\left[\frac{m}{\pi}\sin(\pi/m)\right] \right\} \tag{4.101}$$

其中，T 是输入线电压的周期；R 是负载电阻值。亚临界电感可能导致相位控制不起作用（如果 SCR 是脉冲驱动的），或者在相位延迟足够大之前不会进行调整（如果 SCR 是通过合适占空比来实现切换工作的）。与 dc-dc 变换器一样，如果 $L < L_{\mathrm{crit}}$，则输出电压取决于负载。

有源整流器由整流电路与 dc-dc 变换器组合构成，其应用越来越普遍。基本的有源整流器允许在传统的整流器输出侧存在较大的纹波，并通过快速 dc-dc 变换器的占空比的调节来消除纹波。更先进的电路将二极管桥式电路的输出与 boost dc-dc 变换器相连接，使电流馈入二极管桥式电路。boost dc-dc 变换器采用的是 PWM 控制，从而使电感电流能够跟踪输入电压波形。这种类型的有源整流器支持宽范围输入（如 40～60Hz 的 100～270V 交流电），且电网的输入功率因数接近 1。采用电流控制的 PFC 变换器仍然需要大量的滤波电容，因此需要引入另一个后级 dc-dc 变换器，以允许 PFC 变换器输出侧具有较大的纹波。在三相应用中，晶体管六边形电桥可通过输入侧电感设计和 PWM 控制使输入电流为正弦波。

对输入来说，采用快速开关和固定占空比的不连续工作模式的反激式变换器和 buck-boost

变换器类似于有效的电阻。当上述变换器与二极管桥式电路一起使用时，可作为有源整流器，其输入电流跟随输入电压，输出功率由占空比设定。DCM 反激式变换器易于小型化和控制，在小型电池充电器中很常见，并且将对固态照明和便携式设备产生较大的影响。在升压有源整流器中，DCM 反激式变换器能够支持全球的交流电压范围，同时提供 PFC 特性，非常适合 10W 及以下功率的应用，而升压整流器可以处理更高的功率。

开关电容变换器使用开关矩阵来连接电容组，这存在一个潜在的 KVL 问题：不相等电压源的互连。当两个相等的电容（一个处于电压 V 而另一个处于电压 0）连接时，一半的能量会在电压聚集时损失；如果连接时的电容电压几乎相同，则可以避免这种相关的 KVL 问题。开关电容变换器可以通过串、并联的方式重新排列电容，以提供可选择的变换范围。例如，两个电容器可以在电压 V 下并联充电，然后串联放电以提供 2V 的输出。多个电容器的组合可以产生合理的电压范围，如 1/4、1/3、1/2、2/3、3/4、4/3、3/2 等。虽然它们本身并不提供精确的电压控制，但可以在集成电路上构建，并与其他 dc-dc 变换器相连以达到小型化和增强控制能力。在许多电子应用中，预置的合理电压比是可接受的。基于电荷流过电路的方式，开关电容变换器也称为电荷泵。电流能力与每个周期输送的电荷量有关。对于每个周期充电的电容，负载电流为

$$I_{load} = f_{switch} C_1 \Delta v_{C1} \qquad (4.102)$$

其中，Δv_{C1} 是允许的电压纹波。尽管开关电容电路通常应用于低电流的电路，但这并不是对它的限制，并且已经证明了数千瓦的电路也可使用开关电容电路。

电压倍增器将二极管和电容连接，使电容在输入端与电源并联，在输出端与电源串联。当使用两个电容和两个二极管时，得到的输出电压为输入电压的两倍。在轻负载下，该电路就像一个传统的整流器，各个电容建立的电压等于正、负输入峰值之和，因此输出为 $2V_0$。重复排列的二极管和电容形成级联，通常称为 Cockroft-Walton 倍压电路，可以以几乎无限的级数建立输出电压 nV_0。根据对偶性原理，电感-二极管组成的电路可使电感相对于输入起串联作用，相对于输出起并联作用。电流倍增器适用于低压大电流功率电源，但它的输出电压减半。文献 [22] 中介绍了三电流倍增器，它是基于多级电压倍增器的对偶原理构造得到的，但是由于级数太多，其应用不多。

电网采用交流电的好处很多，然而许多电源和负载需要直流供电，因此整流器仍将是基本的电力电子电路。虽然低纹波的经典整流器正在退出历史舞台，但低功率 DCM 模式有源整流器、中等功率的 boost 和 hex 有源整流器以及高功率的相控整流器已获得普遍应用。开关电容电路往往在低功率下具有更大的影响力，因为它们具有集成电路的特殊潜力。在未来，许多有源整流器将采用多级电路结构，各级之间的控制必须进行复杂的交互。例如，在电动汽车中，由有源整流器 dc-dc 变换器级联的充电器不仅需要协调充电功率，还要根据设定的限制条件、可编程设置以及系统负载和电价等的信息进行响应。

习题

1. 将经典整流器设计为逻辑电路，其输出电压为（1 ± 1%）× 5V，最大输出功率为 12W，输入为 120V，电源频率为 60Hz，二极管的正向压降为 1V。试选择满足上述要求的变压器变比、二极管组合和电容值。

2. 将 120V/25.2V、60Hz 变压器连接经典整流器，如果二极管整流桥与大电容一起使用，且输入电压有效值正好是 120V，会产生什么样的输出电压？

3. 在一种特殊的整流器应用中，用 SCR 代替经典整流器中的二极管。

1）相位延迟可以控制输出电压吗？如果能，则求出关于 SCR 相位延迟角的平均输出电压函数。

2）求取该特殊电路中关于 SCR 相位延迟角的输出电压纹波函数。

4. 二极管桥式整流器输出 15V 的电压至滤波器，滤波电感大于负载电流为 5A 时的临界值，输入源的频率可以是 50Hz 或 60Hz。

1）如果电容值不超过 10000μF，是否存在这样的电感可以将纹波保持在 ±2% 以下的电感？如果没有，那么纹波最低为多少？

2）对于 240V、50Hz 输入，在此应用中的变压器变比应为多少？

5. 一个 SCR 桥式电路的输入电压有效值为 230V，频率为 50Hz，并为一个额定值为 120V 的直流负载供电。

1）为满足此要求，相位延迟角为多少？

2）绘制某一开关状态下桥式电路的输出电压波形，以及当相位延迟角为 1）中计算所得的值时输入电流的波形。

3）对于功率为 2kW 的输出负载，在没有输出电容的情况下，需要多大的电感来保持输出纹波峰 - 峰值低于 1%？

6. 考虑图 4.31 中三相输入的全桥整流器，如果输入线电压有效值为 V_{in}，则任何给定的开关必须阻断的最大电压是多少？当 V_{in} = 230V 时，使用的开关的额定电压为多少？

7. 三相全桥晶闸管整流器输入线电压为 208V，频率为 60Hz，且为感抗型负载供电。当 SCR 相位延迟角为 60° 时，负载消耗 25kW。试求出这个整流电路的脉冲数是多少？绘制延迟角为 0° ≤ α ≤ 75° 内的负载功率的函数。

8. 大型焊机中的变压器输出为 30V、50Hz 的单相交流电。晶闸管整流电路用于控制焊机输出，电感用于维持焊接电流。

1）为设置初始输出电压为 25V 的直流电，相位延迟角应为多少？

2）一旦形成电弧，相位角就会降低以保持近似恒定的电流。当相位延迟角为多少时，输出的直流电压为 8V？

9. 12 脉冲中点变换器作为整流器为整个化学涂层工艺提供输出电压 60V、输出电流高达 200A 的直流电。通过对三相电源的推导，每个电源的电压有效值为 120V，频率为 60Hz。

1）需要多大的电感来保持输出电流纹波峰 - 峰值低于 5A？

2）中点整流器的相位延迟角为多少？

3）输入电源的功率因数是多少？

10. 三相输入的全桥整流器为直流电动机供电。电机的串联电枢电感为 0.5mH，电阻为 0.033Ω，额定电流为 140A，额定输出功率为 30kW，转速为 2500r/min。在满额定转速下，电枢电压 V_g = 225V。

1）整流器应能够以满载电流全速驱动该电机，从以下可能的标准值中选择合适的三相电压（线电压）：208V，230V，480V（均 60Hz）。选择该电压时是如何考虑的？

2）在满载扭矩和满载速度下驱动电机时，相位角 α 为多少合适？

3）由式（4.45）可知扭矩和电流是成正比的，因此电动机的额定电流表示一定的额定扭矩。考虑电机驱动负载需要的转矩为 $T_{load} = (10 + 0.7\omega) \text{N} \cdot \text{m}$，相位角 α 为多少时，电机转速为 1000r/min？如果不超过扭矩额定值，负载的最大转速是多少？这种情况下的相位角 α 是多少？

11. 线电压有效值为 200V、频率为 50Hz 的电源连接一个六相中点整流桥，阻抗型负载端电压为 250V，功率为 75kW。欲将电流纹波保持在 $\pm 5\%$ 以下，需要多大的电感？多大的电容能将输出电压纹波保持在 $\pm 2\%$ 以下？在增加了上述滤波电感的条件下，求出变换器输出功率关于相位角 α 的函数。

12. 电压有效值为 440V、频率为 50Hz 的电源连接一个单相桥式可控整流电路，为一个 10Ω 的负载电阻供电。电路中不存在电感，且续流二极管可防止输出电压变为负值。

1）试求电路中负载功率关于相位角 α 的函数。

2）当 $\alpha = 45°$ 时，在输入侧测量的功率因数是多少？

13. 利用桥式可控整流电路将输入为 120V、60Hz 的交流电转换为 12V 直流电，并绘制电路图。从以下观点分析所设计电路：

1）如果该电路设计为低纹波，则交流输入端的功率因数是多少？

2）如果噪声尖峰导致相位角 α 改变了（增大或减小）约 2°，则这段时间会发生什么？电路能否正常工作？

14. 人们希望使用超导储能系统来存储大约 1000MW·h 的能量（大型发电厂 1 小时产生的能量），即 3.6TJ，要求分析此设备的电源转换要求。例 4.4.2 可能对于分析上述要求有所帮助。实际上建立一个串联电阻低于 0.001Ω 的超导系统几乎是不可能的，实际的电阻 R 可能要大得多，在连接器、开关、断路器和其他组件中使用的普通导体是必须要考虑的。

1）如果要求超导电感存储上述能量长达 24 小时，根据时间常数，这个设计中应考虑的最小电感是多少？电流应为多大？

2）如果目的是在晚上储存能量超过 10 小时以上，然后在第二天下午约 2 小时内释放。在这些时间间隔内需要多大电压来改变能量等级？又需要多大电压才能将储能保持在稳定状态？

3）出于噪声的目的，24 脉冲 SCR 整流器等效电路考虑的是可能的最小值。基于中点整流器模型，则需要多大的相电压来支持电能变换，并能够提供额外的值使 α 不需要小于 10° 或大于 170°？

4）该系统能否与续流二极管一起工作？

15. 三相输入电压为 600V（该三相电压为线电压的有效值），频率为 60Hz，连接一个六脉冲可控整流桥，并为大型电动机提供直流电。电动机中串联了电感 $L_a = 0.4\text{mH}$ 和电阻 $R_a = 5\text{m}\Omega$，电枢电压 $V_g = k\omega$，其中磁通常数 k 为 3V·s/rad，轴速度 ω 单位为 rad/s。轴扭矩为 $T_e = ki_a$，其中 i_a 是电动机电流。希望电动机运行时电流限制在 250A，以便在起动时提供可控的加速。为得到 250A 的电流，求出电动机速度关于可控整流桥相位延迟角的函数。

16. SCR 电桥应用于高脉冲系统的电容充电。其输入的三相电源为 50kV、60Hz，并为总电容为 100μF 的电容组供电，串联电感有助于平滑电流。整流器的作用如下：设置延迟角使得平均输出电压与测量的电容电压匹配，然后缓慢升高平均输出电压以增加电荷。由于 $i_c = C\text{d}v/\text{d}t$，可以控制充电电流以设定充电速率。

1）该电路可以存储的最大电能是多少？

2）要求电容组在一分钟内从零开始充电，求出作为时间函数的相位延迟角 α，其将提供匹配的电压并同时最小化充电电流。

3）当充电时间为 1min 时，在充电过程中从交流电源获取的最大功率是多少？

17. 高压直流输电系统的整流站采用 96 脉冲配置，可以看作 SCR 中点变换器。输入频率为 60Hz 的信号源，其线电压的有效值为 500kV，提供 600kV 的直流电以及 2000MW 的额定功率。

1）在额定负载下，假设负载是阻性的，则相位延迟角是多少？

2）关于对附近通信线路的干扰问题，建议增加多少串联电感和输出电容值，以保持直流输出线上的电压纹波峰 - 峰值低于 100V。

18. 三相晶闸管桥式整流器的工作电压为 $480V_{rms}$（线电压），输入频率为 60Hz。它通过电化学反应为负载提供 1~1000A 之间的电流。

1）零相位延迟角时该整流器的临界电感是多少？

2）鉴于宽负载范围和对纹波的相对不敏感性，建议使用输出电感，其在最高负载电流及零相位延迟条件下允许的电流纹波峰 - 峰值约为 20A。求出对应的电感值，这个值与 1）中的结果有何差别？

3）将 2）中所求的电感用于变换器中，再增加一个使输出电压纹波峰 - 峰值保持在 5V 以下的输出电容。整流器将在其整个允许电流范围内提供固定的 500 V 平均输出。当负载电流为 1000A 时，相位延迟角是多少？负载电流为 10A 时呢？负载电流为 1A 时呢？

19. 升压有源整流器的设计要求如下：输入直接使用二极管整流桥，然后连接升压 dc-dc 变换器，控制输出电压为 375V，额定输出功率为 750W，输入电压有效值的允许范围为 85~265V，频率为 40~440Hz，控制输入电流接近正弦波，与交流电压源同相，开关频率为 50kHz。

1）基于输出电压纹波峰 - 峰值为 40V 的目标，升压变换器的输出需要多大的电容？

2）基于电感电流峰 - 峰值为 0.2A 纹波的目标，升压变换器的输出需要多大的电感？

20. 有一种用于网络计算机电源的升压有源整流器，其额定输出功率为 240W，计算机主板的主电源为 12V。要求电源在极宽的范围内正常工作，以便远程控制发动机在紧急情况下提供电能。输入电压有效值范围为 40~300V，频率范围为 40~800Hz。在正常操作中，控制输入电流为正弦波，即使输入电压不是正弦波，控制器也可以跟踪输入电压波形。升压变换器连接推挽正激变换器以产生 12V 输出。

1）boost 变换器的输出电压多大时能够支持允许的整个输入范围？对于 240W 负载，升压变换器提供的平均电流是多大？

2）求出升压变换器的电感和电容，使升压输出纹波峰 - 峰值保持在 10% 以下，并使输入电流纹波峰 - 峰值低于 0.5A。

3）升压变换器中的占空比是基于 PWM 的。结合式（4.65），当输入电压有效值为 60V、频率为 400Hz 时，预期的占空比关于时间的函数是多少？

4）讨论电源为方波输入时的情况。如果输入的方波为 ±100V、60Hz，则升压变换器中预期的占空比关于时间的函数是多少？使用方波输入时是否需要更低或更高的电感值和电容值？

5）讨论电源为直流输入时的情况。如果在输入端施加 100V 直流电，则升压变换器中预期的占空比关于时间的函数是多少？如果能实现这项功能，那么符合性能指标的允许的最大输入电压为多少？

21. 小型电动运输装备具有 100 个电池串联的锂离子电池组。电池组的电压不应低于 210V，最高不得超过 410V。设计一个商业应用充电器，可从一个 240V、60Hz、50A 电路获取电能并控制充电过程。当电压被充电至 400V 时，电能容量为 20kW·h，并与容量为零时 210V 的电压呈近似线性关系。充电电流不应超过 50A，交流侧电流有效值不得超过 50A。保持电池电流纹波适中（电流纹波峰 - 峰值不超过 2A），并确保在电池充满时关闭充电器，电压不超过 410V。注意这是一个设计问题，且解决方案不是唯一的。

1）设计一个可以完成这项工作的电路。

2）如果使用者在 210V 电压下连接了一个"没电"的电池并要求尽快充满，讨论可能发生的运行过程，画出电池平均电流、电池电压和交流电流有效值的时间图。

3）讨论在 10h 内将电池容量从 30%（6kW·h）充电至 100% 的运行过程——这是一种渐进的夜间充电，旨在利用夜间的低电价。

4）思考充电器所需的电感和电容值以及相位控制角或占空比。如果充电器需要在 60Hz 或 50Hz 下工作，上述参数将会如何变化？

22. 设计一个 USB 端口输出的电源，对于电流为 0～2A 的负载，其额定输出为（1±1%）×5V。输出必须与交流输入隔离，交流输入范围为 90～260V、50～60Hz。建议使用 DCM 反激式变换器。

1）试求该变换器的匝数比、输入侧电感值和输出侧电容值。

2）结合上述 1）的输入侧电感值，当输入电压为 125V、频率为 60Hz 时，输入侧占空比应为多少才可以提供 2A 的负载电流？

3）结合上述 1）的输入侧电感值，当输入电压为 250V、频率为 50Hz 时，输入侧占空比应为多少才可以提供 0.05A 的负载电流？

4）在上述设计中，最大电感电流峰值是多少？在什么条件下会出现这种情况？开关器件上的最大电压是多少？这种情况何时发生？

23. 需要一个有源整流器来驱动 5W 固态照明负载，该照明灯由四个发光二极管串联而成，每个 LED 的正向导通压降为 3.2V。可以选用隔离。

1）设计一种输入电源为 120V、60Hz 的电路控制这些 LED 灯。

2）假设 120Hz 时的输出电流纹波峰 - 峰值不超过 10%，求出电路的电感和电容值。当输出功率为 5W 时，电路的占空比、电流和电压是多少？

3）开关器件的电流和电压额定值要求为多少？

4）如何控制电路使电流降到 50%？

24. DCM 反激式变换器可以作为一个涓流充电器，以便在冬季将铅酸汽车的电池电量维持在 100%。变换器必须在合适的电压范围内工作 [120（1±15%）V，50Hz 或 60Hz]，并为电池提供良好的控制输出。它应该仅能在几伏至 14V 的电压下提供 2A 的电流，但是在 13.2V 以上时通常会降低其电流，在输出 13.2V、2A 与输出 14.0V、0A 间呈线性关系。反激结构确保电气隔离。

1）选择匝数比、电感和电容值以满足该变换器的要求。

2）当输入为 120V、60Hz 时，绘制占空比关于 8～14V 内电池电压的函数波形。

3）如果测量电池电压是唯一可用的信息，那么这个变换器能否正常工作？

25. 提出一种用于风力发电应用的三相有源整流器。风力发电机提供 100～500V 的输出电压，且输出电压与速度成比例，频率为 50～250Hz。功率与速度的立方成正比，当输出为 500V 时功率为 1MW。有源整流器将发电机输出的电能输送到大电容组，然后经过逆变器与电网连接。电容组是为了保持几乎恒定的直流电压。

1）画出符合上述要求的电路图，不要求隔离。

2）变换器的电容电压是多少？

3）在 100～500V 规定的输入范围内，电容应该为多少才能使总线纹波峰 - 峰值保持在 5% 以下？已正确选择电感的尺寸，可实现低纹波和良好的正弦电流跟踪。

26. 设计一种开关电容倍压器，其用来为 dc-dc 变换器的控制电路提供高达 50mA 的电流，12V 或更高电压。变换器由 9V 电池供电，选择合适的电容值以满足上述需求。如果电池电压降至 7V，控制电路是否会继续工作？其中二极管正向压降为 0.5V。

27. 图 4.76 所示电路是一种开关电容变换器，开关分组开通，开关组 1 打开，直到电荷转移完成，然后关闭；暂停后，开关组 2 将打开，直到电荷转移完成，然后关闭；循环重复，频率为 f_{switch}。一段时间后，电路达到周期性稳定状态。在这种情况下，输出电压相对于输入电压是多少？

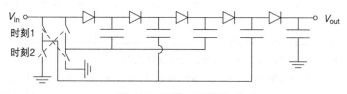

图 4.76　习题 27 电路图

参考文献

[1] G. Oliver and N. Shankar, "A 5 kV 1.5 MW variable de source," *IEEE Trans. Ind. Appl.*, vol. 26, no. 1, pp. 73-79, Jan/Feb. 1990.

[2] R. W. Boom and H. A. Peterson, "Superconductive energy storage for power systems," *IEEE Trans. Magnetics*, vol. 8, no. 3, pp. 701-703, 1972.

[3] S. Palanichamy and V. Subbiah, "Analysis of and inductance estimation for half-controlled thyristor converters," *IEEE Trans. Ind. Electron. Contr. Instrum.*, vol. IECI-28, no. 3, pp. 234-240, 1981.

[4] D. J. Perreault and J. G. Kassakian, "Effects of firing angle imbalance on 12-pulse rectifiers with interphase transformers," *IEEE Trans. Power Electron.*, vol. 10, no. 3, pp. 257-262, May 1995.

[5] J. C. Salmon, "Techniques for minimizing the input current distortion of the current-controlled single-phase boost rectifier," in Proc. *IEEE Appl. Power Electron. Conf*, 1992, pp. 368-375.

[6] M. J. Kocher and R. L. Steigerwald, "An AC-to-DC converter with high quality input waveforms," *IEEE Trans. Ind. Appl.*, vol. IA-19, no. 4, pp. 586-599, July/Aug. 1983.

[7] P. T. Krein, R. S. Balog, and M. Mirjafari, "Minimum energy and capacitance requirements for single-phase inverters and rectifiers using a ripple port," *IEEE Trans. Power Electron.*, vol. 27, no. 11, pp. 4690-4698, Nov. 2012.

[8] S. Singer and R. W. Erickson, "Canonical modeling of power processing circuits based on the POPI concept," *IEEE Trans. Power Electron.*, vol. 7, no. 1, pp. 37-43, Jan. 1992.

[9] M. A. Co, D. S. L. Simonetti, and J. L. F. Viera, "High-power-factor electronic ballast operating in critical conduction mode," *IEEE Trans. Power Electron.*, vol. 13, no. 1, pp. 93-101, Jan. 1998.

[10] A. R. Prasad, P. D. Ziogas, and S. Manias, "An active power factor correction technique for three phase diode rectifiers," *IEEE Trans. Power Electron.*, vol. 6, no. 1, pp. 83-92, Jan. 1991.

[11] A. W. Green, J. T. Boys, and G. F. Gates, "3-phase voltage sourced reversible rectifier," *lEE Proc. B*,

Electr. Power Appl., vol. 135, no. 6, pp. 362-370, 1988.

[12] S. Ben-Yaakov and A. Kushnerov, "Algebraic foundation of self adjusting switched capacitor converters," in Proc. *IEEE Energy Conv. Cong.*, 2009, pp. 1582-1589.

[13] M. D. Seeman and S. R. Sanders, "Analysis and optimization of switched-capacitor DC-DC converters," *IEEE Trans. Power Electron.*, vol. 23, no. 2, pp. 841-851, Mar. 2008.

[14] W. Qian, D. Cao, J. G. Cintron-Rivera, M. Gebben, D. Wey, and F.-Z.Peng, "A switched-capacitor DC-DC converter with high voltage gain and reduced component rating and count," *IEEE Trans.Ind. Appl.*, vol. 48, no. 4, pp. 1397-1406, July/Aug. 2012.

[15] S. Park and T. M. Jahns, "A self-boost charge pump topology for a gate drive high-side power supply," *IEEE Trans. Power Electron.*, vol. 20, no. 2, pp. 300-307, Mar. 2005.

[16] A. Lamantia, P. Maranesi, and L. Radrizzani, "The dynamics of the Cockcroft-Walton voltage multiplier," in *Rec. IEEE Power Electron. Specialists Conf*, 1990, pp. 485-490.

[17] F. Bedeschi et al., "A low-ripple voltage tripler," in *Proc. IEEE Int'l.Symp. Circuits Syst.*, 2006, pp. 2753-2756.

[18] N. Kutkut, "A full bridge soft switched telecom power supply with a current doubler rectifier," in *Proc. Int'l. Telecommunications Energy Conf*, 1997, pp. 344-351.

[19] M. Fatu, C. Lascu, G. Andreescu, R. Teodorescu, F. Blaabjerg, and I. Boldea, "Voltage sags ridethrough ofmotion sensorless controlled PMSG for wind turbines," in *Rec. IEEE Ind. Appl. Soc.Annual Meeting*, 2007, pp. 171-178.

[20] R. Foerst, G. Heyner, K. W. Kanngiesser, and H. Waldmann, "Multiterminal operation of HVDC converter stations," *IEEE Trans. Power Apparatus Syst.*, vol. PAS-88, no. 7, pp. 1042-1050, 1969.

[21] L. Weimers, "HVDC light : a new technology for a better environment," *IEEE Power Eng. Rev.*, vol.18, no. 8, pp. 19-20, 1998.

[22] M. Xu, J. Zhou, and F. C. Lee, "A current tripler de/de converter," *IEEE Trans. Power Electron.*, vol.19, no. 3, pp. 693-700, May 2004.

第 5 章 逆 变 器

5.1 概述

负责将能量从直流电源传递给交流负载的逆变器，其重要性日益凸显。各种规格的电机得益于可控交流电能，因此逆变器在电机控制方面获得了广泛应用，例如磁盘驱动器、播放器、机器人、执行器、电动汽车驱动、生产过程控制以及利用电机控制的加热、通风和空调系统等。可替代能源系统需要接口以便接入电网。逆变器可以为助听器、手机扬声器、家庭影院和其他音频系统的有效运行提供高质量交流波形，同时可提高效率。逆变器还应用于荧光灯、心脏泵、飞机襟翼驱动器和广播天线。逆变器一般被应用于直流到交流的变换，但是有些整流器的能量能够双向流动，因此两者之间的区别变得有点模糊。**电流源逆变器**的直流电流保持恒定，其运行过程类似于相控桥式整流器，主要波形和工作特性与整流器类似，适合采用正向导通双向阻断（FCBB）开关器件、晶闸管整流器（SCR）或门极关断晶闸管整流器（GTO）。**电压源逆变器**将电池或其他固定直流电压提供的能量转换成交流形式，而有源整流器在功率的反方向上可实现类似的功能。本章将讨论逆变器的常见问题，其基本电路由开关矩阵组成。接下来介绍了直流电压逆变成交流的多种方案。讨论基于方波的控制方法，**准方波**逆变器通常作为备用电源使用，其容量有时高达 100kW 以上。然后介绍了脉宽调制（PWM）逆变器，其工作过程类似于有源整流器，通过快速开关过程重构低频交流波形，这也是目前大多数功率在 100kW 以上逆变器的设计基础，包括混合动力汽车交流电机驱动。图 5.1 所示为混合动力汽车牵引电机使用的 PWM 逆变器。

本章最后重点介绍了 PWM 逆变器在交流电机控制和可替代能源方面的应用。逆变器为高效、高性能的电机控制和可再生能源与电网的互联提供了无限可能。

图 5.1　混合动力汽车使用的 PWM 逆变器

5.2 逆变器的诸多考虑因素

由于负载类型影响逆变器的运行策略，因此有必要区分逆变器的两类交流负载。

> **定义**：有源交流负载具有理想电源的特性，能够产生特定时间函数的波形，波形中的时间信息可用于控制并影响能量的传递过程。

> **定义**：无源交流负载的特性更接近阻抗，而不是电源。虽然电路波形可能近似为一个正弦信号，但不包含明确的时序信息。时序信息不可用于控制，也不能影响能量的传递。

注意上述区别。对于有源交流负载，公共电网的中心电站能够精确控制其波形。与电网连接的变换器并不能改变电网正弦信号的时序，电网正弦信号通常是符合国内或者国际标准的。类似第 4 章的整流电路，有源交流负载可以采用相位延迟控制。

多数负载，如正常运行的电机、荧光灯、备用电源装置和无线电发射机，需要正弦波供电，而这些负载不包含内在的时序信息。例如，对一个 *R-L* 串联负载来说，任何尝试通过调整相位来改变电压的结果只不过是改变了电流的相位，不能通过改变电压与电流之间的相角来控制能量流动。由于相位延迟控制无效，因此需要考虑其他的控制方法。

在可替代能源应用场合，有源负载与无源负载的区别在于是并网还是离网传递能量。并网系统的输出必须与已有电网波形同步。离网系统必须能够产生独立的正弦波，而且在含有多个源情况下（本地连接而非接入电网的多个太阳能或风能），要求多个源在无电网波形信号参考的情况下同步并输出一致的正弦波。上述两种情况各自存在控制方面的挑战。

对于实际的交流负载，特别是在电网中，可能使用磁变压器。如果对变压器施加直流电压，会导致磁通增加直至饱和而造成变压器无法工作，这也是在逆变器使用过程中需要考虑的一个重要因素。杜绝任何直流分量，因为它会造成不小的麻烦，因此必须避免。实际的逆变器不应产生任何直流分量。

图 5.2 给出了一个可实现从直流电压源变换到交流电流源的 2×2 开关矩阵，该电路也被称为全桥逆变器。也许对于交流电流源不太熟悉，因此可以利用串联电感实现近似电流源的特性。这里要求开关能够通过双向电流，而电压源是单方向的，因此开关只需具有单方向的电压阻断能力。逆变器通常使用 IGBT 与二极管反向并联，或者使用自带反并联二极管的 MOSFET 获得双向载流能力。如今，功率 MOSFET 应用的功率等级达到 10kW，IGBT 则高达 200kW 甚至更高，且 IGBT 在功率等级低于 200W 的并网应用中也很常见。对于大于 200kW 的功率等级，可以使用 GTO 与二极管反向并联组合开关。

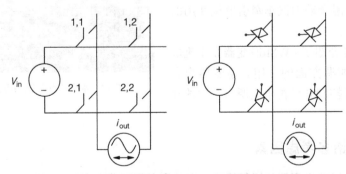

图 5.2 将直流电压源转换为交流电流源的 2×2 开关矩阵

如果有公共连接中性点的场合，就能构造带"中点"逆变器的拓扑。多相直流源没有实用意义，但是带有"两相"直流源的中点逆变器是有实用意义的，多电平逆变器也利用中点接入直流电源。

图 5.3 所示的"分相"中点逆变器，由于有了公共中性点，仅需使用两个开关管，因此该

电路被称为半桥逆变器。它一般用于开关音频放大器、小型后备电源单元和多种单相电路中。
任何具有双向导通、正向阻断（BCFB）的开关或者反并
联二极管的正向导通、正向阻断（FCFB）的开关，都可
以应用于该逆变器。

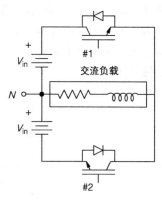

应用于交流电机和其他工业的逆变器需要实现三相输
出。如图 5.4 所示，被称为"六角桥"的开关矩阵使用了
6 个开关器件。许多 MOSFET 和 IGBT 厂商出售已经封装
好的六角桥，可应用于功率达 10kW 的三相逆变器中。对
于更高的功率等级，开关器件通常被封装在半桥单元中，
三个半桥单元组合使用可以实现一个完整的六角桥。

如图 5.5 所示，半桥逆变器与一个 50Hz 有源交流负
载相连。为成功传递能量，输出电压波形必须包含一个

图 5.3 带公共中性点的半桥逆变器电路

50Hz 的傅里叶基波分量且没有直流分量。为满足 KVL 和 KCL，开关管必须交替工作。

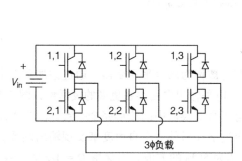

图 5.4 用于直流电压转三相交流电流的 Hex 桥式逆变器电路

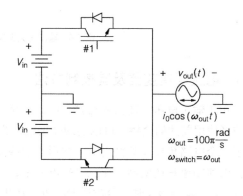

图 5.5 输出为 50Hz 有源负载的半桥逆变器电路

该电路输出电压为

$$v_{\text{out}}(t) = q_1(t) + q_2(-V_{\text{in}}), \quad q_1 + q_2 = 1 \tag{5.1}$$

并可以简化为

$$v_{\text{out}}(t) = (2q_1 - 1)V_{\text{in}} \tag{5.2}$$

直流分量由平均值 $2D_1 - 1$ 决定。对称的 50Hz 方波将满足上述要求，因为当采用 0.5 占空比时，
直流分量为零，此外能够实现 $f_{\text{switch}} = 50\text{Hz}$ 输出功率流。输出的傅里叶级数为

$$v_{\text{out}}(t) = \frac{4V_{\text{in}}}{\pi} \sum_{n=1}^{\infty} \frac{\sin(n\pi/2)}{n} \cos(\omega_{\text{switch}} - n\phi) \tag{5.3}$$

当 $\omega_{\text{switch}} = \omega_{\text{out}}$ 时，$n = 1$ 的分量（基波分量）传递能量，它的电压幅度为 $4V_{\text{in}}/\pi$。相位 ϕ 是唯一
可调的参数，以交流负载作为绝对相位参考。

作为练习，请证明以下电路平均功率输出公式

$$P_{\text{out}} = \frac{2V_{\text{in}}V_0 \sin\phi}{\pi\omega L} \tag{5.4}$$

其中，V_0 为正弦电压的峰值。虽然能够通过相位调整改变平均功率，但是目前似乎只有一个方波能够实现。如图 5.6 所示，带无源负载的逆变器会受到更多限制。此时，相位 ϕ 不能作为可调参数，因为需要通过测量某参考信号得到，但无源负载不包含所需的参考信号。对于用来进行计算机备份的电池来说，经常使用方波信号，但对于多数逆变器的应用场合来说，方波的运行不够灵活。

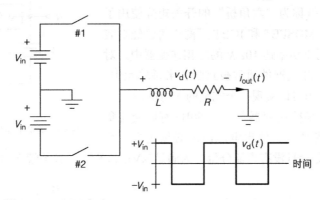

图 5.6 输出为无源交流负载的半桥逆变器电路

5.3 电压源逆变器及其控制方法

由于输出电压可能为 $+V_{in}$ 或 $-V_{in}$，半桥电路有时被称为两电平逆变器。通过添加第三个开关或者使用前述的全桥，可以实现输出电平为 0。三电平输出电路存在更多的灵活性，图 5.7 给出了两个电路拓扑及其输出电压波形。这些波形与正激变换器中的波形完全一致，因为正激变换器的前端也是逆变器。在三电平电路中，可以通过增加另外一个自由度来实现输出调节。当 $q_{1,1} = q_{2,2}$，$q_{2,1} = q_{1,2}$ 时，全桥逆变器可以产生占空比为 50% 的方波。当保持 $D = 1/2$ 时，在 $q_{1,1}$ 和 $q_{2,2}$ 之间加入一个相移，可以产生图 5.7 所示的波形。这种相对相位控制能够调整无源负载的输出功率[1]。

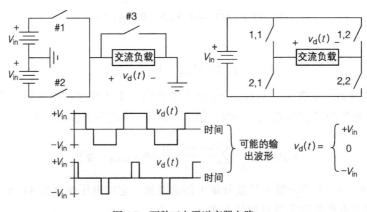

图 5.7 两种三电平逆变器电路

例 5.3.1 如图 5.8 所示，全桥逆变器带串联 L-R 负载。定义**移相角** δ 为 $q_{1,1}$ 与 $q_{2,2}$ 之间的相移，并假设该电路满足其他基本逆变器的需求。试列出输出电压的开关函数表达式，并给出输出基频分量的幅值关于 δ 的函数表达式。

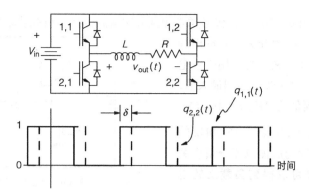

图 5.8 输出为三电平的全桥逆变器电路

为满足 KVL 和 KCL，须有 $q_{1,1} + q_{2,1} = 1$ 和 $q_{1,2} + q_{2,2} = 1$。只有当 $q_{1,1}$ 和 $q_{2,2}$ 同时导通或 $q_{1,2}$ 和 $q_{2,1}$ 同时导通时，输出电压才为非零值。输出电压可表示为

$$v_{out}(t) = q_{1,1}q_{2,2}V_{in} - q_{1,2}q_{2,1}V_{in} = (q_{1,1} + q_{2,2} - 1)V_{in} \qquad (5.5)$$

若将 $q_{1,1}$ 作为相位参考，则 $q_{2,2}$ 延迟 δ 个相位。当 $D = 1/2$ 时，傅里叶级数不包含直流分量。从而，输出电压的开关函数可简化为

$$V_{in}(q_{1,1} + q_{2,2} - 1) = \frac{2V_{in}}{\pi}\sum_{n=1}^{\infty}\frac{\sin(n\pi/2)}{n}\left[\cos(n\omega_{out}t) + \cos(n\omega_{out}t - n\delta)\right] \qquad (5.6)$$

其基波电压分量为希望输出频率的正弦函数，被称为**预期分量**，并由下式决定

$$V_{out(wanted)} = \frac{4V_{in}}{\pi}\cos\frac{\delta}{2}\cos\left(\omega_{out} - \frac{\delta}{2}\right) \qquad (5.7)$$

当 $\delta = 0°$ 时，期望的输出电压最大（输出为理想方波）；当 $\delta = 90°$ 时，开关函数仅一半的时间重叠，输出电压幅值减小为原来的 $1/\sqrt{2}$；当 $\delta = 180°$ 时，输出电压为零。

采用相对相位控制的逆变器通常被称为电压源逆变器（VSI）。根据输出电压的形状，这些逆变器有时又被称为**准方波**逆变器。其重要特征包括：

■ 输出预期分量的幅值可以从 0 调整到 $4V_{in}/\pi$（即 $1.27V_{in}$）。

■ 开关工作在较低的频率，即输出频率，这是逆变器成功传递能量的最低频率。

■ 占空比始终为 50%，输出直流分量被抵消。

■ 输出电压由诸多类似方波的脉冲组成。一般包含较多的三次和五次谐波等低频谐波分量。

绝大多数情况下，逆变器的输出期望为一个理想正弦波。式（5.6）所示的傅里叶级数包括了无穷多个谐波分量，但其中仅有一个分量是被期望的，所有的其他分量都被称为**无用分量**，端口问题就是运用滤波手段来减少或消除无用分量。

对于准方波逆变器，滤除无用分量是一个必须解决的关键问题。由于无用分量的频率从 $3\omega_{out}$ 开始，因此需要一个低通滤波器。首先讨论作为单极点低通滤波器的 L-R 负载，然后再考虑作为替代方案的谐振滤波器。

例 5.3.2　电压源逆变器（VSI）通过一个 156V 铅酸蓄电池为电阻负载提供能量，采用电感作为滤波器。在如图 5.9 所示的电路中，负载 $R = 2\Omega$，电感为 10mH，输出频率为 60Hz。试问：上述电路的最高电流分量为多少？电阻上的电压为多少？当移相角 $\delta = 30°$ 时，输出电流的

傅里叶级数为多少？当 $\delta = 30°$ 时，仅考虑基频到五次谐波分量，负载功率为多少？

在图 5.9 电路中，V_d 为开关矩阵输出端的电压。其由开关动作定义，可使用等效电源分析。当 $\delta = 0°$ 时，电压幅值达到最大值，所需的电压分量的幅值为 $4V_{in}/\pi = 198.6V$，方均根值为 $2\sqrt{V_{in}}/\pi = 140.4V$。在 60Hz 的等效电路中，可以求得与所需电压分量有关的电流大小，乘以 R 可以得到负载上的电压，分别为

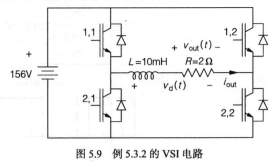

图 5.9　例 5.3.2 的 VSI 电路

$$\begin{cases} |I_{out(wanted)}| = \dfrac{140.4}{R + j(120\pi)L} = 32.91A \\[3mm] |V_{out(wanted)}| = IR = 65.82V \end{cases} \qquad (5.8)$$

因此，最大预期输出量的有效值为 65.82V。如果设置 $\delta = 30°$，则输出幅值将降低为最大值的 0.966[$\cos(15°)$] 倍。每个电流分量由阻抗 $R + jn\omega_{out}L$ 决定。对于第 n 个分量，通过式（5.6）可写出桥式电压的各个傅里叶分量的相量，以 $\delta = 0°$ 的方波作为参考，为

$$\tilde{V}_{d(n)} = \frac{2\sqrt{2}V_{in}}{\pi}\frac{\sin(n\pi/2)}{n}\cos\left(\frac{n\delta}{2}\right)\angle(-n\delta/2) \qquad (5.9)$$

相关的电流为

$$\tilde{I}_n = \frac{\tilde{V}_n}{R + jn\omega_{out}L} \qquad (5.10)$$

输出电压分量为 $\tilde{I}_n R$。表 5.1 中列出了 $\delta = 30°$ 时前几次谐波的输出电压和电流分量。

表 5.1　输出电压和电流分量

频率 /Hz	向量 $V_{out(n)}$/V	向量电流 /A
60	$63.58 \angle -15°$	$31.79 \angle -77.1°$
180	$5.77 \angle 135°$	$2.88 \angle 55.0°$
300	$0.77 \angle -75°$	$0.38 \angle -158.9°$

虽然理想的结果是一个单频，但是这些谐波会超过基波分量的 1%。由于负载是阻性，导致每个谐波分量将提供非零的平均功率。根据一、三、五次谐波，$\delta = 30°$ 时功率为 $(31.8)^2 R + (2.88)^2 R + (0.38)^2 R = 2038W$。可用各次谐波电流峰值（方均根值乘以 $\sqrt{2}$）来得到电流的实际时间函数为

$$\begin{aligned} i_{out}(t) &= 45.0\cos(120\pi t - 77.1°) + 4.08\cos(360\pi t + 55.0°) \\ &\quad + 0.54\cos(600\pi t - 158.9°) + \cdots \end{aligned} \qquad (5.11)$$

进而推得电流完整的傅里叶级数

$$i_{out}(t) = \frac{4V_{in}}{\pi}\sum_{n=1}^{\infty}\frac{\sin(n\pi/2)\cos(n\delta/2)}{n\sqrt{R^2 + n^2\omega_{out}^2 L^2}}\cos\left[n\omega_{out}t - \frac{n\delta}{2} - \tan^{-1}\left(\frac{n\omega_{out}t}{R}\right)\right] \qquad (5.12)$$

电阻上的电压是由 R 乘以上述电流值得到的。

仅有 R-L 负载的 VSI 波形质量不是很好，因为含有显著的谐波。采用高阶滤波器可以获得更好的波形质量，但是必须避免使用电阻。还有一种选择是使用 L-C-R 电路，并使串联谐振调谐到 ω_{out}，它就像一个带通滤波器，保证所需的分量不会衰减，但是谐波会减少。

例 5.3.3 在例 5.3.2 中的 VSI 中加入一个串联电容，形成串联谐振滤波器，然后进行重新分析。

因为 $L = 10\mathrm{mH}$，所需的谐振频率为 $120\pi\mathrm{rad/s} = 1/\sqrt{LC}$，所以电容器应为 $704\mu\mathrm{F}$。其中预期电压分量振幅为 $(4V_{in}/2)\cos(\delta/2)$，电流幅值最大能达到 $198.6/R = 99.3\mathrm{A}$ 或者有效值能达到 $70.2\mathrm{A}$。在高次谐波中，电流相量关系应当考虑电容器的作用。阻抗值为

频率 /Hz	R-L-C 的阻抗幅值 /Ω
60	2
180	10.25
300	18.21

当有 30° 相移时，基波分量会比没有电容时大得多，谐波也会小得多。电流为 $67.8\mathrm{A_{rms}}$，功率大约为 $(67.8)^2 R = 9202\mathrm{W}$。在图 5.10 中，$L$-$R$ 和 R-L-C 滤波器的电流波形与 $L = 10\mathrm{mH}$ 时的波形进行对比可知，谐振滤波器的结果更接近于预期的正弦波，而且要大得多。

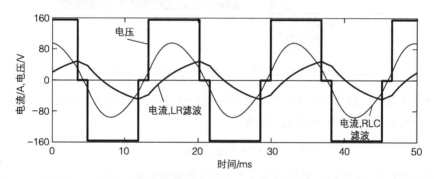

图 5.10 基于例 5.3.2 和例 5.3.3 的电路参数，且当 $\delta = 30°$ 时，使用 L-R 滤波器和 R-L-C 滤波器与
VSI 电路的输出电流波形比较

当涉及特定的目标频率时，谐振滤波器是有用的。最好的例子就是固定频率的后备电源系统，它能够产生已知的电网频率，如 50Hz、60Hz 或者 400Hz 的交流输出。有时在 dc-dc 应用中，交流链路变换器使用谐振滤波器，而更广泛的例子是利用串联谐振或并联谐振的变换器，从而减少谐波和开关损耗。这将在后面的章节讨论。

5.4 脉宽调制

5.4.1 概述

许多逆变器的应用需要提供比拥有准正弦波的 VSI 更加灵活的控制。交流电机和荧光灯等负载要求频率可调，谐振滤波器会变得很大，还有什么方法可以选择？前面介绍的相对相位控制，调节其频率似乎不太可行，因为逆变器需要的输出频率一般是固定的。到目前为止，一般要求占空比保持在 50% 以避免输出任何的直流分量，变化的可能性似乎很有限，因此需要寻找

其他方法。在大多数应用中，输出的预期分量是电网频率或者类似的一个不太大的值。就像在有源整流器中一样，可以认为输出是一个慢变波形，因此可以动态调节输出 V_{out} 跟踪参考波形，这就是PWM方法。

图5.11所示为buck变换器和输出波形，输出 $\langle v_{out} \rangle = D_1 V_{in}$。如图所示，占空比将根据所需提供的输出来进行调整，如正弦信号。如果开关的速度很快，这种方法应该是可行的。调节占空比的函数称为调制函数 $M(t)$。图5.12所示的完整的 2×2 矩阵buck变换器可以输出正、负电压。当开关控制满足适当的对称性条件时，可以避免产生直流偏量。

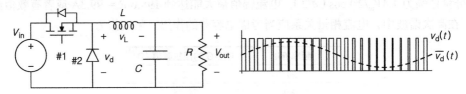

图5.11 使用慢速变化占空比的buck变换器电路

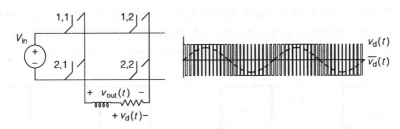

图5.12 完整的 2×2 矩阵buck变换器电路及其简单的PWM波形

在这个变换器中，如果开关1,1和2,2组成一组一起运行（如同1,2和2,1），开关1,2和2,1组成另一组一起运行，则矩阵输出 $v_d(t)$ 为

$$v_d(t) = (2q_{1,1} - 1)V_{in} \qquad (5.13)$$

占空比必须在 $0 \sim 1$ 之间，且平均值为1/2以避免直流分量。

为满足以上要求，假设占空比如下，并要求 $M(t)$ 的平均值为0。

$$d_{1,1} = \frac{1}{2} + \frac{M(t)}{2} \qquad (5.14)$$

在PWM过程中，占空比是变化的，逆变器预期的输出是滑动平均，它表示输出平均值随时间的变化。为区别于其他波形的分量，下式中带上画线的符号表示由积分定义的滑动平均

$$\bar{v}(t) = \frac{1}{T} \int_{t-T}^{t} f(s) \mathrm{d}s \qquad (5.15)$$

采用快速开关和式（5.14）的 $d_{1,1}$，基于式（5.13）的滑动平均输出为

$$\bar{v}(t) = M(t) V_{in} \qquad (5.16)$$

若 $M(t)$ 是类似于 $m\cos(\omega_{out} t)$ 的对称函数，式（5.14）中50%的偏移量确保平均占空比为50%，这样可以避免电路输出中包含任何的直流偏量。

类似于 $M(t) = m\cos(\omega_{out} t)$ 的调制函数会产生预期分量 $M(t) V_{in}$ 吗？还会生成哪些频率

分量？将开关函数 $q_{1,1}(t)$ 的傅里叶级数代入式（5.13）中，可以得到如下结果

$$v_d(t) = (2d_{1,1}-1)V_{in} + \frac{4V_{in}}{\pi}\sum_{n=1}^{\infty}\frac{\sin(n\pi d_{1,1})}{n}\cos(n\omega_{switch}t)$$

$$= M(t)V_{in} + \frac{4V_{in}}{\pi}\sum_{n=1}^{\infty}\frac{\sin[n\pi/2 + M(t)/2]}{n}\cos(n\omega_{switch}t)$$

（5.17）

上式中除 $M(t)V_{in}$ 项，还出现了 $\sin[n\pi/2 + M(t)/2]$，因此不再是傅里叶级数。如果 $M(t) = m\cos(\omega_{out}t)$，其中 $0 \le m \le 1$，系数中会有 $\sin[m\cos(\omega_{out}t)]$ 项。结果表明，采用贝塞尔函数的 Jacobi-Anger 展开公式[2, 3]，可以恢复为傅里叶级数形式，$\sin[x\cos(\omega t)]$ 的表达式已在附录 A 中给出。上式还意味着电压输出波形将包含频率 $n\omega_{switch} \pm p\omega_{out}$ 分量，其中 n 和 p 为正整数。只有当 n 和 p 的值都在 1 附近时，其分量较大，而 $M(t)V_{in}$ 会一直存在。图 5.13 给出了一种 PWM 逆变器的典型幅度谱，其中开关频率为 1200Hz，调制波的频率为 60Hz，幅度调制比 $m = 1$。请注意 60Hz 的期望值以及在 1200Hz 和 2400Hz 等开关频率倍数周围的边频带。只要开关速度比调制频率快得多，输出的幅度谱总体形状与频率无关。

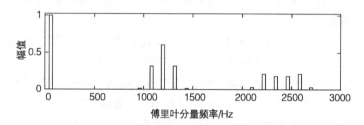

图 5.13 当开关频率为 1200Hz、调制波频率为 60Hz、调制比 $m=1$ 时，某 PWM 信号的幅度谱

PWM 过程试图通过快速调整方波的占空比来逼近一个低频波形。图 5.14 显示了一个采用开关频率为 1200Hz、载波频率为 60Hz 余弦调制函数的 PWM 波形，可以看出，占空比是随时间调整的。由于 PWM 是通信理论中的一种标准工具，所以可以利用文献 [4] 获得以下结论：

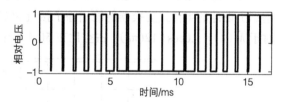

图 5.14 当载波频率为 60Hz、调制比 $m=1$ 和开关频率为 1200Hz 时，PWM 桥式电路的时域输出波形

- 若选择的频率满足 $\omega_{switch} \gg \omega_{out}$，则调制函数决定 $v_{out}(t)$ 的低频分量，而且等于 $M(t)V_{in}$。
- 开关频率附近的傅里叶分量幅值较大，其数量级为 V_{in}。
- 低通滤波器可以恢复调制函数，因为它允许低频 $M(t)$ 分量通过，衰减开关频率分量。

f_{switch}/f_{out} 的比值越大，低通滤波的效果越好。对于额定功率 100kW 左右的逆变器，典型的开关频率超过 10kHz。用于音频信号处理的 PWM 逆变器被称为 D 类开关放大器，其开关频率可能高达 500kHz。

PWM 变换器不一定需要全桥逆变器，如图 5.15 所示，也可以使用半桥。调制函数也不必是正弦函数，任何形状都是有效的，只要调制函数中包含的频率分量比开关频率低得多，且占空比保持在 0 ~ 100% 之间。调制函

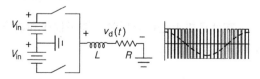

图 5.15 带采样输出的 PWM 半桥式逆变器电路

数可以是正弦波、音频信号、三角波形或者其他需要的信号。由于逆变器的输出波形可以随意调整，因此能够对逆变器的输出进行完全控制，并通过低通滤波器复现预期的分量。

5.4.2 构建脉宽调制波形

占空比调节适用于直流变换器、有源整流器和 PWM 逆变器的控制。在此过程中，必须将一个信号的电平转换为一个脉冲宽度，即必须将数学值映射到时间上。图 5.16 简洁地呈现了创建 PWM 的独特过程。振荡器产生一个分段线性**载波波形，其重复频率为**开关频率，锯齿波和三角波都是常用**载波**。三角波函数定义了开关周期 T，所以用 tri (t, T) 来表示。另外一个生成调制函数 $M(t)$。把 $M(t)$ 和 tri(t, T) 加到一个比较器上，若 $M(t) >$ tri(t, T)，则比较器输出为高；若 $M(t) <$ tri(t, T)，则比较器输出为低。由于 tri (t, T) 为分段线性化，所以比较器建立了从信号电平到开关定时之间的线性映射。比较器输出可以直接用开关函数来解释。因为开关时间是由实际调制波形与载波的交叉点决定的，所以这种 PWM 生成方法被称为**自然采样**。还有其他 PWM 的生成方法，如使用调制函数 $M(t)$ 的离散时间采样信号作为调制波形。

图 5.16　通过三角波比较实现 PWM

例5.4.1　采用图 5.16 所示的 300Hz 的锯齿波实现 PWM 过程。绘制调制函数为 $M(t) = 0$、$M(t) = 0.2\cos(120\pi t)$ 和 $M(t) = 1.0\cos(120\pi t)$ 时的开关函数。

对于这个例子，为了使波形显得更清晰，使用较慢的开关频率。在图 5.17 中显示了锯齿波、三个调制函数和得到的开关函数。对于 $M(t) = 0$，开关函数是一个固定占空比为 50% 的脉冲序列，没有 60Hz 分量。如果使用它来控制半桥逆变器，输出将是一个平均值为 0 的 300Hz 的方波。对于 $M(t) = 0.2\cos(120\pi t)$，开关函数只在 50% 的平均占空比上下做少许波动。在此基础上设计的半桥式变换器的输出除了接近 300Hz 分量外，还包括幅值为 $0.2V_{in}$ 的 60Hz 分量。对于 $M(t) = 1.0\cos(120\pi t)$，占空比在 50% 为中心的周围变化较大。

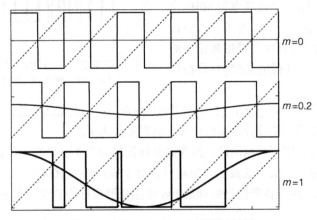

图 5.17　例 5.4.1 的 PWM 波形形成过程

在计算机上进行分析时，许多程序和语言都包含余项或模函数，其中 mod(t, T) 是时间 t 除以周期 T 后的余项。

$$\text{tri}(t, T) = \left| 2 - \frac{4}{T}\text{mod}(t, T) \right| - 1 \tag{5.18}$$

在比较器的比较过程中，正弦调制的占空比 $D(t)$ 为 $\frac{1}{2} + \frac{m}{2}\cos(\omega_{out}t)$。在没有额外失真的情况下，100% 的调制深度对应于占空比从 0 ~ 100% 之间的变化范围，也是基波无畸变下可能的最大输出幅值；深度为 0 时只产生开关频率分量，滤波器设计中的一个重要想法就来自于调制深度。当 $m = 0$ 时，逆变器的输出中没有预期分量，因为所有这些都是开关频率上的，无须分量。通过选择输出滤波器使这些不需要的分量降到很低，可以采用 dc-dc 变换器中关于功率滤波器的设计方法。

下面考虑一些 PWM 过程中相关的实现问题。

例 5.4.2 采用 PWM 的 2×2 开关矩阵，对 200V 直流源进行能量转换，并输出到 $L\text{-}R$ 负载。输出电压基波频率为 60Hz，电压有效值为 120V，开关频率为 720Hz。应使用哪种类型的开关呢？试选择合适的调制函数 $M(t)$，并确定相应占空比函数 $d_{1,1}(t)$。调制的深度为多少？绘制变换器的输出电压波形，并画出时间常数 L/R 为 2ms 的输出电流。所需正弦波的输出上叠加多大的纹波？采用的电路如图 5.18 所示。

每个开关必须能导通交流电流，并能够阻断直流电压。如图 5.18 所示，电路需要具有 BCFB 能力的器件（类似于反向并联二极管的 IGBT）。在电路中，输入电压为 200V，预期输出有效值为 120V，对应电压峰值约为 170V。由于调制深度与输出电压峰值有关，求得调制深度为 $m = 170\text{V}/200\text{V} = 0.85$。图 5.19 给出了开关函数的构造原理。将 720Hz 的三角波与调制波形进行比较，得到开关函数 $q_{1,1}(t)$。为满足 KVL 和 KCL，并进行一些简单的步骤，由前文可以得到 $q_{22}(t) = q_{11}(t)$ 和 $q_{12}(t) = q_{21}(t) = 1 - q_{11}(t)$，输出为 $(2q_{11} - 1)V_{in}$，如图 5.20 所示。

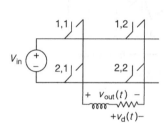

图 5.18 例 5.4.2 的桥式逆变器电路
（输入电压为 200V，$L\text{-}R$ 时间常数为 2ms）

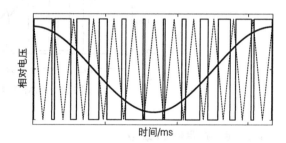

图 5.19 使用 720Hz 开关频率时输出为 60Hz 的逆变器 PWM 波形

那么逆变器输出什么，滤波器是如何运作的呢？若调制深度设置为 0，输出仅有 720Hz 的纹波。因为时间常数为 2ms，所以 $L = 0.002R$。由于调制深度平均值 $M = 0$ 时，理想下认为电感两端的电压为 ± 200V 的方波。当电压为 +200V 时，电感电流将由最小上升到最大。由于开关周期为 $(1/720)$s，所以施加 +200V 时间间隔为 $(1/1440)$s，求解纹波如下

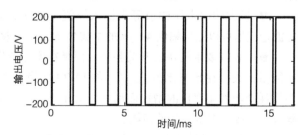

图 5.20 例 5.4.2 的逆变器输出电压波形

$$v_L = L\frac{di}{dt}, \quad 200\text{V} = (0.002R)\frac{\Delta i}{\Delta t}, \quad \Delta i = \frac{200\text{V} \cdot \text{s}}{1440 \times 0.002R} = \frac{69.4\text{V} \cdot \text{s}}{R} \tag{5.19}$$

当调制深度达到 100% 时，峰值电流为（200V）/R，所以纹波峰 - 峰值与输出电流峰值之比为 69.4/200 = 0.35，即为最大输出电流的 35%。对于实际输出电流，电感电流会随着占空比的升降而上下波动。在 60Hz 时，电流会延迟电压一个 $\tan^{-1}(\omega L/R) = \tan^{-1}(0.24\pi) = 37.0°$ 的角度。可以基于延迟余弦波附近电流的线性上升或下降而绘制出一个近似的电流波形。图 5.21 中的上图为基于电感电压积分估计的电流波形，该波形假设逆变器输出加在一个理想电感上，除开关纹波外流过一个理想正弦电流。图 5.21 中的下图为基于 L-R 负载通过计算机仿真计算的输出波形，可见与简化积分近似方法的结果比较接近。

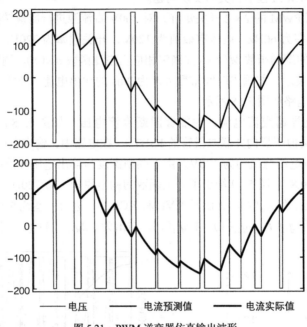

图 5.21　PWM 逆变器仿真输出波形

5.4.3　脉宽调制的缺点

PWM 是一个简单灵活的方法，在几百千瓦以下的逆变器中几乎是通用的，而且它的应用还在不断的扩大。但是它的以下不足，限制了在某些场合的应用：

■　最大输出电压幅值等于输入幅值。这反映了"buck 型"电路的特性。值得注意的是，方波逆变器可以输出幅值 $4V_{in}/\pi$ 的基波分量，比一般 PWM 大 27%。

■　PWM 要求较快的开关频率。但是在实际器件中，每次开关导通或者关断都会产生一定的能量损失。在频率比为 f_{switch}/f_{out} 的 PWM 变换器中，开关中的能量损耗以及 VSI 逆变器的开关损耗会随着频率比的增加而增加。对于大功率 PWM 逆变器，如风力发电等应用，一般通过降低开关频率来限制开关损耗。

■　失真。虽然低通滤波器可以恢复调制函数，但是 PWM 会产生大量的高次谐波。即使少量剩余的兆赫兹频率分量也会干扰通信设备、传感器、模拟信号处理电路，有时还会干扰到数字电路。

应对电磁干扰的滤波器是一个专门的课题，电磁干扰是电源普遍存在的问题，并非只限于 PWM 调制。

5.4.4 多电平脉宽调制

目前为止，PWM 输出采用的是两电平模式，在 $+V_{in}$ 和 $-V_{in}$ 之间转换。在两电平的 PWM 中，相对失真较大并且随着调制深度的减小而增加。当需要输出的基波电压为零时，$M(t) = 0$ 要求开关网络输出 50% 占空比的方波。这个大的方波信号是不需要的，但会在负载上产生开关频率的纹波。

构建一个多电平 PWM 逆变器是可能的，如利用一个全桥的正、负和零输出。其基本过程只比标准的三角波比较器方法稍微复杂一点，允许 $q_{1,1} \neq q_{2,2}$，输出电压由式（5.5）简化可得，为 $V_{out} = (q_{1,1} + q_{2,2} - 1) V_{in}$。现在通过将 $M(t)$ 与三角载波比较来控制开关 1,1，再通过将 $M(t)$ 与反相三角载波比较来控制开关 2,2，结果如图 5.22 所示，这里选择 $f_{switch}/f_{out} = 40$（选择低频率让波形更清晰）。输出为三电平 PWM 波形，开关在 $+V_{in}$、$-V_{in}$ 和 0 之间切换。虽然还有其他方法可以生成相同的结果，但是这种交叉载波技术是最直接的方法。当 $M(t) = 0$ 时，三电平波形有一个突出的优点：没有开关切换，输出为零。

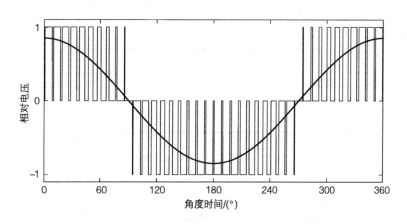

图 5.22　显示调制函数和桥式输出电压的三电平 PWM 输出波形

图 5.23 比较了在给定 $f_{switch}/f_{out} = 40$ 和三角载波时，两电平和三电平 PWM 的频谱结果。在图 5.23a 中，比较了 $m = 0.85$ 时的过程。开关频率处的频率分量由于对称性而被抵消：由于调制过程的重叠，有效的开关频率在输出端翻倍。实际上，这有助于减少干扰。在图 5.23b 中，比较了 $m = 0.1$ 时的过程。在两电平 PWM 的情况下，所需分量按比例减少，但无须分量变得很大。对于三电平 PWM，无须分量随着调制深度的下降而降低，且反映了倍频作用。以上结果表明，三电平 PWM 有利于减小干扰。

基于三电平 PWM 这一优点，已经发展出更多的电平数。图 5.24 所示为带有分离直流输入和一个交流负载的开关矩阵电路。该矩阵可产生 $\pm V_{in}$、$\pm V_{in}/2$ 和 0 的输出，提供五个电平。图 5.25 所示为五电平波形的调制过程，其中 $f_{switch}/f_{out} = 10$，并采用三角载波。这里采用类似图 5.16 所示的常规正弦波三角形比较过程生成四个 PWM 波形，唯一的区别是四个三角形彼此相位错开 90°。图 5.26 所示为 80% 调制深度的逆变器输出。相对定时意味着，尽管开关以输出频率的 10 倍动作，但最低频率的无须分量仍出现在 $40f_{out}$ 处，相当于开关频率增加了四倍。该开关矩阵使开关器件的电压应力变得复杂：顶部和底部必须能够阻断 $+V_{in}$，而中间部分必须能够阻断双极性电压。在实际应用中，出现了将开关器件阻断电压限制在 $V_{in}/2$ 的三电平逆变器[6]，这可以扩展到五电平逆变器，器件电压应力限制在 $V_{in}/4$。多电平逆变器是一种建立直接连接到 15kV 及以上配电网逆变器的有效方法。开发人员已使用多电平逆变器将 IGBT 扩展到高压直流输电中。

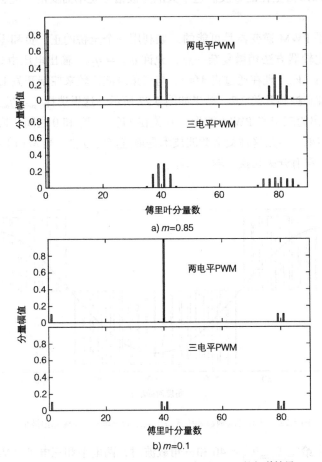

a) $m=0.85$

b) $m=0.1$

图 5.23　使用三角载波两电平和三电平 PWM 的频谱结果

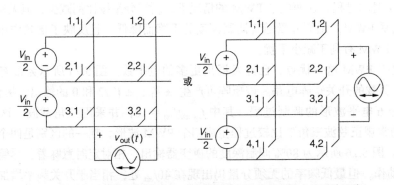

图 5.24　用于实现五电平 PWM 逆变器的使用分离直流输入的开关矩阵

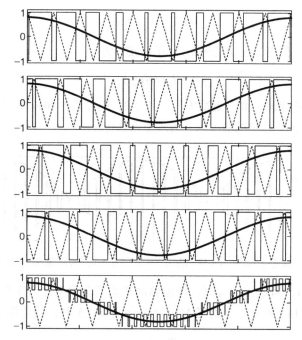

图 5.25 用于实现五电平 PWM 的一种可行的调制过程（共有四种三角载波，每个载波移动 90°，上面的四个波形为各个比较结果，最下面的波形为其叠加结果，即五电平 PWM 信号）

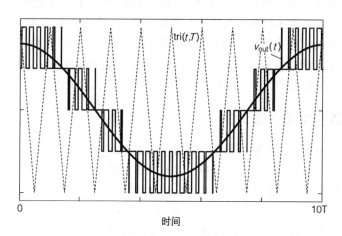

图 5.26 用于实现 80% 调制深度的五电平逆变器调制波形、输出波形和载波波形（根据图 5.25 最下面的图形展开所得）

5.4.5 PWM 调制下逆变器的输入电流

在图 5.18 所示的桥式逆变器中，可以确定从输入电压源流出的电流。如果开关 1,1 和 2,2 导通，电路满足 $i_{in} = i_{out}$。如果 2,1 和 1,2 导通，则有 $i_{in} = -i_{out}$。对于其他允许的电路结构，则有 $i_{in} = 0$。根据开关函数可得

$$i_{in} = \left(q_{1,1}q_{2,2} - q_{2,1}q_{1,2}\right)i_{out} \tag{5.20}$$

根据 KVL 和 KCL 的约束要求 $q_{2,1} = 1 - q_{1,1}$ 和 $q_{1,2} = 1 - q_{2,2}$，上式可以简化为

$$i_{\text{in}} = \left(q_{1,1} + q_{2,2} - 1\right)i_{\text{out}} \tag{5.21}$$

上式与式（5.5）类似，但请记住这里的 i_{out} 是正弦波，为

$$i_{\text{out}}(t) = I_0\cos(\omega_{\text{out}}t - \phi) \tag{5.22}$$

因此输入电流是分段正弦波，而不是准方波。图 5.27 显示了在 80% 调制深度下工作的两电平 PWM 逆变器的输入电流，这里的输出电流为理想余弦电流。

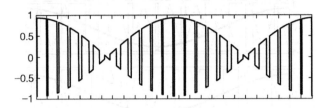

图 5.27　调制深度为 80%、开关频率为输出频率 25 倍时的 PWM 桥式电路输入电流波形

对于两电平 PWM，当 $q_{1,1} = q_{2,2}$ 时，电流移动平均值会发生什么变化？函数和占空比分别如式（5.13）和式（5.14）所示。当给定 $M(t) = m\cos(\omega_{\text{out}}t)$ 时，低频部分将变为

$$\bar{i}_{\text{in}}(t) = M(t)i_{\text{out}}(t) = \frac{m}{2}I_0\left[\cos\phi + \cos(2\omega_{\text{out}}t - \phi)\right] \tag{5.23}$$

上式右侧有一个反映平均能量流动的直流项（$mI_0/2$）$\cos\phi$ 和一个不需要的倍频分量。此外，类似于电压的情况，输入电流还存在开关频率的倍数分量及其附近的边频带。在这种桥式电路中，倍频分量是不可避免的，相当于整流器所关注的倍频纹波功率。在许多应用中，特别是可再生能源，需要较大的输入滤波器以减少电源侧的倍频分量。而在六角桥中，由于输入电流是三个半桥的总和，倍频分量被抵消，这是三相功率系统的一个重要优点。

5.5　三相逆变器和空间矢量调制

基本的三相逆变器具有两个输入和三个输出，如图 5.28 所示。该电路可以重新绘制为一组三个半桥，以形成图 5.29 所示的六角桥三相逆变器。这些开关必须成对且互补切换以满足 KVL 和 KCL 约束，如 $q_{1,1} + q_{2,1} = 1$、$q_{1,2} + q_{2,2} = 1$ 和 $q_{1,3} + q_{2,3} = 1$。该电路就像一个三相有源整流器，只是电源和负载的角色互换了。这是容易理解的，因为有源整流器就是由逆变器衍生出来的。六角桥电路可以参考逆变器进行控制，这将在稍后讨论。首先考虑 PWM，一个简单方案是

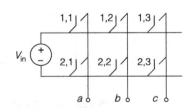

图 5.28　用于实现三相逆变器的开关矩阵

$$
\begin{aligned}
d_{1,1} &= \frac{1}{2} + \frac{m}{2}\cos(\omega_{\text{out}}t)\\[4pt]
d_{1,2} &= \frac{1}{2} + \frac{m}{2}\cos\left(\omega_{\text{out}}t - \frac{2\pi}{3}\right) \qquad (5.24)\\[4pt]
d_{1,3} &= \frac{1}{2} + \frac{m}{2}\cos\left(\omega_{\text{out}}t - \frac{4\pi}{3}\right)
\end{aligned}
$$

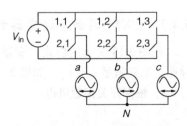

图 5.29　重新绘制为六角桥三相逆变器

这里假设每个开关对都是独立的。在多相逆变器中，半桥开关对被称为相脚，通常使用封装了相脚的半导体模块。使用三个幅值和频率相同、而相位互相偏移三分之一周期的波形来产生三相逆变器输出。该电路和调制方法可以扩展到更多相的情况。

上述调制方法真的能起作用吗？三相输出其实并不是真正独立的。逆变器（如有源整流器）产生节点到节点的输出电压，对于六角桥的电路，三个输出电压为

$$\begin{cases} v_{ab} = q_{1,1}q_{2,2}V_{in} - q_{2,1}q_{1,2}V_{in} = (q_{1,1} + q_{2,2} - 1)V_{in} \\ v_{bc} = q_{1,2}q_{2,3}V_{in} - q_{2,2}q_{1,3}V_{in} = (q_{1,2} + q_{2,3} - 1)V_{in} \\ v_{ca} = q_{1,3}q_{2,1}V_{in} - q_{2,3}q_{1,1}V_{in} = (q_{1,3} + q_{2,1} - 1)V_{in} \end{cases} \quad (5.25)$$

当开关频率很高，按式（5.24）控制占空比时，低频移动平均值会如何？根据 KCL 和 KVL 约束，移动平均值简化过程如下

$$\begin{aligned} \bar{v}_{ab} &= (d_{1,1} + d_{2,2} - 1)V_{in} = (d_{1,1} + 1 - d_{1,2} - 1)V_{in} \\ &= \left[\frac{1}{2} + \frac{m}{2}\cos(\omega_{out}t) - \frac{1}{2} - \frac{m}{2}\cos\left(\omega_{out}t - \frac{2\pi}{3}\right) \right]V_{in} \\ &= \frac{m\sqrt{3}}{2}V_{in}\cos\left(\omega_{out}t + \frac{\pi}{6}\right) \end{aligned} \quad (5.26)$$

$$\bar{v}_{bc} = \frac{m\sqrt{3}}{2}V_{in}\cos\left(\omega_{out}t - \frac{\pi}{2}\right) \quad (5.27)$$

$$\bar{v}_{ca} = \frac{m\sqrt{3}}{2}V_{in}\cos\left(\omega_{out}t - \frac{7\pi}{6}\right) \quad (5.28)$$

以上公式实际是三相电压的集合，与线到中点的电压对应

$$\begin{cases} v_{an} = \frac{m}{2}V_{in}\cos(\omega_{out}t) \\ v_{bn} = \frac{m}{2}V_{in}\cos\left(\omega_{out}t - \frac{2\pi}{3}\right) \\ v_{cn} = \frac{m}{2}V_{in}\cos\left(\omega_{out}t - \frac{4\pi}{3}\right) \end{cases} \quad (5.29)$$

上述推导过程表明，通过 PWM 控制和低通滤波六角桥可以提供三相输出。三个半桥的每一个等效输入的幅值为 $V_{in}/2$，流入 L-R 负载的电流将伴随这些电压。

图 5.30 所示为 100% 调制深度时的两个相脚输出 v_{an} 和 v_{bn}，以及线电压 v_{ab}。由于采用了开关定时特性，线对线输出电压自动呈现三电平特点。有什么办法能够使输出变得更大呢？在调制波形受限的条件下，是否有一种方法仍然能够产生大的输出电压呢？事实上，式

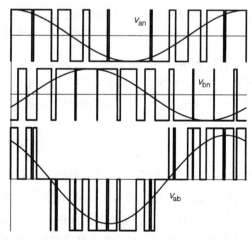

图 5.30 三相 PWM 逆变器的两个桥臂输出波形，包括 v_{an}、v_{bn}、v_{ab} 以及当调制深度为 100% 和 $f_{switch}/f_{out} = 11$ 时的调制波形（桥臂相电压幅值为输入电压的 50%，而最下面一幅图所示的线电压幅值为相电压的 $\sqrt{3}$ 倍）

（5.26）启示了一种方法：如果将调制信号减去三次谐波（九次或三的奇数倍）以减小调制波形峰值，会怎么样？在式（5.26）中，加入调制信号中的三次谐波将被抵消，并保留相同的基波输出电压，进而允许更高的 m 值。这种三次谐波补偿方法不适用于单相输出（因为它不会被抵消，并且会在输出处产生三次谐波失真），但是在三相逆变器中，三次倍数谐波将在线对线输出时被抵消。在图 5.31 中给出了一个实例，在 $m = 1$ 的调制波基础上，减去幅度 $m/10$ 的三次谐波，可见输出电压 v_{ab} 没有改变，但是出现了进一步增加 m 的空间，而不会超过占空比限制。

三次谐波补偿能提升多少呢？图 5.31 中的调制波形必须在 1 以下，才能保持在占空比限值之内。可以证明，上限使用为

$$d_{1,1} = \frac{1}{2}\left[1 + m\cos(\omega_{out}t) - \frac{m}{6}\cos(3\omega_{out}t)\right] \qquad (5.30)$$

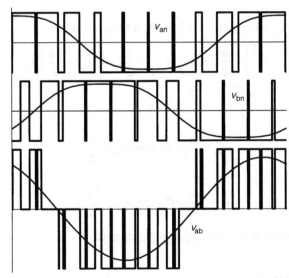

图 5.31　三相 PWM 逆变器的两个桥臂波形，包括 v_{an}、v_{bn}、v_{ab} 以及当调制深度为 100% 和 $f_{switch}/f_{out} = 11$ 时的调制波形。由于三次谐波在 v_{ab} 中被抵消，故其消除了 10% 的三次谐波

在这种情况下，m 的最大值为 $2/\sqrt{3} = 1.155$，而不会超过占空比限制。是否可以通过九次谐波或其他频率来进一步扩展呢？否，事实证明，$m = 1.155$ 是一个三相逆变器在没有失真的情况下可以达到的最大值，对应的调制函数为

$$M(t) = \frac{2}{\sqrt{3}}\cos(\omega_{out}t) - \frac{1}{3\sqrt{3}}\cos(3\omega_{out}t) \qquad (5.31)$$

实际上，任何输出频率为三倍的波形都可以代替三次谐波补偿，前提是能够定时与正弦波的峰值相减。无论使用何种波形，调制信号最大限制都为 1.155。该项与式（5.26）、式（5.27）和式（5.28）中的 $\sqrt{3}/2$ 项抵消，因此可以实现的最大线对线输出为 $V_{in}\cos(\omega_{out}t)$。原则上这是滤除开关频率分量后得到的未失真的调制信号最大线对线输出。

如果允许失真，则最大基本基波输出还可以增加一些。在六角桥中，如有源整流器，KVL 和 KCL 只允许八种可能的开关组合，其结果与表 4.4 相同，但其形式与表 5.2 略有不同。架构 0 和架构 7 不产生任何输出，称为零状态；其他六个架构表示两电平六角桥的有源工作状态；

可能的最高输出是多少呢？如果将每一个半桥以 50% 的占空比工作，在频率 f_{out} 下切换，并间隔 1/3 个周期，结果在每个节点处产生方波（峰值为 $4/\pi = 1.273$），线对线输出为准方波，如图 5.32 所示。由于逆变器以低频方式通过表 5.2 中的六个有源状态，因此称为六步运行。在图 5.32 中，其顺序为 4，6，2，3，1，5，4，……

表 5.2 六角桥逆变器中的开关器件组合方式

配置号和二进制等价数（二进制）	左列	中间列	右列	v_{ab}	v_{bc}	v_{ca}
0 = 000	1,1 打开； 2,1 关闭	1,2 打开； 2,2 关闭	1,3 打开； 2,3 关闭	0	0	0
1 = 001	1,1 打开； 2,1 关闭	1,2 打开； 2,2 关闭	1,3 关闭； 2,3 打开	0	$-V_{in}$	$+V_{in}$
2 = 010	1,1 打开； 2,1 关闭	1,2 关闭； 2,2 打开	1,3 打开； 2,3 关闭	$-V_{in}$	$+V_{in}$	0
3 = 011	1,1 打开； 2,1 关闭	1,2 关闭； 2,2 打开	1,3 关闭； 2,3 打开	$-V_{in}$	0	$+V_{in}$
4 = 100	1,1 关闭； 2,1 打开	1,2 打开； 2,2 关闭	1,3 打开； 2,3 关闭	$+V_{in}$	0	$-V_{in}$
5 = 101	1,1 关闭； 2,1 打开	1,2 打开； 2,2 关闭	1,3 关闭； 2,3 打开	$-V_{in}$	$-V_{in}$	0
6 = 110	1,1 关闭； 2,1 打开	1,2 关闭； 2,2 打开	1,3 打开； 2,3 关闭	0	$+V_{in}$	$-V_{in}$
7 = 111	1,1 关闭； 2,1 打开	1,2 关闭； 2,2 打开	1,3 关闭； 2,3 打开	0	0	0

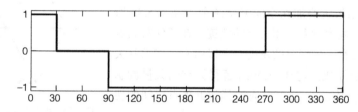

图 5.32 六角桥逆变器的六阶梯模式，该图形将线电压 $v_{ab}(t)$ 对 V_{in} 进行了归一化

六步运作可以方便地显示在空间矢量图上，如图 5.33 所示。该图显示了六种可能的输出电压组合，以及原点处的两个零状态。矢量未按数字顺序排列，而是按格雷码排序，它不包含零状态，表示在每个顶点处存在一次开关状态转变。在六步运行过程中，逆变器从图中的一个角跳到下一个角，以所需的输出频率围绕六边形依次旋转。相反，PWM 操作以开关频率在相邻的角和原点之间快速地来回跳跃，同时以输出频率围绕六边形前进。与图 5.31 中显示的

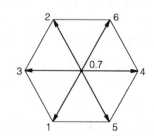

图 5.33 六角桥逆变器的空间矢量六边形

PWM 波形相关联的空间矢量序列如图 5.34 所示。它每隔 11 个三角形重复一次，从矢量序列 0，4，6，7，6，4，0 开始，然后继续。零状态反映了这样一个事实：PWM 提供的是一个无低频失真的可控输出，而不是准方波六步波形。在所有情况下，只有一对开关更改状态。在实际的逆变器中，除非 KVL 和 KCL 要求，否则不要强迫多个器件同时切换。

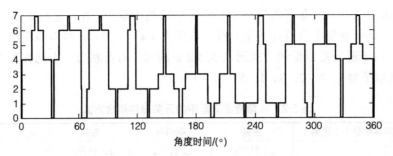

角度时间/(°)

图 5.34　图 5.31 的 PWM 调制波形的空间矢量序列

　　三相电源通常用旋转电压或电流矢量来表示。通过 d-q 变换可以将电压矢量表示为 $\bar{v}_{3\phi} = v_d + jv_q$。基于常规的 Park 变换[7]，其结果为

$$
\begin{aligned}
\bar{v}_{3\phi} = v_d + jv_q = \frac{2}{3}\bigg[& v_{an}(t)\cos(\phi) + v_{bn}(t)\cos\left(\phi - \frac{2\pi}{3}\right) + v_{cn}(t)\cos\left(\phi - \frac{4\pi}{3}\right)\bigg] \\
& + j\frac{2}{3}\left[-v_{an}(t)\sin(\phi) - v_{bn}(t)\sin\left(\phi - \frac{2\pi}{3}\right) + -v_{cn}(t)\sin\left(\phi - \frac{4\pi}{3}\right)\right]
\end{aligned}
\tag{5.32}
$$

代入式（5.29），得到

$$
\bar{v}_{3\phi} = v_d + jv_q = \frac{3k}{4}V_{in}\cos(\omega_{out}t - \phi) + j\frac{3k}{4}V_{in}\sin(\omega_{out}t - \phi)
\tag{5.33}
$$

　　在给定参考角 ϕ 的情况下，矢量会随着时间的推移扫出一个圆。尽管六种开关状态与三相矢量只有间接关系，许多工程师仍将三相矢量叠加在空间矢量图上。如图 5.35 所示，六边形的内圆表示所需三相矢量的轨迹。在任何时间点上，电压矢量都具有一个特定的角度，可以由六个离散开关状态与零状态组合而成。这样，PWM 解释为空间矢量调制（SVM）过程，期望输出矢量可以通过其附近顶点之间的切换来实现。

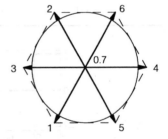

图 5.35　覆盖于开关空间矢量六边形上可能的电压矢量圆形轨迹

　　SVM 建立一种新的方法，基于该方法，期望输出电压矢量可以通过在开关周期中对两个相邻开关状态和零状态的时间加权近似得到。例如，如果一个逆变器工作在 100% 调制深度下，输出频率为 100Hz，假设 $\phi = 0°$，在时间 $t = 0.001s$ 时，由式（5.33）可得期望电压矢量为（0.607 + j0.441）V_{in}，其角度为 36°。基于开关频率对状态 0、4、6 和 7 进行时间加权可以逼近期望电压矢量。注意几何六边形的影响：当电压矢量扫过 60° 时，相邻空间矢量的集合会发生变化，因此必须对一组不同的状态集进行加权。60° 间隔称为扇区，在调制过程中逐个扇区进行移动。文献 [8，9] 介绍了计算每个状态时间的算法。尽管存在多种三倍频补偿波形的方案，但最终结果均与 PWM 过程相同[10-13]。从噪声的角度来看，式（5.30）中所示的正弦补偿具有优势。

　　尽管 SVM 和 PWM 在实现方法上存在一些实际区别，但是开关函数和输出波形的最终结果是相同的。有些集成电路可以通过查表和状态机来实现 SVM，这种实现方法允许用户单独选择开关频率。基于快速计数器的 PWM 调制器在其他许多集成电路中都有应用。图 5.33 所示基于载波的 PWM 还显示了空间矢量序列每 60° 的偏移，但这个过程是自动的，不需要算法。准

确地说，SVM 在"空间矢量域"中形成输出信号，而 PWM 在时间域中形成信号。如果采用三倍频补偿且开关频率相同，则这两种方法对三相逆变器的结果是相同的。

5.6 电流源逆变器

除了电流极性外，基本的电流源逆变器（CSI）与可控整流器完全相同。六相中点电路如图 5.36 所示。在该电路中，交流电压源可提供用于相位延迟控制的时序信息。对于无源负载，采用图 5.37 所示的电路是合适的。图 5.37 的三相形式有时用于电动机控制，尤其是在大型电动机的情况下。图中的开关必须为 FCBB 类型，通常用 GTO 或 IGBT 和二极管的串联组合来实现。SCR 主要适用于有源负载，因为无源负载给器件的关断带来困难。

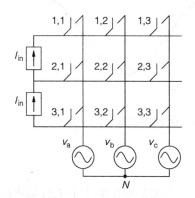

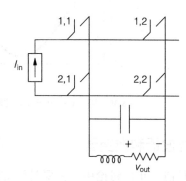

图 5.36 输出为有源交流电压负载的多相中点 CSI 电路　　图 5.37 输出为无源负载的单相桥 CSI 电路

当需要较低的开关频率时，带无源负载的单相 CSI 控制可参考电压源逆变器。开关矩阵可以将 $+I_{in}$、$-I_{in}$ 或 0 传输到输出端口。开关矩阵可以产生准方波电流，而开关 1,1 和 2,2 之间的相移控制可以调整所需的输出幅值。输出电压将取决于实际负载的阻抗特性。当采用较高开关频率时，可以用 PWM 代替，可以产生两电平和三电平波形。与电压情况一样，PWM 除了产生较大的基波分量，还有不需要的、在开关频率倍数附近的谐波分量。有关分析类似前文对电压逆变器情况的分析。在输出端使用一个低通滤波器来减少无需分量，同时保留所需的基波。

图 5.38 显示了用于无源负载的三相 CSI。由于 KVL 和 KCL 约束不同，该电路的工作原理与电压源逆变器的情况有所不同。在这个电路中

$$\begin{cases} q_{1,1} + q_{1,2} + q_{1,3} = 1 \\ q_{2,1} + q_{2,2} + q_{2,3} = 1 \end{cases} \quad （5.34）$$

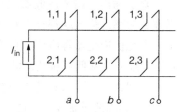

图 5.38 用于三相逆变的电流源六角桥电路

这意味着，每个开关函数的平均占空比应为 1/3，而不是电压源逆变器的 50%。电压源逆变器有八种开关架构，而电流源逆变器有九种有效的开关架构，其中三种不传递能量，另外六种提供能量交换。按照类似六阶梯模式工作，逆变器输出占空比为 1/3 的准方波电流。

单相 CSI 可以采用另一种控制方式，其结果如图 5.39 所示。在这种情况下，希望输出为正弦电压 $V_{ref}(t)$，通过控制开关切换，将 $\pm I_{in}$ 输入到输出中。如果输出电压过低，则注入 $+I_{in}$；如果输出电压过高，则注入 $-I_{in}$。更具体的表述如下：

$$\begin{cases} 如果 \quad v_{\text{out}}(t) < v_{\text{ref}}(t) - \Delta v, \quad 然后连接 \ +I_{\text{in}} \\ 如果 \quad v_{\text{out}}(t) > v_{\text{ref}}(t) + \Delta v, \quad 然后连接 \ -I_{\text{in}} \end{cases} \tag{5.35}$$

其中，Δv 定义了一个滞环宽度，可防止开关切换过快。这种"电压跟随"的策略，通过相对简单的方法实现了输出逼近期望波形，被广泛应用于大功率交流电动机的控制电路中，称为电流滞环控制。类似的电压滞环控制在电压源逆变器中获得了应用[14]。图中的轨迹线是根据图 5.37 中的逆变器得到的，其中，$L = 50\mu\text{H}$，$C = 40\mu\text{F}$，$R = 20\Omega$，输入电流为 10A，参考电压的频率为 60Hz，有效值为 120V，滞环宽度 $\Delta v = 20\text{V}$。

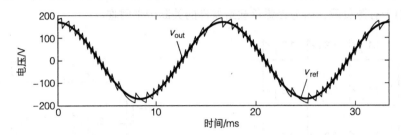

图 5.39　用于 CSI 电流滞环控制的电压跟踪过程（参考电压跟随输出电压波形）

5.7　滤波器和逆变器

　　到目前为止的讨论中，主要是针对两类逆变器：在所需的输出频率下进行切换的逆变器（如基本电压源逆变器），在更高的频率下进行切换并采用 PWM 或滞环控制来产生输出的逆变器。对于低频切换逆变器，输出中包含所需的开关频率的基波分量和实际上不希望的开关频率的奇次谐波分量。低通滤波器可以降低谐波分量，由于需要的基波分量与不需要的谐波分量的频率间隔太小，因此无损低通滤波器输出的波形质量较差。对于高频切换逆变器，所需分量处于预期输出频率（频率较低），而无须分量位于开关频率整数倍的附近，设计人员可以通过选择较高的开关频率来提升低通滤波的效果。在固定频率的场合，如例 5.3.3 中所示，谐振滤波器可以改善输出波形，但是滤波器变得较大。

　　除了输出端需要滤波器之外，输入端也需要滤波器。对于单相 PWM 逆变器，无论如何选择开关频率，输入端都存在双频功率分量。直流电源一般无法承受较高的双频纹波。例如，对于住宅光伏逆变器等应用，直流侧滤波器的设计可能成为设计的重要内容。采用笨重的元件应对双频纹波会降低可靠性，增大体积，并影响变换器的成本。

　　有四种方法可以满足逆变器的滤波需求：

　　1）无源低通滤波器。这是最直接和最常用的方法，它对快速切换的 PWM 电路的输出滤波非常有效。

　　2）拓扑滤波器，通过电路安排消除部分无须分量。多电平逆变器就是其中一个例子，此外，三相逆变器可以避免输入端出现双频功率纹波。三次谐波以及三的整数倍的谐波（称为三重谐波）不会导致三相逆变器的输出失真。载波交错可以产生多电平输出，从而抵消一些无须的频率。

　　3）有源滤波器，采用额外的功率变换器注入或吸收无须的分量或波形，并将能量导向存储元件。

4）谐振滤波器（谐振接口是谐振滤波器的概括，将在第 6 章中讨论。它们最有可能在超大功率水平或灵敏的固定频率备用电源系统中使用）。

在应用中，可以容许的纹波量是关键的考虑因素。一个典型的实例是台式计算机的电池备用电源，其中电池为逆变器供电，逆变器向负载提供交流波形，该波形被立即整流后供给 dc-dc 正激变换器。在这种情况下，正弦波没有任何的优势，实际上更希望方波作为整流器的输入。低成本的备用电源利用该优势来简化滤波器。另一个常见的应用是交流电动机控制。尽管交流电动机受益于正弦波形（以最大程度减少损耗），但其机械惯性可提供额外的滤波。大多数电动机能承受六步波形或准方波，但这种运行方式会造成较高的温升，因此这种运行方法并不是首选。电动机的逆变器通常采用高质量的 PWM 控制，但是在短期应急操作中，如电气化交通中，可以使用几乎无滤波的准方波。

当逆变器用于高质量 D 类开关音频放大器时，就会出现一个耐纹波的有趣现象。为了产生高质量的声音，开关频率应至少是最高预期输出频率的十倍；但是，人类的听力范围最高只能达到 20kHz 左右，在 200kHz 或更高的频率下，任何失真都不会被人听到，因此滤波器的要求并不严格。但有一个限制，大多数家养宠物的听力范围都比人类高，如狗和猫可以听到高达 60kHz 的声音，小型宠物（如老鼠和沙鼠）可以听到 100kHz 甚至更高的声音。D 类电路的开关频率通常超过 500kHz，可以对无须分量进行过滤，以避免产生射频干扰，但是它们不能被听到。扬声器本身由于其电路和机械惯性而表现为低通滤波器。

有源滤波器采用两种通用形式。图 5.40 显示了用于电压源逆变器的串联有源滤波器的架构。下方的逆变器通过移相控制输出较大功率，开关以所需的输出频率进行切换。上方逆变器的平均输出功率为零，尽管它的峰值功率很大，但只能处理无用谐波分量。上方逆变器基于下方逆变器的输出波形和理想正弦波之间的误差进行 PWM 调制，并通过变压器将其输出的差异从下方逆变器输出中减去。上方逆变器用作有源滤波器以抵消输出失真，而处理的功率比主逆变器要小。为有源滤波器提供能量存储的无源器件是电容器，在有些应用中，用较复杂的电力电子代替简单的无源器件可能是有益的。另外，并联有源滤波器注入的是补偿电流而不是补偿电压。

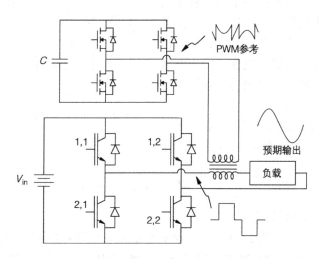

图 5.40　通过使用串联有源滤波器以产生高质量输出的 VSI 电路

5.8 逆变器设计示例

5.8.1 太阳能接口电路

太阳能逆变器的种类繁多：用于单个光伏电池板的小型单相装置、用于太阳能阵列的兆瓦级三相装置以及介于两者之间的各种容量的装置。本节将探讨已广泛应用于工业屋顶的中等容量单相太阳能逆变器装置。

例 5.8.1　一个大型餐厅中的太阳能电池板阵列，每块电池板的额定峰值功率为 250W，额定电压为 36V，并通过单相逆变器连接到 60Hz 的电网中，额定交流电压有效值为 240V。实际电池板的工作电压介于 29 ~ 44V 之间。该阵列由 48 个电池板组成。建议阵列布置，并提出一种逆变器设计方案来满足需求。要求输出为正弦波，因为准方波无法满足电网运营商的失真要求。

由于不允许使用准方波，因此需要考虑使用单相 PWM 桥。它可用于三电平操作，有助于降低滤波的要求。240V 输出的峰值为 339V，具有一定的公差。在电池板最低电压 29V 的情况下，12 个电池板的串联连接将产生 348V，足以提供输出功率。在电池板最高电压 44V 的情况下，12 个电池板将产生 528V，需要通过减小调制深度以产生有效值为 240V 的输出。由于有 48 个

电池板，因此一种合理的布置是每 12 个电池板串联，然后再将 4 串并联，有时也被称为 12S4P 连接。额定输出为 12kW，对应的交流电流有效值为 50A。考虑到该功率水平的情况，应选择较低的开关频率以实现低损耗和高效率。三电平调制会产生倍频效果，因此 12kHz 开关频率将在 24kHz 及其倍数附近产生人类听不到的无用分量。占空比如式（5.14）定义，当输入电压发生变化时进行调整，整个电路如图 5.41 所示。每个串联的光伏板组合都通过一个二极管连接到逆变器上，以防止光伏板出现故障或光照差异造成电压差异时产生不希望的反向馈电。设计人员可以根据逆变器的输出电流（因为电网是有源负载）或输出电压来控制逆变器。对此应用，电压控制已成为主流。

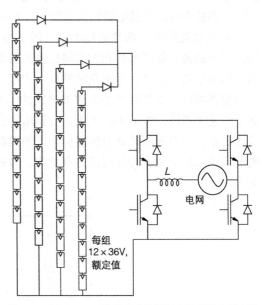

图 5.41　用于 12kW 峰值功率的单相太阳能逆变器电路

功率流与式（5.4）相同，可能还存在无功功率 Q。根据逆变器和电网的电压有效值，功率为

$$P_{\text{out}} = \frac{V_{\text{inv}}V_{\text{out}}\sin\phi}{\omega L}, \quad Q_{\text{out}} = \frac{V_{\text{out}}}{\omega L}(V_{\text{inv}}\cos\phi - V_{\text{out}}) \tag{5.36}$$

在典型情况下，无功功率设置为零。

电感应该多大呢？它必须允许在 60Hz 频率下通过高达 50A 的电流，同时阻止 24kHz 或更高分量的通过。使用三电平 PWM 时，输出不会出现 24kHz 的方波。即使在 100% 的调制深度下，24kHz 分量也仅约为 50%。可以使用幅值为 50% 的正弦波来测试 24kHz 纹波分量，这是合

理的。当额定母线电压为 432V 时，意味着将在电感上施加 216V 的峰值正弦波。为了将纹波峰 - 峰值限制在 1.4A 之内（0.7A 峰值，即额定输出电流的 1%），要求

$$\frac{216}{\omega L} \leqslant 0.7\text{A}, \quad \omega = 2\pi \times 24000\text{rad/s} \tag{5.37}$$

因此，$L > 2.05\text{mH}$ 时满足以上要求。在 60Hz 时，该电感的阻抗为 $\omega L = 0.77\Omega$。电感为 2.05mH 合适吗？假设电网电压为 240V，电网频率 $\omega = 120\pi\text{rad/s}$，采用电感 $L = 2.05\text{mH}$，根据式（5.36），逆变器输出的全输出功率和零无功功率需要满足

$$12000\text{W} = \frac{V_{\text{inv}} \times 240 \times \sin\phi}{0.77}, \quad 0\text{W} = V_{\text{inv}} \cos\phi - 240 \tag{5.38}$$

即

$$V_{\text{inv}} \sin\phi = 38.5, \quad V_{\text{inv}} \cos\phi = 240, \quad \tan\phi = 38.5/240 \tag{5.39}$$

在全功率下得到角度 $\phi = 9.19°$，逆变器电压为 243.1V。这时需要总线电压达到 344V，即使最低的电池电压也要满足此要求。实际的太阳能电池板只能在很短的时间内以额定功率工作，因此对 10% 的输出功率下也能实现低纹波的电感可能会有所帮助。在本例中，即使每个电池板的电压为 30V，高达 4mH 的电感仍将支持全功率 P 的控制，并确保无功功率 $Q = 0$。因为该设计能够将电流纹波峰 - 峰值在全输出时限制在 1%，所以该方案是有效的。

5.8.2　不间断电源

不间断电源（UPS）在电网断电时能够从电池或其他替代能源向负载供电。一般分为两类：

■ 离线 UPS 运行，只有当电网电源不可用时才会运行。当检测到电网停电时，继电器或开关将负载连接到 UPS，此时 UPS 才开始运行。切换通常存在 20ms 或更长的延迟。

■ 在线 UPS 持续运行。电网电源与 UPS 直接连接，即使电网停电，负载仍可以正常运行，而负载供电也不会瞬间中断。

由于能量存储限制，任何 UPS 只在有限的运行时间。在计算机应用中，UPS 可用于停电时实现短时间内"正常关机"，也可以允许系统在停电期间持续运行，因此需要在这两种方案之间做出选择。对于重要的工业制造工厂，UPS 可以为电网切换到柴油发电机或其他现场电源提供时间。

专为小型办公系统设计的离线 UPS 设备通常是电压源逆变器，由 12V（或更高）电池逆变，再通过工频变压器输出。由于办公设备如计算机和复印机等均具有前端整流器，因此允许准方波输入。离线 UPS 具有单独连接市电的电池充电器，以保持电池电量为停电做好准备，有些设备也使用燃料电池作为后备能源。如果电路检测到电网停电，则切换开关必须动作。在线 UPS 设备一直处于供电状态，因此在这种情况下，一般采用 PWM 逆变器和合适的滤波器。图 5.42 示意了离线和在线 UPS 电路结构。对于内部包含输入整流电路的负载，可以考虑采用基于 dc-dc 变换器的 UPS，但这并不是标准选择，因为这样的 UPS 无法连接变压器，也无法向交流设备供电。请注意在线 UPS 的电池总线连接的二极管：如果电网连接停电，只要整流器的输出降至电池电压以下，电池组就会供电。无论是电网停电，还是重新恢复，逆变器和负载都不会显示任何的输出变化。离线 UPS 设备承受较少磨损，但由于切换开关的动作延迟，因此需要一定时间才能起动。

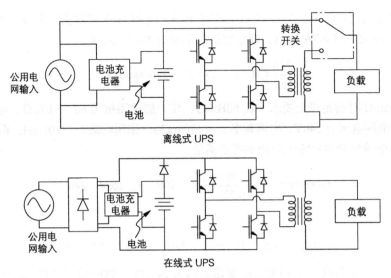

离线式 UPS

在线式 UPS

图 5.42　离线和在线 UPS 电路结构

例 5.8.2　为某测试装置设计一个离线 UPS。能量存储在一个 12V 的大电池中，一个低电流充电器保持电池处于满电状态，以便在电网停电时，UPS 可以立即运行。UPS 逆变器的输出设计为峰值 150V 的准方波，有效值为 120V，这样能与频率为 60Hz、电压有效值为 120V 的电网电源兼容。其输出额定值为 500W 或 600V·A。设计一种运行策略，包括相移角 δ 和变压器匝数比以满足上述要求，需要多大的开关器件额定值？

由于输出不是正弦波，因此不需要像典型应用中那样提供 170V 峰值。虽然对于传统的整流负载，150V 可能低了一点，正激变换器或其他合适的整流负载将存在阻抗降落，但它们在 150V 下仍能正常工作。在不考虑器件压降的情况下，为了将 12V 电池电压升至 150V 峰值，变压器匝数比应设计为 12:150，或者 1:12.5。鉴于对波形质量的适度要求，因此有必要将电池连接到逆变器，并以 VSI 策略运行，通过移相控制来调节电压。开关器件将以 60Hz 的频率切换。根据式（5.7），在准方波峰值 150V 的情况下，为使有效值达到 120V，则需要

$$\frac{4V_{\text{in}}}{\sqrt{2}\pi}\cos\frac{\delta}{2}=120\text{V},\quad \delta=54.6° \tag{5.40}$$

电路如图 5.43 所示，逆变器位于变压器的低压侧。由于额定容量为 600V·A（伏为容量单位，不是功率单位），输入侧电流有效值达到 50A，因此开关器件需要 70A 以上的额定电流值。因为效率不是 100%，所以电流会更高一些。在理想情况下，开关器件在关断时需要阻断 12V 的电压，在导通时需要承受 75A 的电流。额定电压为 30V、额定电流为 75A 的功率 MOSFET 容易买到并具有较高性价比。逆变器能够补偿电池电压变化，如铅酸蓄电池的典型电压范围为 10~14V，可通过改变相移角来确保逆变器的输出有效值为 120V。

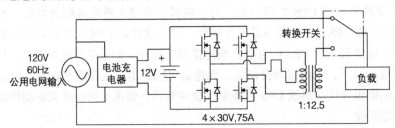

图 5.43　用于 500W 备用电源的离线 UPS 电路

5.8.3 用于电动汽车的高性能驱动器

电动运输车辆和系统通常使用交流电动机而不是直流电动机，因为前者具有更好的功率重量比，更低的成本，并且更坚固。交流电动机的转速与其工作频率成正比，而转矩取决于电流，因此在这些应用中，逆变器必不可少。交流电动机和逆变器的组合称为交流传动。其中大多数电动机为三相电动机，可能使用也可能不使用永磁体。通常，原则上提升电压是有利的，因为较高的电压意味着较低的电流、较少的铜和较低的电阻损耗。在运输应用中，电池是一个限制因素，将大量电池串联起来获得逆变器总线所需的高电压并不是好的策略。因此，许多电动运输设计将电池组通过 dc-dc 变换器连接到逆变器直流总线上。

在小型车辆应用中，如汽车或小型运载工具，通常使用单个电动机驱动变速器，并以常规方式运行车辆。在大型车辆中，有时每个车轮都使用独立的电动机。这种轮式电动机是可能的，但是其相对较高的转动惯量会影响小型车辆的动力性能。与传统的内燃机相比，在运输应用中使用的电动机具有如下优点：

■ 电动机可快速响应控制，能在几十毫秒内改变其输出转矩。与类似尺寸的内燃机相比，它们可以在更宽的转速和扭矩范围内运行。

■ 电动机可以在任何速度产生转矩，包括静止、前进和后退。内燃机需要离合器和其他机械装置将转矩传递给停止的车辆。

■ 电动机在能量意义上是可逆的，可以充当电动机或发电机。为运行电动机状态，可以命令输出正转矩；为运行发电机状态，命令输出负转矩。负转矩可提供再生制动，并将动能转化存储到电池中，同时降低车辆的行驶速度。

■ 电动机的效率显著高于内燃发动机，因为能量转换过程不是热力学过程。另外，与只能在局限范围内高效运行的发动机相比，电动机可以通过控制在更大运转范围内保持高效率。

电气运输的局限性是对能源的需求。运动的能量必须携带在车上，或者通过滑动触点或无线传递。单位质量液体燃料的能量比电池高约两个数量级。因此，混合动力汽车和柴电火车采用液体燃料存储能量。许多其他的电气化列车使用受电的架空电线或马蹄铁形材料在第三条供电轨道上滑动，目的是传递电能而不是储存电能。

此处提供的示例基于为电动跑车开发的驱动系统，配置如图 5.44 所示。电池组通过双向升压变换器连接到逆变器的直流总线，从而使逆变器可以在比电池组更高的电压（和更低的电流）下工作。逆变器本质上是双向的，由于其开关可以控制交流电流，因此直流侧的平均电流可以为正或负，能量可以双向流动。这是一个有用的特点：油门踏板命令电动机提供正转矩，并从电池组中吸收能量，而制动踏板命

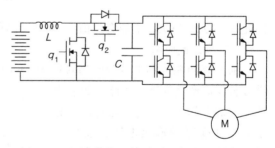

图 5.44 用于高性能电动汽车的双向 boost 变换器与六角桥逆变器级联电路拓扑

令电动机提供负转矩，并将能量回馈。这使制动踏板成为"减速器"，而逆变器仅向电动机提供所需的频率和电压。

当交流电动机用于车辆，即电力牵引应用时，电动机输出功率是转矩和转速的乘积。电力牵引有一个最大转矩，同时出现最大电压和电流的基本转速和与基本转速有关的两种工作方式。图 5.45 显示了这两种方式下电动机的最大功率，其由逆变器的母线电压和电流容量决定。低于

基本转速时，驾驶操作受最大转矩（和逆变器最大电流）限制。电动机电压从零速时的接近 0V
线性地增加到基本转速时的最大值。超过基本转速时，电压将无法进一步增加，且运行会受到最大逆变器电流的限制。传动系统可以在四个象限（正或负转速，正或负转矩）中的任何位置上达到极限值。逆变器可以迅速改变其电流，从而改变转矩，然而转速是慢慢变化的，因为它与整个车辆的惯性有关。只有提高逆变器的电流额定值或直流母线电压，才能提高限值，前提是电动机可以安全地提供更高的转矩或转速。

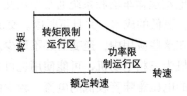

图 5.45　位于第一个象限的电动机运行限制区域
（转矩和功率限制适用于四个象限所有的
转矩随转速变化的曲线）

例 5.8.3　电动汽车由图 5.44 所示的电力电子电路驱动。通过升压变换器将逆变器母线电压调节到 750V。逆变器的最大输出为 200kW。在此功率水平下，电动机的功率因数通常为 0.90。逆变器采用 PWM 控制，具有三次谐波补偿以提高输出电压。该电动机的基本转速为 4500r/min，在全功率和基本转速下的效率为 94%。当转速为 4500r/min 时，电动机的频率约为 150Hz。电动机的运行范围是 0 ~ 18000r/min。求解电动机最大转矩以及相关的逆变器交流输出电流。绘制出在整个运行范围内的电动机电压、调制深度以及频率与转速的关系图。建议使用什么等级的器件容量？由于开关频率高，电动机绕组的电感可以用作低通滤波器。

逆变器可提供高达 200kW 的功率，在全功率和基本转速下的效率为 94%，因此可得电动机的输出为 188kW。4500r/min 的基本转速（75r/s）相当于 $2\pi \times 75\text{rad/s} = 471\text{rad/s}$。功率是转矩和转速的乘积，因此最大输出转矩为（188kW）/（471rad/s）= 399N·m。在基本转速运行下表示可能的最高输出电压，此时母线电压为 750V。由于该逆变器采用了三次谐波补偿，因此最高电压对应的调制深度为 $m = 1.155$。根据式（5.26）~（5.28）知，这意味着电动机低频线电压峰值为 750V，有效值为 530V。逆变器功率为 200kW，功率因数为 0.90。根据三相电路分析可得

$$S = \sqrt{3}V_{\text{ll-rms}}I_{\text{l-rms}}, \quad Pf = P / S \qquad (5.41)$$

因此 $S = 222\text{kV·A}$，电流有效值为 242A，峰值电流为 342A，所以 IGBT 需要约 350A 的额定电流才能满足此应用。

那么调制深度和电压呢？当转速为 4500r/min 时，调制深度为 115.5%，反映了由于三次谐波补偿而产生的特殊性能。如上所述，当低于基本转速时，随着速度的下降，逆变器的输出电压也线性下降。当达到基本速度时，已没有余量获得更高的调制。图 5.46 显示了电动机线电压有效值和调制深度与频率的关系。当高于 4500r/min 时，电压保持在最大值。频率从零开始（施加直流电使电动机开始运动），并在整个工作范围内线性增加，在 4500r/min

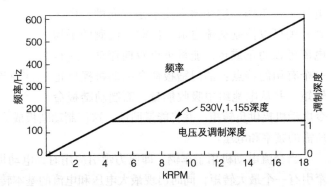

图 5.46　例 5.8.3 中转速函数的电压、调制深度和频率

时频率为 150Hz，在 18000r/min 时频率为 600Hz。由图 5.46 可知，该电动机在 4500r/min 转速下提供的最大输出转矩为 400N·m，在更高转速下的输出功率为 188kW。当转速为 18000r/min 时，最大输出转矩约为 100N·m。

当逆变器开关关断时必须阻断 750V 的电压。在下一章将要介绍，由于电感的作用，开关器件需要额外的余量。由于 IGBT 无法提供任意的额定电压，因此很可能会使用标准 1200V 的器件。根据调制频率峰值，开关器件需要 1200V 和 350A 的额定值。dc-dc 变换器通过额定电压为 350V 的电池组提供功率。当功率为 200kW 时，升压变换器的输入电流为 571A。由于效率不可能达到 100%，升压变换器将需要约 600A 的额定电流，而它的额定电压由 750V 的逆变器直流母线决定。至于逆变器，可以使用标准的 1200V IGBT，因此，dc-dc 变换器需要 1200V、600A 的 IGBT。

5.9 应用讨论

尽管在电力系统中总是存在关于交流和直流配电的争论，并且许多工程师都在讨论交流向直流系统的过渡，但是某些应用最终还是需要交流配电。最重要的应用是电机，因为与直流电机相比，交流电机在根本上具有成本和性能优势。同样至关重要的是，与直流电网相比，交流配电网中的故障和故障模式通常更易于管理。归根结底，这是因为在交流系统中，每个周期存在两次电压和电流过零。直流和交流器件与系统之间的相互作用推动了逆变器的发展。

控制交流电动机是逆变器的主要应用领域。电力运输就是一个例子，其中逆变器是主要的能量控制元件。电力牵引，又称为用于运输的逆变器和电动机组合，已经从电动自行车的几百瓦发展到火车、轮船和飞机的几兆瓦。使用基本相同的 PWM 方法和控制的更小的电动机驱动可用来驱动计算机磁盘和光盘播放器。已大批量生产的功率仅为几瓦的小型六桥逆变器用于控制微型无刷电机。对于这类应用，电压、电流、功率范围和性能水平都是截然不同的。

逆变器充当直流设备和传统交流电网之间的主要接口，从直流电源，如太阳能电池板、燃料电池和来自变速风力发电机和海浪发电机的整流输出，输送能量。尽管功率范围不如电动机控制那么宽，可再生能源的商用逆变器的功率范围约为 100W 至 10MW。在小功率范围，设计倾向于与单相逆变器接口，存在双频电源纹波的问题；而在大功率应用场合，几乎总是采用三相逆变器设计。

增强型智能电网控制是一个重要的新兴应用。基于高频变压器的背靠背逆变器是对传统交流电网中笨重设备的一种替代方案。在这些固态变压器中，逆变器可以双向工作，因此逆变器和有源整流器之间的区别是人为的。变换器增加了控制功能，增强了电网的许多属性，如主动控制潮流和隔离远程故障。多电平逆变器正被应用于高压直流输电，与相控电路相比实现了更快、更有效的控制。PWM 逆变器是海底电缆的重要接口电路，其技术已经超越了相控整流器和逆变器，且高压直流输电能力尤其令人注目。海底电缆的连接不仅可以用于输电，而且对海上波浪和风力发电也很重要。

当逆变器获得广泛应用，它们的控制能力可以使传统的 50Hz 和 60Hz 的线路频率变得几乎没有意义，尽管在可预见的未来，庞大的现有设备将继续运行在这些频率上。对于交流电机，频率与转速相关，因此转速控制必须打破电网频率和逆变器频率之间的任何关系。现在，一些飞机系统可以承受较宽的频率范围，以支持在较宽的发电机转速范围内运行。在孤立电网中将出现允许频率波动的应用场景。

5.10 总结

逆变器通常是实现直流 - 交流转换的电路。实际上，逆变器通常是指用于将能量从直流电压源传输到交流电流源的电路。逆变器的调节可能取决于负载是有源负载还是无源负载，有源负载意味着它是具有自身固有定时特性的交流电源，无源负载意味着负载是一个阻抗。对于有源负载，可以调整相移来控制能量流。对于无源负载，可以调整开关矩阵的开关相对相位。

单相逆变器可以形成 2×2 的全桥开关矩阵。当直流电源允许时，输入中心抽头允许使用半桥配置，在许多备用电源应用中已使用此配置。三个半桥组合构成一个三相六桥逆变器。在这些变换器中，都必须避免出现任何的直流输出分量，因为直流会损坏变压器及其他交流负载。在全桥或半桥电路中，最简单的方法是始终保持开关工作的占空比为 1/2。

VSI 通常是指准方波逆变器。VSI 使用可能的输出 $+V_{in}$、$-V_{in}$ 和 0 以形成近似方波，开关器件按照所需的输出频率进行切换。位移角 δ 决定了在每半个周期中输出为零的电角度。VSI输出电压中第 n 次谐波的傅里叶分量为

$$v_{\text{out}(n)} = \frac{4V_{in}}{\pi} \cos\left(n\frac{\delta}{2}\right) \frac{\sin(n\pi/2)}{n} \cos\left(n\omega_{\text{out}}t - n\frac{\delta}{2}\right) \tag{5.42}$$

其中，$n = 1$ 通常定义为所需的分量。这种类型的逆变器通常用于固定频率的应用，如备用电源。当输出频率已知时，可以使用谐振滤波器来提高输出波形的质量，尽管低频会使滤波器变大。

为了提高灵活性，PWM 是一种优秀的逆变器控制方案。在这种方法中，开关占空比被缓慢地调节，以使输出的移动平均值跟踪所期望的随着时间变化的波形。由于开关频率远高于调制频率，因此输出将跟踪调制信号。无须分量会转移至开关频率及其倍数处，可以通过低通滤波器进行衰减。PWM 过程可以使用三角波或锯齿波比较器，当调制信号大于三角波时，比较器将输出离散值。由于 PWM 过程简单，因此它是许多类型的逆变器和 dc-dc 变换器控制的基础。许多商用功率变换器控制集成电路都采用 PWM。**调制深度**或**调制指数**反映了调制函数与最大可能值的比率。100% 的调制深度表示所需分量的峰值与输入电压值匹配。随着调制深度的减小，波形中脉冲宽度的变化也相应地减小。

PWM 逆变器可轻松地控制输出频率和幅值。然而，这并非没有限制。对于给定的输出功率水平，PWM 逆变器的效率要比 VSI 低，这是因为频繁的开关动作将伴随开关的能量损耗。未经滤波的波形失真很高，其谐波延伸到很高的频率。多电平 PWM 是在多种电压之间切换，而不是在 $+V_{in}$ 和 $-V_{in}$ 之间来回切换，因此能够很好地避免部分失真问题。直流电压源的输入电流看起来像是在全波整流包络内的一组脉冲，这就意味着单相逆变器中的输入电流保留了双频纹波功率。

在三相逆变器中，可以从调制信号中减去三倍频补偿波形以增加调制深度，同时仍将占空比保持在限制范围内，而补偿波形将在逆变器输出处相互抵消。这种策略允许在传统的 PWM过程中实现高达 115.5% 的调制深度，也可以根据逆变器开关配置来表示 PWM 信号。各种开关配置中可能的电压表示形式称为空间矢量法。当给所需的输出电压一个对应的矢量表示时，PWM 等效于 SVM 处理。尽管它们的实现方式不同（PWM 采用载波 - 调制器 - 比较器方法，SVM 通过查找表和状态机来实现），但对于匹配补偿波形，实际上两种调制方法的开关函数是相同的。当失真不那么重要时，将六角桥的每个支路以固定的 50% 占空比切换，这样可以通过六步运行将三相逆变器的输出达到最大值。

CSI 类似于受控整流器，尤其是在有源负载的情况下，且在该情况下，CSI 可以像互补的中点整流器一样构建，并采用相位延迟控制。当涉及无源负载时，CSI 必须使用并联电容或更复杂的电源接口，以确保负载像交流电压源一样工作。在适当情况下，CSI 也可以采用 PWM 控制。滞环控制要根据实际输出与预期输出的接近程度来决定开关动作，对 CSI 来说是一种有效的控制方法。

习题

1. 逆变桥在负载上施加方波，并通过在输出端串联一个 25mH 的电感来实现滤波。负载是电阻性的。在给定的 50Hz 电路应用中，将输出电压的有用分量的幅值绘制为负载电阻的函数，并讨论负载调节。

2. 确认 VSI 通过电感连接到电网电源的功率流是否与式（5.4）一致。

3. VSI 将大型电池存储系统连接到交流电网。电路的一相如图 5.47 所示。逆变桥具有位移角 δ，并进行了相对应的设置，因此其所需分量比交流电压滞后一个角度 ϕ。对于 $\delta = 45°$ 和 $\phi = -30°$ 而言，流向交流电源的每相平均功率是多少？如果 $\phi = +30°$ 呢？

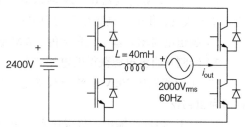

图 5.47　用于连接大型电池与有效值力 2000V/60Hz 电源的 VSI 电路

4. 对于图 5.47 中的 VSI 电路，位移角 δ 设置为 60°。如果所需分量的值为 $V_0\cos(\omega t + \pi/8)$。

1）找到 V_0 的值和交流电源的平均功率。

2）在交流电源中找到方均根电流。交流电源的功率因数是多少？

5. 对于图 5.47 中的 VSI 电路，位移角 δ 设置为 15°。所需分量设置为与交流电源电压同相。根据时间的变化，查找并绘制出流入交流电源的电流。

6. 在 VSI 中，位移角 δ 的选择有时是开放的。然而，式（5.42）表明某些 δ 值会抵消一些谐波效应。在具有串联 L-R 负载的 VSI 中，哪些 δ 值会抵消三次谐波？五次谐波？七次谐波？

7. 图 5.47 中的电压源逆变器采用相对相位控制。在特定情况下，相对位移角 δ 为 36°。对于交流电源和所需分量之间的相位角 ϕ：

1）找到交流电源的功率流作为 ϕ 的函数。

2）通过计算一次、三次和五次谐波来估算方均根电流。作为 ϕ 的函数，方均根电流是多少呢？

3）在逆变器的全三相配置中，电流中的三次谐波（三的倍数）被取消。基于一次、三次和五次谐波，这将如何改变方均根电流作为 ϕ 的函数呢？

8. VSI 在相位延迟角 $\delta = 90°$ 且输入为 72V 的情况下工作。它提供 $L = 20mH$ 和 $R = 1\Omega$ 的串联 L-R 负载。开关频率为 50Hz。

1）绘制电路图，并绘制 L-R 组合处的电压和电流波形。

2）绘制从直流电源获得的电流波形。

9. 备用电源系统可以接收 250 ~ 500V 的蓄电池电压，也可以接收来自发电机组的经过整流和滤波后的三相电源。频率为 60Hz 时，发电机输出电压为三相 208V 线电压，并通过具有大电感的常规二极管中点整流器进行转换，以过滤输出，然后过滤大电容以提供电压源接口。备用系统的逆变器用作 VSI，可产生有效值为 240V、频率为 60Hz 的单相交流电。为此应用绘制一个可能的电路。对于每个不同的输入源，δ 值应该是多少？当负载通过谐振滤波器消耗 10kW 时，任何一个逆变器开关将承载的最大电流值是多少？

10. 远程离网电源是逆变器的另一个重要应用。中非东部的许多村庄没有可靠的电力供应。但是，电动水泵是卫生系统的重要组成部分。考虑一个带有太阳能井泵的村庄。泵注满水箱，以便在晚上或阴天供水。一个典型的系统具有大约 $3m^2$ 的太阳能电池板，峰值输出功率约为 500W，足以提供（1/2）马力的交流电机。如果面板上串联了电池，则额定直流电压约为 150V。为此应用设计的 VSI 将为小型单相电动机供电。

1）建议使用与 VSI 输出一致的电动机交流电压（基于标准的 120V、208V、230V、380V 或 460V 机器）设备，对于该电动机，将使用哪个角度的 δ？绘制此选项的电压波形。

2）如果电动机由串联 L-R 连接表示，并且功率因数相对于理想的交流输入电路为 0.8，当使用 60 Hz 输出时，绘制电动机电流图。

11. 一个 PWM 逆变器在 72V 输入电压下以 50% 的调制深度工作。它为 $L = 1mH$ 和 $R = 1\Omega$ 的 L-R 串联负载供电。调制频率为 50Hz，而开关频率为 500Hz。

1）画出电路图。基于三角形的 PWM 载波波形，绘制 L-R 组合处的电压和电流波形。

2）绘制从直流电源获得的电流波形。

12. 逆变器先从 300V 直流母线受电，再为 $90\mu H$ 电感和 0.8Ω 电阻的串联负载供电，开关频率为 20kHz。

1）对于 60Hz 的输出，负载功率作为 m 的函数是什么？

2）调制频率在 0 ~ 400Hz 之间变化。负载功率受到调制频率影响呢？当频率为 10Hz 时，$m = 0.7$ 的输出功率是多少？当频率为 400Hz 时，$m = 0.7$ 的输出功率是多少？

13. PWM 逆变器通过 625（1 ± 5%）V 的直流母线工作。它为一台额定功率为 50kW、三相 460V 的线电压、60Hz、1800r/min 的电动机供电。该电动机运行的期望转速为 1400r/min。转速是频率的线性函数，电压应以保持比率 V/f 恒定的方式跟踪频率。在这些条件下，额定母线电压的调制指数是多少？在高母线值和低母线值的调制指数是多少？

14. 电源在 50Hz 时提供 380V 线电压。该电源采用全桥结构的二极管整流。整流器输出高电容。该直流母线用作 PWM 六角桥逆变器的输入。逆变器开关频率为 20kHz。

1）估计直流母线电压。如果额定功率水平为 15kW，电容器应保持多大才能将电压纹波保持在 5% 的峰值以下？

2）逆变器为额定值为三相 380V 线电压、15kW、50Hz 的电动机供电。当逆变器为电动机提供额定输出时，调制指数是多少？

3）逆变器为额定电压为三相 230V 线电压、15kW、60Hz 的电动机供电。电动机在额定条件下运行时的调制指数是多少？

15. 在 PWM 逆变器中，所需调制函数周围的输出纹波几乎都叠加在正弦调制的三角形上。利用简单的 L-R 负载，可以找出最坏情况下纹波的波形部分，就像分析降压变换器的纹波一样。给定一个具有 L-R 负载的 PWM 逆变器，使 $L/R = 100\mu s$，并给定 $V_{in} = 240V$，$M(t) = 170\cos(120\pi t)$，$f_{switch} = 50kHz$，在输出端测量，估计所需调制函数周围的最大的峰值纹波。

16. 体育场内的扬声器由两级 PWM 逆变器驱动。扬声器在 20Hz 至 2kHz 的频率范围内的额定有效值为 100V，最大功率为 1200W。其负载特性与 $50\mu H$ 电感和 8Ω 电阻的串联负载类似。

逆变器的开关频率为 200kHz。

1）在全功率和 1kHz 下施加音频测试信号。扬声器在 1kHz 时的电流是多少？如果扬声器是唯一的滤波器，则所需电流波形附近会有多少峰 - 峰电流纹波？

2）在应用中推荐使用的直流母线电压是多少？

3）在 10% 功率和建议的母线电压下工作时，将使用哪种调制深度？这取决于音频频率吗？

17. 一个 PWM 逆变器为 380V、50Hz 的三相电动机供电（电压为线方均根值）。建议输入直流母线电压以支持该应用。画出一个候选的逆变器电路。在满载和额定转速下，若电动机需有效值 100A 的电流，则开关必须承受或阻断的最大电流和电压是多少？

18. 可以基于锯齿波形执行 PWM，如图 5.48 所示。考虑一个输入直流电压为 170V 的系统，该系统将以 60Hz 的频率提供有效值为 120V 的输出。对于 720Hz 的开关，绘制出三角形和锯齿形振荡器的逆变器输出电压波形，并讨论结果应该如何比较。

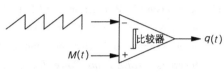

图 5.48　锯齿波 PWM 产生过程

19. 有人主张使用五电平 PWM，其中使用额外的电压 ±V_{in}/2。这是一种实现方法：当所需波形大于 V_{in}/2 时，在 V_{in}/2 和 V_{in} 之间切换；当所需波形在 0 和 V_{in}/2 之间时，在 0 和 V_{in}/2 之间切换，依此类推。随着比较器的发展，载波三角形将需要在所需范围内，电池系统提供 V_{in} = 360V。需要使用五电平 PWM 和 500Hz 的开关频率来产生 230V、50Hz 的输出，负载为 20mH 电感串联 5Ω 电阻。绘制其负载电压和电流，并讨论失真情况。这与三电平案例有明显不同吗？

20. 电动滑板车通过一个小的交流电动机直接连接到它的轴上。轮胎的半径为 10cm。对于速度高达 80km/h 的车辆，需要的电动机转速是多少？基于 48V 电池母线和 100Hz 时基本转速为 3000r/min 的交流电动机，设计一个 PWM 逆变器来操作此踏板车。在运行期间它将消耗高达 2kW 的功率。

参考文献

[1]　B. D. Bedford and R. G. Hoft, *Principles of Inverter Circuits*. New York：Wiley，1964，pp. 246-250.

[2]　H. B. Dwight, *Tables of Integrals and Other Mathematical Data*, 4th ed. New York：Macmillan, 1961, p. 198.

[3]　E. W. Weisstein, "Jacobi-Anger Expansion." *MathWorld—A Wolfram Web Resource*. Available：http://mathworld.wolfram.com/Jacobi-AngerExpansion.html.

[4]　H. S. Black, *Modulation Theory*. New York：Van Nostrand, 1953.

[5]　Z. Song and D. V. Sarwate, "The frequency spectrum of pulse width modulated signals," *Signal Processing*, vol. 83, no. 10, pp. 2227-2258, Oct. 2003.

[6]　J. Rodriguez, S. Bernet, P. K. Steimer, and I. E. Lizama, "A Survey on Neutral-Point-Clamped Inverters," *IEEE Trans. Ind. Electron.*, vol. 57, no. 7, July 2010, pp. 2219-2230.

[7]　P. Krause, O. Wasynczuk, S. Sudhoff, and S. Pekarek, *Analysis of Electric Machinery and Drive Systems*. Piscataway, NJ：IEEE Press, 2013, p. 88.

[8]　H. W. Van der Broek, H. C. Skudelny, and G. V. Stanke, "Analysis and realization of a pulsewidth modulator based on voltage space vectors," *IEEE Trans. Ind. Appl.*, vol. 24, no. 1, pp. 142-150, Jan. 1988.

[9]　J. Mathew, R. P. Rajeevan, K. Mathew, N. A. Azeez, and K. Gopakumar, "A Multilevel Inverter

Scheme With Dodecagonal Voltage Space Vectors Based on Flying Capacitor Topology for Induction Motor Drives," *IEEE Trans. Power Electron.*, vol. 28, no. 1, pp. 516, 525, Jan. 2013.

[10] D. G. Holmes, "The general relationship between regular-sampled pulse-width-modulation and space vector modulation for hard switched converters," in *Rec. IEEE Ind. Appl. Society Annu.Meeting*, 1992, pp. 1002-1009.

[11] A. M. Hava, R. J. Kerkman, and T. A. Lipo, "A high-performance generalized discontinuous PWM algorithm," *IEEE Trans. Ind. Appl.*, vol. 34, pp. 1059-1071,1998.

[12] K. Zhou and D. Wang, "Relationship between space-vector modulation and three-phase carrier-based PWM : a comprehensive analysis," *IEEE Trans. Industrial Electronics*, vol. 49, no. 1, pp. 186-196, Feb. 2002.

[13] A. Kwasinski, P. T. Krein, and P. L. Chapman, "Time domain comparison of pulse-width modulation schemes," *IEEE Power Electron.Lett.*, vol. 1, no. 3, pp. 64-68, 2003.

[14] M. A. Rahman, J. E. Quaicoe, and M. A. Choudhury, "Performance Analysis of Delta Modulated PWM Inverters," *IEEE Trans. Power Electron.*, vol. PE-2, no. 3, pp. 227-233, July 1987.

附加书目

B.K.Bose, Power Electronics and Ac Drives. Englewood Cliffs, NJ : Prentice Hall, 1986.

R. Chauprade, "Inverters for uninterruptible power supplies," *IEEE Trans. Ind. Appl.*, vol. IA-13, no. 4, pp. 281-295, July 1977.

G. K. Dubey, *Power Semiconductor Controlled Drives*. Englewood Cliffs, NJ : Prentice Hall, 1989.

D. C. Griffith, *Uninterruptible Power Supplies*. New York : Marcel Dekker, 1993.

D. G. Holmes and T. A. Lipo, *Pulse Width Modulation for Power Converters : Principles and Practice*. New York : John Wiley & Sons and IEEE Press, 2003.

M. H. Kheraluwala and D. M. Divan, "Delta modulation strategies for resonant link inverters," *IEEE Trans. Power Electron.*, vol. 5, no. 2, pp. 220-228, Apr. 1990.

P. Vas, *Vector Control of Ac Machines*. Oxford : Clarendon Press, 1990.

P. Wood, *Switching Power Converters*. New York : Van Nostrand, 1981.

Q.-C. Zhong and T. Hornik, *Control of Power Inverters in Renewable Energy and Smart Grid Integration*. Chichester, UK : John Wiley & Sons, Ltd. and IEEE Press, 2013.

第 III 部分　实际电力电子元件及其特性

第 6 章　电源和负载

6.1　引言

电源转换理论要求功率变换器在任何端口都能拥有类似源的特性。到目前为止，使用电感来产生恒定电流和通过电容来产生恒定电压的基本理念能够很好地指导设计工作。然而，实际元件并不能表现为理想源。如图 6.1 所示，在本章中，我们将会探讨一些现实世界中的电源和负载特性，并对以电感和电容作为源的接口特性进行分析检验。通过使用并联电容和串联电感的方式可增强某些非理想直流源的特性，如燃料电池、可再生能源电池和蓄电池；通过使用谐振电路可增强非理想交流源的特性，如同步发电机、逆变器和本地电网连接。我们将通过阻抗分析指导这一过程。

图 6.1　燃料电池、蓄电池、太阳能电池、电机、灯和其他的实际电源和负载

本章从针对实际负载的概述开始。电力电子通常重点关注负载稳态特性或快速变换下的负载动态特性，如数字电路中的负载。针对这两种极端条件下的分析，可以使负载模型变得相对简单，从而帮助设计者分析功率变换器运行时的基本问题。临界电感和电容可以用于表征直流

源的相对品质。例如，如果使用远大于 L_{crit} 的串联电感，电源将呈现优秀的电流源特性。对于交流源来说，源阻抗是一个有用的量化指标。这种用于交流源的电源接口，类似于用于直流电流源的串联电感或用于直流电压源的并联电容。在足够短的时间尺度下，几乎所有负载都呈现出电流源特性，这其中一个重要的原因是在布线和连接时引入了引线电感。本章进一步分析了绝缘导线的自感，并对其设计中的一些问题进行了探讨。

6.2 实际负载

除了少数例外，由开关变换器（或其他电源）供电的实际负载，不能简单地等效为纯阻性负载。首先，引线存在寄生电感和电容。另一方面，实际负载往往包含电源、接口滤波器或其他部分，使其模型变得非常复杂。同时，许多实际负载并非线性，这使得使用线性电路的建模方法变得十分困难。即使是钨丝灯和阻性加热设备也能呈现出很强的温度依赖特性，并且其初始预热时的特性与稳态特性也截然不同。大多数负载可归为以下两个大类：

■ 准稳定负载。该类负载在开关动作的时间尺度上，其特性和功率需求不会改变。对于设计者来说，使用简单的电路模型就能得出好的结果。为此类负载设计的变换器通常有着出色的性能，特别是在能检测到负载电压或电流并进行控制的情况下。

■ 瞬态负载。该类负载在变换器的一个开关周期内的特性随时间变化，变化速度接近变换器开关的速度或是更加迅速。例如，大型数字电路在每一个时钟沿同时切换数千或数百万个电容，因此每个时钟沿都会产生一个短暂的电流尖峰。由于电力电子开关的反应速度不够快，因此需要储能接口来提供良好的供电效果。

当变换器为瞬态负载供电时，典型的解决方案是提供足够的输出电容，基本满足负载在其产生瞬态电流尖峰期间所需的所有电荷。

6.2.1 准稳态负载

许多准稳态负载都是由图 6.2 中的 *R-L-V* 串联组合模型演化而来。在这个模型中，电池充电，直流电动机运行，电化学过程或一些其他负载的内部行为由理想源来表征。电阻和电感模拟了连接线和内部元件的特性。这个模型代表了所有不会快速变化的负载特性。图 6.3 给出了一个更详细的例子。该电路为电池模型，其中，电压 V_{int} 代表电池内部电化

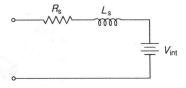

图 6.2 静态负载的串联 *R-L-V* 模型

学反应电动势，其幅值依赖于温度和内部存储能量；电阻 R_{int} 代表电池内部连接结构和电解质电阻；电阻 R_{dis} 代表内部自放电过程，在这个过程中，即使电池断开连接也会失去能量；等效电容 C_{eff} 模拟了内部结构的容性影响以及电池自身的滤波功能，而附加的 *R-C* 支路模拟了电池在不同时间尺度下的特性，其典型时间尺度可以从"秒""分钟"和"小时"中选择；外部连接呈现为 R_s 和 L_s 的串联。这样的模型能够很好地支撑我们的设计。通过给定参数，可以设计 buck 变换器或相控整流器为电池提供所需的电流等级，并且可以监测和控制注入 V_{int} 总电荷等关键参数。

接下来考虑一个典型的电力电子应用，并评估其基本负载行为。

例 6.2.1 在一个太阳能试验车中，通过驱动一个直流电机实现快速的机械响应。电机的额定转矩是 $10N \cdot m$，转动惯量 $J = 0.04kg \cdot m^2$。电路模型如图 6.2 所示，内部电压 $V_{int}=1.1\omega$，

其中 ω 是轴角速度（rad/s）。串联 R-L 组合的时间常数为 12ms。在 t_0 时刻，电机以 100rad/s 的角速度运行，控制该电机的 dc-dc 变换器输出高电压使驱动电流快速上升，电机输出转矩达到 5 倍的额定值。那么 1ms 内，内部电压变化了多少？

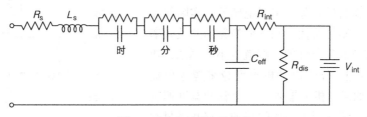

图 6.3 充电电池的电路模型

我们分析的思路是，根据 R-L 时间常数，以 1kHz 或更高频率切换的 dc-dc 变换器可以将电机视作电流源。如果内部电压在开关周期内的变化很小，则可认为负载是准稳态负载。该系统的机械部分动作遵循旋转系统中的牛顿第二定律，即

$$\sum T = J\frac{d\omega}{dt} \qquad (6.1)$$

式中，T 是转矩。为了得到尽可能最快的加速性能，变换器应产生尽可能高的转矩。在 t_0 时刻，改变电压使转矩达到 50N·m 的极限值。由于 R-L 时间常数的存在，这种变化需要一些时间。当转矩为 50N·m 时，牛顿第二定律给出 50N·m=0.04（$d\omega/dt$），此时角速度变化率为 1250rad/s^2。在 1ms 内，速度变化了 1.25rad/s，或者为运行速度的 1.25%，内部电压变化很小，仅从 110V 变到 111.4V。因此，一个带电阻、电感和内部直流电压源 $V_{int}=1.1\omega$ 的稳态电路可以在短时间间隔（如开关周期）内很好地模拟实际电机特性，即使机械系统被强力驱动，该负载仍然被看作准稳态负载。

图 6.4 给出了交流同步电动机的简化模型。内部电压源是一个与速度相关的交流源，但是外部连接和内部结构呈现基本的 R-L 特性，更详细的模型可以在文献 [1] 中找到。图 6.5 展示了在稳态条件下运行的异步电动机电路模型。该模型具有一个与速度相关的电阻（其在某些情况下可以为负），而不是一个内部电压

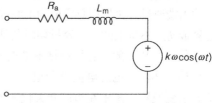

图 6.4 交流同步电动机准稳态模型

源。图 6.6a 中的白炽灯模型为与温度相关的电阻与连接电感的串联。其电阻值将在灯丝加热时升高，冷却时阻值小的电阻意味着当灯打开时的电流初始值很高。扬声器通常被建模为一个简单的 R-L 串联负载，如图 6.6b 所示，该模型已被简化，因为扬声器其实是一种具有内部电压的电机，但是该模型可以被用来表征流入扬声器的功率流。

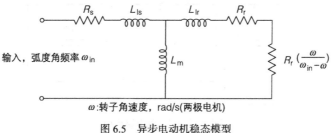

ω:转子角速度，rad/s(两极电机)

图 6.5 异步电动机稳态模型

到目前为止，我们分析的所有负载都有串联电感，这实际上是所有负载的共性。该电感有一个有趣的潜在影响。虽然呈现电压源特性的负载很常见，但实际负载会在比串联 *R-L* 时间常数短的时间尺度上呈现电流源特性。除了串联电感外，实际的准稳态负载还有一个附加特性：功率变换器的开关频率越高，负载的细节和复杂性的影响就越小。例如，随着开关频率的增加，异步电动机模型越来越像单极 *R-L* 串联电路。如果电机的输入是一个脉冲宽度调制（PWM）逆变器，随着开关频率的增加，它几乎只对调制函数做出响应。这就是为什么当考虑开关动作时，使用简单的 *R-L*、*R-C* 或 *R-C* 模型进行准稳态负载计算几乎不失精确性。

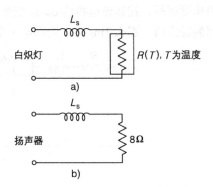

图 6.6 *R-L* 模型，白炽灯和扬声器

6.2.2 瞬态负载

瞬态负载通常涉及内部的开关动作。如图 6.7 所示的电路模型适用于数字电路、雷达系统或某些其他以脉冲方式吸收功率的负载。数字电路比开关电源设备的开关速度要快很多个数量级，这意味着负载特性变化得很快，以至于功率变换器变成一个几乎是被动的设备——

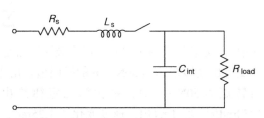

图 6.7 带内部开关的负载会引起短脉冲电流

"随车而动"。如下的例子有助于我们建立时间尺度的概念。

例 6.2.2 一种时钟互补的基于金属氧化物半导体器件或 CMOS 的微处理器在 1V 直流源的输出端通过开关投切总容值为 1000pF 的电容负荷。从电源到芯片的连接有大约 25nH 的电感。电容最初是不带电的。电容投切时负载电流的变化有多快？讨论其对电源的影响。

数字芯片上的电容最初是不带电的，因此时钟切换前的电流消耗很低。如果直流源采用降压拓扑，其输出电感电流也会很小。电感的电流无法快速变化，因此可以用图 6.8 所示的电路来表示变换器。图中左边的开关代表处理器的内部时钟动作，右边的开关作为它的互补开关来带走 C_{load} 上的电荷。当时钟动作发生时，电流变化率为 $di/dt = v_{\text{L}}/L = 1\text{V}/(25\text{nH}) = 4 \times 10^7 \text{A/s}$。电流变化率通常以 A/μs 表示；与数字电路中的实际变化斜率相比，40A/μs 被认为是一个适中的值[2]。电源本身不能足够快地改变输出以跟随负载的变化，因此输出电容很重要。

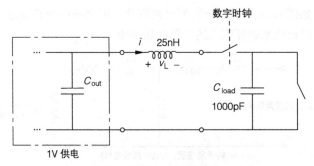

图 6.8 例 6.2.2 的电路模型

对电源的影响由接口电容 C_{out} 决定，因为在流入处理器的短暂电流冲击期间，功率变换器内不会发生开关动作。如果 $C_{out} \gg C_{load}$，从滤波电容传输到负载的电荷将比总存储电荷小。例如，如果 C_{out}=10μF，其值比负载电容大 10^4 倍。数字时钟每次运转时，负载将在 C_{out} 中抽取总电荷的 10^{-4} 倍。每次数字时钟运行时，电压将会平均下降 0.1mV。如果数字时钟比变换器的开关频率快 100 倍，那么在变换器开关周期内对输出电压的整体影响将大约为 1%。

由例 6.2.2 可知，瞬态负载的挑战在于，功率变换器在负载变化时采取动作的机会有限。在变换器和负载之间连接大容值电容的技术称为**去耦**，负载的快速变化可通过电容的能量存储实现缓冲，因此与变换器行为实现了解耦。但这不是一个理想的解决方案，因为仍然会有一些串联电感，且并联电容不足以应对极限情况下的快速负载瞬态冲击。例如，在高级的微处理器中，电流以 10^9A/s 的速率变化，这一变化速度在高端微处理器中并不罕见，这将会在 1nH 的电感上产生 1V 的电压降。由于处理器可能在 1V 或更低的电压下工作，因此这种电压变化将非常致命，而电容很难解决这一问题。高性能的系统为解耦串联电感与变化快速的负载，会使用许多电容。

6.2.3　应对负载变化——动态调节

功率变换器必须能够适应负载变化。由于负载随时间的变化不可预测，因此必须持续调节变换器来维持所需的输出。在前面的章节中，我们讨论了一种适用于缓慢变化或稳态负载的调节形式。动态调节具有在快速变化下维持给定输出的能力，需要遵循与稳态情况不同的策略。在实际的变换器中，当受到扰动时，有两种效应导致输出会发生变化。第一个效应就是导线，连接端子和器件都具有阻抗，负载电流的变化将在这些不同阻抗上产生对应的电压变化，且功率变换器不会立即调整。第二个效应是变换器的每个部分都具有变化速率限制，可以防止能量的瞬时变化。虽然可用的电压或电流很多，但是 $L di/dt$ 和 $C dv/dt$ 值限制了电流和电压随时间变化的斜率。

与频率相关的**输出阻抗**是一个重要的衡量标准。当对变换器施加小的交流干扰且固定其他输出时，可通过测量电压和电流的变化计算得到该输出阻抗。图 6.9 给出了检测 dc-dc boost 变换器动态输出阻抗的典型测试概念图。出于测试的目的，在输出端施加小的交流电流源，理论上输出会叠加产生一个小的交流电压纹波。在该测试频率下，电压纹波与测试电流的比值就是输出阻抗。该测试可能具有挑战性，因为功率变换器的输出阻抗可能为毫欧或更小。输出阻抗作为一个概念，其与准稳态负载相关联，并且有效频率范围高达开关频率的 10% 左右。更快地变化对应着瞬态负载，因此用斜率限制来描述更为合适。

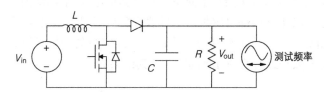

图 6.9　用于在规定的测试频率下评估输出阻抗的电路装置

几乎所有的功率变换器都在其电感和电容中存储了大量的能量。当负载发生变化时，储能水平也必须发生变化，以使变换器达到新的工作状态。从根本上来说，与能量变化相关的斜率限制了功率变换器跟踪快速负载变化的能力。图 6.10 所示的 PWM 逆变器电路是反映此问题的一般实例。全桥电路在输出端施加的电压值只能是 $+V_{in}$、$-V_{in}$ 或零，考虑负载电阻在输出为零

时发生变化的情况，当前的变化斜率将被严格限制为

$$|di/dt| \leq V_{in}/L \qquad (6.2)$$

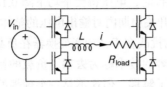

图 6.10 全桥逆变器关于输出电流变化斜率的限制

唯一能使变化更迅速的方法就是减小电感值，然而，这将增加输出纹波。由于响应速度与稳态波动相互制约，设计者必须决定如何最佳优化性能。如果负载已经变化得足够快，并且变化幅度很大，则式（6.2）中的电流变化斜率限制将决定变换器能够处理变化的速度。

在某些应用中，响应速度和波动之间的权衡太过困难，需要一种替代方法来解决。图 6.11 所示为低压电源的不平衡多相降压变换器。在这个电路中，一个电感比另一个小 10 倍。带有大电感的变换器支路具有低纹波，用于稳定输出。另一个变换器支路只在快速瞬态时工作，快速改变输出电流直到大电感"赶上"，然后关闭，以避免过大的纹波。在高性能应用中，使用混合电路兼顾缓慢和快速特性的方法是非常有效的解决方案。

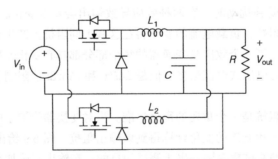

图 6.11 具有不同电感值的两相 buck 变换器，$L_1 \gg L_2$。电感值较大的用于稳态，较小的用于快速瞬态

6.3 导线电感

导线和连接端子增加了电路的复杂性，因为它们本身就是影响运行特性的电路元件。导线的自感是由于移动电荷产生的磁场储存了能量，且与其他电荷相互作用而产生的。自感可分为**内部自感**和**外部自感**，其中，内部自感是由于导线内的磁通量与电流在同一根导线内的相互作用，外部自感则是由导线外产生的磁通量产生的。上述完整的分析可以在电磁学课本中找到。长圆柱形导线的自感系数是经典的场分析问题[3]，其结果为

$$L_{wire} = \left(\frac{\mu_{wire}}{8\pi} + \frac{\mu}{2\pi} \ln \frac{D}{R} \right) l \qquad (6.3)$$

其中，l 是导线的长度；μ_{wire} 是导电材料的磁导率；μ 是周围空气或绝缘的磁导率；R 是导线半径；D 是导线和回流导体之间的中心距。第一项是内部自感，第二项是外部自感。铜、铝导体的磁导率接近真空磁导率，即 $\mu_{wire} \approx \mu_0$，其中 $\mu_0 = 4\pi \times 10^{-7} H/m$。空气和大多数绝缘体的磁导率也是

$\mu \approx \mu_0$。因此，大多数导体的内部自感系数为 5×10^{-8}H/m，但外部自感取决于与回流导体的间隔。表 6.1 给出了间距值的实例。

表 6.1　线路电感

导线配置	D/R 比率	自感 / (nH/m)
孤立导线	100	1000
常规导线	10	500
紧密间距	5	350
紧密双绞，厚层绝缘	3	250
紧密双绞，薄层绝缘	2.1	200

对数项意味着自感对间距并不敏感。通常情况下，该值以 nH/cm 为单位，并且对于典型配置中的单股绕线，期望值约为 5nH/cm。通过将导线紧密地双绞可将此值减小为期望值的 $\frac{2}{5}$，尽管式（6.3）仅能提供当 D/R 不大时的估计值。开放连线的导线自感一般不超过 10nH/cm。一个完整的电路既有导线又有回路，总自感系数是每段导体的两倍。紧密绞合在很大程度上闭合了磁力线，因此减少了耦合至电路其他部分的互感。

外部自感可以通过紧密绞合或缩小间距来降低，而通过使用常规导线较难改变 0.5nH/cm 的内部自感。一种减小该值的方法是双绞线概念的扩展，即使用**辫编线**或**利兹线**，单根导线是由多股相互绝缘的小导线组成。这些导线都经过精心编织，以确保每根导线都布置于外部边沿，这样，内部磁通与尽可能小的电流相互作用，使自感降低。也可使用平面矩形导体或空心管状导体使内部自感降低。利兹线、双绞线和扁平母线等备选方案如图 6.12 所示。特别是在需要连接小电感的大功率应用中，如 100kW 以上的逆变器，母线是必不可少的。在这样的功率等级下，**叠层母排**是典型的降低外部和内部自感的一种结构，其依附在中间的薄绝缘体上，连接端子和功率回路都由扁平线构成。

图 6.12　被设计用于降低内部自感的特殊类型导线

> **经验法则**：在典型的几何结构中，一根导线每厘米长度的电感约为 5nH/cm。如果不绞合，一组导线产生约 10nH/cm 自感，而紧密绞合的一组导线只产生约 4nH/cm 的总自感。

引线电感是变换器设计和电源设计中的一个重要问题。考虑以下实例。

例 6.3.1　将燃料电池组连接到伺服控制系统的 buck 变换器上，并由两根导线将变换器连接到燃料电池上，每根长为 20cm、半径为 1mm。导线间距约为 10cm。buck 变换器的输出电流为 50A，有源开关的开关动作时间为 125ns。输入引线电感为多大，它将如何影响变换器的工作？

输入导线总长度为 40cm（导线和回路），$D/R = 100$，因此总输入串联电感约为 0.40m × 1000nH/m = 400nH（根据 5nH/cm 的经验公式可以算出其为 200nH，这个数值在这种情况下可能是一个过低的估算，因为导线的间距很宽）。由于电感与开关串联，因此将遇到一个 KCL 问题：开关动作必须切断电感电流，但感应电压 $L(\mathrm{d}i/\mathrm{d}t)$ 将阻碍这个动作。在这个例子中，开关不是理想的，而是需要大约 200ns 才能完成开关动作。如果在关断期间，电流以 50A/125ns 的速率减小，则 di/dt 的值将为 $-4.0 \times 10^8 A/s$。在电感为 400nH 的情况下，关断期间的感应电压将达到 $v_L = -160V$。若要使开关管能在该应用中正常工作，则需要其能承受燃料电池的开路电压加上额外的 160V。如果这是一个额定电压为 48V 的燃料电池，则需要一个额定电压至少为 210V 的开关。

在例 6.3.1 中，只有 20cm 的连接长度就带来了足够大的电感量，以至于主导了开关额定电压的选择。一个变换器可以很容易地在连接线上感应出 100V 甚至更高的电压。

6.4 临界值和案例分析

我们已经探讨过临界电感和电容的概念。元件的临界值为我们提供了一种分析源特性的简便方法。为了说明这一概念，请思考图 6.13 所示的 buck 变换器。如果负载确实表现为电流源，则平均输出电压为 $D_1 V_{in}$。记住，临界电感是确保在所有条件下都能满足 $i_L(t) > 0$ 的最低值，任何比它大的值都可以确保当前的电流源特性，并且使开关平均关系式成立。

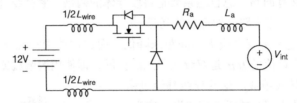

图 6.13　源输入导线为降压变换器引入输入电感

对于接口电路，临界电感和电容的定义非常重要：
- 临界电感是支持给定电源或负载呈现电流源特性的串联电感最小值。
- 临界电容是支持给定电源或负载呈现电压源特性的并联电容最小值。

如果需要接近理想的源特性，$L \gg L_{crit}$ 或 $C \gg C_{crit}$ 是必要条件。

当电感平均电流接近零时，临界电感值取决于变换器负载且有 $L_{crit} \rightarrow \infty$。与额定负载相比，许多商用功率变换器在轻载下具有更大的输出纹波。**镇流器**这一想法是通过增加一个小的内部负载电阻，以确保一个固定的最小负载。当需要电源在空载状态下正常工作时，通常使用这种方法。

例 6.4.1　一种为汽车电子面板设计的 buck 变换器，其输入电压为 15V，输出电压为 5V。负载功率范围可以达到 0 ~ 100W，其输出纹波不应超过 ±1%。选择合理的频率 100kHz，试计算所需镇流器型负载值、电感值和电容值，使得以上设计需求均得到满足，同时避免不连续导通模式，并且最大化满载效率。

具体连接方式如图 6.14 所示。选择 $L \geqslant L_{cirt}$ 来避免不连续模式，但是，变换器需要保持工作状态一直到空载状态，然而在真正的空载情况下，不可能存在 $L \geqslant L_{cirt}$ 的情况。如果我们提供一个小的假负载，就使得变换器拥有一个"不可见"的最小负载。例如，如果镇流器的功率限制在 0.5W，当输出 100W 功率时的效率也只会下降 0.5 个百分点，同时该电阻既便宜又小。根据上述想法，选择 $R_{ballast} = 50\Omega$，当然，也可以使用一个更高的值，但它会增加 L_{cirt}。

对于 15V 至 5V 的降压变换，$L \geqslant L_{cirt}$，占空比 $D_1 = 1/3$，平均电感电流等于负载电流 $P_{out}/5$。当 $L = L_{cirt}$ 时，电感纹波电流将是平均值的两倍，因此 $\Delta i = 2P_{out}/5$。当金属氧化物半导

体场效应晶体管（MOSFET）开通时，电感电压为 $V_{in} - V_{out} = 10V$，因此有

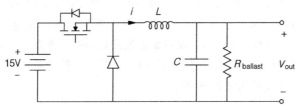

图 6.14 例 6.4.1 的降压变换器

$$10V = L\frac{\Delta i}{\Delta t} = L_{crit}\frac{2P_{out}/5}{D_1 T} = 1.2 \times 10^5 L_{crit} P_{out}$$

$$L_{crit} = \frac{8.33 \times 10^{-5}}{P_{out}} \tag{6.4}$$

为确保 $L \geq L_{cirt}$，我们需要检查最坏情况——最低功率输出。此镇流器的功率为 0.5W，进而得出 $L_{cirt} = 167\mu H$。当 MOSFET 导通时，可计算出此时的电感电流纹波为

$$10V = 167 \times 10^{-6}\frac{\Delta i}{D_1 T}, \ \Delta i = 0.2A \tag{6.5}$$

此时电流纹波与负载无关。当 $P_{out} = 0.5W$ 时，平均输出电流为 0.1A，0.2A 的纹波与选择 $L \geq L_{cirt}$ 一致。当输出电压纹波较低时，电容电流为电感电流减去平均负载电流。因此，i_C 是三角波，峰 - 峰值为 0.2A，如图 6.15 所示。电容电压的波动为 $1/C$ 乘以正向电流在半个周期内的积分，该积分为三角形的面积 $(1/2)bh = (5\mu s) \times (0.1A)/2 = 2.5 \times 10^{-7}$。为了使输出电压纹波保持在 ±1% 以下，要求 $\Delta v \leq 0.1V$，因此有 $2.5 \times 10^{-7}/C \leq 0.1V$，进而得到 $C \geq 2.5\mu F$。当然，选择 $R_{ballast} = 50\Omega$、$L = 167\mu H$ 和 $C \geq 2.5\mu F$ 并不是唯一的，但它们能满足此变换器设计的所有要求。有趣的是，在这种设计中，输出电压和输出电流纹波都与负载无关。

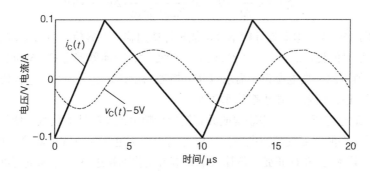

图 6.15 例 6.4.1 中电容电流和负载电压的波形

给定直流源的相对输出电压品质由实际存储元件与其临界值之比决定，这对设计很有帮助。下面思考变换器的临界电容。

例 6.4.2 为显示器提供背光源的 boost 变换器的输入电压为 6V，输出电压为 24V，输入电感很大，输出功率为 60W。如果开关频率为 40kHz，这个变换器的临界电容是多少？如果 $C = C_{crit}$，输出电压纹波是多少？$C = 100C_{crit}$ 时会怎么样？

根据定义，临界电容是在所有条件下使 $v_C > 0$ 的最小值。在 boost 变换器中，非零输出电压将确保开关的互补工作，其中 $D_1 + D_2 = 1$。输出电压为 24V，输入电压为 6V，占空比 $D_2 = 1/4$ 和 $D_1 = 3/4$。如果电感很大，且实际负载消耗的功率为 60W，则电感电流必须为 $P_{in}/V_{in} = 10A$，平均输出电流必须为 $D_2 I_L = 2.5A$，将负载电流设置为平均值来求解 C_{crit}，所以在二极管导通的情况下，流入电容的电流为 7.5A。如果 $C = C_{crit}$，当二极管导通时，电容电压应从 0V 上升到 48V，电路和一些主要波形如图 6.16 所示。

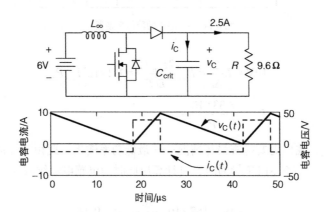

图 6.16　例 6.4.2 中的 boost 变换器电路及电容电压、电流波形

电容满足以下关系式：

$$i_C = C\frac{dv}{dt}, \quad 7.5A = C_{crit}\frac{48}{D_2 T} = C_{crit}\frac{48}{0.25\times 25\mu s}, \quad C_{crit} = 0.977\mu F \qquad (6.6)$$

当 $C = C_{crit} = 0.977\mu F$ 时，输出电压为 $24(1 \pm 100\%)$V。如果 $C = 97.7\mu F$，电流及其关系式不变，以及

$$7.5A = C\frac{\Delta v}{\Delta t} = 97.7\mu F\frac{\Delta v}{0.25\times 25\mu s}, \quad \Delta v = 0.48V \qquad (6.7)$$

得到 $V_{out} = 24(1 \pm 1\%)$V。电源设计师不太可能选择使用临界电容值，但 C_{crit}（临界电容）可以用于给定纹波水平时的设计。例如，当纹波为 $\pm 0.2\%$ 时，变换器需要 $C = 500 C_{crit} = 489\mu F$。

电感和电容值可以根据电源设计需求以及变换器的设计来进行计算，怎样使负载接近理想特性的问题便可以迎刃而解。请思考下面的例子。

例 6.4.3　通过电感与电阻串联构成具有接近理想电流源特性的负载，使得电流源电流在不改变的情况下几乎能够处理任何电压。该电源用于额定电流为 10A 的场合。如果 $R = 10\Omega$，在峰值为 10kV、频率为 50Hz 正弦电压输入下，电流变化不超过 $\pm 1\%$，则电感值为多少？

由于 10A 的电流源在承受 10kV 电压的情况下能保持如此低的纹波水平，因此对于许多应用来说可以看成是理想源。该电路为 R-L 串联组合，在 $10000\cos(100\pi t)$ 的交流电压下，电流不超过 0.1A 峰值。如问题中所述，施加 100V 直流电压将产生 10A 的恒定直流电流。由于我们更关注交流电流峰值，因此使用公式 $i_{peak} = v_{peak}/|z|$ 将会得到想要的结果。有

$$i_{peak} = \frac{v_{peak}}{\sqrt{R^2 + \omega^2 L^2}} \leqslant 0.1A, \quad 0.1A = \frac{10000V}{\sqrt{R^2 + \omega^2 L^2}} \qquad (6.8)$$

所以有 $10^{10} \leqslant R_2 + (100\pi)^2 L^2$，最终得到 $L \geqslant 318\text{H}$。这个电感相当大！

6.5　实际源接口

6.5.1　源的阻抗特性

到目前为止，我们已经介绍了电池、同步电机以及一些常用作电源的其他设备的电路模型。许多类型的实际电源与负载的模型大致相同。有些实际电源具有固有的电流限制，特别是太阳能电池和燃料电池等替代能源，这使其特性变得复杂化，这些将在后面的章节中讨论。如同负载的案例，几乎任何一个实际电源，包括墙插电源，都有串联电感，都能在短时间内充当电流源。电源的阻抗特性有助于评估供电质量和接口设计。本节考虑基本的交流和直流源阻抗特性，并在此基础上设计源的接口，其目的是使电源"更加理想"，以增强功率变换能力。

一个理想的电压源会保持一个特定的 $v(t)$ 值，不论其负载大小。这种熟悉的理想特性可以用阻抗来再次表述。

> **定义**：理想的电压源在任何电流下都提供一个给定的 $v(t)$ 值。如果在这样的电源上施加一个电流，那么电流对电压值没有任何影响。因为电流可以产生任意的电压降，所以电压源对电流显示零阻抗。

> **定义**：理想电流源在任何电压下都保持一个给定的电流 $i(t)$。施加在电源上的高电压并不会改变电流。这意味着电流源对外部电压呈现为无穷大阻抗：任意电压不能改变电流。

电源阻抗特性表现在许多方面。比如蓄电池或优质直流源在交流波形或音频信号作用下可看成短路状态，而电流源会阻止信号流。

目前，用于直流负载的储能元件同样可以用阻抗来解释。电感可以设计呈现为高阻抗，同时仍然允许直流电流流通，与电流源一致。大型电容对外部施加的交流电流呈现为低阻抗。阻抗的概念是通用的，同样可以扩展至交流源。因此源阻抗提供了一种评估给定电源"理想度"的方法，特别是对于交流源。根据 6.2 节介绍的模型，表 6.2 对理想电压源和实际电压源的特性进行了比较。

表 6.2　理想电压源和实际电压源的特性比较

理想直流电压源	实际直流电压源
所有电流下都有固定电压	串联电阻会导致端电压随电阻的增加而降低
功率 $P = VI$，没有额外损耗	电阻中会有 $I^2 R$ 的损耗
所有频率下，$Z = 0$	电感导致 Z 随频率增加
对电流没有限制	可能会有电流限制
理想交流电压源	**实际交流电压源**
所有电流下都有确定的 $v(t)$	串联电阻会导致电压随电阻功率的增加而降低

（续）

理想交流电压源	实际交流电压源
没有损耗	电阻中会有 I^2R 的损耗
直流电流无效	直流电流会导致磁性元件出现问题
波形是绝对确定的	相位可能是不确定的
$Z = 0$，除了在电源频率处功率可以流动，其他情况下会短路	阻抗随频率增加
电压没有限制	输出电压是有限的

真实的信号源显示出阻抗随着频率的增加而增加的特性，这与短时间内的电流源特性一致。尽管大多数电源都显示出这种特性，但很少有真正的电源能够在长时间内提供电流源特性。对于直流源和交流源，由于电感会增加阻抗，因此串联电感的增加会使其特性更像"电流源"。

6.5.2　直流源接口

有电流源接口的电池（或其他替代电源）如图 6.17 所示。如果在端子上施加交流电压，则可以选择电感来限制交流电流。由于串联电阻无法避免，即使是一个无限大的电感也不能阻止随负载增加而导致的直流输出电压的下降，即所谓的**下垂**特性。然而，串联电感大大降低了电阻损耗，如下例所示。

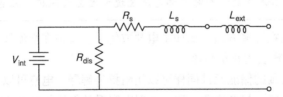

图 6.17　建模为电源的电池，增加外部电感用于体现电流源特性

例 6.5.1　内部电压为 13.2V、串联电阻为 0.1Ω 且 $L_s = 0.1\mu H$ 的电池连接时变负载。负载（电流源逆变器）从内部电压源中获得 400W 的功率，并呈现峰值为 6V 且频率为 60Hz 的纹波电压。电阻的功率损耗是多少？如果电池和该负载之间增加了一个串联电感 $L = 10mH$，则电感加入后电阻的功率是多少？

负载从电池中获得 $P_{in}/V_{in} = 30.3A$ 的平均电流。内部电压在 60Hz 外部纹波下呈现短路特性，因此电路可以通过叠加原理分解为直流和交流的等效组合，如图 6.18 所示。电阻功率是两个电路的功率之和。在直流电路中，电阻损耗为 $I^2R = 91.8W$，流经电阻电流的有效值为

$$I_{rms} = \frac{V_{rms}}{|Z|} = \frac{6/\sqrt{2}}{R + j\omega L} = 42.4A \tag{6.9}$$

交流源的功率为 $I_{rms}^2 R = 180W$，总损耗为 180W + 91.8W = 272W。

当增加 10mH 电感时，直流等效电路不变。交流等效电路增加 j3.77Ω 的串联阻抗。在直流电路中，电阻损耗仍为 91.8 W。在交流情况下，其电流有效值为

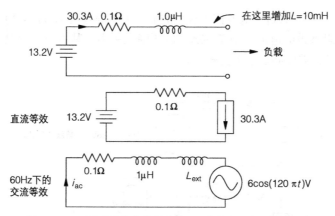

图 6.18　电池带高纹波负载的建模：具有直流和交流等效电路

$$I_{rms} = \frac{V_{rms}}{|Z|} = \frac{6/\sqrt{2}}{R+j\omega L} = 1.12A \qquad (6.10)$$

交流损耗为 0.125W，总电阻损耗为 91.9W。通过使用电感，电流源更接近于理想源特性，且可以减少 180W 的损耗。

为了使电源更像"理想电压源"，可以增加并联电容。如下例所示，可以选择电容来满足功率损耗和纹波要求。

例 6.5.2　内部电压为 13.2V 的电池，端子处 0.1Ω 的电阻与 1μH 的电感串联，为功率为 300W、输出电压为 5V 的服务器主板 buck 变换器供电。buck 变换器的输出电感 L 远大于 L_{crit}。开关频率为 50kHz，小的电池串联电感不会实质性地改变变换器的性能。电阻的功率损耗是多少？在变换器输入端增加一个并联电容 C = 100μF 作为电源接口，有了这个电容后，电阻损耗是多少？

这与前面实例中的电池相同。在 5V、300W 的输出下，buck 变换器的电感必须能承载 60A 电流，电路如图 6.19 所示。由于电源接口处没有使用电容，电池承受 $q_1 I_L$ 的开关波形电压。此电流峰值为 60A，这导致电池内阻上产生的压降为 6V。因此，具有此压降的电池端口只能输出 7.2V 的电压，所以占空比 D_1 为 5V/7.2V = 0.694。开关函数的方均根值是其占空比的二次方根，因此电阻中的电流有效值为（60A）$\sqrt{0.694}$ = 50A，电阻损耗为 I^2R = 250W，效率为

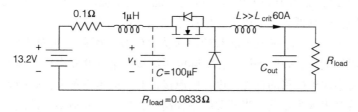

图 6.19　例 6.5.2 的电池和 buck 变换器电路

$$\eta = \frac{P_{out}}{P_{in}} \times 100\% = \frac{P_{out}}{P_{out}+P_{loss}} \times 100\% = \frac{300W}{300W+250W} \times 100\% = 54.5\% \qquad (6.11)$$

图 6.20 显示了在增加 $100\mu F$ 电容作为接口的情况下的等效电源方法。电池电流纹波应该会变低，因为现在电阻携带的电流远小于 60A，电压降也更小，其占空比会改变。为了得到低纹波，出于节能的要求，需要满足如下公式：

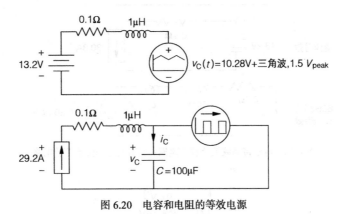

图 6.20   电容和电阻的等效电源

$$P_{in} = V_{in}I_{in} = P_{out} + P_{loss} = 300W + I_{in}^2 R$$
$$P_{out} + P_{loss} - P_{in} = 300W + 0.1I_{in}^2 - 13.2I_{in} = 0 \tag{6.12}$$

这个二次方程的解是 $I_{in} = 29.2A$。由于电池内部电压降只有 2.92V，现在变换器的可用电压为 10.28V，占空比为 0.486。二极管导通时，电容必须吸收 29.2A 电流，这将改变其电压：

$$i_C = C\frac{dv}{dt}, \ 29.2A = 100\times10^{-6}\frac{\Delta v}{D_2 T}, \ \Delta v = 3.00V \tag{6.13}$$

等效电源法允许将电阻损耗视为两个独立电路中的损耗之和。一个是 $I = 29.2A$ 的直流电路，另一个是基波频率为 50kHz 的交流电路，其三角波的 $V_{peak-to-peak}$ 为 2.92V。电阻在直流电路中产生的损耗为 85.3W。三角波的基本幅值等于其峰值的 $8/\pi^2$ 倍，这会产生 50kHz 的电流：

$$I_{rms} = \frac{\dfrac{2.92}{2\sqrt{2}}\dfrac{8}{\pi^2}}{\sqrt{0.1^2 + (2\pi 50000)^2 \times (10^{-6})^2}}A = 2.6A \tag{6.14}$$

高次谐波被衰减，电阻的交流损耗为 0.68W，总损耗为 86.0W，效率为（300W/386W）× 100% = 77.7%。因此，加入 $100\mu F$ 电容可以使系统的效率提高，损耗降低 66%。由于现在纹波造成的内部电阻损耗降低到 1W 以下，因此增加电容影响不大。

例 6.5.2 中的 $100\mu F$ 电容在 50kHz 时的阻抗为 0.03Ω。因此，相对于电池的 0.1Ω 电阻，它对开关纹波的阻抗更低。一般来说，在实际电压源接口增加并联电容，如果其阻抗低于实际电压源的内阻，将会改善电路的性能。设计电源接口时，应考虑预期消除的频率。电压源接口在应对无用的成分时表现为短路。当开关频率较高时，需要尺寸适中、性能良好的电容，良好的性能意味着电源内部的元件不会处于交流波形中，这种情况下节能效果显著。

6.5.3   交流源接口

对于交流源，纯电容或电感不能在不干扰能量流的情况下提供适当的阻抗，谐振滤波器可能更有效。理想的正弦交流电流源只在其自身的频率上提供平均功率。它对直流或任何频率的交流都有无穷大的阻抗，功率只能以自身频率流动。串联接口电路应阻断除了电源频率 f_s 以外的所有频率。LC 串联谐振结构可以满足需要。这种结构应满足与任何谐振滤波器相同的要求：

1）谐振频率必须与 f_s 匹配，因此 $2\pi f_s = 1/\sqrt{LC}$。

2）特征阻抗 $\sqrt{LC}$ 应远大于实际电源的串联阻抗，同时其理想值应足够高，从而防止除 f_s 频率外的电流流动。

在实际交流源中加入一组 LC 串联组合，会让其产生电流源特性，如图 6.21 所示。

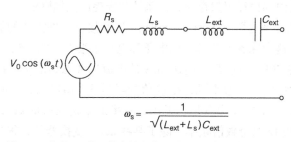

$$\omega_s = \frac{1}{\sqrt{(L_{ext}+L_s)C_{ext}}}$$

图 6.21　串联 LC 接口使实际交流电压源具有理想电流源特性

对于电压源，除允许在其频率 f_s 时无阻碍地提供功率外，电路应保证对其他频率呈现低并联阻抗状态。在这种情况下，一组 LC 并联谐振结构将会起到作用。图 6.22 所示为基于 230V、50Hz 电源的实例，其谐振频率必须与 f_s 相匹配，特性阻抗 $Z_c = \sqrt{(LC)}$ 应比实际电源自身的串联阻抗低。

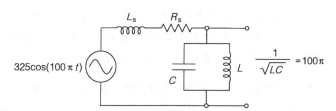

$$\frac{1}{\sqrt{LC}} = 100\pi$$

图 6.22　用于实际交流电压源的并联谐振接口

例 6.5.3　当频率为 50Hz 时，实际墙体内交流电压标称值为 230V，具有 0.12Ω 的串联电阻和 4mH 的串联电感。它为 150W 整流器负载供电，电流有效值为 5A。在电压峰值附近出现了短暂的电流尖峰，针对这种情况设计一个电源接口电路，比较增加接口前后，在 0.12Ω 电阻上的损耗。

在 50Hz 时，实际电源的阻抗为（0.12 + j1.26）Ω，其幅值为 1.26Ω。整流器吸收有效值为 5A 的电流，视在功率为 $V_{rms}I_{rms}$ = 1150VA。在没有接口电路的情况下，电阻中的损耗 I^2R 为 3W。这个数值并不是很大，但它占输出功率的 2%。整流器的内部损耗也可能在 2% 左右。功率因数 P/S = 150W/1150VA = 0.130。需要一个特性阻抗为 0.12Ω 的 LC 并联谐振电路接口。根据给定频率 50Hz 和 $\sqrt{(L/C)}$ = 0.12Ω 的条件，得出可能的值为 C = 27mF 和 L = 375μH。由 150W 功率的整流器可得，50Hz 电流分量的理想有效值为 150W/230V = 0.652A。该电流在增加接口电路后会继续在电源中流动。

为了观察加入接口电路的效果，我们取电流的三次谐波来观察，其初始值为几安培。

图 6.23 所示的三次谐波等效电路将电源的理想成分视为短路，将整流器电流的三次谐波视为理想电源。电路是一个分流器。如果整流器吸收的三次谐波电流有效值约为 4A，则几乎所有的这些电流都将流过接口。加入接口后，输入源串联阻抗仅提供 60mA 的三次谐波电流。电阻功率近似为 $(0.652A)^2 R + (0.06A)^2 R = 0.051W$。此处电阻损耗的减少反映了电源的功率因数从 0.130 到 0.996 的变化。尽管整流器的内部损耗仍然存在，但系统总损耗已大幅降低。

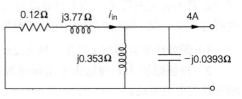

图 6.23 例 6.5.3 中的三次谐波等效电路

由于实际交流源的频率通常为 50Hz 或 60Hz，因此接口元件需要的值很大。此外，**品质因数** $Q = X/R$ 的值较高，这意味着谐振部分的电压和电流也很大。例 6.5.3 中的 27mF 电容具有很低的阻抗，以至于其在 50Hz 下承载了高达 2kA 的电流！考虑到谐振电路的这一夸张值，所提出的设计可能是不切实际的。一般来说，在 Q 值的限制下的谐振电路是可以实现的。

设计交流源接口的一个重要优点是，无用的频率通常是众所周知的。例如，例 6.5.3 中的整流器仅使用输入源 50Hz 的奇数倍频率。除了某些 ac-ac 变换器外，很少有电力电子负载承受电源产生的低于 f_s 的次谐波分量频率。如果没有次谐波，则电源接口只需处理 f_s 以上的无用频率。在串联 LC 情况下，在谐振频率以上，LC 谐振部分为感性；在并联情况下，高于 f_s 时，LC 谐振部分为容性。简单的近似电源接口使用串联电感作为电流源或使用并联电容作为电压源，可以选择这些元件，以避免过多地改变电路在 f_s 频率处的特性。这种方法至少能滤除高次谐波。

例 6.5.4 由例 6.5.3 可知，对于为整流器供电的 230V、50Hz 电源，27mF 的电容不适用于此应用。这部分元件非常大（体积超过 1000mm³），因此谐振电流取到极限值是不现实的。如果考虑将并联电容作为电源接口，功率因数目标值为 0.8，以此来估计正常工作所需的电容值。

从上一个例子来看，产生 50Hz 功率流的电流有效值为 0.652A，由于没有接口，总的电流有效值为 5A，输入功率为 150W，功率因数为 0.8，意味着 $S = P/pf = 187.5\text{VA}$，电流有效值为 0.815A。暂时忽略谐波，该电流与电容电流 $\left(\sqrt{0.815^2 - 0.652^2}\,\text{A} = 0.489\text{A}\right)$ 一致。对于电压为 230V 输入，该电流下的电容为 6.8μF。由于此电容的阻抗太大，以至于在 2kHz 频率以下的工作效果并不好。它还与电源的串联电感在 19 次谐波附近产生谐振，这种谐振会放大输入源中的 19 次谐波，实际上可能会增加损耗。为了避免这个问题，需要一个更大容量的电容，但是这会导致功率因数变得低一些。

这些例子说明了在尝试创建有效的交流源接口时遇到的困难。因为尺寸和极端的电压与电流问题，谐振滤波器在工频情况下基本上难以实现。最常见的替代方法是更密切地关注无用的成分，并通过滤波操作以避免它们。考虑一个为脉宽调制整流器供电的交流电压源，无用的成分出现在接近开关频率的地方，其频率很可能是 20 ~ 200kHz。在 20kHz 时，具有低阻抗的并联电容可作为有用的电源接口。由前面的例子可知，容量只有几微法的电容可以为 20 ~ 200kHz 的开关提供良好的电源质量。图 6.24 显示了带有适合电源接口部分的 PWM 整流器和逆变器电路。脉宽调制过程中固有的频率分离是接口设计的一个重要优势，因为与工频接口相比，它可以轻松地将所需的元件值降低 1000 倍。此外，高频脉宽调制不利用谐振组合也可以实现滤波功能。

对于电网频率应用，设计者可以专注于特定的无用成分。在整流器中，线电流是包含电源频率中奇次谐波的方波。一个 60Hz 整流器可以使用调谐电路而不是 60Hz 的谐振装置来消除 180Hz、300Hz、420Hz 以及更高频率的成分。图 6.25 给出了必要的结构，它使用**调谐陷波器**将无用的成分分流到地上。调谐陷波器与直接的谐振结构相比具有关键性优势。由于谐振频率较高，L 和 C 值较低，因此 Q 值不需要很高，因为每个陷波器只在某个频率上使阻抗最小化。调谐陷波器在大功率应用中比较常见。

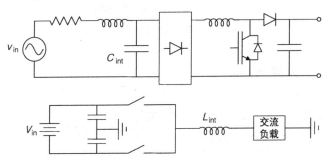

图 6.24　带有适合电源接口部分的 PWM 整流器和逆变器

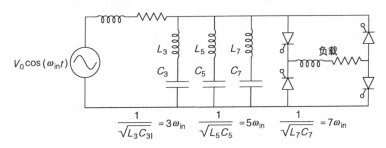

图 6.25　调谐陷波器为交流源提供理想的电压特性

例 6.5.5　一个三相电源的额定电压为 208V，额定频率为 60Hz。三相中的每相都有 0.08Ω 的串联电阻和 1.6mH 的串联电感。该电源为六脉冲整流器供电。整流器线电流的峰值为 20A，且在给定的相电压和相应的电流之间没有相移。将使用调谐陷波器来减少最大的两个无用的谐波分量。要求**位移系数**（电网频率分量的功率因数）至少为 96%，同时还希望将失真降至最低。给出满足要求的电路结构，并对其性能进行评估。

图 6.26 给出了该问题描述的电路。电流波形的对称性意味着不会有三次谐波流动，因此调谐陷波器应该消除五次和七次谐波。由于线电压为 208V，单相电压的有效值为 120V。六脉冲整流器电流用等效电源代替。设计要求调谐陷波器在满足 60Hz 的要求下，消除五次和七次谐波，同时尽量减少失真。角频率为 $\omega_{\text{in}} = 120\pi\text{rad/s}$。五次谐波陷波必须在 300Hz 时谐振，七次谐波陷波必须在 420Hz 时谐振，因此有 $1/\sqrt{L_5C_5} = 5\omega_{\text{in}}$，$1/\sqrt{L_7C_7} = 7\omega_{\text{in}}$。需要 60Hz 的等效电路来测试位移系数。图 6.27a 显示了相位 a。为计算位移系数，根据电源电流列出回路方程和节点方程为

$$120\angle 0° - \text{j}\omega_{\text{in}}L_s\tilde{I}_{\text{in}} = \tilde{V}_s$$

$$\tilde{I}_{\text{in}} = \text{j}\omega_{\text{in}}\left(\frac{25}{24}C_5 + \frac{49}{48}C_7\right)\tilde{V}_s + \frac{22}{\sqrt{2}}\angle 0 \tag{6.15}$$

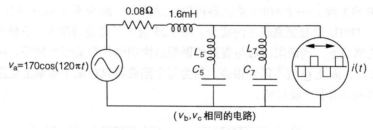

图 6.26 例 6.5.5 相关联的接口

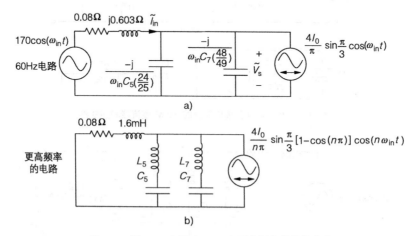

图 6.27 例 6.5.5 中用于 60Hz 和更高频率的等效电路

同时必须满足：

$$\cos(\angle \tilde{V}_s - \angle \tilde{I}_{in}) \ge 0.96 \qquad (6.16)$$

求解这三个方程，得出等效电容 $25C_5/24 + 49C_7/48$ 的值约为 71.6μF。失真由**总谐失真**来计算，定义为

$$THD \equiv \sqrt{\frac{f_{rms}^2 - f_{1(rms)}^2}{f_{1(rms)}^2}} \qquad (6.17)$$

式中，f_{rms} 是函数 $f(t)$ 的有效值；$f_{1(rms)}$ 是 $f(t)$ 基波分量的有效值。在这种情况下，适宜的评估量是电流 $i_{in}(t)$ 的 THD。在没有滤波器的情况下，输出电流的 THD 值约为 31%。使用滤波器时，可以逐项进行傅里叶分析得到 THD。高于 60Hz 频率的等效电路是分流器，如图 6.27b 所示。

大量实验表明，当 C_7 几乎占 71.6μF 的全部时，失真最小。以下数值的电路元件可用于最终结果（C_7 稍微降低，使 C_5 稍微大一点，以得到合理的 L_5 值）：

$$C_5 = 10\mu F \qquad\qquad L_5 = 28.1mH$$
$$C_7 = 59\mu F \qquad\qquad L_7 = 2.43mH$$

这些值将 THD 从未滤波的 31% 降至 9.22%。输入电流波形如图 6.28 所示。失真仍然存在，但波形看起来更正弦化。各个电路元件上的电压的额定值很重要。在使用五次谐波陷波器的情况下，300Hz 的电流分量在 C_5 和 L_5 上产生有效值约 165V 的电压。这并不像例 6.5.3 中的谐振特性那样极端。调谐陷波器是一种相对实用的降低失真的方法。

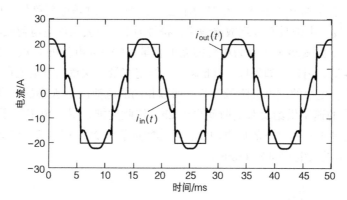

图 6.28　采用五次和七次谐波陷波器的六脉冲整流器相对于时间变化的输入电流波形

设计谐振滤波器存在的困难意味着 PWM 技术具有实质性滤波优势。随着器件的改进，PWM 逆变器和整流器的功率水平也在不断提升。

6.6　电池的电源特性

电池作为电化学元件，具有内部理想源特性，其与定义的电极电势有关。然而，内部元件之间的化学反应、副作用、电阻损耗、反应速率限制、不可逆性和其他属性使电池变得不理想和更复杂。电池的性能受到了电池结构中电感、电阻和电容的影响。电池分为**一次**电池（不可充电能源）和**二次**电池（可重复充电）两类。由于和电力电子相关，本文重点研究可重复充电类型。尽管我们已经对数千种化学组合进行了电池测试，并且已经有几十种用于商业化，但只有少数几种可充电类型被广泛使用。电池的发展还有创新和更智能化管理的空间。

图 6.29 显示了二次电池的典型电路模型[4]，该模型通过受控源而不是大的内部电容捕捉端电压随着充电和放电而上升和下降的现象，其他 RC 组合得到的是不同时间尺度（秒、分钟和小时）上的特性。在毫秒级别时，端电压随着快速反应达到平衡而恢复，因此通常不需要更精细的时间尺度。在秒级别时，需要整个电池尺度上的反应达到稳定状态。在较长的时间级别时，扩散效应恢复，同时达到热平衡。这些效应不是独立的，但将各种效应视为 RC 电路与单独的时间尺度相关联是很有帮助的。所有电路参数都是电池充电状态（SOC）的函数，即 0% ~ 100% 之间的储存电荷量。一般来说，它们也是温度和速率的函数，并且这些函数并不简单。

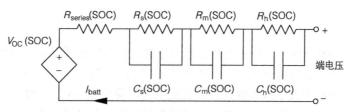

图 6.29　二次电池的典型电路模型

一般来说，电池由电压、容量充电速率的期望值和额定值来表征。在许多应用中，多个电池是串联的。"电池"可以指串联集合的电池，也可以指单个电池。**标称电压**是内部电化学过程的一个整数近似值，并不精确。例如，一个铅酸电池的标称电压为 2V，但正常工作电压约为 2.1V，充电电压超过 2.3V。因此，如果一个 12V 铅酸蓄电池由 6 个电池组成的话，其工作电压范围在 12 ~ 14V。容量通常以安培·小时为单位，安培·小时是电荷单位（1A·h = 3600C）。容量取决于放电速度。电池具有**额定放电速率**，符号为 C（不要与库仑电荷或电容混淆），以安培为单位的数值等于以安培·小时为单位的充电容量。5A·h 电池的 C 值为 5A。我们通常以适当的速率指定容量。例如，如果以"10h 速率"指定容量，这意味着电池在 10h 内以 C/10 大小的电流供给负载。更快的放电会降低容量，所以相同的电池以 C 大小的速率供给负载的时间为 1h，以 C/2 大小的速率供给负载的时间少于 2h，依此类推。图 6.30 显示了用于电动剪草机的铅酸蓄电池在几种不同速率下的放电曲线，标称额定值为 28A·h（基于 10h 速率）。在 C 速率（28A）下，电池的放电时间为 45min。

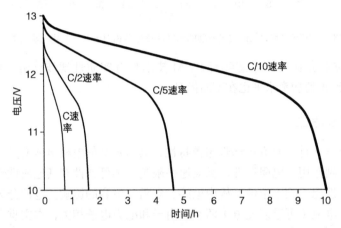

图 6.30　典型 U1 尺寸铅酸蓄电池的放电时间。理想情况下，时间与速率成反比，
但使用这些电池以 C 速率放电只能持续 45min

由于电荷在电气和化学过程中是守恒的，所以大多数电池化学反应都是"充电高效的"。当放掉一定的安培·小时数电量后，必须充稍微多一点的电量才能恢复初始状态。充电效率通常被称为**库仑效率**，在高质量的可充电电池中接近 100%。尽管库仑效率接近 100%，但能量效率（有时称为**焦耳效率**）实际上要低一些，所以这可能会引起误解。放电过程中的电压通常比充电过程中的电压要低得多，这一差异反映了能量的损失。事实上，如果充电效率为 100%，电压比则决定了能量效率。在一个工作周期中，能量必须被整合以确定一个整体的**循环效率**，也被称为**输入输出效率**或往返效率。

6.6.1　铅酸电池

铅酸电池利用铅和氧化铅之间的反应来产生电能。硫酸**电解质**将铅板分开，以便引导电子在通过外部电路的同时进行离子交换。当电池被充满时，在 25℃下每个可提供 2.15V 的开路电压。开路电压与充电状态几乎呈线性关系，在低电量时降至 1.95V，这对于容量监测来说是一个优势。电压随温度的变化约为 0.2mV/℃。这些器件作为最早的可充电化学品之一，其悠久的历史已为人们所熟知，而且铅是一种相对常见的金属。虽然它们有一定的缺点，但仍然是容量水平高于 10A·h 的最常见的二次电池。

从电气角度来看，铅酸电池在充满电时的工作效果最佳。它们可以通过限制电流和电压的变换器来充电，典型的限制电流为 C/5 ~ C/3，每个电池限制电压为 2.30 ~ 2.45V。备用电源有很大的优势，合适的备用策略是将电池电压在使用前一直保持在 2.30V。根据需要来使用能量，然后在使用后恢复到 2.30V。这种**浮充**被广泛应用在电话网络、蜂窝发射器、有线电视和其他高可靠性应用中。在动态需求更强的**循环充电**应用中，使用 2.45V 的电压，且电池必须进行长时间"强制过充电"连接以恢复电池的电荷平衡[5]。快速或强制过充电会使电解液中的水发生水解，去除水分，产生氢气，并造成火灾危险。

任何电池都会经历**自放电**，随着时间的推移，能量会慢慢地损耗。对于铅酸电池，在 25℃时每周的损耗约为 1% ~ 2%（在较高温度下会更快）。这些综合特性非常适合常见的"起动点火（SLI）"车辆应用。充满电的电池电量可以保持几周，然后提供能量来起动汽车并准备充电。电池在储存低电量时会被损坏，因为硫酸铅会形成晶体并影响性能，这也反映了充满电时的工作状态最有效。实际上，在低电量和高温下储存一个月左右的时间会损坏铅酸电池。在循环应用中，铅酸电池保持在约 85% ~ 100%SOC（State of Charge）之间时的工作效果最佳，并且当以这种方式使用时，能提供约 85% 的往返效率。它们可以承受各种放电率，从备用照明应用中的 C/100 甚至更低，到寒冷天气下起动发动机的 10C 甚至更高。

6.6.2 镍电池

镍铁、镍氢和镍镉电池在过去已被应用于二次电池[6-8]。镍镉（NiCd）电池以极高的速率容量（高达 100C）和极高的循环性能而著称。一些卫星使用 NiCd 电池组实现了超过 10000 个深循环[9]。由于担心镉废料，这种化学物质正在消失。镍氢（NiMH）电池已开始广泛应用，部分已经替代了 NiCd。使用氢氧化镍和过渡金属合金捕获氢来生产实用的镍氢电池，其电解质是氢氧化钾溶液。相比于 NiCd 电池，NiMH 电池具有大致相似的性能，并且在日常应用中可替换它们，其每个电池标称电压为 1.2V。

在电气角度上，NiMH 电池在中等 SOC 下的工作效果最好，适合频繁循环使用。许多使用 NiMH 电池的混合动力车辆尝试将它们保持在相对窄的 SOC 范围内，如 50% ± 10%，其串联阻抗很低，并且在 SOC 的大部分范围内，端电压几乎是恒定的，放电特性如图 6.31 所示。该图显示了对于大型汽车电池，在 C 速率下的恒流放电期间电压降低的情况。放电深度为 100%SOC。相对恒定的电压特性简化了航空航天系统和车辆系统的设计，但也给 SOC测量带来了挑战。它们可以比铅酸电池更快地放电和充电，典型的电流限制在 C/2 ~ 3C之间，但其充电比铅酸电池更复杂。在充满

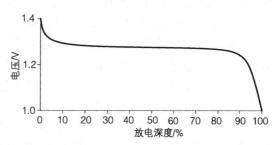

图 6.31 一个大的 NiMH 电池在 C 速率下的放电特性

电后，每个电池电压升至 1.5V 或 1.6V，温度开始快速升高。理想情况下，充电器应能检测电池温度，但取而代之的是，当电池达到 100%SOC 时，大多数充电器会根据阻抗的变化做出响应。典型的策略是通过电阻施加 1.6V 电压（以帮助限制电流），这一值持续到电压上升到峰值并下降，反映了其内部阻抗在 100%SOC 时达到最大值，然后在过充电时略微下降。尽管它们非常适合于重复充电，但其复杂性使其难以应用于浮充电中。

NiMH 电池的自放电特性相对较差，每天的损耗超过 1%，但优点是可以在不带电的情况下

长期储存。充电电压和放电电压之间的差值会影响效率，而镍电池的往返效率很少能达到 70% 以上。许多用户认为其具有"记忆效应"，因为用于浅循环的镍电池组显示出容量下降的现象，但是混合动力汽车的运行结果表明，在现代电池中的情况并非如此。使用 NiMH 电池组的混合动力汽车很容易达到十年的使用寿命，哪怕每天只使用几次浅电池循环，也能达到数万次循环，其性能几乎都没有退化的迹象。

6.6.3　锂离子电池

锂作为最轻的金属和最强的还原剂之一，长期以来被应用于电池中。由于锂太活跃，因此不能与水基电解质一起使用，并且与许多材料也不相容。备用电池的反应性难以控制，因为其所有反应都必须是高度可逆的。锂基原电池广泛应用于助听器、计算器、低功率传感器以及其他寻求极长使用寿命的场合。在低放电电流下，它们可以使用数十年。在坚固的材料中，隔离锂离子的可充电锂电池在 20 世纪 90 年代已实现商业化 [10]。这种**锂离子**（Li-ion）化学物质可以使用多种过渡金属氧化物来控制离子，电解质通常是有机溶剂，如碳酸乙烯酯，其工作电压比在水性材料中要高得多。基于氧化钴的锂电池被广泛使用，而磷酸铁电池已被用于电动车辆，氧化锰、钛酸盐和各种化合物已经商业化。使用导电聚合物电解质的锂离子电池通常被称为**锂聚合物**电池。在大多数情况中，一个锂离子电池的标称电压为 3.6V，但锂离子电池的工作电压范围很宽，能量损耗牺牲很少。对于锂钴氧化物电池，它们在整个 SOC 范围内可以从大约 2V 变化到 4.1V，其电压与 SOC 大致呈线性关系（铅酸电池为非线性关系），如图 6.32 中的放电曲线所示，这有利于容量的测量和计量。随着 SOC 接近零，电压迅速下降（图中未显示）。

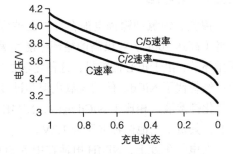

图 6.32　典型锂离子电池的放电特性（型号 18650）

在电气学上，锂离子电池在中等充电范围内的工作效果最好，但比 NiMH 电池能承受更宽的充电范围，典型的工作范围是 SOC 的 25% ~ 85% [11]。这些电池在保持充满状态时的损耗最快，不适合浮充应用。其充电相对简单，可以用实施了电流限制（通常远低于 C/3）和电压限制（4.1V/ 电池或更低）的充电器。需要特别注意的是，电池对过充非常敏感，高于电压限制的操作可能引发放热反应，放热会破坏电池并可能扩散到整个电池组。用于消费产品的锂离子电池内部具有热切断开关和保险丝，有助于防止过热情况导致的故障。最先进的电池组使用水套或其他热密度材料，以防止火灾从单个故障电池蔓延。由于不能过充电，锂离子电池在任何电池不平衡的情况下没有恢复的内在机制，这意味着必须使用其他外部方法来保持串联电池组中的电荷匹配 [12-14]。锂离子电池的自我放电率低，每周约 1%。尽管它们不像 NiMH 电池那样耐循环，但高质量的锂离子电池也能实现近 95% 的往返效率。

6.6.4　基础比较

可再充电电池可以根据容量、放电速率、循环性能、可靠性和成本来比较。最常用的值是**比能量**，即商业器件在充满电的情况下每单位质量存储的能量；**比功率**，即每单位质量电池可以放电的最大实际速率；**循环寿命**，通常指基于电池可以提供的完全（100% 至 0%）放电循环次数。表 6.3 提供了基于典型可用元件的比较。从这个角度来看，还增加了另外两种储能方法：常规电容和具有势能的储水方式（例如 50m 高水坝后面的水库）。除可燃燃料外，电池的能量密度远高于其他储存方式，这样的对比是不完整的。对于任何化学物质，可以根据一系列结果优化材料。在每种情形下，制造商都可以生产"能量电池"来强调高比能量（以有限的速率为代价），或"动力电池"来提供高比功率（以降低容量为代价）。电气交通应用对此进行了认真的权衡。使用小电池的混合动力车辆需要高比功率，使用大容量电池的远程电动车辆需要高比能量，而插电式混合动力车即使对二者进行折中也能从中受益。在可靠性方面，即使管理良好的铅酸电池也只能使用几年，更不要提许多应用（包括 SLI）都是相对不合理的。镍电池可以在有限的循环应用中使用多年。随着材料系统变得更加可靠，锂离子电池的寿命也得到不断在改进。

表 6.3　典型可充电电池与其他存储方法的性能比较

特性	铅酸	NiMH（镍氢）	锂离子电池	电容	势能
比能量	35W·h/kg	70W·h/kg	200W·h/kg	0.06W·h/kg	0.15W·h/kg
比功率	500W/kg	1000W/kg	500W/kg	10000W/kg	> 10000W/kg
循环性能	500 完整周期	1000 周期	800 周期	> 10^6 周期	> 1000 周期
自放电	1%～2% 每周	10% 每周	1% 每周	每分钟	不定
可靠性	如果电量保持较高，则为中等	如果电量保持适中，则非常好	如果能避免高电量，则不错	温度适中时效果极佳	非常好
SOC 电压特性	线性	平面	接近线性	能量与 V^2 成正比	水深线性
造价	低	中	高	中	非常低

小电池打包成电池组是为了方便更换。许多消费电池是圆柱形的，如 AAA 和 AA 尺寸的碱性电池。盒状电池被称为**棱柱形**电池。由于许多圆柱形消费类原电池已经标准化，每个电池电压接近 1.5V，因此制造商开发了兼容版本。例如，NiCd 和 NiMH 可为 AA 电池充电，即使它们仅产生 1.2V 的电压，也能保持电压的稳定，因此足以代替碱性原电池工作。其他化学物质如锂 - 二硫化铁（$LiFeS_2$）产生约 1.7V（当大电流流动时约 1.5V）电压，使得这些原电池能够与碱性电池兼容 [15]。相比之下，锂离子电池产生的电压要比其他化学电池高得多。尽管一些供应商生产了 AA 尺寸的锂离子电池，但考虑到可能造成的器件混淆和损坏，制造商通常会生产尺寸不兼容的锂离子电池。最常见的型号是 18650 圆柱形电池（直径约为 18mm，长度为 65mm），这是笔记本电脑甚至电动汽车典型的电池尺寸。AA 型号为 14500。

相比之下，AA 尺寸碱性原电池可储存约 2A·h（以 C/10 速率测量），相当于约 3W·h。在 AA 尺寸中，NiMH 电池可储存约 2.5A·h（即 3W·h）。AA 尺寸的 $LiFeS_2$ 原电池可存储约 3A·h，达到 5W·h 甚至更高。AA 尺寸的可充电锂离子电池虽然不常见，但其存储量约为 1A·h 和 3.5W·h。更常见的 18650 型号锂离子电池存储能量高达 3A·h 和超过 10W·h。汽车电池要大得多，12VSLI 电池的典型存储量为 60A·h。

6.7 燃料电池和太阳能电池的电源特性

6.7.1 燃料电池

燃料电池是利用活跃的化学反应来驱动电流的电化学装置。从本质上来说，它们与蓄电池相同，只是燃料电池的反应物是连续供应的，而且装置不是独立的。例如，锌 - 空气电池实际上是一种燃料电池，它利用金属锌和大气中的氧之间的反应来发电。尽管可以在燃料电池中使用各种化学反应，但最经典的装置是使用氢气和氧气作为反应物，有如下两个原因：①与和氧气结合的任何其他燃料相比，氢气每单位质量存储的能量更多；②反应产物是水。其缺点是氢不是密集的，除非气体被高度压缩，否则单位体积的能量存储较低。

氢 - 氧燃料电池有多种类型，区别在于电解质的材料和预期的工作温度[16-18]。与内燃机的相比很有趣，因为能量的转换过程不是通过热能，且可以实现高效率。实际上，效率问题与电池相同：几乎所有的化学反应产生的电子都通过外部电路转移，因此库伦效率很高，但内部电压降和极化效应限制了焦耳效率。理想的氢 - 氧燃料电池在 80℃时可以产生 1.23V 的空载电压[19]，但在使用中，每个电池的电压约为 0.7V，这意味着能量效率约为 60%。聚合物电解质膜（PEM）燃料电池的典型稳态特性曲线如图 6.33 所示，其中氢气以设定的最大流量连续输送。这种布置中的一个挑战是在中等电流下，仅一小部分氢气发生反应并产生电能，未反应的氢气必须循环使用（具有挑战性的程序）或耗尽（这意味着大量的能量损耗）。

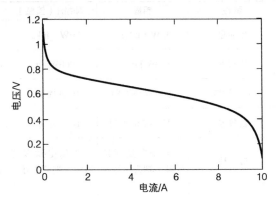

图 6.33　典型静态 PEM 燃料电池在 80℃工作温度和 100% 燃料流速下的电气特性

从电源的角度来看，燃料电池可以被视为一个具有相对较高阻抗的电池。该应用在满载和开路条件下可能得到的电压比为 2:1。合适的 dc-dc 变换器可以为负载缓冲来自这种未控稳的电压。由于反应物是流动的，因此不需要考虑充电状态的概念。与电池相比，调节燃料电池中的反应流物量与电力负载相协调是一项挑战。例如，在锌 - 空气系统中，一旦装置向空气开放，锌在空载条件下会被缓慢氧化，实际上这与大量自放电相同，且设备必须在打开后的几周内使用。在典型的氢气燃料电池系统中，燃料流量必须与电力负载相匹配，以确保 85% 或更多的燃料用于发电。请注意，85% 的燃料利用率将使效率从 60% 降低到 51%。燃料电池的运行必须在反应物流量和电流消耗速率之间进行折中。在低电流、接近开路电压且燃料流量高的情况下可以实现高电气效率，但缺点是未发生反应的燃料回收效率低，如为汽车开发的那些实用燃料电池，其工作效率不能高于 50%（相比之下，设计良好的涡轮柴油发动机在额定输出下可实现约 45% 的转换效率）。这对包括航天器在内的一些应用仍然有益。大型燃料电池提高了效率，一些技术被成功地应用于备用电源。

人们也已经探索和开发了除氢之外的燃料。某些类型的燃料电池能够基于甲烷间接工作，这类装置将甲烷源（可能是天然气）还原为氢气后与氧气发生反应。开发人员正在研究使用非氢燃料的直接燃料电池，值得关注的燃料类型包括甲醇[20]、乙醇[21]和甲酸[22]。所有这些燃料都间接地基于氢 - 氧反应。锌 - 空气、铝 - 空气和锂 - 空气电池则是不基于这类反应的实例。

6.7.2 太阳能电池

许多材料在接受光照时会产生电能，但实际的光伏（PV）太阳能电池使用半导体和 P-N 结来实现这一目的。光子撞击材料时，如果材料有足够的能量，那么它将产生一个电子 - 空穴对，将电子击入传导带，并通过外部电路将其传送出去。由于 P-N 结作为二极管发挥作用，因此太阳能电池的工作状态实际上是通过**光电流**与二极管并联运行的，如图 6.34 所示。该电池的电容值与 P-N 结、材料和连接处的串联电阻以及所并联的电流路径有关。光电流是由光照强度和入射光子能量决定的。转换所需的光子能量与材料的带隙有关。如果入射光子的能量太少，则不会产生电能，而是很可能会作为热量被吸收。如果它的能量太高，则会产生一个电子，但多余的能量会被作为热量吸收。

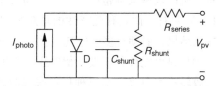

图 6.34 半导体太阳能电池的电路模型（这不是理想的二极管，但能代表 P-N 结的指数特性）

考虑到光电流和二极管的特性，太阳能电池的一些特性就凸显出来了。如果电池是开路的，则没有外部电流流动，所有的光电流流经二极管，该二极管是正向偏压并呈现一个特定压降，开路电压与二极管的偏置特性有关。如果电池短路，二极管将关闭，所有的光电流将流经短路处。如果在这两种情况之间，则二极管部分偏置，电流将在二极管和外部电路之间分流。光电流量与入射光子通量有关，因此电流与光照强度几乎呈线性关系。

该设备如何工作呢？如果传入的能量是阳光，那么光伏电池是一个**开放的系统**，设备应该捕获尽可能多的能量。如果接收能量太少，就意味着（昂贵的）太阳能电池没有得到充分利用。图 6.35 显示了硅太阳能电池在额定照射下的典型电流 - 电压特性。请注意，有一个输出尽可能高的**最大功率点**（MPP）。最大功率与 $V_{OC} \times I_{SC}$ 的比率称为填充系数，因为它是图 6.35 中曲线下的面积的一部分，因此可以完全提供能量。MPP 概念适用于其他开放能源系统，如风力发电机。它不适用于燃料驱动系统、电池或封闭电气系统中的设备，因为在这些情况下，MPP 的效率不超过 50%。在开放系统中，额外的能量在任何意义上都不会

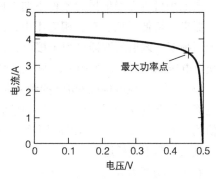

图 6.35 典型的晶体硅太阳能电池的静态电气特性

"丢失"——唯一的问题是可以捕获多少能量。在燃料驱动系统中，低损耗至关重要。大量的电力电子学文献介绍了在太阳能和风能系统中 MPP 运行的控制方法[23, 24]。

太阳能电池具有混合特性。当在接近开路条件下工作时，它们起到带有非零串联电阻的电压源的作用。当在接近短路条件的情况下工作时，它们成为光敏电流源。MPP 是一个中间情况，这两个简单的模型都不适用，这意味着设计人员可以自由选择是设置电流源接口还是电压源接口。这两种接口都已用于商用光伏变换器中。但是，这两种结构之间存在很大的差异。在实际的光伏系统应用中，随着云层的变化，或当航天器旋转时，或在多变的天气条件下，光照水平

会在大范围内迅速地变化。正向偏置电压是温度的对数函数，几乎在任何的应用中，其变化都比光照慢，变化范围也要小。因此，电流源接口需要对大的变化迅速做出反应，而电压源接口的情况则相对稳定。

那么电池效率如何呢？由于这些系统是开放的，除非空间受到限制，否则它们将多少入射能量转化为电能的问题可能不是首要问题。对于质量和大小受限的卫星，应转换尽可能多的光照。在地面上，转换通常更关心的是产生单位能量所花费的成本。硅电池的带隙约为 1.1eV，原则上它们可以将高达 29% 的入射光转化为电能，但并非所有的电子都会被传递到外部电路，所以效率很难超过 23%[25]，通常 18% 的转换率被认为是良好的。与阳光的最佳匹配发生在 1.5eV 左右，而具有此特性的理想材料在原则上可以转换略高于 30% 的入射能量。为了获得更好的结果，必须有多个电池。例如，三联结电池有 3 个 P-N 结，每个结都使用不同带隙的材料。一种材料可能会利于吸收紫外线（产生相对较高的电压），通过光谱的其他部分，下一种材料来吸收转换可见光，第三种材料来吸收转换红外线。考虑到使用了多种材料和复杂的结构，典型的多结电池的成本约为硅电池的 100 倍，但效率可以达到 50%。在航天器等高性能应用中，额外的成本可能会被额外产生的能源所抵消。在陆地的应用中，只有当透镜和镜子可以用来集中阳光时，这种权衡才有意义。如果多结电池使用 300 倍照射浓度，即使每单位半导体的成本是硅的 100 倍，它依旧比硅具有成本竞争力。一些成本较低的材料可以打印为薄膜，尽管它们的效率往往较低，为 8%～12%，但是其价格低廉，因为发电成本是许多设备的主要问题。

6.8 设计实例

6.8.1 风电场互联问题

风电场可以在峰值风力条件下向电网输送 100MW 或更多电能，有时使用相对慢速开关的逆变器来保持低损耗。在三相应用中，3 倍次的无用谐波将被消除。考虑到高功率水平和特定的无用频率，调谐陷波器可用于接口，目的是通过为特定的无用频率提供低阻抗来建立更理想的交流电压源。下面这个例子说明了这种情况。

例 6.8.1 风电场以 60Hz 的频率向 13.8kV（线对线有效值）的连接电网输送高达 100MW 的电能。组合的逆变器组产生无用的谐波电流，其中五次和七次谐波电流最大。如果这些电流峰值均为基波的 5%，则建议使用接口把每个对电压的影响降低到小于 0.5%，因为在 60Hz 时对电流的影响不应超过 5%。

在单位功率因数的三相系统中，可以证明

$$P = \sqrt{3}V_{ll}I_1 \tag{6.18}$$

在 100MW 和 13.8kV 的条件下，线电流有效值为 4184A。谐波各为 5% 时，谐波电流有效值为 209.2A。由于电压为 13.8kV，因此 0.5% 的目标意味着谐波相电压不应超过 39.8V，300Hz 和 720Hz 时的电源对中性点的阻抗不得超过 0.190Ω。由于对 60Hz 电流的影响不超过 5%，因此滤波器应使 60Hz 时的谐波电流小于 209.2A。当线电压为 13.8kV（相电压为 7.97kV）时，要求 60Hz 时的阻抗超过 38.1Ω。上述组合指导调谐陷波器的设计：从线到中性点使用两个 LC 串联谐振对，分别在 300Hz 和 720Hz 下谐振，确保 60Hz 时的阻抗超过 38.1Ω。单相的电路结构如图 6.36 所示。对于 300Hz 的陷波器，需要

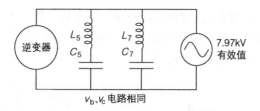

图 6.36 调谐陷波器过滤 100MW 风电场的五次和七次谐波，三相中的单相

$$\frac{1}{\sqrt{L_5 C_5}} = 2\pi \times 300\Omega, \quad \frac{1}{120\pi C_5} - 120\pi L_5 > 38.1\Omega \tag{6.19}$$

对于 420Hz 陷波器，需要

$$\frac{1}{\sqrt{L_7 C_7}} = 2\pi \times 420\Omega, \quad \frac{1}{120\pi C_7} - 120\pi L_7 > 38.1\Omega \tag{6.20}$$

同时求解上式，使 $C_5 < 66\mu F$、$L_5 = 1/(3.55 \times 10^6 C_5)$ 和 $C_7 < 68\mu F$、$L_7 = 1/(6.96 \times 10^6 C_7)$。例如，令 $C_5 = C_7 = 50\mu F$，解得 $L_5 = 5.63mH$，$L_7 = 2.87mH$。在每种情况下，引入的杂散电阻必须小于 0.19Ω。

6.8.2 旁路电容的好处

一些例子已经说明旁路电容对电源接口的好处。下面的例子显示了长导线连接情况对设备额定值的影响。通常，任何电路想作为理想电源都需要配备旁路电容。

例 6.8.2 电动汽车中锂离子电池组的标称电压为 356V。功率水平范围在制动时的 −200kW 与加速时的 +200kW 之间。电池安装在后部。逆变器和驱动电机的结构为前轮驱动。逆变器的开关频率为 10kHz，开关器件在 100ns 内动作。在这种情况下评估并探讨旁路电容的好处。

典型的汽车长约 3m。考虑到需要松弛的电缆，从电池到逆变器的连接也可能是 3m。一根 6m 的导线电感为 10nH/cm，即连接电感为 6μH。由于这是锂离子电池组，标称电压为 3.6V，因此 356V 需要 99 个电池串联。实际的电池电压范围为 2~4.1V，因此电池组电压范围为 198~406V。功率为 ±200kW 时，直流电流可能高达 1010A，电机的交流电流峰值可能更高，但为了简单起见，我们估算峰值电流为 1000A。由于开关在 100ns 内动作，在电路中可能引起 $Ldi/dt = (6\mu H) \times (1000A/100ns) = 60kV$ 的瞬态电压，不可能为开关提供足够高的额定值来应对这种极端情况。现在提供一个旁路电容，形成如图 6.37 所示的电路。电容应尽可能靠近逆变器的开关放置，以免电流的变化施加在导线上。电流可能以 1000A 峰值流动，通常持续半个周期，即 50μs。电容的电压变化满足 $1000A = Cdv/dt = C\Delta v/\Delta t$，其中 $\Delta t = 50\mu s$。为了保持电压的变化低于 20V（约为低压母线的 10%），电容需要满足

$$C > 1000A \times \frac{50\mu s}{20V} = 2500\mu F \tag{6.21}$$

这并不是一个小数字，实际上的电容需要很大时才能处理高电流尖峰。当加入该电容时，连接线的电压变化小于 20V，因此 di/dt 值不超过 3.3A/μs。开关器件要求降至约 425V，传统的

600V 绝缘栅双极晶体管（IGBT）能够满足此要求。一个棘手的问题已经得到缓解，但代价是旁路电容较大。在此应用中，除非在逆变器母线上提供数百微法电容，否则要么选择极大额定值的开关器件，要么逆变器开关器件将被损坏。

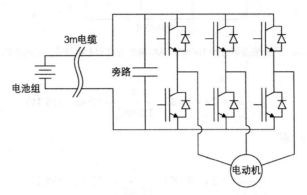

图 6.37 电动汽车中的旁路电容电路

6.8.3 升压型有源整流器功率因数校正的接口

由于高频信号在连接的长导线上传导和辐射，连接在电网上的任何电源都必须将不必要的失真降至最低。下面的例子提供了如何解决此问题的一些方法。

例 6.8.3 图 6.38 所示的升压型有源整流器加入接口以减小对电网造成干扰。标称输入额定值为 120V、60Hz 和 2.22A，当功率高达 240W 时，输出为直流 250V，开关频率为 200kHz。控制输入电感电流以跟踪输入电压波形，并提供单位功率因数。确定预期正弦波周围的电感电流纹波，并确定接口电路以使输入电流最小，同时避免输入端频率处于 200kHz。

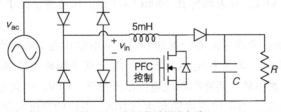

图 6.38 有源升压整流电路

在 250V 和 240W 时，额定负载为

$$R = \frac{V^2}{P} = \frac{250^2}{240}\Omega = 260\Omega \tag{6.22}$$

功率因数校正（PFC）控制动作意味着施加在电网上的有效电阻为

$$R_{\text{eff}} = \frac{120\text{V}}{2.22\text{A}} = 54\Omega \tag{6.23}$$

输入电感为 5mH，在 60Hz 时的电抗为 $\omega_L = 120\pi \times 0.005\Omega = 1.89\Omega$。电感和有效电阻在 60Hz 时的组合阻抗为（$54 + j1.89$）$\Omega = 54 \angle 2°\Omega$，因此电感的影响很小（在较小负载下甚至更不明显）。如何评估电流的波纹？在变换器中，占空比将根据 PWM 而变化，但从平均的角度，它

将响应输入的平均值，平均直流电压为 $\langle |V_0\cos(\omega t)| \rangle = 108V$，输出为直流 250V。输出二极管的平均占空比为 $D_2 = 108/250 = 0.432$，晶体管的平均占空比为 $D_1 = 0.568$。如果停止 PWM 且仅保持直流平衡，则输出将为 250V 且带有三角纹波。当晶体管导通时，电流将上升，因此纹波可以估算为

$$v_L = L\frac{\mathrm{d}i_L}{\mathrm{d}t} \approx 0.005\frac{\Delta i_L}{\Delta t}, \ \Delta i_L = \frac{108D_1T}{0.005} = 61\text{mA} \tag{6.24}$$

因此，输入电流在标称值为 2.22A 正弦波周围带有峰 - 峰值约 60mA 的纹波。

虽然纹波电流足够低（约为满载电流有效值的 3%），但它在电网上会引入几十毫安 200kHz 频率的信号。该信号容易传播并引起干扰。电网原则上是电压源，但实际上它的长导线具有很大的电感，连接到变压器的距离常常超过 100m，因此导线电感可以超过 1mH 甚至更高。在此应用中，加入简单的电容接口对连接电感有效，图 6.39 显示了这样一种结构。请注意，这与传统整流器**不同**：电容不是为了减少 120Hz 时的纹波，而是减小 200kHz 开关频率的影响。鉴于 54Ω 的有效负载电阻，如果容性电抗为 1000Ω，则在满载时的影响最小（满载时的功率因数为 0.9999，即使在 10% 负载时，功率因数也为 0.88）。这意味着电容为

$$X_C = \frac{1}{\omega C} = 1000\Omega, \ C = 2.65\mu F \tag{6.25}$$

这比传统整流器小几个数量级。它将如何影响 200kHz 的纹波？在理想情况下，如果所有这些纹波都施加在电容上，则基于三角纹波的 200kHz 效应是

$$\Delta v_C = \Delta i_L\frac{T}{8C} = 0.061A\frac{5\mu s}{8\times 2.65\mu F} = 0.014V \tag{6.26}$$

电容在 200kHz 时的阻抗仅为 0.30Ω。尽管纹波电压可以在输入源中产生可测量的 200kHz 电流，但它只是 120V 输入的一小部分。降低这种电磁干扰是并网电源的主要挑战，可能有必要在输入端使用额外的 LC 元件来进一步减少引入到电网上的电流。

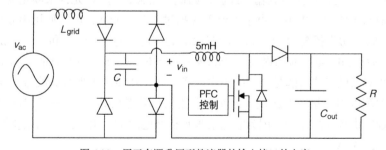

图 6.39 用于有源升压型整流器的输入接口的电容

6.8.4 小型便携式设备的锂离子电池充电器

许多手机和笔记本电脑的"电池充电器"并不是真正的充电器，更多时候它们是通用直流源，而充电器的电子元件和控制器则嵌入在设备中，因为锂电池组的种类繁多、成本高和灵敏度高，使得正确控制充电非常重要。以下实例基于可能来自外部电源或计算机 USB 端口的 5V 输入，为移动电话的单个锂离子聚合物电池的充电控制提供了相对简单的方法。虽然更多的控

制细节将在后面的章节中进行讨论，但这里提供了此方面有效应用的基本方法。

例 6.8.4 移动电话中的锂离子电池的标称电压为 3.7V，存储容量为 1.5A·h。充电电压不得超过 4.2V，最高目标充电速率为 C/3。电池完全放电后，电压降至 3.0V。基于 5V 电源为此应用设计电力电子电路。在输入源上施加不超过 20mA 的峰 - 峰值电流纹波。

在典型的电池充电器中，低电量电池可以在最大允许电流（**恒定电流**或 CC 充电）下充电，直到电压达到上限。之后，电压必须保持恒定（**恒定电压**或 CV 充电），电流逐渐减小到**涓流充电**水平。这种组合有时被称为 CCCV 充电，即使变换器可能在两种不同的方式下工作。为了给完全放电后的电池在 C/5 下有效地充电，充电器将花费不到 5h 的时间达到电压极限，然后电流逐渐减小到零，可能需要几个小时才能接近 100%SOC。实际的充电水平可能难以预测。对于良好的锂聚合物电池，CC 充电过程可使电池超过 90%SOC。电流不会真正变为零（至少它弥补了自放电行为），在 CV 充电过程中，电流低于 C/100 或 C/500 时，充电器可设置为停止充电。图 6.40 显示了此电池典型 CCCV 充电策略的充电过程。对于锂电池，这种策略的一个重要特点是电池永远不会过度充电——因为 CV 充电过程与允许的电压上限相关联。CCCV 充电策略广泛应用于铅酸电池和锂离子电池。由于电压分布平坦，它对镍电池的效果较差。

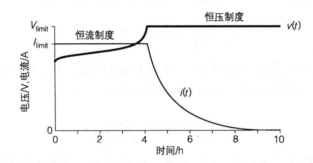

图 6.40　典型的 CCCV 充电策略过程，显示了几个小时时间间隔内的电压和电流

由于输入源电压为 5V，且预期输出范围为 3 ~ 4.2V，因此这类应用通常使用 buck 变换器。但是，buck 变换器不能直接控制其输入纹波，因此需要额外的 *LC* 元件来满足要求。在此应用中，必须监控输出（电池）电流。由于电流不应超过 C/3 = 0.5A，可以使用串联检测电阻。当电阻值为 0.1Ω 时，功率损耗仅为 25mW。充满电的电池可存储约 4V 和 1.5A·h，即 6W·h。如果以 25mW 损耗充电 4h，则总损耗是 25mW × 4h = 0.1W·h，约占总能量的 1.6%，对于低成本的电流监测器来说，这可能是合理的折中方案。图 6.41 显示了带有滤波器元件的降压电路。请注意，电流检测电阻连接在低压端，这允许电流信号参考公共节点——通常更方便检测。电压传感器的位置提供额外的保护，因为它包括来自检测电阻的小电压降。当电流真正变为零时，电池电压只能达到 4.2V。

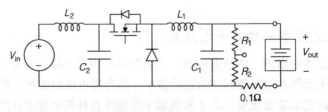

图 6.41　用于锂聚合物电池充电的降压 dc-dc 变换器电路

如何控制呢？占空比约为 V_{out}/V_{in}，且受电压降的影响。在正常情况下，预计占空比不应小于 3/5 或大于 4.2/5，即 $0.6 < D_1 < 0.84$。以下是两种不同的控制策略：

■ 模拟滞后策略：

1）建立参考电流 $I_{ref} = 0.5A$，参考电压 $V_{ref} = 4.2V$，以及允许偏差 ΔI 和 ΔV。

2）连续测量实际的 I_{out} 和 V_{out}。

3）如果 $I_{out} < I_{ref} - \Delta I$ 和 $V_{out} < V_{ref} - \Delta V$，则打开有源开关。

4）如果 $I_{out} > I_{ref}$ 或 $V_{out} > V_{ref}$，则关闭有源开关。

尽管开关频率难以预测，且输入接口的设计不像基本电源滤波器那么简单，但这种基本策略将同时强制实施限压和限流。

■ 数字控制策略：

1）设置固定的开关频率，如 100kHz。以 0.5 的占空比开始，由于太低而不能驱动过大的电流或电压。

2）每个开关周期至少对实际输出电流和电压进行一次采样。

3）如果电压和电流都低于其限值，则在下一个周期中将占空比增加一点。如果电压或电流达到（或超过）允许的限值，则在下一个周期中将占空比减少一点。

如果占空比可以足够快地调整，其切换周期可能是 10μs，则后一种策略的工作效果好。请注意，两种策略在决定打开开关（或增加占空比）时使用"与"操作，如果达到任何限制条件，则都使用"或"操作以确保开关关闭（或降低占空比）。虽然它们依赖于精确测量，但这些策略不受 buck 变换器内（适度）电压降的影响。两种策略还具有一个优点：无论变换器是否进入不连续模式，它们都起作用，因为它们是对传输给电池的实际电流和电压做出反应，而不是对变换器内部的条件做出反应。除了这两种策略，还有其他方法，有些甚至更优秀，但基本的数字控制策略很容易实现，因为许多现代处理器都有 PWM 输出端口。

现在，考虑滤波器和接口。该设计可以基于与数字控制一致的 10μs 开关周期。虽然电池是一个很好的电压源，但输出电容是一个合适的接口，允许检测电阻采样平均电流。由于电池本身是容性的，因此无法确定输出电感纹波电流是如何在输出电容和电池之间分配的，这使得输出纹波设计变得不确定。为了避免过大的电流并保持低纹波，我们允许输出 50mA 电感电流纹波。当主开关导通时，$V_{in}-V_{out}$ 电压将出现在电感两端，理想情况下 $V_{out} = D_1 V_{in}$。电感值的求解如下

$$v_L = L\frac{di_L}{dt}, \quad V_{in} - D_1 V_{in} = L\frac{\Delta i_L}{D_1 T}, \quad L \geq \frac{V_{in}(1-D_1)D_1 T}{50mA} \tag{6.27}$$

要求必须在 0.6 ~ 0.84 的占空比范围内工作，且占空比为 0.6 时的电感最大。在 5V 输入和 50mA 纹波情况下，将需要 240μH 电感。如果不考虑电池，输出电压纹波为

$$\Delta v_C \approx \frac{T\Delta i_L}{8C} \tag{6.28}$$

如式（6.28）所示。电容值为 6.8μF 左右时，纹波应保持在 10mV 以下（这个值通常可用于锂离子电池）。在这种情况下，检测电阻实际上是有帮助的：在 100kHz 时，6.8μF 电容的阻抗约为 0.24Ω，0.1Ω 的检测电阻为电池电路阻抗设置了一个下限。这种尺寸的电池的电容可能更低，因此大部分纹波电流确实会通过电容分流，预期的低电压纹波应能实现。

输入滤波器呢？变换器的输入电流最大为 0.5A 的方波，输入源的电流几乎恒定。滤波器电容电压的偏差要求并不苛刻，但重要的是，在不能够向输出提供 4.2V 电压之前不允许输入电压下降。即使变换器中存在电压降，输入电容上仍允许大约 0.2V 的峰-峰值纹波。平均输入电流为 $I_{in} = D_1 I_{out}$，电容电流是平均值和有源开关电流之差。这需要

$$i_{Cin} = C_{in}\frac{dv_{Cin}}{dt}, \quad I_{out} - D_1 I_{out} = C_{in}\frac{\Delta v_{Cin}}{D_1 T}, \quad C_{in} > \frac{I_{out}(1-D_1)D_1 T}{\Delta v_{Cin}} \qquad (6.29)$$

对于 0.5A 的最高输出电流和 0.2V 的允许纹波，需要 6μF 的电容，并且有充分的理由选择相同的 6.8μF 电容用于输出。输入电感将会产生三角形纹波，结果将类似于式（6.28），形式为

$$\Delta i_{in} = \frac{T\Delta v_{Cin}}{8L} \qquad (6.30)$$

若要使 6.8μF 电容满足 20mA 输入纹波要求，输入电感至少为 12.5μH。带有数值的最终电路如图 6.42 所示。

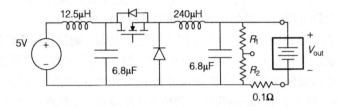

图 6.42　用于为单个锂离子电池充电的 buck 变换器

6.9　应用探讨

由于电源和负载都在电力电子电路之外，因此它们的特性为设计增加了不确定性。有时，总体要求是已知的。用于微处理器的 dc-dc 变换器将处理快速的动态负载，输出电容必须能够限制负载电流的快速变化。整流器可以从具有电感绕组的风力发电机获取电能。电池充电器通常只用一种化学反应。考虑电源和负载特性很重要，阻抗参数减少了很多不确定性。如果增加更多的并联电容，则在某种阻抗意义上，直流电压源将"更好"，并且当加入额外的串联电感时，电流源特性就不那么模糊了。

交流源的接口电路往往引起比直流源的接口电路更多的麻烦和混乱。接口电路必须把所需频率的影响降至最低。例如，一个 60Hz 的电压源可以通过使用并联电容变得"更理想"，但是电容吸收无功功率，并且如果增加过大的电容，则会降低功率因数。谐振电路在设计时也需要考虑类似的权衡。理想的谐振组合具有极端的内部电压（对于串联组）或电流（对于并联组），这导致大元件具有大量的杂散电阻。有源整流器易于满足接口解耦要求，这是它们受欢迎的原因之一。

逆变器和单相整流器中的双倍频纹波是接口设计的基础和挑战。无论何时，只要单相源或负载与直流源或负载进行交互，功率变换器就必须提供内部储能来控制双倍频纹波。与其他接口一样，可以使用大型存储元件来解决此问题，但是大型元件会增加成本并降低可靠性。尽管有源滤波器 [26, 27] 可以帮助将存储要求保持在理论最小值的附近，但是通过控制开关频率或使用 PWM 却无法避免这个问题。

蓄电池是一个特别重要的电源，它们的静态和动态特性对任何应用都提出了广泛的设计要求。虽然大多数工程师更愿意避免使用复杂的电池，但由表 6.3 可知，电池每单位质量存储的能量远远超过大多数其他介质。与飞轮、弹簧、提升势能、压缩空气、电容或电感相比，典型的电池存储的数量级或比能量更高 [28]。虽然电池无法与化学燃料相比，这也解释了混合运输的许多优势，但在可预见的未来，电池很可能会主导便携式电气的应用。从应用的角度来看，可以设计能够同时限压和限流的功率变换器。过去，由于典型整流器和准方波逆变器的控制局限性，CC、CV 和组合充电之间的选择很复杂。有源整流器、dc-dc 变换器和 PWM 逆变器满足电池的复杂控制要求。

在考虑电力电子设计和应用时，燃料电池除了典型的工作电压范围是 2∶1 之外，往往与一次电池（不可充电）混为一谈。尽管它们向快速变化的负载输送能量不如电池有效，但是具有类似的接口要求，当有合适的燃料源时，燃料电池具有备用电源和远程电源的优势。在这些应用中，天然气通常是主要的燃料源，电池电解后转化为氢气，最后转化为电能。

太阳能电池具有能与 P-N 结相互作用的内部光电流。设备应尽可能多地吸收能量，从而要面临跟踪最大功率点作为光照和温度变化的挑战。在从光伏电源获取电能并将其输送到负载的 dc-dc 变换器中，功率跟踪通常是控制的基础。例如，太阳能电池充电器将根据自身电压和电流的限制为电池提供最大可用功率。太阳能水泵可以为水泵电机提供最大功率，水泵电机又将水输送到高架水箱中进行分配，如果水箱装满水，电源将关闭。太阳能电池的复杂因素在于，设计人员必须选择更合适的电流源接口还是电压源接口，因为 PV 电池具有组合特性。一般往往偏向于电压源接口，因为电流随着光照而变化，而偏置电压相对恒定。

6.10 回顾

实际的电源和负载具有内部电阻和串联电感，有时还有并联电容。这些额外的电路元件会导致功率损耗，并且当频率较高时，也会使大多数功率电路具有电流源的特性。如果在开关周期的时间范围内，直流负载的特性没有太大变化，则可以使用简单的稳态模型来处理典型的直流负载。这种负载的例子包括直流电动机驱动器和具有大输入电容的电子电路。数字电路具有快速瞬态特性。当负载的变化比开关频率快得多时，变换器的输出滤波器元件决定了其性能。典型的交流负载基本上与直流负载类似，尽管内部 L 和 C 值的特性阻抗在所需频率下可能并不小。例如，电网具有由长连接线和变压器产生的大量串联电感。许多电源和负载具有温度依赖性，如从白炽灯电阻的极端变化到电池的热系数和太阳能电池电压。

我们之前讨论了单根导线的自感，以下是一个有用的经验法则。

经验法则：典型几何结构中单根导线的自感约为 5nH/cm。没有绞合的一对导线能产生的电感约为 10nH/cm，而紧密绞合下则产生约 4nH/cm 的电感量。

不同的导线呈几何形状，如扁平母线或多股绞合线可用于降低电感。这些特殊结构会在高频应用中很有帮助。它们降低了内部自感，这会减小趋肤效应，并有助于在频率增加时提供更好的电流分布。

之前介绍的临界电感值和电容值提供了描述直流源的方法。如果串联电感或并联电容高于临界值，则可以将实际电源建模为理想模型，并且当 $L \gg L_{\mathrm{crit}}$ 且 $C \gg C_{\mathrm{crit}}$ 时，理想模型会变得非常准确。临界电感值和电容值可以用来确定规格，如给定 dc-dc 变换器或整流器的最小负载。

任何带有实际电源和负载的电力电子系统都必须解决接口问题。如果将实际电源连接到变换器而不考虑无用的成分，则可能在实际电源的电阻中会发生较大损耗。设计得当的接口可最大限度地减少实际电源或负载处于无用的谐波下。解决电源接口的基本问题是匹配理想电源的阻抗特性。电流源的阻抗很高，电压源的阻抗接近零。

实际的直流源需要串联电感来提供电流源特性，或并联电容来提供电压源特性。原则上，实际的交流源受益于谐振电路，以提供适当的阻抗特性。对于交流电压源，最简单的接口是并联 LC 电路。在这种情况下，电源频率与 LC 谐振相匹配。在此频率下，阻抗值是无限大的，因此功率传输过程不受接口的影响。在所有其他频率下，LC 电路表现为低阻抗，并把无用的电流成分分流出去。对于交流电流源，串联 LC 电路以类似的方式工作——所需频率可不变地通过，而对于其他频率则会表现为非常高的阻抗。

任何将直流源或负载与单相交流源或负载互连的变换器应用都必须处理双倍频电源纹波。这一挑战需要在功率变换器内存储大量能量，其与交流频率有关，而与开关频率无关。它往往需要配备大型滤波器，最有效的替代方案是使用三相交流源，因为三相交流源中取消了双倍频项，这样就可以避免这个问题。由于上述方案并非总是可行的，因此双倍频纹波的控制是单相系统的基本挑战和要求。

不足的是，谐振接口引入了自身的问题，特别是需要高 Q 值的情况，这会导致滤波器元件上产生极端电压。有两种替代方法：

■ 使用 PWM 可以在有用和无用成分之间提供宽间隔，这就减少了对谐振结构的需求。

■ 使用调谐陷波器消除特定的无用频率，而不是试图消除所有可能的频率。这允许使用更低的 Q 值并使谐振接口电路变得实用。

解决实际系统中的接口问题，对提高效率和性能至关重要。

电池和其他替代能源，如燃料电池和太阳能电池，并不是理想的电源。尽管它们具有一个确定的与电化学过程或带隙相关的开路电压，但是正常工作并不是在该电压下，且工作电压是与充电状态、燃料流量或光照强度相关的函数。可充电电池需要认真控制，尤其是对充电和放电的电流与电压进行限制，以保持较长的工作寿命。作为开放式能源系统的太阳能电池，任何情况都应该尽可能地用最大限度来进行能量吸收。从某种意义上讲，任何没有被转换的能量都是"丢失"的。在燃料电池和蓄电池中，效率是一个至关重要的考虑因素，因为设备通常不会主动在最大功率下工作，较低的功率水平可以产生更高的效率和更理想的能量转换。

习题

1. 对充满电的铅酸电池进行测试，显示出以下特性：开路端电压为 13.4V，负载电流为 10A 时的端电压为 13.3V，以 10A 的电流充电时的端电压为 13.5V。制造商报告中指出，电池在存储期间每周损失大约 1200C 的电量。根据图 6.3，仅仅忽略 L 和 C 值，试确定该电池的电路模型。

2. 立体声放大器覆盖 20Hz 至 20kHz 的整个音频范围。它可以为 8Ω 的扬声器提供高达 200W 的功率。放大器的效率约为 50%，它由正激变换器供电，该正激变换器通过整流交流线电压产生 ±60V 的电压，其开关工作在 100kHz。放大器可以被视为准稳态还是瞬态负载？在正激变换器输出时，期望 di/dt 的最高值是多少？

3. boost 变换器连接到远程负载。该变换器为 48V 输入和 120V 输出。负载获得的电流为 4A。由于空间原因，变换器的电容位于负载处，而不是靠近输出开关。开关器件的额定值为 200V 和 5A。在不引起开关电压过高的情况下，试估算连接到负载时最高的导线电感。当使用的开关动作时间为 100ns 时，这代表导线的长度是多少？

4. 一个先进的微处理器在 2.5V 的电压下运行，其器件内部的有效总电容为 80000pF。数字时钟的工作频率为 50MHz。电源使用 buck 变换器将 5V 降至需要的 2.5V。

1）如果 buck 变换器的开关频率为 200kHz，当 buck 变换器的二极管导通时，其输出电容为多少可以确保二极管导通压降不超过 50mV？

2）微处理器的平均电流是多少？

3）变换器和微处理器之间的连接导线产生明显的电感。如果处理器电源电流能够以 100A/μs 的速度快速波动，那么在不允许处理器电源电压瞬间降至 2.0V 以下的情况下，可以接受的最大电感值是多少？此时连接长度是多少？

5. 某公司从一家知名制造商处购买 200W dc-dc 变换器。设备的工作状态一直良好且可靠性高。然而，最近变换器线路发生了故障。经过调查发现，新的技术人员临时重新连接电源输入级，在使用功率表进行测量之后，恢复标准连接并将电源接在线路上。仪表位于工作台上方 50cm 的架子上。解释导线电感方面的可能原因，并用实例计算来支持该结论。

6. buck 变换器通过 500V 电源向 480V 的直流电动机供电，其开关频率为 10kHz。电动机的电枢电感 $L_a = 1\text{mH}$，电阻为 0.05Ω。在全速运行时，电动机的内部电压为 480V。在全速时确保 $L_a \geq L_{\text{crit}}$，电动机的最小输出功率是多少？如果以 10% 的速度运行时又是多少？

7. 图 6.43 是一个为单相交流异步电动机供电的 PWM 逆变器。该电动机适用于 120V、60Hz 的电源。逆变器的输出电压近似为 $170\cos(120\pi t)\text{V} + 170\cos(24000\pi t)\text{V}$。将此 PWM 波形的电路功率与预期的 60Hz 功率进行比较。

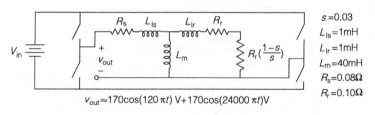

图 6.43 习题 7 电路结构

8. 某公司计划购买一台不间断电源装置，能够通过 12V 电池组提供高达 10kW 功率的 230V/50Hz 的交流电。逆变器桥中的开关额定值为 600V 和 100A。因为需要将电池存放在单独的房间中，所以对连接电感有一些考虑。

1）如果开关动作需要 200ns，请估算最大允许连接长度。

2）设想一种方法能够通过使用电容以允许更长的连接长度。

9. 当谐振功率变换器通过导线吸收电流 $i(t) = 20\cos(400000\pi t)\text{A}$ 时，估算 1m 长度的铜线上的感应电压。如果用 $\mu = 1000\mu_0$ 的钢丝替换会发生什么？

10. 给定负载从 48V 转 12V 的 dc-dc 变换器之间消耗的功率范围为 40 ~ 200W。开关频率为 100kHz。设计一个合适的电路。临界电感为多少？

11. 通过 150V 电池组为一家大型通信公司的备用系统供电。电池组的串联电阻约为 0.04Ω，总串联电感为 8μH。备用系统采用 PWM 逆变器，它的平均功率为 3kW。存在峰值为 10A 的无用的 120Hz 电流分量，以及峰值为 20A 的 25kHz 的分量。电路结构如图 6.44 所示。

1）图中电池的电阻损耗是多少？

2）设计一个接口单元来改善这种情况。当加入设计的接口后，电池的电阻损耗是多少？

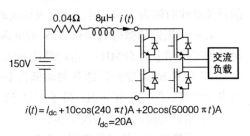

$$i(t)=I_{dc}+10\cos(240\pi t)A+20\cos(50000\pi t)A$$
$$I_{dc}=20A$$

图 6.44　习题 11 电路结构

12. 整流器从标准的有效值为 120V/60Hz 的壁式插头中获得的电流有效值为 12A。功率因数为 0.1。墙体中电源的串联电阻为 0.2Ω，串联电感为 50μH。

1）在描述的这个系统中，墙源中的损耗是多少？损耗占整流器负载的百分比是多少？

2）通过设计合理的接口，整流器从墙源获得的电流是多少？加入合理的接口，墙源的损耗变为多少？

13. 串联电阻为 0.2Ω 且串联电感为 50μH 的 60Hz 电源需要设计谐振接口，能使其具有近似理想的特性。绘制必要的电路图，当接口在 120Hz 时的阻抗小于 10Ω，试确定 L 和 C 值。

14. 同步电动机通过 60Hz 转 400Hz 的变换器提供 400Hz 的频率，开关频率为 460Hz。该变换器产生大量的 520Hz 无用分量。很难通过提供足够高的 Q 值产生 400Hz 输出，并同时阻止 520Hz 分量的产生。一种考虑的替代方案是并联谐振调谐陷波器，包括机器参数在内的组合电路如图 6.45 所示。400Hz 和 520Hz 电压分量的幅值均为 200V。如果没有接口，520Hz 与 400Hz 电流分量的幅值之比是多少？加入接口后，幅值之比是多少？

15. buck 变换器具有 200μH 输出电感，开关频率为 25kHz。输入可以在 20~30V 之间，而输出则保持在 +12（1±2%）V。输入源的串联电阻为 0.2Ω。找到满足这些条件的最小输出负载功率。在此负载水平下，电源电阻的损耗是多少？

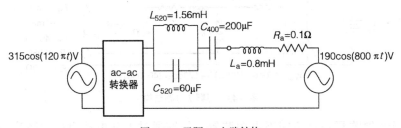

图 6.45　习题 14 电路结构

16. 一个 buck-boost 变换器使用输入电池工作。它在 75W 的功率水平下将 +12V 变换为 -12V，开关频率为 120kHz。电池内部串联电阻为 0.2Ω，串联电感为 200nH。

1）占空比是多少？电池的电阻损耗为多少？

2）提出一种接口结构，以改善工作并减少损耗。加入接口后，占空比和电池电阻损耗是多少？

17. 大型不间断电源需要一个滤波器。电源产生 5 个等级的准方波（ ±V_{peak}、±V_{peak}/2 和 0），可以通过控制来消除三次和五次谐波。输出电压的基波分量有效值为 460V，频率为 60Hz。额定负载为 40kW。

1）绘制此问题中描述的波形。

2）设计一个可消除七次和 12 次谐波的调谐陷波器。

3）如果负载是电阻性的，那么在增加陷波器之前和之后的电流波形是什么样的？

18. PWM 逆变器的开关频率为 50kHz，其输出范围为 0 ~ 100Hz。输入是 80V 的直流电源。负载在 200W 时的标称值为 8Ω。为输入和输出找到适当的接口。设计输入接口，使电流纹波小于 20%。如果输入源的电阻为 0.2Ω，加入接口后的效率将提高多少？

19. 特定的大型公用事业系统的典型负载为 8000MW。负载的功率因数平均为 0.85，配电网的总效率为 96%。如果理想接口可以将负载功率因数校正为 1.00，那么将节省多少功率？

20. 在高压直流系统中，采用高脉冲数使滤波器的需求降至最低。设计一个 24 脉冲中性点整流器，其输入频率为 60Hz。负载是电阻性的。需要比较串联和分流接口过滤。在一种情况下，LC 陷波器将消除 1440Hz 处的纹波基波。在另一种情况下，LC 并联组合将阻止 1440Hz 到负载。负载为 200MW，电压为直流 100kV。比较两种选择，哪一种方案的接口中存储的能量较少，它们是否匹配？

参考文献

[1] P. Krause, O. Waczuncuk, and S. Sudhoff, *Analysis of Electric Machinery and Drives Systems*, 3rd ed. New York: IEEE Press, 2013.

[2] Z. Shan, S.-C. Tan, and C. K. Tse, "Transient mitigation of DC-DC converters for high output current slew rate applications," *IEEE Trans. Power Electron.*, vol. 28, no. 5, pp. 2377-2388, May 2013.

[3] C. T. A. Johnk, *Engineering Electromagnetic Fields and Waves*. New York: Wiley, 1975.

[4] R. C. Kroeze and P. T. Krein, "Electrical battery model for use in dynamic electric vehicle simulations," in *Proc. IEEE Power Electron. Specialists Conf.*, 2008, pp. 1336-1342.

[5] S. West and P. T. Krein, "Equalization of valve-regulated lead-acid batteries: issues and life test results," in *Proc. IEEE Int. Telecommun. Energy Conf.*（INTELEC）, 2000, pp. 439-446.

[6] T. A. Edison, "Reversible galvanic cell," U. S. Patent 678 722, Jul. 16, 1901.

[7] M. Manzo, S. Lenhart, and A. Hall, "Bipolar nickel-hydrogen battery development-a program review," in *Proc. 24th Intersociety Energy Conv. Conf.*, 1989, pp. 2775-2780.

[8] Tekniska Museet. Waldemar Junger, National Museum of Science and Technology, Stockholm. Available: http://www.tekniskamuseet.se/1/2542.html.

[9] C. S. Clark, A. D. Hill, and M. Day, "Commercial nickel cadmium batteries for space use: a proven alternative for LEO satellite power storage," in *Proc. 5th European Space Power Conf.*, 1998, pp. 715-720.

[10] Sony Corporation, "Lithium ion rechargeable batteries technical handbook," Available: http://www.sony.com.cn/products/ed/battery/download.pdf.

[11] Y. Xing, W. He, M. Pecht, and K. L. Tsui, "State of charge estimation of lithium-ion batteries usingthe open-circuit voltage at various ambient temperatures," *Appl. Energy*, vol. 113, pp. 106-115, Jan.2014.

[12] S. T. Hung, D. C. Hopkins, and C. R. Mosling, "Extension of battery life via charge equalization control," *IEEE Trans. Ind. Electron.*, vol. 40, no. 1, pp. 96-104, 1993.

[13] C. Pascual and P. T. Krein, "Switched capacitor system for automatic series battery equalization," in*Proc. IEEE Applied Power Electron. Conf.*（APEC）, 1997, pp. 848-854.

[14] G. L. Brainard, "Non-dissipative battery charger equalizer," U. S. Patent 5 479 083, Dec. 26, 1995.

[15] R. Anahara, S. Yokokawa, and M. Sakurai, "Present status and future prospects for fuel cell power sys-

tems," *Proc. IEEE*, vol. 81, no. 3, pp. 399-408, 1993.

[16] J. T. Brown, "Solid oxide fuel cell technology," *IEEE Trans. Energy Conversion*, vol. 3, no. 2, pp. 193-198, June 1988.

[17] C. Wang, M. H. Nehrir, and S. R. Shaw, "Dynamic models and model validation for PEM fuel cells using electrical circuits," *IEEE Trans. Energy Conversion*, vol. 20, no. 2, pp. 442-451, 2005.

[18] V. Ramani, "Fuel cells," *Interface* (Electrochemical Society), vol. 15, no. 1, pp. 41-44, Spring 2006.

[19] S. Wasmus and A. Kuver, "Methanol oxidation and direct methanol fuel cells: a selective review," *J.Electroanalytical Chem.*, vol. 461, no. 1-2, pp. 14-31, Jan. 1999.

[20] S. Rousseau, C. Coutanceau, C. Lamy, and J.-M. Leger, "Direct ethanol fuel cell (DEFC) : electrical performances and reaction products distribution under operating conditions with different platinum-based anodes," *J. Power Sources*, vol. 158, no. 1, pp. 18-24, July 2006.

[21] Y. Zhu, S. T. Ha, and R. I. Masel, "High power density direct formic acid fuel cells," *J. Power Sources*, vol. 130, no. 1-2, pp. 8-14, May 2004.

[22] T. Esram and P. L. Chapman, "Comparison of photovoltaic array maximum power point tracking techniques," *IEEE Trans. Energy Conversion*, vol. 22, no. 2, pp. 439-449, 2007.

[23] M. Matsui, D. Xu, L. Kang, and Z. Yang, "Limit cycle based simple MPPT control scheme for a small sized wind turbine generator system-principle and experimental verification," in *Proc. Int.Conf.Power Electron. Motion Control* (IPEMC), 2004, pp. 1746-1750.

[24] T. Tiedje, E. Yablonovitch, G. D. Cody, and B. G. Brooks, "Limiting efficiency of silicon solar cells," *IEEE Trans. Electron.Devices*, vol. 31, no. 5, pp. 711-716, 1984.

[25] S. B. Kjaer, J. K. Pedersen, and F. Blaabjerg, "A review of single-phase grid-connected inverters for photovoltaic modules," *IEEE Trans. Ind. Appl.*, vol. 41, no. 5, pp. 1292-1306, Sept.-Oct. 2005.

[26] P. T. Krein and R. S. Balog, "Cost-effective hundred-year life for single-phase inverters and rectifiers in solar and LED lighting applications based on minimum capacitance requirements and a ripple power port," in *Proc. IEEE Applied Power Electronics Conf.*, 2009, pp. 620-625.

[27] P. T. Krein, "Hybrid and electric automotive systems: combined electrical, mechanical, and fuel cell opportunities for personal transportation," *Asian Power Electron. J.*, vol. 1, no. 1, pp. 21-24, Aug. 2007.

第 7 章　电容和电阻

7.1　简介

经典的电路分析中采用的电容、电感和电阻具有理想特性，且电容和电感遵循精确的微分关系。就像实际的电源一样，实际元件并不遵循理想模型。在电力电子领域，理解储能元件的非理想特性至关重要，毕竟储能和电源接口都需要大容量的电感和电容。在变换器中，元件可能承受快速变化的高电压和大电流。高阶导数和极端的电压、电流会在电路中产生损耗和复杂情况。许多非理想效应是直接的：导线具有电阻和电感，线圈的相邻匝数之间存在电容，绝缘材料具有漏电电阻和损耗。电力电子电路的设计者必须考虑这些影响，否则电路的可靠性会受到影响。以电容为例，由于电阻损耗的存在，电容具有额定温度和额定电流。如果忽略这些损耗，电路运行可能导致元件故障，如果忽略其他效应，电路可能会出现意外的运行结果。

本章将分析实际电容与电阻的特性，并讨论铜线的电流承载量。图 7.1 所示的各类电容将用于建立标准的电路模型。该模型与射频电路模型类似，但当开关频率远低于射频时，许多功率变换器的电路模型也相当重要。电感将在后面的磁性元件设计中讨论。

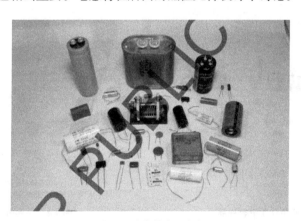

图 7.1　种类繁多的电容

7.2　电容的种类及其等效电路

7.2.1　主要类型

实际电容存在多种形式，但大多数是基于两个导电板或薄膜，并由一个绝缘层隔开。根据电场理论，图 7.2 所示平行极板间的电容值由 $C = \varepsilon A/d$ 决定，其中，ε 为绝缘层材料的介电常数，A 为平行极板的表面积，d 为平行极板的间距。根据定义，两个平行极板上存储的电荷均为 $Q = CV$，其中，V 为外加电压。在平行极板结构中，电场大小由 V/d 决定。因为电荷的时间导数是电流，所以对 $Q = CV$ 求导，可以得到电流的标准特性为 $i = C(\mathrm{d}v/\mathrm{d}t)$。

平行极板的布局具有挑战性。由于每块面积为 $1m^2$ 并相距 $1\mu m$ 的两块平行极板只能形成一个不到 $10\mu F$ 的电容，而功率变换器通常需要 $100\mu F$ 以上的电容，且自由空间或空气的介电常数很小，为 $\varepsilon_0 = 8.854pF/m$。显然，这就需要面积非常大的极板来实现较高的电容值。其中一个挑战是如何将大面积的极板压缩到一个小型封装中。电容值也可以通过减小相对的两极板间距来增大。然而，由于材料受电场强度的限制，如果绝缘层太薄，即使在低压下电容也会因为电介质击穿而失效。

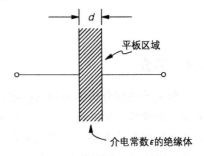

图 7.2　平行极板电容的基本结构

为了解决封装难题，电容新材料和新结构的试验历史悠久且在不断发展。实际上，每个已知的绝缘聚合物都进行过测试。大多数陶瓷材料也经过试验测试，并且许多已实现商业用途。纸、空气、玻璃和大多数常见的绝缘材料也曾被尝试过。目前，市面上存在的几十种不同电容，根据其构造方法和绝缘材料来区分，大致可以归为三类：

■ **单介质电容**。作为最基本的类型，其由平行极板和绝缘层直接构成。类似"三明治"构造，由导体箔片和塑料层组成的电容通过卷曲或折叠方式装入一个小型封装中，或者金属直接镀在绝缘材料上。如图 7.3 所示，该类型电容种类繁多，有时也被称为**静电电容**。

■ **电解电容**。该电容的一块板为多孔金属块或金属箔片，导体材料多为铝或钽。金属表面氧化形成绝缘体，第二电极为液体或固体电解质。如图 7.4 所示，常见的电解电容通常将电解液连接到罐体上。

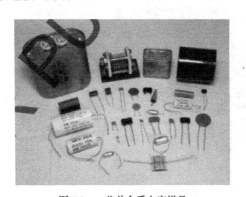

图 7.3　一些单介质电容样品

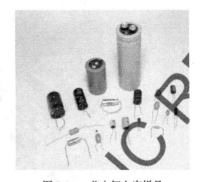

图 7.4　一些电解电容样品

■ **双层电容**。典型的例子就是生物电池膜，在化学溶液中其极性分子可以在几纳米以上的范围保持实质性的电荷分离。基于活性炭或其他基板的电容已实现商业用途。由于双层电容可以实现极大的电容值，所以被称为**超级电容**，如图 7.5 所示。然而，双层电容的额定电压受到限制，但使用这种技术，电容容量可以达到数千法拉。

以上三类电容都可用于功率变换器，本章将对这三类电容进行比较。另一种结构称为**穿心电容**，其使用同轴单介质结构为电容减小线电感。

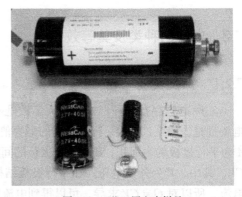

图 7.5　一些双层电容样品

7.2.2　等效电路

实际电容的导线和极板存在电阻和电感，绝缘层并不理想，也存在漏电阻。图 7.6 所示的电路模型总结了以上属性。在任何电容的制造和使用过程中，这些属性都是固有的，虽然可以最小化，但不能完全消除。该等效电路存在以下关键特性：

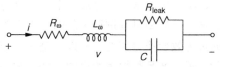

图 7.6　实际电容的通用电路模型

- 电流并不完全遵循 $i = \mathrm{d}v/\mathrm{d}t$。
- 即使施加直流电压，也会产生电流。
- 电荷泄漏的时间常数由绝缘电阻确定。
- L 和 C 组合产生谐振，在谐振频率以上的范围，电容为感性。
- 功率损耗为非零值。

由导线电感和几何效应产生的电感量在纳亨范围内。电感量还与封装尺寸和引线长度有关。为使电容更加理想，漏电阻应尽可能的高，泄漏时间常数 $\tau = R_{\text{leak}}C$ 应尽可能的大。

在很多电力电子应用场合中，电容在特定频率下使用。以 boost 变换器为例，在开关频率处给电容施加一个大的信号。当给定某个角频率 ω，电路模型可等效为一组阻抗并加以简化，其简化步骤和等效关系如图 7.7 所示。该推导过程从与漏电阻 R_{leak} 并联的电容 C 开始，每一步都保留了导线电阻 R_{ω} 和导线电感 L_{ω} 的阻抗。对于电解电容和双层电容，R_{ω} 项还包括电解质的串联等效电阻。在特定频率内，并联的漏电阻和电容组合可以转化为串联等效。由于 R_{leak} 与 C 的乘积值较大，因此当工作频率大于 1Hz 时，有 $1/(\omega^2 R_{\text{leak}}^2 C^2) \gg 1$。在图 7.7 所示的最后一步中，电抗和串联电阻可分别简化为 $-j/\omega C$ 和 $1/(\omega^2 R_{\text{leak}} C^2)$。

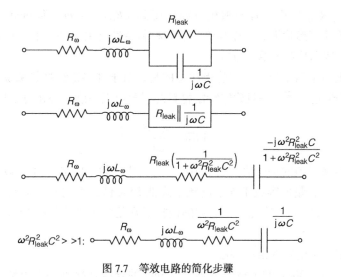

图 7.7　等效电路的简化步骤

等效电路最终简化为 RC 串联，适用于 1Hz 以上频率。在该等效电路中，电感被称为**等效串联电感**（ESL），电容器为内部理想效应电容，电阻称为**等效串联电阻**（ESR），其值为

$$\text{ESR} = R_{\omega} + \frac{1}{\omega^2 R_{\text{leak}} C^2} \tag{7.1}$$

图 7.8 所示的结构有时被称为**电容标准模型**，其被制造商广泛应用于对产品的说明 [1]。由于说明书中通常会对直流泄漏电流进行单独规定，因此该标准模型对其进行了忽略。由于等效串联电阻是通过等效变换得到的，所以它是一个非线性频率相关的电阻。产品数据表给出的是特定频率（很多电路通

$$ESR = R_\omega + \frac{1}{\omega^2 R_{leak} C^2} \qquad ESL = L_\omega \qquad C$$

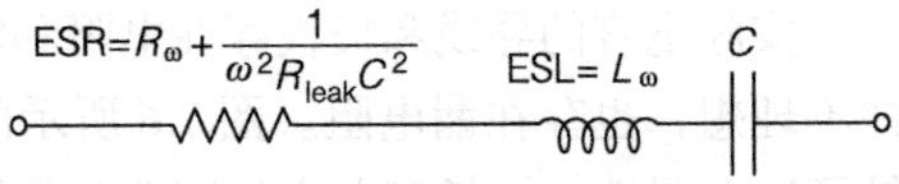

图 7.8 电容的标准模型

常为内部固有双倍频功率纹波频率 120Hz 和 100Hz）下的典型值。该电路模型在角频率为 $\omega_r = 1/\sqrt{(ESL)C}$ 时具有自谐振特性。虽然在低于或高于谐振频率的情况下，电路模型均有效，但对于更高的频率，元件表征为感性。

损耗因数 df 通常用来表征电容的品质，其为电阻与电抗的比值。当工作频率远低于自谐振频率时，标准模型的电抗约为 $1/(\omega C)$，则有 $df = R/X = (ESR)\omega C$。由于与损耗角 δ（是阻抗角 $\phi = \tan^{-1}(X/R)$ 的补角）有关，该比值也称为**损耗角正切值** $\tan\delta$。

当串联电阻 R_ω 较小时（可能为紧凑单介质封装的情况），ESR 仅存在式（7.1）的第二项，则损耗因数可表示为

$$\tan\delta = \omega(ESR)C \approx \frac{\omega C}{\omega^2 R_{leak} C^2} = \frac{1}{\omega R_{leak} C} \qquad (7.2)$$

当极板的几何形状已知，漏电阻可以通过绝缘材料的电阻率 ρ 计算得到。绝缘材料的内部关系可表示为

$$C = \frac{\varepsilon A}{d}, \quad R_{leak} = \frac{\rho d}{A} \qquad (7.3)$$

根据式（7.3），ω、R_{leak} 与 C 三者的乘积可简化得到 $\omega R_{leak} C = \omega \rho \varepsilon$ 和 $\tan\delta = (\omega \rho \varepsilon)^{-1}$。可见，损耗因数与极板的几何形状无关，而与绝缘层的材料特性有关。ESR 的值在很大程度上取决于绝缘材料的选取，特别是对于单介质电容。

绝缘材料并无恒电阻率特性，但值得注意的是，对于许多绝缘材料来说，$\tan\delta$ 在相当大的频率范围内大致是恒定的 [2]。一旦确定特定材料的损耗角正切值，ESR 可以根据下式进行估算

$$ESR \approx \frac{\tan\delta}{\omega C} + R_\omega \qquad (7.4)$$

以 $\tan\delta$ 作为给定绝缘材料的特征值。在电力电子应用中，较小的 ESR 值可以降低损耗和减小压降，可以通过使用大容量电容或工作于高频来降低 ESR 值，否则 ESR 可能成为一个显著的问题。在低电压（5V 及以下）情况下，电容的选择通常是为了满足目标 ESR 值，而不是用于存储额外能量。

下面的例子展示了电容的某些特性。

例 7.2.1 一个 100μF 的电解电容通过 2.5cm 的导线连接到一个电路上，其会引入大约 15nH 附加内感。绝缘材料的损耗角正切大约为 0.2（20%）。试估算自谐振频率。如果电解质额外串联一个 10mΩ 电阻，当 dc-dc 变换器的开关频率为 40kHz 时，ESR 为多少？

根据上一章的经验可知，导线电感为 10nH/cm，则此应用中总的 ESL 应为 15nH + 25nH = 40nH。当电容值为 100μF 时，ESL 与 C 产生频率为 80kHz 的自谐振。当角频率为 $\omega = 40000 \times 2\pi$ rad/s，ESR 由 $\tan\delta/(\omega C)$ 加上电解质和导线的电阻值得到，为 $0.0080\Omega + 10$mΩ，

即 18mΩ。

例 7.2.2　对于一个电容值为 2μF、总 ESL 为 25nH、绝缘材料损耗角正切值约为 1% 的介质电容，其自谐振频率为多少？当该电容应用于输入频率为 60Hz 的全波整流器和开关频率为 150kHz 的 dc-dc 变换器时，ESR 分别为多少？

25nH 和 2μF 产生频率为 712kHz 的自谐振。整流器输出端电容上的脉动频率为 120Hz，即 $\omega = 240\pi\text{rad/s}$，ESR 可通过 $\tan\delta/(\omega C)$ 计算得到，为 6.63Ω。dc-dc 变换器的工作频率为 150kHz，即 $\omega = 300000\pi\text{rad/s}$，则 ESR 为 0.0053Ω。

7.2.3　阻抗特性

当电容作为电源接口使用时，其关键特性表征为阻抗幅值 $1/(\omega C)$ 随频率的增加而下降。在 |Z| 与频率的双对数坐标图中，理想的幅频特性曲线是一条斜率为 −1 的直线。实际电容的幅频特性则有所不同，其在自谐振频率处的阻抗最低，之后由 ESL 起主导作用，因此阻抗开始上升。|Z| 与频率的关系图显示了实际电容的相频特性会在自谐振点处由 −90° 跃变为 +90°，电容的基本阻抗特性与其类型无关，最好的元件都遵循这一特性，实际上，元件越好，其跃变过程就越快、越清晰。

图 7.9 给出了电容值为 4700pF 聚苯乙烯电容的频率特性实测曲线。由自谐振点频率约为 14.4MHz 可以推算 ESL 的参考值为 26nH。由于在自谐振点（圆圈标记）处，电容阻抗为纯阻性，因此可得到 ESR 值约为 0.234Ω。该电容的 $\tan\delta$ 值低于 1%（在几兆赫范围以内），从而被认为接近理想元件。

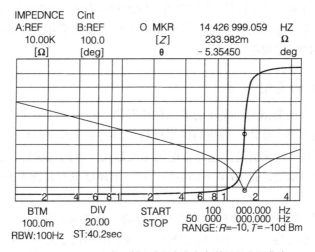

图 7.9　4700pF 聚苯乙烯电容幅频与相频特性的实测曲线

电容值越大，其封装越大，这就意味着连接长度可能会增加。由于大容量电容具有较高的 C 值和 ESL 值，从而限制了其自谐振频率。举例如下。

例 7.2.3　某逆变器电源接口需并联一个额定电压为 400V 的 2700μF 电容。该电容用于吸收 PWM 过程中多余的交流分量，其电路连接部分的长度共 20cm。试估算自谐振频率，并说明理由。

考虑到与电容连接的导线长度和尺寸，电容的 ESL 应不低于 100nH。自谐振频率可根据

$1/\sqrt{(2700\mu F \times 100nH)} = 6.1 \times 10^4$ rad/s 来确定，即 9.7kHz。当开关频率高于 9.7kHz 时，该元件工作于非容性状态。只有当开关频率远低于 10kHz 时，该元件在 PWM 系统中的应用才有意义。此例说明了大功率高开关频率电源中使用大容量电容的难度。

ESR 直接影响阻抗的大小。例如，例 7.2.1 中的 100μF 电容在开关频率为 40kHz 时，其 ESR 值约为 18mΩ。在此频率下，感抗为 $1/(\omega C) = 40$mΩ，显然 ESR 值约占感抗的 45%，且不可忽略。若此时将该电容用于 5V/500W 的变换器中以减少纹波，变换器的负载电流和负载电阻分别为 100A 和 50mΩ。由于负载电阻与电容阻抗差别不大，其滤波效果有限。

通过某些电路组合可以减小阻抗问题，一种常见的技术是使用电容并联来实现所需的元件特性。

例 7.2.4 由某知名制造商生产的两个电容，其尺寸与电容值成正比。两个电容的 ESL 值均为 20nH，tanδ 均为 0.2。其中一个电容为 1000μF，电解质串联电阻为 2mΩ；另一个电容为 100μF，电解质串联电阻为 20mΩ。试将单个 1000μF 电容与十个 100μF 电容并联模块进行比较。

单个 1000μF 电容和十个 100μF 电容并联模块的自谐振频率分别为 36kHz 和 113kHz。工作频率为 10kHz 时，1000μF 电容和 100μF 电容的 ESR 值分别为 5.2mΩ 和 52mΩ。考虑到每个 100μF 电容元件的特性相同，十个 100μF 电容并联之后的 ESL 和 ESR 值只有单个电容的十分之一，电容值却增大了十倍，即有 ESR = 5.2mΩ、C = 1000μF、ESL = 2nH。相比单个 1000μF 电容，电容并联模块的 ESR 无优势，但 ESL 明显减小：电容并联模块的自谐振频率为 113kHz，而不是 36kHz。采用电容并联可以提高电容的工作频率，但代价是需要占用更大的空间。该方法在某种程度上有用：并联方式会增加引线长度，而附加引线电感将会降低自谐振频率。

自谐振特性限制了电容在高频领域的应用，因此很难制造 1000μF 以上的电容，使其工作在 100kHz 频率以上还保持其电容特性。在商用电源中，通常采用多个电容并联来存储能量，但这无疑会引入更多的连接和更长的导线。

7.2.4 单介质电容的类型和材料

单介质电容的特性与制造时所使用的绝缘材料有关。由 $C = \varepsilon A/d$ 可知，大电容要求绝缘层薄、面积大、介电常数高。所以，理想的绝缘材料不但要易于形成薄片，而且还应具有较高的 ε 值。由 $|E| = V/d$ 可知，绝缘层越薄意味着电场强度越大，因此绝缘材料的介电击穿强度尤为重要。好的绝缘材料可承受远超 10^7V/m 的电场，即一层厚度只有几微米的绝缘材料就可以承受几十伏的电压。

单介质电容所使用的材料主要包括陶瓷和聚合物。某些陶瓷材料，如钛酸钡，ε 值相对较高，因此需要找到适合电容且 $\varepsilon > 1000\varepsilon_0$ 的材料。图 7.10 给出了两种陶瓷电容的基本结构。在单块陶瓷两边涂上金属以便于连接的结构形成了图 7.10a 所示的传统陶瓷电容。在图 7.10b 给出的多层陶瓷电容结构中，单层电容值可以高达 5μF。原则上，多层结构的电容值不受限制，但当电容容量大于 20μF 时，电容的制造相当昂贵。从图中可以看出，陶瓷介质层很难做薄，但高介电常数可抵消厚度较厚的不足，从而可以制造出微法等级的电容。

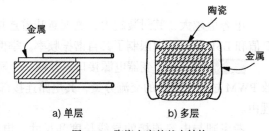

a) 单层   b) 多层

图 7.10 陶瓷电容的基本结构

例 7.2.5　由钛酸锆与钛酸钡的混合物制作的一块厚度为 0.1mm、边长为 3mm 的正方形陶瓷块，其 $\varepsilon = 3500\varepsilon_0$。若陶瓷块用于单介质电容，试估算其电容值。

根据几何结构可知，$C = \varepsilon A/d = 3500\,(8.854 \times 10^{-12}\text{F/m})\,(9 \times 10^{-6}\,\text{m}^2)\,/\,(10^{-4}\,\text{m}) = 2790\text{pF}$。若采用多层陶瓷电容，则可以满足实际所需要的电容值，如 $0.1\mu\text{F}$。

陶瓷材料存在可测量的漏电效应，这些材料的典型 tanδ 值的范围在 1% ~ 3.5% 之间，并受湿度和温度的影响。当需要误差较小或温度变化范围较广时，必须使用昂贵的陶瓷。云母是一种天然陶瓷，以前被广泛应用于电容的制造，在云母片上镀银的小型棕色银云母元件曾是最为常见的高质量陶瓷电容类型之一。云母不具有钛酸盐或其他电活性材料的高介电常数，但它是一种可形成薄层的优良绝缘材料。云母电容的 tanδ 通常远低于 1%，容量高达 10000pF。

聚苯乙烯、聚乙烯、聚丙烯、聚酯、聚四氟乙烯（聚四氟乙烯）和聚碳酸酯等许多聚合物可用于电容，这类统称为**薄膜电容**。一般来说，这些材料的介电常数只有空气的几倍，许多聚合物都遵循 $\varepsilon \approx 3\varepsilon_0$，其优势是易于形成薄层并具有高绝缘阻抗。然而，较低的 ε 值意味着实现大容量电容需要更大的体积。典型薄膜电容的额定值通常在 $0.1\mu\text{F}$ 以下，$10\mu\text{F}$ 以上的很少见。薄膜电容的 tanδ 值通常低于 0.1%，且很少存在 tanδ > 1% 的情况。薄膜电容的低泄漏特性使它们在不需要大容量电容的高频变换器接口应用中很有优势。在一定的工作频率范围内，如果合成阻抗特性较好，薄膜电容可以与陶瓷电容并联使用。

大功率交流应用，如功率因数校正，通常使用油浸金属化纸或金属化聚丙烯和聚酯的充油罐作为介质材料。这些设计是为了使电容更加坚固耐用。对于承受短期过电压的电容，当局部损坏位置周围的金属氧化物汽化并将油充满空间以保持绝缘时，该电通常有"自我修复"的功能[3]。对于 50Hz 和 60Hz 的应用，纸 - 油组合或塑料 - 油元件可以承受大电流和短期极端电压浪涌，这些元件的体积往往较大，在高频功率变换器中很少遇到。

7.2.5　电解电容

目前为止，没有一种薄膜电容能够轻易提供超过 $10\mu\text{F}$ 的容值。在简单的电介质几何结构中，ε、A 或 d 都没有简单的折中方法来增大 C。例如，绝缘层变薄可能增加聚合物电容的电容值。然而，在一定的绝缘薄膜厚度下，几乎不可能制造或处理这种材料，这限制了使用薄膜得到高电容值的能力。

电解电容在制造过程中可以直接形成绝缘层，避免了单介质的限制。图 7.11 给出了铝电解电容的基本结构。化学蚀刻可以使一张铝箔产生极大的表面积，然后将表面氧化成一个可控制的厚度。用纸将箔片与尚未氧化的箔片分离，并将轧制组合物封装在电解液的罐中。蚀刻后的箔片成为正导体，氧化层成为绝缘体，电解液成为负导体，与金属罐电接触。连接到顶部正电接头的带状物和纸箔层结构的一部分如图 7.11 所示。图 7.12 所示为钽电解电容。小块金属由粉末基料烧结而成，被蚀刻后形成多孔材料，随后金属被氧化。液体或固体电解质用于在氧化层的外部提供电接触，因此会在金属和电解质之间产生电容。该结构密封在一个金属罐中，或由环氧树脂包围，形成一个完整的部分。电解元件的主要优势是可以达到 A/d 的最大比值。粉末基料烧结的金属表面积很大，仅受形成多孔材料的能力限制。氧化层可以达到期望的厚度，并且可通过调整氧化过程的时间来控制氧化层的厚度。由于可以控制氧化层的厚度，因此可以在额定电压和电容值之间进行折中选择。尽管几乎找不到额定电压低于 50V 的单介质电容，但额定电压为 6V 的电解元件确是很常见的。

图 7.11　铝电解电容的基本结构

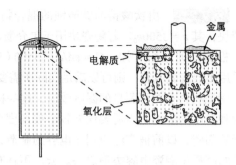

图 7.12　钽烧结型电解电容

　　氧化物材料对于电解技术至关重要。它必须是一种优良的绝缘材料，且易于成型，同时作为表面涂层，该材料必须具有完美的物理整体性。铝、钽和铌等金属可以形成表面氧化物，且具有这些必要特性。由于铝的价格低廉，因此铝电解是最常见的类型。氧化钽（Ta_2O_5）的介电常数比氧化铝（Al_2O_3）高，所以钽电容在同等电容值下的体积更小。氧化铌（Nb_2O_5）的介电常数更高，但一般情况下，铌和钽的结果相近。每一种金属都用传统的工艺进行阳极氧化，直到产生所需的氧化层厚度。这种方法的问题在于它是可逆的：如果极性反转，氧化层变薄，介质击穿就会发生。因此，阳极氧化过程是电解电容极性的基础，在不破坏氧化物的情况下，只能使用单极性电场。氧化层损坏是一个非常快速的过程。如果氧化层在局部退化，并且在重新形成前产生附加电流，氧化层就会发生短路故障。这种"短路故障"行为是一种非理想特性。例如，当使用液态电解质时，如果发生氧化故障，液体将会沸腾或汽化——液态电解电容具有安全的排气口，以应对这种情况下的故障。

　　新的设计试图阻止氧化层局部退化演变为整体失效，并试图避免与电解质有关的长期失效模式。水基电解质会随着时间蒸发，因此任何使用这种方法的电容的寿命都有限（在高温下的寿命甚至更短）[4]。尽管许多材料在极性逆转期间会由于过热而产生燃烧现象，但固态电解质，如二氧化锰，可以避免由"干涸现象"产生的寿命限制。固态导电聚合物被用作电解质，有时称为**聚合物电容**或**有机半导体电容**。当使用氧化铝或钽箔构造电容时，这些材料比液态电解质具有更长的工作寿命（和更长的保质期）。

　　电解质和薄的绝缘材料使电解电容的损耗比近似容量的单介质电容的损耗大。典型的电解元件 $\tan\delta$ 值至少为 5%，在高频应用中，低压元件的 $\tan\delta$ 值可接近 30% 甚至更大。高泄漏意味着产生大量的直流电流，制造商通常会详细说明电解质的直流泄漏电流。由于 $\tan\delta$ 值较高（仅反映部分电解质中的串联电阻效应），电解电容的阻抗特性与单介质电容有着显著差异。特别注意的是，电解电容可以形成具有低 Q 值的 RLC 谐振电路。如图 7.9 所示，由于 Q 值较低，电解元件不会出现剧烈谐振。图 7.13 给出了 $10\mu F$ 铝电解电容的幅频特性的实测曲线。注意 1 ~ 2MHz

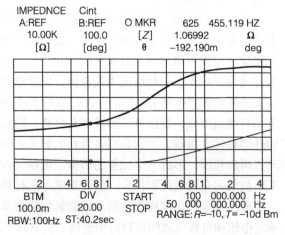

图 7.13　电解电容幅频特性和相频特性的实测曲线

之间角度的变化和宽阻抗的最小值。即使工作频率为 100kHz，该元件的阻抗角仍为 −10°。这意味着与在低频时相位角为 −90° 的理想电容相比，电容存在着相当大的电阻。这里的最小阻抗约为 1.0Ω，表示 ESR 值较高。

7.2.6　双层电容

任何材料表面都有形成亥姆霍兹双层结构的自然趋势——一个横跨表面的分子级电荷分离区。双层电容利用这种特性来存储能量。这种方法通常需要非常低的电压，因为过电压会导致表面导电，而且需要使用水基电解质来促进电气连接。通常单个元件的额定电压约为 2.5V。多个串联单元可以产生更高的工作电压。

这种双层现象可以在大面积内产生微观电荷分离距离，实际的分离距离低于 1nm。对于体积只有几立方厘米的包装材料，活性炭是其常用的表面活性材料，因为活性炭表面具有 1000m^2 左右的多孔结构。这个值很高：对于这个几何结构，每立方厘米的 $\varepsilon_0 A/d$ 可以是几法拉。尽管双层电容存储了大量的电荷值和极大的电容量，但是受串联电感的约束，并不适合滤波应用，然而，它们具有优越的短期储能特性。例如，双层元件可以在供电中断时提供长达几秒钟的备用能量，或者在电动汽车快速制动或加速的过程中缓冲能量流。双层电容的充放电速度比电池快得多。在功率变换器中，它们可作为快速存储元件，弥补电池或燃料电池充放电速度较慢的不足。一些元件的样品如图 7.14 所示。

一类称为**赝电容**的相关元件正在研发中。这些元件将

图 7.14　法拉以上级别的双层电容（此样品的额定值为 2600F）

一部分能量以电化学的方式存储在电极界面上，另一部分存储在双层结构中。从电气角度讲，它们是蓄电池，但其表面结构往往使它们比传统电池更可逆。它们通常被认为是用于短期能量缓冲的快速充放电元件。

7.3　等效串联电阻的影响

在自谐振频率以下，实际电容将表现为电阻（ESR 加导线和任何电解质）与容抗的串联，其标准模型电路为 RC 串联组合，电阻效应被合并为一个总的 ESR 值。该电路易于分析，并带来一些特殊的结果。ESR 将表现为一个电压降，称为 ESR **压降**。在 dc-dc boost 变换器等应用中，电容通常需要承受方波电流。理想情况下，元件将产生三角形电压，但由于 ESR 的存在，方波将与三角形波串联出现，产生电压突变，称为 ESR **跃变**。本节中，我们将研究几个典型变换器的 ESR 跃变，在某些情况下，该跃变可以决定总的纹波。例如，如果输出电容 ESR > $0.0005\,\Omega$，则输出为（5 ± 0.05）V/1000W 的变换器不能满足其技术指标。

例 7.3.1　考虑将一个具有低 ESL、低导线电阻、tanδ = 0.20 的电解电容放置在开关频率为 100kHz 的 boost 变换器的输出端。输入电压为 10V，负载电流为 10A。若输出电压保持在（50 ± 1%）V 范围内，则需要多大容量的电容？

由于 ESL 较低，电容在低于自谐振频率的情况下工作。如图 7.15 所示，电容采用 RC 组合建模，其中 R = ESR = tan$\delta/\omega C$。最大的无用输出分量出现在开关频率 100kHz 处。在此频率下，$\omega = 2\pi \times 10^5$rad/s，ESR = $(3.2 \times 10^{-7}/C)\,\Omega$，二极管电流 $i_d = q_2 I_L$。根据能量守恒，如果 ESR 上的功率较小，输入功率为 500W，电感电流为 50A，则电容电流为

$$i_C = i_d - i_{load} = q_2 I_L - i_{load} \tag{7.5}$$

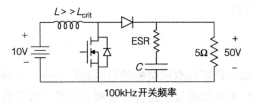

图 7.15 例 7.3.1 的 boost 变换器电路

二极管导通时，电容电流为 40A；关断时，电容电流为 -10A。负载电压的总变化是 v_C 的变化和 v_{ESR} 的变化之和，即

$$\Delta v_{load} = \Delta v_C + \Delta v_{ESR} = \Delta v_C + ESR\Delta i_C \tag{7.6}$$

电流的变化量是两种结构的差值，与电感电流相同，为 50A。电容电压的变化类似。当二极管导通时，电容电流为 40A，因此

$$i_C = C\frac{\Delta v_C}{\Delta t}, \quad \Delta v_C = (40A)\frac{D_2 T}{C} \tag{7.7}$$

当电压比为 5∶1 时，占空比 $D_2 = 0.2$。电压的变化总和为

$$\Delta v_{load} = \left(40\frac{0.2 \times 10^{-5}}{C} + 50\frac{3.2 \times 10^{-7}}{C}\right)V = \frac{9.6 \times 10^{-5}}{C}V \tag{7.8}$$

因为总电压的变化必须小于 1V，所以

$$\frac{9.6 \times 10^{-5}}{C}V \leqslant 1V, \quad C \geqslant 96\mu F \tag{7.9}$$

ESR 上电压跃变为（50A）×（$3.2 \times 10^{-7}/C$）Ω = 0.17V。$C = 96\mu F$ 时的输出电压如图 7.16 所示。那么能量守恒呢？当输入电流为 50A 时忽略了 ESR 消耗的功率。事实上，ESR 在每个周期的 20% 和 80% 的电流分别为 40A 和 -10A。平均功率是每个周期损失的总能量除以循环周期，平均功率可表征为

$$P_{ESR} = \left(\frac{1}{T}\int_0^{D_1 T} 10^2 ESRdt + \frac{1}{T}\int_{D_1 T}^{T} 40^2 ESRdt\right)W = 400(ESR)W \tag{7.10}$$

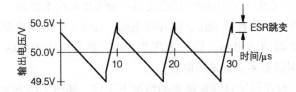

图 7.16 使用 96μF 电容的 boost 变换器的输出电压（给出了 ESR 上的电压跃变）

当 $C = 96\mu F$ 时，ESR 为 3.3mΩ，$P_{ESR} = 1.33W$。这仅仅是 500W 的一小部分，所以输入电流将非常接近 50A。

在大型电容中，导线、连接和电解质电阻在 ESR 值上会设置一个下限。例如，$\tan\delta = 0.1$ 的 $1000\mu F$ 元件，当工作频率为 40kHz 时，$ESR = 0.4m\Omega$。然而，即使是少量的导线也会导致 ESR 增加几毫欧，电解质的引入则会增加更多。如下例所示，这会造成很大的影响。

例 7.3.2 根据例 7.3.1，我们建议使用 $100\mu F$ 电容作为 $10\sim50V$、功率为 500W 的升压变换器的输出元件。当开关频率为 100kHz 时，元件 $\tan\delta = 0.12$。ESL 为 5nH，导线电阻为 $5m\Omega$，电介质电阻为 $10m\Omega$。此时纹波的期望值是多少？

该电容的谐振频率为 225kHz，串联 $100\mu F$ 电容的 ESR 模型是合适的。如果导线电阻较小，则 $ESR = \tan\delta / (\omega C) = 1.9m\Omega$。这种情况下，其他电阻不能忽略，因为它们大于 $\tan\delta/(\omega C)$。由式 (7.1) 可得，总 ESR 值为 $11.9m\Omega$。在该变换器中，二极管导通时的电容电流为 10A。随着开关动作，电容电流的变化为 50A，负载电压的变化为

$$\Delta v_{\text{load}} = \Delta v_C + \Delta v_{\text{ESR}} = \left(40\frac{D_2 T}{C}\right)V + (50A)\times(11.9m\Omega) \quad (7.11)$$

因此电压总的变化量为 1.40V。

在低电压情况下，ESR 可能成为限制性问题。下面以一种典型的电脑电源应用为例来研究这个问题。

例 7.3.3 如图 7.17 所示，反激变换器的占空比为 50%，在 5V 电压下为计算机提供高达 100W 的功率。开关频率为 100kHz 时，输出电容的串联电阻为 $10m\Omega$，$\tan\delta = 0.10$。为了使输出电压保持在 $(5\pm1\%)V$ 的范围内，电容值应该是多少？

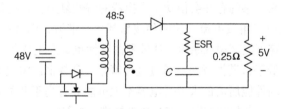

图 7.17 例 7.3.3 的反激变换器电路

输出电压允许的总变化量为峰 - 峰值的 2%，即 0.1V。当晶体管导通时，输出电容必须提供 20A 的满载电流。如果负载电流为 20A，二极管占空比为 50%，则二极管导通时将承载等效 buck-boost 变换器所需的 40A 电流，ESR 将承受 40A 电流的变化量。串联电阻的作用是引入 $(40A)\times(10m\Omega) = 0.4V$ 的电压跃变。负载电压总变化量为

$$\Delta v_{\text{load}} = \Delta v_C + \Delta v_{\text{ESR}} = \left(20\frac{D_2 T}{C} + 40\times0.010 + 40\frac{0.1}{\omega C}\right)V \quad (7.12)$$

即使是无限大的电容，也会由于 ESR 引起的电压跃变而达不到设计要求，所以必须找到一个电阻较低的电容，或几个电容并联，使得该变换器达到指标。

此例说明了 ESR 的关键特性。这也表明，电容和电阻的连接是极其重要的，特别是对于低压应用。在几乎所有的接口应用中，在开关频率处，电容都具有低阻抗。如果要成功地进行滤波，与负载相比，电容的阻抗应较低。对于 5V、100W 的变换器，额定负载电阻仅为 0.25Ω，滤波电容的 ESR 和 X_C 值均应远低于该额定电阻。对于 1V、100W 的变换器，它的额定负载电阻只有 0.01Ω，所以需要多个元件并联才能获得有效的滤波电容。

ESR 跃变是实际电路的估测值，在实际运行中，实际值是与频率相关且包含电感的。实际上，基于开关频率的 ESR 值提供了很好的预测结果。boost 变换器的实验输出电压如图 7.18 所示，可以明显看出 ESR 的跃变。在开关切换时刻发生的振铃现象可以归因于 ESL 值。

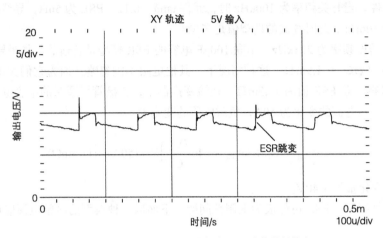

图 7.18　显示 ESR 上电压跃变时 boost 变换器的输出

7.4　等效串联电感的影响

串联谐振电路中串联电感的存在会使功率变换器的特性复杂化。在基本的 dc-dc 变换器中，接口电容通常承受方波或三角波电流。这两种波形都含有谐波，谐波频率为开关频率的倍数。在足够高的谐波下，电容可能谐振或感应，滤波器的特性也会发生变化。一种避免 ESL 复杂化的方法是使开关频率远低于自谐振频率。通过这种策略，高频谐波将足够小，ESL 的电路效应也将很小。不幸的是，高性能所需的大容量电容不太可能具有高于开关频率十倍及以上的自谐振频率。随着变换器设计向高频的发展，ESL 越来越难以被忽略。

从电路的角度看，把 ESL 进行建模并对其进行分析。一个典型的 boost 变换器如图 7.19 所示，该设计应用的开关频率为 40kHz，并用于实现 8V 到 24V 的转换。如图 7.20 所示，输出 ESR 跃变约为 24mV，超过 56mV 峰 - 峰值输出纹波的一半。然而，1000μF 电容具有较大的 ESL，即使是几个 100μF 电容的并联，也很难使 ESL 值小于 10nH。并联增加的第二个电容可以提高高频时的阻抗，并且在开关频率处没有影响。自谐振频率为 50kHz，ESL 会有什么影响？结果如图 7.21 所示：在每个开关瞬间都会触发一个振铃输出瞬态，其峰 - 峰值超过输出的 5%。显然，这会降低性能。

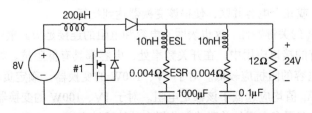

图 7.19　用带输出滤波器的 boost 变换器来研究 ESL 的影响

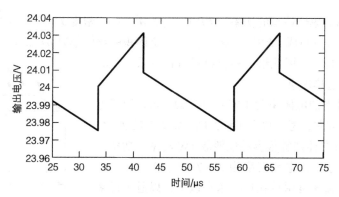

图 7.20　ESL = 0 时 boost 变换器的仿真输出

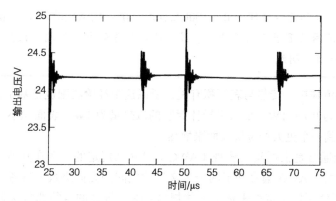

图 7.21　ESL = 10nH 时 boost 变换器的仿真输出，在时间上转移到一个周期的开始状态

　　上述建模示例表明，ESL 在变换器中会导致振铃效应和大的瞬变，几厘米的连接也会带来同样的影响。布局、电路几何和机械连接细节都有可能造成高频振铃效应。减少影响最有效的方法是仔细选择在频率范围内的阻抗，设计紧凑的电路，并在需要电压特性时使用电容。电力电子电路的封装紧密，当使用尽可能短的导线相连接时，其功能最好。一些选择可能是反常识的：考虑到 ESL 的附加影响，一个较小的电容（较低的 ESL）可能减少峰 - 峰值的输出纹波。另一种策略是使用非理想开关——故意减缓元件的速度，以减少开关动作的高频谐波含量，但是增加了元件的损耗，因此需要在操作中进行权衡。

　　解决 ESL 效应的一个更具有挑战性的方法是尝试在转换电路中应用它。由于串联谐振是实际电容的一个特性，且导线引入了串联电感，因此当能量进入谐振组合时，开关可用于激发谐振并基于半周期波形产生正弦分段输出。谐振功率变换器的一般概念将在单独的一章中讨论。

7.5　导线电阻

7.5.1　导线尺寸

　　在功率变换器中，大量的功率是在一个小体积中进行变换的，为此对导线电阻会有重要的限制。在本节中，研究了导线载流量的经验法则，并探讨了温度效应。电阻率为 ρ 的金属线产生的电阻 $R = \rho l/A$，其中，l 为长度，A 为横截面积。给定电流 I，该电阻的损耗是 $I^2 R = \rho l I^2 / A$。

材料的体积 $V_{ol} = lA$。单位体积的功率为 $I^2R/V_{ol} = \rho I^2/A^2$。电流密度 J 是单位面积上的电流，所以单位体积上的损耗可以写成 $I^2R/V_{ol} = \rho J^2$。任何给定体积的导体都以 ρJ^2 的速率耗散能量。由于电阻率是一种材料特性，因此给定的材料只有在有限的电流密度时才不会产生过热现象。

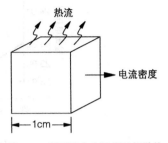

图 7.22　利用导电金属块进行散热

铜导体在室温下的电阻率为 $1.724 \times 10^{-8}\Omega \cdot m$。为了更好地理解功率损耗问题，考虑以下工程判断：如图 7.22 所示，一个 $1cm^3$ 的立方体导体能够很容易地耗散 1W 功率。功率密度为 $10^6 W/m^3$。对于铜，电流密度为 $J = 7.62 \times 10^6 A/m^2$。许多设计师试图将电流密度保持在这一水平以下，以避免过多的功率损耗和发热。电流密度通常用 A/cm^2 表示。

经验法则：铜导体可以处理 $100 \sim 1000A/cm^2$（$10^6 \sim 10^7 A/cm^2$ 和 $1 \sim 10A/mm^2$）范围内的电流密度。该范围的下限适用于紧密、最小冷却包围的电感线圈。该范围的上限适用于具有良好的局部气流的明线。

在空气或其他流体中，传热与表面积有关，所以这个经验法则也是基于每平方厘米的散热面积，其散热量约为 $0.1 \sim 1W$。如果半导体封装的散热量为 1W，表面积小于 $1cm^2$，那么它就会发热，除非连接到一个更大的金属表面来散热。

在北美，铜线通常是根据美国线规（AWG）尺寸来规定的，而在其他地方，则使用基于导线面积的公制尺寸。AWG 编号基于两个定义尺寸之间的几何级数（参考尺寸为 AWG#36 和 AWG#0000），可以使用两个特性来帮助记住规格：18 号导线的直径非常接近 1mm（实际上是 1.02mm），导线标号每下降 3 阶，相当于导线面积约增大 1 倍。因此，15 号线的面积是 18 号线的两倍，12 号线的面积是 18 号线的四倍，24 号线的面积是 18 号线的四分之一，依此类推。直径为 1mm 的导线面积为 $0.785mm^2$，所以，18 号导线的电流应该在 $0.8 \sim 8.0A$ 之间。这与北美商业的布线惯例是一致的：15A 电路通常用 14 号导线，20A 电路用 12 号导线。露天线路有时会把 18 号导线的电流增加到 10A 左右，但在大多数应用中，电流接近 5A。表 7.1 总结了导线的尺寸和性能。这个表格列出了从 4 号导线到 40 号导线之间的所有偶数尺寸。奇数和分数尺寸标号是存在的，但不常见，一般只在磁元件和电机制造中使用。1 号以下的量规分别使用数字 0、00、000 和 0000。对于大于 0000 号的导线，采用单独的尺寸标准。公制尺寸是直接的。例如，$10mm^2$ 的导线可以处理 $10 \sim 100A$ 的电流，$4mm^2$ 的导线可以处理 $4 \sim 40A$ 的电流。

考虑一个电解电容，其两条 5cm 引线由 22 号铜线制成（相当典型的几何结构）。导线约有 $5.4m\Omega$ 的串联电阻。该电阻使总 ESR 有一个下限值。下面的例子能够凸显这个问题。

例 7.5.1　200W 的直流电源为计算机主板提供 1.8V 电压。这个电源通过一组 25cm 的线与负载相连。应该使用什么规格的导线能够让电流安全地流通，并避免电压降超过 1%？选择这种规格的导线损失了多少功率？

电源提供给负载高达 200W/1.8V = 111A 电流。如果沿导线的电压降小于 0.05V，则 111A 电流产生的压降不应超过 50mV，电阻不应超过 $0.45m\Omega$。因为这条线的总长度为 0.5m，所以连接导线的阻抗不超过 $0.90m\Omega/m$。由表 7.1 可知，可选用 4 号导线，直径为 5.19mm。当 111A 电流流动时，导线损耗的功率为 $I^2R = 5.5W$。5.5W 的损耗在长度为 50cm 的导线上消散是很容易的，并且不会产生过热现象。然而，为了补偿这些大型导线的损耗，这种设计使该变换器的输出减少了 2.8%。

表 7.1　标准导线尺寸及其载流量

AWG 号码	直径 /mm	横截面积 /mm²	25℃ 时的电阻 /（mΩ/m）	载流量 /（500A/cm²）	载流量 /（100A/cm²）
4	5.189	21.15	0.8314	105.8	21.15
6	4.115	13.30	1.322	66.51	13.30
8	3.264	8.366	2.102	41.83	8.366
10	2.588	5.261	3.343	26.31	5.261
12	2.053	3.309	5.315	16.54	3.309
14	1.628	2.081	8.451	10.40	2.081
16	1.291	1.309	13.44	6.543	1.309
18	1.024	0.8230	21.36	4.115	0.8203
20	0.8118	0.5176	33.96	2.588	0.5176
22	0.6438	0.3255	54.00	1.628	0.3255
24	0.5106	0.2047	85.89	1.024	0.2047
26	0.4049	0.1288	136.5	0.6438	0.1288
28	0.3211	0.08098	217.1	0.4049	0.08098
30	0.2546	0.05093	345.2	0.2546	0.05093
32	0.2019	0.03203	549.3	0.1601	0.03203
34	0.1601	0.02014	873.3	0.1007	0.02014
36	0.127000	0.0136677	1289.0	0.06334	0.0136677
38	0.1007	0.007967	2208.0	0.03983	0.007967
40	0.07987	0.005010	3510.0	0.02505	0.005010

例 7.5.2　某电脑公司的电力电子工程师最近发现一个 2V、200W 电路板存在一些问题：纹波增加了，且电脑里的逻辑电路也不是有正常工作。电路图和所有元件的规格都没有改变，但在与线路技术人员交谈时发现，输出电容在逐步增加。图 7.23 显示了单个元件的结构（多个元件并联）。在技术员桌上，一块旧版本的"好板子"上的电容安装方式如图 7.23a 所示。一块刚从线路上取出的电路板上的电容安装方式如图 7.23b 所示，这种方式使得装配更容易。通过打电话，工程师可以得到一些更便宜的零件，其电容安装方式如图 7.23c 所示。上述问题最终被解决，且成本较低。请说明该工程师做了哪些工作，以及电路板为什么会有所改进。

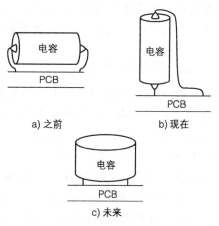

a) 之前　　b) 现在　　c) 未来

图 7.23　例 7.5.2 电容的电路放置方式

根据前面 ESR 章节中的例子，在使用 2V、100A 的变换器时，输出纹波由电容 ESR 跃变控制似乎是合理的。此外，导线电阻可能是 ESR 的重要组成部分。在图 7.23 中，若 #24 电容引线全长约 3cm，电阻约 2.6mΩ；若引线长度接近 5cm，则电阻为 4.3mΩ。如果电容电流的变化为 40A，则附加的 1.7mΩ 电阻会转化为附加的 68mV 输出纹波。

图 7.23c 所示电容有更多直接径向引线，总引线长度减少到约 1cm，且电阻阻值只有几毫欧，这使电容内部 ESR 成为最主要的影响。引线电阻的降低允许电容值降低 20%，同时还降低了输出纹波。较低的电容值使得元件价格降低。由于几何结构的原因，ESL 可能也会降低。

除电容和电路本身外，导线电阻在限制电感的额定值方面起着重要的作用。例如，电容的 #22 引线在实际中不能处理 100A 的纹波电流，如此高的电流相当于导线电流密度超过 75kA/cm^2，且损耗为 8.6W。同样，如果一个电感的额定负载为 20A，则需要 #12 或更粗的导线。

例 7.5.3　为 Wunderlux Stage L 多核处理器设计一个 5V 到 0.8V 的变换器。为节省电力，此产品使用的电压低于 1V。在 0.8V 时，变换器的功率为 10W（如果可以在 5V 以下运行，则预期功耗将超过 200W），请问需要什么规格导线？

此产品最有可能使用的是 dc-dc buck 变换器。输出电感电流与负载电流相匹配，为 12.5A。导线的型号应为 #16，尽管输出电平不高，但同样存在电压降的问题。这些连接线的总长度为 10cm。对于 #16 导线，将产生约 1.3mΩ 阻抗。当电流为 12.5A 时，电压降为 16mV。该电压降会影响负载调节，因此使用更大尺寸的导线是合理的。对于 #14 导线，阻抗减小至 0.85mΩ，除了 ESR 跃变外，还会产生 11 mV 的输出变化。

例 7.5.4　一辆房车的车主想找一根较长的导线用来充电。在电压为 230V 和频率为 50Hz 的情况下，该房车的功率可达 5kV·A，因此希望导线的长度为 30m（在许多情况下，导线的尺寸需要满足一些特定的要求，此处只考虑导线的物理约束）。

当电源处的导线承载高达 22A 的电流时，才能在电压为 230V 的情况下为房车提供 5kV·A 的功率。因为导线不会紧密地缠绕，所以电流密度达到 10A/mm^2 是可行的，这需要导线的横截面积为 2.2mm^2，最接近的标准公制尺寸是 2.5mm^2。在提出这个建议之前，需要考虑负载调节。由表 7.1 可知，这种尺寸的导线的电阻约为 7.0mΩ/m。当导线长度为 30m 时，通过两根导线的总路径长度为 60m，总串联电阻约为 0.42Ω。当电流为 22A 时，导线电压降至少为 9.2V，大约占 230V 标称值的 4%。4% 的调节值与公用电压的容限相同，因此这种电压降是可接受的。由长度为 30m、横截面积为 2.5mm^2 的导线制成的延长线能满足这一需要。此外可以选择更大型号的导线，但导线会更重。

7.5.2　线路和母线

在电路板和电源母线上，铜导体的横截面积为厚度乘以宽度。对于印制电路板，铜的厚度通常是以单位面积的质量来规定的。所谓的"一盎司"镀铜（相当于 305g/m^2）的厚度约 0.034mm，"三盎司"电镀厚度约 0.10mm，依此类推。印制电路板的电流密度通常超过 10A/mm^2，所以温度易于升高。这种材料的表面积相对比较大。母线的电流密度通常在 1～10A/mm^2 的经验法则范围内。在封装式变换器中，需要进行热分析以细化受到的限制。

在具有"重"三盎司电镀的印制电路板上，每毫米的迹线宽度对应于导体横截面积的 0.1mm^2。在经验规则的上限，这与每毫米宽度的电流容量为 1A 相关。相同的电流密度需要电流容量为 10A 的导线的线宽为 10mm。印制电路板指南 [5] 建议，迹线宽度为 10mm 的电路板在 100A/mm^2 时可以承载的电流为 100A，铜的散热量约 13W/cm^3。对于每厘米的迹线宽度，10mm 宽的迹线将消耗 0.13W。由于迹线的表面积为 2cm^2（顶部和底部），单位面积的热传递为 0.065W/cm^2，这在大多数情况下是合理的值。

　　母线比印制电路板上的迹线要厚得多，通常用于大电流应用中。例如，用于承载 1000A 的功率逆变器中的母线，其厚度可能至少为 2mm。若以 5A/mm² 的电流密度输送 1000A 电流，导体面积需要 200mm²。若使用 2mm 厚的铜排，则需要 100mm 的宽度——一个非常大的物体，很难在电路中连接。实际上母线可以是 5mm 或者更厚。例如，对于 1000A 和 10A/mm² 的情况，需要 5mm 厚、20mm 宽的母线。图 7.24 显示了电机驱动逆变器母线配置的部分。

图 7.24　典型电机驱动逆变器中的母线

　　对于电路板迹线和母线，基本面积的计算对于初始设计是足够的，在需求不高的情况下也是足够的。如果印制电路板的迹线保持在 10A/mm² 以下，母线保持在 2A/mm² 以下，除非电路封装严密，防止向外界热传递，否则不太可能发生过热现象。实际元件，特别是大型母线，需要更多的热分析。例如，会有冷却风扇吗？可能会有多少空气（或液体）流量？外壳是密封的还是通风的？母线的结构是否使得空气的浮力能够产生良好的气流？这些需要考虑的因素都必须限制在 1 ~ 2A/mm² 的设计和可以承受 10A/mm² 的电流密度范围内。较高的数值与更多的热损耗有关，因此，若想在任何配置中达到高效率，都需要有更宽的迹线和更大的母线。

7.5.3　温度和频率的影响

　　电阻与温度和频率有关。金属对温度的依赖关系是线性相关。以铜为例，温度每升高 1℃，其电阻就上升 0.39%。表 7.2 列出了用于导线或电气负载的几种金属的电阻率和温度系数。下面以钨为例进行分析。该金属是良导体，温度系数小于 0.5%/℃。如果将其加热到 3000℃，与 25℃ 的环境相比，电阻将增加（3000 − 25）× 0.0045 = 13 倍。当装有钨丝的白炽灯第一次打开时，它所吸收的电流是加热时的十倍以上。

表 7.2　几种金属的电阻率和温度系数

金属	20℃ 时的电阻率 / μΩ·m	随温度线性变化的电阻温度系数
铜（导线等级）	0.1724	0.0039
银	0.0159	0.0041
铝（导线等级）	0.0280	0.0043
镍铬合金	1.080	0.0001
锡	0.120	0.0046
钽	0.1245	0.0038
钨	0.0565	0.0045

　　频率特性是通过**趋肤效应**引入的。趋肤效应是导线中的电流与其自身磁场之间的相互作用，本质上是导线的内部自感效应。普遍认为**趋肤深度** δ 提供了一种测量材料中主动载流的方法，它的计算公式为

$$\delta = \sqrt{\frac{2p}{\omega\mu}} \qquad (7.13)$$

式中，ω 是角频率；μ 为磁导率。随着频率的增加，电流在材料表面的流动越来越大。对于铜导线，**趋肤深度**为

$$\delta_{Cu} = 0.166\sqrt{\frac{1}{\omega}} \qquad (7.14)$$

当频率低于 15kHz 时，直径 1mm 的金属丝不会产生太大的趋肤效应。然而，当频率达到 100kHz 时，电流主要在铜线的 0.2mm 外层流动。这增加了电阻，因为传导电流的载流面积减小了。使用薄导体可使趋肤效应达到最小。例如，电路板上的铜镀层在这些频率下不会出现强烈的趋肤效应，绞合线和母排也减少了这种影响。

7.6 电阻

电阻元件的设计目的是消耗而不是储存能量，其功能与电力电子系统中的其他元件有着根本的不同。欧姆定律主要适用于金属和某些半导体。对于绝缘体和大多数微导电材料来说，电流和电压之间的关系是非线性的。电阻的区别在于其结构。它们可能是：①**复合**型，即将需要的电阻率材料制成体电阻；②**薄膜**型，其中碳、金属或金属氧化物薄膜沉积在陶瓷基板上；③由电阻性合金制成的**绕线**型。由于复合型电阻的不精确性，以及易于受湿度和其他环境应力的影响，所以复合型电阻已渐渐不再使用。大多数额定功率在 1W 或以下的电阻使用碳膜或金属氧化物膜。线绕电阻通常由镍铬合金线制成，在较高的功率级别上很常见。

电阻的基本结构会引入串联电感，甚至引入电容。图 7.25 显示了薄膜电阻和线绕电阻的电路模型。由于电容通常低于 1pF，因此在实际电阻中的谐振效应不明显，模型中的电容部分通常可以忽略。当电阻处在高 di/dt 水平时，等效串联电感是很重要的。对于线绕电阻，其结构类似于电感，电阻的电感特性约为 10μH 或更多。薄膜类型通常遵循 5 ~ 10nH/cm 的经验法则，该法则早已应用于导线自感中。

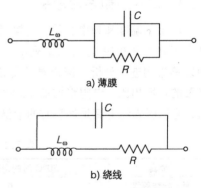

a) 薄膜

b) 绕线

图 7.25 两种类型电阻的电路模型

所有电阻都表现出温度依赖性。例如，铜的电阻变化是线性的，斜率为 0.0039/℃，这相当于 3900 个 10^{-12}/℃。实际的电阻对温度的敏感性要低得多。温度系数的典型值约为 $\pm 300 \times 10^{-6}$/℃，而在市场上可以买到的精密电阻的变化小于 10^{-5}/℃。线绕电阻通常使用对温度不敏感的合金，以保持较低的热系数。常用的电阻丝材料包括：

- **镍铬合金**，一种由 80% 镍和 20% 铬组成的合金，温度系数为 10^{-4}/℃。
- **康铜**，一种由 55% 铜和 45% 镍组成的合金，其温度系数低于 2×10^{-5}/℃。
- **铬镍合金**，一种由 76% 镍、16% 铬和 8% 铁组成的合金，其温度系数约为 10^{-6}/℃。

镍铬铁合金是其中最常见的一种。由于其热性能和良好的耐腐蚀性，常用于烤箱、烤面包机和吹风机等加热器件。康铜常用于制作温度传感中的热电偶。

线绕电阻的高电感是电力电子中不可避免的问题。虽然在应用中要尽量避免使用电阻，但在感应输出电压和电流、作为镇流器负载、限流应用、功率半导体控制和功率变换器控制相关的其他功能时，均需要使用电阻。可以通过各种方法来制作"无感"线绕电阻，如提供两个方

向相反的独立绕组，这样会抵消一部分附加导线电感。即使是最有效的"无感"设计也不能完全消除电感，而是将电感减小到与同等长度的隔离导线（约 10nH/cm）的自感相等。

　　例 7.6.1　线绕电阻是由 1m 长的镍铬合金导线制成的，其尺寸为 #30AWG。20℃时的电阻为多少？在 100℃时的电阻为多少？

　　由表 7.2 中，镍铬合金线的电阻率为 1.08μΩ·m。从表 7.1 可以看出，#30AWG 的直径为 0.0254cm。导线电阻为 $\rho l/A$，其中，$l = 1m$，面积 A 为 $5.07 \times 10^{-4} \mathrm{cm^2}$ 或 $5.07 \times 10^{-8} \mathrm{m^2}$，因此电阻为 21.3Ω。实际元件可能标记为一个标准的 22Ω 电阻（加上其他部分的总电阻）。镍铬合金的温度系数为 $10^{-4}/℃$，因此从 20℃到 100℃的变化阻值增加 8×10^{-3}，即 0.8%。100℃时，电阻为 21.5Ω。

　　例 7.6.2　将一个标准的 100Ω 线绕电阻用在 12Vdc-dc 变换器的镇流器负载中。电阻具有 $10\mu H$ 的串联电感。变换器负载电流是瞬态的，其变化速度可达 5A/μs。电阻的 ESL 会有什么影响？

　　由于电阻有很大的电感，因此电流的变化会引起电阻上电压的变化。暂时忽略任何输出电容。由于电阻起镇流器的作用，负载电流的任何瞬时变化都会影响电阻。如果在镇流器处出现 5A/μs 电流斜率，则感应电压 $v = L\,(di/dt)$ 将为 50V——超过额定变换器输出电压的 400%。若考虑输出电容，则可能会出现其他有趣的效果。例如，如果 $C = 100\mu F$，电阻器的 ESL 将在 5kHz 时产生共振，这可能会在负载瞬态变化时产生明显的振铃效应。

7.7　设计举例

7.7.1　单相逆变器的能量

　　任何单相逆变器都必须应对双倍频的挑战。下面的例子对两种基于小型替代能源的双倍频纹波功率能量管理策略进行比较，集中体现了电容及其价值。

　　例 7.7.1　燃料电池的满功率直流额定值为 40V 和 1000W。该装置包括一种用于最小化开关纹波的 LC 滤波器。为了提高效率和提供良好的性能，它不应该在 100Hz 或 120Hz 时出现超过 1% 的峰 - 峰值纹波。燃料电池向 240V、60Hz 的电网输送能量。考虑两种不同的逆变器配置，如图 7.26 所示。根据满负荷运行，找出每台所需的接口电容值。针对设备类型和预期性能问题进行讨论。

　　在 60Hz 时，有效值为 240V 的电源峰值约为 340V。在没有无功功率的情况下，满载时，交流侧功率必须为

$$P_{\mathrm{ac}} = \left[1000 + 1000\cos(240\pi t)\right]\mathrm{W} \tag{7.15}$$

直流侧功率是 1000W。在这个问题中，可以不必考虑电路的操作细节而应用能量分析。如果试图分析直流能量与交流能量，就可以确定对接口滤波器的影响。

　　图 7.26a 所示的电路是一种高频链的"展开桥式"逆变器。为了控制它，可以使用 PWM 或其他开关控制方法，然后每隔一个周期反转一次，以驱动一个高频变压器[6]。二极管桥式整流电路对此进行整流，以产生峰值为 340V 的全波整流型的 PWM。输出电桥在基准零点交叉处开关，依次反转该波形，产生一个三电平的 PWM 波并以工频进入电网。输出元件以 60Hz 开关频率产生一个正弦输出。该展开桥式电路提供正弦电压和电流，没有内部能量储

存。因此，能量守恒要求在输入端施加式（7.15）中的交流侧功率。这种情况下的燃料电池电流为 1000W/40V = 25A。由于追求低纹波，所以能量守恒要求电容右侧测量的电流必须为 [25 + 25cos（240πt）]A。这意味着电容必须将峰值为 25A 的双倍频正弦电流从燃料电池中转移出去。它是在峰 - 峰电压纹波小于 1% 的情况下实现的。因此

$$
\begin{cases}
i_C = C\dfrac{dv_C}{dt} = 25\cos(240\pi t)\text{A} \\[2mm]
v_C(t) = \dfrac{1}{C}\int 25\cos(240\pi t)dt = \dfrac{5}{48\pi C}\sin(240\pi t)\text{V}
\end{cases}
\tag{7.16}
$$

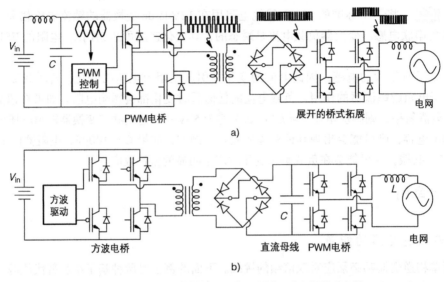

图 7.26　用于 1000W 燃料电池的展开桥式电路和级联逆变器

　　峰 - 峰值的电压变化由 10/（48πC）确定，且小于 0.4V，这要求 C ≥ 0.166F。这个非常大的电容值可以确定是一个电解电容。由于电容中电流的有效值为 17.7A，所以电容需要一个较低的 ESR 以保持的较小 ESR 跃变，避免器件内部有过多的损失。

　　图 7.26b 所示电路在本质上是一个产生直流母线的全桥正激变换器，其后再跟随一个 PWM 逆变器。PWM 逆变器桥左边的母线电容具有保持电压恒定的功能，在这种情况下，电压约为 340V。如果保持低纹波，只有直流电会流向左侧，燃料电池接口不会处于频率为 120Hz 的纹波中。即使母线电容处于复杂的电流波形下，母线的直流输入功率亦为 1000W，电压为 340V，平均电流为 2.94A。因为母线电容必须控制双倍频纹波功率，进入 PWM 桥的低频电流必须为 [2.94 + 2.94cos（240πt）]A。母线电容必须将 1000/340A = 2.94A 的峰值电流从逆变器母线中转移，见式（7.16），这与 10/（408πC）的峰间电压变化有关，其应小于 3.4V，因此需要 C ≥ 2295μF。电容值仍然不小，但几乎降低到原来的 1/14。容值约 2300μF 的电容仍可能是一个电解电容，但电流更低且 ESR 的要求更加温和。

7.7.2　低压 dc-dc 变换器中的并联电容

　　低压 dc-dc 变换器，特别是对于大电流的 dc-dc 变换器，是电容选择中最困难的挑战之一。

在某些应用中，电解电容可能会有太多的损耗，为了满足 ESR 要求，通常会并联许多陶瓷和薄膜电容。因此，对负载的要求可能比功率变换器更严格。

例 7.7.2　一个负载点 dc-dc 变换器需要在 0.5V 的电压下为一个集成电路的处理器提供高达 100W 的功率。处理器功率可以在 10ns 内从 0 变为 100%，并以相同的速度下降。该变换器采用多相设计，可视为有效开关频率为 1MHz 的 buck 变换器。为了支持快速响应，并将功率损耗控制在可接受的范围内，选择 20% 峰 - 峰电流纹波的电感。首先，给定 5V 输入电压，评估 buck 变换器的接口设计，然后考虑互连电感的影响。为什么需要电容？评估如何用一组并联电容提供小于 50mV 的电压纹波电容。尽管已有许多解决方案，但还是建议选择一个替代方案。

图 7.27 显示了这个系统的等效视图，一个 buck 变换器代表了更复杂的多相电路。考虑基于高效率的 buck 电路设计。当占空比为 0.1 时，可从 5V 输入中产生 0.5V 的输出电压。满负载时，电感的平均电流为 200A，峰间纹波为 40A。参考以前的 dc-dc 电力滤波器设计，这将在时间间隔 $DT = 0.1\mu s$ 内产生 40A 的电流变化，期间的电感电压是（5 - 0.5）V = 4.5V。因此

$$4.5V = L\frac{di}{dt} = L\frac{40A}{0.1\mu s}, \quad L = 11.25nH \tag{7.17}$$

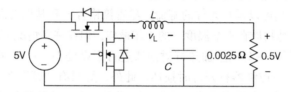

图 7.27　应用于低压大功率的 buck 变换器电路

该电容将承受三角形的纹波电流，其值可根据下式选择以保持电压纹波在 50mV 以下。

$$\Delta v_C = \frac{\Delta i_L T}{8C} \tag{7.18}$$

在这种情况下，$C \geqslant 100\mu F$ 时的纹波足够低。

100μF 真的足够吗？处理器电流可以在 10ns 内从 0A 变为 200A，即 20A/ns，即使是 1nH 的电感也会由于这种快速的电流变化而感应到 20V 的电压。电容为其提供电压源特性，必须尽可能接近负载，并使阻抗足够低，因此这种快速的电流变化对电压的影响有限。buck 变换器的电感比较大，但在只有几伏的电压情况下，它的变化速度跟不上负载，这意味着负载是动态的，电容必须携带负载电流，直到变换器能够跟上。例如，如果在一个糟糕的时间点发生该变化，在任何行动产生之前电路可能已经运行了一个开关周期，因此，电容必须在电压变化不太大的情况下，在 1μs 内提供 200A 的电流。对于小于 50mV 的电压变化，需要 $C \geqslant 4000\mu F$ 来满足控制要求。注意其他挑战：

■　由于允许的电压变化仅为 50mV，因此 20A/ns 的电流变化要求处理器和滤波电容之间的电感不超过 2.5pH。对于 5nH/cm 的电感，这意味着只有几微米的导线——或者大量的并联连接，这是典型的处理器。

■　尺寸约为 1cm 的 100μF 电容与 5nH 的 ESL 相关联，其自谐振频率为 225kHz，所以该部分在特定频率下不会表现为电容容性。

这些挑战表明，100μF 电容甚至 40 个该元件的并联均不能满足要求。即使是 ESL 为 2nH

的 10μF 电容，在 1.12MHz 时也会产生自谐振，在 1MHz 以上的频率均不能保证其性能。

　　如何才能满足这些要求呢？首先，处理器可能有 100 个或更多的引脚来为集成电路供电。对于这 100 个引脚，每个引脚最多可以承载 2A 电流，每个引脚提供的电流变化最快可达 0.2A/ns，要求较之前的差别很大。现在，每个引脚承受的电感值高达 0.25nH，虽然在这里的距离限制是几分之一毫米，但也足以让电容在一个有序的阵列进行连接。哪些并联布置是可行的？每个引脚上的快速瞬态可以在 10ns 内产生 2A 的变化。为了在小于 50mV 的变化下，10ns 内的电流输出为 2A，电容的最小值为 0.4μF。这表明一个小型 1μF 电容应尽可能靠近每个引脚连接，这或许将是一个良好的开端。因为提供了 100μF 电容，所以也满足滤波要求。当 1μF 电容与 0.25nH ESL 组合时，自谐振频率为 10MHz，会运转得很好。另一组 10μF 电容可以连接到电路板的每个引脚，那里有更多的空间。这些部分需要以一种方式连接，使每个部分的总 ESL 低于 1nH，以产生足够高的自谐振频率。最终的结果需要几百个电容，考虑到导线电感的原理，这是一个难以避免的现实。

7.7.3　应用加热灯的电阻管理

　　由于大多数纯金属的电阻会随温度的变化而变化，这为能量流的主动管理提供了优势。如果能避免极端的应力，则可以延长元件的寿命。尽管镍铬合金和其他对温度不敏感的合金在加热应用中很常见，钨等纯物质在极端温度下的工作最佳，但在许多情况下仍然是标准做法。

　　例 7.7.3　制造厂用一套钨丝加热灯对油漆进行干燥处理。厂商注意到加热灯经常损坏（每两周左右），且总是在控制器打开灯时损坏。此外，灯只有"开"和"关"两种工作模式，且温度控制不太精确，不适合烘干油漆。厂商想知道是否有办法延长加热灯的寿命和提供更精确的温度控制。每盏加热灯的工作电压为 380V，频率为 50Hz，耗电功率为 500W。

　　作为一名电力电子工程师，应判断出加热灯在打开时的故障是因为灯丝上有高的冲击电流和相应的热应力和机械应力。热响应不是瞬时的，所以相位控制方法是可行的。让我们研究一下，看看是否有方法来设计应用。

　　后面的章节将考虑交流相位控制，但在本例中，将从晶闸管整流桥的角度来考虑加热灯。传统的加热灯使用单相电源，但是工厂提供的是三相电源，所以可以提供更稳定的电流。由于钨的电阻变化率为 0.45%/K，因此 20℃ 到 3020℃ 的温度变化将使电阻产生 13.5 倍的变化。在这个例子中，热电阻的功耗为 500W，所以它的值为（$380^2/500$）Ω = 289Ω。冷电阻为 21.4Ω。每盏灯在发热时会吸收 1.32A，但是在冷起动时会有 17.8A 的涌流。

　　为了延长灯的使用寿命，可以在 0.5s 后将电流调到 1.32A，然后保持稳定；或者电流保持在一个较低的值，以提供温度控制。在这种情况下，使用三相整流器，其线电压为 380V。由前面的章节可知，整流器有一个相位控制角 α，当使用大电感和电压为 380V 时，输出电压为 $513\cos\alpha$。因为不允许一个电阻负荷电压成为负数，即平均输出为 257（$1 + \cos\alpha$）V。为了在冷起动时将电流限制在 1.32A（电阻为 21.4Ω），电压应限制在 28.2V，对应的相位角 $\alpha = 153°$。380V 下的全输出将对应 $513\cos\alpha$ 的电压和 42° 的相位角。在实际操作中，该整流器应该从 $\alpha = 180°$ 时缓慢下降（超过几百毫秒）直到达到所需的操作条件。42°～180° 之间的角度可以完全调节温度。当灯熄灭时，相位角复位至 180°，准备重新起动。这一方法将大大提高灯的寿命，因为不会出现冲击电流，所以动态热应力将大大减少。即使工厂的电压发生变化，它也可以根据需要调节温度，可控整流器是操作加热装置的方便方法。

7.8　应用讨论

无源器件是功率变换器接口挑战的关键之一。即使是最理想的电容，其性能也受到电阻和电感的限制，这对几乎所有的应用都有根本的影响。例如，将一个大容量电容连接到直流母线上，并期望它具有理想的电压源特性是不够的。电动汽车的逆变器中有几个不同类型的电容，它们分布在母线上，并尽可能近地连接到开关装置上。更低的电容值可确保自谐振频率远高于开关频率。薄膜和陶瓷电容有助于补偿大型电解电容的 ESL 值。

一般来说，逆变器，尤其是那些针对单相应用的逆变器，通常是通过电容来解决大量的能量存储需求。电解电容由于其附加的损耗和电解材料，常常成为电力变换器寿命的限制因素。例如，即使铝电解电容本质上是可靠的，并能抵抗故障，但是随着时间的推移，水基电解液也会变干，或产生改变性能的杂质。实际上，这些元件在使用或存储多年后会"磨损"。薄膜电容不受这些影响，但塑料与环境交换水分，并在高温下降解。所以高可靠性、长寿命的逆变器一般都避免使用电解元件[7]。

高频开关的 dc-dc 变换器很难作为接口。几兆赫兹的开关频率往往要求低于自谐振频率以保持低电容值。在大多数功率变换器中，必须并联许多电容以满足基本要求。低压、大电流变换器需要并联上百个电容来满足滤波需求。这不是一个技术问题，因为即使是最理想的电容也有 ESL，仅仅是因为其尺寸和连接的需要。紧密集成的三维封装将电容和其他部件置于集成电路之上，甚至置于集成电路内部，有助于缓解 ESL 的限制，其使用与传统薄膜、陶瓷和电解电容相同的材料和底层技术。

当交流应用需要大量的能量存储和滤波时，一个应用挑战就出现了。电解元件是有极性的。有一些版本使用多个设备来处理交流波形中的正、负振荡，但这些设备的 ESR 和 ESL 相对较高，在功率变换器中的优势有限。在大型交流应用中，通常仅限使用大型单介质电容，如高压直流系统中的陷波滤波器或 ac-ac 变换器中的电源接口，或使用额定值为几微法和额定电压为 10kV 以上的电容。这些低值意味着即使电容值有限，滤波器的设计必须有效，多元件必须为并联连接。在 60Hz 电网中，5μF 元件的阻抗为 531Ω。一个有效值为 10kV 的电压将吸收约 20A 电流。在 5kHz 或更高频率的风电逆变器中，阻抗要低得多，电容中的电流可以达到数百安培。连接器和内部金属镀层必须能在不过热的情况下处理上述电流。这种类型的电容使用了比导线粗得多的接口端子。

在大多数功率变换器中，效率是最重要的。铜在导电时也会损耗能量，因此在功率变换器中，电流密度必须控制在一定范围内，以保持低损耗。经验法则适用于大型导线和母线，但不完全适用于电路板电路和元件内部。这是一个热点问题，当间距很小时需要热传递模型。一般来说，更多的铜意味着更少的损失。对于任何功率变换器而言，如果能做得大一点，都可以变得更高效，因为有空间容纳更多的铜和并联设备，同时，紧凑的封装和短连接也很重要。

双层电容一般不作为滤波元件。大容量的 3500F 双层电容，其 ESL 为 100nH，自谐振频率低于 10Hz，不适合滤波双倍频功率纹波。这些元件更适用于短期的大容量能量存储，如果一个能量源失电几秒钟，其能够保障变换器的正常工作。当云层飘过时，双层电容为管理太阳能系统提供了有趣的可能性。在电力传输的停止和加速瞬变过程中，双层电容提供了比电池更快的动作，并可在脉冲通信应用中提供几秒钟的高功率。在功率变换器中，双层电容往往被用作小型电池，而不是大电容的替代品。

7.9 简要回顾

大多数电容是由绝缘体隔开的两层导电层构成的。这种结构引入了导线电感和电阻，也意味着绝缘层上有漏电阻。许多制造商使用**标准电容模型**中 ESR 与 ESL 和电容串联来描述和规定元件。当电阻可忽略时，ESR 值是由绝缘体的**损耗因子** $\tan\delta$ 决定的，即

$$\text{ESR} = \frac{\tan\delta}{\omega C} \tag{7.19}$$

ESL 是指实际电容具有自谐振，且在高于其谐振频率时表现为感性。

最常用的电容是带有金属膜或平板涂层是一种特定的绝缘层的单介质类型，或者是氧化物绝缘体在多孔金属基底上阳极氧化的电解类型。电解电容使用单极电压，以使绝缘层不会退化，其具有比单介质电容更高的 $\tan\delta$ 值，其中一部分原因是必须使用液体或固体电解质与氧化物层的外侧进行电接触。双层结构则利用了表面形成的活性电荷层，它们的额定电压很低，但电容值确能达到几法拉。

对于单介质电容，通常采用陶瓷或聚合物材料作为绝缘层。高 ε 的陶瓷用于提供单位体积的高电容。单介质电容的损耗因子大约在 1% ~ 5% 之间。聚合物通常为 $\varepsilon \approx 3\varepsilon_0$，其优异的绝缘性可使 $\tan\delta$ 低至 0.01%。这种聚合物型通常被制造商称为**薄膜电容**。

ESR 值在功率变换器设计中占有重要的地位。当电容流过方波电流时，这种电阻会引起电压的 ESR **跃变**。在低电压应用中，ESR 跃变可能高于理想内部电容上的电压变化，电容的选择是为了提供低 ESR 值而不是高 C 值。当电压纹波很窄且电流很高时，即使是导线连接的电阻也不能忽略，因此在 5V 及以下电压下，这是一个严峻的问题。由于 ESR 值的原因，即使是无限大的电容也不能满足要求。

导线电阻是材料、温度和频率的函数。制定了如下规则：

> **经验法则**：导线通过的电流应加以限制，以避免过热。通常，一根铜线可以毫不困难地承载 100 ~ 1000A/cm² (10^6 ~ 10^7A/m² 或 1 ~ 10A/mm²) 的电流。较低的电流值适用于几乎没有冷却的紧绕线圈，较高的电流值适用于架空导线。

除了银以外的材料在室温下的电流密度均比铜小，因为这些材料的电阻率和单位体积的损耗更高。电阻、灯丝和其他发热的导线通常具有更高的电流密度。

电阻具有串联电感，这对线绕设计具有重要的意义。电阻中的电容效应通常可以忽略不计。线绕电阻可以提供第二反向绕组，以使其电感最小，但这相对于简单的单绕组结构增加了成本。电阻的热特性可以近似认为电阻随温度呈线性变化。

习题

1. 已知电容在 150kHz 时的阻抗为 $0.100 \angle -74°\Omega$。它的谐振频率为 1.4MHz。确定 150kHz 时的 ESL、ESR 和 C 值。

2. 单介质电容的谐振频率为 5.7MHz。在该频率下，测得的阻抗为 $4 \angle 0°$mΩ。标称值为 0.33μF。假设 $\tan\delta$ 为常数。

1）在 $\text{ESR} \approx -\tan\delta/(\omega C)$ 中，$\tan\delta$ 为多少？

2）在 200kHz 时，确定与该电容器模型相关的 ESR、ESL 和 C 值。

3. 一位音频公司的工程师被问到有关大型介电电容的问题。给定的电介质的介电常数为 $2.3\varepsilon_0$，可以支持高达 50V/μm 厚度的电压。薄膜厚度以 5μm 为增量。建议将板和膜的面积与厚度结合起来，以产生额定电压至少为 200V 的 100μF 电容。

4. 10μF 电容在某种引线结构下的谐振频率约为 300kHz。如果改变安装使总引线长度减少 1cm，则谐振频率为多少？

5. 在大多数情况下，很难将电容的 ESL 降至最小值以下。对电感进行封装，且引线长度不能忽略。如果 ESL 最小为 5nH，则在 0.1～1000μF 范围内绘制电容与最高自谐振频率的关系图。建议采用对数尺度。

6. 当频率为 100kHz 时，2.2μF 电容的 ESR 为 35mΩ。假设 tanδ 是常数，则该元件的 tanδ 值是什么？在 50kHz 和 200kHz 的频率下测量的 ESR 是多少？

7. 若期望生产一个"高纹波"电容，其能在电源应用中承载有效值为 $30A_{rms}$ 电流，则建议导线的长度是多少？如果 tanδ 值是 0.2，在 50kHz 时，500μF 电容的预计功率损耗是多少？

8. 降压 - 升压变换器具有 +12V 输入和 -400V 输出，且 $L \gg L_{crit}$，f_{switch} = 50kHz，P_{out} = 1kW。

1）如果电容 $f_{switch} \gg$ 50kHz，且 tanδ = 0.30。确定可以将 V_{out} 维持在 -$(1 \pm \sqrt{2}\%) \times 400V$ 的 C 值。

2）如果 $f_{resonance}$ = 100kHz，电容的 ESL 是多少？元件中损失了多少功率？

9. 给定的一组电容，tanδ = 0.20，标称值为 1000μF，谐振频率为 100kHz。第二组电容的 tanδ = 0.20，谐振频率为 250kHz 时，标称值为 100μF。

1）找出这两种类型在 100kHz 下的 ESL 和 ESR。

2）十个 100μF 电容并联等效为一个 1000μF 电容。谐振频率为 100kHz 时，该组合的 ESL 和 ESR 是多少？

3）十个 1000μF 电容串联等效为一个 100μF 电容。谐振频率为 100kHz 时，该组合的 ESL 和 ESR 是多少？

10. buck-boost 变换器使用一个大电感，并从 12V 输入中提供 -12V 输出。满负荷时，输出电流为 20A，开关频率为 100kHz。如果可用元件在该频率下的 tanδ = 0.10，则需要输出的电容值为多少？

11. 一台割草机从一个标准的 120V、60Hz 的电源插座中获得 12A 电流。割草机需要使用 100m 长的绳索。试推荐导线的尺寸。

12. 用于电源输入级的反激变换器具有 400V 的输入和 20V 的输出。选择匝数比使占空比接近 50%。最大负载为 100W，开关频率为 100kHz。对于反激电感的两个绕组，建议采用什么尺寸的导线？

13. boost 变换器有 12V 的输入和 100V 的输出用于显示应用。额定负载为 100W。输出电容是一个 100μF 的电解电容。切换频率为 40kHz 时的 tanδ = 0.12，引线为 #24AWG，总长为 5cm。变换器电感很大。将导线电阻与 $tanδ/(\omega C)$ 值进行比较。在 ESR 中可以忽略导线电阻吗？额定负载下的输出纹波是多少？ESR 跃变对此有多大影响？

14. 一个新的 64 位微处理器的 buck 变换器在输入为 5V、功率为 10W 时提供 2.2V 输出。开关频率为 250kHz。要求在 2.2V 电源上的纹波不超过 50mV。这项工作需要一个输出电容。如果选择电感 $L = L_{crit}$，则评估电容的要求。如果 tanδ = 0.03，则推荐什么 C 值？如果 tanδ = 0.30

呢？设计时应考虑导线电阻吗？

15. 反激变换器的输入电压为 170V（来自整流器），输出电压为 5V，最大输出功率为 75W，开关频率为 100kHz，匝数比设置为允许 50% 的占空比。对于这个应用，可以使用损耗角为 0.3 的电容。电容的值为多少时可以保持峰 - 峰值输出纹波低于 1%？满载状态下的 ESR 跃变有多大？

16. 在图 7.28 所示的分频电路中测试一个高质量的电容。输入是一个幅值为 10V 的余弦。实测数据如表 7.3 所示。从表中数据找到 tanδ、ESL 值和电容的值（**提示**：在分析阻抗分压器时，假设该部分为低于谐振的 RC 串联组合和高于谐振的 RL 串联组合）。

表 7.3　习题 16 中 RC 分压器的数据

频率 /kHz	输出电压幅值 /mV	输出电压相位
10	39.6	−89.9°
20	19.4	−88.5°
50	6.84	−86.6°
100	1.77	−78.0°
133	0.37	13.9°
200	2.53	82.0°
500	10.5	88.0°
1000	22.1	89.0°

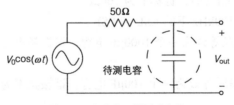

图 7.28　电容分压器测试电路

17. 某电容的功率损耗有待于测试。电容的标称值为 20μF，损耗因子为 10%，谐振频率超过 1MHz。该电容在 10mV$_{p-p}$ 的低压正弦波下进行测试。当频率从 1Hz 到 1MHz 时，计算 ESR 中的损耗作为频率的函数。

18. 电容的 ESL = 10nH，tanδ = 0.20，C = 200μF。试回答：

1）自谐振频率。

2）谐振频率附近的质量因数（基于完整的 RLC 电路）。

3）频率为 20kHz、50kHz、100kHz、200kHz 和 500kHz 时元件阻抗的大小。

4）如果元件使用 #20AWG 导线作为引线，那么长为 3cm 的导线电阻是多少？在 1）~ 3）中，这种附加阻抗将如何影响结果？

19. 电容通常不是为功率而设计的，对于大多数电容来说，1W/cm³ 的功率会过高，更合理的值是 0.1W/cm³。有以下几种电解电容可供选择，因此了解它们在全桥整流器应用中的纹波电流能力很有意义。即需要确定允许的最高电流有效值，同时将功率损耗保持在 0.1W/cm³ 以下，给定纹波频率为 120Hz。估计下列元件的纹波电流极限（在臂内）。假设每个元件将配备 2cm 的 #20 AWG 导线，导线损耗应包括在总限额内。

1）47μF，圆柱形，直径：10mm，长度：12.5mm，tanδ：0.175。

2）1500μF，圆柱形，直径：12.5mm，长度：20mm，tanδ：0.25。

3）330μF，圆柱形，直径：16mm，长度：25mm，tanδ：0.175。

4）10μF，矩形，宽，高：4.5mm，长度：6mm，tanδ：0.40。

5）22μF，圆柱形，直径：19mm，长度：28mm，tanδ：0.11。

6）18mF，圆柱形，直径：75mm，长度：120mm，tanδ：0.16。

20. 一种新型薄膜电容，其值为 10μF，额定最大纹波电流为 $100A_{rms}$。这些连接是用 5mm 宽的连接件做成的。连接件有多厚才能支持当前的等级。

21. 在加热炉应用中，因为需要极高的功率损耗，导线电流密度通常很高。在该应用中使用镍铬铁合金材料，其尺寸相当于 #24AWG。

1）这条导线每米的电阻是多少？

2）从 12V 电源中消耗 200W 需要多长时间？

3）如果导线加热到 1000℃，温度由冷到热时，电阻的变化是多少？

4）电流密度是多少？

22. 5V、1200W 功率变换器需要测试负载。试建议镍铬合金线的尺寸和长度以满足这一需要。可以考虑并联使用几根导线，因为将有大型母线连接到 5V 电源。

23. 有些人认为选择扬声器导线很麻烦。可将一个扬声器近似模拟为 8Ω 串联 350μH。传统灯线的每根导线的电感约为 4nH/cm。当音频在 20Hz 到 20kHz 之间，扬声器电压的减小不大于 0.1dB 的情况下，#18AWG 导线的长度应为多少？ #16AWG 导线如何？

24. 学生实验室经常使用 #22AWG 导线进行实验。现在为一个项目建造一个 buck 变换器。输入电压为 24V，输出电压为 5V，功率为 40W。没有输入滤波电容。在基本不降低效率的情况下，#22AWG 在电路中的总长度为多少？

25. dc-dc boost 变换器从汽车电池接收 12V 电压，在最高为 200W 的情况下产生 150V 电压，用于计算机备份。最初，连接用 #20AWG 导线，总长度为 20cm。导线的总功率损耗是多少？建议使用更合适的导线尺寸，新导线的损耗是多少？

参考文献

[1] M. Gebbia, "Low ESR capacitors : fact or fiction," ECN, vol. 45, no. 2, pp. 95, Feb. 2001. Also, see *Aluminum Electrolytc Capacitor Application Guide*. Liberty, SC : CDM Cornell Dubilier, 2014. Available : http://www.cde.com/catalogs/AEappGUIDE.pdf. In addition, see Murata Manufacturing Company, "Capacitor Room," Available : http://www.murata.com/products/emicon_fun/capacitor/ index.html.

[2] S. Westerlund and L. Ekstam, "Capacitor theory," *IEEE Trans. Dielectr. Electr. Insul.*, vol. 1, no. 5, pp. 826–839, Oct. 1994.

[3] A. A. New and A. C. Lynch, "The failure of metallized-paper capacitors used with large series resistances," *Proc. IEE–Part B : Electron. Commun. Eng.*, vol. 109, no. 22, pp. 496–499, 1962.

[4] M. L. Gasperi, "Life prediction modeling of bus capacitors in AC variable-frequency drives," *IEEE Trans. Industry Applications*, vol. 41, no. 6, pp. 1430–1435, Nov./Dec. 2005.

[5] Association Connecting Electronics Industries (IPC), *Generic Standard on Printed Board Design*, IPC Standard 2221B. Bannockburn, IL : IPC. Nov. 2012.

[6] A. K. S. Bhat and S. B. Dewan, "Analysis and design of a high-frequency link DC to utility interface using

square-wave output resonant inverter," *IEEE Trans. Power Electron.*, vol. 3, no. 3, pp. 355–363, July 1988.

[7]   I. Takahashi and Y. Itoh, "Electrolytic capacitor-less PWM inverter," in *Proc. IPEC-Tokyo*, 1990, pp. 131–138.

附加书目

H. F. Littlejohn, Jr., *Handbook of Power Resistors*. Mount Vernon, NY : Ward Leonard Electric, 1959.

T. Longland, T. W. Hunt, and W. A. Brecknell, *Power Capacitor Handbook*. London : Butterworth, 1984.

A. G. K. Lutsch, J. D. van Wyk, and J. J. Schoeman, "On the evaluation of ferroelectric nonlinear capacitors for application in power circuits," *IEEE Trans. Compon. Hybrids*, *Manuf. Technol.*, vol. 12, no. 3, pp. 352–357, 1989.

W. J. Sarjeant, J. Zirnheld, and F. W. MacDougall, "Capacitors," *IEEE Trans. Plasma Sci.*, vol. 26, no. 5, pp. 1368–1392, 1998.

D. M. Trotter, "Capacitors," *Sci. Am.*, vol. 259, no. 1, pp. 86–90B, July 1988.

L. Zubieta and R. Bonert, "Characterization of double-layer capacitors for power electronics applications," *IEEE Trans. Ind. Appl.*, vol. 36, no. 1, pp. 199–205, Jan./Feb. 2000.

第8章 面向电力电子的磁理论

8.1 引言

电感和变压器是大多数电力电子系统的基本元件。这些元件通常由磁性材料制成，因此设计和使用这些元件需要了解磁性元件的基本特性。同时，在设计中考虑磁性元件的限制条件是非常重要的。比如磁性元件的最大直流额定值由非线性饱和效应决定，但也可能受频率和电压等级等条件的限制。本章将尝试以设计新案例为目的，论述磁性元件的基本特性。不同于电力电子中其他元件的设计，磁性元件工程师通常会从磁芯选型开始设计磁元件（见图8.1），而不是直接从磁元件中选型。本章将为读者呈现一些常用的磁性材料，并重点论述磁路设计方法。关于永磁体和一些特殊类型的磁性材料以及更为详细的应用，读者可以参考本章结尾部分列出的相关参考文献进行研究。

图 8.1　电感和变压器常用磁芯

本章简要回顾了相关版本的麦克斯韦方程和磁路原理，还回顾了铁磁材料的磁滞和基本物理特性。基于材料特性，几乎所有的能量都储存在典型电感气隙中。饱和能量要求被用来建立电感的设计规则。讨论了与高频开关变换器有关的变压器设计。

8.2 磁近似下的麦克斯韦方程组

麦克斯韦方程组可以被写成多种不同的形式。为了理解磁场的准静态近似概念，我们使用 H、B、E、J 和 ρ_v 分别定义磁场强度、磁通密度、电场强度、电流密度和单位体积电荷密度，则积分形式的麦克斯韦方程组可以表达为

$$
\begin{aligned}
&\oint_s \varepsilon \boldsymbol{E} \cdot \mathrm{d}s = \int_v \rho_v \mathrm{d}v && \text{高斯定律}\\[4pt]
&\oint_s \boldsymbol{B} \cdot \mathrm{d}s = 0 && \text{高斯定律(磁场)}\\[4pt]
&\oint_l \boldsymbol{E} \cdot \mathrm{d}l = \frac{-\mathrm{d}}{\mathrm{d}t}\int_s \boldsymbol{B} \cdot \mathrm{d}s && \text{法拉第定律}\\[4pt]
&\oint_l \boldsymbol{H} \cdot \mathrm{d}l = \int_s \boldsymbol{J} \cdot \mathrm{d}s + \frac{\partial}{\partial t}\int_s \varepsilon \boldsymbol{E} \cdot \mathrm{d}s && \text{安培定律}\\[4pt]
&\oint_s \boldsymbol{J} \cdot \mathrm{d}s = \frac{-\mathrm{d}}{\mathrm{d}t}\int_v \rho_v \mathrm{d}v && \text{电荷守恒}
\end{aligned}
\tag{8.1}
$$

在一个磁场系统中，需要对计算进行简化处理。本章参考文献 [1] 中的方法对计算进行了简化处理。首先对安培定律做简化处理。在一个功率变换器中，电流密度约为 $10^6 A/m^2$，电场强度较低，频率通常不会超过几兆赫兹。因此，安培定律等式右边的最后一项很小：时间变化率与角频率 ω 相关，介电常数 ε_0 的值小于 10pF/m，通常只有在功率半导体器件内部或电容极板上的电场强度才会超过 $10^3 V/m$。在磁性元件中，安培定律的最后一项低于 $10^7 rad/s \times 10^{-11} F/m \times 10^3 V/m = 0.1 A/m^2$ 数量级，远低于电流密度 J 的幅值。因此，在忽略安培定律最后一项时，可以将其简化为

$$\oint_l \boldsymbol{H} \cdot \mathrm{d}l = \int_s \boldsymbol{J} \cdot \mathrm{d}s \qquad (8.2)$$

在磁场系统中，法拉第定律是基尔霍夫电压定律（KVL）这一重要电路关系的基础。KVL写成 $\sum v_{loop} = 0$ 时就代表着回路周围的电场关系。在回路的任何一点上，局部电压为负的局部电场（$-E$）乘以微分长度。因此只有电场存在的 KVL 可以表达为

$$\oint_l \boldsymbol{E} \cdot \mathrm{d}l = 0 \qquad (8.3)$$

定义磁通量为 $\phi = \int \boldsymbol{B} \cdot \mathrm{d}s$，其中 $\boldsymbol{B}$ 为单位面积的磁通量或**磁通密度**。根据 ϕ 可以将法拉第定律表达为

$$\oint_l \boldsymbol{E} \cdot \mathrm{d}l = \frac{-\mathrm{d}\phi}{\mathrm{d}t} \qquad (8.4)$$

上式左端为与电场有关的电压总和，如果将磁通量的时间变化率 $-\mathrm{d}\phi/\mathrm{d}t$ 看作电压源 $v = \mathrm{d}\phi/\mathrm{d}t$，那么式（8.4）右端也为电压量，且总电压为 $\sum v_{loop} = 0$。因此，如果将磁通的时间变化率等价为电压，KVL 定律可以解释为法拉第定律。这种解释与用数学语言描述的完全一致。

在磁场系统中，麦克斯韦方程的相关表达式为

$$\begin{cases} \oint_s \boldsymbol{B} \cdot \mathrm{d}s = 0 & \text{高斯定律(磁场)} \\[2mm] \oint_l \boldsymbol{E} \cdot \mathrm{d}l = \frac{-\mathrm{d}}{\mathrm{d}t} \int_s \boldsymbol{B} \cdot \mathrm{d}s & \text{法拉第定律} \\[2mm] \oint_l \boldsymbol{H} \cdot \mathrm{d}l = \int_s \boldsymbol{J} \cdot \mathrm{d}s & \text{安培定律} \end{cases} \qquad (8.5)$$

这些定律是磁路分析的基础。其单位是磁学中的一个问题，尽管目前已过渡到使用国际单位制 SI，但是许多厂商仍使用高斯制 cgs 来描述磁材料和部件。

8.3 材料和性能

磁性材料可分为四大类：**抗磁材料**——倾向于稍微排斥磁场；**顺磁材料**——被磁场轻微磁化；**铁磁材料**——含有被强磁化的小区域，称为磁畴；**超导材料**——排斥磁场。

每种类型的磁性材料都具有许多特殊的性能。尤其是铁磁材料，可分为许多种类，如永磁材料、铁磁性金属材料等。在本章中，我们主要关注铁磁性陶瓷和金属材料，这些材料在磁性元件设计中具有重要的意义。实际的超导体比铁磁材料更适合在高磁场下工作；由于超导体趋向于抵消所有的内部磁场，其表面电流可以根据需求流动以抵消磁场，因此其被更多地用于有源磁性材料。

　　给定材料中的磁场强度 H 取决于材料中电子之间的相互作用以及局部磁通密度 B。对于给定的磁性材料，可以定义构成关系为 $B=\mu H$，其中 μ 为磁导率。在真空和大多数非铁磁性材料中，μ 为常数，并且代表了 H 和 B 之间的线性关系。在真空中，$\mu = \mu_0 = 4\pi \times 10^{-7}$H/m。根据 $\mu = \mu_0\mu_r$ 定义的相对磁导率 μ_r 可以用来描述大多数材料。抗磁材料展现出来的相对磁导率 μ_r 稍微小于 1，顺磁材料的相对磁导率稍微大于 1，铁磁材料的相对磁导率可达 10^5 甚至更高，超导体由于场排斥（迈斯纳效应）现象，其相对磁导率趋近于零。

　　在实际情况中，抗磁和顺磁材料的相对磁导率 $\mu_r \approx 1$，在磁性方面与空气没有太大差别。超导体因其磁特性而尚未得到广泛的应用，因此磁学设计者主要研究的是铁磁材料。铁磁材料是由已经磁化的小区域组成，这些小区域叫作**磁畴**，在每个区域中，与原子相关的磁矩是一致的，这会产生很强的局部磁通密度。对于任何铁磁材料，都有一个特征温度，即**居里温度** T_c，当温度超过居里点时，材料的特性会被破坏，它会变成顺磁性而不是铁磁性。当温度降低时，磁畴将会重组，但重组是随机成对的，总的外磁通密度为零。将材料的温度加热至高于 T_c 是一种退磁的方法。温度是磁性元件中的一个重要问题，因为它们的居里温度通常低于发生明显物理损伤的温度。当外加磁场作用于铁磁材料时，磁畴往往会根据外加磁场重新排列。大簇原子群的重新排列产生了高的磁导率值。一旦所有的磁畴重新排列，材料会出现饱和现象，磁导率将下降到一个顺磁性值，且不比 μ_0 高多少。

　　许多金属元素和合金都是铁磁性材料。表 8.1 列出了铁磁性元素。许多含有这些元素的合金也具有铁磁性。常见的合金元素包括铝、锰、锌、铬和几种稀土金属，甚至还有一些铁磁性合金和化合物，如二氧化铬和几种不含铁磁性元素的锰化合物。这些材料的磁导率随物质饱和而变化的特性使其成为非线性材料。

表 8.1　铁磁元素及其居里温度

元素	居里温度 /℃
铁	770
钴	1130
镍	358
钆	16
镝	−168

8.4　磁路

8.4.1　磁路等效

　　将法拉第定律列写如下

$$\oint_l \boldsymbol{E} \cdot \mathrm{d}l = \frac{-\mathrm{d}\phi}{\mathrm{d}t} \tag{8.6}$$

当式（8.6）的右端与电压源相关联时，即为 KVL 定理。其中 $-\boldsymbol{E} \cdot \mathrm{d}l$ 和 $\mathrm{d}\phi/\mathrm{d}t$ 被称为**电动势**（EMF）。与此类似，安培定律规定

$$\oint_l \boldsymbol{H} \cdot \mathrm{d}l = \int_s \boldsymbol{J} \cdot \mathrm{d}s \tag{8.7}$$

若在导线上通过电流，并且每根导线上的电流为 i，则式（8.7）右端可以写为 Ni，其中，N 为通过积分回路的导线数量。Ni 可以当作一个源，等价为 $\boldsymbol{H} \cdot \mathrm{d}l$。$\boldsymbol{H} \cdot \mathrm{d}l$ 和 Ni 为**磁动势**（MMF），而安培定律可以解释为闭合回路中总的磁动势为零，即 $\sum \mathrm{MMF}_{\mathrm{loop}} = 0$。这类似于 KVL 定理，此处用磁动势而不是电动势来表示。

高斯定律为磁场提供了另外一种关系式。根据给定的表面 s 的磁通量 $\phi = \int_s \boldsymbol{B} \cdot \mathrm{d}s$，高斯定理可以表达为

$$\oint_s \boldsymbol{B} \cdot \mathrm{d}s = 0 \tag{8.8}$$

高斯定律规定穿过闭合空间区域的总磁通量 ϕ 为零。空间小区域可以看作一个**节点**，因此有 $\sum \phi_{\mathrm{node}} = 0$。如果将电流用磁通代替，那么磁通关系可以类比基尔霍夫电流定律（KCL）。

8.4.2 电感

上述类比可以进一步展开，首先将磁场系统看作**磁路**，然后磁路可以用一种熟悉的方式进行分析。我们通过一个常见的例子来探讨其他一些对比。如考虑一个由铁磁材料制成的、具有方形横截面的环体，在它周围缠绕一圈导线，切割出一层薄片形成气隙，如图 8.2 所示。当电流在线圈中流动时，沿导线的法拉第定律为

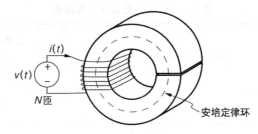

图 8.2 带气隙的环形磁芯

$$\oint_l \boldsymbol{E} \cdot \mathrm{d}l = \frac{-\mathrm{d}}{\mathrm{d}t} \int_s \boldsymbol{B} \cdot \mathrm{d}s \tag{8.9}$$

若忽略导线上的电压降，则式（8.9）左边为导线回路的电压 $-v_{\mathrm{in}}$。在式（8.9）右端，磁通 ϕ 和磁通密度 $\boldsymbol{B}$ 为未知量，只有一个与线圈交链 N 次的磁通值存在。$\lambda = N\phi$ 被称为磁链，式（8.9）可以简化为 $v_{\mathrm{in}} = N(\mathrm{d}\phi/\mathrm{d}t)$，或者表达为

$$v_{\mathrm{in}} = \frac{\mathrm{d}\lambda}{\mathrm{d}t} \qquad \text{（法拉第定律）} \tag{8.10}$$

在磁芯上应用安培定律，定义沿磁芯中心构成的圆形环路的周长为 l，则式（8.7）右端 Ni 为磁动势，式（8.7）左端为沿着磁芯材料的积分加上气隙的积分。假设材料中各部分的磁场强度 H 均匀分布，则积分 $\int_l \boldsymbol{H} \cdot \mathrm{d}l$ 可以表达为 $H_{\mathrm{core}} l_{\mathrm{core}} + H_{\mathrm{air}} l_{\mathrm{air}}$，因此完整的表达式为

$$H_{core}l_{core} + H_{air}l_{air} = Ni \tag{8.11}$$

由于 $\mu H = B$，因此有

$$\frac{B_{core}}{\mu_{core}}l_{core} + \frac{B_{air}}{\mu_{air}}l_{air} = Ni \tag{8.12}$$

如果磁通密度 B 在环形截面的变化不大，那么 $\phi = \int B \cdot ds = BA$，其中 A 为磁芯横截面面积，式（8.12）可表示为

$$\frac{\phi_{core}l_{core}}{\mu_{core}A_{core}} + \frac{\phi_{air}l_{air}}{\mu_{air}A_{air}} = Ni \tag{8.13}$$

经上述分析可知，将 Ni 类比于电压源，ϕ 类比于电流，从而可以由安培定律得出磁动势的 KVL 等效以及由高斯定律得到磁通的 KCL 等效。$l/(\mu A)$ 类比于电路中的电阻，在磁路中被称为**磁阻**，常用的符号为 $\mathscr{R}$，根据磁阻可以将式（8.13）重新表示为

$$\underset{\substack{\text{磁动势} \\ \text{下降}}}{\phi_{core}\mathscr{R}_{core}} + \underset{\substack{\text{磁动势} \\ \text{下降}}}{\phi_{air}\mathscr{R}_{air}} = \underset{\substack{\text{磁动势} \\ \text{来源}}}{\text{MMF}_{in}} \tag{8.14}$$

在磁性元件中，安培定律和磁动势方程可以用来描述磁环路。

式（8.14）包括固定的磁阻参数、独立的输入 Ni 以及两个未知的磁通量。高斯定律给出了第二个方程来描述这两个未知的量。气隙区域的扩展视图如图 8.3 所示。有一个被包裹在磁芯材料中的薄的暴露面，在这个面上，磁通量由磁芯材料流向空气。由高斯定律有

$$\int_s B_{core} \cdot ds + \int_s B_{air} \cdot ds = \phi_{core} - \phi_{air} = 0 \tag{8.15}$$

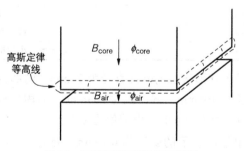

图 8.3　环形气隙区域的扩展视图

式（8.15）中的负号是由于磁芯磁通量流入积分表面，而空气磁通量则是流出。因此，$\phi_{core} = \phi_{air}$，这里只有一种磁通量，即 $\phi_{core} = \phi$。由于磁通量与电流类似，当它流过一个接口界面时，磁通量守恒就不足为奇了。式（8.14）简化为

$$\phi(\mathscr{R}_{core} + \mathscr{R}_{air}) = Ni \tag{8.16}$$

总的磁阻 $\mathscr{R}_{tot} = \mathscr{R}_{core} + \mathscr{R}_{air}$，可以定义为 $\phi \, \mathscr{R}_{tot} = Ni$，这个表达式的时间导数为

$$\mathscr{R}\frac{\mathrm{d}\phi}{\mathrm{d}t} = N\frac{\mathrm{d}i}{\mathrm{d}t}, \quad \frac{\mathscr{R}}{N}\frac{\mathrm{d}\lambda}{\mathrm{d}t} = N\frac{\mathrm{d}i}{\mathrm{d}t} \tag{8.17}$$

由于输入电压为 $\mathrm{d}\lambda/\mathrm{d}t$，替换后上式可简化为

$$v_{\mathrm{in}} = \frac{N^2}{\mathscr{R}_{\mathrm{tot}}}\frac{\mathrm{d}i}{\mathrm{d}t} \tag{8.18}$$

令系数 $N^2/\mathscr{R}_{\mathrm{tot}}$ 为电感 L，式（8.18）可转化为 $v_{\mathrm{in}} = L(\mathrm{d}i/\mathrm{d}t)$。对于给定的带绕组磁芯，磁场产生的电感与匝数的二次方成正比，与绕组 MMF 的总磁阻成反比。

上述推导遵循麦克斯韦方程组。可以使用 MMF 和磁通量的关系做进一步分析。总的来说，很多类比方法使磁性元件的分析与电路分析类似。磁芯和线圈的组合遵循图 8.4 所示的直流电路，净磁通量为输入 MMF 除以总的磁阻。表 8.2 总结了一些类比方法。注意的是，此处将磁导类比于电导。因为磁导是磁阻的倒数，很多制造商把它作为一个特定的电感系数值 A_{L} 提出来，常用单位是纳亨 / 圈，且 $L = N^2 A_{\mathrm{L}}$。

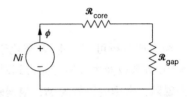

图 8.4 类比图 8.2 电路模型得到的磁路模型

表 8.2 电路的磁模拟

电路	磁路
电动势（EMF）$-\int E \cdot \mathrm{d}l$	磁动势（MMF）$\int H \cdot \mathrm{d}l$
电压源 $\mathrm{d}\lambda/\mathrm{d}t$	磁动势源 Ni
KVL，$\sum v_{\mathrm{loop}}=0$	MMF 定律，$\sum \mathrm{MMF}_{\mathrm{loop}}=0$
KCL，$\sum i_{\mathrm{node}}=0$	高斯定律，$\sum \phi_{\mathrm{node}}=0$
电流	磁通
电阻 $R=\rho l/A$	磁阻 $\mathscr{R}=l/\mu A$
电导 $G=1/R$	磁导 $\Lambda=1/\mathscr{R}$，电感系数 A_{L}
电导率 $\sigma=1/\rho$	磁导率 μ
导体 $\sigma \rightarrow \infty$	铁磁性材料 $\mu \rightarrow \infty$
绝缘体 $\sigma \rightarrow 0$	磁导率 μ 小的抗磁材料，超导屏蔽层

例 8.4.1 图 8.1 中最大环形磁芯的外部直径为 77mm，内部直径为 49mm，高为 13mm。制造商建议的安培环路周长为 198mm，截面积为 168mm²。所用材料的磁导率为 $75\mu_0$。这种磁芯的磁阻和磁导为多少？当匝数为 100 时，电感值为多少？

根据 $\mathscr{R}= l/\mu A$，以 SI 单位制表示的磁阻为 0.198m/（$75\mu_0 \times 168 \times 10^{-6}$m²）= 1.25×10^7H^{-1}。磁阻的单位是亨利的倒数。磁导是磁阻的倒数，为 80nH。在此种磁芯上绕制一匝时，A_{L} = 80nH。当绕制 100 匝时，电感值为 $100^2 A_{\mathrm{L}}$ = 800μH。

例 8.4.2 求解图 8.5 所示的结构中线圈终端的电感。

首先，将图 8.5 所示的结构重新画成图 8.6 所示磁路。图 8.5 中不同的支路代表沿安培定律回路的两个磁阻。线圈代表一个 MMF 源。图 8.6 中右侧环路总磁阻为 $\mathscr{R}_{\mathrm{right}}= \mathscr{R}_3 \| (\mathscr{R}_1 + 2\mathscr{R}_2)$。每个支路的磁阻为 $l/(\mu A)$。每个环的方形截面为 5.5cm²，每个磁阻的长度 l 均为 0.055m，仅横截面不同。沿回路的磁阻为

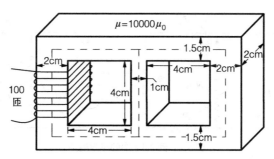

图 8.5　例 8.4.2 中带线圈的磁芯

$$\begin{cases} \mathscr{R}_1 = \dfrac{0.055\text{m}}{1000\mu_0(4\times10^{-4}\text{m}^2)}, & \mathscr{R}_2 = \dfrac{0.055\text{m}}{1000\mu_0(3\times10^{-4}\text{m}^2)}, \\[3mm] \mathscr{R}_3 = \dfrac{0.055\text{m}}{1000\mu_0(2\times10^{-4}\text{m}^2)} \end{cases} \tag{8.19}$$

计算值为 $\mathscr{R}_1 = 1.094\times10^5\text{H}^{-1}$，$\mathscr{R}_2 = 1.459\times10^5\text{H}^{-1}$，$\mathscr{R}_3 = 2.188\times10^5\text{H}^{-1}$ 且 $\mathscr{R}_{\text{right}} = 1.416\times10^5\text{H}^{-1}$。等效单磁动势回路如图 8.7 所示。总的磁阻为 $\mathscr{R}_{\text{tot}} = \mathscr{R}_1 + 2\mathscr{R}_2 + \mathscr{R}_{\text{right}} = 5.43\times10^5\text{H}^{-1}$。电感 $L = N^2/\mathscr{R}_{\text{tot}} = 10000/(5.43\times10^5\text{H}^{-1}) = 18.4\text{mH}$。

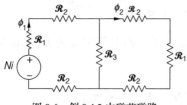

图 8.6　例 8.4.2 中磁芯磁路

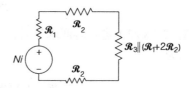

图 8.7　例 8.4.2 中等效单磁动势回路

例 8.4.3　图 8.8 所示为一个双绕组磁芯，若绕组之间为串联关系，那么总的磁动势为 $\text{MMF} = N_1 i_1 + N_2 i_2$，这个组合的电感是多少？

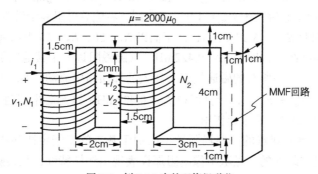

图 8.8　例 8.4.3 中的双绕组磁芯

该结构的等效磁路如图 8.9 所示，此处给出了各种磁阻值。由高斯定律可知，$\phi_1 + \phi_2 - \phi_3 = 0$。根据两个磁动势回路可得如下方程

$$\begin{cases} N_1 i - \phi_1\mathscr{R}_{\text{left}} - \phi_3\mathscr{R}_{\text{right}} = 0 \\ N_2 i - \phi_2\mathscr{R}_{\text{cent}} - \phi_3\mathscr{R}_{\text{right}} = 0 \end{cases} \tag{8.20}$$

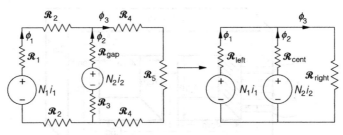

图 8.9　例 8.4.3 中的等效磁路

在求解电感时，需要在每个回路中建立电压和电流之间的关系。电压可以通过磁链来确定，$\lambda_1 = N_1\phi_1$，$\lambda_2 = N_2\phi_2$，则磁通 ϕ_1 和 ϕ_2 为

$$\phi_1 = i\frac{N_1\mathscr{R}_{\text{cent}} + N_1\mathscr{R}_{\text{right}} - N_2\mathscr{R}_{\text{right}}}{\mathscr{R}_{\text{cent}}\mathscr{R}_{\text{left}} + \mathscr{R}_{\text{cent}}\mathscr{R}_{\text{right}} + \mathscr{R}_{\text{left}}\mathscr{R}_{\text{right}}}$$

$$\phi_2 = i\frac{N_2\mathscr{R}_{\text{cent}} - N_1\mathscr{R}_{\text{right}} + N_2\mathscr{R}_{\text{right}}}{\mathscr{R}_{\text{cent}}\mathscr{R}_{\text{left}} + \mathscr{R}_{\text{cent}}\mathscr{R}_{\text{right}} + \mathscr{R}_{\text{left}}\mathscr{R}_{\text{right}}}$$

（8.21）

两个绕组串联得到的总磁链为

$$\lambda_1 + \lambda_2 = i\frac{N_1^2\mathscr{R}_{\text{cent}} + N_2^2\mathscr{R}_{\text{left}} + N_1^2\mathscr{R}_{\text{right}} - 2N_1N_2\mathscr{R}_{\text{right}} + N_2^2\mathscr{R}_{\text{right}}}{\mathscr{R}_{\text{cent}}\mathscr{R}_{\text{left}} + \mathscr{R}_{\text{cent}}\mathscr{R}_{\text{right}} + \mathscr{R}_{\text{left}}\mathscr{R}_{\text{right}}}$$

（8.22）

当对式（8.22）进行时间求导时，左侧变为总绕组电压，而右侧定义为 $L(\mathrm{d}i/\mathrm{d}t)$。因此，等效电感为

$$L = \frac{N_1^2\mathscr{R}_{\text{cent}} + N_2^2\mathscr{R}_{\text{left}} + N_1^2\mathscr{R}_{\text{right}} - 2N_1N_2\mathscr{R}_{\text{right}} + N_2^2\mathscr{R}_{\text{right}}}{\mathscr{R}_{\text{cent}}\mathscr{R}_{\text{left}} + \mathscr{R}_{\text{cent}}\mathscr{R}_{\text{right}} + \mathscr{R}_{\text{left}}\mathscr{R}_{\text{right}}}$$

（8.23）

磁阻 $\mathscr{R}_{\text{left}}$ 为图 8.9 中沿着 5cm 路径的磁阻 $\mathscr{R}_1$ 和沿着 7cm 路径的磁阻 $2\mathscr{R}_1$ 的总和。安培定律环路为图 8.8 中虚线所示。中心磁阻 $\mathscr{R}_{\text{cent}}$ 为气隙磁阻 $1.06 \times 10^7 \text{H}^{-1}$ 加上中心臂 4.8cm 路径的磁阻 $1.27 \times 10^5 \text{H}^{-1}$，因此中心磁阻为 $\mathscr{R}_{\text{cent}} = 1.07 \times 10^7 \text{H}^{-1}$。右侧总磁阻表示沿着 13.5cm 路径并通过 1cm^2 的面积区域，因此 $\mathscr{R}_{\text{right}} = 5.37 \times 10^5 \text{H}^{-1}$。下面以 $N_1 = 20$、$N_2 = 10$ 为例进行说明。式（8.23）给出了等效电感的最终结果，即 $L_{\text{equiv}} = 0.422\text{mH}$。气隙磁阻远大于其他磁阻。实际中，中心臂为磁通的高阻抗路径，几乎所有的磁通量都会在大的外回路中流动，N_1i_1 为磁动势源。外回路磁路的电感 $L_1 = N_1^2/(\mathscr{R}_{\text{left}} + \mathscr{R}_{\text{right}})$，计算可得 $L_1 = 0.422\text{mH}$，这与总电感值相同。从本质上说，在图 8.8 的结构中，中心臂几乎不起作用。

接下来重点指出磁路观点的一些局限性（区别于基本的安培定律和法拉第定律）。第一，铁磁材料的磁导率是非线性的。磁阻不像电阻那样表现出线性特性，且会随着磁动势（MMF）值的变化而变化。第二是相对于电路中的导线，实际使用的磁芯尺寸较大。假设电阻关系 $R = \rho l/A$ 中的 A 很小，但这不适用于磁阻，其基本假设是 $\boldsymbol{B}$ 和 $\boldsymbol{H}$ 在整个磁芯横截面上是一致的。如果安培环路的绘制方式不同，则可能得到不同的磁阻值。制造商通过规定**等效磁路长度** l_e 和**等效磁面积** A_e 以提供实际磁芯中磁阻的精确关系。第三个区别是相对磁阻。电路中载流导线的导电性远高于周围的绝缘材料和空气，甚至电阻的导电性都好于空气。铜的电导率与空气的电导率之比大于 10^{20}，这个极限值意味着电路周围的空气对电流不起作用。对于磁路，即使是最好的磁导铁磁材料，其磁导率也不超过空气的 10^5 倍。在磁路中，有些磁通量流入并穿过周围环境，且不局限于磁性材料。上述实例中忽略了这些额外磁动势的泄漏磁路。

8.4.3 理想变压器和实际变压器

即使存在局限之处，通过磁路计算也可以对磁性元件的特性做出较好预测。本节从磁路的角度出发，对理想变压器进行研究。给定一个具有两个绕组的环形磁芯，如图 8.10 所示，磁动势的表达式为 $N_1 i_1 - \phi \mathcal{R} = N_2 i_2$，如果 μ 足够大，那么 $\mathcal{R}$ 将会很小，$N_1 i_1 = N_2 i_2$。磁通 ϕ 由表达式 $v_1 = N_1 (\mathrm{d}\phi / \mathrm{d}t)$ 给出。对于第二个线圈，磁通是相同的，且 $v_2 = N_2 (\mathrm{d}\phi / \mathrm{d}t)$。将此两项相除可得

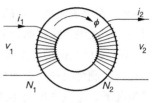

图 8.10 双绕组环形磁芯

$$\frac{v_1}{v_2} = \frac{N_1}{N_2}, \frac{\mathrm{d}\phi}{\mathrm{d}t} \neq 0 \tag{8.24}$$

这描述了一个**理想的变压器**，需要注意是，磁通必须具有非零的时间导数，输入和输出功率相等，且电流和电压随匝数比的变化而改变。

实际上，磁芯的磁阻是不可忽略的。即使 $i_2 = 0$，电流也会在绕组 #1 中流动。设 $i_2 = 0$ 时，可以将磁芯视为电感 $L = N_1^2 / \mathcal{R}$，这个值就是**励磁电感** L_{m}。由于磁芯磁导率有限，部分磁通将会泄露到周围空气中。例如，绕组 #1 产生磁通 $\phi_1 = \phi_{11} + \phi$，其中，$\phi_{11}$ 为泄露到空气中的磁通，而 ϕ 为流过磁芯与绕组 #2 产生耦合的磁通。这两个不同类型的磁通均与各自的等效电感有关，因为每部分都会产生磁链。**漏电感** L_{11} 由漏磁通产生，其值为 $N_1^2 / \mathcal{R}_{\mathrm{leak}}$。绕组 #2 上有类似的效应。每个绕组都有一个等效电阻，这取决于导线的尺寸和结构，也取决于温度和频率。图 8.11 所示为实际的变压器模型。

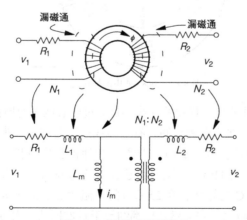

图 8.11 实际的变压器模型

例 8.4.4 有一个厚度为 2.5cm 的环形磁芯，其外部和内部直径分别为 15cm 和 10cm，由磁导率 $\mu = 5000\mu_0$ 的铁氧体材料制成。磁芯一次侧使用规格为 #12AWG 的导线绕制 100 匝，二次侧使用 500 匝导线绕制。如图 8.12 所示，磁芯绕组为"分离结构"，这意味着它们分别被绕制在磁芯的对侧而不是重叠绕制（线圈分离能使得输入和输出之间实现更高的隔离，而代价是

产生更高的漏磁）。考虑二次侧的导线尺寸，同时对两个绕组进行比较。基于相对磁导率 $\mu_r =$ 5000 以及 0.02% 磁通的泄漏建立完整变压器的电路模型。如果变压器的输入端使用一个有效值为 120V、频率为 2500Hz 的正弦波变换器，那么空载时的输入电流是多少？考虑负载率。

在低漏磁的情况下，二次侧电压应为一次侧电压的 500/100 = 5 倍。二次侧电流为一次侧的 1/5。在电流密度一定的情况下，二次侧导线截面积应为一次侧导线截面积的 1/5。由表 11.1 可知，一次侧导线截面积为 3.3mm²，二次侧导线截面积为 0.66mm²，相当于规格为 #19 的导线（面积为 0.653mm²）。如果二次侧使用更细的导线，它将有比一次侧绕组更高的电流密度，温度也比一次侧绕组高。若使用更粗的导线，则一次侧导线的运行温度将高于二次侧导线。在这两种情况下，电流密度的不匹配将使整个变压器的一部分材料比另一部分材料先达到热极限。一般来说，如果一次侧和二次侧的电流密度相匹配，则材料能够被更充分地利用。一次绕组总面积为 100 × 3.309mm² = 331mm²，二次绕组总面积为 500 × 0.653mm² = 326mm²。绕组的尺寸应匹配为 $J_1 = J_2$，但完美的匹配是不可能的，因为商用电线的尺寸不完全一致。

需要磁芯磁阻来确定 L_m，其长度约为图 8.12 中安培定律环路的周长，为 $l = 0.125\pi\text{cm}$。磁面积为横截面积，即 6.25cm²。磁芯磁阻为 $\mathcal{R} = l/(\mu A) = 10^5\text{H}^{-1}$。从一次绕组开始，励磁电感为 $N_1^2/\mathcal{R} = 100\text{mH}$。0.02% 的总漏磁表明每个绕组为 0.01%。由于磁通量由 $Ni/\mathcal{R}$ 给出，因此漏磁磁阻应比磁芯磁阻高约 10000 倍。一次侧漏电感约为 $N_1^2/\mathcal{R} = 10^4/(10^9\text{H}^{-1}) = 10\mu\text{H}$，二次侧漏电感为 $500^2/(10^9\text{H}^{-1}) = 250\mu\text{H}$。

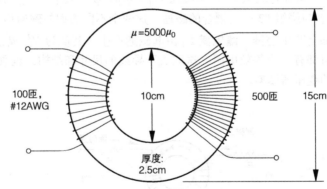

图 8.12　例 8.4.4 中的环形变压器

计算电阻需要知道导线长度。最短的导线环是穿过磁芯截面的周长，长度为 10cm。绕线过程并不完美，为了让所有导线都顺利绕制，有些导线可能会堆叠起来。假设一次绕组单匝的长度为 11cm，二次绕组单匝长度为 12cm（二次绕组单匝的长度较长，因为二次绕组可能有几层厚），则一次绕组总长度约为 11m，二次绕组总长度约为 60m。一次绕组电阻约为 60mΩ。二次绕组使用规格为 #19AWG 的导线，在 25℃ 时的电阻为 26.9mΩ/m，因此二次绕组电阻约为 1.6Ω。尤其注意的是，电阻之比和电感之比都约等于匝数比的二次方。理想情况下，如果漏磁通和电流密度适当匹配，设计良好的变压器将满足 $L_{l1}/L_{l2} = R_{s1}/R_{s2} = (N_1/N_2)^2$。

完整的等效电路如图 8.13 所示（可以从二次侧等效，在这种情况下，二次侧会出现 2.5H 的励磁电感，而不是一次侧）。如果在二次侧没有负载的情况下，在输入端施加频率为 2500Hz 的 120V 电压，输入阻抗将为 0.06Ω + j(2π × 2500rad/s)(100mH + 10μH) = (0.06 + j1571)Ω。一次侧产生的**励磁电流**为 120V/(1571Ω) = 0.076A_{rms}。额定负载在很大程度上受导线容量的限制。如果电流保持在 100A/cm²，一次电流应能承受 3.3A$_{rms}$，额定功率可达 400W。二次电流约为 0.66A，导线中的损耗为 $(3.3A)^2 \times 0.06\Omega + (0.66A)^2 \times 1.6\Omega = 1.35W$，即为额定功率 400W 的 0.34%。这不包括磁芯内的非线性损耗。

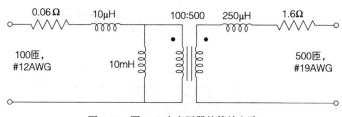

图 8.13 图 8.12 中变压器的等效电路

8.5 磁滞回线和损耗

铁磁材料中的非线性磁导率和饱和效应可以用 B 对 H 曲线表示，称为**磁化特性**。让我们从一个典型的铁磁磁芯开始。首先，将其加热至 T_C 以上来消除整体磁化。如图 8.14 所示，内部结

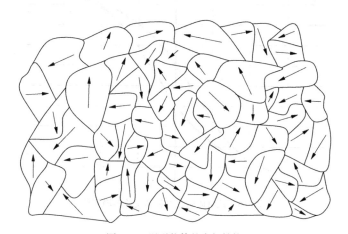

图 8.14 退磁物体的内部结构

构具有随机方向的、小块的、完全磁化的磁畴。材料外部净磁通量的测量值为零。现在通过一个线圈对材料施加 MMF。随着电流的上升，磁畴开始重新定向，磁通量快速上升。在电流足够大的情况下，大多数磁畴都与施加的 H 方向一致，且增加的速率下降。最终，所有的磁畴均是一致的，磁通量也逐渐增加（由材料固有的顺磁性决定）。这种现象如图 8.15 所示。根据定义，曲线的斜率就是磁导率，靠近原点的斜坡称为**初始磁导率**。

当磁动势（MMF）减少时，磁畴倾向于保持一致。因此，必须大幅降低 H，将总磁通量减少至零。磁化曲线不是完全可逆的，这种现象称为**磁滞现象**。当施加的 MMF 减小到零时，残余的整齐排列仍然存在，并且可以检测到磁通密度为 B_r 的外部**剩余磁通量**。强制磁通量归零所需的 H 值称为**矫顽力** H_c。对变压器铁芯进行实验测量，图 8.16 显示了一个典型的完整磁化曲线或**磁滞回线**。

尽管受几何结构和制作工艺的影响，B/H 环路仍是给定材料的特性。B/H 环路曲线通常由磁性材料制造商提供。如果知道几何结构和匝数，则环路曲线也可以表示为 λ 与 Ni 的关系。重

要的是，要认识到环路的大小取决于 H 的范围，所施磁场的变化越小，环路越窄。图 8.17 为在不同峰值的 H 下测得特定磁芯的一系列磁滞回线。

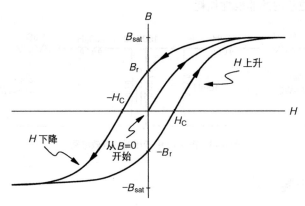

图 8.15　初始未磁化样本的磁化特性

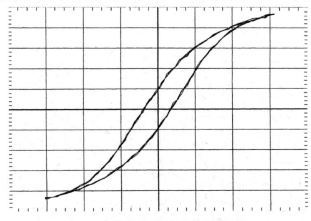

图 8.16　铁氧体磁芯材料的实验磁滞回线

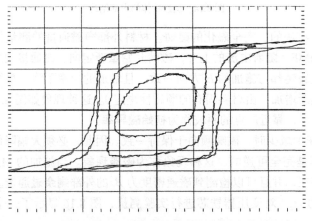

图 8.17　一个 $\mu = 5000\mu_0$ 的铁氧体环形管的测量滞后回路序列

磁滞相关的磁畴排列的不完全可逆性将导致能量损失。可以看出，曲线内的面积是积分

$\int BdH$，其单位是单位体积的能量。在 λ 和 Ni 曲线内的面积表示一个特定磁芯的实际能量损失。磁滞曲线上任何两个不同的点表示不同的能量，因此任何沿着曲线的运动都需要消耗能量。如图 8.17 所示，磁滞曲线上的变量范围越大，环路的封闭区域越大。这种效应是非线性的，回路面积随着最大磁通密度的增加而快速增大，能量损失与 B^2 几乎成比例地增加直到饱和状态。当多次循环时会发生功率损耗。当磁动势（MMF）激励为正弦时，波形的每个周期都会使材料绕磁滞回线移动。由于回路面积代表能量损耗，单位时间的损耗是回路所包围的能量乘以循环速率，因此，磁滞损耗与频率近似成正比。磁滞现象主要在铁磁材料中能观察到，在空气或 $\mu = \mu_0$ 的其他材料中不会出现。

除了磁滞损耗外，大多数磁性材料中还会出现欧姆损耗。毕竟，铁磁元素和合金都是金属，磁芯材料可以认为是法拉第定律与场相互作用的附加电路。磁芯材料内的磁通产生内部电压 $d\lambda/dt$，磁场驱动材料内的**涡流**循环。涡流造成的损耗取决于磁通量幅值和频率以及磁芯的内阻。幅值和频率效应造成的损耗是多次的，因为损耗与 v^2 成正比，特别是在涉及高频的情况下，内阻必须要尽可能高。

涡流效应对选择合适的电力电子磁芯材料和结构方法具有重要的意义。例如，将钢磁芯与硅构成合金，其电阻更大。在金属中，通常采用平行于磁通量方向的薄绝缘板或**叠片**构造磁芯来提高涡流回路的电阻。电压由磁通量决定，而不是由磁通密度决定；薄片的任何单独层中的磁通量都很小；几何结构减小了 $d\lambda/dt$，增加了电阻。图 8.18 显示了叠片的效果。小磁芯中的叠片结构通常是通过缠绕铁磁带而获得的，这种**卷绕**磁芯很容易制造。

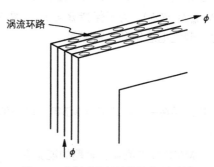

即使使用叠片，也很难制造出适用于 10kHz 以上的金属磁芯，尽管有些金属薄膜的性能可以接受一个数量级甚至更高数量级。涡流问题可以通过使用高电阻磁性陶瓷或**铁氧体**作为磁芯材料来解决。在频率为 $10 \sim 10^6$kHz 的范围内，铁氧体为优良的磁芯材料；而在 $10 \sim 10^5$MHz 和 $500 \sim 10^6$kHz 的频率范围则用不同组的材料更为合适。另一种选择是使用嵌入在非导电基体中的粉末金属磁芯材料，粉末磁芯通过采用这种方法可将高磁通量值与低损耗结合起来。

涡流环路

图 8.18 金属磁芯材料的叠片几何结构

磁滞和涡流损耗的最终结果是磁芯中的功率损耗，可根据 Steinmetz 方程近似求出：

$$P_{\text{loss}} = kf^\alpha B^\beta \qquad (8.25)$$

其中，k、α 和 β 是给定材料的经验常数。通常情况下，α 略大于 1，而 β 接近 2 甚至更大。例如，在接近 50kHz 和 0.1T 的情况下，被称为 3F3[3] 的铁氧体材料表现为 $\alpha \approx 1.4$ 和 $\beta \approx 2.4$（该材料适用于任何铁氧体，因为基损耗 k 很低）。对于给定的最大磁通密度和频率值，制造商通常以瓦特 / 单位体积或瓦特 / 单位重量来表述损耗。式（8.25）中给出的基本关系是正弦激励，B 取零到峰值。带有小三角形波动的恒定磁通和方波的磁通最为常见，特别是在 dc-dc 变换器中。一些研究人员已经为更常见的波形寻求对式（8.25）的精化[4]。对于典型的 dc-dc 变换器问题，第一个近似值是把 B 设置为峰 - 峰磁通变化量的一半。

8.6 磁饱和约束条件

8.6.1 饱和极限

当磁滞回线达到 B 的最大值时，就会发生饱和。在饱和值 B_{sat} 下，磁导率迅速下降到 μ_0。施加额外的磁动势（MMF）仍可使 B 增加，但对高于 B_{sat} 的铁磁材料，增加的速率会急剧降低。由于饱和水平的不明确，制造商通常会在特定值 H 下指定 B_{sat} 的值。对于优质磁钢，B_{sat} 约为 $2T$[5]。对于典型的铁氧体，B_{sat} 约为 0.3T。粉末铁芯和许多其他磁性合金的工作饱和值 B_{sat} 至少为 1T。

一般来说，饱和是不好的影响，应避免这种影响。但在某些特殊的应用中，饱和提供了开关式的作用。电感或变压器也需要避免饱和，主要原因是当饱和时，磁导率接近 μ_0，磁芯会变得"磁透明"，相当于外界空气，大部分的磁通量会通过空气泄漏，而磁芯将不起任何作用。对于变压器，由于漏磁不与绕组产生耦合，在饱和状态下，输入和输出之间的关系可能会被破坏。

为了避免饱和，需要知道给定磁芯中的磁通密度。例如，单线圈电感的磁通量 $\phi = Ni/\mathscr{R}$，磁通密度 $B = Ni/(\mathscr{R}A)$。当有多个线圈时，每个电流都会贡献磁通到总的磁通量，所以 $B = (Ni)_{net}/(\mathscr{R}A)$。为了保持 $B < B_{sat}$，需要对电流（或者更严格地说，设置 MMF 值）设置限制。为了避免电感饱和，需满足

$$Ni < B_{sat}\mathscr{R}A, \quad Ni < B_{sat}\frac{1}{\mu} \tag{8.26}$$

因此，存在一个磁动势（MMF）极限值，通常称为**安培匝极限** Ni_{max}，适用于具有铁磁磁芯的电感。

MMF 极限值具有有趣的能量含义。考虑电感存储的能量为 $(1/2)Li^2 = (1/2)i^2N^2/\mathscr{R}$。如果磁动势设置为最大值 Ni_{max}，则能量为 $W_{max} = (1/2)(Ni_{max})^2/\mathscr{R}$。由于 Ni_{max} 是由饱和决定的，所以给定的磁芯有一定的能量限制。

> **经验法则**：用一个给定的磁芯可以存储的最大能量为
> $$W_{max} = B_{sat}^2 \frac{A_{core}l_{core}}{2\mu} \tag{8.27}$$
> 这个能量与磁芯体积成正比，与磁导率成反比。在大多数情况下，使最大能量显著增加的最简单的方法是在磁路中加入一个气隙，然后用气隙体积除以 μ_0 确定最大能量，即 $W_{max} = (1/2)B_{sat}^2 V_{gap}/\mu_0$

卷绕磁芯（已知匝数为 N）中的 Ni_{max} 表示电流限制，因此通常会给出电流额定值。

对于变压器，施加在铁芯上的净磁动势应为零，即 $N_1i_1 + N_2i_2 = 0$。在这种情况下，磁链 λ 提供了另一种确定 B 的方法。假设 $v = d\lambda/dt$，则有 $\int v dt = \lambda = N\phi = NBA$。只要 $\int v dt < NB_{sat}A$，材料就不会饱和（当平均总磁动势为零时）。积分与实际磁通量的区别在于积分常数与直流电流成比例。在变压器中，应避免直流电流流过磁芯，因为直流电流会使磁芯饱和。如果由于某种原因出现了不平衡，则允许非零直流电流流动，总磁通量将变为 $(\int v dt)/NA + Ni_{dc}/(\mathscr{R}A) < B_{sat}$。

积分 $\int v\mathrm{d}t$ 表示伏秒积。$\int v\mathrm{d}t/N$ 的最大值通常被称为**最大伏秒额定值**。表明在发生饱和之前，一个直流电压只能在短时间内施加到单个线圈上。对于正弦变压器，电压 $v = V_0\cos(\omega t)$，由伏秒积 $\int V_0\cos(\omega t)\mathrm{d}t$ 表示 $V_0\sin(\omega t)/(\omega NA) < B_{\mathrm{sat}}$，则磁通峰值的约束条件为

$$\frac{\int v\mathrm{d}t}{NA_{\mathrm{core}}} < B_{\mathrm{sat}} \qquad (8.28)$$

这种关系通常被电力变压器设计者称为**每匝最大电压**。因此有如下经验法则。

> **经验法则**：电感或变压器的最大伏秒额定值为
>
> $$\frac{V_0}{\omega NA} < B_{\mathrm{sat}} \begin{cases} \text{直流:} & V_{\mathrm{dc}}\Delta t < B_{\mathrm{sat}}NA_{\mathrm{core}} \\[2mm] \text{交流:} & \dfrac{V_{\mathrm{peak}}}{N} < B_{\mathrm{sat}}\omega A_{\mathrm{core}} \end{cases} \qquad (8.29)$$

在功率变换器中，任何对线圈施加过大伏秒的尝试都会导致磁芯饱和。当磁芯饱和时，磁导率和电感都会降低。例如，如果尝试加入过多的磁通量，dc-dc 变换器会进入不连续模式。在这种模式下，电感电流会迅速上升，损耗增加，且变换器的效率降低。

任何磁芯都有一个面积为 A_{w} 的绕线窗口来固定导线，导线中的电流密度限制和饱和一样，施加了安培匝极限。在理想的磁芯中，最好不要让饱和安培匝极限或热安培匝极限主导。这种等价产生了如下经验法则。

> **经验法则**：电感磁芯具有由饱和约束的安培匝极限和由导线尺寸约束的安培匝极限。在理想缠绕窗口面积情况下，这两个极限相等。

若违反以上法则会发生以下情况。如果磁芯窗口太小，在达到饱和安培匝极限之前，导线可能过热。如果窗口太大，那么磁饱和将限制磁芯的容量，而铜线可能无法被充分利用。在实际应用中，很难制备绕组，因此磁芯的绕组窗口往往大于饱和要求。

有些情况下，特别是在高频情况下，饱和很难避免，因此可以考虑采用空心设计。在功率变换器中，当磁场与外部设备发生耦合时，空心磁芯学尤其具有挑战性，其损耗取决于绕组的几何结构和磁芯布局。以下一些例子可以在文献 [6] 中找到。

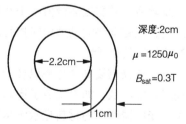

图 8.19　例 8.6.1 中铁氧体环形磁芯结构

例 8.6.1　如图 8.19 所示，铁氧体磁芯的安培环路长度 $l_{\mathrm{e}} = 10\mathrm{cm}$，横截面积 A_{e} 为 $2\mathrm{cm}^2$。其饱和磁通密度为 0.3T，磁导率为 $1250\mu_0$。在这个磁芯中能储存多少感应能量？十圈导线的情况下，最大允许直流电流是多少？如果使用这个磁芯代替 120V、60Hz 输入的变压器，则需要多少匝线圈？

如前所述，磁芯磁阻为

$$\mathscr{R} = \frac{l_{\mathrm{e}}}{\mu A_{\mathrm{e}}} = \frac{0.10\mathrm{m}}{(1250\times 4\pi\times 10^{-7}\mathrm{H/m})(2\times 10^{-4}\mathrm{m}^2)} = 3.18\times 10^5\mathrm{H}^{-1} \qquad (8.30)$$

为了避免饱和，应保持 $B < 0.3T$，相当于

$$\frac{Ni}{\mathscr{R}} < B_{\text{sat}}A_{\text{e}}, \quad Ni < (0.3T)(2\times10^{-4}\text{m}^2)(3.18\times10^5\text{H}^{-1}), \quad Ni < 19.1\text{A}\cdot\text{匝} \tag{8.31}$$

存储的最大感应能量是安培匝极限的平方除以两倍的磁阻。对于这个磁芯，能量不能超过 0.573mJ。如果使用十圈导线，则电感线圈通过的电流不能超过 1.91A。

对于变压器来说，总的直流电流很低，但是施加在一次绕组上的电压会在磁芯中感应到磁通量。为了避免饱和，磁链 λ 必须保持在限值以下。在 60Hz、输入有效值为 120V 时，有

$$\int V_0 \cos(120\pi t)\text{d}t = \lambda = NBA_{\text{e}} < NB_{\text{sat}}A_{\text{e}}$$

$$\frac{V_0}{120\pi NA_{\text{e}}} < 0.3T, \quad \frac{V_0}{N} < 22.6\text{mV}/\text{匝} \tag{8.32}$$

磁芯只能处理 22.6mV/匝，因此要满足 170V 的峰值电压输入，至少需要（170/0.0226）匝 = 7516 匝。对于这种尺寸的磁芯来说，匝数较多是很难处理的，实际中需要较细的导线，但这种导线的电阻很高。请注意，如果 $N = 7516$ 匝，由于安培匝的直流限制，线圈能够承受的直流电流不超过 2.54mA。这表明磁芯对任何不需要的直流分量都非常敏感。对于 120V、60Hz 的变压器来说，实际应用中这个磁芯可能太小了。

8.6.2 综合设计注意事项

我们可以确定三种常见类型的静态（固定）磁性设备：永磁体、变压器和电感。根据磁性材料的特性来了解三种磁性设备的用途。

永磁体（PM）即使没有外加磁动势（MMF）也能产生磁通量。常见的用途是在电动机和发电机、传感装置以及一系列工业应用中建立恒定磁场。在一般应用中，当 PM 处于 MMF 源中，它将与绕组和其他传感机构相互作用，这将导致磁滞损耗，甚至可能使磁通密度随着时间的推移而减小。理想的材料特性是高 B_{R} 值和高 H_{C} 值。为了保持这两个参数的高数值，永磁材料往往具有方形磁滞回线，如图 8.20 所示。

最新的稀土材料，特别是钐钴和钕铁硼，使永磁体的应用发生了巨大变化。这些材料比其他永磁材料具有更高的矫顽力，其剩磁通量值高于 0.5T。材料的磁滞回线是方形的，在磁动势波动适中时损耗较低，在受到时变磁动势时仍保持其磁通量。

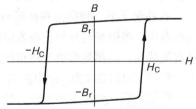

图 8.20 适合 PM 的磁化曲线

变压器需要高磁导率以减少漏磁，并使磁化电流和损耗尽可能的低。如果避免了饱和，则常量 μ 就不那么重要了。变压器所用的材料显示出尽可能窄的磁化曲线，并反映了将损耗降至最低的趋势。磁化曲线如图 8.21 所示。

电感的问题是实现线性特性。假定电感 L 的磁阻为 $\mathscr{R}$，μ 不会随外加电压、MMF、磁通量和频率的变化而变化。对于铁磁材料，线性特性与导致高磁导率的基本磁畴不一致。对于空气和非铁磁材料，数值 $\mu = \mu_0$ 能够提供良好的线性关

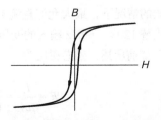

图 8.21 适合变压器的磁化曲线

系，但电感值较低。这些基本特性使得较难制造出具有线性稳定、L 值高的电感。只有用空气或近似线性磁性材料代替铁磁材料，才能获得良好的线性关系。这一难题可通过在磁芯上增加气隙来解决。铁磁材料有助于提高 μ 的大小，而气隙有助于维持 μ 的稳定。铁磁磁芯中的气隙不仅能存储磁能，还有助于电感线性化。实际上，粉末金属磁芯可通过提供分布的气隙来产生相同的结果。

在图 8.17 中，磁导率随着低于 MMF 饱和幅值的变化而变化两倍及以上。为了解决线性问题，假设一个铁磁材料磁导率与标称值相差 ±50%。对于电感，关系为

$$L = \frac{N^2}{\mathscr{R}_{\text{total}}} = N^2 \frac{\mu A_{\text{equiv}}}{l_{\text{equiv}}} \tag{8.33}$$

当 L 与 μ 成比例时，电感将与标称值相差 ±50%。但气隙解决方案增加了磁芯的线性磁阻，图 8.22 显示了上述的情况。虽然依旧出现饱和阈值，但斜率更加稳定。在以下实例中进一步研究气隙解决方案。

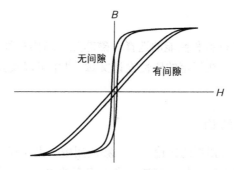

图 8.22　无间隙和有间隙磁芯的磁滞回线，线性度随着间隙的增加而增强（较低的斜率）

例 8.6.2　假设用于电感应用的磁芯环路长度为 10cm，横截面积为 2cm²。磁导率为 $1250\mu_0 (1 \pm 50\%)$，$B_{\text{sat}} = 0.3\text{T}$。通过增加 1mm 的气隙来改变磁芯，如图 8.23 所示。对于有间隙的磁芯，求出最大的感应储能。由总磁阻定义一个**有效磁导率**，$\mu_{\text{eff}} = \mathscr{R}_{\text{total}} A_e / l_e$。$\mu_{\text{eff}}$ 有何变化？如果通过在磁芯周围缠绕 10 匝线圈形成电感，则 L 的值和允许误差是多少？

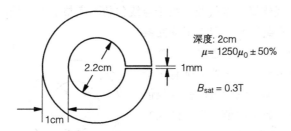

图 8.23　例 8.6.2 的有间隙磁芯

从例 8.6.1 可以看出，闭合磁芯的磁阻为 $3.18 \times 10^5 \text{H}^{-1}$，$Ni < 19.1\text{A} \cdot$ 匝。储能能力为 1mJ 的小部分。随着气隙的增加，总磁阻为

$$\mathscr{R}_{\text{total}} = \mathscr{R}_{\text{core}} + \mathscr{R}_{\text{gap}} = \frac{0.099\text{m}}{1250\mu_0 (2 \times 10^{-4}\text{m}^2)} + \frac{0.001\text{m}}{\mu_0 (2 \times 10^{-4}\text{m}^2)} = 4.29 \times 10^6 \text{H}^{-1} \tag{8.34}$$

气隙的额外磁阻使得磁动势限制为 258A·匝，最大能量为 7.73mJ。能量存储能力随着磁阻的增加而成比例的增加。

对于有间隙的电感磁芯，制造商通常会规定其有效磁导率。对于这个磁芯，μ_{eff} 的数值为

$$\mathscr{R}_{\text{total}} = 4.29 \times 10^6 \text{H}^{-1} = \frac{0.1\text{m}}{\mu_{\text{eff}}(2 \times 10^{-4}\text{m}^2)}, \quad \mu_{\text{eff}} = 92.7\mu_0 \tag{8.35}$$

因此，上述有间隙的磁芯在功能上相当于具有约 93 倍相对磁导率的磁芯材料。用常规的误差分析可以发现这种变化。但仔细考虑一下：铁氧体的磁导率可以低至 $625\mu_0$ 或高达 $1875\mu_0$；对于间隙，总磁阻遵循式（8.34），在 $4.19 \times 10^6 \sim 4.61 \times 10^6 \text{H}^{-1}$ 之间，对应的有效磁导率为 $95.0\mu_0 \sim 86.3\mu_0$，变化总跨度小于 10%，为没有气隙时的 1/10。在实践中，因为对称误差分布更容易计算，所以该值可以指定为 $90(1 \pm 5\%)$。磁导率为 $90\mu_0$ 时，$\mathscr{R}_{\text{total}} = 4.4 \times 10^6 \text{H}^{-1}$。因此，10 匝线圈产生的电感 $L = 23(1 \pm 5\%)\mu\text{H}$。这可以被认为是一个电感的标准允许误差水平，其中气隙尺寸也是该误差的一部分。

8.7 设计案例

磁学设计过程包括磁芯材料和性能的选择、磁芯几何结构和气隙的选择、极限值的评估、导线尺寸和绕组结构的选择。在特定的磁性设计文章[7-8]中可以找到许多例子。这里仅介绍具有代表性的例子。

8.7.1 磁芯材料和几何结构

材料的选择要考虑之前对损耗的讨论。在工频应用中，涡流损耗通常可以用叠层结构来控制。钢或其他金属合金价格低廉，易于制造，具有很高的 B_{sat} 和 μ 值，这些材料在工频设备中很常见。当频率在 1 ~ 100kHz 之间时，首选损耗较小的材料，如铁粉、铁硅铝或铁氧体。当频率大于 100kHz 时，铁氧体的固有高电阻率使它成为最合理的选择（除了用在极薄薄片的集成器件外）。对于低频应用，铁氧体磁芯可能比同等金属叠片铁芯大三四倍，以适应相同的磁通水平。用于变压器和电感的材料称为**软铁磁材料**，这意味着消除剩余磁通量所需的矫顽力很低。

选择磁芯几何结构需要考虑实用性、成本、绕组缠绕方便性和气隙等因素。绕组窗口面积 A_{w} 必须为每个绕组、导线绝缘、空气隙（由于导线包装不完整）以及任何额外的绕组硬件提供足够的空间。窗口中的非铜线元素定义了**填充系数** a_{fill}，即实际铜线与总窗口面积之比。一个典型磁芯的填充系数低于 50%。变压器必须有多个绕组。绕组的额定电流必须与铜的电流密度限值以及饱和磁动势（安培匝数）限值一致。图 8.24 为带有窗口面积的两个磁芯结构。

环形是磁芯结构的理想选择，因其形状易于使漏磁通最小化，易于模塑，并且具有可直接应用的窗口。但是环形磁芯很难缠绕，而小的环形磁芯通常是手工缠绕的，所以存在着高成本和不完全一致等问题。填充系数一般很低，很少高于 30%。同缝纫机机制相似的磁芯卷绕机可以绕着环形线圈穿梭，但这样的机器是不稳定的，

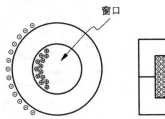
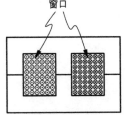

图 8.24　磁芯几何图形，显示窗口面积和填充系数

且梭形机构限制了填充系数。当圈数少且涉及昂贵的芯材时，环形线圈是很好的替代品，它们在电力变换器中很常见。

大多数非环形磁芯的几何形状都是为方便缠绕而设计的。图 8.25 为磁芯的几种结构。它们中的每一个都使用预先缠绕导线的磁芯，并在其周围组装成封闭磁芯。磁芯是根据形状来命名的。如 E-E 磁芯、U-I 磁芯和 E-I 磁芯等结构对于金属叠层材料和铁氧体都很常见。壶形磁芯是 E-E 磁芯结构的旋转版本，它增强了磁屏蔽。方形磁芯类似于大开口的壶形磁芯。当磁性元件需要与印制电路板厚度大致相同时，可使用各种形状的低断面磁芯。在 E-E、E-I 和壶形磁芯中，可以在中心支柱中提供气隙，以形成闭合磁路。这允许外部支柱固定结构并使其具有刚性；也有助于使漏磁变得没那么重要，由于磁通往往被限制在整体结构内，因此气隙处的磁通泄漏与未封闭几何结构中存在的问题不同。大间隙中的漏磁会与相邻绕组相互作用，产生额外的涡流损耗，称为**临近损耗**，因此，即使封闭的几何结构也会限制气隙。

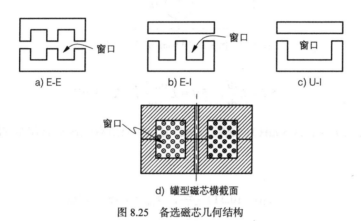

图 8.25　备选磁芯几何结构

一旦选择了基本几何结构，就可以确定磁芯的基本尺寸。对于电感，气隙体积是主要的考虑因素。考虑到所需的能量水平，式（8.27）提供了最小间隙体积。由于铁氧体难以加工，制造商通常提供预选的间隙长度。对于变压器，磁芯必须提供足够的窗口面积以容纳必要的匝数，窗口还必须容纳足够的铜线来承载所需的电流。

　　例 8.7.1　dc-dc 变换器的电感应选用带气隙的 E-E 磁芯。几何结构如图 8.26 所示。注意，两个外支柱的横截面积是中心柱的一半，因为磁通量应该在它们之间分开。通过改变图中参数 d，可选择磁芯尺寸。气隙是通过在工厂打磨中心柱来提供的。实际上，气隙 g 应保持在 $d/10$ 以下，以避免气隙周围空气中的漏磁过大。电感的平均载流量为 5A，并用于工作频率为 100kHz 的 10V 至 5V buck 变换器。电流波动不应超过峰值的 10%。

　　给定频率下，磁芯材料选择铁氧体磁芯是最合理的。$B_{sat} = 0.3T$，$\mu = 2000\mu_0$ 是该频率范围内用于电力应

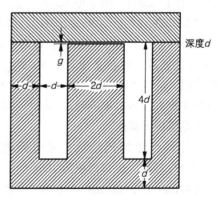

图 8.26　例 8.7.1 中 E-E 磁芯

用的材料的典型值。首先，让我们来确定必要的储能和气隙量。电路如图 8.27 所示。当晶体管导通时，电感电压为 +5V，其电流变化不应超过 0.5A。占空比为 5/10，晶体管每周期导通 5μs。

因此

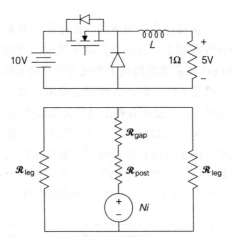

图 8.27　例 8.7.1 中 buck 变换器和磁路

$$5\text{V} = L\frac{\mathrm{d}i}{\mathrm{d}t}, \quad 5\text{V} = L\frac{0.5\text{A}}{5\mu\text{s}}, \quad L = 50\mu\text{H} \tag{8.36}$$

电感储能为（1/2）Li^2 = 1/2（50μH）（25A^2）= 625μJ。如果所有能量都储存在气隙中，气隙体积至少应为

$$625\mu\text{J} = (0.3\text{T})^2\frac{V_{\text{gap}}}{2\mu_0}, \quad V_{\text{gap}} = 1.75\times10^{-8}\text{m}^3 \tag{8.37}$$

对于 $d/10$ 的最大间隙，该磁芯的间隙体积为 $2d \times d \times d/10 = 0.2d^3$。根据所需体积可得，$d >$ 4.44mm，选择 $d = 5$mm 并检查结果。当 $d = 5$mm 和 $g = 0.5$mm 时，磁阻可通过图 8.27 中的磁路确定。两个外支柱周围的安培环路长度为 $20d$，通过中心的支柱长度为 $4.9d$，外支柱的磁面积为 d^2，磁芯和间隙的磁面积为 $2d^2$。外支柱的磁阻根据总长度的一半来确定，即 $l = 10d$，$\mathscr{R}_{\text{leg}} = 10d/(\mu d^2) = 10/(2000\mu_0 d)$。当 $d = 5$mm 时，$\mathscr{R}_{\text{leg}} = 7.96\times10^5\text{H}^{-1}$，中心支柱的磁阻为 $\mathscr{R}_{\text{post}} =$ $4.9d/(2000\mu_0 2d^2) = 1.95\times10^5\text{H}^{-1}$。间隙磁阻为 $7.96\times10^6\text{H}^{-1}$，比其他磁阻高 10 倍。总磁阻是外支柱（两个串联）与间隙和中心磁阻的并联组合，因此 $\mathscr{R}_{\text{total}} = 8.55\times10^6\text{H}^{-1}$。为了满足 $L >$ 50μH 的要求，匝数必须满足 $N^2/\mathscr{R}_{\text{total}} > 50\mu\text{H}$；为了避免饱和，安培匝数不得超过式（8.26）的限值，所以 $Ni < 0.3(8.55\times10^6)2d^2$。电感满足需求意味着 $N > 21$ 匝，如果要在 5A 的电流下避免饱和，匝数不应超过 26 匝。因此，该磁芯上的 21 匝导线可避免饱和，同时提供 0.5mm 间隙足够用来储能。

　　导线尺寸如何选取？考虑到电流值为 5A，根据表 11.1 可知，需要使用 #16AWG 或 #14AWG 导线。窗口面积为 100mm^2。对于 #14AWG 导线，21 匝所需面积为 44mm^2，填充系数为（44mm^2）/（100mm^2）= 0.44。虽然余量不大，但足以容纳一个骨架和导线。最终的电感尺寸是 3cm 宽、0.5cm 深（加上绕组，增加约 1cm 的额外深度）和 3cm 高。即使间隙体积仅为 0.0175cm^3，但总体积仍超过 10 cm^3。

　　注意磁学设计问题的耦合特性。如果设备是电感，几何结构必须为导线和气隙提供足够的空间。此外，必须正确选择合适的材料和尺寸以避免饱和，损耗应尽可能降低。在前面的例子中，磁芯的大小是器件设计中的一个重要决定因素。

8.7.2　变压器的补充讨论

变压器应在两个或多个不同绕组之间尽可能紧密地耦合磁通。紧密耦合意味着漏磁通应尽可能低，所有磁通应直接通过绕组。气隙与这些要求相反，磁材料应该具有尽可能高的磁导率，磁化电感将会很高。它的相关阻抗也很大，所以电流 L_m 会很低。以下实例探讨了基于 E-I 磁芯的变压器设计。

例 8.7.2　图 8.26 所示的通用 E-I 形铁芯没有气隙，用于 220V、50Hz 输入输出的 500V·A 隔离变压器。如果选择导线尺寸保持 $J \le 200\text{A/cm}^2$，那么需要多大的磁芯尺寸？需要多少匝导线？

由于该变压器适用于工频，因此选择叠层金属结构。窗口面积是 $4d^2$。对于 220V 电压下的 500V·A 功率，导线电流必须为 2.27A。这意味着导线型号为 #16AWG，其横截面积为 1.309mm^2。每个绕组有 N 匝，总共 $2N$ 匝。当填充系数为 0.5 时，窗口面积应为铜线面积的两倍，即 $2 \times 2N \times 1.309\text{mm}^2$。因此，$4d^2 > 5.236N\text{mm}^2$，$d$ 的单位为 m，$N < 7.64 \times 10^5 d^2$。

与安培回路相关的在中心支柱的磁面积为 $2d^2$。磁芯必须足够大以避免饱和，对于金属叠板，可以令 $B_{sat} = 1.2\text{T}$，有效值为 220V 的正弦输入峰值为 311V。从式（8.28）得

$$\frac{311\text{V}}{100\pi N \times 2d^2} < 1.2\text{T}, \quad N > \frac{0.412}{d^2} \tag{8.38}$$

当这两个条件联立时，得

$$\begin{cases} 7.64 \times 10^5 d^2 > N > \dfrac{0.412}{d^2} \\[2mm] 7.64 \times 10^5 d^2 > \dfrac{0.412}{d^2} \\[2mm] d^4 > 5.39 \times 10^{-9} \\[1mm] d > 27\text{mm} \end{cases} \tag{8.39}$$

如果 $d > 27\text{mm}$，则可以满足这两个约束条件。E-I 结构的磁芯通常是基于整体外部尺寸指定的（本例中的值为 $6d$）。对于这种设计，最小尺寸是 EI-162。但这只是位于 50% 填充率的边缘。一个略大的磁芯将更有效，如 EI-168，$d = 28\text{mm}$，该磁芯可以从一些制造商处获得。将 $d = 0.028\text{m}$ 代入式（8.38），当匝数设置为 526 匝时可避免饱和。两个绕组匝数均为 526 匝，其填充系数为 0.44。磁芯宽 16.8cm，深 2.8cm，高 16.8cm。这个磁芯的体积不小，反映出 500V·A 在频率为 50Hz 时是一个实质性的量级。注意，当工作在更高频率时，结果将大不相同。例如，在 500Hz 时，由式（8.38）使 $N > 0.0412/d^2$，式（8.39）使 $d > 4.8\text{mm}$。

考虑以下两个因素，将两个绕组缠绕在中心柱而不是两个外支柱上。首先，如果绕组位于中心，则变压器将更小。其次，如果两个绕组都在中心柱上，则漏磁通效应比绕组在独立支路上时要小得多。

8.7.3 混合动力汽车升压电感

大型电感（和变压器）的设计和制造具有挑战性。在大功率变换器中，磁性材料的选择往往受到限制。铁氧体是瓷制品，许多用于电感的结构都是易碎的。叠层金属磁芯对工作频率有限制，为了保持低损耗，在几千赫兹以上的应用并不常见。与小型电感一样，设计人员可能会在市场上找到合适的磁芯，但是理想的电感本身很可能需要设计。本例考虑了一个大电感设计。

例 8.7.3 混合动力电动汽车需要 dc-dc 升压变换器来提供给定可变电池电压的受控直流总线。本研究旨在考虑基本的电感要求。变换器标称功能为输入 350V，并以高达 35kW 的功率提供 700V 电压。开关频率为 10kHz。根据标称条件选择材料并准备电感设计。建议将磁通量波动峰-峰值保持在 0.05T 以下。

这个升压变换器在输出端的电流高达 50A。1：2 的升压比意味着开关占空比为 50%，输入电流高达 100A。输入电感也必须承载 100A 电流。在这种开关频率下，成形的粉末材料如铁粉或铁硅铝合金是合适的，这里考虑基于 1T 饱和磁通的铁粉磁环进行设计。在电感中，磁通 $\phi = Ni/\mathscr{R}$，所以磁通纹波与电流纹波成正比。峰-峰值 0.05T 的磁通纹波相对于 1T 饱和值的 5%，因此相对于 100A 的电流，电流纹波峰-峰值应为 5A。当有源开关导通时，电感电压约为 350V，所以有

$$v_L = L\frac{\mathrm{d}i}{\mathrm{d}t}, \quad 350\mathrm{V} \approx L\frac{\Delta i}{D_1 T}, \quad \Delta i \leqslant 5\mathrm{A}, \quad L \geqslant 3.5\mathrm{mH} \tag{8.40}$$

这意味着储能需求为 $(1/2)Li^2 = 17.5\mathrm{J}$。有许多候选设计（实际上磁芯可以并联使用），但考虑选用一个大型铁粉 E-E 磁芯，宽为 210mm，高为 250mm，如图 8.28 所示。该磁芯由许多不同的材料（没有一种材料具有非常高的有效磁导率）混合制成。我们寻求在保持磁通量低于 1T 的同时获得 3.5mH 电感。电感系数 A_L 是磁阻的倒数。设计要求为

$$N^2 A_L = 0.0035\mathrm{H} \tag{8.41}$$

且

$$\frac{Ni A_L}{A_e} = B \leqslant 1\mathrm{T} \tag{8.42}$$

该特定磁芯的等效磁截面积为 41cm²，电感的电流可达 100A。这两个要求意味着

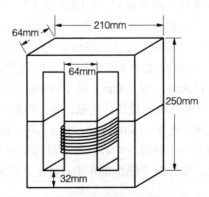

图 8.28 用于汽车增压变换器的大型 E-E 磁芯

$$\begin{cases} N^2 A_{\text{L}} = 0.0035, \quad NA_{\text{L}} = \dfrac{0.0035}{N} \\[3mm] \dfrac{NiA_{\text{L}}}{A_{\text{e}}} \leqslant 1, \quad NA_{\text{L}} \leqslant \dfrac{41 \times 10^{-4}\text{m}^2}{100A} \\[3mm] \dfrac{0.0035}{N} \leqslant 41 \times 10^{-6}, \quad N \geqslant 86\text{匝} \end{cases} \tag{8.43}$$

如果 $N = 86$，则 $A_{\text{L}} < 477\text{nH}$。对于该设计，确定磁芯 $A_{\text{L}} = 378\text{nH}^{[9]}$。为了满足式（8.41），令匝数为 96 匝。当电流为 100A 时，磁通密度为 0.89T。窗口面积为 76.3cm²。当填充系数为 50% 时，铜面积为 38.1cm²，线圈 96 匝时，单匝导体面积为 39.7mm²。电流密度达到 252A/cm²，该值可能比理想值略高，这就需要用风扇或液体冷却。考虑到大电流和大铁芯，这种电感可以用铜箔而不是圆导线缠绕。由于集肤效应，这种电感的适应性更好、损耗更低。

还有其他几何结构磁芯和材料可以满足这种电感的需求，但一个重要的问题是需提供足够大的磁芯窗口来容纳 100A 所需的大导线。有间隙的铁氧体也是可以工作的，且铁粉通常是一种典型的低成本材料。

8.7.4　建筑一体化太阳能变换器

许多分布式能源，特别是太阳能光伏发电，都需要大面积的聚光板来保证获取足够的能源。在建筑中，要有效利用屋顶空间、墙壁、窗户、门以及任何朝南或朝太阳的表面，尽可能多地获取能量。由于这里涉及各种各样的表面、形状等因素，因此涉及各种各样的太阳能电池板形状和尺寸。一种在建筑表面上提高光伏发电效率的方案是使用许多小面板，并为每个小面板提供电路。有很多方法可以做到这一点，如专用小型逆变器、局部 dc-dc 变换器等。我们的选择取决于周围建筑物是采用传统的交流配电系统还是某种类型的直流配电系统，这里的例子仅涉及集成的直流配电网，但是在足够高的电压下，电气隔离很重要。

例 8.7.4　标称电压为 50V 且标称峰值输出功率为 10W 的薄膜太阳能电池板可将电能输送到建筑物的 300V 直流配电母线。实际上，根据亮度和温度，电压在 30～60V 之间不等。这里需要电气隔离，推荐使用 dc-dc 变换器，并为变换器中的磁性元件提供设计方案。

低功耗和隔离要求可能与反激式变换器相匹配。然而，太阳能电池仅在其输送电流时才有用，因此变换器必须提供接口来保持面板中的电流连续，输出端还需要一个滤波器。带有接口的电路如图 8.29 所示。若要保持高效率，变换器应该很小。考虑以 200kHz 的开关频率为基础进行设计。在反激式设计中，根据经验法则设计占空比约为 40%（并确保它在最差的情况下不会超过 50%），因为这会简化控制。在连续导通模式下，反激式变换器输入 - 输出关系为

$$V_{\text{out}} = \frac{D_1}{1 - D_1} \frac{V_{\text{in}}}{a} \tag{8.44}$$

式中，a 为耦合电感匝数比（N_1/N_2）。最高占空比出现在最低输入电压的时候。如果 $D_1 = 0.5$，当 $V_{\text{in}} = 30\text{V}$ 时，a 的数值为 30/300 = 0.1，因此耦合电感因子为 10，且高压侧的匝数是低压侧的十倍。在非连续导通模式下，占空比将会降低。考虑在标称满功率下运行的情况，输入为 50V 和 10W，输出为 300V、略小于 10W。输入侧等效 buck-boost 变换器的匝数比为 1:10，如图 8.30 所示，具有 50V 输入和 30V 输出。开关频率为 200kHz，周期为 $T = 5\mu\text{s}$。由式（8.44）

可知，需要 $D_1/(1-D_1)=0.6$，$D_1=0.375$。由式 $0.2A=D_1I_L$ 可得平均输入电流为 10W/50V = 0.2A。等效耦合电感电流为 0.2A/0.375 = 0.533A。基于理想的环境下，输入侧电容位于恒定的 0.2A 太阳能源和方波 q_1I_L 之间，当有源开关关断时，输入侧电容的电流为 0.2A；当有源开关导通时，输入侧电容的电流为 −0.333A。关断时间为 $0.625 \times 5\mu s = 3.13\mu s$。电容电压纹波可由下式求得：

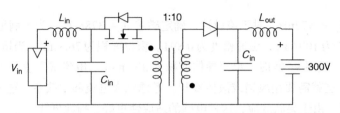

图 8.29　用于建筑集成薄膜太阳能电池板的反激式 dc-dc 变换器

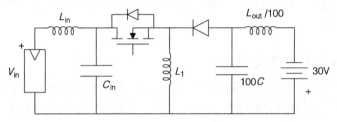

图 8.30　输入侧等效 buck-boost 变换器，用于建筑一体化带有额外滤波装置的太阳能变换器

$$i_C = C_{in}\frac{\mathrm{d}v}{\mathrm{d}t}$$

（8.45）

开关关断：
$$i_C = 0.2A = C_{in}\frac{\Delta v_C}{3.125\mu s}$$

电容值为 1μF 时可将电压纹波保持在 0.625V 以下，约为电压的 1% ~ 2%。

　　这个变换器有三个磁性部件。首先考虑输入滤波电感。该电感在 100% 输出时，将太阳能电池板电流纹波保持在小于 2% 峰 - 峰值，以最大限度地利用太阳能。当电路以额定 50V 和 10W 输入时，电流为 0.2A，所以纹波不应该超过 4mA。类似的电路在前几章已经讨论过了。给定一个输入侧电容的纹波电压大小，电感可以根据其三角形电压纹波进行选择：

$$\Delta i_L = \frac{T\Delta v_C}{8L_{in}}$$

（8.46）

纹波电压为 0.625V，纹波电流目标值为 4mA，$L_{in}=97.6\mu H$，因此输入电感为 100μH。尽管分析中忽略了等效串联电阻（ESR）的影响，但可以通过更大的电容来降低电感值。

　　若基于 100μH 的电感，工作在 200kHz 且携带 0.2A 直流电流，则设计建议是什么？这是一种效率高的应用，因此电流密度应保持较低。电流容量为 0.2A 时建议使用 #24AWG 导线（直径约 0.5mm），面积为 0.2047mm²。必须有足够的空间可以绕制导线。磁芯需要容纳足够的匝数以避免饱和，并实现低损耗。没有独特的形状限制，2μJ 的能量水平很低，所以一个较小的磁芯可以满足要求。现探索两种形状，寻找能够容纳足够多导线的最小磁芯形状。首先，将验证壶形磁芯。P1107 磁芯的外径为 11mm，两个半芯的高度约 7mm。这种几何形状和线轴结构如图 8.31 所示。骨架中缠绕的窗口面积为 4.8mm²。当填充系数为 50% 时，最多可支持 11 匝 #24AWG 导线。电感为 $L_{in} = N^2 A_L$，因此当绕制 11 匝时，A_L 值至少为

$$A_L = \frac{100\mu H}{N^2}, \quad A_L > 826nH \tag{8.47}$$

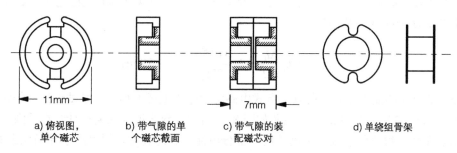

a) 俯视图，　　b) 带气隙的单　　c) 带气隙的装　　d) 单绕组骨架
单个磁芯　　个磁芯截面　　配磁芯对

图 8.31　用于建筑一体化太阳能应用的输入电感的壶形磁芯和骨架

结果表明，一种型号为 3F4 的低损耗铁氧体材料具有大约 $730\mu_0$ 的磁导率，没有气隙的情况下，在这个磁芯形状的 A_L 约为 1070nH。用型号 3F4 制成的 P1107 壶形磁芯需要 10 匝 #24AWG 导线。这样会饱和吗？磁通密度为

$$B = \frac{Ni}{RA_e} = \frac{NiA_L}{A_e} \tag{8.48}$$

该磁芯的磁面积为 16.2mm²。当 $Ni = 2A \cdot$ 匝，磁通密度将为

$$B = \frac{2 \times 1070nH}{16.2 \times 10^{-6}m^2} = 0.13T \tag{8.49}$$

这远低于饱和极限值，所以这个磁芯的设计是合理的。那与之相比，更小的磁芯可以工作吗？P905 壶形磁芯直径为 9mm，高为 5mm，绕组面积为 3.1mm²，当填充系数为 50% 时，可容纳 7 匝 #24 导线。为了达到预期的磁阻，需要至少 2040nH 的 A_L 值。需要一个更高磁导率的铁氧体，使用材料 3E27 可使 A_L 为 2300nH[10]。该磁芯面积为 10.1mm²。通过式（8.48）可得 B 为 0.32T。由于该数值过高，所以 P905 磁芯设计过小了。

　　另一种可能的几何形状是低剖面矩形磁芯，如图 8.32 所示的 ER 磁芯。图中所示尺寸为 ER1126 的几何形状，外部尺寸较大，为 11mm，两半合在一起的高度为 5mm[11]。该磁芯的骨架提供 2.8mm² 的窗口面积。当填充系数为 50% 时，可以容纳 6 匝 #24AWG 导线。对于适用于 200kHz 的材料，所需的 A_L 值为 2780nH，有些过高，所以该磁芯的设计可能过小。尝试使用一个宽为 14.5mm、高为 6mm 的 ER14.5/06 型磁芯。该磁芯的窗口面积为 5.1mm²，最多可容纳 12 匝 #24AWG 导线。当绕制 12 匝导线时，所需的 A_L 值为 694nH。该磁芯采用 3F4 型铁氧体制成，A_L 值为 850nH，需要

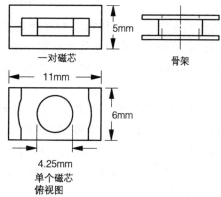

一对磁芯　　骨架

4.25mm
单个磁芯
俯视图

图 8.32　用于输入电感的低剖面 E 形铁芯，
具有圆心柱和骨架

绕制 11 匝线圈才能满足要求。磁性面积为 17.6mm²，所以由式（8.48）可知产生的磁通密度为 0.11T。这低于饱和且可以工作。

第二个磁性元件是反激式耦合电感。输入电感的纹波很低，电流或磁通量变化很小。反激式电感有更多变化。基于等效降压 - 升压变换器，输入绕组需要承载的电流为 0.533A（加上任何纹波）。由于匝数比为 0.1，输出绕组需承载 0.053A 电流。有源开关导通时间为 1.875μs。如何才能使其工作？如果峰 - 峰值电流纹波为 10% 呢？当输入开关导通且电感电压为 50V 时，输入侧电流将变为 0.053A，因此有：

$$50V = L_1 \frac{\Delta i_L}{D_1 T} = L_1 \frac{0.053A}{1.875\mu s}, L_1 = 1.77mH \tag{8.50}$$

这需要超过 250μJ 的能量存储，所以反激式电感将比输入电感大得多。尝试设计三倍大小的尺寸，一个 32mm×32mm 尺寸的 E-E 磁芯如图 8.33 所示。导线尺寸如何设计？在受限空间中需要缠绕很多匝线，每匝仅承载一个周期的一部分电流，因此其方均根值小于导通状态的电流。在这种情况下，选用面积为 0.3255mm² 的 #22AWG 导线。如果承载 0.533A，对应一个周期的

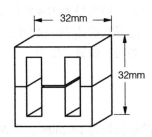

图 8.33　反激式电感可能的 E-E 磁芯（带间隙）

37.5%，则方均根值为 0.533 $\sqrt{D}$ = 0.326A，电流密度为 1A/mm²。骨架绕组面积为 97mm²，但需要两个线组，且填充系数不应超过 50%。这意味着每个绕组可以使用 24.3mm²，足以容纳 74 匝 #22 线。在输出端，电流降低为 1/10，这意味着需要 740 匝 #32 线（面积为 0.032mm²）来缠绕整个绕组。输入侧反激式电感为 1.77mH，因此 74 匝绕组需要 A_L = 323nH。一种可能的解决方案是使用 3F3 铁氧体制成的有间隙的磁芯。间隙约为 0.25mm，A_L 值为 400nH。这个值需要 67 匝导线。

使用两种方法测量上述方案是否饱和。当电流为 0.533A 加上 5% 的纹波时，电流为 0.56A，磁芯面积为 83mm²。由 67 匝线圈和式（8.48）可得 B = 0.181T。但是，磁芯处于外部电压下，是否会出现问题？通过式（8.28）中伏秒积限值得出以下值：

$$\frac{\int v dt}{NA} = B, \quad \frac{50V \times 1.875\mu s}{67 \times 83 \times 10^{-6}m^2} = 0.017T \tag{8.51}$$

为什么这是一个不同的值，哪个值更准确？在这种反激式设计中，因为磁通量是处于连续模式，所以磁通量不会在每个周期从零开始。这意味着式（8.51）得到的是磁通量的变化而不是实际值。amp-turn 计算公式则给出了该理论值。由于使用了电流峰值，所以本设计中 B 从未超出 0.181T，且磁芯足够大。

也许，磁芯可以稍微小一点，仍然满足所有的要求，但匝数很高，填充系数略低于 50%。磁芯设计的一次侧为 67 匝 #22 导线，二次侧为 670 匝 #32 导线。考虑磁通波形会随时间的变化而变化，当有源开关关断时，反激式二极管会吸收电流。输入侧电流降至零，输出侧绕组电流跳变至合适的值。相反，磁通量在循环期间连续上升和下降，图 8.34 显示了基于该磁芯设计的磁通量波形。

反激式变换器的另一个重要考虑因素是漏磁通。在候选设计中，一次和二次绕组将紧密耦

合，可能以交替层或某种方式缠绕以增强磁通量的相互作用。即使采用预防措施，也可能存在微亨级别的输入漏磁通。这会造成什么影响呢？考虑一个数值为 3µH 的漏电感，在有源开关关闭之前，电流为 0.56A，因此漏电感中存储的能量为 $(1/2)Li^2 = 0.47µJ$。这看起来很少，且其余的储能耦合到另一个绕组并输送到输出端。当开关关断时，漏电感中的电流变为零，能量损失。为什么呢？在如图 8.29 所示的电路中，因为开关的开通和关断都处于非理想转换阶段，这种能量在开关元件中损耗。由于每个周期都

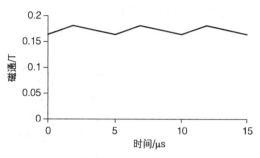

图 8.34　候选设计的磁通量与时间的关系

会有能量损失，因此 200kHz 的开关意味着每秒损失 94mJ 或 94mW，这约为 10W 太阳能电池的 1%。由于漏电感中的能量在每个周期都会损耗，因此变换器的效率至少下降 1%。

　　输出滤波器的电感值与输出电容值相关联，如式（8.45）所示。在输出端，二极管导通时的电流最大值为 0.056A，关断时为零。当有源器件关断时，电容器将此视为电流变化，因此分析与式（8.45）类似，但电流较低。基于 0.1µF 的输出电容，可产生 1.75V 的电压纹波，仅为母线值的 0.6%。如式（8.46）所示，约 5mA 的纹波将需要大约 220µH 的电感值，能量存储仅约 0.1µJ，因此这是非常小的电感。该设计通常与输入电感的设计类似，并将此作为案例分析。

8.7.5　小型卫星型隔离变换器

　　在反激式变换器中，电流和磁通量紧密相关。如图 8.34 所示的反激式变换器中的磁通波形看起来像降压变换器中的电感电流波形。具有正弦波形的变压器的磁通量与伏秒积直接关联。在交流链路变换器中的变压器设备可能更复杂，因为它们可同时携带直流电流和处理复杂的波形。通过以下例子进行探讨。

　　例 8.7.5　小型卫星使用标准 28V 直流总线和几个 dc-dc 变换器。太阳能电池板经过升压变换器可向系统供电，其最基本的元件是由约 22 个串联电池构成的镍镉电池组，还有几个变换器用于各种负载和实验。当使用这些电池时，在最低效率的情况下，实际总线电压在 20 ~ 36V 之间变化。其中一个变换器是 28 ~ 48V 的推挽正激变换器，用于驱动无线电发射器。发射器的直流功率水平可达 200W。建议开关频率为 100kHz。为此给出正激变换器为主变压器的基本设计方案。

　　该应用电路以及电路的三种工作模式如图 8.35 所示。根据操作顺序，考虑每个情况。当开关 #1 导通时，电压 $-V_{in}$ 出现在左上绕组，显示为 v_a。因为匝数比为 1:1，变压器电压 v_b 是相同的。基于 $N_2/N_1 = v_c/v_a$，输出电压 v_c 和 v_d 成比例。负电压为二极管 D_2 提供偏置电压，因此它被导通并将电流传送到输出端。当开关 #1 闭合后，输入侧电流为零。当两个输入侧开关都关闭时，输出电感强迫非零电流流动，电流也肯定在二极管 D_1 和 D_2 中流动。理想情况下，两个二极管将电感电流分流，使得在开关关闭时，净磁动势（MMF）为零。当开关 #2 接通时，电压 $+V_{in}$ 出现在左下绕组，其值为 v_b，二极管 D_1 导通，其他电压成比例。开关 #2 关断时，磁芯中的磁通量增加。开关 #1 关断时，磁通量减少。当两个开关同时关断时，磁通量保持不变。推挽式变换器面临使磁通量平衡的挑战。如果两个有源开关的占空比不相同，则磁通量将在给定方向上增大或减小，直到达到饱和。磁通量的上升和下降可确保磁通量在一个周期内的降低量等

于其上升量，称为**磁通量复位**。这个概念通常用于捕获绕组正激变换器以及其他应用中磁芯输入的伏秒积可能不对称的情况。

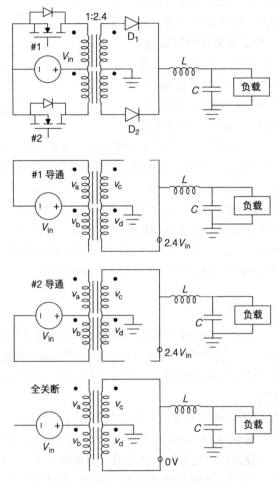

图 8.35　28～48V 的推挽式正激变换器

　　在推挽式变换器中，每个有源开关必须限制占空比为 50%，这对于不重叠的导通区间至关重要。在本例中，输出为 48V，输入为 20～36V。占空比和匝数比是多少？这本质上是降压变换器，因此最大占空比与最小输入电压相关。当输入为 20V 时，每个器件限制占空比在 50% 以下。由于输出电压为 48V，匝数比需为 20:48 或 1:2.4 才能满足要求，且输入电流为 10A。当输入电压为 36V 时，占空比需要满足 $2D \times 36V \times 2.4 = 48V$，$D = 0.278$。该变换器需要 27.8%～50% 的占空比才能运行。在 28V 输入条件下，$D = 0.357$。图 8.36 显示了该变换器在 28V 输入和满负载的情况下的磁通量波形；磁通量由任意一个绕组上的电压积分所决定。

　　磁芯选取的要求是什么？对铁氧体来说，频率足够高。绕组窗口需要满足 10A 的输入电流，磁芯不能饱和。但考虑到图 8.36 中的磁通为双极性，磁性元件可设计为磁通量从 $-B_{sat}$ 到 $+B_{sat}$ 之间波动，有效地将工作范围翻倍。导线尺寸是一个重要的限制因素。该磁芯需要四个绕组：两个中心输入绕组和两个中心输出绕组。当填充系数为 50% 时，每个绕组的使用面积不得超过窗口面积的 1/8，且绕组载流时间不能超过总时间的一半，因此电流有效值不会超过 $\sqrt{D}$，即导通状态值的 70%。然而，这是航天器应用，并且没有用于散热的气流。大多数热量必须通过铜线绕组传导到外部辐射散热器上，所需的带状或类似铜材料，其截面积至少相当于 #12AWG（截面积为 3.309mm²）导线。为了满足需要，从一个 16mm × 16mmE-E 磁芯开始，把两个宽 16mm、高 16mm 的半体装配起来。该磁芯的骨架绕组面积为 20.2mm²，允许每个绕组的面积为 2.53mm²——甚至不足一匝。此设计的磁芯太小了。1:2.4 匝数比的整数比最低为 5:12，可以使用更高的比率（如 1:3），或者需要一个有 5 圈空间的磁芯。在后一种情况下，需要 3.309mm² × 5 匝 × 4 绕组 × 2 的绕组面积来考虑填充系数，因此窗口面积至少需要 133mm²，这意味着 E-E 磁芯约为 42mm × 42mm。一种合适的材料可能是 3C91，其磁导率约为 2300μ_0，A_L 值为 5300nH。这个磁芯的磁面积为 178mm²。基于式（8.28）中的伏秒极限，当任一开关器件导通时，输出线圈承受的电压为 48V，因此在最低输入电压下，最高磁通为 50% 占空比。当 #2 开关导通时，磁通密度在半个周期内的变化量为

$$\frac{\int v\mathrm{d}t}{NA_\mathrm{e}} = \Delta B = \frac{20\mathrm{V} \times 5\mu\mathrm{s}}{5\text{匝} \times 178 \times 10^{-6}\mathrm{m}^2} = 0.112\mathrm{T} \tag{8.52}$$

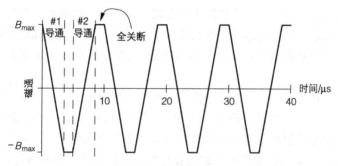

图 8.36 推挽式变换器磁芯磁通

如果磁通量保持平衡，它将在 ±0.056T 之间摆动。这个磁芯似乎足够大。如果有一点不平衡，比如 #2 开关的导通时间比 #1 开关长 1ns，会怎么样呢？在每个周期中，磁通量将增加 2.24×10^{-5}T。在 10000 个周期之后，磁通量的净增加为 0.224T。必须避免这种“磁通走漏”行为，因为磁芯将在不到一秒钟内开始饱和。有几种方法可以防止这种情况发生，如使用外部控件，当 #1 开关和 #2 开关开通和关断时，跟踪磁通量的净积分值。

磁芯损耗呢？在这个例子中，根据 0.056T 的峰值磁通量，3C91 材料的损耗可以由数据表 [12] 来推断。该值约为 15kW/m³（或 15mW/cm³）。磁芯的体积为 17.3cm³，在此应用中的磁芯损耗估计为 0.26W。在 200W 的应用中，磁芯损耗较低，且可以通过提高开关频率来减小磁芯的体积。由于未考虑铜损耗、开关元件损耗或空间应用中对散热的限制，所选定的磁芯可能承受附加因素的限制。

如果设计人员决定将一个输出绕组“分接”用于传感器应用，则当二极管 D_1 导通时会有 10mA 电流，但为什么当二极管 D_2 导通时却没有 10mA 电流？如果占空比为 50%，则在输出绕组上施加非零的平均电流（和磁通）。这将产生磁通量偏移，其值由 Ni/A_e 确定。在输出端，$N = 12$，$I = 10\mathrm{mA}$。磁通偏移量为

$$B = \frac{Ni}{\mathcal{R} A_e} = \frac{Ni A_L}{A_e} = \frac{12 \times 10\text{mA} \times 5300\text{nH}}{178 \times 10^{-6} \text{m}^2} = 0.036 T \qquad (8.53)$$

这约是最大磁通量的 2/3，所以影响不小。即使遵循伏秒原则，稍高的不平衡电流（小于 100mA）也会使磁芯饱合。

8.8 应用讨论

在许多电力电子系统中，磁性元件和开关同样重要。它们支持电流源特性，利用磁通耦合传输能量（带隔离），同时为滤波器和接口存储能量。磁性元件的材料是非线性的，必须事先考虑损耗和饱和等基本设计因素。由于需求和应用的多样性，许多功率变换器仍然需要定制磁性元件。一个根本挑战是小型化。当需要储能时，势必增加气隙体积，从而需要较大的磁芯，同时必须有足够的空间来绕制绕组，确保没有过大的电流密度。当需要大电流时，需增加磁芯体积以容纳足够的铜线。功率损耗是设计中需要考虑的关键因素，因为它随频率和磁通密度的增加而上升。尽管磁芯材料在低频下不会损失太多能量，但是低频率功率转换有较高的储能需求，且磁芯体积必须很大才能实现这一点。所以如何选取磁性元件的尺寸是需要权衡考虑的。

电感的设计受储能要求的影响。在饱和极限值下，储能与直流额定值相关，而电流额定值又与磁通密度有关。在电感中，电流纹波决定磁通密度纹波，磁滞损耗与磁通密度纹波为函数关系。另一个设计考虑因素是电感的线性关系。对于储能、线性关系和增加电流限制，大多数电感铁芯所用的粉末材料都有气隙或"分布气隙"。气隙导致有效磁导率比磁芯材料的 μ 值更低、更稳定。

各种各样几何形状的铁芯，一部分是由制造考虑因素决定的，另一部分是由对较薄的磁性元件的要求决定的。例如，触屏电脑或手机内的电源变换器，厚度不得超过印制电路板的几毫米。这给绕组留下的空间很小，有时绕组会作为元件印在电路板上，以减小它们的体积。铁氧体和粉末金属磁芯是硬度高和很难加工的陶瓷材料。人们发明了各种各样的夹子和其他装置，使铁芯附着在电路板上而不会折断或开裂。大型电感的安装尤其困难，因为它们很重，同时也需要一个精准的气隙，以维持较长的寿命。

和电容一样，电感也有复杂的频率特性。磁芯损耗和铜线产生的串联电阻通常称为 ESR，以便与电容保持一致。绕组的各匝线间相互绝缘，形成一组彼此绝缘的板。图 8.37 为上述 RLC 模型。由于绕组中含有高密度分布的电容，其精度低于标准电容模型，但它具有电感的特性。与电容一样，电感中包含 LC，与频率的关系为式 $\omega_r = 1/\sqrt{LC}$。在这

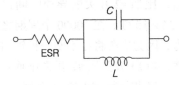

图 8.37 实际电感的电路模型

种情况下，谐振频率与最大阻抗有关，也可称为**反谐振**。图 8.38 显示了功率电感的测量频率特性。输入阻抗几乎随频率呈线性上升，直到接近反谐振频率值，相角从 90° 移到 −90°，元件变为容性。与电容一样，电感应该在低于谐振频率的情况下使用，以确保正常的工作。

dc-dc 变换器可能需要多个磁芯和磁性元件，需要的输入输出滤波器、大容量存储电感和变压器是不同的，且往往不兼容。用于正激式变换器的变压器具有非正弦电压和磁通线。考虑磁通量随时间的变化来确保饱和极限满足要求是很重要的。如果变压器输出直流电流，则磁通与电流和电压有关，饱和极限必须同时考虑电流和电压。这是某种整流器的一个限制因素：从变

压器中吸取能量的半波整流器和全波整流器对变压器绕组衍生出非零平均电流。桥式整流器避免了变压器直流电流，是减少饱和问题的首选。

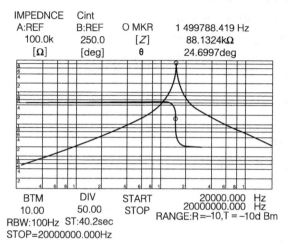

图 8.38　额定值为 250μH 和 5A 的功率电感的阻抗与频率的测量关系

有时，为了快速响应或满足非线性滤波的要求，通常在低电流时采用高值电感，在高电流时采用低值电感。铁磁材料往往具有这种特性，因为其 μ 会随着电流的增加而减小。设计人员会增加一个不均匀的气隙，如阶梯气隙或线性过渡，以便在电流上升时产生有序的饱和。这使得电感的变化范围比 2 : 1 或 3 : 1 的范围大得多，而 2 : 1 或 3 : 1 的变化范围是典型的无间隙铁芯的低饱和度。图 8.39 给出了一个几何实例图形。

在逆变器中，工频波形和高频波形同时作用的大电感并不少见。在这些应用中，最重要的是考虑电流和电压在整个工作周期内是如何变化的。当磁通达到峰值时，是否为一个周期内的特定时间？饱和不代表是"平均"现象；即使一个磁芯只是短暂地饱和，也会影响它的正常工作，并可能造成一些问题。通常的含义

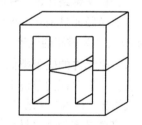

图 8.39　带有刻度间隙的电感

是，当器件进入饱和状态时，电感值会大幅下降。这将导致阻抗迅速降低，并可能导致过流情况。

在整流器中，需要较大的电感来产生电流源，且其尺寸大小与工作频率有关。与有源整流器中的电感相比，工频相控整流器中的电感尺寸比较大，材料也不同。在工频整流器中，叠层磁芯很常见，通常使用 E-E 或 E-I 几何结构，用较短的中心柱提供气隙。在高于工频但不超过 10kHz 的频率下，粉末金属铁芯及其分布的间隙是有效的。更高的频率需要铁氧体磁芯，铁氧体磁芯必须更大，因为它们在相对较低的磁通密度下饱和。钢薄片成本低，可以制成任何形状的支撑薄板。公用电网中使用的最大变压器是由几平方米的薄板切割而成，通常使用 E-E 或 E-I 型结构。其他材料必须制作成合适的形状，然后通过磨削调整以使其精密。环面的成型过程相对容易，却不易缠绕线圈。

8.9 小结

基于以下几点：

- 磁性元件电感函数 $V = L\,di/dt$。
- 磁性元件为时变信号提供变压器功能。
- 磁性元件的麦克斯韦等效电路方程。
- 用铁磁性材料制成的电感和变压器相关特性。
- 磁滞和相关损耗。
- 涡流和相关损耗。
- 绕组损耗。
- 漏磁通和相关电感。
- 磁性元件的设计考虑因素包括：
- 磁芯尺寸和磁导率。
- 气隙对磁阻和线性度的影响。
- 磁芯损耗极限。
- 磁通量饱和值。
- 绕线窗口大小。
- 线圈最大电流密度。
- 交流电压、伏秒积和直流电流的最大值。
- 工作频率。
- 额外的考虑包括频率特性，显示出反谐振效应。

分析从**磁路**开始，其中安培定律提供了类似于 KVL 的 MMF 关系。高斯定律保证进入孤立节点的净磁通量是 0，类似于 KCL。法拉第定律提供了磁路和电路之间的关系。通电绕组提供的 Ni 可作为磁路的磁动势（MMF）源，表达式 $\mu H = B$ 提供了磁动势（MMF）和磁通量之间的联系。磁元件的**磁阻**类似于电阻。磁通 ϕ 由 $Ni/\mathscr{R}$ 得出。法拉第定律表明，磁性元件呈现电感特性。对于 N 匝的单绕组，电感为 $L = N^2/\mathscr{R} = N^2 A_\mathrm{L}$。$\mathscr{R}$ 为该器件的总磁阻，A_L 为磁导，以电感形式给出。表 8.3 总结了一些磁路关系。

高磁导率的**铁磁**材料在工程应用中具有特殊的价值。常温下它们是唯一 μ 值明显不同于真空值 $\mu_0 = 4\pi \times 10^{-7}$H/m 的材料。大多数铁磁材料是含有铁、镍、钴或稀土元素的合金或化合物，锰、锌和其他过渡金属也有使用。**铁氧体**是一种陶瓷化合物，其基本化学式为 XFe_2O_4。它们具有铁磁性，导电性比金属材料低。铁氧体在高频应用中很常见。

含有多个绕组的磁芯既可作为耦合电感（存储能量且电流不成比例时），也可作为变压器。高 μ 值材料可实现一种近乎理想的变压器，但磁性元件需要时变磁通才能工作。磁性元件不直接支持直流转换。在实际的变压器中，除了耦合线圈用于变换的磁通外，每个绕组都有一个与漏电感相关的单独漏磁通。绕组具有等效电阻，时变磁通会造成铁芯损耗。漏磁通量在耦合电感中也很重要，因为器件从多个端口接受其存储的能量，而漏磁不会参与能量的传递。

对于铁磁材料，高 μ 值的基础是**磁畴**，在磁畴中大量的电子倾向于排列在一起。磁动势（MMF）的微小变化都会引起磁通密度的巨大变化。通常，对于铁磁材料，μ 值不是恒定的。若要更完整地描述铁磁材料的特性，需要得到**磁化曲线**，而不是 μ 值。当温度高于**居里温度**时，

磁畴 T_c 被热量破坏，材料的 μ 值下降到接近 μ_0。当超过极限磁通密度值 B_{sat} 时，所有磁畴都是排列一致的，μ 也从其高值下降到 μ_0 附近。如果施加 MMF，然后移除，磁畴则会保留部分排列一致，并且材料中会保留**剩余磁通** B_r。MMF 的反向值称为**矫顽力** H_c，其能使磁通密度降低到零。

表 8.3　磁路关系概述

表达式	意义
$\sum \phi_{node} = 0$	高斯定律的一种形式；磁学中的 KCL
$\sum MMF_{loop} = Ni$	安培定律的一种形式；磁学中的 KVL
$v = d\lambda/dt$	法拉第定律的一种形式；将磁链 $\lambda = N\phi$ 与电压联系起来
$\mu H = B$	磁导率的定义。对于真空，$\mu = \mu_0 = 4\pi \times 10^{-7}$H/m
$R = l/(\mu A)$	磁阻的定义。长度 l 由安培定律环定义，A 被定义为一个线圈包围的区域，**电感系数** $A_L = 1/R$
$L = N^2/\mathscr{R} = N^2 A_L$	等效电感

剩余磁通和动态排列意味着磁化曲线具有不可逆性。这意味着，当磁动势（MMF）和磁通在磁性材料中变化时，能量就会损失。损耗包括磁滞损耗（磁滞损耗代表非线性的实际磁性效应）和涡流损耗（涡流损耗是磁芯中感应电流产生的内部损耗 I^2R）。在金属材料中，**叠层**是用来减少涡流损耗的，但会增加内阻。像铁氧体这样的电阻性材料，其导电性能很差。功率损耗一般采用斯坦梅茨方程得到

$$P_{loss} = kf^{\alpha}B^{\beta} \tag{8.54}$$

对于正弦的磁通量变化，损耗近似随磁通变化幅度的二次方和频率在 1～2 之间的幂次增大。

磁饱和是器件设计的基本限制因素。在电感中，磁饱和限制了直流电流和伏秒积，反过来又限制了给定磁芯的能量存储能力。在变压器中，饱和限制了每匝绕组所能承受的电压。对于电感来说，储能通常需要一个气隙，这不仅提高了直流电流的限制，并增加了磁芯储能的容量。对于变压器，铁芯必须足够大，以避免在最高电压下发生饱和。避免饱和的设计规则总结在表 8.4 中。

表 8.4　饱和度设计规则

规则	意义
$Ni < B_{sat} \mathscr{R}A_e$	电感的安匝限值
$W_{max} = 0.5 B_{sat}^2 l_e A_e/\mu$	规定磁芯存储的最大能量
$W_{max} = 0.5 B_{sat}^2 V_{gap}/\mu_0$	若磁芯具有高的 μ 值，最大储能由气隙的体积决定
$V_0/N < \omega B_{sat} A_e$	频率为 ω 时的每匝最大电压（对于变压器）
$\int v dt < N B_{sat} A_e$	电感或变压器的最大伏秒积

气隙对电感很重要，它不仅能带来更高的储能能力，而且能改善给定磁性元件的线性度。铁磁材料的磁导率易出现 ±50% 的变化，气隙的加入通过产生**有效磁导率** μ_e（介于 μ_0 和磁芯材料的精确高值之间）来减小这种变化。在粉末金属铁芯材料中，通过将铁磁材料嵌入非磁性基体中，使得气隙分布在整个体积中。

根据设计目的，必须选择合适的磁芯尺寸和几何形状。评估饱和约束条件，以确定如何限

制绕组设计和绕组额定值。线径的选择是为了承载所要求的电流，并适应绕组**窗口区域**。金属磁芯材料通常用于工频应用。在较高的频率下，铁氧体或粉末金属铁芯是一种常见的选择。磁芯可以是环形的，也可以是各种类型的剖面结构。在匝数比较多的情况下，分段结构往往比环形结构更容易绕线。

所有缠绕在给定磁芯上的导线都必须与它的窗口大小相适应。窗口还必须保持绝缘，并且能在任何结构上缠绕导线。在实际应用中，低于 50% 的窗口区域可以携带有源导体，该比例系数称作**填充系数**。在双绕组变压器中，每组线圈都不超过总窗口面积的 25%。对于环形铁芯，绕组通常设计成紧贴在铁芯上。这使得器件很小，并最大限度减少泄漏。对于其他磁芯形状，绕组通常使用适应缠绕窗口的最大规格导线，这将使损耗最小化并使额定功率最大化。

损耗可分为**铜损耗**，如绕在磁性元件上的线损 I^2R 和**铁芯损耗**，如磁滞和涡流损耗的组合损耗。当使用多个绕组时，通常调整绕组尺寸以使铜损之间相互匹配，以及电流密度相同。这种方式能够充分利用磁性材料。磁芯尺寸的选择应使饱和电流限值和铜损电流限值产生的额定值大致相同。

习题

1. 一个铁粉磁环，其特定电感 $A_L = 230nH$，则该磁芯上 20 圈绕组的电感是多少？

2. 如图 8.26 所示的铁氧体 E-I 磁芯没有间隙，$d = 2cm$。如果磁导率为 $5000\mu_0$，则该磁芯上 200 圈绕组的电感是多少？如果间隙为 0.1mm，那么电感是多少？

3. 为图 8.40 中的器件绘制一个磁通等效电路，其中线圈电流为 10A。

4. 找到图 8.40 所示的磁路的电感，其避免饱和的最大允许电流是多少？

5. 一个环形磁芯的厚度为 4mm，外径为 16mm，内径为 8mm，并且 $\mu = 25\mu_0$。这个环形磁芯上 10 匝绕组的电感是多少？保持 $B < 0.5T$ 的最大电流是多少？

6. 制造商评定某个铁氧体磁芯的特定电感 $A_L = 400nH/$ 匝平方。磁芯的有效磁面积为 $1.5cm^2$。

1）什么是避免饱和的安培匝数限制？

2）如果额定电流至少为 1A，则该磁芯可能具有的最高电感值是多少？

3）如果可以用铁粉代替，以提供相同的 A_L 值，那么额定电流为 1A 时的安培匝限和最大电感是多少？

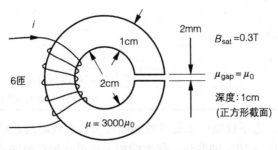

图 8.40　基于有间隙环形磁芯的磁路

7. 一个粉末状铁圆环体的外径为 100mm，内径为 50mm，厚度为 40mm。磁导率是 $\mu = 50\mu_0$。这个磁芯上 20 匝线圈的电感是多少？允许的电流大小是多少？

8. 铁粉类环形磁芯，$\mu = 25\mu_0$，外径为 30mm，内径为 15mm，厚度为 10mm。

1）在这个磁芯上的电感能储存多少能量？

2）在特定的变换器应用中，最大电压秒值为 50μV·s。选择若干圈以允许此磁芯满足此限制。电感和电流额定值是多少？

3）在此基础上构建的电感能达到的最高额定电流是多少？

9. 某开气隙铁氧体磁芯的有效磁导率为 $200\mu_0$，呈环形，外径为 30mm，内径为 15mm，厚10mm。使用这个磁芯的电感能储存多少能量？最高电流额定值是多少？

10. 驱动器应用需要一个 10mH 电感。电感必须能够处理 75A 直流电流。可提供额定值为 $\mu = 25\mu_0$ 或 $\mu = 75\mu_0$ 的铁粉磁芯。每种情况下需要多少体积的磁性材料来提供必要的储能和电感值？假设为环形，给出磁芯尺寸，并提供基于这两种材料的设计。推荐选择哪种类型？

11. 已知某铁氧体磁芯在开关频率为 100kHz 的 dc-dc 变换器应用中的损耗为 4W。如果同一个变换器的开关频率加倍，功率损耗会变化多少？

12. 图 8.41 中的标准罐型磁芯将用于构建 250μH 电感。总气隙为 1mm，刻度如图所示，除气隙外，其余均有精确的刻度大小。需要绕制多少圈？这个电感的去电流额定值是多少？骨架上有足够的空间绕制导线吗？

a.1408-250　b.2010-200　c.3018-400　d.3622-400

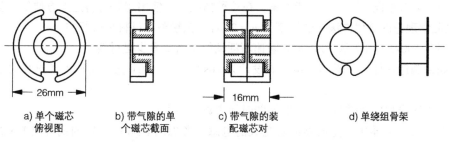

a) 单个磁芯　　　b) 带气隙的单　　　c) 带气隙的装　　　d) 单绕组骨架
俯视图　　　　　个磁芯截面　　　配磁芯对

图 8.41　标准罐型磁芯和骨架，按图示比例绘制（气隙为 1mm）

13. 电感采用叠层硅钢磁芯，其目的是帮助滤除输出端的开关频率纹波。除气隙外，芯体和尺寸与图 8.8 相同。电流高达 10A 时需要 100μH 电感。选择一个气隙和匝数以满足需要（**提示：** 绕组必须在中心磁芯柱上，以确保气隙在磁通磁路中）。

14. 铁氧体磁芯通常根据几何结构和电感进行编号。例如，1408-250 罐型磁芯的外径为 14mm，厚度为 8mm（两段安装在一起），一圈导线的电感为 250nH。中心柱面积约占总截面的 15%。我们需要制造一个电流额定值为 5A 的 100μH 电感。图 8.41 哪一个磁芯可以用来制造这种电感？对于能够满足要求的磁芯，应使用多少圈？

15. 一个小型电池充电器单元能够为电池充电，电池电压从 1.2V 到 24V。为了防止电流过大，充电器将一个 10Ω 电阻与电池串联。充电器的输入为恒定 +12V 电源。该装置被设置为以 0.1A 的速率给连接的蓄电池充电。

1）画一个能执行此功能的开关变换器，电感和电容器设计需最佳。

2）找到这个变换器 $f_{switch} = 40\text{kHz}$ 的 L_{crit}。

3）提出实施 L_{crit} 的磁芯方案。

16. 升压变换器允许输入 15～40V 直流电压，在 12kW 时的输出为 120V。电感为 10μH。

1）在不同输入电压下，f_{switch} 需满足 $L \geq L_{cirt}$ 的关断开关，求解 f_{switch}？

2）电感磁芯具有高 μ_r 值，$A = 0.001\text{m}^2$，气隙宽度为 g，请求出满足 $L \geq 10\mu\text{H}$ 和 $B \leq 1\text{T}$ 的匝数 N 和气隙 g 的值。

17. 铁氧体磁芯 $\mu = 5000\mu_0$，采用 E-E 几何结构。E-E 段的每个支柱宽 6mm，长 15mm。E 形磁芯的侧梁长 36mm，厚度为 6mm。该磁芯将用于正激式变换器应用中的变压器。在 50kHz 的开关频率下，变压器能正常工作的最大功率是多少？

18. 某台变压器用于电力应用，频率为 60Hz。该装置将 12kV 的输入电压逐步降低到 240V，功率水平高达 75kW。建议采用 $B_{sat} = 1.8\text{T}$ 的硅钢叠层磁芯，渗透率为 $10^5\mu_0$。

1）考虑到图 8.26 中的一般 E-I 几何结构，d 需要多大才能使变压器工作？

2）磁芯使用什么尺寸和匝数？

3）估算满负荷时的导线电阻和铜损耗。

19. 一个用于去磁变换器应用的 500μH 变压器，其输入电压为 24V，负载为 1 ~ 200W 时，输出电压为 5V。建议设计一个电感，指定可能的几何图形、材质、圈数和导线尺寸。

20. 某铁氧体材料的功率损耗由 $P_0 f^{1.4} B^{2.4}$ 给出，其中，B 代表磁通密度变化量的有效值。这种材料用于运行在 150kHz 下的升压转换的变压器中。200kHz 时，磁通密度纹波为 B_{sat} 的 $\pm 5\%$，功率损耗是否高于或低于 150kHz？这两个开关频率的功率损失率是多少？

21. 为电动汽车设计一个磁储能方案，在这种情况下，使用超导材料是不方便的。尝试寻找一种满足磁学理论的替代方法，磁导率为 $\mu = 25\mu_0$ 的铁粉磁芯材料是可行的。

1）储存 500kJ（汽车从 100km/hr 减速消耗动能）需要多少磁材料？

2）如果制造这样一个磁芯，绕组能设计为 20s 内处理 300V 直流电吗？（这里可以等效为加速度）

3）对于铜线和候选磁芯，计算的储能时间常数是多少？

22. 在桥式整流器中，滤波器需要更大的电感。考虑图 8.26 中一般的钢叠层 E-I 磁芯，在中心支柱上加一个小气隙，设计一个 1H 电感，在 50Hz 整流二极管桥应用中可处理 1A 电流。考虑到气隙长度不应超过 $0.5d$，最不可能的磁芯是什么？

23. 一个铁粉磁芯被制成额定电流为 20A 的 50μH 电感，并应用于电源中。当磁通量在 200kHz 下的 $\pm B_{sat}$ 之间波动时，总损耗显示为 1W。损耗表达式为 $P_{loss} = P_0 f^{1.5} B^2$，其中，$B$ 是磁通密度变化的方均根值。在磁通密度纹波小于 $10\% B_{sat}$ 的 50kHz 电路中，该电感的品质因数 $Q = X/R$ 是多少？

参考文献

[1] H. H. Woodson and J. R. Melcher, *Electromechnical Dynamics*, *Part I*：*Discrete Systems*. New York：Wiley, 1968.

[2] C. P. Steinmetz, "On the law of hysteresis," *Trans. AIEE*, vol. 9, no. 1, pp. 3-51, Jan. 1892.

[3] Ferroxcube, Soft Ferrites and Accessories Data Handbook, 2013. Rochelle Park, NY：2013.Data for 3F3 material, pp. 123-124. Available：http：//www.ferroxcube.com/FerroxcubeC-orporateReception/datasheet/FXC_HB2013.pdf.

[4] J. Muhlethaler, J. Biela, J. W. Kolar, and A. Ecklebe, "Improved core-loss calculation for magnetic components employed in power electronic systems," *IEEE Trans. Power Electron.*, vol. 27, no. 2, pp.964-973, Feb.2012.

[5]　S. Constantinides, "Designing with thin gauge," presented at the SMMA Fall Tech. Conf., 2008. Available: http://www.arnoldmagnetics.com/WorkArea/DownloadAsset.aspx?id=4439.

[6]　C. R. Sullivan, W. Li, S. Prabhakaran, and S. Lu, "Design and fabrication of low-loss toroidal air-core inductors," in Proc. *IEEE Power Electron. Specialists Conf* 2007, pp. 1754-1759.

[7]　W. T. McLyman, Transformer and Inductor Design Handbook. New York: Marcel Dekker, 1978.

[8]　Coilcraft, Inc., "Looking beyond the static data sheet," Cary, IL: Aug. 2013. Application note 1140. Available: http://www.coilcraft.com/appnotes.cfm.

[9]　Micrometals, Inc., *Powdered iron data*, "E cores: E305 thru E610," Anaheim, CA. Available: http://www.micrometals.com/pcparts/ecore4.html.

[10]　Ferroxcube, Soft Ferrites and Accessories Data Handbook, 2013. Rochelle Park, NY: 2013. Data for 3E27 material, pp 107-108. Available: http://www.ferroxcube.com/FerroxcubeCorpo-rate Reception/datasheet/FXC_HB2013.pdf.

[11]　Magnetics, Inc., "Specification for OP41126EC," Pittsburgh, PA. Available: http://www.mag-inc.com/products/ferrite-cores/ferrite-shapes.

[12]　Ferroxcube, *Soft Ferrites and Accessories Data Handbook, 2013*. Rochelle Park, NY: 2013. Data for 3C91 material, pp. 86-87. Available: http://www.ferroxcube.com/FerroxcubeCorpora-te Reception/data-sheet/FXC_HB2013.pdf.

第 9 章　变换器中的功率半导体器件

9.1　引言

　　半导体器件一般用作功率变换器的开关。由电路极性产生的限制开关概念，到目前为止，电力电子电路已经与特定类型的器件紧密相关。各种各样的器件类型、封装、热性能和动态操作给变换器的设计增加了许多挑战。图 9.1 提供了一些器件封装和散热器配置的示例。在本章中，功率半导体将从器件层面被考虑，这些器件的哪些因素与电力电子电路的运行有关？并考虑器件正向压降等静态效应的开关过程。器件速度将作为重点进行介绍，介绍了集总参数电路对开关速度的近似影响。由于正向压降和开关速度的影响都会造成器件损耗，所以在本章将研究损耗过程和损耗值。本章还将介绍半导体器件的热分析模型，并给出给定器件是否适合特定变换器的概念。大多数制造商为设计人员提供了大量关于功率半导体器件的信息，所以本章实例中采用了来自商业数据表的信息。本章将重点考虑确定特定应用和估计器件损耗所需的数据，并重点关注器件在实际系统中的操作。本章最后将以变换器的设计为例说明这些问题。

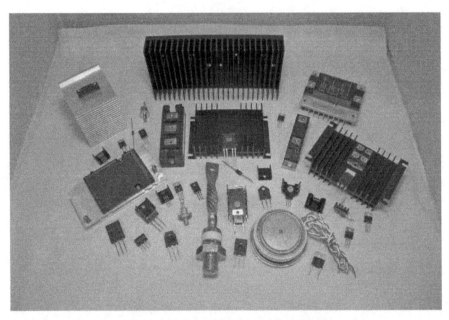

图 9.1　各种功率半导体器件、封装和散热器

9.2　开关器件状态

　　理想的开关状态必定是导通或者关断，但在现实中，开关却有三种工作模式：

■ 导通状态，在这种状态下，电流携带的电压很小。在选择一组满足导通状态要求的器件时，电流的额定值非常重要。虽然理想情况下的 $V_{switch} = 0$，但在现实中会存在一个很小的**残余电压**。二极管正向电压降是一个常见的例子，且所有的器件都存在残余电压。

■ **关断**状态，电流接近零，高压被阻断。所有器件都由电压额定值来指导断态的设计。虽然理想情况下的 $I_{switch} = 0$，但实际半导体在关断状态下会显示出很小的**剩余电流**。这种电流也称为**泄漏电流**，在现代电力器件中该值是很低的，往往可以忽略。

■ **换流**状态，在这种状态下，器件进行从开到关或从关到开的转换。换言之，**换流**是电流从一个导体传递到另一个导体的过程。换流速率对于换流的设计十分重要。

这三种工作模式都与能量损耗有关。开通与关断模式被称为**静态**状态，因为在每个开关周期的大部分时间里，器件动作的变化不大。换流是一种**动态**状态，需要具有储能元件和受控源的模型来跟踪这种转换。

对于导通状态，制造商提供如下几种电流额定值：

1）连续电流额定值。这是在规定条件下的安全操作等级。当预先不知道占空比或需要进行最坏情况的设计时，连续电流额定值就很重要。

2）平均电流额定值。在具有固定残压电压的器件中，平均导通损耗为残余电压乘以平均电流。这个额定值对于整流器和 dc-dc 变换器很重要。

3）方均根电流额定值。现实中的任何器件在通电状态下都有一定的阻值。方均根电流决定着电阻的损耗。这个值在逆变器的设计中很重要，有时在整流器和 dc-dc 变换器中也被考虑。

4）峰值电流额定值。当电流高于此值时，大电流可能会对金属触点或导线产生过度的局部加热或物理损坏。在某些器件中，大电流会引起内部不稳定，从而导致故障。

5）电流 - 时间值。器件应能短时、不频繁地处理额定峰值电流，并能无限期地处理连续电流。在实现宽占空比和宽频率范围的器件中，详细说明特定时间内能够处理的电流量是有帮助的。许多金属 - 氧化物半导体场效应晶体管（MOSFET）和绝缘栅双极晶体管（IGBT）制造商为设计人员提供了电流 - 时间曲线。

对于关断状态，信息取决于特定的器件。二极管和 MOSFET 具有明确的额定电压，超过额定关断状态电压会产生雪崩电流。如果雪崩电流不受外部限制，器件会迅速失效（通常比熔断器还快），所涉及的时间非常短，因此峰值关断状态额定电压通常是一个数字，没有任何时间因素。关断状态下的剩余电流通常是在额定关断状态电压下规定的。

晶闸管整流器（SCR）包括多个双极结，若无门电流的情况下，它们或许可以承受短暂的高关断反向电压。在电流**正方向**上，当超过最大电压时，晶闸管实际上会导通。SCR 数据表通常规定最大正向和反向关断电压，也可能规定瞬时峰值电压额定值。

换流状态下，器件的动态特性在很大程度上取决于外部电路。一般的开关操作如图 9.2 所示。该图显示了正向传导正向阻断（FCFB）开关器件（如 IGBT）的电流与电压关系。导通状态为大电流低残余电压，关断状态为高电压小剩余电流。换流过程必须驱动器件从一个静态点转为另一个静态点，这种转变需要一定的时间，而这并没有反映在这个 I-V 图上。开关状态之间的路径定义了**开关轨迹**。在大多数情况下，**导通轨迹和关断轨迹**并不遵循相同的路径。

对于换流，制造商通常提供开关时间，如上升和下降时间（基于电流）、时间延迟以及被称为**恢复时间**的动态器件特性，并由这些时间来估计器件在换流过程中需要保持多长时间。对于像晶体管这样的可控器件，制造商指定了一个**安全操作区域**（SOA），即开关轨迹必须落在 I-V 平面的一个区域内。

如果变换器在应用中产生了一个移动到 SOA 之外的开关轨迹线，那么器件可能损坏或报废。图 9.3 显示了 dc-dc 变换器的典型开关轨迹线，以及为这个 MOSFET 应用选择合适的SOA。

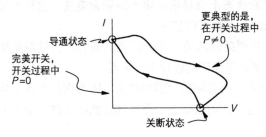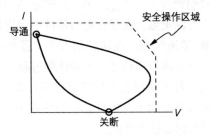

图 9.2　开关电流与电压的关系，显示了三种状态　　图 9.3　使用适当器件的 SOA 对应的开关轨迹线

9.3　静态模型

受限开关概念可用在功率半导体的电路模型中。在分析设计中可以整合导通状态和关断状态特性，并将其包括在分析和设计中。例如，现实中的二极管可以用一个理想二极管和串联的电压降来表示，这个概念称为**静态建模**。

现实中的二极管正向特性和三个可能的静态模型如图 9.4 所示。实际的指数曲线如图 9.4a所示，并不适用于开关模型。第一个模型是图 9.4b 中一个恒定的正向电压降，它只有原点和另一点的特性与实际特性相匹配。图 9.4c 所示的第二个模型采用串联电阻，随着电流的增加，电阻的正向电压降可以跟踪实际曲线的上升斜率。图 9.4d 所示的第三个模型通过构建分段线性静态模型来尽可能接近实际曲线。在电力电子中，具有恒定的正向电压降和带电阻的正向电压降模型是很常见的。更复杂的模型会在电路中引入外部开关，使得分析更加复杂，没有更多的优势。

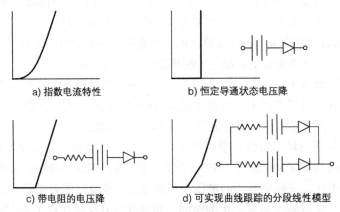

图 9.4　典型整流二极管静态正向特性

反向电流可以用一个漏电电阻来建模，也可以再加上一个合适的理想二极管来限制它对关断状态的影响。在功率转换中，这通常不是必须的。一个额定参数为 10A/200V 的功率二极管在额定电压下的剩余电流仅为 10μA。由于剩余电流仅为额定电流的 100 万分之一，因此不太可能对变换器电路或功率损耗产生可测量的影响。下面一些实例对这个说法进行了验证。

例 9.3.1　测量 MUR3040PT 硅二极管[1] 的正向特性如图 9.5 所示。该器件的额定电流为 30A，额定电压为 400V。制造商的数据显示，在关断状态下，400V 时的泄漏电流为 10μA。根据曲线和提供的数据，为该器件建立一个静态模型。在峰值电流为 50A 时，二极管的静态电阻是多少？

这个器件的漏泄电阻应该约 400V/10μA，即 40MΩ。图 9.5 显示了特性曲线的直观拟合，其遵循图 9.4c 所示的电阻模型。虚线在 1.00V 处与 $I=0$ 轴相交，斜率为 50A/0.85V = 59S，对应 0.017Ω。基于这些数据的静态模型如图 9.6 所示。

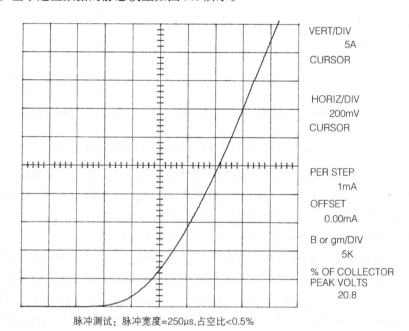

图 9.5　测量得到的快速二极管 MUR3040PT 正向电流与正向电压的关系（纵轴：5A/div，横轴：0.2V/div）

脉冲测试：脉冲宽度=250μs,占空比<0.5%

例 9.3.2　在 buck dc-dc 变换器中使用带有理想晶体管的 MUR3040PT 二极管，将 12V 转换为 5V 供给 100W 负载。晶体管占空比应该是多少？忽略换流效应，二极管的功率损耗是多少？

图 9.6　MUR3040PT 二极管静态模型

图 9.7 所示为符合这些要求的带静态二极管模型的 buck 变换器。有源开关导通后，等效电路如图 9.8a 所示。当有源开关断开时，电感电流对二极管施加正向偏压，等效电路如图 9.8b 所示。通过二极管 v_{resid} 的残余电压是二极管正向电压降 v_d 和通过电阻 R_d 的电压降之和，则

$$v_{\text{resid}} = v_d + I_L R_d \tag{9.1}$$

电路关系为

$$i_{\text{in}} = q_1\left(I_L + \frac{V_{\text{in}}}{R_{\text{leak}}}\right), \quad \langle i_{\text{in}}\rangle = D_1\left(I_L + \frac{V_{\text{in}}}{R_{\text{leak}}}\right) \tag{9.2}$$

输入电压和电压降的关系为

$$v_d = q_1 V_{\text{in}} + q_2(-v_{\text{resid}}), \quad \langle v_d\rangle = V_{\text{out}} = D_1 V_{\text{in}} - D_2 v_{\text{resid}} \tag{9.3}$$

式中，R_{leak} 为关断状态下 40MΩ 的漏电电阻，如图 9.7 和图 9.8a 所示。因为总占空比是 $D_1 + D_2 = 1$，所以供给负载的电感电流必须为 20A。

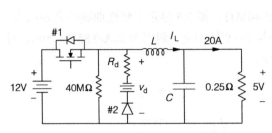

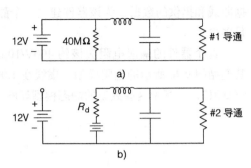

图 9.7　带静态二极管模型的 buck 变换器电路

图 9.8　带有静态二极管模型的 buck 变换器在导通和关断状态下的电路

残余电压为 1.00V+（20A）（0.017Ω）= 1.34V。两个包含实际值的方程可简化为

$$\langle i_{\text{in}} \rangle = D_1(20\text{A} + 0.3\mu\text{A}), \quad 5\text{V} = D_1(12\text{V}) - (1 - D_1)(1.34\text{V}) \tag{9.4}$$

电压为 5V =（13.34V）D_1 − 1.34V，D_1 = 0.475，略高于使用理想开关器件时该值的 5/12。平均输入电流为 0.475 × 20.00A = 9.50A。输入平均功率为 $V_{\text{in}} \langle i_{\text{in}} \rangle$ = 114W。损耗为 14.0W（都在二极管中，因为它是变换器中的唯一有损器件），效率为 100W/114W = 87.7%。如果忽略反向剩余电流，这些数字都不会改变，因为它几乎比导通电流小 8 个数量级。

　　开关器件可以根据它们的特性曲线建立静态模型，就像二极管模型一样。图 9.9 显示了 IGBT[2] 的正向特性。若将器件作为开关使用，则在导通状态下应尽可能靠近纵轴（以最小化 v_{resid}），在关断状态下应尽可能靠近横轴。当导通时，栅极 - 发射极之间的电压应保持足够高，以跟随曲线的最左边。如图 9.9 所示，当栅极 - 发射极电压 V_{ge} = 10V 时，曲线近似正向电压为 1.2V 左右的二极管特性曲线。这些曲线分别对应的栅极电压为 0V、2V、4V、6V、8V 和 10V。在 6V 以下，器件是关断的，它携带的电流很小；在 10V 时，它是完全导通的。

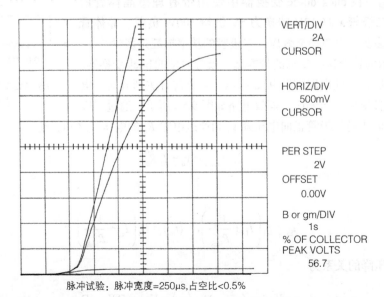

脉冲试验：脉冲宽度=250μs，占空比<0.5%

图 9.9　测量得到的 IGBT 样品 HGTG12N60B3 的正向特性（纵轴：2A/div，横轴：0.5V/div）

为了反映器件的运行情况，该器件的静态模型应能表征正向电压降和正向电阻，以及 FCFB 器件的限制开关行为。基于正向特性的一般模型如图 9.10 所示，其显示了集电极、发射器和栅极端子。为实现逆变器运行，大多数 IGBT 与反向二极管封装在一起。图 9.9 中被测器件的电阻为 62mΩ，与 1.15 V 串联，栅极输入为 10 V。

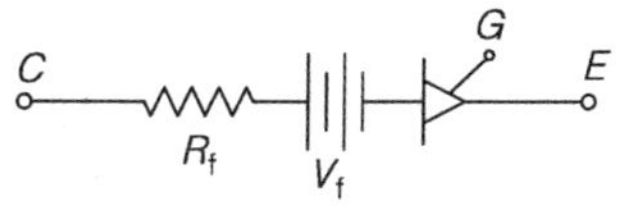

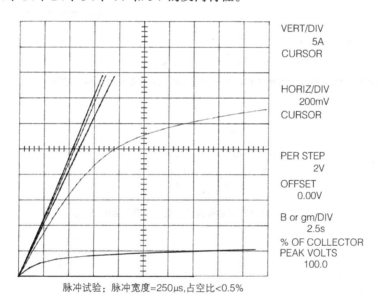

图 9.10 IGBT 静态正向模型

功率 MOSFET 具有正向阻性导通特性，如图 9.11 所示 [3]。当栅极 - 源极电压足够大时，该特性从原点沿直线延伸。合适的静态模型是电阻，而不是与电压降串联的电阻。导通电阻 $R_{ds(on)}$ 是功率 MOSFET 的一个重要参数。在相反的方向上，器件特性如图 9.12 所示，器件的特性受到其内置反向二极管的影响。如果栅极信号导通，则反向电压降是二极管电压降或 $R_{ds(on)}$ 上的电压降中较小的一个，由反向二极管曲线右侧的直线表示。如果栅极信号很低或关闭，反向特性完全由二极管决定，由左边的限制曲线表示。图 9.12 显示了从左到右栅极 - 源极输入为 0V、1V、2V、3V、4V 和 5V 的反向特性。

VERT/DIV
5A
CURSOR

HORIZ/DIV
200mV
CURSOR

PER STEP
2V

OFFSET
0.00V

B or gm/DIV
2.5s

% OF COLLECTOR
PEAK VOLTS
100.0

脉冲试验：脉冲宽度=250μs,占空比<0.5%

图 9.11 基于 MTP36N06 测量的功率 MOSFET 正向特性（栅极电压 1V/div）。当栅极电压小于或等于 5V 时，器件关闭。9V 栅极的迹线没有标记，因为它非常接近 10V 线

如图 9.13 所示，MOSFET 的正向特性和反向特性可以在一个静态模型中得到体现，并显示出漏极、源极和栅极端子。MOSFET 提供了与 $R_{ds(on)}$ 串联的理想开关，尽管二极管限制了反向的阻断特性。漏电电阻 R_{leak} 通常被忽略。在许多 dc-dc 变换器中，反向电阻特性优先于二极管，当二极管不导通时，栅极会反向导通，这称为**同步整流**，因为一个可控的有源开关代替了二极管，并与二极管动作同步。此外，减少能量损耗也很重要。在图 9.12 中，当反向电流为 4A 时，残留的二极管电压降几乎为 0.8V，但如果栅极在 5V 下驱动，则残留的二极管电压降小于 0.2V，这将使反向损耗减少 75% 以上。

SCR 往往倾向于遵循二极管的特性。典型的正向特性如图 9.14[4] 所示。没有门极电流就没有阳极电流，当有门极电流（不超过 1mA）时，器件就像二极管一样工作。器件内部的结构使它的正向电压降大约是同等额定值二极管的两倍。漏电流明显高于类似额定值二极管中的漏电

流，但仍比正常导通电流低几个数量级，可以忽略不计，但若在高压、低电流的应用场合就需
要加以考虑。

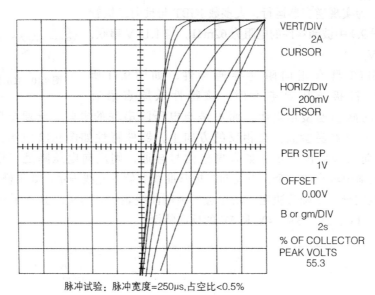

脉冲试验：脉冲宽度=250μs,占空比<0.5%

图 9.12　测量得到的 MOSFET MTP36N06 反向特性（纵轴：2A/div，横轴：0.2V/div）

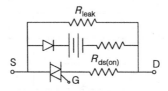

图 9.13　MOSFET 静态模型。通常忽略漏电电阻 R_{leak}

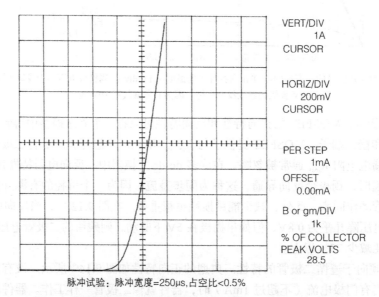

脉冲试验：脉冲宽度=250μs,占空比<0.5%

图 9.14　测量得到的有、无栅极信号情况下 MCR72-6SCR 的正向特性

9.4　开关能量损耗及实例

9.4.1　一般损耗分析

在一个开关周期 T 内，三种开关状态将与四个时间间隔相关联：导通时间 $D_{on}T$、关断时间 $D_{off}T$、换向所需的开通与关断时间。开关器件的能量损耗 W_{loss} 可分为静态损耗 W_{static}、换流损耗或**开关损耗** W_{switch}，可以表示为

$$W_{static} = \int_{on\ time} i_{on}(t)v_{resid}(t)dt + \int_{off\ time} i_{resid}(t)v_{off}dt \tag{9.5}$$

$$W_{switch} = \int_{turn-on} i(t)v(t)dt + \int_{turn-off} i(t)v(t)dt \tag{9.6}$$

静态损耗通常直接来自变换器的运行。例如，二极管在典型的 dc-dc 变换器中，当二极管导通时，将传导一个固定电流 I_{on}，并具有与该电流对应的残余电压 V_{resid}。每个周期的导通状态损耗为 $(D_{on}T)(V_{resid}I_{on})$；关断状态损耗为一个小的泄漏电流乘以关断状态电压，即 $(D_{off}T)(V_{off}I_{resid})$。开关损耗表示为对电流和电压沿开关轨迹的变化进行积分。

平均功率损耗是每个周期的总能量损耗除以 T。每当开关工作时都会发生换流损耗，所以换流时的功率损耗与开关频率成正比。考虑某 dc-dc 变换器，其导通电流和关断电压是恒定的，则平均功率损耗为

$$P_{loss} = \frac{D_{on}TV_{resid}I_{on} + D_{off}TV_{off}I_{resid} + W_{switch}}{T} \tag{9.7}$$

关断时间 $D_{off}T$ 应为 $(1-D_{on})T$，式（9.7）可简化为

$$P_{loss} = D_{on}V_{resid}I_{on} + (1-D_{on})V_{off}I_{resid} + f_{switch}W_{switch} \tag{9.8}$$

总功率损耗是开通和关断状态的平均功率损耗之和加上与开关频率成比例的换流功率损耗。

例 9.4.1　将例 9.3.2 的 12V 转 5V、100W 的 buck 变换器用不同的开关进行重新设计。晶体管为 MOSFET，其中 $R_{ds(on)} = 0.25\Omega$，反向电压为 100V 时的泄露电流为 10μA。将二极管建模为 1V 的固定正向电压降，反向电压为 100V 时的泄漏电流为 1μA。这些器件具备较高的响应速度。绘制静态模型电路，求出导通和关断损耗并进行比较。转换效率是多少？

由于这里的开关速度非常快，换流所花费的时间可以忽略不计，只关注导通和关断模型以及功率损耗。静态模型电路如图 9.15 所示。在这个电路中，电流永远不会流过 MOSFET 的反向二极管，所以这个组件在图中没有显示。电感电流必须为 20A 才能提供 100W 的输出。综上所述，漏电电阻对占空比没有明显的影响。平均输入电流为 D_1I_L，电压 v_d 为

$$v_d = q_1(V_{in} - I_LR_{ds(on)}) + q_2(-V_{diode})$$
$$\langle v_d \rangle = V_{out} = D_1(V_{in} - I_LR_{ds(on)} + V_{diode}) - V_{diode} \tag{9.9}$$

占空比 D_1 为 0.75，而二极管在每个周期的占空比为 25%。晶体管的导通损耗应为 $D_1I_L^2R_{ds(on)} = 75W$。晶体管的关断电压是 $V_{in} + V_{diode} = 13V$，泄露电流应该为 1.3μA。关断时的损耗应为 $(1-D_1)I_{leak}V_{off} = 0.25 \times 1.3μA \times 13V = 4.23μW$。二极管导通损耗应为 $0.25 \times 20A \times 1V = 5W$。二极管的关断状态电压只有 7V，等于输入电压减去场效应晶体管

（FET）的电压降。预期的泄漏电流约为 70nA，关断损耗为 $0.75 \times 70nA \times 7V = 0.368\mu W$。所以，总导通损耗为 80W；总关断损耗为 4.60µW，为导通损耗的千万分之一。因此，变换器的输入功率应为 180W，以弥补损耗。效率为 100W/180W = 55.6%。

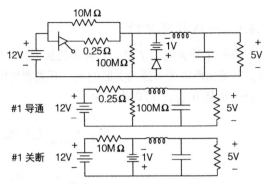

图 9.15　例 9.4.1 的静态模型 buck 变换器电路

与该变换器的其他电压相比，FET 的导通电压降为 5V，不算小。如此低的效率加上这个大的电压降，建议设计师在为一个给定的应用选择 MOSFET 时应该仔细考虑参数 $R_{ds(on)}$ 带来的影响。

9.4.2　换流过程中的能量损耗

开关损耗在数据表上是间接的，因为电路决定了器件中的电压和电流，但是可以建立一些通用的规律。如图 9.16 所示是一组 dc-dc 变换器的简化波形，开关电压和电流在两种静态之间做线性转换。电流具有明确的上升时间，对其进行积分容易求出开关能量损耗。将图 9.16 中的时间曲线绘制成开关轨迹，结果如图 9.17 所示，是一条连接两种静态的直线。这种特性就是**线性换流**。

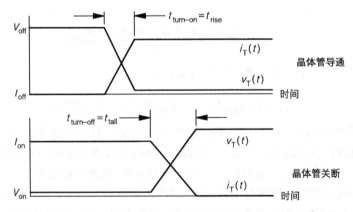

图 9.16　dc-dc 变换器中的开关电压和电流，显示静态之间的假想线性换流

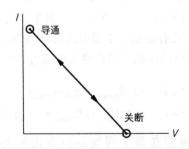

图 9.17　基于线性时间转换的开关轨迹线，这种特性叫作**线性换流**

线性换流过程中的开关能量损耗可以按如下进行积分计算：导通过程中，电流随 $I_{on}/t_{turn-on}$ 的斜率增加而增大，电压随 $-V_{off}/t_{turn-on}$ 的斜率增加而减小；关断情况与之类似。当线性表达式

被写成斜率和时间的乘积时，积分可为

$$W_{\text{switch}} = \int_0^{t_{\text{turn-on}}} \frac{I_{\text{on}}}{t_{\text{turn-on}}} t \left(V_{\text{off}} - \frac{V_{\text{off}}}{t_{\text{turn-on}}} t \right) dt + \int_0^{t_{\text{turn-off}}} \frac{V_{\text{off}}}{t_{\text{turn-off}}} t \left(I_{\text{on}} - \frac{I_{\text{on}}}{t_{\text{turn-off}}} t \right) dt \quad (9.10)$$

结果为

$$W_{\text{switch}} = \frac{V_{\text{off}} I_{\text{on}} t_{\text{turn-on}}}{6} + \frac{V_{\text{off}} I_{\text{on}} t_{\text{turn-off}}}{6} \quad (9.11)$$

定义总开关时间 $t_{\text{switch}} = t_{\text{turn-on}} + t_{\text{turn-off}}$，然后，$W_{\text{switch}} = V_{\text{off}} I_{\text{on}} t_{\text{switch}} / 6$ 进行线性换流。

考虑另一种情况，在 buck dc-dc 变换器中，晶体管与理想二极管相结合。在晶体管导通之前，二极管携带电感电流，晶体管电压为 $V_{\text{off}} = V_{\text{in}}$。当晶体管导通时，由于电流需要时间上升到 $I_{\text{on}} = I_L$，在上升期间，二极管必须保持导通状态，减少电流以满足基尔霍夫电流定律（KCL），因此晶体管电压保持为 V_{in}，直到电流达到最大值。此时，二极管关断，晶体管电压立即下降到零。当晶体管关断时，晶体管中的电流开始下降，电感将产生负电压，因为电流下降，$v_L = L (\mathrm{d}i/\mathrm{d}t)$。这导致二极管立即打开，并在晶体管上施加电压 V_{in}。这种电感控制的换流意味着晶体管电压在换流过程中始终具有高的 V_{in} 值。本例的时间曲线如图 9.18 所示。开关轨迹线如图 9.19 所示，基于其形状，有时被称为**矩形换流**，其开关损耗为

$$W_{\text{switch}} = \int_0^{t_{\text{turn-on}}} V_{\text{off}} \frac{I_{\text{on}}}{t_{\text{turn-on}}} t \mathrm{d}t + \int_0^{t_{\text{turn-off}}} V_{\text{off}} \left(I_{\text{on}} - \frac{I_{\text{on}}}{t_{\text{turn-off}}} t \right) \mathrm{d}t$$

$$= \frac{V_{\text{off}} I_{\text{on}} t_{\text{switch}}}{2} \quad (9.12)$$

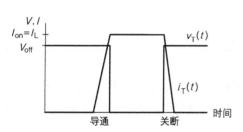

图 9.18 理想二极管 buck 变换器中的晶体管换流

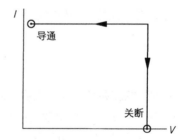

图 9.19 矩形换流图

矩形换流是电感负载切换时变换器特性的合理模型，前提是一些其他器件（在这种情况下的理想二极管）能防止电感电压摆动到一个极限的负值。这种特性被称为**钳位电感换流**，有时会在数据表中表现出来，特别是对于 IGBT。如果二极管不是理想的，其有限的速度将导致晶体管在关断期间产生一个大的感应电压波动。图 9.20 显示了一个实测 buck 变换器的关断轨迹，以及相应的晶体管电压和电流波形。在关断过程中，电感对下降的电流迅速做出反应并产生一个负电压，从而显著增加开关电压。这个高电压保持到二极管能够响应为止，这也称为**无钳位电感换流**。在无钳位的情况下，晶体管的关断损耗可能比钳位情况下高 50% ~ 100%。如果二极管的导通速度较慢，电感较大，则会产生更高的损耗。无钳位的晶体管关断会导致开关轨迹在

SOA 外摆动。

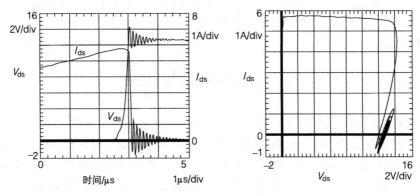

图 9.20 实测 buck 变换器的关断时间波形及轨迹

如果二极管不是理想状态，则晶体管在试图导通期间将导致电感电流上升，产生正电压，使晶体管电压保持在较低水平，直到电流转换完成。即使与线性换流相比，这也可以减少开关损耗。实测 buck 变换器（与图 9.20 中相同）的导通特性如图 9.21 所示，轨迹几乎沿着电流轴和电压轴运动。这表明在低损耗的情况下，电流和电压的转换是分别发生的。例如，当电流变化时电压较低或当电压变化时电流较低，这是谐振开关的工作原理之一。这种变换器的净开关损耗近似为

$$W_{switch} = \frac{V_{off} I_{on} t_{switch}}{2} \tag{9.13}$$

迄今为止，对换流特性的研究表明，存在：

$$W_{switch} = \frac{V_{off} I_{on} t_{switch}}{a} \tag{9.14}$$

式中，a 称为**换流参数**。经验表明，$a = 6$ 的线性情况过于乐观，$a = 2$ 的值比较典型，但一些变换器由于感应换流会表现出较差的性能。表 9.1 列出了这些情况。为了估计开关损耗，由 $a = 2$ 可以求得一个有用的第一近似值。

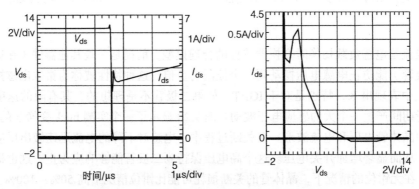

图 9.21 实测 buck 变换器的导通波形和开关轨迹

表 9.1　换流参数值

换流类型	换流能量损耗	注释
线性	$V_{off}I_{on}t_{switch}/6$	基本模型
矩形（钳位电感）	$V_{off}I_{on}t_{switch}/2$	一个理想开关的感应负载。信息有限时，可很好地估计换流损耗
无钳位电感	$V_{off}I_{on}t_{switch}/1.5$	当两个开关都不理想时，电感会导致电压过冲

9.4.3　实例

一般的平均换流损耗都是由 $f_{switch}W_{switch}$ 给出的。式（9.14）给出了一般形式，假设 dc-dc 变换器的开关损耗为

$$P_{switch} = \frac{V_{off}I_{on}t_{switch}f_{switch}}{a} = \frac{V_{off}I_{on}}{a}\frac{t_{switch}}{T} \tag{9.15}$$

乘积项 $V_{off}I_{on}$ 为该变换器中开关的功率处理值，因此开关损耗和功率处理值乘以总开关时间与变换器开关周期的比值成正比。低开关损耗要求低功率处理或能够快速开关。例如，为了得到合理的开关损耗值，在 100kHz 开关频率的 dc-dc 变换器中，MOSFET 和二极管的换流时间不应超过 100ns。回顾前面的 buck 变换器实例，这里将考虑开关损耗的附加影响。

例 9.4.2　考虑 12V 输入和 5V、100W 输出的 buck 变换器。变换器的开关频率为 100kHz。因为例 9.4.1 中的电压降过大，现使用 $R_{ds(on)}$ = 0.05Ω 的 MOSFET 代替之前的 0.25Ω 电阻器件。二极管的残余电压降为 1.0V，每个器件都需要 100ns 才能导通或关断。估计该变换器的总功耗和效率。

根据式（9.9）可得

$$5V = D_1(12V - 0.05\Omega \times 20A + 1V) - 1V = D_1(12V) - 1V, \quad D_1 = 0.5 \tag{9.16}$$

占空比 D_1 为 50%。晶体管的导通损耗为 $D_1I_L^2R_{ds(on)}$ = 0.5 × 20A² × 0.05Ω = 10W，二极管的导通损耗为 $(1-D_1)I_LV_{resid}$ = 0.5 × 20A × 1V = 10W，所以总的导通损耗为 20W。关断损耗可以忽略不计。由于换流细节未知，因此需要估计换流损耗。可以选择 a = 2 作为代表值。晶体管的导通电流为 20A，关断电压为 13V。二极管导通时的电流为 20A，关断时的电压为 11V，每个器件的 $t_{switch} = t_{turn-on} + t_{turn-off}$ = 200ns。晶体管的开关损耗大约为 13V × 20A × 200ns × 100kHz/2 = 2.6W。二极管损耗约为 11V × 20A × 200ns × 100kHz/2 = 2.2W。总变换器损耗约为 20W + 2.6W + 2.2W = 25W，效率为 100W/125W = 80%。开关损耗占总损耗的 20%。

在 dc-dc 变换器以外的电路中，损耗也以同样的方式进行分析，唯一复杂的是波形。通过下面几个案例来探讨这些问题。

例 9.4.3　评估三相可控中点引出整流器的损耗。输入为 60Hz、480V$_{line-to-line}$ 电源。输出电感足够大，可以等效为 50A 电流源，额定负载为 12kW。开关器件为 SCR，可在导通状态下具有 1.5V 的恒定电压降。在关断状态下，最坏情况下的泄漏电流为 5mA。开关器件大约在 20μs 内完成转换。

电路如图 9.22 所示，以及一个显示了关断状态下泄漏电流和导通状态下正向电压降的静态模型。由于输入电压为 480V$_{line-to-line}$，中点引出的变换器相电压为 480V/$\sqrt{3}$ = 277V，峰值电压为 277V × $\sqrt{2}$ = 392V。对于电流为 50A、功率为 12kW 的负载，平均输出电压应为 240V。由

于每个器件的电压降为恒定的 1.5V，输出平均值为

$$\langle v_{\mathrm{d}} \rangle = \frac{3V_{\mathrm{peak}}}{\pi} \sin \frac{\pi}{3} \cos \alpha - 1.5 \tag{9.17}$$

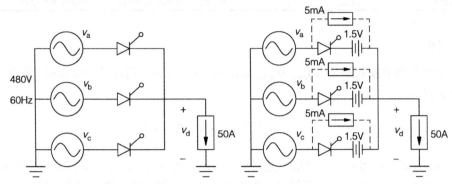

图 9.22 中点引出整流器及其静态模型

根据下式可求得 α 为

$$241.5\mathrm{V} = \frac{3 \times 392}{\pi} \sin \frac{\pi}{3} \cos \alpha, \quad 241.5\mathrm{V} = 324 \cos \alpha \tag{9.18}$$

即 $\alpha = 41.8°$。由于每个 SCR 的导通时间占周期的 1/3，因此每个 SCR 的导通损耗为 $50\mathrm{A} \times 1.5\mathrm{V}/3 = 25\mathrm{W}$。在关断状态下，可以将最坏情况下的泄漏电流 5mA 作为一个定值来估算，然后根据实际的关断电压来计算损耗。图 9.23 给出了电压 $v_{\mathrm{d}}(t)$ 和 SCR 器件 a 相开关承受的电压 $v_{\mathrm{a}} - v_{\mathrm{d}}$ 的波形。泄漏电流的极性与开关电压的极性相同，因为开关电压产生了泄漏电流，这意味着可以用开关电压的绝对值来计算损耗。关断损耗为

$$P_{\mathrm{off}} = \frac{1}{T} \int_{\mathrm{off\ state}} v_{\mathrm{switch}} i_{\mathrm{switch}} \mathrm{d}t = D_{\mathrm{off}} \times 0.005 \times \langle |v_{\mathrm{a}} - v_{\mathrm{d}}| \rangle \tag{9.19}$$

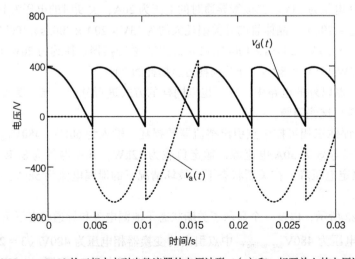

图 9.23 $\alpha = 41.8°$ 的三相中点引出整流器的电压波形 $v_{\mathrm{d}}(t)$ 和 a 相开关上的电压波形

开关电压绝对值的平均值可以计算为 297V，每个器件的关断损耗为 1.5W。这可能是一个过高的估值，因为 5mA 的最大泄漏电流通常只发生在最大额定关断电压下。关断状态损耗只是开通状态损耗的一小部分。

换流损耗要求了解开关过程中的波形。在这个电路的开关过程中，电流将在 0 ~ 50A 之间变化，而电压可能保持接近开关导通前后的值。由图 9.23 可知，a 相开关导通前的电压为 453V，关断后的电压为 -453V。换流估计值将基于该电压的绝对值（在切换时被视为"关断状态"电压），因为无论电压或电流极性如何，换流都是一个有损过程。使用换流参数 2 进行估计，能量损失应该为

$$W_{\text{switch}} \approx \frac{453\text{V} \times 50\text{A} \times t_{\text{switch}}}{2} = 1.13 \times 10^4 \text{W} \times 40\mu\text{s} = 0.453\text{J} \tag{9.20}$$

由于开关频率为 60Hz，每个器件的开关损耗约为 60Hz × 0.453J = 27.2W。在这个变换器中，每个开关的总损耗应该是 25W + 1.5W + 27.2W = 53.7W。因此，这三个器件的损耗应该在 161W 左右，即效率为 12kW/12.16kW = 98.7%。这种效率在基于 SCR 的整流器中相当可观。

例 9.4.4　全桥逆变器使用脉冲宽度调制（PWM）将 330V 直流电压源转换为 230V、50Hz 输出。开关频率为 5kHz。四个器件均为 IGBT。在制造商说明中，导通电压降通常是 2.0V，泄露电流通常是 50μA，而钳位电感换流在与该电路类似的条件下会导致约 4mJ 的损耗。基于输出功率为 20kW、功率因数为 0.8 的电感（滞后）负载，估计此变换器的损耗。效率是多少？

本例中逆变器的静态模型如图 9.24 所示。230V 正弦波的峰值为 325V。每个器件上的 2V 电压降意味着只有 330V - 2 × 2V = 326V 可用于 PWM 输出。在这种情况下，调制系数接近 1.0。LR 输出负载（也执行滤波功能）在通过 50Hz 调制信号时会使开关频率衰减。在功率为 20kW 和功率因数为 0.8 情况下，输出的伏安值必须为 25kV·A，电流为 25kV·A/230V = 109A。50Hz 电流分量为 230V/$(R + j\omega L)$ = 109 ∠ -36.9°A。电流相量可以写成 154cos$(100\pi t - 36.9°)$A。

对于给定的器件，每 200μs 开关周期的导通损耗是 2V 开关电压降（定向以对抗电流）与导通电流的乘积，再乘以该间隔期间的占空比。占空比由调制函数决定。将预期的 PWM 占空比替换为调制函数 1.0cos$(100\pi t)$，每 200μs 间隔的损耗为

$$P_{\text{on-state}} = d_{\text{on}} V_{\text{on}} i_{\text{on}} = \left[\frac{1}{2} + \frac{\cos(100\pi t)}{2} \right] \times 2\text{V} \times |154\cos(100\pi t - 36.9°)\text{A}| \tag{9.21}$$

其中，绝对值代表开关电压降和电流在极性上总是相匹配的。整个 50Hz 周期的损耗平均值为

$$P_{\text{on-state}} = 50 \int_0^{1/50} [1 + \cos(100\pi t)] |154\cos(100\pi t - 36.9°)| \, dt \tag{9.22}$$

该积分是全波整流电流的平均值，功率损耗为（154A）×（2/π）乘以总平均占空比 0.5，再乘以 2V 开关电压降，得到的平均值为 97.9W。在关断状态下，每个开关必须隔离 330V 电压。给定 50μA 的泄漏电流，在（1/50）s 周期内，平均占空比为 50%，关断损耗不应超过 330V × 50μA × 1/2 = 8.25mW，为导通损耗的万分之一。

由于制造商提供了在类似条件下换流损耗的直接信息，这些信息可以估计换流损耗。每个开关每秒总共开通或关断 10000 次。如果每个动作造成 4mJ 的损耗，则平均损耗为 4mJ × 10kHz = 40J/s 或 40W。在这个变换器中，每个晶体管的损耗为 97.9W + 40W = 138W。关

断状态损耗可以忽略不计。四个器件总损耗均为 551W，变换器效率为 20kW/20.55kW = 97.3%。

在上面的例子中，小的导通电压降和开关损耗必须通过改变脉冲宽度调制来补偿以获得更多的输入功率，但效果很小。在给定的器件中，一方面，关断状态下的损耗很少超过总损耗的 1%，因此关断状态静态模型在大多数情况下可以被忽略；另一方面，必须考虑换流损耗。

9.5 功率半导体的简单导热模型

目前一个重要的开放性问题是损耗管理。在一个 IGBT 中，能量损耗达到 138W 是否可行？它会对器件造成什么影响？是否需要散热器？如果需要，散热器的尺寸

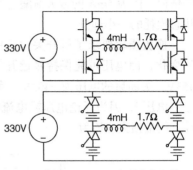

图 9.24 例 9.4.4 PWM 逆变器的静态模型

是多少？本节将讨论电力变换器热设计的基本原理，完整的热处理会在后续章节详细介绍。如果没有对散热问题进行基本处理，就很难讨论功率变换器及其设计。大多数工程师认为，如果一个小型晶体管的损耗达到几百瓦，那么它就会被损坏。第 7 章中的粗略值（1W/cm³ 为合理的损耗值）适用于此，损耗大于 100W 的器件应具有较大的物理尺寸。无效的传热将导致零件变热，在某种程度上可能导致器件失效。这些基本问题可以从以下两个方面加以解决：

1）某部分的功率损耗代表了注入该处的热能。这种能量必须移除，即损耗的能量肯定要释放到环境中，无论是空气、海水还是外层空间。

2）在功率半导体中，功率损耗发生在各种 P-N 结或 MOSFET 沟道附近的材料内部。任何半导体都有**最大结温** $T_j(max)$。超过这个值，器件可能会损坏或遭到破坏，这是因为掺杂原子开始扩散，材料开始软化或融化，或导致其他不希望的影响发生。

大多数功率变换器设计的方法是将余热排到大气中，这样可以有效地将所有温度保持在 $T_j(max)$ 以下。

物体之间的热传递有三种方式，分别是传导传热、对流传热和辐射传热。在传导传热过程中，热量在两个直接接触的物体间流动。传热的速率由傅里叶热传导定律决定，热流 q 是由温度梯度 ∇T 决定：

$$q = k\nabla T \tag{9.23}$$

式中，q 的单位为 W/m²；温度单位为开尔文；**导热系数** k 的单位是 W/（m·K）。导热系数是一种材料特性，适用于铜、铝、环氧树脂或所使用的材料。在电子电路中，热传导模型把热量传到散热器、安装的硬件或其他附在器件上的物理物体上。热传导的传热率取决于物体的尺寸和物体间的温差或给定材料的内部温差。

在对流传热中，通过流体流动的方式进行传热。一个常见的例子是强制风机冷却，它的热量是由空气的流动带走的。对流由下列关系式决定：

$$q = h(T_{object} - T_{ambient}) \tag{9.24}$$

式中，h 为**传热系数**；$T_{ambient}$ 为远离物体的流体温度。几乎在所有的功率变换器中，对流传热都是一个关键的部分，因为热量最终都要到达周围的空气中（或海洋应用中的水中）。h 值是一个系统特性，而不是材料特性。它取决于流速、表面几何形状以及物体与流体的性质和其他参数。

相对于传导传热，对流传热与温差成正比。

在辐射传热中，通过不同温度下的电磁辐射在物体之间进行传热。航天器需要辐射传热作为向环境排放余热的最后一步。在大多数的地面应用中，辐射热流相对较小，但对于非常小或非常热的器件来说，辐射热流比较大。在这种情况下，热流的表达式为

$$q = \varepsilon \sigma T^4 \tag{9.25}$$

式中，T 是绝对温度，两个传热物体之间的净热流量是分别代入式（9.25）后所得结果之间的差值；σ 值是**斯特藩 - 玻尔兹曼常数**，即 $\sigma = 5.670 \times 10^{-8} \text{W}/ (\text{m}^2 \cdot \text{K}^4)$；$\varepsilon$ 是一个称为热物体**发射率**的参数。理想黑色物体有较好的发射率，它是最有效的辐射发射器。对于白色或高度反光的物体，辐射发射率小于 0.05。尽管辐射在大多数情况下不是传热的主要组成部分，但利用深色物体使其最大化是有益的。因此，散热器和半导体器件应尽可能是黑色的。

在大多数应用中，热流主要由传导和对流进行传热，且在这些情况下热流和温度差呈线性关系，因此可以将热流的功率模拟定义为

$$P_{\text{heat}} = G_{\text{thermal}} \Delta T \tag{9.26}$$

式中，P_{heat} 是以瓦特为单位的总流量（几何形状已考虑在内）；ΔT 是温度差；G_{thermal} 是表示线性关系的**导热系数**。一般来说，G 是 h 等参数的函数，它还考虑了几何形状。热流以类似于电流的方式沿路径流动。该流动受温差 ΔT 的驱动，路径具有一定的电导。式（9.26）可用于求**热阻 R_θ** 或 R_{th}，为

$$P_{\text{heat}} = \frac{\Delta T}{R_\theta} \tag{9.27}$$

式（9.27）试图捕捉基本的物理现象，因为热流路径阻碍了传热。如果这个阻力（热阻）很高，就需要一个大温差来驱动一个给定的流量，给定的功率损耗会加热该器件。如果阻力很低，热量可以很容易地被移除，并且在有损耗的情况下，器件的温度不会比周围的环境高很多。在 SI 系统中，R_θ 的单位是 K/W，而大多数制造商报告中的热阻单位为℃/W。这些单位是相同的，因为只有温差是相关的。

式（9.27）中的热流表达式通常用于确定温差，而不是热流。在任何变换器系统中，损耗必须流向周围环境。当器件温度升高至 ΔT 时，会迫使导热速度匹配器件的损耗。此概念的应用如图 9.25 所示。热量在半导体 P-N 结处产生，最终流向外部环境。热流必须通过零件的外壳、外壳和散热器之间的接口，最后到达外部空气。每一步都会给热流增加阻力。

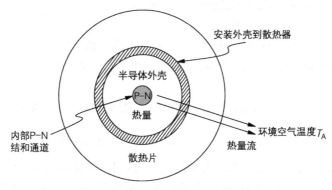

图 9.25 功率半导体和热流

常见功率半导体的热阻如表 9.2 所示。最后，在温度为 T_{junction} 的半导体与温度为 T_{ambient} 的外部环境之间进行热流动。给定的功率损耗为 P_{loss}，热流表示为

$$P_{\text{loss}} = \frac{T_{\text{junction}} - T_{\text{ambient}}}{R_{\theta(\text{ja})}} \tag{9.28}$$

式中，$R_{\theta(\text{ja})}$ 是 P-N 结与周围环境之间的总热阻。为了避免故障，保持 $T_{\text{junction}} \leqslant T_{\text{j(max)}}$ 是很重要的，这需要

$$P_{\text{loss}} R_{\theta(\text{ja})} + T_{\text{ambient}} \leqslant T_{\text{j(max)}} \tag{9.29}$$

表 9.2　功率半导体的热阻

热阻	符号	注释
结 - 外壳热阻	$R_{\theta(\text{jc})}$	给定部分的特性。模拟了从内部到外壳表面的热阻。它是由制造商指定给出的
外壳 - 散热器热阻	$R_{\theta(\text{cs})}$	器件与散热器的不完全接触。该模型模拟了安装装置和任何绝缘体的热阻。散热器制造商通常提供安装方法的建议
散热器 - 环境热阻	$R_{\theta(\text{sa})}$	这个值是由散热器的对流传热性能决定的，强烈依赖于空气流速。它是由散热器制造商给出的
结 - 环境热阻	$R_{\theta(\text{ja})}$	$R_{\theta(\text{jc})} + R_{\theta(\text{cs})} + R_{\theta(\text{sa})}$ 为总热阻。半导体制造商有时会为没有散热片的器件提供此值

式（9.28）的含义包括：

- 随着环境温度的升高，保持器件冷却变得越来越困难。
- 避免器件过热，功率损耗和热阻必须尽可能的低。

在炎热的沙漠里，汽车的引擎盖过热问题远比在有空调的厂房里严重得多，在这种情况下很难满足 $T_{\text{junction}} \leqslant T_{\text{j(max)}}$。这个表达式表达了问题的困难，下面举一些例子进行说明。

例 9.5.1　dc-dc 变换器中的 MOSFET 必须承受 30W 的功率损耗。该器件制造于 TO-220 封装中。在这种典型的 MOSFET 封装规格中，$R_{\theta(\text{jc})} = 1.2\text{K/W}$ 和 $T_{\text{j(max)}} = 150\text{℃}$。制造商报告说，没有散热器的情况下，$R_{\theta(\text{ja})}$ 的近似值是 45K/W。功率损耗值是否能在没有散热器的情况下处理？如果不能，假设 $R_{\theta(\text{cs})} = 1.0\text{K/W}$，建议使用 $R_{\theta(\text{sa})}$ 的规格来满足要求。

由热流模型可得

$$P_{\text{loss}} = \frac{T_{\text{junction}} - T_{\text{ambient}}}{R_{\theta(\text{ja})}}, \quad (30\text{W}) R_{\theta(\text{ja})} = T_{\text{junction}} - T_{\text{ambient}} \tag{9.30}$$

如果不使用散热器，从 PN 结到环境的热阻为 45K/W，需要高于环境 45K 的温升来驱动 1W 的热流。所以当损耗为 30W 时，需要 1350K 的温差。而 $T_{\text{junction}} \leqslant 150\text{℃}$，这是不可能的，所以需要一个散热器。

对于散热器的规格，以环境温度 25℃为例说明，允许的最大温差为 125K，所以有

$$(30\text{W}) R_{\theta(\text{ja})} \leqslant 125\text{K}, \quad R_{\theta(\text{ja})} \leqslant 4.17\text{K/W} \tag{9.31}$$

总热阻 $R_{\theta(\text{ja})}$ 为流动路径热阻的总和，由于给定了结 - 外壳热阻和外壳 - 散热器热阻，所以散热器 - 环境热阻应为 $R_{\theta(\text{sa})} < 1.97\text{K/W}$ 以满足需求。如果环境温度较高，则需要更好的散热片。

例如，当 $T_{ambient}$ = 75℃（在工厂中可能遇到的值）时，散热器必须保持温差低于 75K。这需要 $R_{\theta(ja)}$ < 2.5K/W，$R_{\theta(sa)}$ < 0.3K/W。后者的值具有挑战性，这就需要一个大型散热器和一个外部冷却风扇。

例 9.5.2 TO-220 封装中的功率半导体 $R_{\theta(jc)}$ = 1.2K/W。如果没有散热器，则 $R_{\theta(ja)}$ = 45K/W。在没有散热器的情况下，这部分能耗散的最大功率是多少？如果使用"无限散热器"（$R_{\theta(ca)}$ = 0 的器件），可以耗散多少功率？保持结温低于 150℃并假设环境温度为 50℃。

由于没有散热器，这部分的 $R_{\theta(ja)}$ = 45K/W。对于散热能力无限大的散热器，$R_{\theta(ja)}$ = 1.2K/W。当 $T_{junction}$ = 150℃和 $T_{ambient}$ = 50℃，允许结温升为 100K。在各自的情况下，

$$P_{loss(no\ sink)} \leqslant \frac{100K}{45K/W}, \quad P_{loss(sink)} \leqslant \frac{100K}{1.2K/W} \qquad (9.32)$$

若没有散热器，器件可以安全散热 2.2W。对于一个散热能力无限大的散热器，它可以散热 83W。这为这种典型封装提供了一个有用的经验法则：如果没有散热器，在 TO-220 封装中，半导体的散热不能超过 2W；即使有散热器，也很难在这样一个封装中使散热超过 50W。

热阻虽然使用较为容易，但它对热设计问题的描述是不完整的。例如，热流传递是一个相对缓慢的过程。半导体制造商通过**热容** C_θ 来表征时间属性。典型的时间常数 $R_\theta C_\theta$ 是用秒甚至分钟来度量的。在电力电子中计算温度时，传热的慢动态通常使得平均功率比瞬时功率更为重要。然而，换流可以在很短的时间间隔内产生高功率。例如，当开关损耗过高时，极端情况下瞬时功率将使器件迅速升温，在热量流失之前，可能产生超过允许的最高温度。

当开关频率较低时，如在许多整流器或小型半导体封装中瞬时功率较高时，动态加热效应可能很重要。换流过程中的瞬时功率可达 $V_{off}I_{on}$，即半导体的功率处理值。在 SCR 中，即使平均损耗只有十几瓦左右，瞬时损耗也很容易达到几十千瓦。图 9.26 显示了 TO-220 封装在 dc-dc 变换器应用中模拟的开关损耗、结温和外壳温度的时间轨迹。温度轨迹和电感电流轨迹一样，是在换流过程中由功率尖峰滤波后的三角形信号。有关热管理和热瞬态分析的更全面的评估可以在文献 [5, 6] 中找到。

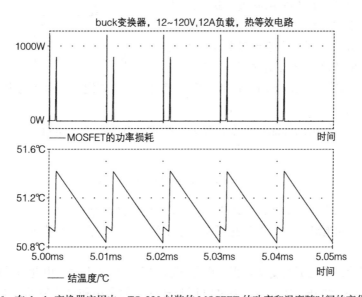

图 9.26 在 dc-dc 变换器应用中，TO-220 封装的 MOSFET 的功率和温度随时间的变化轨迹

传热在功率变换器中有许多有趣的含义。例如，许多电源都指定了温度降额。随着环境温度的升高，允许的功率损耗会降低。一种解释是要求负载功率（以及损耗）随温度的上升而线性下降，另一种解释是散热器的尺寸。低热阻要求散热器的尺寸较大——这与热损耗在 1W/cm³ 的数量级上是合理的这一概念是一致的。单位体积的输出功率是功率变换器的参数之一，但是许多制造商在指定值时没有考虑散热器的要求。例如，如果变换器需要强制风冷，则运行风扇所需的功率代表了附加损耗，且风扇和散热器增加了总体尺寸、重量和成本。在实际的变换器设计中，热管理是一个重要的综合因素。

在极限功率水平下，半导体器件采用液体冷却是有益的。水在冷却方面有着良好的特性，在不影响导电性的情况下可以使用。水可以把热量从一个小的晶体管中转移到一个更大的散热器中，最终消散到大气中。液体冷却的缺点在于系统设计，通常需要封闭的管道、泵和风扇等移动材料。这需要附加的硬件和重量。由于这些原因，液体冷却往往应用在大型固定的系统或高温的移动系统中，如车辆。小型电源的要求比较简单，可直接使用空气冷却，比液体冷却简单得多。在任何情况下，将半导体、磁性材料和其他功率变换器元件的损耗降至最低是至关重要的，从而将传热设计要求降至最低。汽车使用液体冷却将热量转移到较大的对流散热器中，混合动力汽车可能有两个或三个独立的冷却回路，因为发动机、电力半导体和电池需要不同的工作温度。

9.6 作为功率器件的 P-N 结

半导体二极管是由不同材料的结组成的。这种结可以在 P 型和 N 型掺杂材料之间形成，也可以在金属和半导体之间形成，就像肖特基二极管那样。P-N 结的特性对于理解器件的运行非常重要。本节将介绍 P-N 结在功率开关中的特性。

图 9.27 显示了在二极管中可能出现的 P 区和 N 区。其中，P 区的掺杂元素提供空穴，N 区的掺杂元素提供自由电子。由于没有外部连接，电荷会扩散到整个材料中。在 P-N 结附近，扩散运动使得自由电子与空穴复合并被中和。这就在 P 区与 N 区的交界面处产生了一个**空间耗尽层**，在耗尽层中自由电荷的浓度很低。请注意，耗尽层表

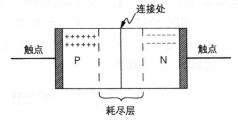

图 9.27 显示电荷分离的简化 P-N 结模型

示自由电荷区域之间的低电荷区域。由于一定距离的电荷分离定义了电场与电压，因此耗尽层与电容和电压有关。

静态情况下，耗尽层内的能量关系会导致二极管具有类似指数型电流 - 电压特性，阳极电流为

$$I_a = I_S(e^{q_e V/kT} - 1) \tag{9.33}$$

其中，q_e 为电子上的电荷，$q_e = 1.602 \times 10^{-19}$C ; k 为玻尔兹曼常数；T 为温度，单位为开尔文。静态关系表明，**饱和电流** I_S 可以看作是断态剩余电流，即使阳极电流的正向值很大，产生的正向电压也很小。

从动态角度看，情况更为复杂。当反向偏压施加在 P-N 结上时，电荷被外部电场分开。耗尽层变宽且承受关断电压。P-N 结的壁垒电压与耗尽层的大小和半导体的固有电场强度有关。

当施加正向偏压时，P-N 结携带电流，耗尽区变窄。电荷被驱动进入耗尽区，在耗尽区与相反的电荷重新结合以产生电流。每个偏压都会在 P-N 结周围形成空间上分离的电荷层。在每种情况下，都可以使用相应的电容来帮助建立动态模型。

在正向偏压下，靠近 P-N 结的紧密电荷层产生**扩散电容**。电荷在 P 区和 N 区聚集，在这个电容上会有大量的电荷。为了关断 P-N 结并恢复其阻断能力，必须通过**反向恢复**过程去除电荷，以便耗尽层能够扩大并阻断关断电压。当试图关断 P-N 结时，**反向恢复电荷从 P-N 结流出**。在电荷被移除之前，该 P-N 结将不能承受反向电压。反向恢复通常控制着功率二极管 P-N 结的动态特性。许多制造商指定了反向恢复电荷 Q_{rr}、**反向恢复电流** i_{rr} 和**反向恢复时间** t_{rr}。一个典型功率二极管的 P-N 结关断特性如图 9.28 所示。反向恢复电荷是负电流的积分，反向恢复电流通常定义为反向峰值电流。该电流与关断状态下的剩余电流无关，但它表征的是去除扩散电容中存储电荷并恢复全部耗尽区的过程。

反向恢复过程近似地表示为电容放电，这是一个有用的模型，可以对电路进行建模。在关断过程中，电荷在耗尽层主要通过复合来消除。大多数功率二极管都掺杂了金或铂，以形成附加复合位点，从而加速电荷的复合过程。如果没有这种处理，P-N 结二极管就不是快速功率开关了。

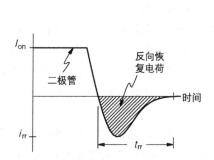

图 9.28　二极管关断特性，显示反向恢复特性

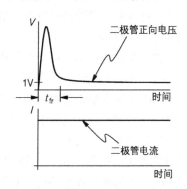

图 9.29　二极管的导通特性，显示正向恢复特性

没有此类掺杂的标准整流二极管的 t_{rr} 值约为几微秒，即使在额定值低至 1A 的情况下也是如此。有了额外的复合位点，反向恢复速度明显提高。一个典型的**快速恢复二极管**的额定电流值为 10A 或以上，其 t_{rr} 值仅为 50ns。二极管反向恢复可以适应动态特性，而不仅局限于反向恢复速度。例如，**快速恢复**二极管具有较高的 i_{rr} 值，可以最大限度地缩短关断时间。**慢恢复二极管**的 i_{rr} 值相对较低。由于脉冲电流的特性，快速恢复类型的二极管容易产生强谐波。在变换器系统中，由于它们具有高的瞬间电流，因此不方便使用快速恢复二极管。除非需要较高的开关速度，许多设计师更喜欢慢恢复二极管。

在反向偏压下，P-N 结周围的电荷分离形成**耗尽层电容**。由于电荷分离距离较大，因此该电容值远小于扩散电容，但对 P-N 结的动态特性仍有影响。例如，为了使偏压由反向变为正向，耗尽层电容必须进行相应的充电。电荷通过漂移和扩散传递到耗尽层，从而产生一个导通时间常数。当 P-N 结试图导通时，在充电过程完成之前，P-N 结不会携带太多的电流，所涉及的时间称为**正向恢复时间** t_{fr}。它通常比 t_{rr} 短得多，并且很少在数据手册中列出。P-N 结正向恢复过程可以通过在二极管上施加电流源来说明，结果如图 9.29 所示。当耗尽层带电时，正向电压显示出较大的初始过冲。一旦结的内部电荷结构就位，电压降至剩余电平，净电流开始流动。

正向和反向恢复时间由外部电路决定。图 9.29 中的导通特性是由电流源强制驱动的，它表示对于特定器件可能的最小 t_{fr} 值。即使二极管是一个不受控制的器件，外部电路也会对其动态特性产生影响。在更复杂的结构中，如晶闸管，多个 P-N 结共同作用影响其动态特性。

9.7 P-N 结二极管及其替代技术

P-N 结的存在使得二极管具有良好的性能。在制备双极二极管的过程中，涉及的一些问题包括：器件尺寸（与电流密度相关，以避免过热）、掺杂的几何形状和结构（影响额定电压和恢复时间）、连接和封装。许多功率二极管在 P 区和 N 区之间有一个轻掺杂的**本征层**，构成 P-i-N 结构。该层增强了反向阻断能力，也可以通过减小扩散电容来提高器件的速度。数百种不同类型的功率二极管在阻断电压、速度、正向电流额定值和封装之间的权衡略有不同。

肖特基势垒二极管可以很好地替代 P-N 结双极二极管。在肖特基二极管中，半导体（通常为 N 型）与金属导体接触。不同材料之间的结表示电荷流动的势垒。势垒电压与半导体和金属之间的相对**功函数**有关，表示两个区域内导带电子之间的能量差。肖特基二极管具有指数型的电流 - 电压关系，但饱和电流比双极二极管高得多。典型的硅双极二极管存在 $10\mu A$ 级的剩余电流，但硅肖特基二极管的剩余电流为 10mA 或更大。在许多功率变换器应用中，泄漏电流并不明显，所以肖特基二极管是可以考虑的。

高饱和电流和低势垒使得肖特基二极管产生的残余电压较低，硅功率器件残余电压可低至 0.5V。由于缺乏明显的耗尽层可能使得内部电荷存储最小化，因此肖特基二极管的速度非常快，所以没有 P-N 结的恢复特性。尽管硅肖特基二极管的关断电压能力有限，但采用碳化硅（SiC）和氮化镓（GaN）等宽禁带材料制成的肖特基器件可以隔离 1000V 以上的电压。宽禁带肖特基二极管的导通电压可达 2V 或以上，但由于无反向恢复特性，且具有开关快速的特点，使其非常适用于逆变器和其他变换器中。

同步整流器是二极管[7]的另一种替代方法。在这种方法中，晶体管在正向偏压下打开和反向偏压下关闭，以遵循二极管特性。在图 9.11 中可以看出，MOSFET 的静态特性是双向的，因为它作为一个电压控制电阻器，反向操作受到内部二极管的限制。在图 9.30 所示的 MOSFET 电路中，如果晶体管栅极信号足够高，且正向电压降 $I_{\text{d}}R_{\text{ds(on)}}$ 低于二极管正向偏置电压 V_{diode}，则反向电流将流过晶体管而不是二极管。在图 9.31 所示的全桥整流器中，当二极管正向偏压时，可以通过驱动晶体管栅极来提高效率。同步整流器可以产生比肖特基器件更低的电压降。在 5V 以下工作的变换器经常使用这种技术。

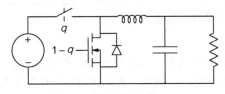

图 9.30 同步整流电路

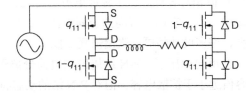

图 9.31 同步整流增强全桥整流器电路

例 9.7.1 某设计要求 $V_{\text{out}} = 3.3V$，$P_{\text{out}} = 25W$。直流输入电压为 170V。假设电感线圈匝数比根据 50% 占空比来选择，那么器件需要什么样的额定电流和额定电压？比较双极二极管（其静态模型为 0.9V 和 0.015Ω 电阻串联）、肖特基二极管（0.4V 和 0.025Ω 电阻串联）和一个用于同步整流器的功率 MOSFET，需要多大的 $R_{\text{ds(on)}}$ 值才能显示同步整流器的优势？

对于 50% 占空比，匝数比将为 170∶3.3 以产生预期电压。电路如图 9.32 所示。输出电流

I_{out} 为 25W/3.3V = 7.58A。输出端耦合电感电流为 I_{out}/D_2 = 15.2A。当晶体管导通时，170V 应用于电感一次侧，而 −3.3V 出现在二次侧。当关断时，二极管所承受的电压为输出电压减去变压器二次侧电压，即 6.6V。二极管器件的额定值约为 10V 和 10A（平均）可适用于这个变换器。

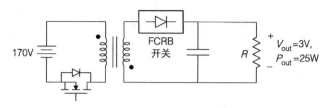

图 9.32　例 9.7.1 的反激式变换器电路

现在考虑静态模型的含义。当二极管导通时，它携带 15.2A 电流。双极二极管的残余电压降 V_{resid} = 0.9V + 0.015Ω × 15.2A = 1.13V，肖特基二极管的残余电压降 V_{resid} = 0.4V + 0.025Ω × 15.2A = 0.78V。如果（15.2A）$R_{\text{ds(on)}}$ < 0.78V，用作同步整流器的 MOSFET 的电压降会更低。为了得到低于肖特基二极管的电压降，需要 $R_{\text{ds(on)}}$ < 0.051Ω。忽略换流损耗，双极二极管的损耗为（1.13V × 15.2A）D_2 = 8.54W，肖特基二极管损耗为（0.78V × 15.2A）D_2 = 5.90W。如果选择 $R_{\text{ds(on)}}$ = 0.02Ω 的 MOSFET，其损耗为（15.2A）^{2}（0.02Ω）D_2 = 2.31W，正向电压降为 0.30V。如果 $R_{\text{ds(on)}}$ 足够小，同步整流器的总损耗将为最低。

9.8　晶闸管

晶闸管通常用来表示具有**闩锁**开关特性的多结器件。晶闸管的功能首先是用水银管实现的。**晶闸管**使用的是半导体方法，这种类型的管叫**闸流管**。最基本的晶闸管是四层 P-N-P-N 结器件 [8]。当存在门极端子时，该结构起到 SCR 的作用。虽然它看起来像一个简单的 P-N 结二极管的串联组合（这是一个很好的器件导通状态模型），在适当条件下，位于中心的额外 P-N 结能提供正向阻断能力。

四层结构的作用可用众所周知的晶闸管双管模型来理解，结构如图 9.33 所示。中间层可以分开，并与单独的 PNP 型和 NPN 型双极晶体管（BJT）相关联，如图 9.33 所示，将基极连接到集电极。若没有门极电流，NPN 晶体管应该没有集电极电流。这两个器件是背对背结构，可以阻止电流正向或反向流动。当注入门极电流 I_G 时，NPN 型晶体管将携带一个给定的 $I_{\text{C(NPN)}}$ = $\beta_{\text{NPN}} I_G$ 集电极电流。这个集电极电流为 PNP 型晶体管提供了一个基极电流，$I_{\text{C(PNP)}}$ = $\beta_{\text{PNP}} \beta_{\text{NPN}} I_G$。如果器件外部偏置为正偏压（提供集电极电流），且 $\beta_{\text{PNP}} \beta_{\text{NPN}}$ > 1，则 PNP 晶体管中的集电极电流可以代替门极电流。电流将继续流动，器件将闩锁到其导通状态。自身维持门极电流的过程称为**再生门极电流**。只需一个短暂的电流脉冲就可以触发这个动作。

成功闩锁的条件是什么？考虑到结构中的三个结，建立各种耗尽层和起动所需的电荷结构需要一定的时间。此外，必须有一个外部电源来提供电流。晶闸管的导通条件包括：

■ 外部偏压必须提供足够大的正向电流，以提供必要的再生门极电流。必须存在一个**最小维持电流** I_H 以维持导通状态。

■ 为了导通器件，外部门极脉冲必须持续足够长的时间，以使内部电荷结构完全形成。由于器件内部有三个结，所有器件所需要的时间至少为几微秒（特别小的器件除外）。

由于门极电流被驱动到 NPN 型晶体管的基极，电流必须克服基极 - 发射极电压降才能保证流动。

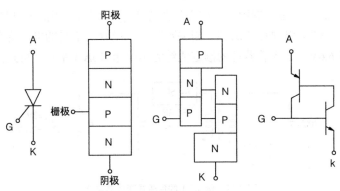

图 9.33　晶闸管双管模型

要求 $\beta_{NPN}\beta_{PNP} > 1$ 是比较合适的。在实际应用中，避免在集成电路或其他半导体器件中形成非预期的 PNPN 结构是对 SCR 特性的一个挑战。实际应用中，功率 SCR 只需几十毫安就能起动闪锁过程（这个值应保持足够高以避免受到噪声干扰），而且它们在可控整流应用中很容易使用。

关断外部电流，是否可以关断器件？门极提供对器件的内部访问，如果负门极电流信号转移 $I_{C(PNP)}$，使进入 NPN 的基极电流降至零，则可以关断器件。这种策略有实际的局限性。例如，假设每个器件的 $\beta = 1$，那么所需的门极电流值将是整个阳极电流的一半。额定正向电流为 100A 的器件可以通过 100mA 脉冲电流触发导通，但是需要 50A 负脉冲电流来关断它。在实际工程中，如果 NPN 型增益高而 PNP 型增益较低，则负电流的关断能力是有效的。例如，如果 $\beta_{NPN} = 8$，$\beta_{PNP} = 0.2$，在 $\beta_{NPN}\beta_{PNP} > 1$ 的条件下，电流 $I_{C(PNP)}$ 约为总阳极电流的 1/4，幅值为 $I_A/4$ 的门极负脉冲电流能关闭器件。这种特性是**门极可关断晶闸管（GTO）**的基础。GTO 有一个关断增益，它代表了成功关断过程中阳极电流与门极电流的比值。可使用增益高于 5 的器件。

商业化晶闸管具有较大范围的正向额定值容量，包括用于精确触发的 10mA 器件到电化学整流器的 10kA 器件。开关时间随额定电流的变化而变化。一个 15A 正向额定电流的器件大约需要 1μs 才能导通；关闭速度较慢，因为它涉及 P-N 结的反向恢复过程，需要大约 20 倍的导通时间才能完全关断一个器件。全晶圆器件的开关间隔较长，最大器件的关断时间接近 1ms。晶闸管的再生特性支持简单的控制过程。例如，小型**导频晶闸管**可将电流转移到大型器件的门极，大型器件通常将导频晶闸管与主结构集成在一起。光脉冲可以用来为门控灵敏的 SCR 产生载流子，从而产生**光控** SCR。这些器件在高压应用中特别有用。在高压应用中，使用一系列串联开关来达到所需的闪锁电压。

再生特性使晶闸管易受某些外部效应的影响，其中一个影响就是**电压过冲**。当关断状态电压为正且电压很高时，泄漏电流可以变得足够大，从而可以使开关导通。这种开关方法被用于**四层二极管**，即一种无门极晶闸管中，当正向电压达到预定阈值时打开。在保护应用中，可以在门极电路中模拟电压过冲。图 9.34 显示了齐纳二极管的结构。其中，当 $V_{ak} < V_z$ 时，SCR 处于关断状态，如果达到 V_z，SCR 将锁存提供一个低阻抗路径，并从阳极电压得到转移电流。这种**撬棒式** SCR 电路具有电源输出保护功能。

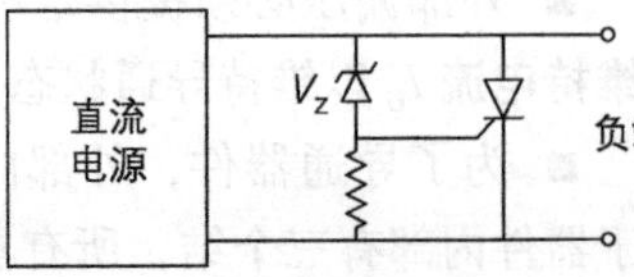

如果晶闸管上的电压迅速上升，就会产生不太理想的导通模式。高的 dV/dt 值会在结电容中感应电流，并可能产生足够大的电流引起开关切换。如果正向电压升高到 100 V/μs，则在门极耦合出 10pF 的器件将产生 1mA 电流。额定值为 20A 的 SCR 的电压一般在 10 ~ 100V/μs 的范围内。考虑到功

图 9.34　齐纳二极管门极控制 SCR 的撬棍式应用

率变换器中的电压等级和速度，器件的 dV/dt 限制常常很麻烦。

例 9.8.1　两个 SCR 用于谐振变换器中，如图 9.35 所示。如果谐振组合的 $Q = 2$，每个 SCR 都在 2μs 内导通，且器件的 dV/dt 额定值为 50V/μs，那么输入电压的最高值是多少？

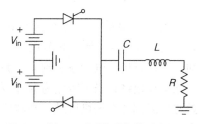

图 9.35　例 9.8.1 中谐振晶闸管逆变器电路

当 SCR 导通时，它会使串联 RLC 电路在谐振频率下响应。在输出端施加半波正弦电流，电流过零点时 SCR 关闭。一个短暂的延迟后，另一个 SCR 导通提供负半波电流。由于 $Q = 2$，电容产生的峰值电压大约是输出所需分量的两倍，即输入电压的 8/π 倍。

在这种情况下，考虑图示电路中的上部 SCR。当它关闭时，电流为零，电感和电阻电压都为零。该器件阻止输入电压小于电容峰值电压，所以 $V_{off} \approx V_{in} - 8V_{in}/\pi = -1.55V_{in}$。此负电压与 SCR 的关闭条件一致。当下部 SCR 导通时，RLC 组合上的电压为 $-V_{in}$，而上部 SCR 必须阻断 $+2V_{in}$。图 9.36 所示为 SCR 电压波形，当下部开关导通时，上部 SCR 的关断电压突然从 $-1.55V_{in}$ 变化到 $+2V_{in}$。如果导通过程时间为 2μs，则上部 SCR 的电压瞬态上升为 $3.55V_{in}/2\mu s$。为了使 dV/dt < 50V/μs，电压 V_{in} 应保持在 28.2V 以下。这个值较低，可能是这种电路应用的一个限制因素。

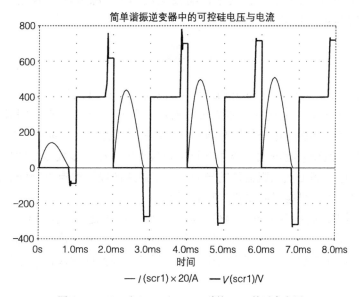

图 9.36　$Q = 2$ 和 $\omega_r = 4000$rad/s 时的 SCR 的反向电压

例 9.8.2　考虑中点整流器中的 SCR。如果输入的线电压是 480V，那么当器件的 dV/dt 额定值为 5V/μs 时，限制因素有哪些？

在 SCR 构成的中点整流器中，当开关导通时，输出电压会有一个正的跳变（这是与晶闸管 SCR 特性一致的必要条件）。由于每个晶闸管所阻断的电压为输入相电压减去输出电压，因此开关动作总是导致阻断电压降低。与例 9.8.1 中的逆变器不同，SCR 的导通不会使器件处于正的 dV/dt 下。但是，当关断时，每个 SCR 必须阻断输入线电压。最坏情况下的 dV/dt 值由线电位的最高微分决定，为 ωV_0。在这个例子中，$V_0 = 480 \times \sqrt{2}$ V = 679V。为了保证 ωV_0 < 5V/μs，角频率必须足够低，ω < 7.37×10^3rad/s，这相当于 1.17kHz。这些器件应该不会对 1.17kHz 以下频率的线路造成太大的麻烦，它们适用于传统的 50Hz、60Hz 和 400Hz 电源。

9.9 场效应晶体管

图 9.37 显示了 N 沟道横向 MOSFET 的简化横截面。在这种 MOSFET 中，P 区材料是低掺杂且具有高电阻，源极和漏极所处的 N 型端具有高掺杂和高导电性。如果在栅极和源极之间施加电压，电场将电荷吸引到靠近源极的栅极下方区域。P 型衬底中的掺杂水平足够低，使得电荷能有效地将其局部转化为 N 型材料，并带有多余的电子。随着栅 - 源电压的升高，这种**反转效应**扩展到整个栅极区域。在特定的**阈值电压** V_{th} 下，一个完整的 **N 沟道**在源极和漏极之间形成电流路径。电场增强了漏 - 源极之间电荷的流动，该 MOSFET 是一种**增强型器件**。

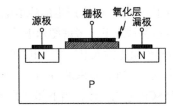

图 9.37　横向场效应晶体管的基本结构

随着栅极与源极之间电场的进一步增大，沟道变大，沟道电阻减小。该器件可认为是**电压控制电阻**，因为栅 - 源电压 V_{gs} 改变了漏极和源极之间的电阻。当电流进入漏极时，它会产生一个与栅源场效应相反的电压降。漏极电流不能任意升高，因为电压降最终会关闭沟道和器件。在给定值 V_{gs} 下，反向电压导致**饱和电流**，漏极电流不会超过最大饱和值。

饱和的 FET 在其有源区工作，其中，漏极电流与栅 - 源电压有函数关系。在有源区，MOSFET 表现为**跨导** g_m，定义为

$$g_m = \frac{\partial I_{ds}}{\partial V_{gs}} \tag{9.34}$$

在特定的漏 - 源电压下，典型功率 MOSFET 的 g_m 范围约为 1～10 西门子（欧姆的倒数）。

功率 MOSFET 的电流 - 电压特性如图 9.38 所示。当 V_{gs} 低于阈值时，漏极与源极之间无电流流动。当 $V_{gs} > V_{th}$ 时，电流 - 电压特性与饱和电流几乎呈线性关系。对于图中所示的器件特性，当 V_{gs} 约为 10V 时，饱和电流较大，器件电阻达到最小值。在大多数传统的功率 MOSFET 中，栅极需要 8～12V 电压满足低电阻器件的导通。许多制造商提供**逻辑级** MOSFET，其具有更敏感的栅极结构，这些器件可能只需要 4V 就可以导通。

对于 P 沟道器件，高掺杂 P 型材料位于漏极和源极端子处，本体材料为低掺杂 N 型半导体。栅 - 源场必须在本体材料中引入空穴，使其转化为 P 型并形成一个沟道。为保证适当的电场极性，栅 - 源电压必须为负。在沟道中，空穴流从源极流向漏极，流入漏极端的导通电流为负。

MOSFET 的动态特性相对简单。虽然电场和沟道必须建立，但没有 P-N 结直接参与的过程。通过对栅 - 源极间电容的认识，可以从基本层面理解动态特性。对于功率器件，这种电容相对较大；对于一个可以承载 20A 电流和 200V 阻断电压的器件来说，2000pF 并不少见。由于栅 - 源电压等级与传统模拟电路一致，因此使用运放或类似的模拟集成电路（IC）来驱动 MOSFET 是可行的。通用模拟集成电路仅适于讨论，不太适合驱动功率器件，而专用栅极驱动电路更为常见。输出电阻为 50Ω 的典型运放构成 RC 电路，如图 9.39 所示。电路的时间常数是 100ns。在这种结构中，栅极驱动电路是开关速度的限制因素：除非施加足够的电压形成沟道，否则不会导通。如图所示，栅极驱动将产生导通延时和关断延时。这个器件的上升和下降时间都约为 100ns，所以栅极驱动限制了速度。运算放大器的输出阻抗很大。栅极驱动问题和功率 MOSFET 电容效应将在第 10 章中进行更全面的讨论。

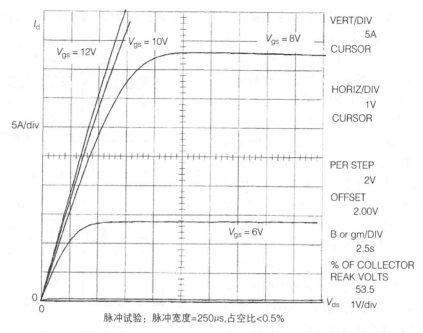

图 9.38　测量得到的 20N20 型 MOSFET（20A，200V，N 沟道）的正向特性

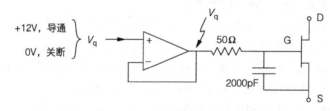

图 9.39　操作功率 MOSFET 栅极的运放

在功率器件中，大型封装和连接引入了电感。图 9.40 所示为功率 MOSFET 基于电路的动态模型，典型 TO-220 封装引入一个电感。通过这个简单的模型可以了解器件的基本静态和动态特性。建议该模型栅 - 源电压是阈值电压的两倍左右，以确保硬开通。

功率 MOSFET 内部的反向二极管被认为是这些器件的一个基本特性。要了解其原因，请考虑图 9.37 中的横向 N 沟道几何结构。N-P-N 区域结合形成与 FET 并联的**寄生双极晶体管**。虽然没有电路连接，但由高 dV/dt 值或残余电流引起的电容电流可能引入寄生部分。在实际应用中，这种寄生效应是功率 MOSFET 中限制 dV/dt 参数的一个重要因素。在功率器件中，图 9.41 中的垂直结构更好地利用了半导体材料 [9]。在垂直结构中，当有足够强的电场时，沟道刚好在栅极氧化物下方形成，在顶部的源极触点和底部的漏极之间形成一个导电沟道。图中显示了在此过程中产生的寄生 BJT，即使是很小的基极电流也能产生足够的集电极电流来破坏处于关断状态的器件。

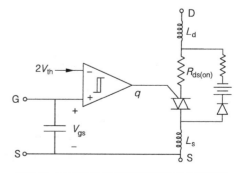

图 9.40　MOSFET 静态和动态特性的电路模型

为了避免寄生 BJT 的导通，扩展源极金属化，以在 P 材料和高掺杂 N 区域之间形成内部短路，如图 9.42 所示。这种内部短路可防止寄生 BJT 的激活，并在此过程中产生从源极到漏极的 P-N 结，称为**反向体二极管**。在不影响可靠性的情况下，该二极管是无法避免的。它在包括逆变器等的双向应用中是一个有用的部分。现代器件的制作，通常使反向体二极管具有与 MOSFET 本身类似的动态性能和功率处理能力。在 P 沟道器件中，除了反向体二极管阳极连接到漏极、阴极 N 型材料短接到源极外，其余效果相同。

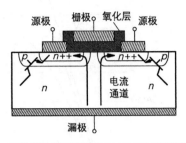

图 9.41　不恰当的垂直结构的 MOSFET 呈现出寄生 BJT

由于载流子是沟道中的自由电荷，MOSFET 是一种**多数载流子**器件。对于多数载流子器件，硅的电阻率会随温度的升高而增加。这种温度特性使得并联使用多个 MOSFET 变得很容易，因为器件的任何部分过电流都会发热并使电阻变得更大，从而将电流分流到并联路径。实际器件是由成千上万个 MOSFET 单元

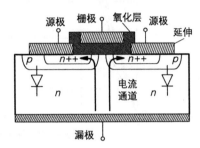

图 9.42　垂直结构的 MOSFET，典型的几何形状呈现出反向体二极管

并联而成的，以利用其热特性。在关断状态下，阻断电压能力基于反向体二极管的额定值，该电压部分取决于由源极到漏极的距离。由于几何结构的原因，高阻断电压意味着高沟道电阻，因此在低 $R_{ds(on)}$ 值和高电压额定值之间需要权衡考虑。工程上使用的功率 MOSFET 通常是垂直结构而不是横向结构。有些封装允许两边散热，这是另一个优点。

例 9.9.1　MOSFET 的正向特性曲线如图 9.43 所示。确定此器件的 V_{th}、$R_{ds(on)}$ 和 g_m 的值。在 10V 电压下的正向跨导是理想的。

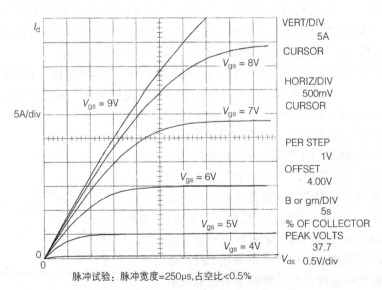

脉冲试验：脉冲宽度=250μs，占空比<0.5%

图 9.43　功率 MOSFET 的正向特性

特性曲线表明，当栅 - 源电压为正时器件导通，显然这是一个 N 沟道 MOSFET。虽然阈值电压不能被精确地确定，但是对于这组曲线，阈值电压在 3～4V 之间。若器件导通，则 $V_{gs} \approx 2V_{th}$。在这种情况下，$V_{gs} = 9V$ 是合适的。当 $V_{gs} = 9V$ 时，曲线的斜率为 25A/1.5V，这对应于 $R_{ds(on)} = 0.06\Omega$。当正向电压降为 10V 时，由 $V_{gs} = 5V$ 和 $V_{gs} = 6V$ 曲线可以估计 g_m 的值。根据 $\partial I_{ds}/\partial V_{gs}$ 值得到 $g_m = 10S$。

9.10　绝缘栅双极型晶体管

功率 MOSFET 的一个缺点是只有小部分材料用作载流沟道。当需要高阻断电压和低导通电阻时，这往往会使 MOSFET 相对昂贵。另一种方法是使用由 FET 和 BJT 组成达林顿结构，如图 9.44 所示。这种结构有两个重要优势：①它比 MOSFET 能更好地利用半导体材料（并且可以在给定的尺寸下承载更大的电流）；②它使用了 MOSFET 的栅 - 源控制方便特性。图中所示的达林顿结构有其自身的缺陷。由于 P-N 结的存在，该器件的速度可能会很慢，特别是在关断时。因此需要一个附加的结来为 BJT 提供 NPN 结构，也为 MOSFET 提供独立的 NPN 结构，但这似乎会出现不希望的寄生元素。IGBT[10] 是基于达林顿结构的 FET-BJT 组合，其集成更加完整，且避免了达林顿结构的一些缺陷。垂直结构的器件如图 9.45 所示。如果在栅极和发射极端子之间提供电场，则可以在 P 区上部形成沟道。该沟道不承载大电流，但用于向内部 N 区提供基极电流。PNP 组合产生一个宽基极双极晶体管，可传输器件中的大电流。

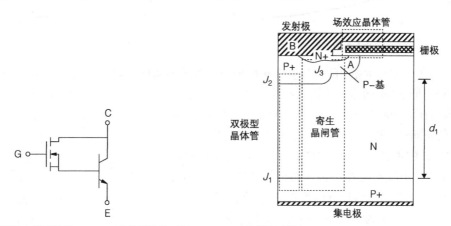

图 9.44　用于功率开关的 FET-BJT 达林顿结构　图 9.45　IGBT 横截面（摘自 B.J.Baliga，*Power Semiconductor Devices*，波士顿：PWS 出版社，1996 年，第 428 页。本文经许可转载）

请注意，IGBT 有一个 PNPN 结构——晶闸管的结构。如果栅极电流在这个晶闸管中流动，器件可能会发生闩锁。因此，发射极端子在顶部 P-N 结上形成短路，以避免寄生晶闸管的导通。更完整的电路模型如图 9.46 所示。电阻 R_B 是考虑发射极后的残余内阻。如果它足够低，晶闸管就不太可能起作用。避免晶闸管闩锁是 IGBT 设计中的一个重要问题。在半导体加工中，为了降低晶闸管起作用的可能性，需要引入额外的结构或掺杂方案。这个额外的 P-N 结提供了一个优势：反向阻断。与 MOSFET 不同，IGBT 具有固有的反向阻断能力，这在整流器应用中是一个优点。由于反向二极管不是固有的，制造商通常

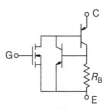

图 9.46　基于器件的 IGBT 模型

会在 IGBT 中增加一个反向二极管，进而用于逆变器中。

MOSFET 不会对 IGBT 的动态特性造成影响。对于典型器件，当栅极 - 发射极电压约为 10V 时，延迟时间和上升时间的总和约为 500ns。关断速度较慢，并分为以下两个部分。由于内部 PNP 晶体管的有效增益很低，所以有相当一部分电流在 MOSFET 沟道中流动。若要关断 IGBT，应将栅 - 发射极电压设置为零。一旦内部栅 - 源极电容放电，沟道电流迅速下降。然而，由于基极区的载流子需要借助复合效应消除，因此晶体管中的电流下降得更慢。这就产生了一个叫作**电流拖尾**的效应，其波形如图 9.47 所示。当器件被施加高的关断电压时，通常会发生电流拖尾，这是开关损耗的主要来源。PWM 应用往往需要更快的关断速度。一些处理方法可以将关断时间减少到 500ns 左右，但这会导致更高的正向电压降。

常用的 IGBT 静态模型表示为二极管串联功率 MOSFET。通过静态模型可以获得器件的正向电压特性、大多数器件的反向阻断能力和栅 - 源极控制功能。图 9.48 提供了一个典型的静态模型。

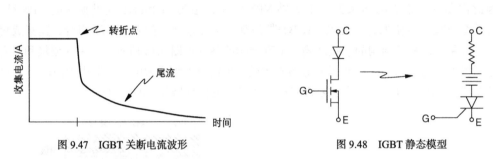

图 9.47 IGBT 关断电流波形　　　　图 9.48 IGBT 静态模型

例 9.10.1 制作 IGBT 的过程会在正向电压降和关断速度之间进行权衡。为此，许多制造商会提供两到三个不同速度范围的器件。在直流驱动应用中，比较两个器件，如图 9.49 所示。驱动输入电压为 500V，输出电流为 100A。低速 IGBT 在 100A 时的正向电压降为 1.5V，其电流拖尾在每次开关时会产生 12mJ 的损耗。快速 IGBT 在 100A 时的正向电压降为 2.7V，但电流拖尾在每次开关时仅消耗 4mJ。当开关频率范围为多少时，慢速器件的总损耗会更低？

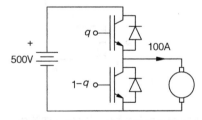

图 9.49 采用 IGBT 的直流驱动应用

每个器件都有值为 $DV_{resid}I_{on}$ 的通态损耗。假设导通损耗较低，则关断损耗为开关频率乘以每次关断动作所损失的能量。对于每个器件，总损耗为

低速：
$$P_{loss} = D(1.5V)\times(100A) + f_{switch}(12mJ) \tag{9.35}$$

高速：
$$P_{loss} = D(2.7V)\times(100A) + f_{switch}(4mJ)$$

当 $f_{switch} = D\times15kHz$ 时，损耗将匹配。如果占空比为 50%，损耗将在 7500Hz 时相等。根据低速转矩的具体驱动要求，当开关频率低于 5kHz 时，慢速 IGBT 是较好的选择，当频率大于 10kHz 时，应选用快速 IGBT。在这个驱动器中，MOSFET 可能不是一个很好的选择。额定电压为 500V 的 MOSFET 往往具有较高的 $R_{ds(on)}$ 值，并且很难以合理的成本提供低于 3V 的正向电压降。

9.11　集成门极换流晶闸管及其组合器件

集成门极换流晶闸管（IGCT）[11]代表了一系列的组合器件，即将多个有源功率半导体组合形成一个操作开关。该器件使用一个由其他半导体和控制器件包围的大型晶闸管。实际上，这个"器件"就是一个组装电路板。较小的半导体参与器件的运行。器件本质上是一个 GTO，但其优化结构又不同于独立的晶闸管[12]。由于整个门极电路是 IGCT 的一部分，所以可以使用极限门极电流脉冲，这使得主器件能够实现高速设计而不是高门极增益设计，但它不能单独发挥作用。类似的概念已经用于 MOS 控制的晶闸管，即 MCT 中。

IGCT 可以设计成上千伏和上千安培，其开关速度可达市电频率的几倍。它主要应用于电网规模的电力电子以及上兆瓦的电机驱动。由于许多器件的协同运行可实现整体功能，所以电路设计人员与功率半导体设计人员合作，能够提供更好的产品。

另一种组合器件是发射极开关晶闸管[13]，它是一个大电流 MOSFET 串联一个晶闸管。MOS-FET 不能阻断高电压，但可以快速切断阳极和阴极之间的电流，使晶闸管关闭。由于功率器件是串联的，即使是在直流母线上，也需要在较高的导通电压降和快速关断能力之间权衡选择。

大多数商业化的组合器件追求极限功率处理能力。为了在适当的功率额定值下达到最高的开关速度，功率半导体也可以用于谐振电路。该操作希望开关导通与关断瞬间出现在电路的过零点处。原则上，可以将两个或多个有源功率半导体与电感、电容和栅极控制相结合，从而在模块[14]中实现集成的"谐振开关"功能。低功率组合器件可能会变得更加普遍，其可以提供用于同步整流器和谐振逆变器所需的功能。

9.12　复合半导体和宽带隙半导体的影响

硅是地壳中最常见的元素之一，通常是首选的天然电子材料。开关功率变换器推动了材料性能极限的发展，然而在多性能间权衡并不总是有利的。更高的额定电压或电流需要更大的器件，这意味着开关速度将更低。功率损耗受散热能力的限制，散热能力与材料的导热性有关。工作温度受掺杂剂扩散和 Si 与金属导体相互作用的限制。在更基本的层面上，功率半导体材料受到电场击穿强度、电导率和迁移率、导热系数和材料兼容性的限制。

半导体禁带（Si 为 1.11eV）是影响电场强度和器件性能的关键因素。复合功率材料，特别是 SiC 和 GaN，已经有了广泛的发展。这两种材料在重要性能上几乎都超过了硅。关于这些材料[15]极限性能的研究仍在继续，表 9.3 总结了一些相对于 Si 的测量报告结果[16, 17]。

表 9.3　功率半导体材料性能（温度 300K）

材料	带隙 /V	电子迁移率 /[cm^2/（V·s）]	击穿场强 /（MV/m）	导热系数 /[W/（cm·K）]
Si	1.11	1350	30	1.5
4H-SiC	3.26	1000	200	4.5
6H-SiC	3.03	500	240	4.5
GaAs	1.43	8500	40	0.5
GaN	3.39	1250	330	1.3
Ge	0.66	3900	10	0.6
C（钻石）	5.45	2200	560	22

（来自 A. Elasser 和 T. P. Chow，"碳化硅对电力电子电路与系统的好处和优势"，《IEEE 会议论文集》，第 90 卷，第 6 期，第 969-986 页，2002 年 6 月，及 L. M. Tolbert，B. Ozpineci，S.K. Islam 和 M.Chinthavali，"电网应用中的宽禁带器件"，国际电力能源系统会议论文集，第 317-321 页，2003。）

　　器件制造者可以给这些不同的属性赋予不同的权重，并将它们组合，使其具有良好的质量。无论优先考虑哪些属性，差别都很大，这意味着复合材料是一种很好的电力电子替代材料。

　　如表 9.3 所示，带隙大于 3V 的宽禁带材料适用于肖特基二极管。尽管这些材料的正向电压降比硅高，但由于速度快，且无反向恢复效应，使得肖特基二极管在许多应用中具有优势。硅肖特基二极管的阻断额定电压高达 200V[18]，但商用的 SiC 和 GaN 器件的额定值可达其 10 倍以上。各种类型的晶体管更具挑战性，特别是由于 SiC 和 GaN 中的 P 型掺杂材料的性能较差。在 SiC 和 GaN 中，空穴的迁移率都低于电子迁移率，这使得双极性器件的实现具有挑战性。复合材料往往具有很高的缺陷密度，这与电力电子应用中对大型器件的需求背道而驰。最早的器件是结型场效应晶体管 FET（JFET）[19]，可以用非对称材料实现。功率电路设计者不喜欢 JFET，因为它们是**耗尽型**开关；当没有栅极输入时，导通沟道是开通的，且需要反向电场**关闭**该沟道，从而关闭该器件。换句话说，JFET 充当"正常开起"开关，这在许多需要故障保护操作模式的应用中是尴尬的，因为需要主动控制来关断能量流。但其可以在某些应用中发挥优势，且已被电路设计人员很好地利用了。即便如此，增强型器件仍占据主导地位。

　　氧化物层、氮化物层和其他策略已经被用于在宽禁带材料中构建 MOSFET。在 GaN 中，夹杂着 AlGaN 的层状结构可以限制电子流进入平面沟道中，形成具有高电荷迁移率的**二维电子气体**。这就使得 GaN/AlN 系统中产生了高电子迁移率晶体管（HEMT）。随着未来器件的发展，基于 HEMT 的二极管、FET 和 IGBT 类器件正以复合材料的形式实现商业化。

　　其他化合物也被考虑过，包括 GaAs、InP、SiGe 等，但是 SiC 和 GaN/AlN 比它们更有优势。从长远来看，碳是一种有趣的功率半导体。例如，金刚石在某些方面是"终极"宽禁带材料，晶体金刚石的导热性能是铜或银的十倍以上，同时还能保持极高的电场击穿强度。然而，即使金刚石在室温下是稳定的，但它必须在高压下进行加工。其他形式的碳基一维和二维结构，如纳米管和石墨烯平面，随着它们的发展，可能会被证明对开关功率器件有用。

　　在操作层面，复合材料和宽禁带材料被用来制造与硅功率晶体管和二极管广泛兼容的器件。例如，SiC 肖特基二极管在逆变器[20]中可以作为 IGBT 的反向并联二极管。到目前为止，在硅和其他晶体管中，栅极的驱动方式有很大的不同，而对于宽禁带材料，器件速度通常要快得多。也许最根本的区别在于温度能力：商用功率硅器件的结温不得超过 175℃，即使采用特殊设计也不能达到 200℃左右；用 SiC 和 GaN 制成的器件可以工作在 300℃；而金刚石将更高。目前的难题是如何在器件装置、电路板和其他设备中利用这种能力。电感和电容在 300℃以上时的函数是较为复杂的，而且几乎所有可用的控制芯片都是由硅制造。如果开关器件及其配件能够承受高温和高电压值，则可应用在恶劣的环境中，同时也可应用在公用电网的其他应用中。例如，用于内燃机阀门和其他部件的电子执行器，用于采矿的电机驱动器，用于高温燃料电池的电子器件，以及许多其他器件。

9.13　缓冲电路

9.13.1　引言

　　对于所有类型的功率半导体，器件损耗是一个重要的考虑因素。静态损耗可以包含在电路模型的设计和分析中，但开关损耗通常需要单独考虑。开关轨迹表示电压和电流的演变。在本节中，我们将考虑用来改变开关轨迹和减少损耗的辅助电路。当半导体开关动作时，尤其是在关断时，变换器中的电感能感应出瞬态高电压。用于控制开关轨迹的辅助电路称为**缓冲电路**，因为它们的主要功能是抑制（"缓冲"）电压或电流过冲。

> **定义**：缓冲电路是连接在功率半导体器件周围的电路，用于改变其开关轨迹。缓冲电路可以减少功率损耗或控制半导体器件需要的峰值额定值。

缓冲电路的作用是防止开关过程中电压或电流的快速变化。图 9.50 显示了一个简单的实例。在这种情况下，并联电容可以防止开关电压在关断过程中迅速上升，对轨迹的影响是为了避免电感引起的电压过冲。由于电路过于简单，在导通时，存储在电容中的电荷在开关中消耗，导通轨迹会产生高电流过冲。图 9.51 比较了有、无并联电容的运行轨迹。

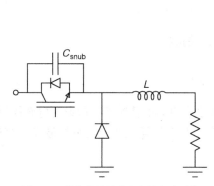

图 9.50 带有并联缓冲电容的电感开关

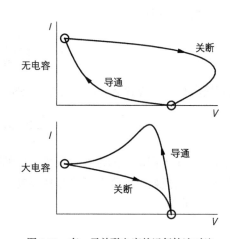

图 9.51 有、无并联电容的运行轨迹对比

9.13.2 有损关断缓冲电路

通过使缓冲电路单向（如图 9.52 所示）形成一个**关断缓冲电路**，可以避免图 9.50 所示缓冲电路的开起过冲。电容在关断时吸收能量，以防止电压过冲。当开关导通时，缓冲电路逐渐将这种能量释放到半导体外部。图 9.52 电路是一个**有损缓冲电路**，因为吸收的能量在电阻器中损耗掉了。它权衡了电阻损耗和半导体损耗。如果电容和电阻的选择恰当，则总损耗将小于没有缓冲电路的情况，因此，即使缓冲电路消耗能量，它也可能有助于提高功率变换器的效率。

缓冲电容和电阻的选择必须满足两个要求：电容必须足以避免关断期间电流下降时的电压过冲；RC 的时间常数必须足够短，以允许存储的能量在开关导通期间完全消耗。一个近似的设计是假设在开关关断期间电流 t_f 呈线性下降。由于外部电感的作用是保持总电流恒定，因此流入电容的电流也将保持平衡。在关断期间，电流大约为

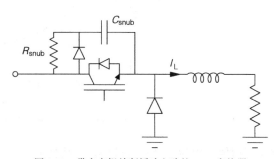

图 9.52 带有有损关断缓冲电路的 buck 变换器

$$i_{\text{switch}}(t) = I_{\text{L}}\left(1 - \frac{t}{t_{\text{f}}}\right), \quad i_{\text{C}}(t) = I_{\text{L}} - i_{\text{switch}}(t) = I_{\text{L}}\frac{t}{t_{\text{f}}} \tag{9.36}$$

电容电压是通过对电流积分得到的，如果电容足够大，则在 $0 < t < t_{\text{f}}$ 区间内，电容电压是 t^2 的函数。如果电容很小，在电流到达零之前，电容电压将达到完全关断状态的值，另一个开关将打开，承载剩余电流。对于足够大的电容 C，关断过程中半导体损耗的能量是 $v_{\text{C}}i_{\text{switch}}$ 的积分，即

$$W_{\text{switch}} = \int_0^{t_{\text{f}}} v_{\text{C}}i_{\text{switch}}\mathrm{d}t = \int_0^{t_{\text{f}}} \frac{I_{\text{L}}t^2}{2Ct_{\text{f}}}I_{\text{L}}\left(1 - \frac{t}{t_{\text{f}}}\right)\mathrm{d}t = \frac{I_{\text{L}}^2 t_{\text{f}}^2}{24C} \tag{9.37}$$

此外，当电荷消散时，$(1/2)CV_{\text{off}}^2$ 的能量将在电阻中消耗。考虑电感换流，其损耗为 $V_{\text{off}}I_{\text{L}}t_{\text{f}}f_{\text{switch}}/2$，缓冲电路的综合损耗为

$$P_{\text{switch}} = \left(\frac{I_{\text{L}}^2 t_{\text{f}}^2}{24C} + \frac{1}{2}CV_{\text{off}}^2\right)f_{\text{switch}} \tag{9.38}$$

与电感换流相比，若满足下式，缓冲电路将减少组合开关损耗：

$$\frac{I_{\text{L}}^2 t_{\text{f}}^2}{12C} + CV_{\text{off}}^2 < I_{\text{L}}V_{\text{off}}t_{\text{f}} \tag{9.39}$$

图 9.53 显示了不同电容的选择对开关损耗的影响。在没有电容的情况下，假设为电感换流。电容增加了放电损耗，但降低了半导体损耗。存在一个使两个损耗之和为最小的最优电容选择。式（9.38）的偏导数为

$$C_{\text{opt}} = \frac{I_{\text{L}}t_{\text{f}}}{\sqrt{12}V_{\text{off}}} \tag{9.40}$$

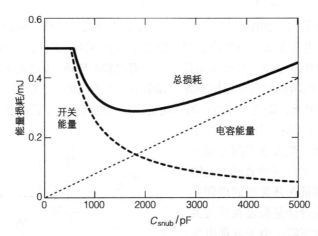

图 9.53　开关功率损耗随缓冲电容值的变化

这是近似值，因为下降电流被假定为线性的。最优电容产生的换流参数等于 $\sqrt{12}$，约为 3.5。因此，电容换流大体上比电感换流好。图 9.54 为电容接近其最优值时的假想开关轨迹。

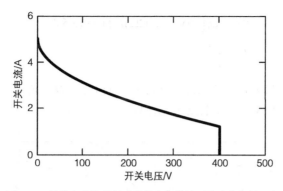

图 9.54 最优电容的关断开关轨迹，使总开关功率损耗最小

电阻在导通期间消耗电容的存储能量，为下一次关断时的缓冲做好准备。若 RC 时间常数小于导通时间的一半，则 98% 以上的电容能量会在关断前消耗。这就需要

$$RC < \frac{DT}{2}, \quad R < \frac{DT}{2C} \tag{9.41}$$

电阻所需的额定功率等于放电能量乘以开关频率，为

$$P_r = \frac{1}{2}CV_{off}{}^2 f_{switch} \tag{9.42}$$

下面这个例子对于典型值的理解提供了帮助。

例 9.13.1　buck-boost 变换器从 3V 电池输入中产生 5V 输出，开关频率为 300kHz，负载为 25W。假设 MOSFET 的导通损耗很低，关断过程需要 100ns。该器件的 $R_{ds(on)} = 0.02\Omega$。一个小散热器为 MOSFET 提供了 $R_{\theta(ja)} = 25K/W$。二极管为肖特基器件，开关损耗很小，可建模为恒定 0.5V 正向电压降。估算这个变换器在没有缓冲电路情况下的功率损耗。设计一个关断缓冲电路，并估计电路的损耗。当环境温度为 25℃，MOSFET 结温是多少？在这个应用中，buck-boost 变换器的极性反转可以通过反转电池极性来解决。图 9.55 给出了带缓冲电路的变换器电路。

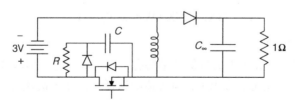

图 9.55　带有缓冲电路和反向输入的 buck-boost 变换器电路

假设电感和电容比较大，电池比较理想，可以用图 9.56 所示的静态模型对电路进行分析。开关控制电感电压和二极管电流，且有

$$v_L = q_1\left[-3V + (0.02\Omega)I_L\right] + q_2(5.5V) \tag{9.43}$$
$$i_d = q_2 I_L$$

平均值分别为 0V 和 5A。因此

$$0V = D_1\left[-3V + (0.02\Omega)I_L\right] + D_2(5.5V)$$

$$I_L = \frac{5A}{D_2} \tag{9.44}$$

解得 $D_1 = 0.671$，$D_2 = 0.329$，$I_L = 15.2A$。开关的导通损耗为 $D_1I_L^2R_{ds(on)} + D_2I_L(0.5V) = 8.1W$。开关的关断状态电压约为 8V，导通电流为 15.2A。

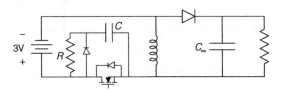

图 9.56　buck-boost 电路静态模型分析

如果换流参数估算为 2，则无缓冲的开关损耗为 $I_{on}V_{off}\,t_f f_{switch}/2 = 1.8W$。在该电路中，最优缓冲电容可估计为

$$C_{snub} = \frac{I_L t_f}{\sqrt{12}V_{off}} = \frac{15.2A \times 100ns}{\sqrt{12} \times 8V} = 0.055\mu F \tag{9.45}$$

由于导通时间为 2.24μs，因此缓冲电阻应不大于 20.4Ω，电阻需要消耗 0.53W，所以合理的选择是使用 1W、12Ω 的电阻和 0.05μF 的电容。增加了缓冲电路后，总的开关损耗降至 1.1W 左右。在无缓冲电路的情况下，开关损耗和通态损耗之和接近 10W，效率为 71%。采用缓冲电路后，总损耗为 9.2W，效率为 73%。虽然效率的提高并不明显，但热问题是很明显的。如果没有缓冲电路，FET 的总损耗为 $D_1I_L^2(0.02\Omega) + 1.8W = 4.9W$，从结到环境的热阻为 25K/W，则结温为

$$T_j = 25°C + (25K/W)(4.9W) = 148°C \tag{9.46}$$

在使用典型最高结温为 150℃ 的 MOSFET 中，没有太多温度余量。当加入缓冲电路后，MOSFET 在导通状态下的损耗为 3.1W，而开关损耗仅为 0.53W，共计 3.6W，则结温为

$$T_j = 25°C + (25K/W)(3.6W) = 115°C \tag{9.47}$$

这完全在器件的工作范围内。

电容的最佳值与式（9.40）中的近似结果略有不同。最佳电容值取决于变换器负载，必须根据电感电流进行选择。在实际应用中，电容值的选择往往高于最佳值。这减少了半导体中的损耗，但也会带来较高的总损耗。图 9.52 中的关断缓冲电路会平衡可靠性（低开关损耗）和效率之间的关系。在例 9.13.1 中，效率的改变很小，但是开关温度的变化较大，可使用更大的电容器；在电路中，$C = 0.1\mu F$ 和 $R = 10\Omega$ 将进一步降低结温，而不会对总损耗造成太大影响。

9.13.3　有损导通缓冲电路

图 9.52 中的电容缓冲电路减少了关断过程中造成的损耗，同时也避免了电压过冲，使半导体在开关过程中更容易保持在 SOA 中。当开关进入关断状态时，开关上出现电压，电容储存能量。对于导通缓冲电路，需要上述特性的对偶性：串联电感可以在开关导通时存储能量。电感

电路应该能够在导通瞬间改变开关轨迹。

图 9.57 显示了一个电感与一个二极管结合形成的导通缓冲电路。电感限制了开关电流在开关过程中上升的速度。当开关关断时，电感中储存的能量在电阻中消耗，可以起到缓冲作用。

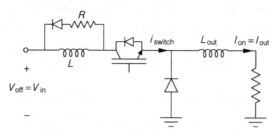

图 9.57　buck 变换器的有损导通缓冲电路

假设开关电压在导通瞬间呈线性下降，这一段时间间隔 t_{fv} 为电压下降时间，其主要由电路因素决定，通常约等于电流上升时间 t_r。在导通瞬态期间，变换器中的另一个有源开关必须保持导通状态，因为它承载了剩余电流。总电压 $V_{off} = V_{switch} + v_L$ 必须通过电感与开关的串联组合来阻断，因此，$v_L = V_{off} - V_{switch}$，线性近似为

$$v_L = V_{off} \frac{t}{t_{fv}} \tag{9.48}$$

电流是由这个电压的积分得到的，它的值与 t^2 成正比。在导通过程中，电感电流与开关电流相匹配。开关的能量损耗为

$$W_{switch} = \int_0^{t_{fv}} V_{switch}(t) i_{switch}(t) \mathrm{d}t = \int_0^{t_{fv}} V_{off}\left(1 - \frac{t}{t_{fv}}\right)\frac{V_{off} t^2}{2L t_{fv}} \mathrm{d}t = \frac{V_{off}^{\,2} t_{fv}^{\,2}}{24L} \tag{9.49}$$

与关断缓冲电路一样，电感值越高，开关损耗越小。总能量损耗包括电感中存储的能量，当开关关断时，电感中存储的能量必须在电阻中消耗

$$P_{switch} = \left(\frac{V_{off}^{\,2} t_{fv}^{\,2}}{24L} + \frac{1}{2}L I_{on}^2\right) f_{switch} \tag{9.50}$$

如前所述，存在一个最优电感值为

$$L_{opt} = \frac{V_{off} t_{fv}}{\sqrt{12} I_{on}} \tag{9.51}$$

这将使总导通损耗降至最低。电阻必须提供足够快的 L/R 时间常数，以消耗所有关断时间间隔内的能量。其值为

$$\frac{L}{R} < \frac{(1-D)T}{2}, \quad R > \frac{2L}{(1-D)T} \tag{9.52}$$

该值将确保至少消耗 98% 的能量。

例 9.13.2　电动汽车 PWM 逆变器的 IGBT 在关断时必须阻断 325V 的电压，并承载峰值高达 200A 的正弦电流。该逆变器驱动一个车辆牵引电机，且开关工作在 12kHz。IGBT 电流上升时间为 500ns。该器件内部具有反向二极管。建议在此设计中应用导通缓冲电路，根据最大

输出电流，估计加入此缓冲电路前、后导通瞬态造成的损耗。

考虑电路的一个半桥桥臂（对三相电机来说很可能是六管桥），如图 9.58 所示。由于负载是一个电机，负载电流在 500ns 的开关间隔内不会有太大的变化。如果没有缓冲电路，起动瞬间的电压从 325V 跳变到接近零，电流从零跳变到满电机负载电流。最大的负载电流是一个峰值为 200A 的正弦曲线。如果电流在电压下降之前上升，则每个开关导通的能量损耗为

$$W_{\text{switch}}(t) = \frac{V_{\text{off}} I_{\text{on}} t_{\text{switch}}}{2} = \frac{\left|200\cos(\omega_{\text{out}}t)\mathrm{A}\right| \times 325\mathrm{V} \times 500\mathrm{ns}}{2} \tag{9.53}$$

因为开关总是有损耗的，所以此处应该加绝对值。如果电机电流为负，则反向二极管会发生损耗，在较长的时间间隔内（如 1s）平分这些能量，总结果由电流绝对值的平均值决定。除电流外的其他参数都是恒定的，不会影响平均损耗的过程。平均开关损耗可以估计为

$$P_{\text{switch}} = \frac{V_{\text{off}} \left\langle \left|200\cos(\omega_{\text{out}}t)\right|\right\rangle t_{\text{switch}} f_{\text{switch}}}{2} = \frac{325\mathrm{V} \times (400/\pi\mathrm{A}) \times 500\mathrm{ns} \times 12\mathrm{kHz}}{2} \tag{9.54}$$
$$= 124\mathrm{W}$$

导通缓冲电路可以减少损耗，尤其是在峰值电流附近。在这个应用中，最好使用比与峰值电流相匹配的最优电感值更大的电感，这样缓冲电路在较低的电流水平下仍然有效。在峰值电流下的最优电感值为

$$L_{\text{opt}(200\mathrm{A})} = \frac{325\mathrm{V} \times 500\mathrm{ns}}{\sqrt{12} \times 200\mathrm{A}} = 0.23\mu\mathrm{H} \tag{9.55}$$

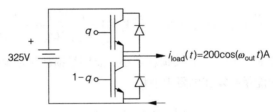

图 9.58　例 9.13.2 中导通缓冲的 IGBT 半桥

考虑 127A（电流绝对值的平均值）时的最优电感值，选择 $L = 0.36\mu\mathrm{H}$。半导体中由于导通而造成的功率损耗近似为

$$P_{\text{switch}} = \frac{(325\mathrm{V})^2 \times (500\mathrm{ns})^2}{24 \times 0.36\mu\mathrm{H}} f_{\text{switch}} = 37\mathrm{W} \tag{9.56}$$

缓冲电阻的能量损耗为 $(1/2)Li^2$，即

$$W_{\text{r}} = \frac{1}{2} \times 0.36\mu\mathrm{H} \times \left[200\cos(\omega_{\text{out}}t)\mathrm{A}\right]^2 \tag{9.57}$$

这种损耗的平均值与电流二次方的平均值成正比，因此可以从电流方均根中计算电阻功率损耗，为

$$P_{\text{r}} = \frac{1}{2} \times 0.36\mu\mathrm{H} \times (140\mathrm{A})^2 \times 12\mathrm{kHz} = 42\mathrm{W} \tag{9.58}$$

在此电感的选择下，导通瞬态的总损耗为 37W + 42W = 79W，比式（9.54）中没有缓冲电路时的损耗要小得多，半导体中的开关损耗仅为原来的 30%。

电阻应在关断期间迅速消耗电感中的能量，然而在 PWM 环境中，当电流最大时，通常关断时间最短，因此需要根据最坏的情况选择电阻。如果占空比不超过 98%，则关断时间不小于 $(1-D)T = 0.02/12\text{kHz} = 1.7\mu s$。时间常数 $0.83\mu s$ 应该足够快。对于 $0.36\mu H$ 的电感，需要 $R > 0.43\Omega$。电阻的额定功率需要远高于 42W。

在例 9.13.2 中，开关损耗将需要较大的散热器。需要记住的一个重要因素是，即使有缓冲电路，开关损耗也与开关频率成正比，因此降低功率损耗最简单的方法是降低开关频率。当开关频率为 12kHz 时，例 9.13.2 的电机驱动器中的 6 个开关与缓冲电路的总损耗约为 425W。如果频率下降到 4kHz，这个损耗将变为 1/3。相反，导通损耗与开关频率无关。

9.13.4　组合式无损缓冲电路

上述部分的关断和导通缓冲电路可以组合成**统一的缓冲电路**，如图 9.59 所示。电感避免了导通时的高峰值电流，电容防止了关断时的电压过冲。在设计电路时，可以分别考虑两部分的缓冲电路。电阻必须消耗缓冲电路中存储的总能量 $(1/2)CV_{\text{off}}^2 + (1/2)LI_{\text{on}}^2$。统一电路提供了在电感和电容之间传递缓冲能量的机会。实际上，图 9.59 中的 RLC 组合利用其在导通瞬态过程中的优势：电容能量部分转移到电感上。这使得在导通期间缓冲电路能量的消耗更加均匀，还可以减少开关的峰值导通电流。

把存储在缓冲电路中的能量消耗掉是一种资源浪费。在例 9.13.2 中，变换器的输出功率约为 30kW，导通缓冲电路的总损耗超过 250W，关断缓冲电路的损耗类似，所以总的缓冲损耗接近输出的 2%。回收存储的能量是可行的，从而设计出**无损缓冲电路**或**能量回收缓冲电路**。图 9.60 显示了无损关断缓冲电路的概念图。回收缓冲电路在导通间隔时间内从电容获取能量，并将其返回到电源或传送到负载。在某些应用中，一种巧妙的方法是回收缓冲能量并提供给电子控制部分。电荷泵变换器与谐振方法也提供了一些替代方案。最大的挑战是对速度的要求，可能只有几微秒的时间来转移储存的能量。

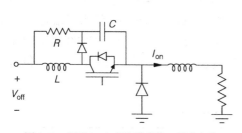

图 9.59　用于 buck 变换器的统一缓冲电路

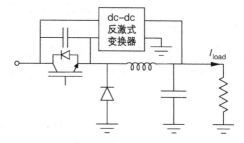

图 9.60　使用能量回收变换器的缓冲电路

9.14　设计实例

在电力电子学习中，我们已经研究过了关键的概念问题、操作策略、电路结构、分析方法和器件的考虑等因素，这些知识可以通过变换器的设计进行综合。设计实例还涉及制造商数据表中提供的信息。此外，还需要栅极驱动器将开关函数转换为器件动作。这些问题将在以后章节中详细讨论。

9.14.1　用于磁盘驱动器的升压变换器

在许多大型直流系统中，升压变换器可灵活选择单一配电电压和提供"负载点"转换以满足特定要求。例如，在汽车中，升压变换器可以在 12V 系统的约束下支持大功率音频系统；在计算机中，可以提供所需的附加电压，把负载点连接到统一的系统中；在喷气式飞机或宇宙飞船中，雷达或发射机可在选定的直流母线电压以上工作。下面的实例是为了重点研究制造商提供的数据表中的详细信息。数据表在网上很容易获取，这里主要探讨数据表在整个设计过程中的重要性。

<u>例 9.14.1</u>　为超级计算机磁盘驱动器构建 dc-dc 变换器。在高达 120W 的负载下，输出为 +24（1 ± 0.05）V。额定输入为 +12V，但必须留有一定裕量，以保证驱动器在使用电池组时能够正常运转。输入电压范围为 +12（1 ± 25%）V。输入电流纹波不像输出电压纹波那样重要，但是峰 - 峰值应小于 200mA。即使在空载情况下，输出也不应偏离额定值 24V。输入和输出之间允许有共地点。工作位置由外部环境控制，变换器外壳的工作温度约为 25℃，重要的是，在环境控制器不工作的情况下要确保变换器不会发生故障。工作范围为 10 ~ 40℃。试设计一个电路并实现它所需的功能。

本例的功率等级和电压要求与功率 MOSFET 一致。在缺乏进一步指导的情况下，我们建议使用基于 MOSFET 的 dc-dc 变换器，开关频率为 100kHz。最终频率的选择将取决于损耗。基于以上选择，表 9.4 总结了其规格要求。在 $V_{out} > V_{in}$ 的条件下，升压变换器可以满足基本的工作要求。

在这个升压变换器中，输出电流不会超过 5A。输入电流取决于负载，当负载最大且输入电压最低时，输入电流最大。鉴于效率在 90% 左右，所以满负荷时需要 133W 的输入，因此对于 9V 输入，电流为 15A。尽管开关运行轨迹要求有足够的裕量，但原则上的额定电压不超过 25V。典型器件类型从 50 ~ 60V 开始。表 9.5 总结了 NTD20N06 MOSFET[21] 的适用数据。表 9.6 汇总了 MBRB1545CTG 肖特基二极管[22] 的数据。

数据摘要提供了两种开关器件的静态模型信息。在 25℃ 时，MOSFET 的 $R_{ds(on)} = 0.0375\Omega$，如果栅 - 源电压为 6V 或更多，则可以承载 15A 电流。值得注意的是，$R_{ds(on)}$ 随结温升高而明显升高。例如，在 $T_j = 100℃$，电阻增加了近 50%。肖特基二极管实际上是一对具有公共阴极的器件，在 15A 峰值电流下，两个管子并联使用使得电压降最小。图 9.61 给出了结温为 85℃ 时的二极管正向特性曲线[22]。当温度进一步升高时，下降幅度会稍微减小。该曲线可在 15A 下建模为 0.42V 电源与 0.011Ω 电阻串联。电感和电容应该包括串联电阻。图 9.62 给出了包括静态模型在内的电路图。

表 9.4　例 9.14.1 中规格要求

参数	额定值	范围
输入电压	+ 12V	+ 9 ~ + 15V
输出电压	+ 24V	± 50mV
输出功率	120W 满载	0 ~ 120W
输入电流峰 - 峰值	取决于负载	± 200mA
开关频率	100kHz	提高频率能减小尺寸
环境温度	25℃	10 ~ 40℃
接地	公共输入 - 输出接地	—

表 9.5　NTD20N06 MOSFET 数据规格

等级	数值
关断状态漏 - 源电压	不低于 60V
栅 - 源电压	± 20V 之间
25℃环境下持续漏极电流	20A
脉冲电流（脉冲持续时间小于 10μs）	60A
工作和储存温度范围	−55 ~ + 175℃
热阻，与周围环境连接，安装在具有合适垫片尺寸的电路板上	80℃ /W
断态泄漏电流（在漏 - 源电压 60V 下测试）	150℃时最大 10μA
阈值电压	最高 3V
通态沟道电阻	37.5mΩ
在 6A 和 7V 下测量跨导	13.2S
上升时间	61ns
下降时间	37ns
20A 时的反向二极管通态电压	1.0V
二极管反向恢复时间	43ns

表 9.6　MBRB1545CTG 二极管数据规格

等级	数值
阻断电压	45V
平均正向电流	每个桥臂 7.5A，共 15A
工作和储存温度	−65 ~ + 175℃
热阻，与环境连接，安装在具有足够垫片尺寸的电路板上	50℃ /W
15A 和 125℃时的通态电压	0.72V
45 V 和 125℃时的断态电流	15mA
配置	每封装两管，共阴极

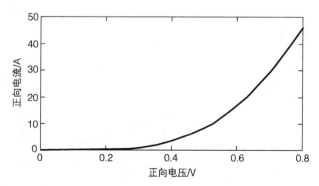

图 9.61　肖特基二极管在 85℃时的正向特性曲线，MBRB1545CTG（摘自 ON Semiconductor，
　　"MBRB1545CTG，SBRB1545CTG 数据表"凤凰城，AZ，2012 年 11 月）

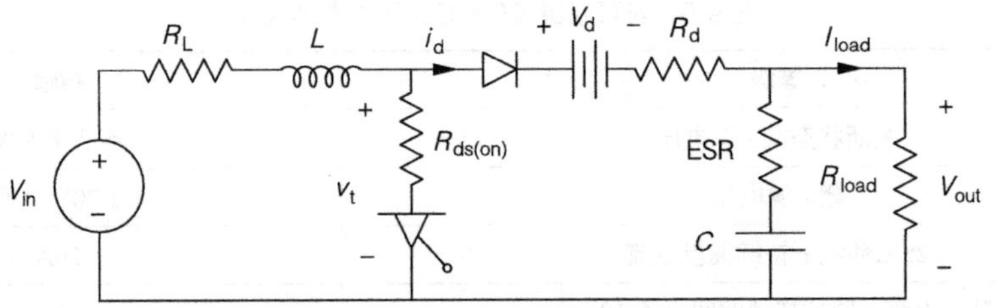

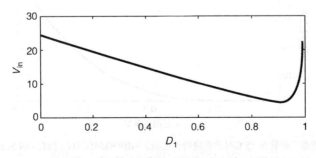

图 9.62　升压变换器的静态模型电路图

假设变换器以 $I_L > 0$ 的连续导通方式工作，其开关控制电压 v_t 和电流 i_d 开关函数表达式为

$$\begin{cases} v_t = q_1 I_L R_{ds(on)} + q_2 (V_{out} + I_L R_d + V_d) \\ i_d = q_2 I_L \end{cases} \tag{9.59}$$

开关平均关系为

$$\begin{cases} \langle v_t \rangle = V_{in} - I_L R_L = D_1 I_L R_{ds(on)} + (1-D_1)(V_{out} + I_L R_d + V_d) \\ \langle i_d \rangle = I_{load} = (1-D_1)I_L \end{cases} \tag{9.60}$$

该式决定了输入和输出电压与电流之间的关系。应使用式（9.60）来估计变换器的运行情况，但有些值是未知的。我们试着给出它们的近似值。根据表 7.1，电感可能会用 #12 AWG 导线的线圈绕制，导线的电阻是 5.3mΩ/m。因此，R_L 可能只有几毫欧。备用电池的内阻或其他互连电阻可能更大，为防止意外电压降，设 $R_L = 20\text{m}\Omega$，试计算 V_{in} 的最小值。考虑到结温升高，设 $R_{ds(on)} = 0.040\Omega$。满载时，$I_{load} = 5\text{A}$，此时电感电流为 5A/（$1-D_1$），电压为

$$V_{in} - \frac{5\text{A}}{1-D_{11}} \times 0.02\Omega = D_1 \frac{5\text{A}}{1-D_1} \times 0.04\Omega + (1-D_1) \times 24.42\text{V} + 5\text{A} \times 0.011\Omega \tag{9.61}$$

可以改写为

$$V_{in} = \left[\frac{D_1}{1-D_1} \times 0.2 + (1-D_1) \times 24.42 + 0.055 + \frac{0.10}{1-D_1} \right] \text{V} \tag{9.62}$$

以伏特为单位的输入电压 V_{in} 与 D_1 的函数关系式如图 9.63 所示。在满载时，有一个最小的 V_{in} 值，如低于此值，变换器不会产生需要的 24V 输出。这个最小值为 5.69V。表 9.7 提供了 12W 以上负载的运行参数。表中所列的功率损耗仅为静态损耗，电容等效串联电阻（ESR）中的损耗和开关损耗需要稍后进行估计。

图 9.63　各占空比下提供 24V 输出所需的 V_{in} 值

表 9.7 升压变换器运行参数

输入电压	负载电流 /A	占空比	输入电流 /A	功率损耗 /W
9V	0.5	0.635	1.37	0.32
	2	0.645	5.62	2.64
	5	0.667	15.01	15.10
12V	0.5	0.511	1.02	0.62
	2	0.517	4.14	1.73
	5	0.531	10.67	8.05
15V	0.5	0.387	0.82	0.24
	2	0.392	3.29	1.35
	5	0.402	8.36	5.39

在选择电感时，纹波要求和非连续工作模式都是潜在问题。如果设置了纹波极限为 $\pm 200\text{mA}$，那么低至 200mA 的电感电流将保持 $I_L > 0$，使变换器工作在非连续模式。当输入 15V 时，200mA 电感电流将转为 0.125A 的负载电流，即 3.0W，这仅是满载的 2.5%。由于即使在空载情况下也要保持 24V 的输出，因此需要"假负载"，以便在没有外部连接的情况下保持非零负载电流。为避免对效率产生明显影响，"假负载"应约为 1%，即 1.2W。470Ω 电阻接近准确值。安装此"假负载"后，最小负载电流为 0.051A，最小输入电流约为 0.083A。如果电感值足够大，使电流纹波保持在 $\pm 0.083\text{A}$ 以内，则变换器在任何情况都不会工作在非连续模式。虽然这个选择有点武断，但它会简化以后的控制，所以我们通过选择电感来保证纹波低于 $\pm 0.083\text{A}$，即 $\Delta i_L < 0.166\text{A}$。

当 #1 号开关导通，电感电压略小于 V_{in}。目标纹波值要求为

$$V_{\text{in}} = L\frac{\Delta i_L}{\Delta t}, \quad L > \frac{V_{\text{in}}D_1 T}{0.166\text{A}} \quad (9.63)$$

注意，V_{in} 和 D_1 不是独立的。右侧最大值能确保选择足够大的电感。式（9.62）可以作为使 $D_1 V_{\text{in}}$ 最大化的基础，且最大值出现在 $V_{\text{in}} = 12.0\text{V}$ 时，此时为满载，$D_1 = 0.531$。电感值应至少为

$$L > 12\text{V}\frac{0.531}{0.166\text{A}}T, \quad L > 38.4T \quad (9.64)$$

对于 100kHz 的开关，电感约为 384μH；对于 200kHz 的开关，电感约为 192μH，依此类推。

根据表 9.7，电感电流在正常情况下可达 15A。开关为 100kHz 时的储能达到 0.043J，开关为 200kHz 时的储能达到 0.022J，依此类推。考虑一种 $\mu = 25\mu_0$ 的铁粉材料。当 $B_{\text{sat}} = 1\text{T}$、频率为 100kHz 时，总磁芯体积需要 2.70cm³ 才能存储 0.043J 能量。厚度为 12mm、外径为 50mm、内径为 25mm 的环形磁芯足够大。对于铁粉材料，100kHz 的开关频率是可行的，但是更高的开关频率会大大增加损耗。

磁芯的磁阻 $\mathcal{R} = l/(\mu A) = 2.60 \times 10^7 \text{H}^{-1}$。为了提供 $L = N^2/\mathcal{R} = 384\text{μH}$，这种磁阻需要 100 匝。给定 #12 导线和 50% 的窗口填充系数，100 匝至少需要 662mm² 的窗口面积。对于这个磁芯，实际的窗口面积是 491mm²，所以该导线并不合适。因此可以选择稍大一点的磁芯。如标准 T200-52 磁环外径为 50.8mm，内径为 31.8mm，厚度为 14mm，$\mu = 75\mu_0$。该磁芯具有 $A_L =$

92nH，磁阻为 $1.09 \times 10^7 H^{-1}$，所需匝数为 65，匝数合适。现在，通过下式检查饱和度：

$$\frac{Ni}{\mathcal{R}} = \phi = BA, \quad B < B_{sat} = 1T \tag{9.65}$$

对于 65 匝、15A、$\mathcal{R} = 1.09 \times 10^7 H^{-1}$、$A = 127mm^2$ 的磁芯，最大磁通饱和密度为 0.70T，低于饱和值。该磁芯与 65 匝 #12 导线应该可以满足电感的要求，但这不是一个小电感。较高的开关频率可减小磁芯尺寸。

电容峰 - 峰值输出纹波必须为 100mV。当二极管关断时，电容携带满载电流。在负载最大和晶体管占空比最高的最坏的情况下，有

$$i_{load} = C\frac{\Delta v_{out}}{D_1 T}, \quad \Delta v_{out} < 100mV \tag{9.66}$$

最坏情况的输入电压为 9V，负载为 5A，在这种情况下，要求：

$$C > 5A \times \frac{0.667}{100mV}T, \quad C > 33.4T \tag{9.67}$$

对于 100kHz 的开关，需要 334μF 的电容。如果该电容的 $\tan\delta = 0.20$，ESR 为 $\tan\delta/(\omega C) = 0.20/(2\pi f_{switch} C)$，当频率为 100kHz 时，ESR = 0.95mΩ。ESR 更可能由引线电阻主导，所以我们预计 ESR 为 2mΩ。ESR 的电压跳变是 $I_L(ESR)$，最坏情况下的值为 $15A \times 2m\Omega = 30mV$。因此，电容纹波应为 70mV，而不是 100mV，且 $C > 477\mu F$ 是必要的。一个商用的 470μF 器件很接近，尽管可能多个更小的器件并联能减小等效串联电感。在这个问题中，ESR 的功率损耗不会很大。即使在最坏的情况下，电流为 15A，损耗仅为 100mW 左右。

下面估计开关损耗。可以使用典型的换流参数 $a = 2$，MOSFET 数据表中的典型上升时间为 154ns，下降时间为 99ns。对 MOSFET 的开关损耗估计值为

$$P_{switch} = \frac{I_{on}V_{off}t_{switch}f_{switch}}{2} = \frac{15A \times 24V \times 253ns \times 100kHz}{2} \tag{9.68}$$

在最高电感电流下，开关损耗为 4.6W。二极管的速度更快，反向恢复时间为 60ns。数据表不提供反向恢复电荷，但 120ns 的总开关时间表明 2.3W 是合理的最坏情况估计。

高负载、低输入情况下的总损耗为 22.0W，效率为 84.5%。在额定 12V 输入时，最高负载下的损耗为 14.9W，满载效率为 89%。电感中会有损耗，约为 1W。

MOSFET 的损耗包括通态损耗和开关损耗，即

$$P_{MOSFET} = D_1 I_L^2 R_{ds(on)} + \frac{I_L(24V \times 253ns \times 100kHz)}{2} = D_1 I_L^2(0.04\Omega) + 0.30 I_L \tag{9.69}$$

由于 I_L 是负载电流除以 $(1-D_1)$，D_1 取最大值时为最坏的情况。这种情况发生在高负载和低输入的情况下，此时器件损耗达到 10.5W。晶体管的热阻 $R_{\theta ja} = 62.5K/W$，因此散热器是必不可少的。在这种应用中，MOSFET 损耗往往占主导地位。找出电阻较低的 MOSFET 是值得的。表 9.8 总结了上述结果。

表 9.8　升压变换器设计值及结果

参数	数值	注释
开关频率	100kHz	铁粉心
电感	384μH	使用 1.2W "假负载"，避免非连续模式
电容	470μF	需要波纹额定值接近 10A
效率	89%	满载，12V 输入
工作范围	7 ~ 15V	电感留有饱和裕量，晶体管需要额外的散热片

9.14.2　电动汽车逆变器的损耗估算

例 9.13.2 中的方法可以估算逆变器系统中的损耗值，这些估值可作为热性能要求和整个系统设计的基础。本节实例将计算桥式电路开关的损耗。

例 9.14.2　为了满足散热系统的初始需求，需要估计电动汽车的损耗。给定的电池母线电压为 300V。该测试实例基于平均输送为 20kW 的电机驱动测试循环。基于有限的信息，并以支持高达 400A 输出为目标，估计此需求的损耗。

如图 9.64 所示，以传统的六管桥式电路为基础，同时还给出了 IGBT 和反向二极管组合的静态模型。首先考虑其通态损耗。

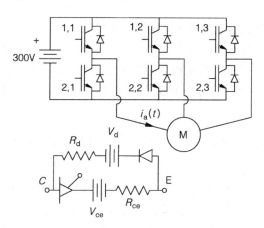

图 9.64　例 9.14.2 的六管桥式电路和器件模型

IGBT 电流波形很复杂，但平均损耗不难计算，因为其随着时间变化的特性是众所周知的。因为 $q_{1,1} + q_{2,1} = 1$，在开关周期的任何时候，这两个开关中总有一个会承载 $i_a(t)$：一半时间流过 IGBT，另一半时间流过二极管。在这两种情况下，电流都是正向流动的。因此，一半时间内的损耗为

$$|i_a(t)|V_{ce} + |i_a(t)|^2 R_{ce} \tag{9.70}$$

另一半时间内的损耗为

$$|i_a(t)|V_d + |i_a(t)|^2 R_d \tag{9.71}$$

绝对值函数对于二次方项来说是多余的。左开关管的平均通态损耗为

$$P_{\text{on}(1,1)} + P_{\text{on}(2,1)} = \frac{1}{2}\langle|i_a(t)|\rangle(V_{ce} + V_d) + \frac{1}{2}\langle i_a^2(t)\rangle(R_{ce} + R_d) \tag{9.72}$$

其中，$i_a(t)$ 为正弦曲线，有效值为 I_{rms}，峰值 $I_0 = \sqrt{2}\,I_{\text{rms}}$，初始平均值为

$$\langle|i_a(t)|\rangle = \frac{2I_0}{\pi} = \frac{2\sqrt{2}I_{\text{rms}}}{\pi} \tag{9.73}$$

根据定义，二次方的平均值就是方均根值的二次方。如果两个开关具有相同的特性，那么它们的通态损耗应该平均分配，因此每个开关的损耗为式（9.72）的一半，即

$$P_{\text{on}(1,1)} = P_{\text{on}(2,1)} = \frac{\sqrt{2}}{2\pi}I_{\text{rms}}(V_{ce} + V_d) + \frac{I_{\text{rms}}^2}{4}(R_{ce} + R_d) \tag{9.74}$$

在三相输出平衡的车辆驱动中，所有六个开关的平均导通损耗是相同的。

那么开关损耗呢？由于电流在很大范围内的变化是不可预测的，所以实际上不太可能实现最佳缓冲电路。表 9.1 中的矩形换流法则是一个很好的出发点，可以根据数据表信息进行细化。在电路中，$V_{\text{off}} = V_{\text{bus}}$。在一个完整的输出周期中，所有的值可用电流来呈现。将二极管和 IGBT 的开关时间设置为相同的值（通常它们是匹配的），则平均开关损耗估计值为

$$P_{\text{sw}(1,1)} = \frac{V_{\text{bus}}\langle|i_a(t)|\rangle t_{\text{switch}}}{2}f_{\text{switch}} = \frac{\sqrt{2}V_{\text{bus}}I_{\text{rms}}t_{\text{switch}}}{\pi}f_{\text{switch}} \tag{9.75}$$

这表明，值 $\langle|i_a(t)|\rangle$ 可以代替直流电流来估算开关损耗。

那么电流是多少呢？因为测试的平均功率为 20kW，电压为 300V，所以平均直流电流为 67A，但是这和 i_a 有关吗？例如，当电机以基准速度的一半运行时，调制因数 $m = 0.5$，峰值输出线电压为 150V，线电压的方均根为 106V。这里的信息有限，但如果电机功率因数为 0.85，则电流可通过下式计算：

$$P_{\text{out}} = pf\sqrt{3}V_{ll}I_{\text{rms}} = 0.85 \times \sqrt{3} \times 106I_{\text{rms}} \approx 20000\text{W} \tag{9.76}$$

$I_{\text{rms}} = 128\text{A}$，其绝对值的平均值是 115A。

有很多器件符合要求，下面以英飞凌 FS400R07A1E3_H5 为例进行分析。这是一个用于电动汽车应用的独立封装的六管桥[23]，数据表上的曲线（这里没有复制）显示了表 9.9 中汇总的数据中列出的模型值。根据这些值，由式（9.74）可知，每个开关的通态损耗可以估算为

$$P_{\text{on}(1,1)} = 50.4\text{W} + 14.3\text{W} = 64.7\text{W} \tag{9.77}$$

由式（9.75）可知，基于 150ns 总开关时间和 10kHz 典型开关频率的开关损耗估计值为

$$P_{\text{sw}(1,1)} = \frac{\sqrt{2} \times 300\text{V} \times 128\text{A} \times 150\text{ns}}{\pi}10\text{kHz} = 25.9\text{W} \tag{9.78}$$

每个器件的总功率损耗为 90.6W，有 6 个器件，因此共 544W。逆变电桥相对损耗为 20kW/20.54kW = 0.974，效率为 97.4%。接下来检查热性能，如果允许 50℃ 的温升，那么需要为每个器件加上 50K/90.6W = 0.55K/W 热阻。由于封装本身引入了 0.28K/W，因此可能需要使用水冷方式。

损耗估计值与数据相符吗？由数据表上的曲线表明，在 115A 时，每个 IGBT 的开关损耗约

为 8mJ/ 周期，每个二极管的开关损耗约为 4.5mJ/ 周期。由于一半时间的开关操作涉及 IGBT，另一半时间涉及二极管，因此每个器件在 10kHz 时的损耗估计值为 62.5W。因为开关时间很短，且与矩形换流相比，IGBT 的关断拖尾增加了损耗，所以式（9.78）的分析低估了这一点。基于数据表中的 62.5W 估计值接近式（9.77）的通态损耗。这是一种很好的做法，因为通态损耗和换流损耗的匹配表明开关频率选择得很好。

表 9.9 基于 IGBT 的英飞凌 FS400R07A1E3_H5 Hex 桥的数据汇总

等级	数值
断态集电极 - 发射极电压	最小 650V
栅极 - 发射极电压	± 20V
连续集电极电流	400A
脉冲集电极电流（1ms）	800A
总功耗	最大 750W
热阻，连接到每个器件的外壳	0.28K/W
上升时间	80ns
下降时间	70ns
通态压降（400A）	1.6V
二极管通态电压	1.5V
正向模型，128A	2mΩ 串联 0.85V
反向二极管模型，128A	1.5mΩ 串联 0.9V

注：基于英飞凌科技股份公司，"FE400R07A1E3 U H5 技术信息"，德国纽比堡，2012 年 9 月。

9.14.3 高性能器件

随着电力电子领域的宽禁带半导体的出现，新器件的性能可能会克服一些尚未解决的难题。下面的例子探讨了一个可行器件在低电压、高电流下的工作情况。

例 9.14.3 针对低压 dc-dc 转换问题，确定了一种新型 GaN 材料的 FET。该变换器可从 5V 的输入中产生 0.4V 的输出，功率为 50W。新型 GaN 材料的 FET 通态电阻为 1mΩ，开关时间为 8ns。有人提出，10MHz 的变换器是可行的。概述设计并评估效率。

在 0.4V 和 50W 时，输出负载电流为 125A。对于 1mΩ 器件，通态电压降为 0.125V。显然，该器件还可用于同步整流器的运行电路。电感也可能有 1mΩ 或更大的串联电阻（电容亦如此）。电路模型如图 9.65 所示。由二极管的平均电压和期望输出可知占空比为

$$v_{\mathrm{d}} = q_1 \left(V_{\mathrm{in}} - I_{\mathrm{L}} R_{\mathrm{ds(on)}} \right) + q_2 \left(-I_{\mathrm{L}} R_{\mathrm{ds(on)}} \right)$$
$$v_{\mathrm{out}} = \langle v_{\mathrm{d}} \rangle - I_{\mathrm{L}} R_{\mathrm{L}} = D_1 V_{\mathrm{in}} - I_{\mathrm{L}} R_{\mathrm{ds(on)}} - I_{\mathrm{L}} R_{\mathrm{L}} \qquad (9.79)$$
$$0.4\mathrm{V} = D_1 (5\mathrm{V}) - 125\mathrm{A} \times 0.001\Omega$$

得到 $D_1 = 0.65/5 = 0.13$，平均输入电流 $D_1 I_{\mathrm{L}} = 16.25\mathrm{A}$，基于通态电压降可得总电阻损耗为 31W。如果电感允许电流纹波为 15A，则当 #1 开关导通时，电感电压为 4.35V，则

$$v_{\mathrm{L}} = L \frac{\Delta i_{\mathrm{L}}}{D_1 T} = 4.35\mathrm{V} \qquad (9.80)$$

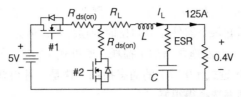

图 9.65　串联了电阻的 buck 变换器电路

当开关周期为 100ns 时，得到 $L = 3.8$nH。即使导通电流为 125A，这个电感也只能存储 30μJ，所以该电感太小。在变换器中可能需要低于 10mV 的电压纹波，理想情况下为

$$\Delta v_C = \frac{\Delta i_L T}{8C} < 0.01\text{V}, \quad C > 19\mu\text{F} \tag{9.81}$$

这是非常理想的，因为 ESR 值必须小于 80μΩ 才能保持电压在 10mV 的限制以内（这样低的 ESR 可能无法实现）。

那么开关损耗呢？关断电压为 5V，通态电流为 125A。通过 8ns 的开关时间和矩形换流，损耗可以估算为

$$P_{sw} = \frac{5\text{V} \times 125\text{A} \times 8\text{ns}}{2} 10\text{MHz} = 25\text{W} \tag{9.82}$$

由于有两个器件，因此总的开关损耗为 50W。考虑损耗，总输入电流必须为 26.25A，输入功率为 5V × 26.25A = 131W。因为输出为 50W，所以效率为 38%，因此在低电压下支持高效率功率转换是一个挑战。缓冲电路可对功率转换的稳定性有很大帮助，一个设计良好的有损缓冲电路可以将开关损耗降低到 29W。在这些应用中，可能需要谐振方法来降低更多的开关损耗。

9.15　应用讨论

功率半导体是实现开关变换器的基础。现代器件可以实现接近理想的开关，对大多数设计来说，器件细节并没有限制。对于设计和应用来说，静态模型是评估性能和检查效率的重要方法。换流参数可以评估器件的动态性能。

功率 MOSFET 是宽范围的 dc-dc 和有源变换器的首选器件。一般来说，这些应用使用的 MOSFET 功率都在 10kW 以下。商业器件在尺寸（与电流额定值和通态电阻相关联）、额定电压和开关速度之间进行权衡。高电压额定值与低 $R_{ds(on)}$ 冲突，高电流额定值与开关速度冲突。此外，封装结构决定了热性能。这种权衡解释了为什么市场上会有数百种不同的器件——其中一些器件有 5 到 6 种封装类型。随着电力电子器件小型化的发展，散热分析变得越来越重要。

IGBT 已成为逆变器的主要器件，尤其在功率范围为 5 ~ 200kW 之间的应用中。这是工业电机驱动和电动汽车的功率等级。在此功率范围内，许多器件是以六管桥式电路和反向二极管的完整封装进行销售的。大封装的集成器件比较昂贵，但也可以使用分立器件。用 IGBT 构建的变换器在可再生能源应用中也很重要，其可在几千伏的电压下实现 PWM 控制，为电网功率等级应用提供了灵活性[24]，甚至应用在高压直流系统的有源整流器和逆变器中[25]。

虽然 MOSFET 和 IGBT 并非相互排斥，但它们使用半导体材料的方式不同。IGBT 为给定材料提供更高的电流额定值，但作为一种结器件，不能实现基于正向电压降的 MOSFET 的低电阻性能。MOSFET 在给定材料下的速度更快，因为它们不会形成 P-N 结，但这种优势在工频应用中的帮助不大。

尽管大规模的多电平逆变器得到了发展，但 500kW 以上的应用仍然是晶闸管的主要领域。门极脉冲操作允许合适的控制电路控制这些器件管理兆瓦级能量。电路级别应用如 IGCT，使得高性能的 GTO 更容易被使用。在过去，大家开发制造快速晶闸管，然而现在的这些应用已大部分使用 IGBT，如今的晶闸管主要应用于工频和兆瓦级电机驱动。

未来的电力电子应用将利用宽禁带器件。与硅相比，GaN、SiC 和碳形式等材料为设计提供了不同的选择。尽管 GaN 和 SiC 在材料成本上不具有竞争力，但其快速性和温度范围更宽的特性可以与滤波器件和磁性器件进行权衡。在一些应用中，尽管半导体更昂贵，但这些新的设计降低了系统总成本。

功率变换器的热能管理是电力系统发展的一大难题，也是制约其在应用中发展的根本因素之一。开关器件工作在极端电流密度情况下，电流和电压是快速变化的。电子器件在纳米级尺度内部产生的热量必须转移到外部环境中以保持器件的正常工作。随着变换器越来越小和功率等级的提高，这将变得越来越困难。电力电子和热能管理之间的协同设计将是一个很大的挑战。

器件应用的增长很大程度上与大规模的替代能源和可再生能源需求有关，同时也包括交通电气化。例如，由于电机大约消耗全球三分之二的电力，基于逆变器的电机驱动为节能和性能改善提供了巨大的帮助。由于运输消耗了大约全球 30% 的一次能源，所以寻求更低廉的成本和减小性能损耗具有重大的意义，其中大多数的应用都可使用功率半导体器件来实现。

9.16　回顾

实际的功率半导体开关存在**导通**、**关断**以及表示它们之间转换的**换流**状态。在**导通**状态下，电流额定值很重要。器件通常有不同的额定平均电流、有效值电流和峰值电流。这些值反映了不同的损耗机制和器件实际的物理限制。**残余电压**是开关在**导通**状态时的电压降，决定了导通状态的**损耗**。在**关断**状态下，额定电压至关重要。额定电压通常与雪崩电流或类似的电压击穿效应有关。因此，器件通常对处理电压有严格的限制。**剩余电流**表示导致**关断状态损耗**的泄漏电流。

由于电压和电流在导通与关断之间来回转换时是沿着非零开关轨迹变化的，因此在换流过程中会产生损耗。这些**开关轨迹**必须保持在器件的 SOA 中，以避免超过电压或电流额定值。在典型的功率变换器中，电感元件和电容元件会导致轨迹摆动超过电路中电压和电流的初始值，使得 SOA 成为动态特性中一个重要考虑因素。它使得换流损耗对负载变化和设计选择十分敏感。

静态模型对功率变换器的分析和设计具有重要的意义。对于静态模型，残余电压和剩余电流以电路形式表示。静态电路模型由带串联电压降的受限开关和代表损耗的串、并联电阻组成，以表示损耗特性。一个典型的例子是分段线性二极管模型，实际的二极管表示为理想二极管、电压降和电阻的串联组合。静态模型是分析损耗影响的有效方法，有助于揭示变换器的工作限制和非理想特性。静态模型也可能包含断态损耗。然而，在典型的功率半导体中，剩余电流比导通电流低很多个数量级，而关断效应小于通态模型的精度极限。除特殊情况外，关断状态下的损失可以忽略不计。

对功率 MOSFET 特性的静态建模有一个有趣的副产品。一个真正的 MOSFET 是一个双边器件，尽管反向体二极管限制了其相反方向的控制能力。同步整流技术通过采用双边特性可在整流应用中获得较低的残余电压，当反向二极管试图导通时，MOSFET 就会导通。

虽然静态模型能处理通态和断态损耗，但还是需要单独的方法来分析开关损耗。换流过程中的损耗是沿开关轨迹的功率积分。轨迹是未知的，并且对电路特性很敏感，但是它还是可以帮助我们了解损耗过程。这样，就可以对损失做出可靠的估计。该分析的基础是了解**线性换流**，在这种情况下，电压和电流在时间间隔 t_{switch} 上从一个初始值线性过渡到一个最终值。线性换流的时间特性表现为一条直线，它连接了开关轨迹的电流 - 电压表示形式中的初始点和最终点。线性换流的分析结果表明，开关损耗与**功率处理值** $I_{on}V_{off}$ 乘以 t_{switch}/T 再除以**换流参数** a 成正比，在线性情况下，$a = 6$。如果改用电感换流，则电压和电流将在不同的时间发生变化，开关轨迹将显示为带有区域 $I_{on}V_{off}$ 的矩形，损耗为

$$P_{switch} = \frac{I_{on}V_{off}t_{switch}f_{switch}}{a} \qquad (9.83)$$

在电感情况下，$a \approx 2$。$a = 2$ 作为电路中开关损耗的估计是合理的。时间 t_{switch} 表示器件的导通时间和关断时间之和。

在整流器和逆变器中，由于开关电流和电压不固定，因此式（9.83）过于简单。在残余电压恒定的开关中，通态损耗是该电压与平均电流的乘积。如果在静态模型中存在电阻元件，则 I^2R 项更为合适。开关损耗与换流前后的电压差和换流前后的电流差成正比。

开关损耗引入了热传导问题，它是一门完整的工程学科，但我们可以用简化的模型为电力半导体建立基本的传热设计框架。在传导传热、对流传热和辐射传热这三种主要的传热机制中，前两种涉及与温差成正比的热流。在地面应用中，辐射效应很小。传导和对流的线性比例模型支持**热导**或**热阻**的定义。热能在两物体或两种材料之间以一定速率流动，该速率与温差成正比，并与这种能量流的阻力成正比。基本表达式为

$$P_{heat} = \frac{\Delta T}{R_\theta} \qquad (9.84)$$

式中，ΔT 为温差；R_θ 为热阻，单位为开尔文 / 瓦。分析阐述其基本的物理过程；如果隔热层形成屏障，热流就需要一个高温差。

通过能量守恒可知，如果半导体器件达到稳态温度，其内部产生的任何热量都会流向外界（如果没有流出，温度就会升高，直到被迫流出）。因此，器件中的任何损耗最终都必须到达环境的空气（或海洋应用中的水）中。在产生热量的半导体结处有：

$$P_{loss}R_{\theta(ja)} = T_{junction} - T_{ambient} \qquad (9.85)$$

式中，$T_{junction}$ 为器件内部的热点温度；$T_{ambient}$ 为周围介质的温度；$R_{\theta(ja)}$ 为从结到环境的热阻。任何半导体都有最高限制的结温。若 $T_{junction} > T_{max}$，则器件将退化或发生故障。因此，要求：

$$P_{loss}R_{\theta(ja)} + T_{ambient} < T_{max} \qquad (9.86)$$

不同功率半导体的最高温度是不同的。典型的 SCR 的温度极限是 125℃，MOSFET 和 IGBT 大约是 150℃。如果电源是封闭在另一个器件或处在温暖的环境中，可能会遇到 50℃ 或者更高的环境温度。许多设计师指定了最高温升，以帮助用户考虑环境影响。例如，如果一个设计师试图保持温升 $T_{junction}-T_{ambient}$ 在 80℃ 以下，则产品 $P_{loss}R_{\theta(ja)}$ 必须低于 80K。器件典型的最高温度为 150℃，规定 80K 温升，可支持高达 70℃ 的环境温度。

功率半导体的封装能有效地将热量从结转移到封装表面（外壳），但在将热量转移到周围空气中的效率较低。例如，在一个典型的 TO-220 封装器件中，从结到外壳的热阻 $R_{\theta(jc)}$ 约为 1K/W，这意味着 1W 的功率损耗将导致外壳和内部结之间的温差为 1K。如果热量可以从外壳

上完全散出，则在不违反 80K 的温升限制下，可处理高达 80W 的功率损耗。同一封装的结 - 环境热阻典型值约为 50K/W。在没有散热器的情况下，如果器件散热 2W，则该结的温度将比环境温度高 100K。2W 的功耗对于这种特殊的封装是很常见的。

散热器通过提供更有效的热流路径，降低了从外壳到环境的热阻。$R_{\theta(ca)}$ 与封装热阻 $R_{\theta(jc)}$ 串联，形成结与环境热阻的整体连接。散热器通过增加表面积和延伸散热片来增强对空气的对流传递。适用于直接连接到 TO-220 封装的小型散热器将使整体热阻降至 20K/W。为实现从外壳到环境的热阻为 1K/W，则需要大的散热片和外部风扇。

P-N 结的物理特性会产生动态效应，同时也会产生静态电压降和开关损耗。动态效应可以通过耗尽和扩散电容来解释。**耗尽电容**与正向偏置结附近的电荷耗尽区域有关。这种电容比较大，因为耗尽区域很窄，边缘的电荷很多。要关闭一个结，必须移除耗尽电容上的电荷。这将导致二极管和其他 P-N 结器件中出现**反向恢复过程**。功率二极管有**反向恢复时间** t_{rr}，在完全关断之前，必须在此期间移除**反向恢复电荷**，从而导致开关损耗。在上述过程的应用中，有恢复时间为几十纳秒的超高速器件和恢复时间为几微秒的传统整流器。

扩散电容与反向偏压结内形成的复合区末端的电荷有关。这个值比耗尽电容小得多，因为电荷之间的距离更远。但是必须移除电荷，且必须建立一个耗尽区域来导通一个结。这表示了**正向恢复**过程，并与**正向恢复时间** t_{fr} 相关。许多制造商没有指定 t_{fr}，因为它比反向恢复快得多。

通常在 P-N 结（P-i-N 二极管）之间有一个小的**本征区域**，使二极管特性变得特别好。现在已经有电流额定值可达 10kA 左右、电压额定值达 10kV 的可用器件；额定电压为 600V 和电流为 20A 的器件也很常见，价格也不贵。在低压应用中，结型二极管与**肖特基二极管**竞争激烈。肖特基二极管在一种金属和半导体之间形成结。肖特基二极管的正向电压降比结型二极管低，但阻断能力相对有限，且关断状态电流较大。即便如此，肖特基二极管在额定电压为 5V 以下的 dc-dc 变换器和电源应用中也很常见。

晶闸管是具有闩锁特性的 P-N-P-N 多层器件。SCR 是最熟悉的例子之一，但还有几个其他类型的晶闸管。SCR 可以理解为 PNP 和 NPN 级联的双晶体管模型。其中一个晶体管的基极作为器件的门极，如果施加一个较短的门极脉冲，内部增益将产生足够大的基极电流以维持导通状态，直到电流被移除。晶体管不需要太大的增益（唯一的要求是器件 $\beta_{PNP}\beta_{NPN} > 1$），这一点很重要，因为晶体管在高电流下的增益很低。SCR 具有几乎与二极管相同的额定电流和电压。然而，多个 P-N 结使 SCR 的速度相对缓慢，因此其适用于工频应用，如整流器和交交变频器，不适用于逆变器和高频应用。GTO 克服了一些控制的局限性，被用于大功率的逆变器。双向晶闸管的两个 SCR 反向并联连接，其共用门极。尽管许多制造商将双向晶闸管应用于电子断路器和电力电子的其他交流场合，但是它的主要应用还是交流调压器。

功率 MOSFET 不是一种结型器件，其动态特性与 BJT 或晶闸管不同，且速度更快。在 MOSFET 中，电场调节半导体**沟道**中的电荷分布。功率器件通常在**增强模式**下工作，这意味着栅极电场将电荷吸引到沟道中并形成低阻路径。**耗尽模式**的器件在没有外加电场作用时就存在沟道，负电场可以移除电荷并关断器件。在这两种情况下，掺杂区域都会形成寄生元件，最明显的是双极型晶体管。在实际器件中，金属材料被用来短接这种寄生 BJT 的基极 - 发射极。这避免了不必要的电流，但引入了一个固有的**反向体二极管**。反向体二极管在功率转换方面比较实用，实际上，它是逆变器工作的必要组成部分。

一个典型的功率 MOSFET 导通时，栅极和源极之间的电压约 6 ~ 10V。这种电压水平对于模拟电路和运算放大器来说很方便，所以 MOSFET 的开关相对简单。事实上，动态特性的主要

因素是栅 - 源电容的充放电。在电场建立并引入电荷之前，沟道不能进行传导。

　　MOSFET 的沟道本质上具有电阻特性。这里的 P-N 结不需要正向电压。在低电流水平下，电阻特性是一个重要的优点，可以实现低正向电压。在大电流下，由于半导体材料在 MOSFET 几何结构中的使用效率较低，因此通过 FET 的正向电压明显高于相似额定值的 BJT 或 IGBT 中的电压降。MOSFET 已经成为在 200V 和 50A 以下应用中的最佳选择。沟道特性的一个重要优点是电阻的温度系数是正的：随着电流的增加，电阻和压降也会增加。这有助于多个器件并联使用。如果一个器件流过电流，它的电阻就会增加。这种增加会使电流转移到其他器件。由于这一特性，真正的功率 MOSFET 是由数千个独立硅基单元的并联而建立的。

　　IGBT 广泛应用在逆变器中。这些器件可以理解为类似于 MOSFET 和 BJT 的达林顿连接。该组合有 MOSFET 实用的栅极特性，但比类似规格的 MOSFET 所提供的电流密度要高。与 MOSFET 或 BJT 相比，其温度系数的可预测性较差，因此器件的并联比 MOSFET 更具挑战性。达林顿结构对速度是有影响的。在关断过程中，典型的 IGBT 表现出电流拖尾现象——在关断过程的后期表现出缓慢的变化。可以通过一些处理来降低这种变化，但正向电压降会随之增大。

　　在功率半导体中应用**缓冲电路**可以改变开关轨迹。一种**无源缓冲电路**包括防止电流快速变化的电感、减少电压快速变化的电容、释放存储在这些元件中的能量的电阻和帮助控制动作的一个或多个二极管。由于可通过缓冲电路来降低电压和电流的波动，因此在适当位置添加缓冲电路后，开关损耗会显著降低。缓冲电阻有额外的损耗，在特定的负载条件下，可以确定**最优的缓冲电路**，使总损耗最小。用线性变换计算得到的最优解只是近似解，但是，这个方法对于设置器件的工作范围很有用。这种情况下的电容为

$$C_{\text{opt}} = \frac{I_{\text{on}} t_{\text{off}}}{\sqrt{12 V_{\text{off}}}} \tag{9.87}$$

电感为

$$L_{\text{opt}} = \frac{V_{\text{off}} t_{\text{fall(voltage)}}}{\sqrt{12 I_{\text{on}}}} \tag{9.88}$$

在实践中，通常使用高于最佳设置的值。即使在缓冲电阻中有一些额外的损耗，但这降低了半导体的开关损耗，提高了可靠性。

　　有几种技术可以设计**无损**或**能量回收**缓冲电路。在大型系统中，解决无损缓冲电路问题的一个很好的方法是建立一个传统的缓冲电路，并以 dc-dc 变换器代替电阻。这样，从存储单元中释放的能量就可以应用到其他需要的地方。

　　一个扩展的设计实例考虑了 dc-dc 升压变换器在 120W 下从 12V 到 24V 的转换。结果表明，额定条件下，满载时效率可达 90% 左右。功率半导体数据表包括相关的残余电压和剩余电流、开关时间、热效应和安全工作区域等信息。在实际设计中需要考虑其中的大部分信息。

习题

　　1. 采用 SCR 构成的六脉冲整流器。负载可以建模为一个 20A 直流源，相位延迟角为 75°。SCR 可以建模为 1.2V 正向电压降与 0.01Ω 电阻和 FCBB 开关相串联。采用 75° 相位角时，总损耗是多少？

2. 升压变换器的工作频率为 20kHz，将太阳能电池板的电能转移到电池总线。该面板的额定电压为 16V，电流可达 3A。电池总线电压为 48V。晶体管可以建模为 0.5V 恒定正向电压降，二极管可以建模为 1.0V 电压降。哪个器件消耗的功率更多？转换效率分别是多少？

3. 在箝位正激变换器中，晶体管的正向电压在关断开始时立即跳到 V_{clamp}。在一般的设计中，箝位电压选择 V_{in}/D 来使得磁通复位。在这个应用中，换流参数与占空比之间有什么函数关系？

4. 一个 buck-boost 变换器的开关频率为 50kHz。它的晶体管在导通时可以建模为 0.1Ω 的电阻，二极管建模为一个恒定的 1.0V 电压降。输入电压为 12.0V，负载为 4Ω 电阻。最大输出电压是多少？在什么占空比下会产生最大输出电压？如果使用一个昂贵的正向电压降为 0.5V 的二极管呢？

5. 针对低压应用，优化了一种新型肖特基二极管，其典型正向电压降为 0.2V，但泄漏电流高达 80mA。它被考虑用在负载为 50W、12V 到 2.5V 的变换器中。比较导通状态和关断状态损耗。在这种高泄漏情况下，关断状态损耗是否可以忽略？

6. 图 9.14 显示了 SCR 的正向特性。为器件建立精确的静态模型。

7. 图 9.66 显示了电源变换器的导通和关断顺序。

1）根据这些时间波形绘制开关轨迹。

2）这个器件的换流参数是多少？

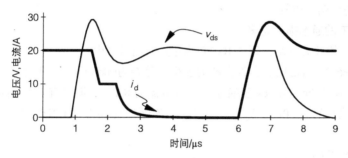

图 9.66　功率变换器的时间特性

8. buck 变换器在高达 25W 的功率情况下进行 12V 到 5V 的转换。开关频率为 120kHz。晶体管为 MOSFET，$R_{ds(fin)} = 0.18\Omega$，二极管可建模为 0.7V 和 0.02Ω 串联的理想二极管。选用电感控制电流纹波为 5% 峰 - 峰值，电容将输出纹波降低为 1% 峰 - 峰值。

1）在满载情况下，占空比为多少时可以得到 5.0V 电压？

2）估计开关器件中的损耗（包括所有影响）。该器件的导通和关断时间约为 80ns。

3）环境温度可能高达 40℃，结温限制在 130℃ 左右。当每个器件都可以正常工作时，热阻 $R_{\theta(ja)}$ 的最大值是多少？

9. IGBT 导通时的电流约为 200A，关断时可阻断 360V 电压，通态损耗约为 0.03mJ/A，断态损耗约为 0.11mJ/A。在 200A 时的正向电压降为 2.2V，在 360V 时的泄漏电流为 3mA。从结到散热器表面的热阻为 0.12K/W。开关频率为 12kHz，器件平均占空比为 50%。器件的功率损耗为多少？在 30℃ 的环境中，$T_{junction} < 150℃$，是否需要一个散热器？如果需要，$R_{\theta(ca)}$ 的最大值是多少？

10. MOSFET 用于 boost-buck 变换器。通态损耗为 4.2W，开关损耗为 2.8W。该器件封装为 TO-220。为了避免使用散热器，建议采用并联方式。如果并联增加第二个相同的 MOSFET，每个 MOSFET 的损耗是多少？有必要增加散热器吗？假设 $R_{\theta(ja)} = 45K/W$。

11. 桥式整流器有 230V/50Hz 的输入。二极管在导通状态下可以建模为 0.9V 电压降与

0.012Ω 电阻的串联。负载是典型的 *RC* 回路，功率级别为 500W。电容足够大以保持输出纹波为 10V 的峰 - 峰值。那么此时二极管的损耗是多少？

12. 升压变换器在 60W 下有 5V 输入和 12V 输出。二极管是理想的。晶体管的导通或关断时间为 $1\mu s$，开关频率为 100kHz。存储器件很大。

1）绘制与晶体管相关的电流和电压波形（提示：KVL 和 KCL 必须满足理想二极管只有在导通时才有电流）。

2）晶体管的开关损耗是多少？

13. 在二极管反向恢复期间，正向电压相对较低。除非电荷被转移，否则器件不会阻断。可能有人认为二极管中的反向恢复电流引起的损耗很小，但是这些电流必须流向别处。考虑一个降压变换器，其采用了除恢复时间为 100ns 和反向恢复电荷为 $10\mu C$ 以外的近似理想二极管。输入电压为 100V，输出为 12V，负载为 120W。二极管反向恢复对晶体管的损耗有何影响？晶体管的开关时间是 100ns。

14. 由六个 IGBT 组成的三相输出 PWM 逆变器用于电机驱动，直流输入为 400V。该电机的额定参数为 380V/50Hz。它现在正以 40Hz 的频率在恒定电压的控制下工作。在功率因数为 0.7 时，输出电流有效值为 80A。IGBT 的正向电压降为 2.0V，每个开关周期损失 4mJ，其内置具有相同电压降的反向二极管。

1）每个 IGBT 的通态损耗是多少？

2）对于 3kHz 的开关频率，每个 IGBT 的开关损耗是多少？

3）在开关频率为 6kHz 时，器件损耗为多少？是否为 3kHz 的两倍呢？

15. MOSFET 用于 boost-buck 变换器。输入电流为 8A。变换器有 12V 的输入和 -12V 的输出。MOSFET 开关时间为 50ns，$R_{ds(on)} = 0.1\Omega$。该器件封装为 TO-220，$R_{\theta(ja)} = 50K/W$，结温 $T_{juction} < 150℃$。

1）计算 MOSFET 的损耗。

2）为这种器件设计一个关断缓冲电路，尽量减少总损耗。

3）是否可以设计一个缓冲电路来减少开关损耗至不必使用散热器？

16. 设计 14 题 IGBT 的关断缓冲电路。

17. 反激式变换器的输入电压为 3～8V，输出功率为 25W 时的输出电压为 5V。开关频率为 80kHz。

1）晶体管支持 3V 输入时的最大正向电压降是多少？

2）选择电感和电容提供 2% 的峰 - 峰值输出纹波。

3）在给定 100ns 的开关时间下，估计每个开关器件的损耗。

4）设计缓冲电路，确保每个开关器件的功率损耗低于 2W。

18. 在箝位正激式变换器的开关过程中，在晶体管上施加 $3V_{in}$ 箝位电压。电流为 10A，晶体管的开关时间为 200ns，开关频率为 50kHz，输入电压为 24V。

1）估计开关损耗。

2）使用缓冲电路可以使开关损耗减半吗？如果可以，请设计这个缓冲电路。

19. 一个 buck 变换器有 24V 的输入和 12V 的输出。晶体管的 $R_{ds(on)} = 0.1\Omega$。二极管建模为 1.0V 电压降。每个器件有 $R_j = 40K/W$ 和 $T_{junction} < 150℃$。请给出一个合适的开关频率。

1）在环境温度为 20℃ 时，如果没有散热器，最大负载是多少？

2）$R_{ds(on)}$ 的值随温度线性升高，在 150℃时为 0.4Ω。在较高的环境温度下，最大负载应如何随温度降低以避免使用散热器？

3）如果散热器提供 $R_{\theta(ja)} = 20K/W$，负载功率增加多少？

20. 客户需要一个频率为 18kHz、200V_{rms} 的电源用于特殊照明。该波形的总谐波失真或 THD 应低于 5%。输入源在 60Hz 下为 240V_{rms}。给出满足需求的设计方案。

21. 设计一个 SCR 桥式整流器，其频率为 60Hz 时的输入为 230V_{rms}，并为工业过程提供 150V 直流输出。额定负载为 18kW。

1）提出完整的设计方案，采用什么相位延迟角？

2）SCR 的开关时间为 3μs，单个器件的开关损耗是多少？

3）如果负载是高感性的，功率变换器的效率是多少？

22. 在 10W 以上的功率级别应用中，5V 输入和 3.3V 输出需要一个功率变换器。可提供 $R_{ds(on)}$ 低至 0.015Ω 的 MOSFET。可以选择传统二极管或肖特基二极管来设计这个变换器。

1）在满载时占空比为多少？ 50% 负载时呢？ 10% 负载时呢？

2）确定开关频率，选择储能元件，使输出纹波低于 1% 峰 - 峰值，并提供磁学设计。

3）满载效率是多少？

23. 一个 100kW 逆变器是为电动汽车的应用而设计的。电池标称电压为 360V。该设计应用中电机的典型功率因数为 0.85。

1）挑选器件类型并画出电路图。

2）需要的开关频率为 6kHz（因高频不易听到，过于安静的车辆对盲人或儿童是有害的）。估计逆变器在峰值输出时负载的损耗。10% 负载时的损耗为多少？

3）为了保持半导体温升低于 80℃，热阻为多少？

参考文献

[1] ON Sem iconductor，"MUR3020PTG，SUR83020PTG，MUR3040PTG，MUR3060P TG，SUR83060PTG data sheet，" Phoenix，AZ，Jan. 2012. Available: http://www.onsemi.com/pub_link/Collateral/MUR3020PT-D.PDF.

[2] Fairchild Semiconductor Corporation，"HGTG12N60B3 data sheet，" San Jose，CA，Aug.2003. Available:http://download.siliconexpert.com/pdfs/source/qd/fsc/hgtg12n60b3.pdf.

[3] Motorola Corporation，"MTP26N06V data sheet，" Phoenix，AZ，1996. Available: http://pdf.datasheetcatalog.com/datasheet/motorola/MTP36N06.pdf.

[4] "MCR72-3，MCR72-6，MCR72-8 data sheet，" ON Semiconductor，Phoenix，AZ，November 2008.Available: http://www.onsemi.com/pub_link/Collateral/MCR72-D.PDF.

[5] W. E. Newell，"Transient thermal analysis of solid-state power devices—making a dreaded processeasy，" *IEEE Trans. Ind. Appl.*，vol. IA-12，no. 4，pp. 405-420，1976.

[6] U. Drofenik and J. W. Kolar，"Teaching thermal design of power electronic systems with web-basedinteractive educational software，" in Proc. *IEEE Appl. Power Electron. Conf.*，2003，pp. 1029-1036.

[7] R. A. Fisher et al.，"Performance of low loss synchronous rectifiers in a series-parallel resonant DC-DC converter，" Proc. *IEEE Appl. Power Electron. Conf.*，1989，pp. 240-246.

[8] N. Holonyak，"The silicon p-n-p-n switch and controlled rectifier（thyristor），" *IEEE Trans. Power Electron.*，vol. 16，no. 1，pp. 8-16，Jan. 2001.

[9] D. A. Grant and J. Gowar，Power MOSFETs: *Theory and Applications*. New York: Wiley，1989.

[10] B. J. Baliga, *Power Semiconductor Devices*. Boston: PWS, 1996.

[11] P. K. Steimer, H. E. Gruning, J. Werninger, E. Carroll, S. Klaka, S. Linder, "IGCT—a new emerging technology for high power, low cost inverters," *IEEE Ind. Appl. Mag.*, vol. 5, no. 4, pp. 12-18, 1999.

[12] S. Bernet, R. Teichmann, A. Zuckerberger, and P. K. Steimer, "Comparison of high-power IGBTsand hard-driven GTOs for high-power inverters," *IEEE Trans. Ind. Appl.*, vol. 35, no. 2, pp. 487-495, Mar./ Apr. 1999.

[13] M. Bragard, M. Conrad, H. van Hoek, and R. W. De Doncker, "The integrated emitter turn-off thyristor （IETO）—an innovative thyristor-based high power semiconductor device using MOS assistedturn-off," *IEEE Trans. Ind. Appl.*, vol. 47, no. 5, pp. 2175-2182, 2011.

[14] L. Zhao, J. T. Strydom, and J. D. van Wyk, "An integrated resonant module for a high power soft-switching converter," in Proc. *IEEE Power Electron. Specialists Conf.*, 2001, pp. 1944-1948.

[15] J. L Hudgins, G. S. Simin, E. Santi, and M. A. Khan, "An assessment of wide bandgap semiconductors for power devices," *IEEE Trans. Power Electron.*, vol. 18, no. 3, pp. 907-914, 2003.

[16] A. Elasser and T. P. Chow, "Silicon carbide benefits and advantages for power electronics circuitsand systems," *Proc. IEEE*, vol. 90, no. 6, pp. 969-986, Jun. 2002.

[17] L. M. Tolbert, B. Ozpineci, S. K. Islam, and M. Chinthavali, "Wide bandgap semiconductors forutility applications," in Proc. Int. Conf. Power Energy Syst., pp. 317-321, 2003.

[18] ON Semiconductor, "MBR20200CT Data Sheet," Phoenix, AZ, May 2008. Available: http://www.on-semi.com/pub_link/Collateral/MBR20200CT-D.PDF.

[19] K. Furukawa et al., "Insulated-gate and junction-gate FETs of CVD-Grown j8-SiC," *IEEE Electron Device Lett.*, vol. 8, no. 2, pp. 48-49, 1987.

[20] B. Ozpineci, M. S. Chinthavali, L. M. Tolbert, A. S. Kashyap, and H. A. Mantooth, "A 55-kWthree-phase inverter with Si IGBTs and SiC Schottky diodes," *IEEE Trans. Ind. Appl.*, vol. 45, no. 1, pp. 278-285, Jan./Feb. 2009.

[21] ON Semiconductor, "NTD20N06, NTDV20N06 Data Sheet," Phoenix, AZ, Aug. 2011.Available: http://www.onsemi.com/pub_link/Collateral/NTD20N06-D.PDF.

[22] ON Semiconductor, "MBRB1545CTG, SBRB1545CTG Data Sheet," Phoenix, AZ, Nov. 2012.Available: http://www.onsemi.com/pub_link/Collateral/MBRB1545CT-D.PDF.

[23] Infineon Technologies AG, "FE400R07A1E3_H5 Technical information," Neubiberg, Germany, Sep 2012. Available: hettp//www.infineon.com/cms/en/product/productType.html？

[24] R. P. Kandula, A. Iyer, R. Moghe, J. E. Hernandez, and D. Divan, "Power flow controller for meshedsystems with a fractionally rated BTB converter," in Proc. *IEEE Energy Conversion Cong.*（ECCE）, 2012, pp. 4053-4060.

[25] L. Weimers, "HVDC light: a new technology for a better environment," *IEEE Power Eng. Rev.*, vol.18, no. 8, pp. 19-20, 1998.

附加书目

B. J. Baliga, *Fundamentals of Power Semiconductor Devices*. New York: Springer, 2008.

A. Blicher, *Field-Effect and Bipolar Power Transistor Physics*. New York: Academic Press, 1981.

A. Jaecklin, *Power Semiconductor Devices and Circuits*. New York: Plenum Press, 1992.

B.E. Taylor, *Power MOSFET Design*. New York: Wiley, 1993.

B. W. Williams, *Power Electronics*. New York: Wiley, 1987.

第 10 章　功率半导体的器件接口技术

10.1　简介

功率半导体器件的动态特性对功率变换器性能来说尤为重要。速度的限值能影响占空比和开关频率。在快速变换器中，器件的开关损耗通常很高。如何确保开关可以工作在最高速度？与开关工作相关的设计考虑有哪些？针对以上问题，本章阐述了如何操控功率半导体开关的若干基本问题，主要考虑的是开关函数是如何影响实际器件的性能。首先从**栅极驱动**讨论入手，包括驱动 MOSFET 和 IGBT 的快速放大器、驱动 SCR 和 GTO 的脉冲电路以及图 10.1 所示的逆变器驱动模块和相关硬件。电气隔离作为一个关键问题，许多电路要求半导体器件避免公共端连接或接地。本章后半部分阐述了传感器问题，为了满足控制和保护需求，通常需要准确的开关电压和电流信息，从而介绍了差分放大器、电流互感器和霍尔效应器件。

图 10.1　100kW 三相逆变器门极驱动模块

如图 10.2 所示，栅极驱动与功率半导体组合形成了一个完整的双接口函数。采用模拟或数字电路的低功率开关函数代表栅极驱动接口。当开关函数输出为高电平时，输出接口为短路；当开关函数输出为低电平时，输出接口为开路。两个接口之间没有电连接，开关器件可以任意连接。本章将讨论如何将一个实际的三端半导体器件转变为理想的二端口网络（见图 10.2）。

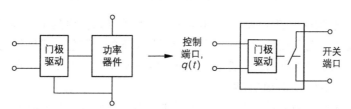

图 10.2　理想的二端口开关和栅极控制

10.2 栅极驱动

10.2.1 概述

除了二极管外，所有的器件都需要外部的栅极信号来控制开通或关断。对晶闸管而言，门极信号可以是一个脉冲，前提是脉冲的持续时间足够长，可以使不同的结偏压，并使阳极电流上升到维持电流以上。对晶体管而言，在器件导通阶段的门极信号必须保持高电平。对 GTO 而言，不但需要导通信号，还需要额外的关断脉冲。门极驱动要求快速、高效和可靠。多数设计人员喜欢实现简单的门极驱动系统。遵循这一思路，使用栅极电压控制驱动的功率 MOSFET 和 IGBT 就比较方便。混合型器件，如集成门极换流晶闸管把 MOSFET 栅极驱动简单这一优点拓展到更高功率等级应用中。由于需要使用电流控制门极的驱动比较复杂，BJT 逐渐被冷落，本章不再提及。

10.2.2 电压控制栅极

电压控制栅极被用于 MOSFET 和 IGBT 器件中。在图 10.3 所示的简化 MOSFET 模型中，当 V_{gs} 高于阈值电压 V_{th} 时，器件导通；反之，当 $V_{gs} < V_{th}$ 时，器件关断。在实际运用过程中，为实现有效的开关动作，需要提供较高的 V_{gs}（通常为 $2V_{th}$）。一般来说，对于标准的功率 MOS-FET，V_{gs} 为 8~10V，或 5V 的"逻辑级"器件。在关断过程中，V_{gs} 将保持为零以避免外部噪声干扰栅极信号而产生明显的电流波动，甚至某些 IGBT 栅极驱动信号在关断过程中被设定为负电压。为改变器件开关状态，栅极驱动须对等效输入电容 C_{iss} 充入足够高的电压以实现器件开通，随后又须进行有效深度的放电以实现器件关断。充、放电过程是一个时限步骤，它也影响器件的可靠性。例如，如果充电过程只使电压上升到 V_{th}，则场效应晶体管（FET）将在其有源域内工作，损失将很高，也可能发生故障。考虑下面的例子。

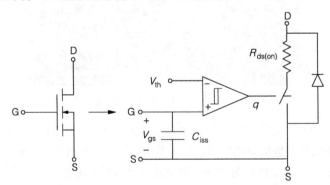

图 10.3 便于栅极驱动讨论的简化 MOSFET 模型

例 10.2.1 功率 MOSFET 建模如图 10.4 所示，其器件阈值电压 V_{th} = 4V，等效输入电容 C_{iss} = 2000 pF。比较器电平设置为 $2V_{th}$ 以保证导通状态下的低阻值。栅极氧化物绝缘击穿电压 $|V_{gs}|$ 最高为 20V。如图 10.4 所示，实验室用函数发生器提供 12V 方波，其输出电阻为 50Ω。接到驱动指令后，开关器件以多快的速度动作？

方波以 100ns 时间常数驱动 RC 组合。在开通时刻，电容电压在方波上升沿开始响应，其值从 −12V 抬升到 + 8V，从而触发 MOSFET 导通。电容电压变化量为 20V，约占整个方波阶跃电压 24V 的 83.3%。这一电压的变化过程需要 1.8 倍的 RC 时间常数，即 180ns。与开通过程类似，MOSFET 关断过程至少需要 180ns。这部分时间不但延缓了器件的开关过程，而且影响了器件的开关轨迹。

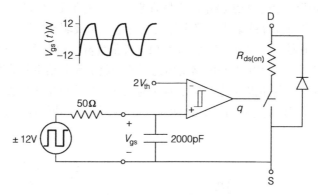

图 10.4　例 10.2.1 中的栅极驱动

典型器件的特性与例 10.2.1 类似，如 IRF640[1]，开通时间约为 90ns。由于例 10.2.1 中输出电阻为 50Ω 的函数发生器不足以支撑此开关速度，从而需要一个低阻抗的栅极驱动来快速开通器件。然而，低阻抗栅极驱动也存在自身的问题。随着阻抗的降低，栅极驱动逐渐变成一个开关功率变换器，从而须再使用一个栅极驱动对其进行驱动。实际中，通常将栅极驱动阻抗限制在约 5 ~ 10Ω 的范围内。在某些应用中，驱动阻抗会更低，尤其是对于栅极电容为 5000pF 甚至更大的情况。对于开关速度要求不高的场合，可以使用较大的驱动阻抗。此时，驱动的作用是对输入电容进行充放电，而无须提供稳态电流。电流以短脉冲形式从栅极驱动流出，但脉冲电流可能很大。当输入电压为 12V、输出电阻为 1Ω 时，栅极驱动须供给 MOSFET 栅极至少 12A 的瞬态电流。由于如此高的电流脉冲可能损坏栅极导线或金属化层，因此诸多器件制造商设定了一个**最大栅极驱动电流**来帮助设计人员避免此类问题。

实际 MOSFET 的栅极电容电压变化很大，且为非线性的。如图 10.5 所示，栅极电容实际上包括三个部分：栅极 - 源极电容 C_{gs}、栅极 - 漏极电容 C_{gd} 和漏极 - 源极电容 C_{ds}。多数开发商是根据**共源极**方式测量值来定义的，几种电容符号如表 10.1 所示。栅极驱动必须给 C_{gs} 和 C_{gd} 同时充电。在某些变换器中，C_{gd} 产生了值得注意的影响：由于开关动作导致漏极电压在高、低电压之间快速转换，可能会产生相当大的电流 $i_{gd} = C_{dg}(\mathrm{d}v_{gd}/\mathrm{d}t)$，该冲击电流同时也对 C_{gs} 进行充电。因此，许多生产商定义了一个**总的栅极电荷** Q_{gate}，用于更广泛的应用参考。

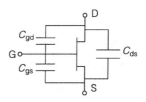

图 10.5　MOSFET 中的电容

表 10.1　功率 MOSFET 电容的定义

定义值	与 MOSFET 电容对应关系
共源极输入电容 C_{iss}	$C_{gs} + C_{gd}$
共源极输出电容 C_{oss}	$C_{ds} + C_{gd}$
共源极反向传输电容 C_{rss}	C_{gd}

几种较为常用的 MOSFET 和 IGBT 的栅极驱动电路如图 10.6 所示。图 10.6a 和图 10.6b

分别是基于传统的 TTL 和 CMOS 的技术方案，这些电路的优点是简单方便，但是它们的输出阻抗高。图 10.6a 的缺点是当 FET 关断时，双极型器件不断地消耗功率。图 10.6c 为基于互补型射极跟随器的栅极驱动电路，该电路具有优异的开关性能。当有隔离需求时，可使用图 10.6d 的变压器耦合电路。由于变压器不能支持直流元件，因此图 10.6d 对开关占空比进行了限制。然而，可以通过专门设计的集成电路来作为电力电子栅极驱动电路[2]。这些电路通常基于 CMOS 互补型源极跟随器，比如驱动功率 MOSFET 性能优异的电路图 10.6f。图 10.6 的所有电路都采用 TTL 输入信号（即逻辑电平电路给出的开关函数）来驱动主开关器件。大多数驱动电路也可以采用由模拟控制电路提供的 12V 信号作为输入。在实际的电路设计中支持 5V 逻辑电平、12V 模拟信号，或相近的电压等级，从而为产生和控制开关功能提供了灵活性。

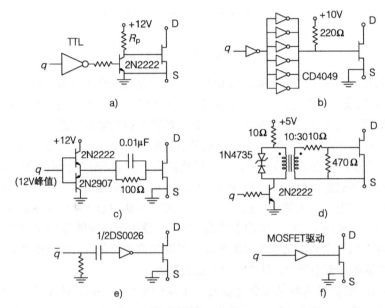

图 10.6 几种不同 MOSFET 和 IGBT 的门极驱动电路

例 10.2.2 如图 10.6a 所示，TTL 门电路通过驱动一个外部晶体管，再对一个栅极总电容为 800nF 的功率 MOSFET 进行驱动。TTL 芯片工作在 +5V，而栅极驱动可工作在 +12V。试计算，若要保证开关速度快于 120ns，驱动电阻该为多大？在 MOSFET 关断状态下，该电阻损耗为多大？

该电路处于集电极开路设置，MOSFET 的导通由上拉电阻控制。当 NPN 晶体管关断时，上拉电阻将 +12V 电源连接到 FET 的栅极。当 BJT 导通时，应保证栅极快速放电。然而，此时上拉电阻流过的电流 $I_c = 12V/R_p$，且电阻消耗的功率为 $V^2/R_p = 144/R_p$。给定开关时间 120ns，则栅极驱动的 RC 时间常数应约为该时间的一半，即 60ns。由栅极总电容为 800nF 可得，R_p 应小于 75Ω。为保证足够的裕量，这里的上拉电阻设为 50Ω。在低占空比时，该电阻的功率损耗为 $144V^2/50Ω = 2.9W$。如果该 FET 用于一个 30W 的变换器，则该驱动电路的损耗使系统效率降低近 10 个百分点。

如图 10.7 所示，CMOS 栅极驱动电路通常需要一个容值足够大的旁路电容来避免输入源引入的充电电流尖峰。这些电路就像电荷泵，负责将旁路电容中的电荷转移到栅极电容中。如果旁路电容远大于 C_{iss}，则它将具有提供栅极所需电荷的能力。

例 10.2.3　一个 NTB60N06 型功率 MOSFET[3] 总的栅极电荷 Q_{gate} 不超过 81nC，其 C_{iss} 典型值为 2300pF，当使用 9Ω 栅极驱动电阻时的开通和关断时间为 180ns。讨论 CMOS 栅极驱动电路设计，提出驱动器旁路电容的设计值。

对于理想的线性电容，其存储的电荷量为 CV。例如，对于 + 12V 栅极信号，一个 2300pF 电容存储的电荷量为 28nC。额定值 81nC 反映了实际器件的非线性特征以及最坏情况下的允许值。为使器件在开

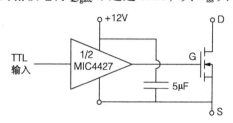

图 10.7　带旁路电容的 CMOS 栅极驱动

通期间旁路电容电压不会跌落太多，CMOS 旁路电容需要存储远多于 81nC 的电荷。以十倍计，当 $CV = 810nC$、$V = 12V$ 时，旁路电容值应为 68nF。理论上，0.1μF 的电容足以起到旁路的作用。通常，微法级别的电容被用于防止电压降对 12V 电源的影响。为保证快速开通，CMOS 驱动器的输出阻抗应小于 10Ω。

为了实现能量损耗最小，栅极驱动电路有必要进行验算。栅极电荷通过耗散被直接移除，且每个周期至少消耗（1/2）CV^2 的能量。考虑前面的例子，如果为一个连接 12V 电源的电容充电 100nC，则每个周期将损失 $\int i(t)\,dt = Q_{gate}V$ 的能量。其消耗的 1200nJ 的能量还需乘以开关频率。当开关频率为 100kHz 时，栅极驱动至少消耗 0.12W 的功率。该值并不明显，也远小于之前提到的集电极开路栅极驱动中 3W 的损耗。下式给出了栅极驱动功率损耗的估计值：

$$P_{gate} \approx Q_{gate}V_{supply}f_{switch} \tag{10.1}$$

如果旁路电容值很大，该估计值是合理的。

10.2.3　脉冲电流门极驱动

图 10.8 给出了 SCR 双晶体管模型。门极连接到 BJT 的基极端子，这意味着晶闸管的门极是通过电流控制的。该拓扑仅需一个脉冲就可实现自锁功能。为了实现器件导通，所需的门极电流与擎住电流的顺序相同。一个晶闸管的换流过程需要几个微秒，在此期间，门极脉冲必须提供足够的电流。开通所需的门极电流与温度关系密切，体现在 SCR 内部晶体管增益强烈的温度依赖性。器件数据表通常提供了门极电流的室温值以及基于最低额定环境温度的最坏情况值。门极驱动必须提供一个足够的电压使 NPN 晶体管的基 - 射结正偏以注入必须的电流。

可以用低功率开关电路作为门极驱动器来提供所需的电流和电压，通常使用低功率**辅助晶闸管**来开关较大器件的门极电流，或者使用脉冲变压器来提供门

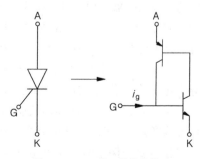

图 10.8　SCR 的双晶体管模型

极电流。上述三种方法的一般实例如图 10.9 所示。每个方法中，与门极 - 阴极相连的电阻通常用于提高噪声的抗扰度，还有助于防止快速的电压变化，以提供足够的电容电流来触发门极。

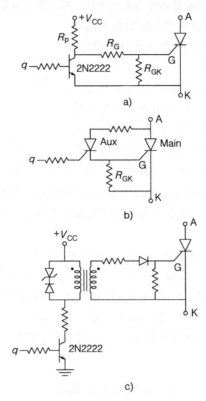

图 10.9　几种不同的 SCR 门极驱动电路结构

　　图 10.9a 所示的开关电路可直接选择相关器件。例如，若门极驱动电压为 + 5V，则可以通过设置 $R_G \leq 50\Omega$ 来保证满足 100mA 门极驱动电流的要求。当与门极 - 阴极相连的电阻 R_{GK} 远大于 500Ω 时，几乎不对开通过程产生影响。由于大功率器件存在大量的电容和电感寄生参数，为了保证开通瞬间基 - 射结的正向偏置，通常需要更高的门极驱动电压。20V 的门极驱动电源能够输出短的门极驱动脉冲，几乎可以适用于任何情况。但该方法的缺点是供电电压远高于

TTL 等逻辑电平器件的电压等级。如图 10.10 所示带上拉的射极跟随器结构，可以作为传统逻辑器件和需要 100mA 门极电流脉冲的 SCR 之间的互连。逻辑器件可以是单稳态多谐振荡器组，以产生短脉冲。

例 10.2.4　一个 SCR 器件额定耐压为 600V，正向导通电流有效值为 25A，开通保持电流为 35mA。当环境温度为 25℃时，所需门极驱动电流为 25mA；当环境温度为 -40℃时，该电流增加到 75mA。门极 - 阴极电压需要确保正向偏压不超过 5V。可控门极开

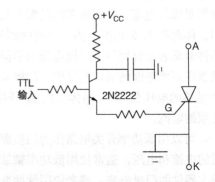

图 10.10　使用射极跟随器的门极驱动逻辑电路

通时间为 1.5μs。试基于 5V 供电电压为该器件设计开关门极驱动电路，并估算该驱动电路用于 60Hz 可控整流器为大电池充电时的门极驱动功率损耗。

虽然对于某些应用，25mA 的门极驱动电流已足够使器件开通，但这里我们改用 100mA，从而确保低温环境下的正常运行，以及帮助器件尽可能地快速开通。供电电压为 5V，门极 - 阴极电压降为 1V，则落在门极电阻上的电压为 4V。当驱动电流为 100mA 时，门极电阻为 4V/0.100A = 40Ω。若考虑 5% 的电阻余量，则 36Ω 的电阻将能提供 100mA 的驱动电流。实际上，该电阻将产生 4V/36Ω = 111mA 的电流。为了确保导通，门极驱动脉冲宽度设为 2μs。器件每开关一次，一个 111mA 电流将流过 5V 电压降并维持 2μs，则用于控制门极驱动的能量大约为 5V/0.100A × 2μs = 2.5μJ。当开关频率为 60Hz 时，理论上门极驱动消耗的功率只有 67μW。

SCR 器件门极驱动消耗能量极少是增加设计灵活性的一个重要优势。在图 10.11 所示电路中，RC 组合不但能够提供多于 1.11μJ 的能量，同时可避免电源脉冲，并只从 5V 电源中吸收最小的电流。电路中的上拉电阻比门极驱动电路自身消耗更多的能量。这些数字反映出 SCR 适合于电流小于 20A 的工频场合。更大的功率器件需要更高的门极电压，尤其是当高 dv/dt 通过各种寄生电容瞬间产生较大的电流时。为了快速开通高功率 SCR 器件，门极驱动电路的峰值可高达 1A。对于最高等级功率器件，脉冲宽度可长达 100μs，有时也可采用快速的脉冲串以防止负载电感太小而无法保持阳极电流高于保持电流。但驱动门极所需的总的能量仍然很小，在 60Hz 时，10 个 5V、1A、100μs 脉冲所产生的功率仅为 0.3W。

由于 SCR 门极驱动电流所需占空比很少超过百分之几，因此可以采用脉冲变压器来对门极进行驱动。脉冲变压器是为短暂的能量脉冲而设计的小型磁性变压器。由于能量传递仅需很小的一段时间，发出脉冲后的脉冲变压器经常被允许饱和。脉冲变压器的门极驱动电路支持隔离，还能提供额外自由度的匝比。设计脉冲变压器的关键参数是伏秒乘积，必须优先考虑饱和问题。当低于伏秒乘积限制时，脉冲变压器类似于传统变压器，提供与输入电流成比例的输出电流。在例 10.2.4 中，门极驱动电路需要的伏秒乘积产生 5V × 2μs = 10μWb 磁通。下面分析一个类似例子的备选磁芯，并搭建一个可能的门极驱动电路。

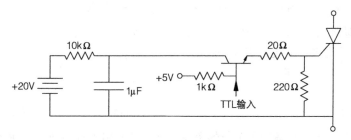

图 10.11　低电流 SCR 门极驱动电路

例 10.2.5　电路如图 10.12 所示，SCR 器件通过脉冲变压器进行触发，设计要求触发电压达到 20V 并至少持续 2μs。脉冲变压器的输入端接入 + 20V 供电电源。SCR 器件需要 100mA 门极驱动电流。铁氧体磁环磁导率为 5000μ_0，有效磁路长度为 50mm，有效磁通面积为 25mm²。该磁芯能用于该脉冲变压器么？画出频率为 60Hz 时磁通密度随时间变化的曲线。

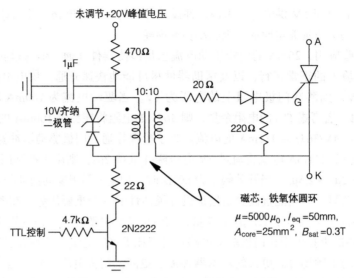

图 10.12　SCR 门极驱动中的脉冲变压器电路

若要使图 10.12 中的晶闸管能顺利导通，脉冲变压器须在其饱和前提供足够大的门极驱动电流并保持至少 2μs。一旦产生饱和，该晶闸管将被关闭。齐纳二极管可提供回流路径，从而可以使磁通恢复到零。饱和限制要求为

$$\int v \mathrm{d}t = \lambda < N B_{\mathrm{sat}} A_{\mathrm{core}}, \quad 20\mathrm{V} \times 2\mu\mathrm{s} < N(0.3\mathrm{T})(25 \times 10^{-6}\,\mathrm{m}^2) \tag{10.2}$$

因为铁氧体材料的磁通饱和密度约为 0.3T，当匝数 $N \geqslant 6$ 匝时，可满足上述不等式。如果一、二次侧两边各 10 匝，则有足够的时间用于传递电流。一次侧 22Ω 电阻有助于避免出现过大的电流。当晶闸管导通时，将有约 1A 电流流入一次侧并从二次侧流出，二次电压将达约 20V，从而门极被快速触发。2μs 过后，晶闸管将被关断。此时，变压器的磁化电感迫使一次电流续流。齐纳二极管将一次电压钳位在 −10V，磁通下降直至磁芯复位。图 10.13 为当给定脉冲宽度为 2μs 时，磁通密度随时间变化的曲线。由于输入电压近似恒定，并以上升速率一半的速度线性下降，因此磁芯复位总共需约 6μs，其速度远快于一个 60Hz 周期。

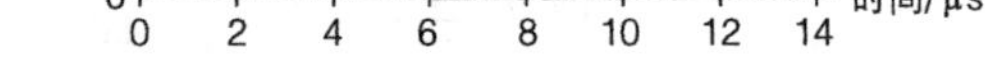

图 10.13　例 10.2.5 中磁通密度随时间变化的曲线

10.2.4　其他晶闸管

GTO 器件为其门极驱动增加了关断的考虑。该器件利用了双晶闸管 SCR 模型中的 NPN 晶闸管的高增益和 PNP 晶闸管的低增益。只要获得足以关断 NPN 晶闸管的门极驱动电流，就可实现 GTO 器件的关断。即使是"高增益"，β 值也不会超过 5 或者 10，因此 GTO 关断需要负的门极驱动电流，其值大约为阴极电流的 20%。即使这仅是一个瞬态需要，该电流仍然很大（1000A 的 GTO 需要 200A）。

双向晶闸管类似于两个反向并联的 SCR 组合，需要脉冲门极驱动电流。一个重要的区别是正或负的脉冲电流都可使其工作，并且在许多场合无须考虑外加电压的极性。它允许使用交流触发电路。图 10.14 给出了采用 RC 时间延迟可调的双向晶闸管交流门极驱动电路。该电路可被

用于调光灯，其工作方式如下：最初双向晶闸管处于关断状态；当交流电压上升到大于零时，电容以基于 $R_t + R_{load}$ 的速率开始充电；当 v_C 超过齐纳二极管电压 V_Z 时，电流流进门极，从而使双向晶闸管导通；齐纳二极管将对 v_C 钳位直至输入电压小于 V_Z；然后门极电流停止流动，当端口电流为零时，双向晶闸管关断。正、负半周期重复同样的过程。

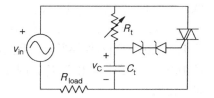

图 10.14　使用交流门极驱动的双向晶闸管电路

10.3　隔离与高压侧开关

除了变压器耦合门极驱动电路外，10.2 节中的驱动电路在输入开关函数与输出开关器件之间共用了公共端。在某些变换器中，这不是一个问题。如图 10.15 所示的 dc-dc 变换器为 MOS-FET 设置共源极接法。如果控制电路与门极驱动共用同一节点，则装置将被简化。例如，基本形式的 boost 变换器不会引起故障。反激式电路也可通过将晶体管移至一次侧回路共享输入参考节点来进行调整。在推挽电路中，两个开关管呈共源极结构。以上电路可以不使用隔离的门极驱动而进行构建，很少有其他变换器具有这种优点。

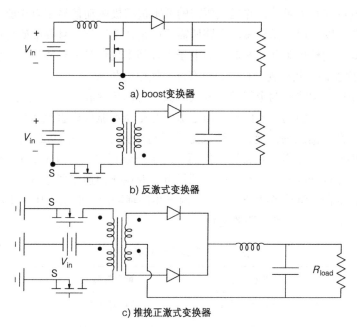

a) boost 变换器

b) 反激式变换器

c) 推挽正激式变换器

图 10.15　使用共源 MOSFET 的 dc-dc 变换器电路

buck 变换器将晶体管漏极连接至输入端。相对于电路公共端，源极电压为方波信号。半桥逆变器同时存在共源极和共漏极两种接法。在相控整流器中，SCR 器件的阴极与负载不是公共端相连。上述每种电路都需要额外复杂的电路将开关函数的信息传递到门极驱动。许多门极驱动必须与地和彼此之间进行隔离。门极驱动隔离的考虑包括以下一些问题：

■ 门极驱动的参考节点通常不同于地电位或电路公共端。门极驱动可能在离地几百伏的电位上运行。

■ 门极驱动的参考节点通常不是恒压节点。在 buck 变换器、可控整流器和许多其他变换器的拓扑中，门级驱动往往与快速变化的电压节点相连。

■ 与大地隔离一样，开关器件之间也必须互相隔离。六管半桥逆变器的 6 个门极驱动电路中就有 4 个不同的源端参考节点。

如图 10.16 所示的 buck 变换器抛出了一个相关问题：**高压侧器件**。为使 MOSFET 导通，需要 $V_{gs} \approx 10V$。当器件导通时，剩余电压 $V_{ds} = 0V$。因此，导通状态需要栅极电压比漏极电压高约 10V。由于漏极电压为 V_{in}，因此栅极电压应为 $V_{in} + 10V$，但是电路中并未有高于 V_{in} 的电压可以使用。

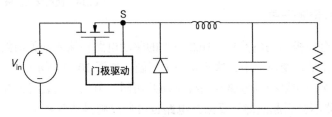

图 10.16 带高压侧开关的 buck 变换器电路

理论上，解决该问题最简单的方法是采用图 10.2 所示的双端口隔离栅极驱动电路。该电路能接入任意参考电位的开关函数，并提供所需的低阻抗栅极驱动信号来直接驱动开关器件。在实际中，隔离问题难以处理；栅极驱动电路所需要能量才能工作，且要准确可靠地传递开关函数信号；隔离和高压侧栅极驱动问题对电力电子工程师来说仍是一种挑战。高压侧开关的集成电路可用于 buck 变换器和其他逆变器[4]，也有许多使用电荷泵。

隔离门极驱动设计须注意两个问题：开关函数信息的传递和驱动开关能量的传递。耦合变压器门极驱动虽然能同时做到以上两点，但是由于变压器不能传递直流信号，占空比有一定的限制。光耦合更有助于信息的传递，电荷泵适用于高压侧开关。表 10.2 列出了一些替代方案。如果可行的话，耦合变压器通常是首选。然而，对于需要宽占空比范围的 PWM 逆变器，耦合变压器不太适合。光耦合需要一个独立的电源供电。商业化的逆变器通常采用光耦合器与多输出反激式变换器相结合来驱动各种开关。电荷泵产生的辅助门极驱动电压高于输入电压 V_{in}，该辅助电压有利于高压侧开关驱动电路的优化。

表 10.2 门级驱动隔离方法

方法	信息传递	能量转移	备注
变压器耦合	信号直接传输	直接磁转移	有占空比上限
光耦合	数字光耦	独立 dc-dc 变换器	性能好但复杂
电荷耦合	电平转换电路	电荷泵	高压侧开关公用

被广泛使用的光耦门极驱动电路需要更详细的评估。图 10.17 给出了为 PWM 逆变器设计的光耦隔离驱动电路。使用 LED 输入和光电晶体管输出的传统光耦合器的速率较慢，因此优先考虑数字光耦合器，且因为离散型开关函数只需要时间信息。光耦输出与互补型射极跟随器相连可以构成一个低阻抗门极驱动电路。光耦门极驱动所需要的能量由电压源提供，对 MOSFET 或 IGBT 来说一般为 +12V。该电压源可由低功率反激式变换器构成。需要值得关注的是反激式电感绕组中的杂散电容，在快速开关条件下，该寄生电容将产生 $C(\mathrm{d}v/\mathrm{d}t)$ 的尖峰电流，且该附加电流一定存在。如果采用的是多输出反激式拓扑，则该问题将更加严重。

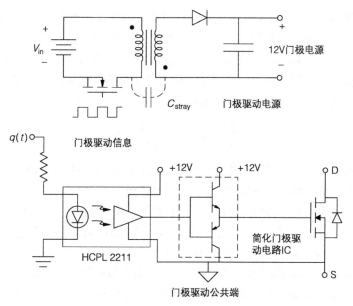

图 10.17　使用光耦隔离的 MOSFET 栅极驱动电路

例 10.3.1　驱动交流电机的 PWM 逆变器采用 IGBT 器件。由于电机自带隔离绕组，因此直流输入的低压侧可被用作参考地。如图 10.18 所示电路需要 3 个隔离栅极驱动器，器件在 200ns 以内开关。高压侧栅极驱动电路采用光耦隔离和使用一个多输出反激式变换器来提供三个独立的 +10V 电压源。耦合电感的一、二次侧之间存在 100pF 的杂散电容。试分析寄生电容的影响。

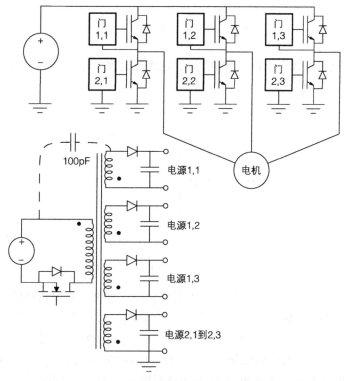

图 10.18　使用光耦隔离的 Hex 桥逆变器

仅观察左端器件 1，1 和 2，1 在变换器运行过程中的变化。当器件 2，1 导通时，器件 1，1 必须阻断 400V 电压。栅极驱动器接近地电位参考点运行并保持关断状态。当器件 1，1 导通时，控制电流传递到 LED。光耦输出改变状态，栅极开始充电。当器件 1，1 开始换流动作，该器件发射极上的电压从 0V 爬升到 400V。这就给 100pF 杂散电容上施加正的 dv/dt，形成的电流从反激式变换器的二次侧流到一次侧，其值计算如下：

$$i = C\frac{dv}{dt} = (100\text{pF})\frac{400\text{V}}{200\text{ns}} = 0.2\text{A} \tag{10.3}$$

在器件导通给杂散电的容充电的过程中，栅极驱动必须提供额外的 200mA 电流。一旦栅极驱动不能提供该额外的电流，则在器件导通过程中将出现问题。

如同反激式变换器一样，杂散电容是变压器耦合电路中隐藏的一个限制条件。某些变换器的封装加重了这个问题。高额定电流值的 MOSFET 或 IGBT 通常将一组芯片封装在单个基板上。该基板紧贴在底板上进行散热。端子与底板之间通常存在 1000pF 级的杂散电容。高压侧 MOSFET 寄生电容的通用电路模型如图 10.19 所示。由于漏极侧底板电容 C_{dp} 电压被固定在 V_{in}，所以该电容不会影响到动态性能。在器件开通过程中，源极电压从 0V 过渡到 V_{in}，栅极电压必须从 0V 变到（V_{in} + 10）V，而漏 - 源极电压则从 V_{in} 跌落到 0V。假定电压变化在 t_{on} 时间内完成，则各电流由下式可得

$$\begin{aligned} i_{gd} &= C_{gd}\frac{dv_{gd}}{dt} = C_{gd}\frac{-V_{in}}{t_{on}} \\ i_{gs} &= C_{gs}\frac{dv_{gs}}{dt} = C_{gs}\frac{10\text{V}}{t_{on}} \\ i_{Cds} &= C_{ds}\frac{-V_{in}}{dt}, \quad i_{dp} = 0, \quad i_{sp} = C_{sp}\frac{V_{in}}{t_{on}} \end{aligned} \tag{10.4}$$

当输入电压的开关过程以数十或数百纳秒计算，则底板杂散电容 C_{dp} 和 C_{sp} 将产生足够大的冲击电流。

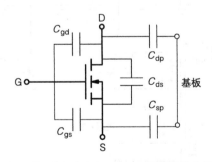

图 10.19 带电容的大电流 MOSFET 组件安装在基板上

在 SCR 电路中，即便是脉冲门极驱动也需要额外的余量来克服器件的动态影响。试考虑 SCR 逆变器在 2μs 内切换 600V、500A 的情况。在此电流等级下，SCR 器件封装的电感和电容可能会产生问题。例如，2μs 时间内的 500A 开关电流在 100nH 电感上将感应出 L（di/dt）= 25V 电压，这足以干扰门极驱动电路。2μs 时间内的 600V 开关电压将在 1000pF 电容中产生 300mA 电流。SCR 电路中的高 dv/dt 和 di/dt 将使变换器的运行变得不可靠，这也是许多制造商

对这些寄生参数进行限制的原因之一。

10.4　P 沟道器件应用及直通

P 沟道器件在低电压等级，如汽车和便携式电子产品中得到了有效应用，是解决高压侧器件问题的另一个选项。图 10.20 给出了使用 P 型 MOSFET 的 buck 变换器拓扑。该拓扑采用共源极结构连接到高压侧器件。电压 V_{gs} 必须低于（负）阈值电压才能使器件导通。例如，若栅极信号连接到公共点，则 $V_{gs} = -12V$，器件导通。若栅极信号连接到 V_{in}，则 $V_{gs} \approx 0$，晶体管关断。这很方便，且互补型射极跟随器可以正常运行。对于给定的额定功率等级，P 沟道器件相比 N 沟道器件更贵，这也是在对成本敏感的应用中的一个限制因素。

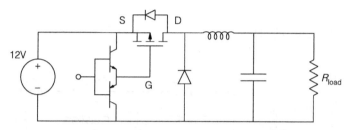

图 10.20　使用 P 沟道器件及栅极驱动的 buck 变换器拓扑

P 沟道器件更多是使用在低压逆变器和正激式变换器中。图 10.21 给出了半桥型逆变器电路拓扑。该拓扑简化了逆变器的栅极驱动问题。当栅极公共端电压低时，P 型器件导通而 N 型器件关断；而当栅极公共端电压高时，则会出现相反的情况。正如传统的 CMOS 数字逆变电路，单开关函数能自动支持这两类元件。对于传统器件，约 10 ~ 20V 之间的输入值能以上述方式进行直接处理，其广泛应用于小型电机驱动、汽车动力系统和便携式 D 类音频放大器。

但是系统问题并不是这么简单。为了使图 10.21 的 N 型器件导通、P 型器件关断，栅极驱动电路中上部的晶体管需提供电流。P 型器件栅极电容放电的同时，N 型器件的电容开始充电。然而，电压 v_d 开始跳变，导致额外的电流流入两类器件的漏 - 源极电容中。该附加的电流对两类器件的栅极驱动动作起反作用。此外，两类器件的匹配不可能做到完美，其动作也不能做到完美互补。例如，当栅极公共端电压达到 +5V 时，P 型器件的 $V_{gs} = -7V$，N 型器件的 $V_{gs} = +5V$。从而导致两类器件都导通。这种情况一旦出现，在输入源将出现一条低电阻通路，大电流流过两个开关，直到 P 型器件的栅 - 源极电压足够高时使其关断。对互补型器件应用来说，**直通电流**是一个主要的限制因素。

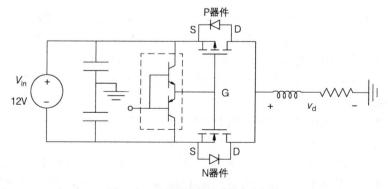

图 10.21　互补型半桥逆变器电路拓扑

直通对任何逆变器来说都将产生极端损耗。如果一个应用允许每周期的 1% 期间发生直通，则这段时间内的直通电流可能比负载电流高出 10 倍或者更多，从而导致比理想预期增加 10 倍以上的开关损耗。变换器应避免直通现象，从而期望提供一个短暂的**死区时间**，用于延误开关函数信号到单个器件上的时间，进而避免器件同时导通。死区时间太长会迫使电流流入 MOS-FET 或 IGBT 的反并联二极管，死区时间太短则会增加直通损耗。

通常，避免直通现象的方法有以下两种：

1）构建独立的开关函数，除去死区时间，仔细调整使其尽可能互补，然后将它们传递到独立的栅极驱动。这种方法虽然直截了当，但是它牺牲了使用互补开关对的许多优点。

2）使用无源器件在开关过程中制造不对称性，这种不对称应加入所需死区时间，并使损耗最小化。

图 10.22 给出了第二种方法的一个例子。

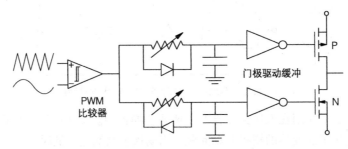

图 10.22　为互补型 MOSFET 设计的带死区时间栅极驱动结构

10.5　电力电子器件的传感器

10.5.1　阻性传感器

变换器的运行和保护通常都需要对功率半导体器件的电流、电压或其他变量进行检测。栅极驱动检测电流有助于脉冲计数或调整死区时间，检测开关电压以确认器件的成功导通。在谐振开关运行中，精确检测有助于获得尽可能高的效率。控制需要检测电流和电压。在太阳能和燃料电池变换器中，电池的电流、电压和功率都需要被检测。在电池管理电路中，精确的测量有助于保护器件。同检测电源状态一样，可再生能源装置中的逆变器必须检测并网功率并对故障进行反应。

隔离方面的考虑和高压侧开关器件使传感复杂化。如果有与电路相关联的传感器，则可能会引入不希望的耦合回路。传感器可能需要各自独立的供电电源。此外，电力电子的许多传感问题需要很宽的动态范围。例如，换流过程中开关器件的电压幅值以三个数量级范围变化。为了提供关于通态电压降有用的信息，电压传感器必须有能力在全量程范围内进行处理。传感器不得失去安全性、效率和可靠性。

功率半导体传感可采用多种方法。图 10.23 给出了最简单的电阻检测方法。如图 10.23a 所示，一对分压器提供了正比于 V_{ds} 的差分信号。在图 10.23b 中，一个串联电阻提供了正比于电流的电压。当 MOSFET 关断且参考点为地时，允许另外一对分压器检测电流。在 dc-dc 变换器中，这种差分分压器既简单又常用。然而，电阻是耗能元件，且电路存在动态范围问题。差分分压器的设计必须将预期的测量范围、电阻损耗和精确度都考虑进去。举例如下。

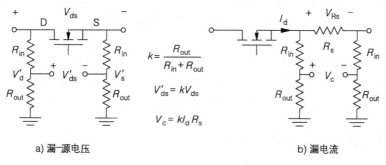

a) 漏—源电压　　　　　　　　　　　　b) 漏电流

图 10.23　MOSFET 的几种阻性传感方式

例 10.5.1　笔记本电脑充电器采用 200V 到 16V 正激式变换器，试为高压侧开关电压设计电阻传感器。转换器额定功率为 80W，电阻分压器上消耗的功率不应超过 0.5W。由于控制电路从 16V 输出中取电，因而不能处理超过 16V 的共模电压信号。试对分压器给出建议值。电阻存在误差会有怎样的影响。当开关关断（阻断电压 200V）和开关导通（导通电压 0.5V）时，分压器分别输出多少电压？

电路基本结构与图 10.23a 一样，每个分压器须承受 200V 电压。每个分压器的输出电压等于 $R_{\mathrm{out}}/(R_{\mathrm{in}}+R_{\mathrm{out}})$ 乘以高压侧电压。共模电压要求每个分压器的输出端不超过 16V。为此，分压器的分压比不应高于 16V/200V = 0.08。每个分压器的功率损耗等于高压侧电压的二次方除以 $R_{\mathrm{in}}+R_{\mathrm{out}}$。由于总的损耗不允许超过 0.5W，则每个分压器的功率损耗不应超过 0.25W。上述需求如下式所示：

$$\frac{(200\mathrm{V})^2}{R_{\mathrm{in}}+R_{\mathrm{out}}}\leqslant 0.25\mathrm{W},\quad R_{\mathrm{in}}+R_{\mathrm{out}}\geqslant 160\mathrm{k}\Omega$$

$$\frac{R_{\mathrm{out}}}{R_{\mathrm{in}}+R_{\mathrm{out}}}\leqslant 0.08,\quad 11.5R_{\mathrm{out}}\leqslant R_{\mathrm{in}} \tag{10.5}$$

一组可能的结果是 $R_{\mathrm{in}}=160\mathrm{k}\Omega$、$R_{\mathrm{out}}=12\mathrm{k}\Omega$。此时，电压 $V_{\mathrm{ds}}{}'=V_{\mathrm{d}}{}'-V_{\mathrm{s}}{}'=0.0698V_{\mathrm{ds}}$。当 $V_{\mathrm{ds}}=200\mathrm{V}$ 时，则有 $V_{\mathrm{d}}{}'$ 为 4.88V，V_{s} 等于零。上述值都在允许范围内，则分压器的输出 $V_{\mathrm{ds}}{}'=$ 13.95V。当开关导通时，V_{d} 仍为 200V，同时 V_{s} 波动到 199.5V，$V_{\mathrm{d}}{}'$ 和 $V_{\mathrm{s}}{}'$ 都将略低于 14V。$V_{\mathrm{ds}}=0.5\mathrm{V}$，则分压器的输出 $V_{\mathrm{ds}}{}'=0.0349\mathrm{V}$。为使 $V_{\mathrm{ds}}{}'$ 的信息精确，分压器的输出必须能检测 $\pm 2\mathrm{mV}$ 的范围变化。

若电阻存在误差，情况会怎么样呢？如果电阻全部使用精度为 1% 的类型，由于 R_{out} 和 R_{in} 同时受到精度影响，分压比的不确定性将达到 $\pm 2\%$。这意味着分压比为 0.0698（$1\pm 2\%$）。由于 V_{d} 固定在 200V，则 $V_{\mathrm{d}}{}'=13.95$（$1\pm 2\%$）V，即 13.95V ± 279mV。当晶体管关断时，由于 V_{s} 为零，电压 $V_{\mathrm{ds}}{}'=13.95\mathrm{V}\pm 279\mathrm{mV}$。当晶体管导通时，电压 $V_{\mathrm{d}}{}'=13.95\mathrm{V}\pm 279\mathrm{mV}$，电压 $V_{\mathrm{s}}{}'=$ 13.92V ± 279mV。差分信号电压 $V_{\mathrm{ds}}{}'=V_{\mathrm{d}}{}'-V_{\mathrm{s}}{}'=30\mathrm{mV}\pm 558\mathrm{mV}$，输出值为 30（$1\pm 1600\%$）mV，显然不可用。如果期望在导通状态获得 V_{ds} 精确信息，则电阻的精度要求达到 0.01% 的级别，即使如此，误差率也将超过 10%。

分压器的精度对电流检测同样重要。图 10.23 中的电流检测电阻 R_{s} 应尽可能小，以免造成不必要的电压降和功率损耗。例如，MOSFET 导通时流过 10A 电流，一个 40mΩ 传感电阻会产生 0.4V 的电压降并消耗 4W 功率；一个 $10m\Omega$ 电阻的情况会更好，但相应的差分电压会降低。电流为 10A 时，V_{Rs} 为 0.1V；电流为 1A 时，V_{Rs} 为 10mV。对于高压侧检测问题，分压器的精度与上面的例子一样，面临同样的挑战。即使 0.01% 精度的电阻也只能用于不超过 10% 的电流检测精度。

精度问题限制了分压器测量小差分电压的适用性。分压器可用于检测某特定点的对地电压，但是对高压侧电压的测量效果稍逊一些。如果开关运行仅需要粗略检测，分压器是适用的。在某些要求严格的场合，高精度电阻的费用也是情有可原的。

10.5.2 带栅极驱动的集成传感方式

保护功能得益于连接到栅极驱动的传感器。这避免了隔离问题，因为栅极驱动与开关器件直接相连。市场上的许多电力电子集成模块具有传感和保护功能，它们与半导体开关并列安装，甚至能做在同一芯片上 [5]。

集成传感带来如下可能性：

■ 片上温度传感器能调节驱动信号或者关断过热的开关。

■ 就地传感漏 - 源或集 - 射电压成为可能。该信息可用于评估器件性能或其工作环境。例如，外部电路短路将导致通态电压降的瞬间提升，一旦正向电压降超过安全限值，栅极驱动可被设计为自动关闭。

■ 就地传感电流也是可行的。栅极驱动可根据通态电流状况来自动调节其运行状态。

图 10.24 给出了集成传感器的部分结构框架。电压和电流传感器被用于非隔离变换器，避免了双分压器差分结构。

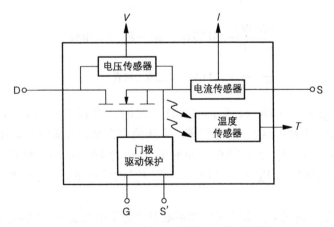

图 10.24　集成或非隔离开关设计的传感器结构

集成传感器一个有趣的例子是功率 MOSFET 电流传感器 [6]。所谓的功率 MOSFET 就是大量单个 FET 单元的并联连接。如果留下部分单元的源极不与并联部分连接，则它们可以被用作分流器以方便检测电流。图 10.25 给出了该结构的等效电路。片上可能有几千个匹配的 FET 单元，如果少数 FET 单元专用于分流器，则能够设计出 1000∶1 的分流比。并联连接的优点是，整个芯片的通态电阻值很小。导通状态下分流器的电阻可能为整个芯片电阻 $R_{ds(on)}$ 的 1000 倍。如果主 FET 承载大量电流，比如说 10A，当分流器 FET 的源极与主 FET 的源极相连时，分流器 FET 只承载 10mA 电流。通过在源极连接处设置电流 - 电压变换器或类似传感电路，便于传感电流。图 10.26 给出了上述结构与电阻连接的拓扑。这种方法的限制在于分流器源极必须与主源极同电位，从而保证准确的分流比。

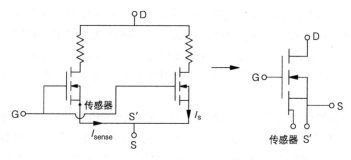

图 10.25　在功率 MOSFET 中预留部分不与源极连接的 FET

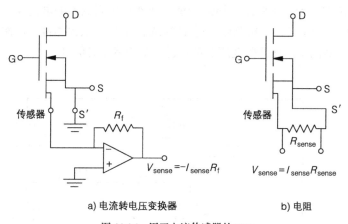

a) 电流转电压变换器　　　　　b) 电阻

图 10.26　用于电流传感器的 FET

例 10.5.2　电流传感 MOSFET 能为主 FET 与分流器 FET 之间提供 950∶1 的比率。设计者为了避免在隔离电路中出现运算放大器，在两组源极引线之间加入了一个 10Ω 电阻。主 MOS-FET 通态电阻为 0.06Ω。根据这一数据，该器件导线总的电阻为 0.02Ω。试画出等效电路，并计算当 FET 电流为 20A 时，分流器源端电压应为多少?

电阻 $R_{ds(on)}$ 指的是漏极与源极之间的电阻，实际的沟道电阻只占其中一部分。在电流传感 FET 应用中，所有漏极和源极都应分别并联连接。电流通过沟道进行分流，从而需要知道实际导通状态沟道的电阻值。对于主 FET，该值为 0.04Ω（$R_{ds(on)}$ 减去导线的内阻），分流器 FET 的沟道电阻预计为 0.04Ω × 950 = 38Ω。两组 FET 的漏极并联连接，源极分别接到外部 10Ω 电阻的两端。等效电路如图 10.27 所示，图中给出了各个电阻值。电流应该按 0.04Ω/（48Ω + 0.04Ω）进行分流。当总电流为 20A 时，分流器 FET 分流 16.7mA，传感器上的电压为 0.167V。

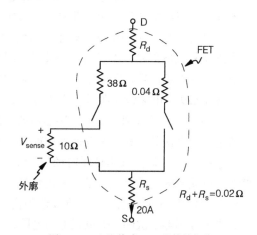

图 10.27　电流传感 FET 的等效电路

10.5.3 非接触传感器

栅极驱动隔离和高压侧器件对于良好的传感具有挑战性。集成传感器能用于对电路的保护，当开关器件位于或接近电路公共点时，也可用于对电路的控制。在许多例子中，这种**接地传感**方法并不适用。非接触方法能解决隔离问题，并提供准确的传感。其中一个例子是磁变压器，它能通过磁通的方式传递交流的电压或电流信号。另一个例子是各种类型的光耦器件。热电偶能感应底板或连接点附近的温度。器件能通过霍尔效应感应直流电流。这些方法已广泛应用于开关变换器。

交流传感变压器的设计与其他变压器的设计一样。出于传感的目的，"**电压互感器（PT）**"和"**电流互感器（CT）**"分别用于定义电压或电流传感的特定变压器。电力电子中使用的电流互感器通常在大电流侧仅绕制一到两匝，而在二次侧绕制数十匝，但必须对电流互感器进行配置以避免直流或磁通重置。业界已经研制出用于精确电流传感的交流电流互感器组合[7, 8]。图 10.28 所示为安装在电动汽车中用于检测全桥逆变器高压侧电流的电流互感器。如果匝比为1:100，当一次电流为 10A 时，二次侧则流过 100mA 的电流，依此类推。二次电流可以通过电阻或电流 - 电压变换器测得。任意磁变压器都只适用于传感交流信号。

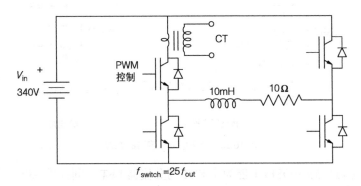

图 10.28　使用 1:100 电流互感器的全桥逆变器电路

试分析图 10.28 中流过电流互感器的电流。它是一种 PWM 波形，且跟随开关函数和负载。电流互感器仅感应交流分量。此例中，假定已去除直流分量（需要使用独立电路，防止磁通变化太多以致饱和）。图 10.29 比较了电流波形和理想电流互感器的输出波形。电路中含有充分的信息来恢复直流信号。由于当开关关断的时电流刚好为零，因此在关断瞬间，须在电流互感器波形上加一校正信号以保证 $i_{CT}(t) = 0$。通过校正，恢复了完整的电流波形。

图 10.29 中电流包含明显的直流分量，可能导致传统变压器出现饱和。电流互感器与其他变压器的一个关键区别是电流互感器需要标定额定直流电流。电流互感器的设计必须确保最大直流电流不会使其饱和，这也是匝数较少的原因之一。

例 10.5.3　某铁氧体磁环内径为 2cm，外径为 3cm，厚度为 6mm，$\mu = 1000\mu_0$。磁环一侧绕制 100 匝 #28 规范导线（基于美国线规），另一侧绕制单匝 #10 规范导线，以便在 dc-dc 变换中承载峰值为 50A 的电流。电流波形为占空比 25% 的方波。试问该磁环符合需求么？如果符合，电流互感器二次侧 1Ω 电阻上的电压为多少？

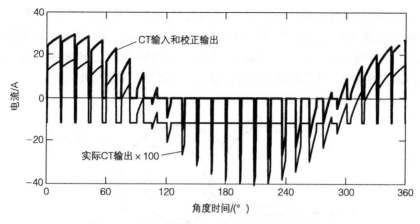

图 10.29　电流互感器输入、输出及校正后的输出波形

由于是直流电流，磁芯应避免饱和。此例中，直流分量约为 $0.25 \times 50A = 12.5A$。一次侧匝数为 1。对于铁氧体材料，$B_{sat} = 0.3T$，则有

$$\frac{Ni}{\Re A} < B_{sat}, \quad i < 0.3T \frac{1}{\mu} \qquad (10.6)$$

磁路是直径为 2.5cm 圆的一周，长度为 7.85cm。因此，$i_{dc} < 18.7A$，该磁芯可以工作。输入电流为方波，二次电流将减小为 1/100。输出电流（和 1Ω 电阻上的电压）如图 10.30 所示。峰 - 峰值为 0.5A，平均值为 0A。

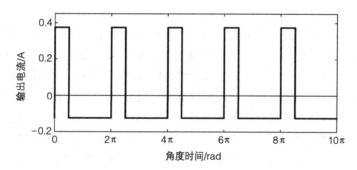

图 10.30　例 10.5.3 中 CT 的电流波形

电流互感器避免直流限制的一种方法是使用霍尔效应传感器 [9]。该类型传感器是使用一小片金属或半导体去直接感应磁场。任何磁通穿透金属时，会造成电子或空穴偏转，这就是霍尔效应。当金属或半导体材料受到电压偏置时，第三端将产生正比于磁通的电动势。由于载流导线在其周围产生磁通，霍尔传感器就可以在非接触的情况下直接给出电流值。图 10.31 给出了一个典型的霍尔效应器件。带气隙的磁芯有助于把磁通直接传到传感材料上。传感器有三个端口，偏置端口与固定电压源（如 +12V）相连。当无电流流过时，第三端口电压只有电压源的一半，且与流过的电流呈线性比例。最大电流对应的输出电压接近供电电压。因此，对应固定 V_{bias}，传感器的输出为

$$V_{out} = \frac{V_{bias}}{2}\left(\frac{i}{I_{max}} + 1\right) \qquad (10.7)$$

霍尔元件能感应的最大电流范围从 30A 到几百安培不等，其易于使用，并且能为在 $80\%I_{max}$ 内的电流提供优异的准确度。霍尔元件应用于各种场合，是交流传动中使用最广泛的电流传感器之一。其主要的缺点是温度灵敏度比较强，因为增益 $1/I_{max}$ 和偏移量（$i = 0$ 时的输出电压）易受到温度的影响。在精确测量场合，温度问题限制了霍尔元件的精度。

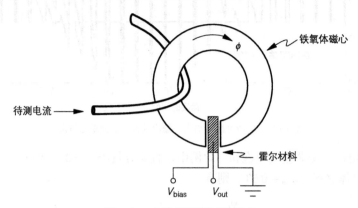

图 10.31　电流传感器的霍尔效应

霍尔元件支持非常规传感方案。根据式（10.7），输出电压正比于偏置电压和电流。如果偏置电压正比于电路中某一电压，则霍尔元件可直接测量其功率。因此，霍尔传感器不仅可以测量电流波形，还可以测量功率波形。如果霍尔传感器与积分器相连，则可以构成直接测量能量的传感器。

光耦合器能够以光的形式穿越隔离屏障来传送模拟或数字信号，其最大的优点是实现极端隔离。已有的商业化产品支持输入、输出隔离电压达 5kV。如果采用光纤传送，则隔离等级几乎不受限制。模拟光耦合器，如图 10.32 所示的晶体管输出模型，其传输速度虽低于数字光耦合器，但是能支持很高的隔离电压。在光耦合器中，LED 的亮度几乎与流过的电流呈正比。实际上，光注入到了晶体管的基极。由于 β 不是一个常数，故集电极输出电流不与光的亮度水平呈线性关系。将 LED 电流偏置到中间水平，只允许小信号电流在其附近波动，可避免上述问题。该方法能在 i_{LED} 到 i_C 范围内产生极好的线性度，再通过分流器或运算放大器或与开关直接相连的其他电路获得 LED 电流。此时没有必要使用精确测量系统来测量小差分信号。

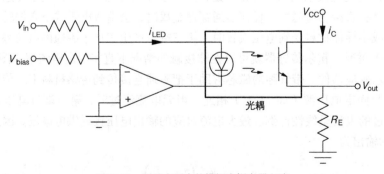

图 10.32　测量应用中的模拟光耦合器电路

10.6　设计举例

10.6.1　dc-dc 电池充电器的栅极考虑

电池充电器必须根据不同情况进行调整以避免损坏。下面这个例子给出了一些针对传感问题的解决方案。

例 10.6.1　某功率变换器以 18V 额定电压和 20.5V 上限电压为锂电池堆充电。充电电流维持为 5A 直至充电电压达到上限，然后电流减小以免过充。用直流 48V 作为输入源，且使用低功率的 5V 电压源用于控制。试给出符合上述要求的电路，并给出合适的传感器以及运行策略的考虑。

电池电压一定小于 48V 的供电电压，因此可用 buck 变换器。虽然电池组自带大量的电容，但是输出电容有利于前后级的连接，并减小开关纹波对电池单元的影响。该电路需要对电压和电流进行检测。假定电池堆只与充电器相连，而不与其他负载连接，则它是电气隔离的，可以使用低压电流传感器。分压器感应出电池电压中低于 5V 的控制电压。该电路可以采用商业化高压侧栅极驱动。图 10.33 给出了整体的组合结构。

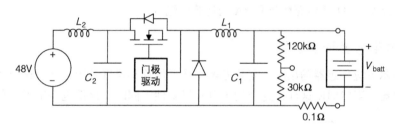

图 10.33　带传感器和栅极驱动的 buck 电池充电器电路

运行过程如下所述：

■　如果占空比太低，平均输出电压将低于电池电压而无电流流入。因此，逐渐提高占空比，直至达到 5A 电流或 20.5V 电压限制。

■　存在 0.1Ω 传感电阻上的电压小于 0.5V 或者 30kΩ 分压器电阻上的电压小于 4.1V 的情况，无论哪个都将限制占空比。

■　两个传感电压都基于同一参考点，从而减少了出错的可能性。

■　受上述两个电压限制，占空比应尽可能调高。当充电器按此方法无期限运行时，充电器将进入第 6 章提到的恒流恒压充电过程，最终受时间和总充电电荷的限制，开关将会关闭以停止充电。

锂电池不能长期承受全电压浮充，因此一旦电池充满就关闭充电器是非常重要的。

电路结构避免了差分传感方式，并且简化了传感器的选择。对电池来说，充电电流的误差要求并不苛刻，精度 ±5% 的 0.1Ω 电阻就可以产生可接受的结果。对充电电压来说，过电压是个问题，即使是低于 50mV 级别。如果分压器电阻的精度为 ±1%，误差叠加后将约为 ±2%，即约 ±0.4V。这意味着分压器将需要精度为 ±0.1% 的电阻。值得注意的是，电压误差也会影响占空比分辨率。由于当占空比变化 0.1% 时将带来输出 48V/1000 = 48mV 的变化，因此占空比所需分辨率不低于千分之一才能正常有效地充电。如果采用数字控制，则需 10 位占空比控制分辨率。

对于数字装置，各种限制（最大电流、最大电压、D 值渐变和自动防止故障的最大占空比）可以通过控制器代码中的条件语句来执行。对于模拟装置，巧妙的方法是实行两个同时的限制。如果电流传感器的输出电压被放大八倍，两个限制电压都在同一量级上，无论哪个值更高都将限制占空比。

10.6.2 栅极驱动阻抗需求

栅极驱动串联电阻关系到速度和动态性能。由于封装存在杂散电感，太小的栅极电阻将引起谐振，以致可靠性降低；太大的栅极电阻将降低变换器的开关速度。通常，电阻取值应尽可能与目标速度要求一致，这意味着速度考虑是首选。

例 10.6.2　一个开关速度为 30ns 的大功率 MOSFET，其 C_{oss} 为 10000pF。试计算与开关速度保持一致的栅极驱动电阻，当供电电源为 12V 时，器件工作所需的电流为多少？

为传送足够的栅极电荷，需要两个时间常数。对于 30ns 的开关速度，时间常数最大值为 15ns。对于 10000pF 电容，这需要 $R_{gate} = 1.5\,\Omega$。峰值电流要求为 12V/1.5Ω = 8A。可见，栅极驱动电路需要最大 1.5Ω 的电路阻抗和 8A 的运载电流。

10.6.3 霍尔传感器精度分析

当分析霍尔效应传感器输出时，需要考虑磁通量偏移和温度效应，下面这个例子给出了一种高精度传感器。当然即使这样，这个例子也有局限性。同时，该例也给出了一种提高性能的方法。

例 10.6.3　某霍尔传感器的工作电压为 10V。当感应电流为零时，输出 5V ± 20mV 电压，当满量程 100A 时输出 9V ± 20mV 电压。试计算该传感器的测量范围（单位 A/V）以及电流测量误差为多少？是否有改进的设计思路？

霍尔传感器支持双极传感。在此例中，100A 输出 9V、0A 输出 5V、−100A 输出 1V，从而可以得出测量标度为 100A/4V = 25A/V。按照该测量范围，电压误差 ± 20mV 乘以 25A/V 可以得出电流误差为 ±0.5A。这可能是一个挑战，特别是在具有宽运行范围的应用场合。那么该如何提高测量精度呢？首先，假定理想情况下 0 点正好对应供电电压的一半。要么提供一个精确的 10.000V 供电电压，要么使用一个精度为 2:1 的分压器提供一个参考值（霍尔输出误差仍然为 20mV）。图 10.34 给出的策略是使用一个独立的校准线圈加入传感器以校正误差。该线圈具有足够的匝数来允许一个适度的驱动电流（如 10mA）以抵消测量误差。其典型的应用是利用确定的逆变器输出关断时的时间间隔，然后电流流入到校准线圈直至电压为精确的5.000V（刚好为一半的供电电压）。最终结果是校准了该传感器。

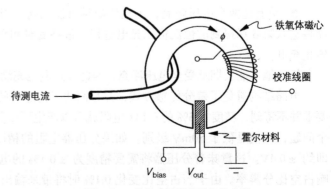

图 10.34　带校准线圈的霍尔传感器

该方法存在诸多缺点。例如，传感器中的剩磁产生了电压偏差，每次施加大电流后归零时，该现象都将出现。温度效应也很明显，这意味着每次传感电流归零后，校准线圈都需要校准电流。这不可能在所有应用中都能实现，只能在部分逆变器中使用。

10.7　应用讨论

为了满足栅极驱动的需要，信号和功率都必须传递到开关器件上。本章提及的电荷泵、高压侧栅极驱动器缓解了许多设计中面临的挑战，但如何将故障情况和工作信息从开关器件返回到控制器仍有创新的空间。目前的趋势是栅极驱动与器件的距离更加紧密。如集成 IGBT 的六管桥式模块就自带栅极驱动。

杂散电容是许多栅极驱动故障的罪魁祸首。由于杂散耦合往往是不可预测的，因此问题很难解决。由于具有很高 dv/dt 值的快速电路使不断增加的电流注入杂散电容中，因此仅提供额外的电流还远远不够。另外一个需要考虑的是电磁干扰。一个快速栅极驱动使开关器件尽可能快速换流的结果就是产生大的 di/dt 和 dv/dt 值。如果这些值足够大，就会产生射频干扰和漏电流。某些栅极驱动被设计成主动管理或限制时间变化率来减轻这些影响[10]。该方法需要通过仔细设计缓冲器以避免干扰和开关损耗。

电阻分压器虽然对大量信息和母线电压数值的读取有用，但在功率变换器中受到限制。在使用差分分压器的高压变换器中，很难检测出通态器件上的电压降。通过光耦合器件和霍尔传感器来进行隔离传感更容易实现。两者都已在功率转换中得到了广泛应用。

10.8　简要回顾

栅极驱动电路是开关函数和功率半导体器件之间的主要互联电路。栅极驱动对功率半导体器件性能具有相当大的影响。好的设计能为给定的电力电子系统提供尽可能好的性能。理想的栅极驱动使开关的切换尽可能快，不消耗能量，并具有隔离和保护功能。

对于 MOSFET、IGBT 等压控型开关，栅极驱动必须快速地对输入电容进行充电。虽然不需要持续电流来维持器件的开通状态，但是充、放电过程需要消耗能量，且需要电路具有输出高瞬时电流的能力。低阻抗栅极驱动器对压控型器件的工作很有利。实际电路中，栅极驱动电路阻抗通常小于 10Ω。互补型射极跟随器和等效 CMOS 电路通常能满足电路高性能的需求。

通常，MOSFET 和 IGBT 对栅极驱动具有相似的需求，相同给定功率等级的 IGBT 比 MOSFET 具有更小的输入电容。额定电压为 400V、电流为 10A 的 MOSFET 的典型输入电容约为 1600pF，需要约 50nC 栅极电荷和 10V 开通电压 V_{gs} 使器件导通。额定电压为 600V、额定电流为 10A 的 IGBT 只有大约 1/3 的输入电容，且仅需约 20nC 栅极电荷使其开通。

将开关器件所需总电荷乘以供电电压可以估算出压控型开关器件在栅极驱动电路中的能量损耗，栅极驱动的消耗功率等于能量损耗乘以开关频率，即

$$P_{\text{gate}} \approx Q_{\text{gate}} V_{\text{supply}} f_{\text{switch}} \tag{10.8}$$

SCR、双向晶闸管、GTO 和其他晶闸管等器件需要短暂的电流脉冲来触发闩锁的开关动作，常用的技术是提供一个约 20V 的电压，并将此电压通过一个 20Ω 电阻加载到 SCR 门极端口。1A 的脉冲电流有助于加速开通过程，20V 电压等级可确保开关管内杂散的感性和容性电压不会

在门极 - 阴极结上形成反向偏压，该方法也适用于大功率器件。

SCR 门极驱动通常使用能提供隔离并实现门极驱动的脉冲变压器。脉冲变压器是根据指定的伏秒积值而设计的变压器。当超过伏秒积限值时，脉冲变压器进入饱和状态。小型磁环能够满足 SCR 门极驱动的需求。GTO 器件需要较大的负关断脉冲和另一较小的开通脉冲。负脉冲的幅值约为阳极电流的 20%——反映了 GTO 的模型由一对功率晶体管组成。关断电流通常与开通电流分开处理，它可以使用脉冲变压器或大电流互补型射极跟随器。通过任何极性的门极电流都可以触发双向晶闸管，这在交流应用场合是一种优势，可以为其设计简单的电路，以使它能在正、负半周期内对称运行。

由于功率半导体开关通常不与地电位相连，因此隔离在许多栅极驱动电路中是一个关键问题。不仅离地操作是必要的，而且当电位快速变化时，电路运行必须稳定。在开关过程中，杂散电容能产生大的 $C(\mathrm{d}v/\mathrm{d}t)$ 电流，进而影响栅极驱动运行。在三相六管桥逆变器等变换电路中，多个栅极驱动电路之间也需要相互隔离。磁元件、光耦器件和电荷泵技术通常用于构建栅极驱动电路。栅极驱动电路同时传递信号（由开关函数发出的）和能量。在许多工业变换器中，多路输出正激式和反激式变换器能为栅极驱动提供多个独立的供电电源。通过这种方法，光耦器件负责传递信号，而反激式变换器提供电源。尽管光电能量也能被使用，但其功率等级太低，难以支撑高性能开关过程。

在 buck、半桥逆变器电路结构中，**高压侧器件**与输入端相连。当开关器件为 MOSFET 或 IGBT 时，为使器件成功开通和关断，需要为输入端提供 10 ~ 15V 的驱动电压。该额外的电压由电荷泵方式而不是独立的 dc-dc 变换器提供。电荷泵栅极驱动器被广泛用于 buck 变换器和小型电机驱动逆变器中。

高压侧开关的另一个解决方案是使用 P 沟道或互补型器件替代传统的 N 沟道晶体管。由于 P 沟道器件比同等额定值下的 N 沟道器件贵太多，上述方法并不常用。然而，这种做法在实际中能简化系统设计，特别是在供电电压达到 20V 的场合。在使用互补器件的逆变器或其他电路中，只使用一个共用的栅极信号就能同时控制两个器件。互补器件能根据栅极驱动信号产生互补响应，很容易实现 $q_P + q_N = 1$。但其缺点是会产生换流重叠现象。一旦发生该现象，输入源会通过一个低阻抗支路产生高的直通电流。互补器件可以采用**死区时间**，从而允许在两个开关间进行换流而不产生违反基尔霍夫电压定律的问题。

栅极驱动常常用到传感器。简单的电压传感方式（如分压器），对隔离电路中小电压进行精确差分测量的效果并不好。由共模偏差引起的误差太依赖于电阻的精度水平。相反，光耦器件、变压器和其他非接触传感器（如霍尔传感器）常被用于将开关器件的信息传给控制电路。

许多开关器件与传感器集成在一起。一些 IGBT 模块就集成了温度传感和集 - 射电压传感，一旦检测值高于阈值，栅极驱动将关断开关器件。在 MOSFET 中，部分并联单元可以用作分流器。该方法能通过简单电路在较小的功率损耗下精确测量开关电流。

电流互感器能为变换器提供隔离下的电流信号。由于能预先知道开关电流的部分波形（关断部分），应用中应避免使用电流互感器来传递直流信号。由于与开关器件串联连接，输出波形被转移，在器件关断时其输出电流为零。光耦合器件可以传递模拟信号，但是需要一个偏置电流和围绕该电流波动的小信号来实现线性化。数字光耦合器能够传递离散信号。

习题

1. 一个功率 MOSFET 的开通需要 80nC 栅极电荷。如果驱动电流达到 2A，则开通时间需要多长？

2. TTL 电路经常直接用于驱动功率 MOSFET。其集电极开路输出能为器件开通提供 10V 信号，上拉电阻需大于 1000Ω。若该驱动开通一个 C_{iss} 为 600pF 的 MOSFET，需多长时间？

3. 试比较两个 MOSFET 的驱动功率。第一个器件需要 Q_{gate} = 60nC 完成开通，使用一个阻抗为 50Ω、能提供 12V 电压和约 240mA 电流的栅极驱动。第二个器件需要 Q_{gate} = 150nC 完成开通，使用一个阻抗为 10Ω、能提供 12V 电压和约 1.2A 电流的栅极驱动。当给定开关频率为 200kHz 时，每个驱动各消耗多少功率？

4. 一个低阻值 MOSFET 的 C_{iss} 为 2500pF，V_{th} 为 4V。试给出栅极驱动设置，并根据此选择计算开通时间和驱动功率损耗。

5. 一个 MOSFET 栅极驱动使用互补型射极跟随器。该跟随器的供电电压为 + 12V。MOS-FET 功率较大，其 C_{iss} 为 12nF。跟随器通过并联电阻为 20Ω 的加速电容与栅极端相连。跟随器输出晶体管除了 20Ω 电阻外，还有 1Ω 的有效输出电阻。

1）画出该电路图。

2）如果不使用加速电容，需要多长时间使栅极电压达到 V_{gs} > 6V ？

3）如果加速电容值为 0.1μF，又需要多长时间使栅极电压达到 V_{gs} > 6V ？

6. 图 10.35 给出一个 MOSFET 的栅极驱动。假定输入电容是开关速度的主要决定因素，当 V_{gs} > 6V 时器件完全开通，V_{gs} < 4V 时完全关断。试计算该变换器需要多长时间开通和关断。如果栅极驱动输入为占空比刚好是 50% 的方波，反应栅极驱动效果的变换器占空比为多少？

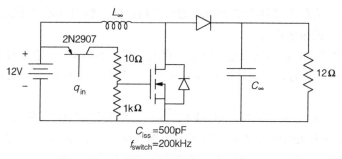

图 10.35 栅极驱动和变换器电路

7. 一个 IGBT 需 4.3μC 栅极电荷和 8V 开通电压，内部栅极限流电阻为 1Ω，开通时间为 200ns。试计算此器件快速导通时需多大电流，并推荐串联栅极电阻值。

8. 一个使用 IGBT 的六管桥封装内，底板的杂散电容高达 50nF。六管桥运行电压为 700V，开关的上升和下降时间为 100ns，器件的输入电容为 20nF。试计算栅极开通和杂散电容作用的总电流。

9. 变压器用于驱动电机逆变器中高压侧 IGBT。器件栅极的电压为 10V 以上且不允许超过 ± 20V。逆变器使用开关频率为 10kHz 的 PWM 波。推荐使用饱和磁密为 0.3T、有效磁面积为 1cm² 的磁环。基于饱和磁通限制和变压器二次侧直连门 - 射端口，试计算合适的占空比范围。

10. SCR 门极驱动如图 10.36 所示。2N222 管由一个持续时间为 20μs 的脉冲驱动。SCR 门 -

阴极电压降建模为 1V。开通时，SCR 自身阳 - 阴极电压降为 1.5V。当开关频率为 1.2kHz 时，门极驱动功率损耗为多少？如果 SCR 平均电流为 20A，试计算门极驱动功率与器件开通状态损耗的比值。

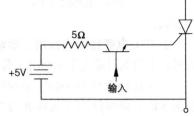

图 10.36　SCR 门极驱动

11. 双向晶闸管门极驱动及其电路如图 10.20 所示。交流输入电压有效值为 120V，频率为 60Hz。齐纳二极管电压为 5.1V。时序元件提供的 RC 时间常数为 1ms。如果负载电阻远小于时延电阻，试计算延时相角。如果 RC 时间常数变为 2ms，延时相角又为多少？

12. 门极驱动时序可通过外加电路进行设置。使用 SCR 器件的中性点整流器的三相输入电压为 230V，工作频率为 50Hz，负载电阻为 4Ω 与 100mH 电感串联。门极驱动使用脉冲变压器，并满足"20V、20Ω"经验值。

1）试画出该电路。

2）设定开通初始时刻 $i_L = 0$。如果 SCR 擎住电流为 50mA，试计算 SCR 开通时需要多久，电流才能爬坡到此值？

3）基于 2），为保证中性点整流器的可靠启动，门极脉冲的持续时间为多长？

13. 基于 100mm 硅片的 SCR 器件能处理有效值为 5000A 电流，阻断 5000V 电压。门极需要 300mA 电流和 2.5V 电压。如果电感不限制 di/dt，该器件需要 500μs 的反向恢复时间，开通时间与此值相近。基于电容放电来设计门极驱动电路，并计算在 60Hz 全桥整流桥应用中每个器件的门极驱动损耗。

14. 门式起重机的电机驱动使用 IGBT。600V/50Hz 输入源首先被整流为直流，然后通过 IGBT 逆变以供电机驱动使用。IGBT 需约 500ns 时间开通。为保证能在最差情况下顺利开通，在 15V 栅 - 射电压下为每个器件提供 500nC 栅极电荷。栅极驱动电源由反激式变换器提供，其一、二次侧有 500pF 的杂散耦合。

1）假定为一个固定容值的栅极电容充电，充电时间在 500ns 内，求栅极驱动阻抗。

2）当高压侧器件开通时，试计算有多少电流流入反激式变换器杂散电容中？并与理想的驱动电流值进行比较。

15. 一个 dc-dc 试验变换器使用 MOSFET，其开关频率为 5MHz。在高压侧结构中，MOSFET 在 48V 条件下的开关时间为 20ns。MOSFET 输入电容 $C_{iss} = 200pF$。栅极驱动使用 9V 电池为其供电，在 MOSFET 源端与电路公共端之间约有 200pF 耦合电容。

1）若忽略耦合电容的影响，试估计栅极驱动损耗。

2）假设耦合电容在充电过程中产生功率损耗，杂散参数带来的额外功率损耗有多少？

16. 使用互补型 MOSFET 器件的半桥电路开关频率为 200kHz。开关器件 $R_{ds(on)} = 0.04Ω$，输入电压为 400V。

1）如果栅极驱动过程中发生 10ns 的直通，当忽略杂散电感时，试估计直通过程的功率损耗。

2）如果 10ns 直通发生时，寄生电感限制电流超过 400A，试估计直通损耗。

17. 48V 到 5V 的 buck 变换器使用双分压器测量 V_{ds}。为实现保护功能，期望测量精度为 ±0.5V。测量电路能处理最高 5V 的电压。为满足该需求，试推荐分压器及其电阻的精度。

18. 车辆的电池电流检测使用额定电流达 500A、电阻为 0.2mΩ 的阻性分流器。电池工作电压高达 400V，为了安全测量电流，最好使用 100:1 的分流器。分流器的电阻损耗不应超过 0.25W。试设计满足需求的分流器。如果使用精度为 0.1% 的电阻，试估计电流检测准确度。

19. 霍尔效应传感器的供电电压为 12V。当室温为 25℃，零电流流入时其输出为 6.00V，−100A 流入时其输出为 2.40V、+ 100A 流入时其输出为 9.60V。输出电压为电流的线性函数，误差在 0.5% 内。

1）当输出读数为 4.00V 时，流入电流及电流误差各为多少？

2）霍尔电压具有温度系数。如果系数为 + 25mV/K，100℃时输出 6.00V，则流过的电流为多少？

20. 200：1 的电流互感器使用 $\mu = 5000\mu_0$ 的铁氧体磁环。如果磁环外径为 10mm，内径为 5mm，厚度为 5mm。试计算该磁环能承受的最高直流电流为多少？

参考文献

[1] Vishay Intertechnology Inc., "IRF640, SiHF640 data sheet," Malvern, PA, Oct. 2012. Available: http://www.vishay.com/docs/91036/91036.pdf.

[2] Micrel Inc., "MIC4426/4427/4428 data sheet," San Jose, CA, Apr. 2008. Available: http://www. micrel. com/_PDF/mic4426.pdf.

[3] ON Semiconductor, "NTB60N06, NVB60N06 data sheet," Phoenix, AZ, Oct. 2011. Available: http://www.onsemi.com/pub_link/Collateral/NTB60N06-D.PDF.

[4] J. Stevens, "Using a single-output gate driver for high-side or low-side drive," Application Report SLUA669, Texas Instruments, Dallas, TX. Mar. 2013. Available: http://www.ti.com/lit/an/slua669/slua669.pdf.

[5] R. Herzer, J. Lehmann, M. Rossberg, and B. Vogler, "Integrated gate driver circuit solutions," *Power Electron.Europe*, issue no. 5, pp. 26–31, July/Aug. 2010.

[6] ON Semiconductor, "Current sensing power MOSFETs," Application Note, Phoenix, AZ, July 2002. Available: http://www.onsemi.com/pub_link/Collateral/AND8093-D.PDF.

[7] K.-W. Ma and Y. S. Lee, "Technique for sensing inductor and DC output currents of PWM DC-DC con-verter," *IEEE Trans. Power Electron.*, vol. 9, no. 3, pp. 346–354, 1994.

[8] A. W. Kelley and J. E. Titus, "Dc current sensor for PWM converters," in Rec. *IEEE Power Electronics Specialists Conf.*, 1991, pp. 641–650.

[9] A. Kusko and H. R. Kinner, "Regulators using Hall-effect devices for multiplier sensors," *IEEE Trans. Ind. Gen. Appl.*, vol. IGA-3, no. 1, pp. 56–59, Jan./Feb. 1967.

[10] S. Park and T. M. Jahns, "Flexible dv/dt and di/dt control method for insulated gatepower switches," *IEEE Trans. Ind. App.*, vol. 39, no. 3, pp. 657-611, may/June 1995.

附加书目

B. J. Baliga, *Power Semiconductor Devices*. Boston: PWS, 1996.

R. Chokhawala, J. Catt, and B. Pelly, "Gate drive considerations for IGBT modules," *IEEE Trans. Ind. Appl.*, vol. 31, no. 3, pp. 603–611, May/June 1995.

D. A. Grant and J. Gowar, Power MOSFETs: *Theory and Applications*. New York: Wiley, 1989.

J. Kassakian, M. Schlecht, and G. Verghese, *Principles of Power Electronics*. Reading, MA:Addison-Wesley,

1991.

Motorola Inc., "Gate drive requirements," in *TMOS Power MOSFET Device Data*. Phoenix, AZ: Motorola, catalog DL135/D, Rev. 5, 1995.

Motorola Inc., "Thyristor drives and triggering," in *Thyristor Device Data*. Phoenix, AZ: Motorola, catalog DL137/D, Rev. 5, 1993.

A. D. Pathak ans R. E. Locher, "How to drive MOSFETs and IGBTs into the 21st centuy," in *Proc. Int. Power Electronics Tech. Conf.*, 2002, pp. 242–269. Available: http://www.ixys.com/documents/appnotes/ixan0009.pdf.

第 IV 部分　控制方面

第 11 章　变换器的反馈控制概述

11.1　介绍

电力电子技术强调对能量流动的**控制**。电力电子变换最显著的优势之一是支持自动控制，这几乎在任何电力电子系统中是必不可少的。许多负载对电源电压都有严格的要求，所以这种控制远不只是要求选择正确的开关动作和可靠的栅极驱动器。开关动作必须通过调整来保持精确输出，且变换器工作时，这种调整必须是连续的。**反馈控制**基于测得的变换器的输出和内部的电压、电流信号，调整运行状态以获得所需的控制目标。反馈控制是高性能电力电子变换器必须具备的。与反馈相关的一个概念是**前馈控制**，它使用有关的输入波形或系统行为的信息来帮助确定正确的系统操作。许多电力电子系统使用前馈和反馈组合，以尽量减少实际运行状态和期望值之间的误差，一个目的是使系统具有良好的调节能力，能够在不断变化的工况下保持稳定的输出；另一个目的是具有良好的**动态响应**，即电源能迅速地校正变化或误差，如图 11.1 所示。

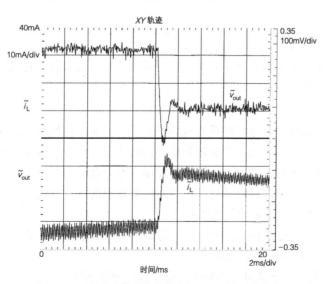

图 11.1　反激式变换器在负载变化 10% 时的瞬态响应

本章将基于电力电子系统，介绍基本的控制概念，并重新讨论调节问题来说明反馈的价值，讨论过程中将用到自动控制理论中的关键定义和概念。本章还将讨论稳定性等重要概念，并讨论基本的反馈过程。最后，给出了一些通用的控制建模方法，并介绍了 dc-dc 变换器和整流器的反馈控制实现方法。第 12 章将进一步讨论功率变换器的控制设计模型。

11.2 调节与控制问题

11.2.1 介绍

实际的功率变换器不能提供精确的调节功能，除非用控制器来调整其运行状态。大多数变换器的输出都与其输入有关，不具备线性调整功能。等效串联电阻（ESR）、半导体开关器件的电压降落甚至导线电阻会导致输出受到负载的影响。此外，温度、器件老化也会影响输出电压。所以为了实现良好的调节，必须调整相位角或占空比，以抵消输入电压变化、电压降或环境温度等产生的影响。例如，理想的 buck 变换器可以通过调整占空比 $D = V_{out}/V_{in}$ 来实现精确的线性调整率，只需要控制器电路采样输入电压并相应地调整占空比即可。而非理想变换器，则需要通过监测实际输出电压并调整占空比以抵消负载对输出的影响。在不确定的工况下，如何使变换器像一台理想电源？其中有什么局限性？最终性能如何？如何实现控制功能？

11.2.2 定义调节问题

良好的控制性能是指有良好的静态和动态调节能力。变换器的控制目标可能是产生一个固定的直流输出，可能是生成定义明确且不受输入影响的正弦波，可能是变换器的输出不受极端温度、冷却条件或其他因素的影响，也可能是用一种理想的方式调整运行状态，以最大限度地提高太阳能转换效率或运行轻轨车。所以必须在以下两个不同的背景下处理系统调节和不敏感性问题。

> **定义**：静态调节与变换器稳态运行时的改变所带来的影响有关。静态调节可以用偏导数或比值来表示。

> **定义**：动态调节或动态跟踪是系统在快速动态过程中能保持目标运行状态的能力。该术语还指跟随时变输出的能力。

变换器对大的变化或故障做出的反应也同样重要。例如，任何变换器在接通电源时都必须对起动瞬态进行处理，然后才能达到所需的稳态运行状态。安装过程中出现的瞬间短路，以及极性、输入输出接反等错误，都应加以管理和控制。电力电子的用户不会对控制或大信号运行感兴趣，因此变换器需要足够的自动化，能应对可能出现的各种问题，用户无须经过电力电子方面的培训。有以下两种方法来处理这些问题：

1）设计一个对工况变化不敏感的系统。例如，大多数连续模式变换器都具有良好的负载调节能力。这种不敏感性有助于静态调节。

2）提供系统运行的工况信息，然后据此设计控制调节系统。

第二种方法中，最常见的方式是监测输出并进行调整，使输出接近期望值。

11.2.3　控制问题

功率变换器的控制只能通过改变开关动作来实现。那开关应如何工作才能提供所需的功能呢？调节是一个主要的控制问题，但并不是全部。控制必须保持稳定性，以便变换器在扰动后能返回所需的工作点。

> **定义**：如果一个系统受到扰动或发生变化后能恢复到原始的运行状态，说明该系统是稳定的。稳定性可以根据小扰动、大扰动或负载及其他条件中的特定变化类型来定义。在各类文献中使用了多种稳定性的数学定义。

对于小的、快速的扰动（如噪声脉冲）、大的扰动（如负载移除或启动）以及连续的小扰动（如纹波），系统都要具备稳定性。控制系统也应具有**鲁棒性**，这意味着系统能在元件参数不确定时正常工作。此外，控制必须足够快，以适应快速变化的负载。

在实际应用中，大信号和小信号的处理是分开进行的：启动电路能够确保变换器成功开始工作；小信号反馈控制能在施加噪声时保持电路稳定；过电流检测器能在出现短路时关闭电路；消弧电路能在输出电压过高时对电流进行分流。短期大信号扰动往往超出了常规闭环控制的调节范围，未来可能的发展趋势应是将大信号和小信号控制相结合，构建具有广泛应用前景的变换器。

11.3　反馈控制原理论述

11.3.1　开环控制和闭环控制

系统的数学模型是控制的起点。电气工程师一般将回路和节点方程作为刻画电路系统的重点。其他更一般的系统，则需要力、运动和能量的方程来建立模型。在电力电子技术中，模型要结合电路方程与开关函数。系统的**输入 - 输出**行为可以定义为对控制输入做出的输出响应。**开环控制**是运行系统中最简单的方式。在这种情况下，控制器的输入是一个独立、不调节的变量，如 dc-dc 变换器可按固定占空比开环运行。如图 11.2 所示，电池供电逆变器可以提供开环脉宽调制（PWM）输出，但它的局限性是不能采取纠正措施。当然，即使开环控制不能消除条件变化所产生的影响，但它仍然是很有用的。例如，位于星际空间深处的宇宙飞船可以通过自由下落穿过局部重力场来节省燃料；六足机器人可以通过简单的足部运动在布满岩石的粗糙地面上行走；如果可以不考虑某些变化带来的影响，开环整流器也可提供有用的直流输出；交流感应电机可以在没有额外传感器和控制的情况下以几乎恒定的速度驱动负载；在太阳能发电系统中，太阳的位置是已知且可预测的，太阳能电池板也可以根据时钟进行定位。尽管在能满足用户需求时人们更愿意采用开环控制，但对于功率变换器调节或许多日常系统而言，它还是不够的。例如，如果正在飞行的航天器开始快速旋转，那么仅凭开环控制是不能使其无线电天线指向地球方向的；如果一个开环控制的机器人翻倒，它也不会采取正确的行动使自己回到正轨；如果平板显示器上的背光灯是开环运行的，那么它的亮度便会随着栅极电压的变化而变化。

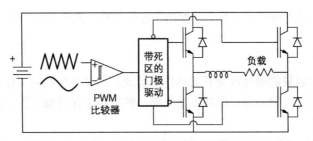

图 11.2　开环 PWM 逆变器电路

　　闭环反馈控制通过对输出或其他变量进行测量，将测得数据与期望值比较，得出**误差信号** $e(t)$，再由控制器尝试将误差信号调节到零，图 11.3 给出了这个概念。变换器调节是闭环反馈控制的一个典型例子，其他例子包括带有恒温器的加热系统、汽车内驾驶员的动作、风能和太阳能系统的功率跟踪以及孩子接球时的纠正动作等，也都体现了闭环反馈调节控制。又比如在可控整流器中，输出平均电压是 $\cos\alpha$ 的线性函数，如果 α 从 0° 开始增大，则输出开始减小，反之亦然。如果对输出平均值进行监测，控制器便可以通过增加或减小 α 值来纠正相对于期望值 V_{ref} 的任何误差。这种使用误差信号进行调整的系统如图 11.4 所示。几乎任何在控制输入和输出之间具有直接关系的变换器都可以使用类似于图中所示的反馈回路。

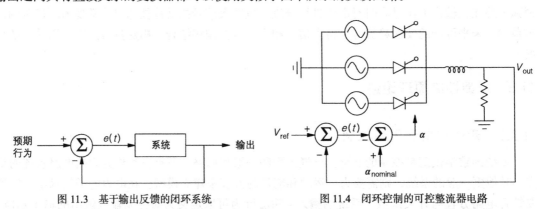

图 11.3　基于输出反馈的闭环系统　　　　图 11.4　闭环控制的可控整流器电路

　　工程师会寻找可作为系统命令输入的**控制参数**。

> **定义**：控制参数是一个可以改变输出或其他所需变量的值。在电力电子技术中，传统的控制参数包括开关时序的测量，如占空比和相位。

　　有时控制参数是函数，如在整流器中，$\cos\alpha$ 函数在控制回路中的使用比相位角本身更简单；在 PWM 逆变器中，调制函数也可以作为控制参数来处理。

　　闭环控制会出现一个悖论，即控制误差 $[e(t)]$ 的目标是零，但如果控制动作成功使 $e(t) \to 0$，则就没有了可用来改变控制输出的误差信号。通常使用两种方法来避免**零误差悖论**。一种方法是**高增益控制**，就是对误差信号进行放大，这样即使是很小的误差也会产生很大的控制动作。第二种方法是**积分控制**，使用信号 $\int e(t)\,dt$，这样即使当 $e(t)$ 达到 0，这个积分也会产生非零输出。高增益控制会产生不稳定性。重新考虑可控整流器，其输出误差用于调整 $\cos\alpha$，表示形式为

$$\cos\alpha = k(V_{\text{ref}} - V_{\text{out}}) \tag{11.1}$$

其中，k 为反馈增益。如果输出太低，则通过增加 $\cos\alpha$ 可使它提高，但 $\cos\alpha$ 的取值范围仅为 $-1 \sim 1$。一个高增益值，比如 1000，在误差只有 1mV 的情况下，会将驱动控制到 $\cos\alpha$ 的最大值，而 $\cos\alpha$ 的增加也很快会产生一个负误差，于是 $\cos\alpha$ 又被驱动到 -1。这样系统可能会因为一个很小的波动而在 $\cos\alpha = 1$ 和 $\cos\alpha = -1$ 这两个极值之间来回抖动。因此在任何实际系统中，反馈增益都是有限制的。积分控制也会造成不稳定性，特别是在发生快速扰动时。所以控制系统工程师所面临的挑战是选择合适的增益值和控制方法，并添加可能的必要元素，以提供良好的性能使系统保持稳定。

11.3.2　系统结构框图

若一个系统能用数学形式表示，那它也可以用结构框图的形式表示出来。一个直流电机的实例如图 11.5 所示，其电路方程为

$$v_{\text{a}}(t) = i_{\text{a}} R_{\text{a}} + L_{\text{a}} \frac{\mathrm{d}i_{\text{a}}}{\mathrm{d}t} + k_{\text{t}}\omega \tag{11.2}$$

由上式和图可知，电压 v_{a} 为控制参数，转速 ω 或电流 i_{a} 为输出。式（11.2）可改写为

$$\frac{\mathrm{d}i_{\text{a}}}{\mathrm{d}t} = \frac{v_{\text{a}} - i_{\text{a}} R_{\text{a}} - k_{\text{t}}\omega}{L_{\text{a}}} \tag{11.3}$$

可解得

$$i_{\text{a}}(t) = \frac{1}{L_{\text{a}}} \int \left[v_{\text{a}}(t) - i_{\text{a}} R_{\text{a}} + k_{\text{t}}\omega \right] \mathrm{d}t \tag{11.4}$$

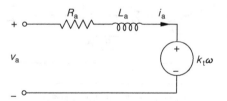

图 11.5　直流电机电路模型

图 11.6 给出了式（11.4）的结构框图形式。

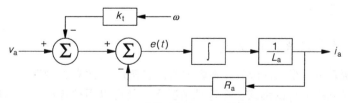

图 11.6　以 i_{a} 为输出的直流电机结构框图

图中加法由圆内的求和符号表示；矩形内的常数值表示标量增益；方框中也明确显示了诸如积分或微分之类的数学运算。从图中可以看出，电机具有电流反馈和速度反馈，反馈增益分别为 R_{a} 和 k_{t}。在直流电机中，产生的转矩为 $T_{\text{e}} = k_t i_{\text{a}}$。牛顿定律把净转矩和角加速度联系了起

来，为

$$T_e - T_{\text{load}} = J \frac{d\omega}{dt} \tag{11.5}$$

其中，J 为转动惯量；T_{load} 为机械负载转矩。图 11.7 显示了一个更完整的结构框图，其中电机驱动机械负载，转速作为系统输出。

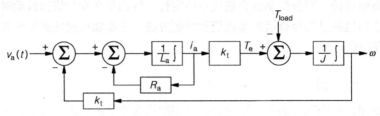

图 11.7 转速作为输出的直流电机结构框图

图 11.7 的结构框图显示了反馈回路，但未对输入电压施加任何控制。该图表示直流电机的开环动态。对于闭环控制，系统会对转速或电流进行检测，并使用误差信号来调节 v_a，v_a 越高，则 i_a 和 T_e 也越高。如果转矩增大会使负载变化更快，那么 v_a 越大，转速也会越快。可以基于反馈对转速进行控制，如下式：

$$v_a = k_\omega(\omega_{\text{ref}} - \omega) \tag{11.6}$$

如果转速低于参考值，则 v_a 为正，转矩增加，电机会加速运行；如果转速太高，v_a 为负，则会使电机减速。这种带有转速传感器的速度控制系统如图 11.8 所示。

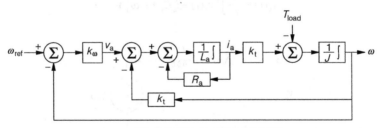

图 11.8 直流电机速度控制系统

系统的微分方程可以用结构框图的形式表示。方程的解可表示为独立变量和因变量的积分。因变量表现为反馈回路，参数表现为增益。非线性模块如限幅器、因变量乘法器或开关等在电力电子技术中很常见。

11.3.3 系统增益和拉普拉斯变换

如果一个系统是由一组线性微分方程表示的，它就是一个线性系统。在一阶集合中，每个方程的解都应该是 $c_1 e^{st} + c_2$ 的形式。在这种情况下，就可以用拉普拉斯变换来代替这个方程。微分运算的拉普拉斯变换相当于乘一个 s，积分运算的变换相当于乘以 $1/s$。如在直流电机的例子中，用结构框图形式表示的拉普拉斯变换如图 11.9 所示。定义增益函数 $G(s) = \Omega(s)/V_a(s)$，其中，$\Omega(s)$ 和 $V_a(s)$ 分别表示输出速度和电枢电压时间函数的拉普拉斯变换。这表示开环系统增益或**开环传递函数**，而且图 11.7 的结构框图可以用一个增益 $G(s)$ 来代替。

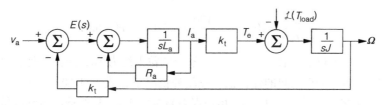

图 11.9　开环直流电机的拉普拉斯变换表示

线性系统中的反馈控制回路也可以用拉普拉斯变换表示。对于空载直流电机，速度控制回路系统可以表示为开环增益 $G(s)$ 和反馈回路增益 $H(s)$ 的组合形式，如图 11.10 所示。这样可以得到输入速度参考值 $\Omega_{\text{ref}}(s)$ 和输出速度 $\Omega(s)$ 之间的关系，如下式：

$$[\Omega_{\text{ref}}(s) - H(s)\Omega(s)]G(s) = \Omega(s) \tag{11.7}$$

求解 $\Omega(s)$，得到**闭环传递函数**为

$$\Omega(s) = \frac{G(s)}{1 + G(s)H(s)}\Omega_{\text{ref}}(s) \tag{11.8}$$

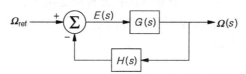

图 11.10　带反馈的传递函数表示

引入函数 $K(s)$，有 $\Omega(s) = K(s)\Omega_{\text{ref}}(s)$，则误差函数 $E(s) = \Omega_{\text{ref}}(s) - \Omega(s)H(s)$ 可由下式得到

$$E(s) = \frac{1}{1 + G(s)H(s)}\Omega_{\text{ref}}(s) \tag{11.9}$$

在稳态时，$H(s)$ 值越大，误差越小，这就是高增益反馈的原理。通常为了方便，可以通过将图 11.10 中的模块累加以改变反馈回路增益 $H(s)$ 在结构框图中的位置，形成一个等价的**开环传递函数** $G(s)H(s)$。该函数将被减去的信号表示为反馈信号，这对稳定性分析非常有用。在这种情况下，等效反馈都是统一的。在电力电子技术中，控制输入与输入电源是不同的，为了避免混淆，有时将函数 $K(s)$ 称为**控制输出传递函数**。

如果开环增益 $G(s)$ 和反馈增益 $H(s)$ 为正，则开环增益总是大于闭环增益。这样，闭环系统就比开环系统需要更多的**控制能量**。在许多系统中，特别是在功率变换器中，输入信号会存在物理限制，即限制了 $H(s)$ 的实际值。然而，即使是受限的反馈值也能够改善性能。

例 11.3.1　功率电子放大器为直流电机控制提供输入。放大器不是很精确，在整个输入范围内，其增益为 $100 \pm 10\%$，输出平均值不超过 100V，且可用输入不超过 10V。在开环情况下，电压参考信号在 0 ~ 1V 之间比较实用。为了提高控制精度，需要建立闭环控制，试提供一种方法。

如果输出可检测，并使用负反馈来消除误差怎么样？开环增益约为 $G(s) = 100$。由于输出不超过 100V，输入不超过 10V，因此需要使闭环增益不小于 10 才能充分利用放大器的量程（如果增益小于 10，则输出电压达不到 100V）。这要求

$$\frac{G}{1+GH} \geqslant 10, \quad \frac{100}{1+100H} \geqslant 10, \quad H \leqslant 0.09 \tag{11.10}$$

如果选择 $H(s) = 0.09$，如图 11.11 所示，系统增益大约为 10，那误差是多少呢？在开环情况下，增益可以是 90 ~ 110 之间的任何值。在闭环情况下，式（11.10）中 $H(s) = 0.09$，系统增益在 9.89 ~ 10.11 之间，即 $10 \pm 1.1\%$。增益误差减少为 1/9。只要输出传感器是精确的，整个系统的精度就会因为反馈而显著提高。

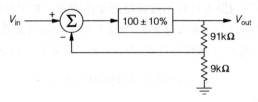

图 11.11　反馈放大器电路

尽管拉普拉斯变换主要适用于线性系统，但对于控制设计也是很有价值的。它还有一个优点就是传递函数相对来说更容易测量。单位脉冲函数的拉普拉斯变换是 1，那么它的开环响应为 $G(s)$，闭环响应为 $K(s)$。一个阶跃输入的拉普拉斯变换是 $1/s$，则开环、闭环的输出分别为 $G(s)$、$K(s)$ 的积分。响应的测量可以实现非线性系统的线性化近似。在第 12 章中，我们将介绍构造线性模型的其他方法。

11.3.4　系统瞬态响应和频域表示

系统的**瞬态响应**确定了扰动后的时域特征。在电力电子技术中，瞬态响应可以表示为系统在受到严重扰动后恢复到输出误差较小状态的时间，也可以表示为瞬态过程中的峰值误差值，或时间与误差的结合。任何电力电子系统的瞬态响应在一定程度上都会受到开关速率的限制。当发生扰动时，控制状态直到下一次开关动作时才能做出改变。在最坏的情况下，开关动作会在任何控制动作发生之前形成最多一个周期的延迟。

线性闭环系统的瞬态响应采用 $K(s)$ 的频域分析更为方便。用复频率 $j\omega$ 代替 s，并将 $K(j\omega)$ 的幅值和相位绘制成 ω 的函数。图 11.12 提供了这种表示形式的一个实例，称为**波特图**。增益大小通常用分贝表示（以分贝为单位的电压或电流比是该比率的常用对数的 20 倍）。频域法可以方便地表示增益值，确定不同频率下噪声的相对影响，也可确定控制能有效校正的频率范围。**系统带宽**的概念就是这种方法的一个实例。

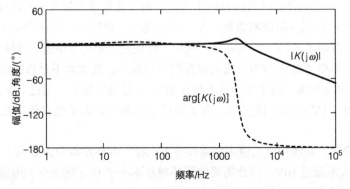

图 11.12　闭环系统的采样频域图

定义：系统带宽表示一个频率，在该频率系统有足够的增益来纠正误差。对于功率变换装置，扰动来自输入源或负载。带宽的标准定义是闭环增益幅值从其低频值下降 3dB 的点。

在变换器中，输入源可能会受到干扰，如工频谐波或外部噪声。在这些干扰频率下，**输入到输出的传递函数** $V_{out}(s)/V_{in}(s)$ 的幅值应较小，以抑制输入源噪声。这个传递函数称为**音频敏感率**（基于系统工程的旧术语），因为度量了输入交流噪声对输出的影响。**输入到输出的传递函数**应较低，一般要低于 -40dB。该传递函数能反映电压的调整。

负载扰动可用传递函数 $V_{load}(s)/I_{load}(s)$ 表示。这表示了系统**输出阻抗**——理想情况下，电压源为 0V，电流源为 ∞；还提供了与负载调节相对应的瞬态测量。如果输出阻抗远小于负载阻抗，则负载干扰或输出噪声对输出电压的影响较小；如果负载阻抗低于输出阻抗，则负载干扰或输出噪声对输出电流的影响较小。

11.3.5　系统稳定性

当系统稳定时，其稳态运行是连续且可预测的。对于给定的输入，系统将达到一个稳态**工作点**，这是由电压、电流和电路在瞬态过程完成后决定的。短时扰动或脉冲输入可能会暂时改变输出，但系统最终还是会回到稳态工作点。在线性系统中，扰动以指数形式衰减，系统会回到稳态。一个稳定系统的收敛点也称为**平衡点**。

稳定性可以通过闭环传递函数 $K(s)$ 或开环传递函数 $G(s)H(s)$ 来分析。函数 $K(s)$ 可以写成多项式的比值 $P(s)/Q(s)$，而且每一个多项式都可以进行分解。分子的根表示传递函数的**零点**，分母的根表示传递函数的**极点**或**奇点**。根据拉普拉斯变换，线性系统的解可以写成指数函数的和。如果一个系统对脉冲的响应随时间衰减，那么该系统是稳定的。这要求每个指数项都有一个负指数，等价于要求分母多项式 $Q(s)$ 的所有根都有负的实部，而根的虚部表示振荡，负实部表示指数阻尼。稳定性也可以通过分析反馈来确定。如果扰动随时间增长，则系统是不稳定的。当扰动具有正反馈增益时，就会发生以下情况：一个小扰动会导致更高的输出，进而增加扰动，随着时间的推移，输出会越来越大。为了避免这种影响，可以有以下两种选择：

1）确保干扰是衰减的而不是放大的，那么输出的扰动就会小于输入的扰动。

2）确保反馈是负反馈，这样干扰才会被消除，而不是增强。

假定图 11.10 所示闭环传递函数是负反馈，如果传递函数 $G(s)H(s)$ 移相 180°，则从输出获得的反馈将变为正反馈。

频域稳定性准则与**奈奎斯特准则**[1] 相联系。该准则可简化为增益 - 相位规则：

经验法则：为保证控制系统的稳定性，当相位达到或超过 ±180° 时，开环增益 $|G(s)H(s)|$ 必须小于 0dB。

上述规则对于因反馈增益增加而导致不稳定的系统是准确的——这是功率变换器的常见情况。奈奎斯特准则最强大的特性之一（频域表述）是可以定义**相对稳定**的概念。例如，当增益降到 0dB 时，可以得到相位角离 -180° 还有多远，或是得到当相位达到 -180° 时的增益幅值是多少。图 11.13 显示了函数 $G(s)H(s)$ 对于各种系统特性的波特图。其中，图 11.13a ~

图 11.13c 表示稳定的系统，图 11.13d 表示不稳定的系统。根据奈奎斯特准则，图 11.13c 所示的系统是稳定的，但是当增益降至 0dB 时，相位角几乎等于 –180°。在图 11.13c 系统中，元件的微小误差、工况的微小变化或时间延迟都会使相位发生轻微偏移，最终导致系统变得不稳定。常用三个术语来描述相对稳定性。注意，ϕ_c 通常是负的。

> **定义**：系统的穿越频率是开环增益等于 0dB 时的频率。

> **定义**：系统相位裕量为 $180°+\phi_c$，其中 ϕ_c 为传递函数 $G(s)H(s)$ 在穿越频率处的相位。

> **定义**：在相位角度为 –180° 的频率下，系统的增益裕量与开环增益幅值成反比。

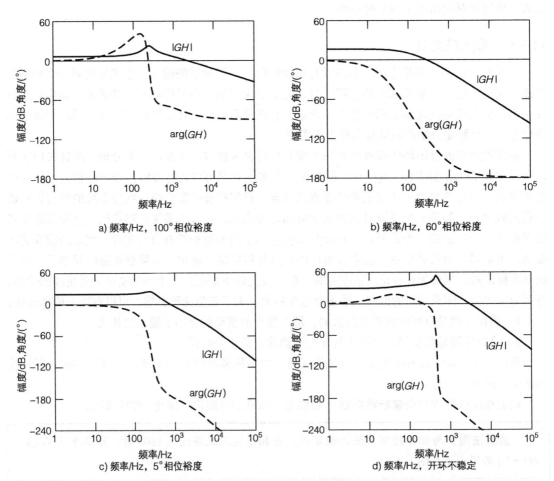

图 11.13　开环响应的四个实例

对于增益裕量，如果角度为 –180° 时增益为 –16dB，则增益裕量为 16dB。控制工程师通过选择合适的增益或相位裕量来确保系统的良好运行，这些值与特定的时间响应（如超调量和稳态时间）相关联。许多设计师喜欢将相位裕量至少保持在 60°；增益裕量使用频率较低，但通常也会使其保持在 12dB 或更高的值。

在二阶系统中，阻尼参数 ζ 与相位裕量密切相关。相位裕量为 45° 和 60° 时，对应的 ζ 分别约等于谐振频率的 40% 和 60%。低阻尼系统的阶跃响应会产生较大的超调量。60% 的阻尼会带来 10% 的超调量，而 40% 的阻尼则会带来 25% 的超调量，当超调量过大时（电力电子技术中经常出现这种情况），我们可以提供更大的阻尼，但是达到平衡点所需的时间会随着阻尼的增加而延长。

例 11.3.2　交流电机闭环控制如图 11.14 所示，它以近似恒定的速度运行负载。系统运行符合牛顿第二定律，即

$$T_e - T_{load} = J\frac{d\omega}{dt} \tag{11.11}$$

式中，T_e 是电机的输出转矩 $k_t i_a$；J 是转动惯量；T_{load} 是机械负载转矩，且遵循线性表达式 $T_{load} = c\omega$。电机的各项数据分别是 $R_a = 1\Omega$、$L_a = 20\text{mH}$、$k_t = 1\text{N·m/A}$、$c = 0.02\text{N·m·s}$ 和 $J = 0.04\text{kg·m}^2$。转速表增益（用于速度感应）为 0.01V·s/rad。给定增益 k，其中 $v_a = k(\omega_{ref} - \omega)$，$\omega_{ref} = 100\text{rad/s}$，找到开环传递函数并绘制它的波特图。$k$ 的值是否存在稳定性限制？如果是，给出使其能保持 45° 相位裕量的 k 值，此时的稳态速度是多少？

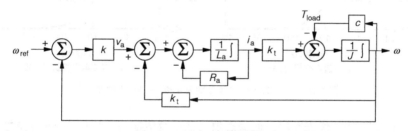

图 11.14　例 11.3.2 的结构框图

结构框图中的各个回路可以简化为 ω_{ref} 与输出转速 ω 之间的整体关系。转矩为 $T_e = k_t i_a$，因此由最后一个带负载的回路可得

$$\omega = \frac{k_t i_a - c\omega}{sJ} \tag{11.12}$$

由电枢电流 i_a 的回路可得

$$i_a = \frac{v_a - k_t\omega - R_a i_a}{sL_a} \tag{11.13}$$

式（11.12）中 i_a 可写为

$$i_a = \omega\frac{c + sJ}{k_t} \tag{11.14}$$

将式（11.14）中 i_a 代入式（11.13），结果为

$$\omega\frac{c + sJ}{k_t} = \frac{v_a - k_t\omega - R_a\omega(c + sJ)/k_t}{sL_a} \tag{11.15}$$

在开环情况下，有 $v_a = k\omega_{ref}$，则传递函数 ω/ω_{ref} 可简化为

$$G(s)H(s) = \frac{\omega}{\omega_{ref}} = \frac{kk_t}{s^2 JL_a + sR_a J + scL_a + R_a c + kk_t + k_t^2} \tag{11.16}$$

对于整个闭环系统，ω/ω_{ref} 为

$$K(s) = \frac{\omega}{\omega_{ref}} = \frac{kk_t}{s^2 JL_a + sR_a J + scL_a + R_a c + kk_t + k_t^2} \tag{11.17}$$

为保证稳定性，要求 $K(s)$ 的分母多项式必须具有负实部的根。对于问题中给定的参数，这个条件对于 k 为正值时都成立，因此没有直接的稳定性限制。图 11.15 给出了 $k = 4$ 和 $k = 40$ 时的波特图。尽管原则上 k 为任何值都可以，但是存在相位裕量问题。$k = 4$ 时的相位裕量约为 $45°$，$k = 40$ 时的相位裕量小于 $15°$，而设计时的首选是相位裕量至少为 $45°$。

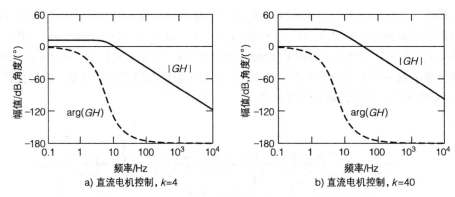

a) 直流电机控制，$k=4$　　　　　b) 直流电机控制，$k=40$

图 11.15　式（11.16）中 k 分别为 4 和 40 时对应的波特图

由于式（11.17）中 s 代表频率，而稳态值又等于直流响应，所以令 $s = 0$ 便可求得稳态速度。已知如下关系式：

$$\omega = \frac{k\omega_{ref}}{1.02 + k} \tag{11.18}$$

如果 $k = 4$，速度比 ω_{ref} 低 20% 左右；如果 $k = 40$，速度比 ω_{ref} 低 2.5% 左右。在高增益范围时（$k \to \infty$），稳态速度才会等于 ω_{ref}。

11.4　反馈变换器模型

11.4.1　基本变换器动态性能

在尝试设计闭环控制之前，研究变换器的开环特性是很有帮助的。可以思考几个变换器类型的例子，并通过阶跃变化测试来评估它们的开环性能。图 11.16 为一个 buck 变换器和一个反激式变换器电路。当变换器处于占空比为 40% 的稳态运行时，进行如下三次开环试验：

1）通过将占空比更改为 60% 来测试控制到输出

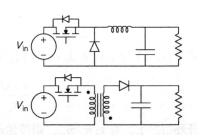

图 11.16　两个用于开环测试的 dc-dc 变换器电路

的性能。

2）通过在电压源上增加 5V 阶跃来测试输入到输出的性能。

3）在负载电阻降低 25% 的情况下测试输出性能。

这两种变换器的三个测试结果如图 11.17 所示，测试结果都显示出其稳定性。除了纹波，几乎没有迹象表明系统是非线性的，其响应与传统的二阶线性系统非常相似。buck 变换器比反激式变换器响应更快，因为它的输出电容在同等纹波要求下要小得多。

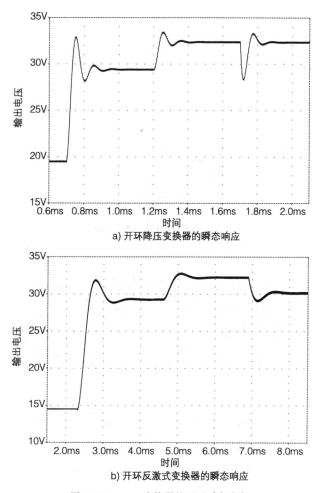

a) 开环降压变换器的瞬态响应

b) 开环反激式变换器的瞬态响应

图 11.17　dc-dc 变换器的开环瞬态响应

图 11.18 显示了用于开环测试的整流器和电压源逆变器。测试顺序类似，步骤如下：

1）以 30° 阶跃测试整流器的相位延迟和逆变器的相对相位延迟的控制效果。

2）以 25% 的输入电压阶跃测试输入效果。

3）负载电阻降低 25%，测试输出效果。

结果如图 11.19 所示。这些电路的性能都不太好，主要是因为在低开关频率的情况下，滤波性能不太理想。即使如此，其瞬态性能也是稳定的。功率变换器的瞬态特性往往与滤波器的设计有关，如果滤波器滤除了大部分开关切换的影响，则变换器的动态特性主要受相对简单的滤波器系统的影响。

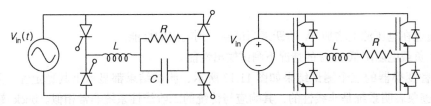

图 11.18　整流器和电压源逆变器开环测试

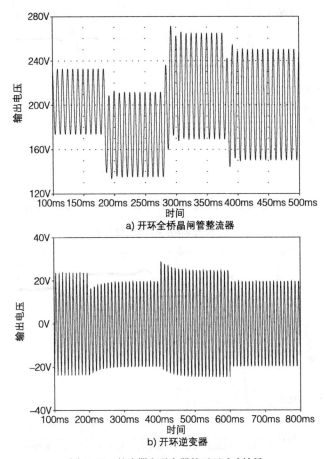

图 11.19　整流器和逆变器的开环试验结果

11.4.2　快速切换模型

变换器的开关动作非常快，通常远快于负载动态速度。一般来说，如果时间尺度相差较大，则系统的性能由最慢的动态速度所主导。例如，100kHz 的 dc-dc 变换器的开关动作几乎不会对以千赫兹频率变化的负载产生影响。如果用开关频率为 5kHz 的 PWM 逆变器控制频率为几百赫兹的交流电机，则换流和快速切换过程不会对运行有明显影响。上述**快速切换**原理是一类变换器模型的基础[2]。例如，PWM 逆变器可以根据调制函数 $v_{out} \approx m(t) V_{in}$ 建模，理想的 buck 变换器可以建模为 $V_{out} \approx D V_{in}$。在第 12 章将会讨论一个相关的技术——开关周期平均法。快速开关的变换器模型可用连续元件代替开关，从而可以使用传统的设计方法。尽管一些变换器在整体上看是非线性的，但能通过合适的处理得到其局部线性模型。

11.4.3　分段线性模型

线性系统可以在时域和频域中进行研究。微分方程可分解为一阶方程组。给定一组**状态变量** m（通常是存储能量的连续变量，如电感电流和电容电压）、$x(t)$ 和三个独立输入函数 $u(t)$，微分方程可写为

$$\begin{bmatrix} \dot{x}_1(t) \\ \dot{x}_2(t) \\ \dot{x}_3(t) \\ \vdots \\ \dot{x}_m(t) \end{bmatrix} = \begin{bmatrix} a_{1,1} & a_{1,2} & a_{1,3} & \cdots & a_{1,m} \\ a_{2,1} & a_{2,2} & a_{2,3} & \cdots & a_{2,m} \\ a_{3,1} & a_{3,2} & a_{3,3} & \cdots & a_{3,m} \\ \vdots & \vdots & \vdots & \ddots & \vdots \end{bmatrix} \begin{bmatrix} x_1(t) \\ x_2(t) \\ x_3(t) \\ \vdots \\ x_m(t) \end{bmatrix} + \begin{bmatrix} b_{1,1} & b_{1,2} & b_{1,3} \\ b_{2,1} & b_{2,2} & b_{2,3} \\ b_{3,1} & b_{3,2} & b_{3,3} \\ \vdots & \vdots & \vdots \\ b_{m,1} & b_{m,2} & b_{m,3} \end{bmatrix} \begin{bmatrix} u_1(t) \\ u_2(t) \\ u_3(t) \end{bmatrix} \tag{11.19}$$

式中，$a_{1,1}$、$a_{1,2}$、$b_{1,1}$ 等都是常量。输入函数的数量不需要与状态变量的数量相匹配（例如，三个输入函数可能表示一个三相输入源）。用矩阵形式简写式（11.19）为

$$\dot{x}(t) = Ax(t) + Bu(t) \tag{11.20}$$

式中，$x(t)$ 是由 m 个变量组成的向量；A 是 $m \times m$ 的矩阵；若有 p 个输入，则 B 是 $m \times p$ 的矩阵；$u(t)$ 是由 p 个独立输入组成的向量。该方程还需要一个初始条件，如 $x(0) = x_0$。

在目前所研究的变换器中，每种可能的结构都是线性电路，每个结构都对应一组微分方程。当开关工作时，A 和 B 矩阵中的值会发生改变。可以采用分步的方法对整个过程分析：根据初始条件和组态求解得到状态变量的值，直到开关改变状态时的**最终条件**为止；上一个模态的最终条件成为下一个模态的初始条件，依此类推，直到研究完整个开关周期。可添加控制电路来完善这个系统。该方法将电力电子系统视为**分段线性系统**。

利用开关函数可以方便地写出分段线性模型。考虑一个具有 N 种可能模态的变换器，它具有 N 个向量的开关函数，一个单独的与向量 q_n 的值相关联的模态 n，也可能没有模态，其所有的开关都是断开的。微分方程为

$$\dot{x}(t) = A_0 x(t) + B_0 u(t) + \sum_{n=1}^{N} q_n(x, \ u, \ t)[A_n x(t) + B_n u(t)] \tag{11.21}$$

要记住，A_n 和 B_n 都是一个完整的矩阵，随着 n 的变化，可能具有不同的元素值。开关函数可以取决于时间、状态值和输入，控制动作会根据状态值来改变开关状态。式（11.21）称为电力电子系统的**网络方程**。分段线性系统的控制方法仍在不断发展。

11.4.4　离散时间模型

对于分段线性系统，在给定的时间间隔内，其从初始条件到最终条件的转换遵循一个可计算的指数函数。变换器的动作特点是只考虑开关瞬间的值[3]，这种特点使得描述变换器的行为是基于开关周期的倍数而不是连续的，所以自然会得到一个**离散时间模型**。在这个模型中，t_k 时刻的状态与开关动作结合，决定了下一个开关时刻 t_{k+1} 的状态。离散时间模型的优势在于，能直接得到变换器开关时刻的各种状态值。现在已有大量关于离散时间控制的文献可供我们参考，并且许多技术已应用于功率变换器及其控制上。离散时间模型中的稳定性和设计问题大多能与连续系统一一对应。离散时间模型的缺点是，大多数变换器并不真正是按上述方式工作的。尽管开关动作是一个离散过程，但具体的开关时间却是一个模拟过程，功率器件的开和关可能

发生在任何时刻。这影响了离散时间控制在电力电子技术中的应用。

11.5 dc-dc 变换器的电压控制模式和电流控制模式

11.5.1 电压控制模式

变换器的开环作用，结合快速切换模型，为控制分析提供了良好的基础。一个典型的例子是 buck 变换器，包含了开关设备的静态模型，为

$$V_{\text{out}} = D(V_{\text{in}} - I_L R_{\text{ds(on)}} + V_{\text{diode}}) - V_{\text{diode}} \tag{11.22}$$

该式并不完整，因为 I_L 还取决于 V_{out} 和负载。即便如此，其特性也很明显：输出从 $D = 0$ 时的最小值变为 $D = 1$ 时的最大值。如果 D 增加或减小，输出也随之增加或减小。占空比作为控制参数，输出电压可被检测并作为反馈。即使电源和负载之间的具体关系未知，反馈也应该有助于得到所需的输出。

图 11.20 显示了 buck 变换器输出电压控制结构框图。将输出电压与参考值进行比较得到误差信号，再将误差信号放大以提供占空比命令，输入 V_{in} 表示附加增益。于是有

$$V_{\text{out}} = [k_d (V_{\text{ref}} - V_{\text{out}})]V_{\text{in}}$$
$$V_{\text{out}} = \frac{k_d V_{\text{in}}}{1 + k_d V_{\text{in}}} V_{\text{ref}} \tag{11.23}$$

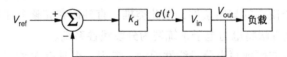

图 11.20 buck 变换器输出电压控制结构框图

如果 $k_d V_{\text{in}} \gg 1$（如 $k_d = 10$，$V_{\text{in}} = 12\text{V}$），由式（11.23）可得 $V_{\text{out}} \approx V_{\text{ref}}$。如果 V_{in} 足够高，可以支持 $D < 1$ 时所需的输出，则控制是有效的。在稳态时，输出误差 $V_{\text{ref}} - V_{\text{out}}$ 由下式得出

$$V_{\text{ref}} - V_{\text{out}} = \frac{1}{1 + k_d V_{\text{in}}} V_{\text{ref}} \tag{11.24}$$

因为等式右边大于 0，所以输出 V_{out} 总是略小于参考电压 V_{ref}。原则上，误差可以尽可能小。如果 $k_d V_{\text{in}} > 100$，误差将小于参考值的 1%。一个包含积分控制的反馈回路可以完全消除该误差。

图 11.20 显示的系统是稳定的，但在实际应用中，增益 k_d 必须是有限的。当 k_d 较大时，V_{out} 的微小变化会引起占空比较大的波动。在传感过程中产生的输出纹波和任何噪声都会引起故障，除非在输出和控制之间提供额外的滤波，否则 $50\text{mV}_{\text{peak-to-peak}}$ 纹波和 $k_d = 20$ 的增益都足以使占空比在正常运行时从 0 变为 1。这与由不断增长的扰动所导致的不稳定性不同，但不可预测的 D 的变化必须要避免。合理的做法是提供一个带有低通滤波器的反馈模块，以防止波纹以这种方式影响性能，但这种滤波器所引入的额外相位延迟却往往会导致系统的不稳定。

图 11.20 结构框图没有有效利用从测量或仿真中获得的开环性能信息。buck 变换器的响应非常类似于二阶欠阻尼系统，因此，其近似传递函数是二阶系统的传递函数，为

$$G(s) \approx \frac{\omega_r^2 V_{\text{in}}}{s^2 + 2\xi \omega_r s + \omega_r^2} \tag{11.25}$$

式中，ω_r 为谐振频率 $1/\sqrt{LC}$；ξ 为阻尼比。由 RC 分压器生成的低通滤波器如图 11.21 所示，响应如下：

$$H(s) = \frac{1}{s\tau + 1}, \qquad \tau = RC \qquad (11.26)$$

更完整的结构框图如图 11.22 所示，其闭环传递函数有三个极点，增益选择约为 $k_d = 1$，低通滤波器的时间常数约为 20μs，应该可以很好地用于开关频率约为 100kHz 的变换器。电压反馈应用于 dc-dc 变换器时被称为**电压模式控制**。电压模式控制应用广泛且易于实现。若将一个等于 $k_d(V_{ref} - V_{ou})$ 的误差信号与传统 PWM 中的三角波或锯齿波进行比较，其占空比与误差信号成正比，且变换器能够实现完整的控制过程。事实上，许多 dc-dc 变换器往往表现得很像二阶系统，这是很有用的，因为二阶系统的控制技术已经成熟。

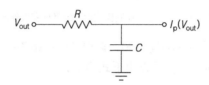

图 11.21　低通动作的 RC 分压器

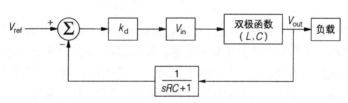

图 11.22　降压转换器的完整框图

电压控制模式有其缺点。由于 V_{in} 是环路增益中的一个参数，因此 V_{in} 的任何变化都会改变增益以及系统动态。一个典型的例子是，电源处的正弦扰动很难校正，这是因为扰动会在滤波电感和电容中产生相位延迟。电压控制的核心问题是，在输出侧检测到干扰或变化之前，不会采取任何行动。然而，即使存在缺点，设计合理的电压模式控制器会很简单，且对参考值的扰动有较好的抑制。

例 11.5.1　图 11.23 所示的 buck 变换器采用电压控制模式，用于电动工具。首先，选择开关器件、电感和电容，使变换器的输出为 12V，且对于 100~500W 之间的负载，输出纹波小于 2%。然后找到一个基于快速切换的二阶系统模型，其反馈增益 R_f/R_i 能使总负荷和电路调节保持在 1% 以下。

由上可知，当负载功率为 500W 时，负载电流约为 42A。由于输入电压不超过 50V，因此可以用功率 MOSFET 作为功率器件。一个额定电压为 60V 以上、额定电流为 50A 的 MOSFET（如 ATP213），其 $R_{ds(on)} = 0.016\Omega$。使用 MOSFET 时，100kHz 的开关频率比较合理。若给定二极管电压降为 1V，则开环变换器的关系可由式（11.22）得到。在输入电压最高、负载最小时，占空比最低。对于 100W 的负载，电感电流为 8.33A，此时输入为 50V 可得 $D_1 = 0.256$，输入为 24V 可得 $D_1 = 0.523$。对于 500W 的负载，电感电流为 41.7A，此时输入为 50V 的晶体管占空比为 0.258，输入为 24V 的占空比为 0.534。因此，完整的占空比范围是 0.256~0.534，且取决于输入电压和负载。闭环控制必须对其进行调整。

$$V_{out} = D_1(V_{in} - I_L R_{ds(on)} + V_{diode}) - V_{diode} \tag{11.27}$$

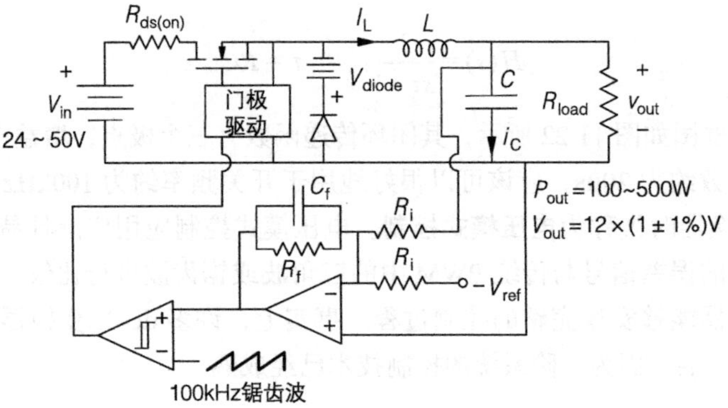

图 11.23 用于电压控制模式设计的降压变换器电路

该逆变器在负载最小时可得到临界电感，此时 $\Delta i_L = 16.7\text{A}$。在晶体管关断时间 $D_2T = T - D_1T$ 内，电感电压为 12V。因此，L_{crit} 可以由下式确定：

$$v_L = L\frac{\Delta i_L}{\Delta t}, \qquad 12\text{V} = L_{crit}\frac{16.7\text{A}}{D_2T} \tag{11.28}$$

在上述占空比范围内，开关周期为 10μs，临界电感为 5.4μH。为了避免断续模式且使电感磁通变化最小，可以选择一个等于这个值十倍的电感，即 54μH，而此时的电容电流应该是峰 - 峰值为 1.67A 的三角形电流。为使输出电压纹波控制在一定范围内，当电容电流为正时，电容电压的变化不得超过 0.24V。因为一个周期中有半个周期的电流为正值，所以

$$i_C = C\frac{dv_{out}}{dt}, \qquad \frac{1}{C}\int_{i_C>0} i_C dt < 0.24\text{V} \tag{11.29}$$

由于电流为三角形，峰值为 1.67A/2，所以以积分面积为 $(1/2)(T/2) \times 0.833\text{A} = 2.08\text{μA} \cdot \text{s}$，计算可得电容应至少为 8.7μF 才能满足要求。考虑到 ESR 下降，我们可以选择 10μF 的电容器。

假定变换器为快速切换（即忽略开关动作对负载的影响），则 buck 变换器可以等效为二阶变换器模型。如果开关速度非常快，则输出电压为 D_1V_{in}，而电感电压则是这个值减去 V_{out}。当 $v_C = V_{out}$，电路的回路和节点方程为

$$L\frac{di_L}{dt} = D_1(V_{in} - i_L R_{ds(on)} + V_{diode}) - V_{diode} - v_C \tag{11.30}$$

$$C\frac{dv_C}{dt} = i_L - \frac{v_C}{R_{load}}$$

利用拉普拉斯变换，将导数变成对算子 s 的乘法，则表达式可简化为

$$V_{out}(s) = \frac{R_{load}(D_1V_{in} + D_1V_d - V_d)}{s^2 LCR_{load} + sL + sD_1CR_{load}R_{sd(on)} + R_{load} + D_1R_{ds(on)}} \tag{11.31}$$

因为 V_d 和 $R_{ds(on)}$ 很小，可忽略不计，所以上式可简化为如下二阶形式

$$V_{out}(s) = \frac{D_1R_{load}V_{in}}{s^2 LCR_{load} + sL + R_{load}} \tag{11.32}$$

输出经过滤波，增益应为 $D_1 = k_p (V_{ref} - V_{out})$。这些函数由运算放大器处理后，在开环情况下，增益 $G(s)H(s)$ 变为

$$G(s)H(s) = \frac{D_1 R_{load} V_{in} k_p}{s^2 LCR_{load} + sL + R_{load}} \frac{1}{sR_f C_f + 1}, \quad k_p = \frac{R_f}{R_i} \tag{11.33}$$

为满足要求，必须要有足够的增益，以使得 V_{out} 产生 1% 的改变就能让占空比在其整个范围内变化。对于 0.12V 的输入变化，增益 $k_d = 2$ 将使 D_1 改变 0.24。我们取增益为 5，但问题是输出纹波会有潜在影响，可以用电容 C_f 的低通功能来避免这个问题。把时间常数设为 8ms 能使系统运行稳定，性能良好。

输入和负载扰动下的电路响应如图 11.24 所示。在 $t = 1$ms 时，输入从 24V 突变为 27V。在 $t = 1.8$ms 时，理论负载电流从 20A 变为 24A。虽然在这些时间点产生了 10% 左右的短暂变化，但达到稳态后的结果非常接近于 12V。

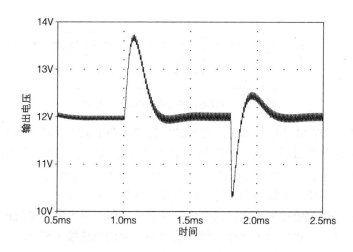

图 11.24　输入和负载扰动下 buck 变换器性能

11.5.2　电流控制模式

输入电源的信息能提高电压控制模式的性能。由于电源是一个不受控制的独立输入，因此电源采用**前馈**控制对系统直接补偿。在 buck 变换器中，这相当于使用乘积 DV_{in} 作为控制参数，而不是仅使用占空比。

直接前馈技术提供了与图 11.22 相同的误差回路，只是在误差放大器和占空比输入之间插入了增益 $1/V_{in}$。可以在对 PWM 系统进行微小改动的情况下实现这种方法：如果 PWM 载波的振幅与 V_{in} 成正比，那么开关函数将反映 DV_{in} 的一个特定值，而不仅仅是占空比。这种**输入电压前馈**技术有时是单独使用的。前馈可以在变换器输出能量发生变化之前就向控制器提供变换器的动作信息。在大多数变换器中，在其路径前端设有一个反馈信号，它提供类似的信息：电感电流。在主要的 dc-dc 变换器类型中，电感电流都可以指示输入能量的变化，而不会在输出滤波器中产生额外的延迟。电感电流有以下两种用途：

1）可以用作反馈变量。一般表示误差信号，如下式所示：

$$e(t) = k_v (V_{ref} - V_{out}) + k_i (I_{ref} - I_L) \tag{11.34}$$

2）可以用来改变 PWM 动作。

变换器利用电感电流检测的过程称为**电流控制模式**。因为电流是直接测量的，所以添加过电流保护会变得很简单，同时操作几个变换器也变得同样简单。如果它们的电流参考值相同，还能实现负载电流的均衡。在工业中，电流控制模式在高性能应用中很常见，大多都是用电流信号来改变 PWM 动作。

式（11.34）的问题在于电流参考值 I_{ref} 通常不容易得到，且电流是负载的函数。图 11.25 中的**双环控制**提供了解决该问题的方法 [4, 5]。双环设计的原理是：当输出电压过低时，变换器需要增加电感电流来提高输出电压，其中电压误差作为**有效电流参考**。由于电流的延迟小于电压，因此双环控制比电压控制模式具有更好的动态特性，特别是电流回路对输入电压变化的补偿与输入电压前馈控制的效果是一样的。例如，在 buck 变换器中，任何输入电压的变化都会使得电感电压和电流在输出端变化之前发生改变，且电流回路会在输出电压误差不变的情况下改变占空比。

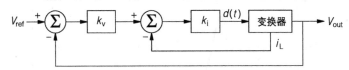

图 11.25　无须电流参考值的级联双环控制

利用电流来改变 PWM 动作是基于三角形的电感电流与 PWM 载波。如果单独提供触发时钟，则可以用电流来代替载波。这个过程如图 11.26 所示：短脉冲通过设置锁存器来开通主功率器件，电感电流开始上升，然后比较器比较电压误差信号 $k_v(V_{ref} - V_{out})$ 与电流信号，当两个信号相同时，锁存器复位，关断功率器件。因为开关器件的关断点决定了电感的峰值电流，所以将这种方法称为**峰值电流控制模式**，其中电压误差信号作为最大电感电流的参考。也可以对电流进行处理，提供一个更能代表其平均值的信号叫作**平均电流控制模式** [6]。也可能有其他可能的形式，但每一种情况的基本动作都是使用电流形成 PWM 载波。

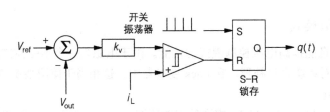

图 11.26　通过 PWM 过程实现的电流控制模式

电流控制模式在一定范围内具有良好的操作性。参考电压的增加会导致占空比及电流的升高，而增加输入电压则能在不改变输出电流的情况下降低占空比，该方法几乎与电压控制模式一样容易实现。PWM 电流控制模式的一个挑战是对占空比的限制。从图 11.27 中可以看出，如果 D 超过 50%，则会导致系统不稳定。图中显示了电感电流与固定输出电压误差信号的比较，且电压足够高，使得占空比超过 50%。想象一下，如果从 t_0 时刻开始，由于负载的微小变化而产生一个扰动电流 Δi，会发生什么。结果就是电流升高，扰动会呈指数增长。在降压变换器中，当功率器件导通时，电感电流斜率为 $m_{on} = (V_{in} - V_{out})/L$；当功率器件断开时，斜率为

$m_{off} = -V_{out}/L$。在关断时刻，导通时间 $\Delta(DT)$ 发生了变化，$m_{on} = \Delta i/\Delta(DT)$。然后电流开始下降，在 $t_1 = t_0 + T$ 周期结束时，其值为 $i_0 - \Delta i_1$。Δi_1 的变化使得 $m_{off} = \Delta i_1/\Delta(DT)$。两种电流变化的比值为

$$\frac{\Delta i_1}{\Delta i} = -\frac{m_{off}}{m_{on}} \qquad (11.35)$$

其中，负号表示 m_{off} 是负的。为了系统稳定，扰动不能随时间增长。扰动前 m_{off}/m_{on} 的比值为 $-D/(1-D)$，如果 D 大于 0.5，则比值大于 1，即 Δi_1 大于 Δi，扰动就会增大，系统出现不稳定。

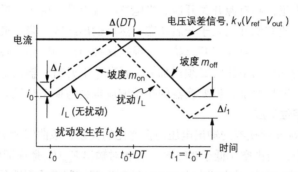

图 11.27　电流波形和高占空比的误差信号（由于 $\Delta i_1 > \Delta i$，系统不稳定）

通过改变斜率可以避免不稳定性，一种方法是用斜坡信号代替误差电压信号。在这种情况下，从误差电压中减去斜坡振荡器输出，再将结果与电流波形进行比较。这种控制信号称为**稳定斜坡**，其效果如图 11.28 所示，在不稳定发生时增大占空比。如果 $-m_r$ 为斜坡的斜率，则应满足条件

$$\frac{m_{off} - m_r}{m_{on} - m_r} < 1 \qquad (11.36)$$

选择 $m_r = m_{off}$（比图 11.28 所示的下降率更高）能保证在采用所有可能的占空比时系统都是稳定的，这个斜坡有时称为**最佳稳定斜坡**。有许多制造商都会提供具有稳定斜坡且支持峰值电流控制模式的集成电路。

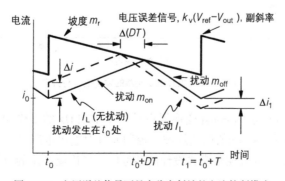

图 11.28　电压误差信号下具有稳定斜坡的电流控制模式

11.5.3 电压控制模式和电流控制模式中的大信号问题

buck 变换器对控制系统的容错能力较强，输出直接受占空比的影响。只要功率器件开通，向负载传递的能量就会增加，而其他变换器没有这种特性。例如，在 boost 变换器中，当功率器件开通时，能量是间接地传递给负载的。一个实际的 boost 变换器也有两个占空比值，一个是期望值，约为 $D = 1 - V_{in}/V_{out}$；另一个值接近 1，会产生较高的内部损失。在这两个值的基础上可以得到特定的输出电压。此外，输出和输入之间的关系是非线性的，在理想情况下为 $V_{out} = V_{in}/(1 - D)$。

可以通过测试 boost 变换器的控制动作来观察这些差异的影响。考虑一个简单的电压误差回路，如果误差信号为正，则有源开关开通。当电感电流上升，由于二极管关闭，则输出电压下降，电压误差增加，使有源开关处于开启状态，然后输出继续下降。最终的结果是，当输出电压降为零时，有源开关会一直保持开启状态，导致这种结果的原因是转换过程中存在额外的时间延迟。开始尝试增加输出电压时必须增加 i_L，而当 i_L 上升时，输出电压会下降。因此，尽管增加占空比会使平均输出增加，但变换器的初始响应也会与期望相反。这种额外延迟的情形在控制中称为**非最小相位响应**。

图 11.29 显示了 boost 变换器的输出电压与占空比的关系，该曲线考虑了开关器件和其他元件的静态损耗。在图中，当占空比低于 0.85 时，其相对输出 V_{out}/V_{in} 是逐渐增加的，但可以看出，在 $V_{out} \geq V_{in}$ 时，每个输出电压对应两个占空比。这时电压控制模式回路使得系统工作于高占空比。由于给定的 V_{out} 值对应多个工作点，因此系统会存在**大信号稳定性问题**。非最小相位问题和大信号稳定性问题都反映了非线性系统对变换器控制的影响。

通过限制占空比的值，可以完全避免 boost 变换器的大信号不稳定性。如图 11.29，在这个变换器中强行保持 $D < 0.85$ 会使电压控制模式保持稳定。事实上，只需对电路进行简单的占空比限制，而无须更复杂的设置，便能将电压控制模式和电流控制模式用于 boost 变换器中。在 buck-boost 和其他间接变换器中也有类似的效果，占空比限制几乎适用于任何变换器。

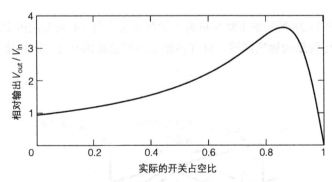

图 11.29 非理想升压变换器的输出电压与占空比

例 11.5.2 图 11.30 所示的 boost 变换器设计用于 100kHz 的工作频率。电容产生约 1% 的纹波，电感产生约 20% 的峰-峰值电流纹波。控制元件对输出电压进行滤波，然后使用误差信号 $k_v(50 - v_{out})$ 作为峰值电流控制模式设计的参考值。讨论此应用的电流控制模式，并给出设计的控制效果。

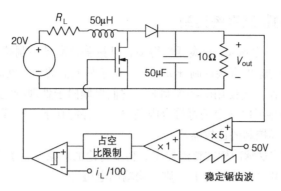

图 11.30　例 11.5.2 的电流控制模式变换器

该变换器的目的是将电压从 20V 提升至 50V，所以占空比必须超过 50%，还需要一个稳定斜坡来保证高占空比。当二极管导通时，电感电流以 $v_L/L = 30V/50\mu H = 0.6A/\mu s$ 的速度下降。如果电流传感器增益为 1Ω，则可以选择稳定斜坡的下降速度为 1V/μs。频率为 100kHz 时，斜坡需要峰值为 10V 才能达到这个斜率。由于占空比介于 0～100% 之间，因此峰值为 10V 的斜坡实际上代表了 0.1 的增益（需要 10V 的误差电压才能使占空比从 0 变为 1）。该变换器的快速切换模型给出了开环传递函数：

$$G(s)=\frac{v_{\text{out}}}{d_2}=\frac{V_{\text{in}}R_{\text{load}}}{s^2LCR_{\text{load}}+sL+d_2{}^2R_{\text{load}}}\frac{1}{s\tau+1} \tag{11.37}$$

式中，τ 为低通滤波器的时间常数；d_2 为二极管的占空比。由于传递函数中出现了占空比，因此这个传递函数表示一个非线性系统。然而，它仍然可以用来判定稳定性限制。对于 4ms 的滤波时间常数，反馈增益值 $k_v = 5$、$k_i = 0.01$ 时系统达到稳定状态。此外，还施加了限定大小的占空比：将比较器的输出与占空比为 85% 的方波进行"与"运算，这样可以确保有源开关在每个周期至少有 15% 的时间处于关闭状态。该应用的动态性能如图 11.31 所示，在 $t = 3000\mu s$ 时，V_{in} 增加了 20%，输出的过冲较小，反映了电流模式在起作用；当 $t = 6000\mu s$ 时，负载电阻下降了 10%，但变换器的输出在 2ms 内恢复稳定。

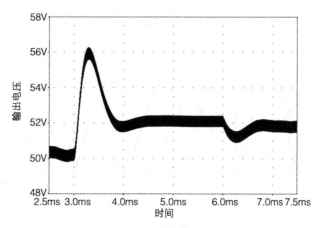

图 11.31　电流模式控制下变换器的动态性能

11.6 基于比较器的整流系统控制

整流器转换速度往往比 dc-dc 变换器慢得多，且拉普拉斯域控制技术对其也不都适用。还有一种方法是根据所需的输出直接控制开关延迟。由于整流器的动态性能受低开关频率的限制，因此常采用开环方式工作。当使用闭环控制时，它们更倾向于处理特定的电流或电压限制。当每个开关接通时，控制器可以确定是否符合限制要求，并能在下一次开关时做出相应的控制动作。本节将介绍一种闭环控制的比较器法。

将图 11.32 所示可控双脉冲桥式整流器作为初步讨论的对象。为了方便，假设电感足够大，以维持非零电流。如果源电压峰值为 V_0，则平均输出电压为

$$\langle v_{\text{out}} \rangle = \frac{2V_0}{\pi} \cos\alpha \qquad (11.38)$$

若用 α 作为控制参数，则系统是非线性的，但如果使用 $\kappa = \cos\alpha$ 作为控制参数，则会变为线性的。一种可能的设计方法如下：

1）通过低通滤波器检测并反馈输出电压（消除纹波）。

2）设计一个基于控制参数 κ 的传统闭环控制系统。确保 $-1 < \kappa < 1$。

3）计算 $\alpha = \cos^{-1}\kappa$，然后相应地控制导通延迟。

反余弦这一步骤看起来很复杂，但是有一个很好的方法可以从 κ 的值得到延迟时间。图 11.33 显示了与选择 $\alpha = 30°$ 的过程相关的波形。图中源电压为 $v_{\text{in}} = V_0\sin(\omega t)$，输入的积分是 $-\omega V_0\cos(\omega t)$。如果频率几乎是恒定的（就像公共线电位的情况一样），则可以对积分进行缩放和反向，得到信号 $v_{\text{int}}(t) = (2V_0/\pi)\cos(\omega t)$，这个余弦函数可以用来给出 α 的值。α 的值决定了时间 t_{on}，使得 $\alpha = \omega t_{\text{on}}$。将期望的平均输出定义为参考电位 $v_{\text{ref}} = (2V_0/\pi)\cos\alpha$，然后 $V_{\text{ref}} = v_{\text{int}}t_{\text{on}}$，也就是说，当 V_{ref} 等于 $v_{\text{int}}(t)$ 时，正是开关开通的时候。

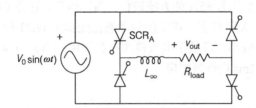

图 11.32 可控双脉冲桥式整流器控制

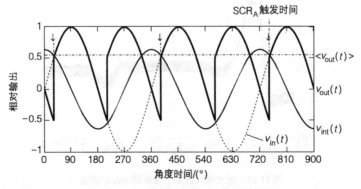

图 11.33 桥式整流器相位自动控制波形图

因此，反余弦可以用比较器来实现。将参考电位与源电压的积分进行比较，当两者相等时，会产生一个脉冲来触发晶闸管整流器（SCR）。四个开关的控制都可以采用类似的方法。在单相电路中，比较器法是触发 SCR 的一种直接方法，该过程能根据 V_0 的变化自动调节，并支持传统的反馈设计方法。例如，V_{ref} 可以从误差信号中得到，而不是直接获得。当有反馈增益时，开关被触发需满足：

$$v_{int} = k(V_{ref} - V_{out(ave)}) \tag{11.39}$$

图 11.34 显示了实现此 SCR 控制过程的结构框图。

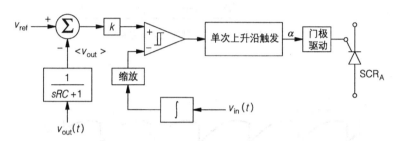

图 11.34　整流控制器结构框图

在工业应用中，六脉冲整流器的使用更加普遍，其电路如图 11.35 所示。由于触发点相对于单相情况移动了 60°，所以积分过程不能直接用于该电路。图 11.36 显示了标号"A"的 SCR 的关键波形。各源电压分别为 $v_a(t) = V_0\cos(\omega t)$、$v_b(t) = V_0\cos(\omega t - 2\pi/3)$、$v_c(t) = V_0\cos(\omega t + 2\pi/3)$。对于 a 相，当 $\alpha = 0°$ 时，开关导通点为 $\omega t_{on} = -\pi/3$，一般情况下的表达式为 $\alpha = \omega t_{on} + \pi/3$，因此，需要有：

$$V_{ref} = V_0 \cos\alpha = V_0 \cos\left(\omega t_{on} + \frac{\pi}{3}\right) \tag{11.40}$$

比较过程需要一个延迟 $\pi/3$ 或 60° 的余弦函数，而这样的函数可利用运算放大器电路识别下式得到：

$$V_0 \cos\left(\omega t + \frac{\pi}{3}\right) = \frac{1}{2}V_0 \cos(\omega t) - \frac{\sqrt{3}}{2}V_0 \sin(\omega t) \tag{11.41}$$

因为 $v_a(t)$ 的积分与 $\sin(\omega t)$ 成正比，所以实现起来并不难；也可以使用电压 $-v_b(t) = V_0\cos(\omega t + \pi/3)$ 进行比较，但如果电压不平衡，则不如式（11.41）有效。

式（11.41）得到的结果可以通过缩放得到一个波形 $v_{int}(t)$ 用于控制。可以定义一个与期望平均输出相等的参考值。当参考值与控制波形相等时，起动 a 相开关。b 相和 c 相的触发信号可以用单独的比较器和相同的参考值产生。

可控整流器的比较器性能在实际应用中的效果良好，但其缺点是一般依赖非零负载电流（连续模式）。在轻负荷下，断续模式的整流器的平均输出在连续电流情形下会更高。有了反馈，断续模式的处理就很简单。如果输出电压过高，相位角会进一步延迟，从而产生较低的平均输出。

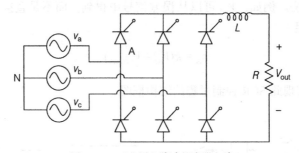

图 11.35　工业用六脉冲整流器电路

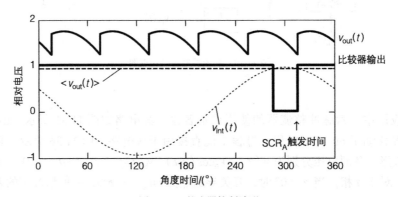

图 11.36　整流器控制波形

11.7　比例和比例 - 积分控制的应用

到目前为止，本章的介绍的系统都使用了**比例控制**，这意味着控制参数严格地与误差信号成比例。比例控制的一个特点是误差信号不能被消除到零，在稳态时，必须保留一个小的误差信号来为控制参数提供输入。解决稳态误差问题的一种方法是对误差信号进行积分。当误差为正时，信号 $\int e(t)\,\mathrm{d}t$ 会上升，当误差为负时，信号 $\int e(t)\,\mathrm{d}t$ 会下降，即使误差为零，信号也会保持不变。如果积分器驱动一个控制参数，则系统输出将会发生变化，直到误差恰好为零。值得注意的是这种效果与增益无关，即使是增益很低的积分器，在稳态下也能提供零误差。在控制参数为 κ 的系统中，使用如下信号：

$$\kappa = k_{\mathrm{i}}\int(V_{\mathrm{ref}}-V_{\mathrm{out}})\mathrm{d}t + k_{\mathrm{p}}(V_{\mathrm{ref}}-V_{\mathrm{out}}) \tag{11.42}$$

因为各自的积分和比例增益项都应用了误差信号 $V_{\mathrm{ref}}-V_{\mathrm{out}}$，所以称这种控制方法为**比例积分**（PI）控制。还可以加上一个导数项来实现**比例积分微分**（PID）控制，为

$$\kappa = k_{\text{i}} \int (V_{\text{ref}} - V_{\text{out}}) \text{d}t + k_{\text{p}} (V_{\text{ref}} - V_{\text{out}}) + k_{\text{d}} \frac{\text{d}}{\text{d}t} (V_{\text{ref}} - V_{\text{out}}) \qquad (11.43)$$

PI 控制得到了广泛的应用，特别是对于状态变量较少的系统。在电力电子技术中，PI 控制方法很常见，但 PID 控制方法却不常见，因为其换相尖峰和开关函数会存在极端的导数。

或许会有这样一个问题：为什么不单独使用积分而完全忽略比例增益呢？积分器可防止稳态误差，并且只要输出端出现变化，就会导致控制参数发生变化。积分器的问题在于大扰动的响应。如果输出突然下降（由于负载变化或某些临时问题），积分器便会开始积累误差，它会使控制器的输出过高而无法补偿误差。例如，在一个 5V 变换器中，当输出为 2V 时，经过 1ms 将会累计误差至 3mV·s。这个误差可通过在输出为 6V 时运行 3ms 后被抵消。在任何情况下，输出都会在恢复到 5V 时超调，这种效应称为**积分器饱和**。减少饱和问题的一种方法是保持较低的积分增益，并提供相对较高的比例增益，以便在发生较大扰动时立即改变控制参数。另一种减少饱和问题的方法是限制积分器输出，防止误差无限制地累加。

PI 控制易于实现。执行 PI 控制的简单运算放大器电路如图 11.37 所示。在该电路中，比例增益为 $k_{\text{p}} = -R_2/R_1$，积分增益为 $k_{\text{i}} = -1/(R_1 C)$。虽然解决饱和问题的方法很多，但图中所示的阳极对阳极齐纳稳压二极管钳位是最简单的方法之一。可以通过选择齐纳电压来给出所需积分的作用范围。控制器向系统传递函数添加一个额外的极点（和零点），考虑一个具有反馈函数 $H(s)$ 和开环增益 $G(s)$ 的系统，控制器将 $G(s)$ 乘以 $k_{\text{i}} + k_{\text{p}}/s$，则闭环传递函数变为

$$V_{\text{out}}(s) = \frac{(k_{\text{i}} + k_{\text{p}} s) G(s)}{s + k_{\text{p}} s G(s) H(s) + k_{\text{i}} G(s) H(s)} V_{\text{in}}(s) \qquad (11.44)$$

零点为 $s = -k_{\text{i}}/k_{\text{p}}$。也存在额外的极点，但其值不太明显，且取决于 $G(s)$ 和 $H(s)$ 的形式。由于 k_{p} 和 k_{i} 都可以由设计人员选择，所以极点的值也可以由设计人员设置。PI 控制器的设计就是**极点配置**的例子。再次强调，极点是分母多项式的根。极点配置方法有许多设计实践，可以通过选择极点来优化特定的性能参数，最大化系统带宽，最小化超调量，或满足其他规范。

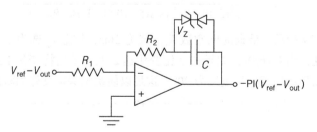

图 11.37 实现 PI 控制的运算放大器电路

> **经验法则**：尽管对于极点配置的设计有很多选择，但一个好的通用法则是产生大致等幅（和高）的极点，且沿着左半复 s 平面的弧分布。任何极点的虚部都不应大于实数。

图 11.38 显示了一个具有双环 PI 电流模式控制的 boost 变换器。其中，输出电压误差信号的 PI 函数作为电流内环的有效电流参考。这种变换器有一个非常重要的优点：至少在理论上，调节性能是完美的。实际上，调节只受噪声和诸如参考电压和电阻的温度变化等问题的限制。当采用稳定斜坡、选择合理的相位裕量以及能使系统稳定运行的增益时，动态特性是良好的。

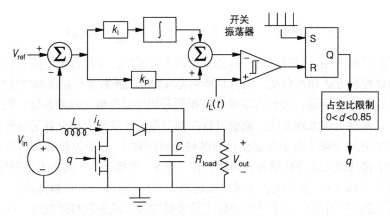

图 11.38　具有双环电流模式控制、外环使用 PI 控制的升压变换器电路

11.8　设计实例

11.8.1　电压控制模式及其性能

电压控制模式易于实现，概念上可直接用于 dc-dc 变换器。下面这个例子考虑了一个典型的情况，并通过很小的负载变化来跟踪系统性能。

例 11.8.1　在汽车应用中，需要一个 12V 到 3.3V 的 dc-dc 变换器用于传感电路板。该变换器能提供 8W 的功率。它根据开关频率为 100kHz 的降压变换器而设计，其主电感 $L = 50\mu H$，输出电容 $C = 50\mu F$。电压控制模式要求达到 5% 左右的输出调节。

该变换器的满载为 1.36Ω。由式（11.33）可知，加入输出低通滤波器时开环增益为

$$G(s)H(s) = \frac{D_1 R_{load} V_{in} k_p}{s^2 LCR_{load} + sL + R_{load}} \frac{1}{sR_f C_f + 1}$$

$$= \frac{k_p(3.3V)(1.36\Omega)}{s^2(3.40\times10^{-9}) + s(5\times10^{-5}) + 1.36} \frac{1}{sR_f C_f + 1} \qquad (11.45)$$

该开环特性如图 11.39 所示，低通时间常数 $R_f C_f$ 选为 2ms，增益 k_p 选为 1。这个增益值是否足够呢？输出 5% 的变化为 0.165V，如果占空比变化这么大，输出将变化 1.98V，所以应该保持良好的调节。波特图显示的相位裕量约为 90°，这足以使系统保持良好的阻尼。

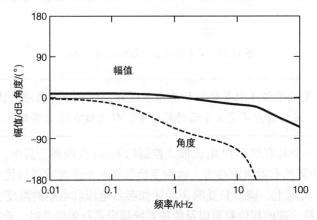

图 11.39　2ms 输出低通滤波器开环降压变换器的波特图

这个系统的控制效果如何呢？对其进行测试，在接近稳定状态时启动，并让变换器稳定下来，然后在 600μs 时，通过提高输出电阻将负载电流降低 10%。电感电流和电容电压的结果如图 11.40 所示，响应相对较慢，耗时超过 200μs，但负载变化的影响有限，能很快恢复。虽然该变换器的输出暂态变化超过了 10%，但稳态调节远低于 5% 的目标。

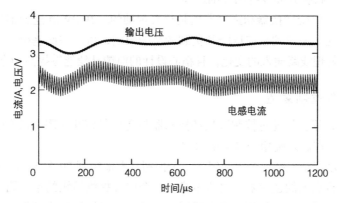

图 11.40　buck 变换器在 $t = 600$μs 时对 10% 的负载变化的响应

11.8.2　前馈补偿和偏移补偿

改进变换器控制的一个策略是更充分地利用开环性能。例如，在例 11.8.1 中，开环情况下的理想占空比应该是 3.3V/12V = 0.275，控制回路必须生成这个值，并且只有在参考值和输出之间存在非零误差时才可以这样做。相反地，可以将回路绕在更完整的开环变换器上，包括额定占空比。这种做法允许使用较低的增益，并且有助于提高变换器的稳定性。这里有一个例子。

例 11.8.2　升压变换器从计算机主板得到 12V 的输入电压，并为 3D 打印机中的执行器提供 24V 的电压。打印机中的电机额定功率为 6W，开关频率为 50kHz，输入电感为 1mH，输出电容为 100μF。提出一种实现电压控制模式的方法。

在 boost 变换器中，高增益通常需要一个极慢的低通滤波器，且动态性能不会很好。在这个变换器中，开环运行要设置 $D_1 = 1/2$ 并保持该值。考虑基于额定值的电压控制模式，有

$$D_1 = k_p(V_{ref} - V_{out}) + D_{nom}, \qquad D_{nom} = 1 - \frac{V_{in}}{V_{out(nom)}} \qquad (11.46)$$

如果不包括额定偏移量，则增益必须考虑到整个范围。在这种情况下，如果期望输出为 24V，那么增益 $k_p = 1$ 时要求输出保持在参考值以下 0.5V，这种情况可能是不可接受的。若增加 0.5V 的额定值，则增益为 1 时的输出误差为零。这样，该增益只对较小的误差起作用，如电阻下降和正向电压，但是对更大的电压误差的作用不明显。因此，增益可以降低。例如，如果变换器的总电压下降，误差总计约为 1V，则需要的占空比为 0.542，而不是 0.5。如果增益被设置为 $k_p = 1$，那么稳态时只有 42mV 的误差，减少为 1/10 以下，且不会增加不稳定的风险。通过在式（11.46）中加入前馈项 V_{in} 来为 D_1 创建偏移量，这样当输入发生变化时会立即处理这些变化。

对于这个特定的变换器，强制对占空比进行限制以避免图 11.29 所示的每个输出电压对应两个占空比的问题也是很重要的。即使输入恰好降到 8V，占空比也不应超过 0.75 左右。因此，

控制方法如下：

$$D_1 = \max\left[0.75, \; k_p(V_{ref} - V_{out}) + \left(1 - \frac{V_{in}}{24V}\right) \right] \tag{11.47}$$

该变换器的增益需要根据开环波特图仔细选择。

前馈和偏移法对时变变换器和逆变器也是很有帮助的。在 PWM 逆变器中，有一个遵循正弦调制的额定占空比。考虑到正向压降和负载调节的限制，可以在此基础上增加一个小的误差修正项。前馈可以处理线路输入的变化，且精心设计的前馈补偿能够提高动态性能。

11.8.3 电动汽车控制装置

在电动汽车中，驾驶员通过控制踏板和换档器与逆变器相互作用来操作牵引电机。下面这个例子解决了与这个控制系统相关的基本问题。

例 11.8.3 电动汽车包括一个电池组、一个控制从电池组到 700V 直流总线的直流 - 直流变换器、一个向主电机供电的逆变器、电机本身、一个向轴提供转矩的单一固定比率的齿轮组以及车辆本身。一种实现方法是使用三相永磁同步电机（有时被误导为"无刷直流"电机）来调节无功功率，使之最小化。对于这样的机器，其机械转矩与交流电流的方均根值成正比，电机电压和频率是转速的线性函数，当转速为 1800r/min 时，需要给电机提供 60Hz 频率。对于给定的齿轮组，电机在最高车速下能达到 5400r/min。当车辆在水平路面上行驶时，大部分的工作量是驱动汽车移动以及提供轮胎的滚动损耗。该电机可以提供 150N·m 的转矩，并需要 250A$_{rms}$来产生这个扭矩。评估逆变器的需求、控制参数，并讨论如何控制到位。

在机械系统中，功率是转矩和转速的乘积。5400 的转速为 90r/s，即 565rad/s。在最大转矩为 150N·m 时，电机的最大功率为 565rad/s × 150N·m = 84.8kW。逆变器需要提供这个功率，并加上自己的损耗和电机损耗。如果电机 - 逆变器的组合效率为 90%，则逆变器的输入功率需要 94.2kW。若从 700V 总线中获取，则需要平均 134A 的电流。在交流侧，需要 250A$_{rms}$（峰值约 354A）的额定值来支持电机运行。额定电流、电压分别为 400A 和 1200V 的器件可用于绝缘栅双极晶体管（IGBT）六臂电桥。

三相应用需要一个六臂电桥。基于 PWM 操作，有两种可能的控制参数：调制深度和调制频率。在车辆应用中，频率不作为控制参数，而是必须选择与车速一致的频率，任何其他频率都会导致一些问题。这就使得调制深度可以直接控制电压幅值，并间接地控制电流。

对于油门踏板和刹车踏板的问题，是它们该如何最好地作为输入与系统进行连接。有一个例子可以说明为什么频率不能作为一个有用的控制参数：想象一个踏板作为速度控制命令——本质上是一个频率控制器，这意味着 100% 的踏板下压将对应产生 100% 的速度，而不下压踏板则不会产生速度，依此类推。这样的话，除非在踏板和逆变器控制之间安装一个慢的低通滤波器，否则使用这种装置是很难驾驶汽车的。例如，如果司机把脚从踏板上拿下来，汽车就会被命令立即停车；如果踏板被压到 50%，汽车就会被要求在几乎没有其他任何限制的情况下达到 50% 的速度。当驾驶员做出改变并且控制装置试图跟上速度指令时，转矩便会在正、负极限之间突然的上下跳动，这样的操作是极不合理的。

使用转矩控制对踏板来说更有意义。不触碰踏板时可以实现零转矩（惯性）滑行，踏板下压 50% 对应 50% 的转矩，依此类推。事实证明，这是一种直观而有效的驾驶汽车的方法。在实际操作中，油门踏板应控制转矩来辅助运行的方向（以便在倒车时正常工作），刹车踏板应起到"减速器"的作用，与运动方向相反。控制器应该有一个规定：如果两个踏板都被压下，只能将来自刹车的信号作为命令——一个"刹车主导"的设定，这样能帮助司机克服一些故障情况。

在逆变器中，转矩命令就不那么自然了。这里的调制深度是指控制参数，电流大小是需要调整的值。这样会产生一个挑战：来自踏板的信号将用于闭环配置，以调整电流达到250A/150N·m = 1.67 倍的转矩要求。在图 11.41 的结构框图中，假设踏板上连接一个电子设备来提供一个 0 ~ 10V 的直流信号，表示踏板位置从 0 ~ 100%。最终，踏板信号变成了电流命令，但并不是直接起作用的，而是作为逆变器的电流控制回路的输入。这里存在一个重要挑战：实际电流会存在开关噪声和失真，但在预期频率下又需要正确的有效值。这不会是一个快速的过程，电流可能处于低频（此处最大值为 180Hz，最小值为零），因此可能需要 0.1s 才能获得有效值的一个有用测量值。在传输环境中，因为高惯性会阻碍快速变化，所以这种延迟是不成问题的。当命令信号减去电流形成电流误差信号时，该误差信号便可作为调制深度的依据，误差越大，调制程度越深。这样就能控制逆变器的输入以及预期速度，然后为电机提供所需的电压。

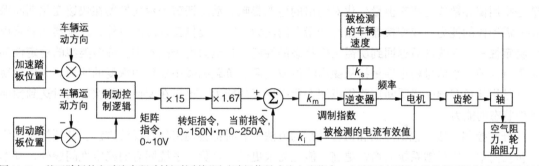

图 11.41　基于踏板的电动汽车驱动转矩控制框图（踏板信号成为电流指令，电流通过围绕电机的闭环控制来强制执行）

11.9　应用情况讨论

在任何有关功率变换器控制的例子中，关键是确定与变换器相关的控制参数，然后再规划实际控制系统的接口。在 dc-dc 变换器中，占空比是常用的参数，但在某些专用变换器中，参数可以是**开 / 关**间隔的持续时间，甚至是开关周期。在 PWM 逆变器中，调制深度和频率提供输入。在可控整流器中，虽然延迟角可能是最基本的参数，但也可以引入 cosα 甚至比较器值来代替延迟角。在最后例子中，从控制命令执行器本身到电力电子控制参数的"转换"可能比较复杂。

由于变换器及其负载的非线性特性，情况会更加复杂。例如，固态灯可以对其亮度甚至颜色进行控制。亮度是功率的函数，但变换器很可能由占空比驱动电流。由于功率是电流（和占空比）的非线性函数，因此反馈控制可能是提供正确值的必要手段。对于通风机、运输和计算等广泛的应用也是如此。电池充电器等应用能在运行过程中改变其控制功能，在电流和电压控制模式之间转换。获取管理这些非线性系统以及平滑转换不同控制操作的最佳方法是当今的研究主题。

功率变换器中另一个需要考虑的重要属性是极限和相关的控制饱和问题。例如，占空比 D 在区间 [0, 1] 内是有界的，而试图强制较大更改 D 的高增益控制器是无效的。实际上，一旦达到占空比限制，控制器就会饱和，而且基本上会失去其功能。相位延迟控制器应用起来可能更困难，因为值是有界的，但动作是没有限制的。延迟 585° 可以转化为定义明确的实际操作，但可能并不是预期的操作。在图 11.41 中，饱和是一个主要问题。即使电流指定的范围为 0 ~ 250 A，但调制深度仍然被限制在 0 ~ 100%（或 115%，加上三次谐波补偿），且控制器不能试图命令更高的值。可用于强制执行此操作的箝位作用为系统增加了另一种类型的非线性。

虽然变换器是非线性系统，但频域线性控制的传统工具对其设计非常有用。用占空比代替开关函数的高频模型至少在许多情况下都能使用拉普拉斯变换。这些可以用来生成波特图，提供可靠、稳定设计的特性。下一章会将其形式化，开发满足线性系统约束的模型，并将其应用于更广泛的工具集。

11.10 回顾

对于任何必须根据外部变化进行调整的功率变换器，反馈控制都是必要的。只有通过控制才能实现良好的调节。控制设计试图解决静态调节和动态调节这两个主要的操作问题。**静态调节**是指用偏导数或比值来衡量变化对输出的稳态影响。**动态调节**表示变换器在快速变化期间保持所需操作的能力，或变换器遵循时变指令的能力。除了提供良好的调节外，控制器还必须提供**稳定性**——在扰动后返回到所需工作状态的性能。在电力电子技术中，许多类型的稳定性都是很重要的。小信号稳定性是指从噪声峰值或电源、负载的微小变化中恢复的能力。大信号稳定性是指从负载损失或瞬间短路等极端变化中恢复的能力，也指在变换器首次起动时达到预期工作状态的能力。

开环控制方法，包括前馈和偏移补偿的方法，有时都会用来代替反馈方法。开环控制的优点包括简单、比反馈系统的增益更高、能耗需求更低，且除了系统固有的稳定性问题外，基本没有其他的稳定性问题。但是，开环系统不会对意外变化做出反应，只有反馈控制才能使系统适应不确定性，并确保在不可预见的状况下进行良好的静态和动态调节。开环控制在不需要高精度的情况下是可行的。

在闭环控制中，来自输出或各种**状态变量**（最常见的是电容电压和电感电流）的信息用参考值处理后产生误差信号 $e(t)$，再对误差信号进行一定的函数处理，并将结果作为**控制参数**输入系统。在电力电子技术中，常用的控制参数是占空比和相位。一个典型的控制过程是根据电感电流和滤波输出电压来设置可控整流器的相位角，为

$$\cos\alpha = k_i \left[k_v \int V_{ref} - lp(v_{out})dt - i_L \right] \tag{11.48}$$

其中，$lp(v_{out})$ 表示低通滤波函数。这种类型的控制之所以能够实现良好的调节，要么是因为积分项（即使误差为零也可以保持非零值），要么是因为像 k_i 这样的增益值很大。一般来说，增益必须有限，以避免不稳定性或将控制参数驱动到极限。

电子控制系统有相关的微分方程。对于线性系统，拉普拉斯变换法是用复频率参数 s 的多项式函数代替微分方程。在这种情况下，系统与增益函数 $G(s)$ 相关联。在传统的控制信号中，通过反馈函数 $H(s)$ 反馈信息来生成误差信号。没有反馈，开环增益为 $G(s)$。当反馈回路闭

合时，系统的总增益变为

$$V_{\text{out}}(s) = \frac{G(s)}{1+G(s)H(s)} V_{\text{ref}}(s) \tag{11.49}$$

在电力电子系统中，参考电压必须与源输入电压 V_{in} 区分开。式（11.49）表示系统的**控制输出传递函数** $K(s)$，复频率 $j\omega$ 可以代替 s 形成一个频域传递函数 $K(j\omega)$。

$K(j\omega)$ 的幅值和相位对动态调节的分析是很有用的。**系统带宽**是系统执行有用控制函数时的最高频率，可以直接根据传递函数的幅值来研究。系统带宽的传统定义是传递函数的幅值从其低频值降低 3dB 的频率，且前提是系统在此频率下保持稳定。可以根据奈奎斯特准则在开环传递函数 $G(s)H(s)$ 的频域中研究系统的稳定性。关于这种约束的一种说法是：倾向于加强而不是减弱扰动的反馈会造成系统的不稳定。在幅值和相位方面，适用以下法则。

> **经验法则**：为保证控制系统的稳定性，当相位达到或超过 ±180° 时，开环传递函数增益幅值 $|G(s)H(s)|$ 必须小于 0dB。

±180° 相位值表示负反馈变为正反馈时的值。如果存在增益大于 0dB 的正反馈，则反馈信号会增加干扰并使其影响增大。奈奎斯特准则支持相对稳定性的定义。穿越频率是增益变为 0dB 时的频率。设穿越频率处的相位为 ϕ_c（通常为负），设计人员将相位裕量定义为穿越频率处的补角 $180° + \phi_c$。非零相位裕量在设计值不精确的情况下能提供一定的鲁棒性，相位裕量在 45° 或以上时表示系统性能良好。有时会用增益裕量的概念（当 ϕ_c 达到 −180° 时，在保持总体增益低于 0dB 的情况下可存在的额外增益）代替相位裕量作为相对稳定的度量。

稳定性和性能可以通过传递函数 $K(s)$ 中出现的 s 的多项式函数来研究。$K(s)$ 的分母多项式尤为重要，它的根对应于 $K(s)$ 函数的极点，且这些极点应该具有负的实部，以确保稳定；分子多项式不那么重要，因为它的根是 $K(s)$ 的零点。然而，零点的实部为负的控制系统要比零点的实部为正的控制系统的性能更好，更易于设计。

所有的电力电子电路都是非线性的，但是当忽略纹波时，许多类型的变换器的响应都表现出相对简单的性能。因此，拉普拉斯变换法和频域法都能被很好地使用。降压、升压和反激式电路在占空比发生阶跃变化时，其响应类似于欠阻尼二阶系统。这反映出其电路中有两种储能元件的存在，并表明了存在避免非线性开关动作的变换器模型，为控制设计提供了有用的依据。在变换器的**快速切换**模型中，切换过程被认为比任何其他系统的动态都要快得多。可用连续参数（如占空比）来代替开关函数，该方法适用于控制分析和设计。快速切换模型不一定是线性的，但它们避免了开关动作的不连续。

一个更通用的模型是基于**分段线性法**。该方法利用了一个事实：任何功率变换器都具有明确定义的配置，并且通过在这些配置之间切换来起作用。如果切换过程是理想的，则变换器内的状态变量就不会随着配置的变化而突然变化。可以通过分别检查配置再集中得出解决方案。由于每个配置通常是一个线性电路，所以分段线性求解方法的效果很好。分段线性系统控制技术是一个活跃的研究领域。分段线性模型有助于促进**离散时间**模型（其变换器动作以均匀间隔的采样时间而不是连续的方式进行检查）的发展，而离散时间模型使得控制系统设计得到了很好的发展。该方法的主要限制是很少有电力电子系统真正是周期性的，当加入反馈控制时，每个周期至少有一个切换时间成为状态变量和外部条件的函数。分段线性法和离散时间模型支持变换器的数字控制器设计。

dc-dc 变换器对电压反馈和电流反馈的过程进行了区分。在**电压模式控制**中，由输出电压产生误差信号。将此误差信号与斜坡载波进行比较，以建立脉宽调制开关函数。误差信号可以用**比例控制**或比例 - 积分（PI）控制产生。一般形式为

$$e(t) = k_i \int (V_{ref} - V_{out}) dt + k_p (V_{ref} - V_{out}) \tag{11.50}$$

在比例控制中，该表达式中的 $k_i = 0$，但驱动控制参数时会存在非零稳态误差。电压模式 PI 控制具有良好的静态调节性能，当增益值合理时会趋于稳定。因为电压模式控制器不能在输出端出现影响前对干扰做出反应，所以其动态性能是有限的，但这种方法在直流电源中是比较常见的。

当需要更好的动态性能时，电感电流反馈可以增强控制方法。**PI 电流模式**误差信号可表示为

$$e(t) = k_i (V_{ref} - V_{out}) + k_i (I_{ref} - i_L) + k_{int} \int (V_{ref} - V_{out}) dt \tag{11.51}$$

该误差信号可与 PWM 斜坡比较形成开关函数。然而，还有一种更为常见的技术。在式（11.51）中，因为 I_{ref} 取决于负载，所以它的值可能是未知的。一种称为**双环控制**的过程使用电压误差信号来代替电流参考，即

$$e(t) = k_i [k_v (V_{ref} - V_{out}) + k_{int} \int (V_{ref} - V_{out}) dt - i_L] \tag{11.52}$$

电感电流是时间的三角函数。因此，式（11.52）可以通过将电压误差信号与电感电流进行比较来实现，而不是单独使用 PWM 斜坡。电流控制模式改善了变换器的动态性能，因为当电源发生变化时，电流会立即发生变化。然而，直接比较器法也引入了大信号稳定性问题。当占空比试图提高到 50% 以上时，小扰动会随着周期的增大而增大，且变换器也会变得不稳定。可以在电流信号中增加一个**稳定斜坡**来避免这种大信号问题。若选择了合适的斜坡斜率，则变换器可以在占空比达到 100% 时仍保持稳定。

在某些变换器中，可能存在大信号不稳定性。例如，boost 变换器有一个最大的输出电压，而对于任何低于这个最大值的升压输出电平，都会有两个占空比的解。在 boost 和间接变换器中，对占空比进行限制可以避免第二种不必要的解。当施加占空比限制时，便可以成功地使用电压控制模式和电流控制模式。

因为开关频率与交流电路的输入相关联，所以快速切换模型并不适用于相控整流器。开环相位控制通过设置延迟角以提供所需的平均输出。然而，只有闭环控制才能主动调整以强制执行电流或电压限制，或维持特定的输出电压。采用 $\cos\alpha$ 作为控制参数，可以实现闭环控制。可以对正弦输入波形进行处理后来提供比较函数，该函数将 $\cos\alpha$ 项映射为 SCR 的触发时间。例如，如果 $\alpha = \omega t_{on}$，则比较函数是 $V_0 \cos(\omega t)$，当误差信号通过此函数时，将触发 SCR。

习题

1. 稳定性并不总是需要数学分析。考虑基本的 dc-dc 变换器（buck、boost、buck-boost 和 boost-buck），给定一个电阻负载和一个固定占空比的开环控制，如果这些变换器的输出瞬间短

路又马上恢复，那么它们是稳定的吗（它们是否返回工作点）？

2. 列出以下期望动作的控制参数（如汽车行驶方向——参数为方向盘位置角度）。

1）汽车驾驶方向。

2）逆变器输出电压。

3）buck 变换器输出电流。

4）高压直流电路潮流幅值。

5）电加热器温度。

6）交流稳压器输出功率。

3. 绘制直流电机输出转矩 PI 控制结构框图。

4. 考虑直流电机转矩的 PI 控制（习题 3）。给定电机参数 $k_t = 1\text{N·m/A}$，$J = 0.04\text{kg·m}^2$，$R_a = 1\Omega$，$L_a = 20\text{mH}$，对于所有的反馈增益 k_p 和 k_i 值，系统是否稳定？可以假设负载存在，且它需要的转矩是转速的线性函数。如果不是，哪些值能保持系统的稳定运行？

5. 例 11.3.1 探讨了如何使用反馈来改善低质量放大器的性能。现考虑反馈分压器的性能。如果反馈系数可能有 ±1% 的误差，那么整个系统增益的容差是多少？

6. 开环系统具有拉普拉斯传递函数

$$\frac{v_{\text{out}}}{V_{\text{in}}} = \frac{1}{s(s+1000)} \tag{11.53}$$

要求使用比例增益为 k_p 的闭环系统。绘制开环系统几个 k_p 值的波特图。闭环系统会稳定吗？增益值有限制吗？

7. 放大器的增益约为 10000，但增益值有很大的容差（ ±50%）。使用此放大器的反馈产生的总增益为 100。这个问题代表了运算放大器的典型特性。

1）此增益的容差是多少？

2）现考虑放大器也有一个低通特性，截止频率为 100Hz。这意味着它可以用图 11.42 所示的模型表示。如果系统增益为 100，求得系统的传递函数 $K(s)$，并画出幅频特性曲线和相频特性曲线。

3）b 上面 2）的相位裕量是多少？

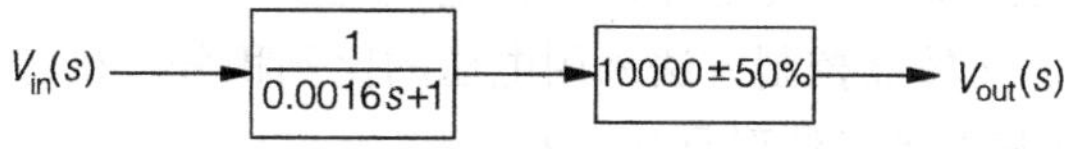

图 11.42　滤波放大器模型

8. 频率特性如图 11.13a 所示的系统（相位裕量为 100°）具有传递函数

$$G(s)H(s) = \frac{(14600)(s+2200)(s+800)}{(s+5000)(s^2+600s+2.25\times10^6)} \tag{11.54}$$

闭环系统对 1V 的阶跃输入的时间响应是多少？

9. 系统的传递函数为

$$G(s) = \frac{s+5}{s^2+2s-3} \tag{11.55}$$

控制采用比例反馈，$H(s)=1$，生成 $G(s)H(s)$ 的波特图。有了这个反馈，系统稳定吗？对于其他增益值呢？

10. 系统的闭环传递函数为

$$K(s) = \frac{s+400}{s^2+ks+20000} \qquad (11.56)$$

在复平面上，以 k 作为参数，画出函数的极点。讨论结果的性质，从控制的角度来看，是否存在一个特别好的 k 值？

11. 电流模式控制的 dc-dc 降压变换器，其用于功率高达 80W 时电压从 24V 至 8V 的转换。开关频率为 150kHz，电感在 100% 输出功率下为临界值的 5 倍。设置在输出端的电容器和滤波器将峰间纹波电压限制在 100mV。通过一个 20mΩ 电阻感应到电感电流信号，然后被放大。在最大可能的电流水平下，该放大器的输出为 5V。电压回路是一个比例增益回路，增益为 10。

1）画出主电路和控制图。

2）假设电路使用的参考电位为 8V。它已经满负荷运行一段时间并处于稳定状态，绘制此时的电感电流波形。叠加电压回路的输出以确定开关次数，平均输出是多少？

3）变换器满负荷运行时，输入电压在开关周期中突然下降到 20V。绘制电感电流和输出电压随后 25μs 的变化的近似图形。在这短暂的间隔之后，恢复是否明显？

12. 由于微分信号冗余（而非噪声），电力电子技术应用中有时声称不采用 PID 控制。考虑一个 dc-dc 升压变换器，其中 $L=5L_{crit}$，$C=100C_{crit}$，输入为 20V，负载为 200W，额定占空比为 58%。画出电感电流和电容电压波形，并求出它们的积分和导数。思考如何使用晶体管门级信号来生成微分信号。

13. 单相桥式整流器采用电流反馈比较器控制来实现电池充电器。接口电感有助于电流平滑地流入电池。基本技术是电流的比例控制。

1）绘制电路，给定峰值输入电压为 16.5V，输入频率为 60Hz，额定电池电压为 12V。画出用于比较过程的正弦曲线。

2）选择电感的值。当 $t=0$ 时，系统打开。参考电流设置为 10A，比例增益是 5。对于选择的电感，绘制电流在前 0.1s 的变化波形。

3）对于 10A 的参考电流，实际稳态平均输出电流是多少？

14. 在单相整流器中，比较器控制方法采用电压的比例积分。在三相情况下，需要一个 60° 位移的波形。那么一般 m 相的参考波形是什么？

15. 在某直流电机应用中，需要进行位置控制。在这种情况下，PI 回路会产生一个从参考位置和测量位置计算出来的误差信号。画出该控制方式的结构框图。给定例 11.3.2 中的直流电机，这样的控制对所有增益值都是稳定的吗？

16. 当一个低通滤波器接入反馈回路时，就像相位裕量所反映的那样，整个系统会变得更稳定还是更不稳定？对于穿越频率为 50kHz、相位裕量为 45° 的系统，如果在反馈回路中使用截止频率为 1kHz 的低通滤波器，那么穿越频率和相位裕量会变成多少？

17. 在 buck 变换器中，原则上可以使用任何级别的反馈增益。但在实际应用中，因占空比的限制而产生的抖动在增益过高时会出现问题。考虑一个 200V 到 120V 的 buck 变换器，运行时功率为 2kW，开关频率为 20kHz，时间常数 L/R_{load} 为 10ms。通过仿真或计算及绘图，比较增益分别为 1 和 1000 时的比例控制效果。令 $d(t) = kp(V_{ref} - v_{out})$。从某种数学意义上说，这两种选择都是稳定的，但它们实用吗？

18. 准备一个单端主电感变换器（SEPIC）对线路和负载变化的开环响应进行仿真。从结果看该响应像二阶系统吗？

19. PWM 逆变器利用电流和电压反馈来设置调制函数。变换器是一个带有电容分压器的半桥电路。电压反馈取自其中一个电容，而电流在输出电感处测得。参考信号为 $I_{ref} = 20\cos(\omega t)$，单位为安培。输入母线电压为 400V。负载相当于一个 10Ω 的电阻。

1）画出这个系统并给出控制结构框图。

2）该概念是否适用于合理选择开关频率和其他元件的值？变换器能否提供正弦输出电流？

20. 比较有和没有前馈补偿的控制器。对于额定输入为 12V、输出为 48V 的 boost 变换器，名义上能传送 $10 \sim 50W$ 的功率，但占空比是有限的。为此设计一个变换器，并比较控制选项。

1）为没有补偿的 PI 电压控制模式选择增益。对 2V 的阶跃输入进行仿真，随后输出功率由 50W 突变为 20W，能保证其良好的性能吗？

2）为 PI 电压控制模式选择增益，该控制补偿输入电压并提供与式（11.46）类似的额定占空比偏移。对 2V 的阶跃输入进行仿真，随后输出功率由 50W 突变为 20W。将性能与 1）进行比较。

3）是否还有其他选择？电流模式控制器怎么样？

参考文献

[1]　E.-L. Chu, "Notes on the stability of linear networks," *Proc. IRE*, vol. 32, no. 10, pp. 630-637, 1944.

[2]　G. Eggers, "Fast switches in linear networks," *IEEE Trans. Power Electron.*, vol. PE-1, no. 3, pp. 129-140, July 1986.

[3]　G. C. Verghese, M. E. Elbuluk, and J. G. Kassakian, "A general approach to sampled-data modeling for power electronic circuits," *IEEE Trans. Power Electron.*, vol. PE-1, no. 2, pp. 76-89, Apr. 1986.

[4]　C. W. Deisch, "Simple switching control method changes power converter into current source," in *IEEE Power Electron. Specialists Conf Rec.*, 1978, pp. 300-306.

[5]　R. D. Middlebrook, "Topics in multiple-loop regulators and current-mode programming," in *IEEE Power Electronics Specialists Conf Rec.*, 1985, p. 716.

[6]　W. Tang, F. C. Lee, and R. B. Ridley, "Small-signal modeling of average current-mode control," *IEEE Trans. Power Electron.*, vol. 8, no. 2, pp. 112-119, 1993.

附加书目

N. M. Abdel-Rahim and J. E. Quaicoe, "Analysis and design of a multiple feedback loop control strategy for single-phase voltage-source UPS inverters," *IEEE Trans. Power Electron.*, vol. 11, no. 4, pp. 532-541, July 1996.

A. R. Brown and R. D. Middlebrook, "Sampled-data modeling of switching regulators," in *IEEE Power Electronics Specialists Conf Rec.*, 1981, pp. 349-369.

S. B. Dewan, G. R. Siemon, and A. Straughen, *Power Semiconductor Drives*. New York : Wiley, 1984.

R. C. Dorf and R. H. Bishop, *Modern Control Systems*, 12th ed. Upper Saddle River, NJ : Prentice Hall, 2010.

G. F. Franklin, J. D. Powell, A. Emami-Naeini, *Feedback Control of Dynamic Systems*, 6th ed. Upper Saddle River, NJ : Pearson, 2010.

B. Friedland, *Control System Design*. New York : McGraw-Hill, 1986.

J. G. Kassakian, M. F. Schlecht, and G. C. Verghese, *Principles of Power Electronics*. Reading,

MA : Addison-Wesley, 1991.

G. C. Verghese, M. Ilic, and J. H. Lang, "Modeling and control challenges in power electronics," in *Proc.25th Conf Decision and Control*, 1986, p. 39.

第12章 控制建模与设计

12.1 简介

反馈控制对于功率变换器的精确、可重复的运行至关重要。电压控制模式和电流控制模式等展示了如何实现反馈控制。积分项可以消除稳态误差。比较器能够实现脉冲宽度调制（PWM）和相位调制技术。但到目前为止尚未介绍其设计方法。线性控制系统理论中的概念可以应用于大信号非线性功率变换器吗？变换器的开关动作如何使得控制设计变得困难？

电力电子工程师通常在控制设计中使用近似模型。本章我们将介绍平均模型（一种近似模型），随后介绍支持功率变换器直接控制的**几何方法**。对于近似模型，其中一个步骤是建立平均模型，该模型可以跟踪变换器的"主要"行为，而无须对开关进行详细建模。然后，根据传统方法对该非线性的平均模型进行线性化处理。线性化模型有一个重要的特性：它们能够支持基于线性系统和拉普拉斯变换的控制设计方法。图 12.1 使用线性系统方法使反激式变换器实现较快瞬态响应。本章进一步介绍了平均模型法，并在此基础上建立了线性化小信号模型。线性化模型的控制设计方法是本章的重点。对于 dc-dc 变换器，引入了补偿的概念，并给出了电压模式和电流模式控制的实例。

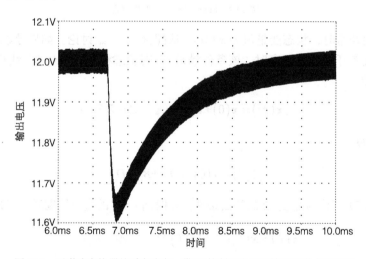

图 12.1 反激式变换器的瞬态响应：带 PI 控制和电流反馈的反激式变换器

12.2 平均法及其模型

平均法是设计功率变换器的最重要的工具之一。在 dc-dc 变换器中，可以利用平均法建立电源、输出和控制参数之间的函数关系。在 PWM 逆变器中，调制函数代表了变换器开关动作的周期平均，逆变器输出的开关周期平均与调制函数匹配。平均模型给出了变换器的直流或低频动作的信息，而忽略了纹波、换相和其他快速动作信息。平均模型虽然没有包含开关纹波，但能用于确定静态调节和动态响应。若一个变换器建立了平均模型，则该模型能反映电源、负载或控制输入的变化及器件容差等。纹波可以在建模结束后再添加。

12.2.1 平均模型的公式

第 11 章介绍了用占空比替代开关函数的**快速切换模型**。开关周期平均为这类模型的使用提供了坚实的基础。变换器的开关过程能控制能量传输，在输入或输出端产生良好的平均电压、电流，并可以在输入和输出侧产生同样电压、电流的等效平均模型。网络方程是平均过程的基础。以图 12.2 buck 变换器为例，该变换器具有两个状态变量——电感电流和电容电压，如果是连续模式，则具有两种结构。定义晶体管导通时为配置 #1，二极管导通时为配置 #2。不同配置时的状态方程分别如下：

$$\begin{cases} \dot{\boldsymbol{x}}=\boldsymbol{A}_1\boldsymbol{x}+\boldsymbol{B}_1\boldsymbol{u} & \#1 \\ \dot{\boldsymbol{x}}=\boldsymbol{A}_2\boldsymbol{x}+\boldsymbol{B}_2\boldsymbol{u} & \#2 \end{cases} \tag{12.1}$$

式中，$\dot{\boldsymbol{x}}$ 是电感电流和电容电压的状态变量矢量；$\boldsymbol{u}$ 是输入矢量。

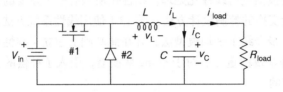

图 12.2 buck 变换器的平均过程

在开关周期开始时，状态变量值为 $\boldsymbol{x}(0)$。从配置 #1 开始讨论。如果导数 $\dot{\boldsymbol{x}}$ 近似恒定（当纹波为三角形或者开关频率较高时，该条件满足），则状态将以速率 $\dot{\boldsymbol{x}}(0)$ 线性变化直到时间 $t = D_1 T$。$\boldsymbol{x}$ 的值为

$$\boldsymbol{x}(\Delta t) \approx \boldsymbol{x}(0)+\dot{\boldsymbol{x}}(0)\Delta t, \qquad \Delta t = D_1 T \tag{12.2}$$

代入式（12.1）得

$$\boldsymbol{x}(D_1 T) \approx \boldsymbol{x}(0)+(\boldsymbol{A}_1\boldsymbol{x}+\boldsymbol{B}_1\boldsymbol{u})D_1 T \tag{12.3}$$

配置 #1 的 $\boldsymbol{x}(D_1 T)$ 值作为配置 #2 的初始条件。在时间 $t = T$ 的整个周期后，三角形纹波为

$$\boldsymbol{x}(T) \approx \boldsymbol{x}(D_1 T)+\dot{\boldsymbol{x}}(D_1 T)\Delta t, \qquad \Delta t = D_2 T \tag{12.4}$$

用式（12.1）代替 $\dot{\boldsymbol{x}}(D_1 T)$ 得

$$\begin{aligned} \boldsymbol{x}(T) &\approx \boldsymbol{x}(D_1 T)+(\boldsymbol{A}_2\boldsymbol{x}+\boldsymbol{B}_2\boldsymbol{u})D_2 T \\ &\approx \boldsymbol{x}(0)+(\boldsymbol{A}_1\boldsymbol{x}+\boldsymbol{B}_1\boldsymbol{u})D_1 T +(\boldsymbol{A}_2\boldsymbol{x}+\boldsymbol{B}_2\boldsymbol{u})D_2 T \\ &\approx \boldsymbol{x}(0)+\big[(D_1\boldsymbol{A}_1+D_2\boldsymbol{A}_2)\boldsymbol{x}+(D_1\boldsymbol{B}_1+D_2\boldsymbol{B}_2)\boldsymbol{u}\big]T \end{aligned} \tag{12.5}$$

如果定义了平均矩阵 $\overline{\boldsymbol{A}} = D_1\boldsymbol{A}_1 + D_2\boldsymbol{A}_2$ 和 $\overline{\boldsymbol{B}} = D_1\boldsymbol{B}_1 + D_2\boldsymbol{B}_2$，则式（12.5）的最终结果可以表示为

$$x(T) \approx x(0) + \left(\overline{A}x + \overline{B}u\right)T \tag{12.6}$$

这正好为平均化的系统提供了所需的结论：

$$\dot{x} \approx \overline{A}x + \overline{B}u \tag{12.7}$$

矩阵 $\overline{A}$ 和 $\overline{B}$ 是配置的平均值，在每个周期不同时段进行加权处理。当开关周期远小于任何电路时间常数时，式（12.7）与快速开关模型相同，并可以给出精确的结果。因为方程对拓扑进行了平均化处理，所以也是状态空间平均。

严格地说，式（12.7）中的状态变量是原始变量的近似值。由于模型中没有开关，因此状态不会出现纹波。从形式上，我们发现了一个新的方程组，其通过对新输入变量 $v(t)$ 来驱动新状态变量 $y(t)$ 的性能进行建模，如下所示：

$$\dot{y} \approx \overline{A}y + \overline{B}v \tag{12.8}$$

这是一个与原始分段系统相对应的连续系统。在无限频率限制下，$y(t)$ 值与初始状态变量 $x(t)$ 匹配，新输入变量 $v(t)$ 应与 $u(t)$ 匹配。即使频率不是无限的，该结果也是有用的。已有文献证明，由于 $v(t)$ 跟踪 $u(t)$ 的平均化行为，新状态变量 $y(t)$ 也能跟踪 $x(t)$ 的平均结果[1-3]。在低开关频率下，某些变换器存在稳态跟踪误差，但基本平均过程仍然有效。状态空间平均[4,5]提供了直接建模过程，为每个开关过程列写电路方程，然后使用占空比加权平均。在连续模式下，用开关函数写出电路方程，用占空比代替开关函数就足够了。在不连续模式下，过程会更复杂[6-8]。

下面更深入地研究 buck 变换器。电感电流导数与 v_L 成正比。当晶体管导通时，v_L 为 $V_{in} - v_C$，当二极管导通时，v_L 为 $-v_C$。电容电流决定电压导数，在两种状态下的电容电流均为 $i_L - i_{load}$。对于开关函数，基尔霍夫电压定律（KVL）和基尔霍夫电流定律（KCL）表达式如下

$$\begin{cases} L\dfrac{di_L}{dt} = q_1(t)V_{in} - v_C(t) \\ C\dfrac{dv_C}{dt} = i_L(t) - i_{load}(t) \end{cases} \tag{12.9}$$

由于电感和电容的能量由 i_L 和 v_C 决定，所以这些是状态变量。用状态变量写成的微分方程为

$$\begin{cases} L\dfrac{di_L(t)}{dt} = q_1(t)V_{in} - v_C(t) \\ C\dfrac{dv_C(t)}{dt} = i_L(t) - \dfrac{v_C(t)}{R_{load}} \end{cases} \tag{12.10}$$

在电流方程中除以 L，电压方程中除以 C，上式可以写成一个矩阵方程

$$\begin{bmatrix} \dfrac{di_L}{dt} \\ \dfrac{dv_C}{dt} \end{bmatrix} = \begin{bmatrix} 0 & \dfrac{-1}{L} \\ \dfrac{1}{C} & -\dfrac{1}{R_{load}C} \end{bmatrix} \begin{bmatrix} i_L \\ v_C \end{bmatrix} + \begin{bmatrix} q_1(t)\dfrac{V_{in}}{L} \\ 0 \end{bmatrix} \tag{12.11}$$

式（12.11）是一种符号更改，它使用矩阵乘法来编写微分方程。在这个buck变换器中，可以得到

$$A_1 = A_2 = \overline{A} = \begin{bmatrix} 0 & \dfrac{-1}{L} \\ \dfrac{1}{C} & -\dfrac{1}{R_{\text{load}}C} \end{bmatrix} \qquad (12.12)$$

输出 $\boldsymbol{Bu}$ 随着状态的变化而变化，有

$$B_1 u = \begin{bmatrix} \dfrac{V_{\text{in}}}{L} \\ 0 \end{bmatrix} \qquad B_2 u = \begin{bmatrix} 0 \\ 0 \end{bmatrix} \qquad (12.13)$$

平均结果 $\overline{\boldsymbol{Bv}}$ 为

$$\overline{Bv} = \begin{bmatrix} \dfrac{D_1 V_{\text{in}}}{L} \\ 0 \end{bmatrix} \qquad (12.14)$$

给定平均电感电流变量 $\overline{i_L}$ 和平均电容电压变量 $\overline{v}_C$，平均系统有以下方程：

$$\begin{cases} L\dfrac{d\overline{i_L}(t)}{dt} = D_1 V_{\text{in}} - \overline{v}_C(t) \\ C\dfrac{d\overline{v}_C(t)}{dt} = \overline{i}_L(t) - \dfrac{\overline{v}_C(t)}{R_{\text{load}}} \end{cases} \qquad (12.15)$$

如果占空比固定，这是线性二阶系统。在第11章中注意到buck变换器的开环性能与二阶系统的开环性能非常相似，式（12.15）可以对此进行解释。

考虑图12.3中的boost变换器，其两种不同拓扑方式都处于连续传导模式。其电感电压和电容电流为

$$\begin{cases} L\dfrac{di_L}{dt} = V_{\text{in}} - q_2(t)v_C(t) \\ C\dfrac{dv_C}{dt} = q_2(t)i_L(t) - i_{\text{load}}(t) \end{cases} \qquad (12.16)$$

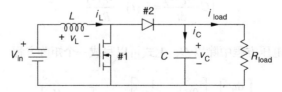

图12.3　用于平均建模的boost变换器电路

状态变量的微分方程为

$$\begin{cases} L\dfrac{\mathrm{d}i_{\mathrm{L}}(t)}{\mathrm{d}t}=V_{\mathrm{in}}-q_2(t)v_{\mathrm{C}}(t) \\[2mm] C\dfrac{\mathrm{d}v_{\mathrm{C}}(t)}{\mathrm{d}t}=q_2(t)i_{\mathrm{L}}(t)-\dfrac{v_{\mathrm{C}}(t)}{R_{\mathrm{load}}} \end{cases} \qquad (12.17)$$

矩阵 $\boldsymbol{A}$ 为

$$\boldsymbol{A}_1=\begin{bmatrix} 0 & 0 \\[2mm] 0 & \dfrac{-1}{R_{\mathrm{load}}C} \end{bmatrix}, \quad \boldsymbol{A}_2=\begin{bmatrix} 0 & \dfrac{-1}{L} \\[2mm] \dfrac{1}{C} & \dfrac{-1}{R_{\mathrm{load}}C} \end{bmatrix}, \quad \overline{\boldsymbol{A}}=\begin{bmatrix} 0 & \dfrac{-D_2}{L} \\[2mm] \dfrac{D_2}{C} & \dfrac{-1}{R_{\mathrm{load}}C} \end{bmatrix} \qquad (12.18)$$

矩阵 $\boldsymbol{Bu}$ 为

$$\boldsymbol{B}_1\boldsymbol{u}=\boldsymbol{B}_2\boldsymbol{u}=\overline{\boldsymbol{B}}\boldsymbol{v}=\begin{bmatrix} \dfrac{V_{\mathrm{in}}}{L} \\[2mm] 0 \end{bmatrix} \qquad (12.19)$$

平均微分方程为

$$\begin{cases} L\dfrac{\mathrm{d}\overline{i}_{\mathrm{L}}(t)}{\mathrm{d}t}=V_{\mathrm{in}}-D_2\overline{v}_{\mathrm{C}}(t) \\[2mm] C\dfrac{\mathrm{d}\overline{v}_{\mathrm{C}}(t)}{\mathrm{d}t}=D_2\overline{i}_{\mathrm{L}}(t)-\dfrac{\overline{v}_{\mathrm{C}}(t)}{R_{\mathrm{load}}} \end{cases} \qquad (12.20)$$

其他 dc-dc 变换器也可以使用同样的方法进行分析。状态空间平均的价值在于它可以支持复杂的变换器。考虑一个更完整的 buck 变换器模型，包括杂散电阻和静态开关模型，如图 12.4 所示。虽然方程存在更多的项，但平均方法仍然是有效的。

例 12.2.1　带有杂散电阻和静态开关模型的 buck 变换器如图 12.4 所示。求出这个变换器的 $\boldsymbol{A}_1$、$\boldsymbol{B}_1$、$\boldsymbol{A}_2$、$\boldsymbol{B}_2$ 和平均模型。其中，$V_{\mathrm{in}}=20\mathrm{V}$，$R_{\mathrm{ds(on)}}=0.2\,\Omega$，$V_{\mathrm{d}}=0.8\mathrm{V}$，$R_{\mathrm{d}}=0.02\,\Omega$，$R_{\mathrm{L}}=0.1\,\Omega$，$R_{\mathrm{ESR}}=0.1\,\Omega$，$L=100\mu\mathrm{H}$，$C=10\mu\mathrm{F}$，负载为 $1\,\Omega$。在 25% 占空比下，开关频率为 200kHz，通过仿真详细比较分段线性系统和平均系统的起动情况。

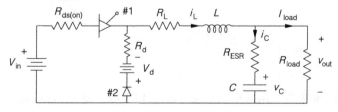

图 12.4　用于平均分析的 buck 变换器电路

由于等效串联电阻（ESR）的电压降，输出电压与电容电压不相等，但它是电容电压的函数，$v_{\mathrm{C}}=v_{\mathrm{out}}-i_{\mathrm{C}}R_{\mathrm{ESR}}$。微分方程为

$$\begin{cases} L\dfrac{di_L}{dt} = q_1\left(V_{in} - i_L R_{ds(on)}\right) - q_2\left(-V_d - i_L R_d\right) - i_L R_L - v_{out} \\ C\dfrac{dv_C}{dt} = i_L - \dfrac{v_{out}}{R_{load}} \end{cases} \tag{12.21}$$

因电压 v_{out} 不是状态变量，式（12.21）可表示为

$$\begin{cases} \dfrac{di_L}{dt} = \dfrac{1}{L}\left[q_1\left(V_{in} - i_L R_{ds(on)}\right) - q_2\left(-V_d - i_L R_d\right) - i_L R_L - v_C\dfrac{R_{load}}{R_{load} + R_{ESR}} - i_L\dfrac{R_{load}R_{ESR}}{R_{load} + R_{ESR}}\right] \\ \dfrac{dv_C}{dt} = \dfrac{1}{C}\left(i_L\dfrac{R_{load}}{R_{load} + R_{ESR}} - \dfrac{v_C}{R_{load} + R_{ESR}}\right) \end{cases} \tag{12.22}$$

用矩阵形式表示为

$$\begin{bmatrix} \dfrac{di_L}{dt} \\ \dfrac{dv_C}{dt} \end{bmatrix} = \begin{bmatrix} \dfrac{-q_1 R_{ds(on)} - q_2 R_d - R_L - c_d R_{ESR}}{L} & \dfrac{-R_{load}}{L\left(R_{load} + R_{ESR}\right)} \\ \dfrac{R_{load}}{C\left(R_{load} + R_{ESR}\right)} & \dfrac{-1}{C\left(R_{load} + R_{ESR}\right)} \end{bmatrix}\begin{bmatrix} i_L \\ v_C \end{bmatrix} + \begin{bmatrix} \dfrac{q_1 V_{in} - q_2 V_d}{L} \\ 0 \end{bmatrix} \tag{12.23}$$

式中，c_d 是由 $c_d = R_{load}/\left(R_{load} + R_{ESR}\right)$ 确定的分压常数。各种状态方程矩阵为

$$A_1 = \begin{bmatrix} \dfrac{-R_{ds(on)} - R_L - c_d R_{ESR}}{L} & \dfrac{-c_d}{L} \\ \dfrac{c_d}{C} & \dfrac{-c_d}{R_{load}C} \end{bmatrix}, \quad B_1 u = \begin{bmatrix} \dfrac{q_1 V_{in}}{L} \\ 0 \end{bmatrix}$$

$$A_2 = \begin{bmatrix} \dfrac{-R_d - R_L - c_d R_{ESR}}{L} & \dfrac{-c_d}{L} \\ \dfrac{c_d}{C} & \dfrac{-c_d}{R_{load}C} \end{bmatrix}, \quad B_2 u = \begin{bmatrix} \dfrac{-V_d}{L} \\ 0 \end{bmatrix} \tag{12.24}$$

平均矩阵 $\overline{A} = D_1 A_1 + D_2 A_2$，在连续导通模式下，$D_1 = 1 - D_2$，则有

$$\overline{A} = \begin{bmatrix} \dfrac{-D_1 R_{ds(on)} - \left(1 - D_1\right)R_d - R_L - c_d R_{ESR}}{L} & \dfrac{-c_d}{L} \\ \dfrac{c_d}{C} & \dfrac{-c_d}{R_{load}C} \end{bmatrix} \tag{12.25}$$

$$\overline{B}v = \begin{bmatrix} \dfrac{D_1 V_{in} - \left(1 - D_1\right)V_d}{L} \\ 0 \end{bmatrix}$$

表达式 $\dot{x} = x + Bu$ 很适合用来模拟系统。在图 12.5 中，使用 Mathcad（或 MATLAB/Simulink 或类似工具）构造的四阶 Runge-Kutta 求解方法来模拟原始系统和平均系统[1]。图中显示了原始方程的 A_1 和 A_2 的模拟解，从零开始，经过 40 次循环。这些结果是按照两种不同的拓扑方式且每个开关周期计算 8 个点来求得的。由于不存在开关切换，平均模型的模拟运行要快得多。如图所示，平均模型每隔一个开关周期计算一次。

在图 12.5 所示的分段系统模拟中，电流纹波很明显，电容电压纹波也存在，但相对较小。

平均系统的结果无纹波，但会跟踪原始波形随时间的变化。由于原始系统和平均系统之间的延迟会导致差异，结果等效于平均系统的启动时间比原始系统晚一点。这是初始条件的问题。平均变量实际上不应该从零开始，而是应该从与平均化的初始行为匹配的值开始。然而，这种差异并不严重；这两组波形具有相同的时间常数，并且在运行 40 个周期后非常接近。

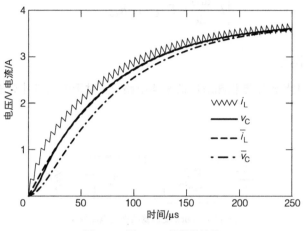

图 12.5　例 12.2.1 的模拟结果

例 12.2.2　在连续传导模式下，为图 12.6 中的 boost-buck 变换器建立平均方程。

boost-buck 变换器有三个储能元件，因此需要三个状态变量 i_{L1}、i_{L2} 和 v_C。根据电感电压和电容电流，KVL 和 KCL 表达式为

$$\begin{cases} v_{L1} = V_{in} - q_2 v_C \\ i_C = q_1\left(-i_{L2}\right) + q_2 i_{L1} \\ v_{L2} = -v_{out} + q_1 v_C \end{cases} \tag{12.26}$$

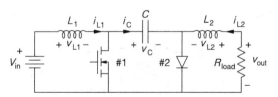

图 12.6　例 12.2.2 中的 boost-buck 变换器电路

式中，$v_{out} = i_{L2} R_{load}$。在连续传导模式下，$q_1 + q_2 = 1$。用状态变量的形式改写式（12.26），为

$$\begin{cases} L_1 \dfrac{di_{L1}}{dt} = V_{in} - q_2 v_C \\ C \dfrac{dv_C}{dt} = -q_1 i_{L2} + q_2 i_{L1} \\ L_2 \dfrac{di_{L2}}{dt} = q_1 v_C - i_{L2} R_{load} \end{cases} \tag{12.27}$$

用 D_1 代替 q_1 和 $1-D_2$ 代替 q_2，从而可以得到平均模型。平均变量的模型为

$$
\begin{cases}
L_1 \dfrac{d\bar{i}_{L1}}{dt} = V_{in} - (1 - D_1)\bar{v}_C \\[2mm]
C \dfrac{d\bar{v}_C}{dt} = -D_1 \bar{i}_{L2} + (1 - D_1)\bar{i}_{L1} \\[2mm]
L_2 \dfrac{d\bar{i}_{L2}}{dt} = D_1 \bar{v}_C - \bar{i}_{L2} R_{load}
\end{cases}
\tag{12.28}
$$

12.2.2　平均电路模型

平均模型可以产生与模型方程相对应的平均电路[9]。对于图 12.7 中带有理想变压器的电路，微分方程为

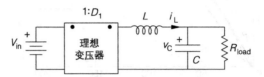

图 12.7　buck 变换器的平均电路模型

$$
\begin{cases}
L_1 \dfrac{di_L(t)}{dt} = D_1 V_{in} - v_C(t) \\[2mm]
C \dfrac{dv_C(t)}{dt} = i_L(t) - \dfrac{v_C(t)}{R_{load}}
\end{cases}
\tag{12.29}
$$

它们与式（12.15）完全相同。图 12.7 给出了 buck 变换器的平均电路模型。类似地，图 12.8 给出了 boost 变换器的平均电路模型。平均化处理后的开关动作就像一个理想变压器。图 12.9 给出了 buck-boost 和 boost-buck 变换器的平均电路模型。图 12.10 给出了对应于半桥式 PWM 逆变器的低频等效电路模型。在逆变器中，开关动作等效成一个电源而非变压器（若是变压器的话，其匝比需要随时间变化）。

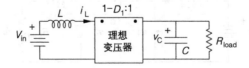

图 12.8　boost dc-dc 变换器的平均电路模型

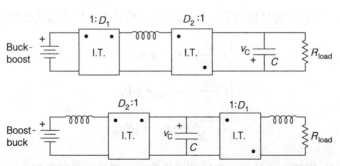

图 12.9　对应于 buck-boost 和 boost-buck 变换器的平均电路模型

dc-dc 变换器的平均等效电路在结构上相似，它们可以进行扩展。图 12.11 显示了例 12.2.1 中具有内阻的 buck 变换器的平均电路模型。对开关器件来说，静态模型参数也需要缩放（即加权平均），以匹配动态方程。

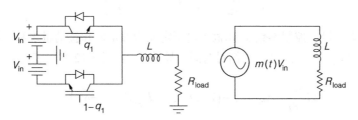

图 12.10 半桥式 PWM 逆变器的低频等效电路模型

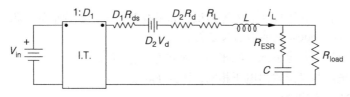

图 12.11 例 12.2.1 的平均电路模型

12.3 小信号分析与线性化

12.3.1 线性模型的需求

在被控变换器中，占空比是随时间变化的。由于占空比可以变化，因此时间函数 $d(t)$ 是相关开关函数的移动平均值。在大多数平均模型中，占空比与乘积项中的状态变量一起出现。由于占空比是控制参数，控制具有乘法非线性，从而导致模型具有非线性特性。非线性控制方法导致无法使用许多重要的线性控制工具，包括拉普拉斯变换和频域表示。相位裕度等设计准则也是在线性系统里定义的。具有极点和零点的传递函数可以解释为线性系统。要使用这些工具，变换器及其控制需要一个线性近似模型。

12.3.2 获取线性模型

对于 dc-dc 变换器，通常有一个定义明确的额定输出。小信号分析可以用来寻找额定点附近较小偏差的模型，且该模型可以近似看成线性模型。虽然小信号模型只在一个稳态工作点附近有用，但有助于深入了解变换器中平均变量的动态特性。小信号是一种常规的方法。

1）用扰动量替换控制参数和状态变量（这里用波浪字符表示）。在每种情况下，变量都被定义为一个额定值加上一个小的时变分量。例如，令 $v_C(t) = V_0 + \tilde{v}_C(t)$，令 $d(t) = D_{\text{nom}} + \tilde{d}(t)$ 等。

2）用扰动量重写方程。由于扰动很小，扰动的结果将被忽略。

3）将额定值视为常数参数。

通过这三个步骤，可以得到一个线性模型。与传统应用不同的是，该过程应用于平均模型，而不是变换器本身。毕竟，不能认为开关函数只有很小的偏差，这意味着一个精确的小信号模型需要一个精确的平均模型。

让我们来探讨 boost 变换器平均模型的线性化技术，用控制参数 d_1 写为

$$\begin{cases} L\dfrac{d\bar{i}_L(t)}{dt} = v_{in} - \left(1-d_1\right)\bar{v}_C(t) \\[3mm] C\dfrac{d\bar{v}_C(t)}{dt} = \left(1-d_1\right)\bar{i}_L(t) - \dfrac{\bar{v}_C(t)}{R_{load}} \end{cases} \tag{12.30}$$

首先，将每个状态变量、控制参数 d_1 和输入电压定义为额定值和扰动量之和。额定值为 $I_{L(nom)}$、$V_{C(nom)}$、$D_{1(nom)}$ 和 v_{in}，根据定义，它们对时间的导数为 0。式（12.30）变为

$$\begin{cases} L\dfrac{d\tilde{i}_L}{dt} = v_{in} + \tilde{v}_{in} - \left(1-D_{1(nom)}-\tilde{d}_1\right)\left(V_{C(nom)}+\tilde{v}_C\right) \\[3mm] C\dfrac{d\tilde{v}_C}{dt} = \left(1-D_{1(nom)}-\tilde{d}_1\right)\left(I_{L(nom)}+\tilde{i}_L\right) - \dfrac{\tilde{v}_{C(nom)}+v_C}{R_{load}} \end{cases} \tag{12.31}$$

在式（12.31）中，应忽略 $\tilde{d}\tilde{V}$ 和 $\tilde{d}\tilde{i}$ 等乘积。如果扰动很小，则扰动的乘积要小得多，从而可以忽略不计。基于此，boost 变换器的关系为：

■ 额定电感电流与额定输入电流相同，因此 $I_{L(nom)} = I_{in}$。

■ 额定电容电压与额定输出电压相同，因此 $V_{C(nom)} = V_{out}$。

改写式（12.31），结果为

$$\begin{cases} L\dfrac{d\tilde{i}_L}{dt} = v_{in} + \tilde{v}_{in} - \left(1-D_{1(nom)}\right)V_{out} + \tilde{d}_1 V_{out} - \left(1-D_{1(nom)}\right)\tilde{v}_C \\[3mm] C\dfrac{d\tilde{v}_C}{dt} = \left(1-D_{1(nom)}\right)I_{in} - \tilde{d}_1 I_{in} + \left(1-D_{1(nom)}\right)\tilde{i}_L - \dfrac{V_{out}}{R_{load}} - \dfrac{\tilde{v}_C}{R_{load}} \end{cases} \tag{12.32}$$

由于没有损耗、没有扰动的平均关系存在 $\left(1-D_{1(nom)}\right)V_{out} = V_{in}$ 和 $\left(1-d_{1(nom)}\right)I_i = I_{out}$，鉴于 $I_{out} = V_{out}/R_{load}$，则上式可以消除几项得出：

$$\begin{cases} L\dfrac{d\tilde{i}_L}{dt} = \tilde{v}_{in} + \tilde{d}_1 V_{out} - \left(1-D_{1(nom)}\right)\tilde{v}_C \\[3mm] C\dfrac{d\tilde{v}_C}{dt} = -\tilde{d}_1 I_{in} + \left(1-D_{1(nom)}\right)\tilde{i}_L - \dfrac{\tilde{v}_C}{R_{load}} \end{cases} \tag{12.33}$$

给定固定的额定值，这组方程是线性的，线性化过程可应用于任何平均模型。式（12.33）的等效电路如图 12.12 所示，变压器匝数比是固定的，电路是线性的，占空比扰动出现在两个线性受控源中，每个线性受控源的增益取决于额定工作点。工作点的具体数值不会改变电路的形式。对于 10% 占空比，等效电路是精确的，尽管与 90% 占空比或其他值的电路相比，等效电路具有不同的值。

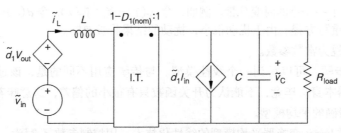

图 12.12　boost 变换器的等效小信号电路

例 12.3.1 boost 变换器的输入为 12V 和负载为 12Ω。绘制几个占空比的小信号等效电路。

找出不同占空比的电路（如 20%、50% 和 70%），表 12.1 显示了工作点的值，相应的小信号等效电路如图 12.13 所示。

表 12.1　boost 变换器额定工作点的参数（D_1 分别为 20%、50% 和 70%）

D_1	$1-D_1$	V_{out}/V	I_{out}/A	I_{in}/A
0.20	0.80	15.0	1.25	1.56
0.50	0.50	24.0	2.00	4.00
0.70	0.30	400	3.33	11.11

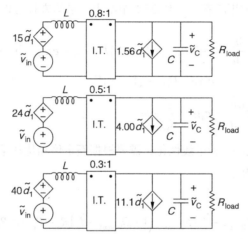

图 12.13　不同占空比下 boost 变换器的小信号等效电路

12.3.3　过程概括

当每个变量加上扰动时，结果包括代表平均周期稳态解的 dc 表达式和代表小信号动态的扰动表达式。我们从一般情况考虑，这两个独立的结果是如何从分析中得出的。在许多变换器中，非线性的原因来自于占空比和状态变量的乘积。在这种情况下，平均模型可以用矩阵形式表示为

$$\dot{x} = Ax + Bu + Cxd + Ed \qquad (12.34)$$

式中，A、B、C 和 E 是平均模型中的常数矩阵。令 $x = x_{nom} + \tilde{x}$，$u = u_{nom} + \tilde{u}$，$d = d_{nom} + \tilde{d}$，则有：

$$\frac{\mathrm{d}}{\mathrm{d}t}\left(x_{nom} + \tilde{x}\right) = Ax_{nom} + A\tilde{x} + Bu_{nom} + B\tilde{u}$$
$$= Cx_{nom}d_{nom} + Cx_{nom}\tilde{d} + C\tilde{x}d_{nom} + C\tilde{x}\tilde{d} + Ed_{nom} + E\tilde{d} \qquad (12.35)$$

忽略 $\tilde{x}\tilde{d}$ 项。由于直流项不包含交流信息且扰动项也无直流信息，因此直流项和扰动项必须分别满足方程。对于直流项，时间导数为零，并且有：

$$0 = Ax_{nom} + Bu_{nom} + Cx_{nom}d_{nom} + Ed_{nom} \qquad (12.36)$$

这表示平均周期稳态解。扰动项必须满足下式：

$$\frac{d\tilde{x}}{dt} = A\tilde{x} + B\tilde{u} + Cx_{\text{nom}}\tilde{d} + C\tilde{x}d_{\text{nom}} + E\tilde{d} \tag{12.37}$$

这是变换器的小信号线性化模型，其平均模型由式（12.34）给出。

只有少数几种可能性比式（12.34）更普遍。在某些变换器中，输入函数 u 乘以占空比，变换器的输出电压或电流可能与状态变量成线性关系，而不是 $x(t)$ 其中的一个值（输出电容的 ESR 使 $v_{\text{out}} \neq v_C$）。这些扩展为式（12.34）增加了更多项，但分析过程相同，可以得到直流和小信号的解。

例 12.3.2 如例 12.2.1，考虑具有杂散电阻的 buck 变换器。写出平均微分方程并将其线性化。

这个电路的平均方程的矩阵在式（12.25）中给出。平均方程可以写为

$$\begin{cases} L\dfrac{d\bar{i}_L}{dt} = \Big[-D_1 R_{\text{ds(on)}} - (1-D_1)R_d - R_L - c_d R_{\text{ESR}} \Big]\bar{i}_L - \\ \qquad\qquad c_d \bar{v}_C + D_1 v_{\text{in}} - (1-D_1)V_d \\ C\dfrac{d\bar{v}_C}{dt} = c_d \bar{i}_L - \dfrac{c_d}{R_{\text{load}}}\bar{v}_C \end{cases} \tag{12.38}$$

式中，$c_d = R_{\text{load}}/(R_{\text{load}} + R_{\text{ESR}})$。为了线性化，需要根据额定值和扰动重新定义状态变量、占空比和输入电压。初步的结果为

$$\begin{cases} L\dfrac{d\tilde{i}_L}{dt} = \Big[\big(-D_{1(\text{nom})} - \tilde{d}_1 \big)R_{\text{ds(on)}} - \big(1 - D_{1(\text{nom})} - \tilde{d}_1 \big)R_d - R_L - c_d R_{\text{ESR}} \Big]\bar{i}_{L(\text{nom})} \\ \qquad + \Big[-D_{1(\text{nom})}R_{\text{ds(on)}} - \big(1 - D_{1(\text{nom})} \big)R_d - R_L - c_d R_{\text{ESR}} \Big]i_L \\ \qquad - c_d \big(V_{c(\text{nom})} + v_C \big) + D_{1(\text{nom})}v_{\text{in}} + \tilde{d}_1 V_{\text{in}} + D_{1(\text{nom})}\tilde{v}_{\text{in}} - \big(1 - D_{1(\text{nom})} - \tilde{d}_1 \big)V_d \\ C\dfrac{d\bar{v}_C}{dt} = c_d I_{L(\text{nom})} + c_d \tilde{i}_L - \dfrac{c_d}{R_{\text{load}}}V_{C(\text{nom})} - \dfrac{c_d}{R_{\text{load}}}\tilde{v}_C \end{cases} \tag{12.39}$$

线性表达式将扰动项分离出来，则有：

$$\begin{cases} L\dfrac{d\tilde{i}_L}{dt} = \big(-\tilde{d}_1 R_{\text{ds(on)}} - \tilde{d}_1 R_d \big)I_{L(\text{nom})} \\ \qquad + \Big[-D_{1(\text{nom})}R_{\text{ds(on)}} - \big(1 - D_{1(\text{nom})} \big)R_d - R_L - c_d R_{\text{ESR}} \Big]\tilde{i}_L \\ \qquad - c_d \tilde{v}_C + \tilde{d}_1 V_{\text{in}} - D_{1(\text{nom})}\tilde{v}_{\text{in}} + \tilde{d}_1 V_d \\ C\dfrac{d\tilde{v}_C}{dt} = c_d \tilde{i}_L - \dfrac{c_d}{R_{\text{load}}}\tilde{v}_C \end{cases} \tag{12.40}$$

这是一个线性表达式，可以用于分析、仿真或控制设计。图 12.14 所示为它的一个等效电路，电路中给出了变换器本身的 ESR 电阻和负载电阻。从电感及其串联电阻输出到负载，开关矩阵之后的每个部分都保持不变。连接在开关矩阵外部、用于滤波或负载的线性元件，在小信号模型中通常保持不变。

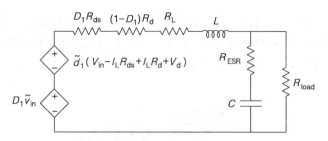

图 12.14　带内阻的 buck 变换器的小信号等效电路

12.4　基于线性化的控制与控制设计

12.4.1　传递函数

目前研究的小信号模型主要用于开环变换器。我们可以利用小信号模型来控制参数与输出之间的开环传递函数 $G(s)$。基本 buck 变换器的平均模型如式（12.15）所示。若将扰动变量代入，则小信号模型为

$$\begin{cases} L\dfrac{\mathrm{d}\tilde{i}_{\mathrm{L}}}{\mathrm{d}t} = D_{1(\mathrm{nom})}\tilde{v}_{\mathrm{in}} + \tilde{d}v_{\mathrm{in}} - \tilde{v}_{\mathrm{C}} \\[2mm] C\dfrac{\mathrm{d}\tilde{v}_{\mathrm{C}}}{\mathrm{d}t} = \tilde{i}_{\mathrm{L}} - \dfrac{\tilde{v}_{\mathrm{C}}}{R_{\mathrm{load}}} \end{cases} \tag{12.41}$$

方程的框图如图 12.15a 所示。为了简化符号，让 i、v、d 以及 v_{in} 分别表示扰动变量的拉普拉斯变换。微分过程相当于乘以 s。式（12.41）的拉普拉斯形式为

$$\begin{cases} sLi = D_{1(\mathrm{nom})}v_{\mathrm{in}} + dv_{\mathrm{in}} - v \\[2mm] sCv = i - \dfrac{v}{R_{\mathrm{load}}} \end{cases} \tag{12.42}$$

由于变换器的输出电压为 v，我们把 i 从上述方程中消去，得到输出电压的传递函数为

$$v = \frac{R_{\mathrm{load}}}{s^2 LCR_{\mathrm{load}} + sL + R_{\mathrm{load}}}\left(D_{1(\mathrm{nom})}v_{\mathrm{in}} + dv_{\mathrm{in}}\right) \tag{12.43}$$

由此可以得到两个传递函数：**控制 - 输出传递函数**为 v/d 之比，其中将 v_{in} 设为 0，即

$$\frac{v}{d} = \frac{R_{\mathrm{load}}v_{\mathrm{in}}}{s^2 LCR_{\mathrm{load}} + sL + R_{\mathrm{load}}} \tag{12.44}$$

电源 - 输出传递函数为 v/v_{in} 之比，其中将 d 设为 0，即

$$\frac{v}{v_{\mathrm{in}}} = \frac{R_{\mathrm{load}}D_{1(\mathrm{nom})}}{s^2 LCR_{\mathrm{load}} + sL + R_{\mathrm{load}}} \tag{12.45}$$

控制 - 输出传递函数可用于频域控制设计，电源 - 输出传递函数显示了线路小扰动的影响。比例控制为

$$d = k_{\mathrm{p}}\left(V_{\mathrm{ref}} - v_{\mathrm{out}}\right) \tag{12.46}$$

可代入式（12.41）。参考电压应设置为一个扰动值 $V_{ref} = V_r + \tilde{v}_r$，以表示控制作用。占空比扰动为 $\tilde{d} = k_p(v_r - \tilde{v}_C)$，它的拉普拉斯变换为 $d = k_p(v_r - v)$，这就形成了反馈函数 $H(s) = k_p$。该控制电路的拉普拉斯域如图 12.15b 所示。总传递函数为 $K(s) = G(s)/[1 + G(s)H(s)]$，简化后得到

$$v = \frac{R_{load}D_{1(nom)}v_{in} + R_{load}v_{in}k_p v_r}{s^2 LCR_{load} + sL + R_{load}k_p v_{in} + R_{load}} \tag{12.47}$$

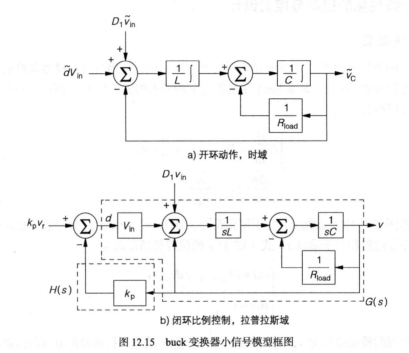

a) 开环动作，时域

b) 闭环比例控制，拉普拉斯域

图 12.15 buck 变换器小信号模型框图

　　增益 k_p 影响电源电压或控制变量扰动的瞬态响应，因此，式（12.47）既表示 buck 变换器的动态线性调整特性，也表示动态操纵响应。重要的是要记住（12.47）是基于变换器的平均模型。因此，表达式仅在远低于开关频率的情况下有效。在下面的波特图中，频率最高达 100kHz。该响应仅对开关频率高于 200 kHz 的变换器有效。对于较慢的开关频率，受限于开关模型本身的特性，任何频率高于 $f_{switch}/2$ 的响应信息都是不准确的 [10, 11]。

　　式（12.47）显示了当 v_r 设置为 0 时的线性扰动响应。图 12.16 给出了式（12.47）的波特图。其中，$v_r = 0$，$v_{in} = 48V$，额定占空比为 25%；参数 $L = 100\mu H$，$C = 100\mu F$，$R_{load} = 4\Omega$。还给出了增益 k_p 为 0.1、1 及 10 的响应图，该响应表现出与谐振频率相关的峰值特性。可以通过调整增益来改变谐振频率的大小。较高的增益往往会降低输入扰动的影响。当增益 $k_p = 1$ 时，系统的峰值增益约为 −20dB，意味着电源的干扰将在输出端减少为 1/10。从图中可以看出，如果 k_p 为 0.1，则 120Hz 的输入噪声（直流电源的整流交流电路中的纹波）将在输出端衰减为 1/10，而如果 k_p 为 1，则衰减为 1/100；如果 k_p 为 10，则衰减为 1/1000。

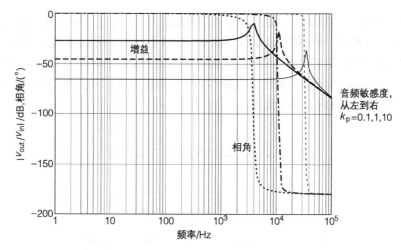

图 12.16 不同增益下 buck 变换器动态响应的波特图

可以通过开环传递函数 $G(s)H(s)$ 来研究动态响应。式（12.44）提供了 $G(s)$，而 $H(s)$ 为反馈增益 k_p。图 12.17 给出了 $G(s)H(s)$ 的波特图，其具有相同的参数，如 $R_{load} = 4\Omega$，$L = 100\mu H$ 等。响应峰值约为 1600Hz，与谐振频率 $1/\sqrt{LC}$ 一致。相位响应与增益无关，在谐振频率下表现为从 $+0°$ 到 $-180°$ 的过渡。如果增益为 1，则穿越频率略高于 10kHz。

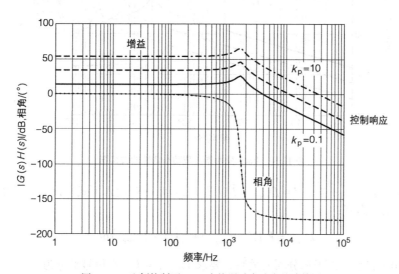

图 12.17 比例控制下 buck 变换器动态响应的波特图

目前的分析还没有涉及负载调节。在实验测试中，评估动态负载调节的一种好方法是将小信号电流干扰加在输出端。图 12.18 给出其电路结构。在电容电压方程中加入电流扰动 $\tilde{i}_{load}$，输出响应为

$$v = \frac{R_{load}\left(D_{1(nom)}v_{in} + k_p v_{in}v_r + sLi_{load}\right)}{s^2 LCR_{load} + sL + R_{load}k_p v_{in} + R_{load}} \tag{12.48}$$

式中，i_{load} 为 $\tilde{i}_{load}$ 的拉普拉斯变换。负载动态响应为输出阻抗 v/i_{load}。可以将该阻抗用负载电阻 R_{load} 归一化。$v/(i_{load}R_{load})$ 的比值可以用分贝表示，0dB 表示输出阻抗与 R_{load} 相等，-40dB 表示输出阻抗为 R_{load} 的 1%，依此类推。图 12.19 给出了与上述参数相同的比值。从图中可以看出，当增益为 10 时，产生的峰值输出阻抗比约为 -20dB。增益越高，$|Z_{out}|$ 的值在该频率范围内的值越低。当采用 PI 闭环控制时，占空比为

$$d = k_p\left(V_{ref} - v_{out}\right) + k_i\int\left(V_{ref} - v_{out}\right)dt \qquad (12.49)$$

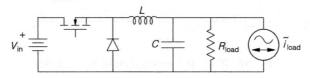

图 12.18　基于小信号电流源的负载扰动电路

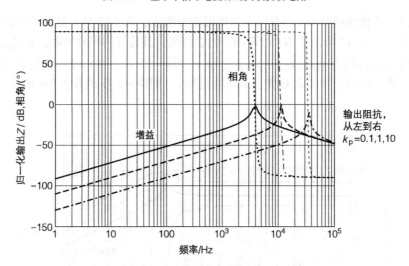

图 12.19　buck 变换器负载动态特性的波特图

将扰动公式 $v_C = V_{C(nom)} + \tilde{v}_C$、$d = D_{nom} + \tilde{d}$ 以及 $V_{ref} = V_r + \tilde{v}_r$ 代入上式。PI 表达式的直流部分设置为稳态占空比，则有：

$$D_{(nom)} = k_p\left(V - v_{C(nom)}\right) + k_i\int\left(V - V_{C(nom)}\right)dt \qquad (12.50)$$

如果式（12.50）有解，由于积分项的关系，要求 $V_{C(nom)} = V$。小信号部分为

$$\tilde{d} = k_p\left(\tilde{v}_r - \tilde{v}_C\right) + k_i\int\left(\tilde{v}_r - \tilde{v}_C\right)dt \qquad (12.51)$$

通过拉普拉斯变换，有：

$$d = k_p\left(v_r - v\right) + \frac{k_i}{s}\left(v_r - v\right) \qquad (12.52)$$

带有 PI 控制的系统框图如图 12.20 所示。式（12.42）中的 d 可以用式（12.52）中的拉普拉斯表达式代替，得到 PI 闭环传递函数为

$$v = \frac{sR_{\text{load}}D_{\text{nom}}v_{\text{in}} + sk_p R_{\text{load}}v_{\text{in}}v_r + k_i R_{\text{load}}v_{\text{in}}v_r}{s^2 LCR_{\text{load}} + sL^2 + sR_{\text{load}}k_p V_{\text{in}} + sR_{\text{load}} + k_i R_{\text{load}}v_{\text{in}}} \tag{12.53}$$

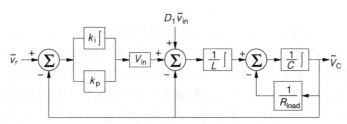

图 12.20　PI 控制的小信号 buck 变换器模型框图

存在的两个增益值使得控制设计有了更大的自由度。

12.4.2　控制设计

开环和闭环传递函数支持两种不同的设计方法。在开环的情况下，选择一个反馈函数 $H(s)$，开环环路函数 $G(s)H(s)$ 必须有足够的相位裕度来保证闭环的稳定性，该传递函数是频域设计的基础。在闭环情况下，传递函数 $K(s)$ 的分母多项式可以作为极点配置设计的基础，由于传递函数 $G(s)$ 通常比闭环函数简单，因此频域设计在电力电子技术中很受欢迎。这两种方法在控制理论的文献 [12]、[13] 中都有详细的介绍，这里仅简单介绍。以下示例分析了一种频域方法。

例 12.4.1　设计一个开关频率为 250kHz 和最大输出纹波为 1% 的 buck dc-dc 变换器，为汽车中的计算板供电，额定输入为 14V，输出为 3.3V，负载范围为 1 ~ 20W。用 PI 环来控制这个变换器。为这个设计建立一个小信号模型，并给出反映开环传递函数 $G(s)H(s)$ 的波特图。选择 PI 控制，提供至少 45° 的相位裕度和 10kHz 或更高的系统带宽。对于选定的增益，测试切换到轻载的闭环响应。

由于 PI 环可以补偿较小的直流误差，因此我们在理想变换器模型（不考虑损耗）的基础上进行设计（除了考虑半导体的正向电压降约为 1V 外）。该设计用到的是之前的例子，在此不再详细介绍。不难发现，开关周期 $T = 4\mu s$，额定占空比 $D_{1(\text{nom})} = (V_{\text{out}} + 1)/V_{\text{in}} = 4.3/14 = 0.307$，$D_{2(\text{nom})} = 0.692$，$L_{\text{crit}} = 19.7\mu H$。设 $L = 25\mu H$，在保持连续模式运行的同时，允许公差具有微小的变化。为确保纹波为 1%（峰间值），电容应为 10μF。但是，需要一个更大的电容值来应对 ESR 跃变，22μF 的额定电容可以满足其需求。对于 20W 的负载，$R_{\text{load}} = 0.54\Omega$；对于 1W 的负载，$R_{\text{load}} = 10.9\Omega$。

在小信号近似之后，平均微分方程变为

$$\begin{cases} sLi = D_{1(\text{nom})}v_{\text{in}} + dv_{\text{in(nom)}} - v \\ sCv = i - \dfrac{v}{R_{\text{load}}} + i_{\text{load}} \end{cases} \tag{12.54}$$

对于 PI 反馈，函数 $G(s)H(s)$ 为

$$\frac{v}{d} = \frac{R_{load} v_{in}}{s^2 LCR_{load} + sL + R_{load}} \left(k_p + \frac{k_i}{s} \right) \tag{12.55}$$

表 12.2 给出了在特定增益下式（12.55）的波特图的部分数据。对于一定范围的频率，复数 $j\omega$ 用于复频域 s。该表第四、五列为使用式（12.55）计算的幅值和相位。图 12.21 给出了 $k_p = 1$ 和几个 k_i 值的波形图。图 12.21a 为 $R_{load} = 0.54\,\Omega$ 时的响应，图 12.21b 为 $R_{load} = 10.9\,\Omega$ 时的响应。对直流而言，积分增益 k_i/s 无穷大，这解释了在任何情况下，积分器都可以避免稳态误差。在频率 k_i（rad/s）处，积分增益达到了 0 dB。在此频率以上，随着比例增益占主导地位，其影响将消失。对于远低于 k_i 的频率，积分器产生 $-90°$ 的相移；在 k_i 以上，二阶变换器模型使得相位接近 $-180°$。从图 12.21 可以看出，在轻载时，变换器会出现欠阻尼，并且出现与 $L\text{-}C$ 谐振相关的峰值。在重载下，由于负载的阻尼效应，波特图不会出现峰值。在这种控制方法中，对于图示的增益值，轻载几乎没有相位裕度，因此需要对相位进行调整；重载显示出的相位裕度约为 30°（低于典型的 45° 目标），但是是稳定的。上述每种情况下的穿越频率约为 25kHz。

表 12.2　波特图中主要的各段数据

频率 /Hz	ω /(rad/s)	$|GH(j\omega)|$	$\arg[GH(j\omega)]$ /rad	$|GH(j\omega)|$ /dB	$\arg[GH(j\omega)]$/deg	参数
1.0	6.28	2228.21	−1.565	66.96	−89.66	$R_{load} = 0.54\,\Omega$
2.2	13.54	10434.32	−1.558	60.29	−89.26	$L = 0.000025\text{H}$
4.6	29.16	480.25	−1.543	55.63	−88.41	$C = 0.000022\text{F}$
10.0	62.83	223.26	−1.511	46.98	−86.57	$k_i = 1000$
21.5	135.87	104.36	−1.443	40.37	−82.65	$k_p = 1$
46.4	291.64	50.00	−1.301	33.98	−74.51	$V_{in} = 14\text{V}$
100.0	628.32	26.531	−1.031	28.50	−59.52	
215.4	1353.67	17.93	−0.699	24.81	−40.04	
464.2	2916.40	14.73	−0.465	23.87	−26.65	

注：由式（12.55）得到的数据。

我们期望获得至少 10kHz 的带宽且相位裕度为 45° 或更高。在整个负载范围内，比例增益至少为 0.2，才能使带宽保持在 10kHz 或更高。在重载下，如果选择增益 $k_i = 100$，则该增益与近 60° 的相位裕度相关。但是，在轻载下，相位裕度不足，因此使用 PI 环作为唯一的控制补偿是不能同时满足这两个要求的。传递函数 $G(s)H(s)$ 在两种负载下的波特图如图 12.22 所示。可以看出，轻载时的峰值特性降低了相位裕度。图 12.23 为 $k_p = 0.2$、$k_i = 1000$ 时变换器的瞬态响应。该图展示了输出的动态响应，在 2500μs 时电源电压增加 2V，在 6000μs 时负载从 0.6Ω 增加到 0.54Ω。系统是稳定的，在受到干扰时，经过一段时间后，变换器恢复到 3.3V 输出。

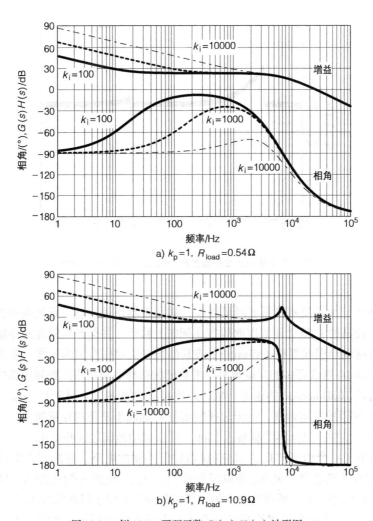

a) k_p=1, R_{load}=0.54Ω

b) k_p=1, R_{load}=10.9Ω

图 12.21 例 12.4.1 开环函数 $G(s)H(s)$ 波形图

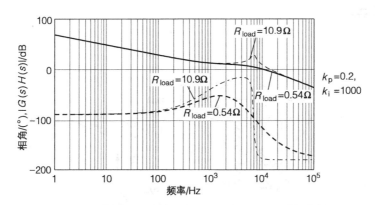

图 12.22 PI 控制 buck 变换器在 k_p = 0.2 和 k_i = 1000 时的波特图

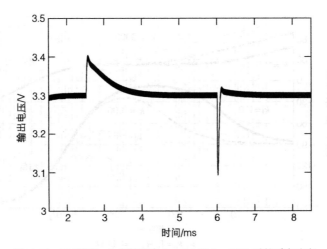

图 12.23 PI 控制 buck 变换器在 $k_p = 0.2$ 和 $k_i = 1000$ 时的瞬态响应

在这个例子中，为了使相位裕度尽可能高，必须限制比例增益。穿越频率为 10kHz，为开关频率的 1/25。较高的 k_p 值会使幅度曲线按比例向上移动，并会产生较高的穿越频率。在较高的增益下，快速扰动会引起混叠（aliasing）或其他与开关动作有关的异常，通常的做法是寻找比开关频率低 8 到 10 倍或更多的穿越频率。增益值的选择必须适当注意频域响应。每增加一个极点，增益就会以 20dB/decade 的速度衰减，并使相位增加 $-90°$。对于 PI 控制，一种方法是选择增益 k_p 来实现期望的穿越频率。由于选择的增益 k_i 远低于期望的穿越频率，因此不会减小相位裕度。在例 12.4.1 中，积分器增益高达 1000，可以成功地满足这些要求。

图 12.24 给出了一个用于实现 dc-dc 变换器比例控制的电路，并配有占空比限制器。这种运放电路提供的直接增益等于 R_f / R_{in} 乘以误差值 $V_{ref} - V_{out}$。电路左侧的齐纳二极管提供了精确的参考。此外，该电路还具有低通滤波作用，其转折频率对应于时间常数 $R_f C_f$。当误差为零时，电阻 R_2 节点上的偏移电压会设置恰当的占空比。由于占空比额定值非零，因此减少了稳态误差。电路右侧的齐纳二极管可防止增益电路超过三角波的上限，能直接限制占空比并避免 boost 变换器或 buck-boost 变换器的大信号不稳定。对于 PI 控制，可以在占空比限制器之前添加一个单独的运算放大器。

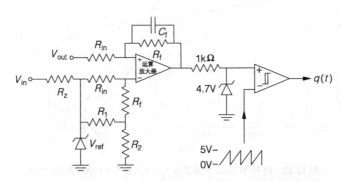

图 12.24 带滤波器和占空比限制器的比例控制运算放大器电路

总体设计过程如下：

1）确定比例控制或 PI 控制是否满足要求。PI 控制避免了稳态误差，但增加了动态响应的复杂性。

2）给出变换器的 $G(s)H(s)$ 波特图。

3）设置比例增益，以产生正确的穿越频率。

4）设置积分增益。增益必须足够低，使比例项在穿越频率附近占主导地位。这样可以避免在变换器的 180° 相移（两个极点引起的）之外施加额外的 90° 相移。

5）检查新的 $G(s)H(s)$ 曲线，以确保稳定和合理的相位裕度。

积分器在低频时产生 90° 相移，随着接近 y 轴，它还会使增益增加 20dB/decade。PI 控制无法满足所有需求，但设计过程是非常简单的。如果执行占空比限制，则该设计过程可用于设计其他类型的 dc-dc 变换器。

12.4.3　补偿和滤波

到目前为止，我们的分析面临两个挑战：首先，由于平均模型仅对慢于开关频率的变化有意义，因此需要低通滤波器来消除反馈变量中的开关频率纹波，这在波特图中没有得到准确的反映。如果在开关频率附近的反馈变量中存在信息，则可以将其与开关函数混合以产生和项与差项。低通滤波器具有抗**混叠**功能，有助于避免这种情况。第二，相位裕度是个问题。例 12.4.1 中的波特图显示了较低的相位裕度：在轻载时小于 2° 原则上，使用这些 PI 控制的相位延迟永远不会超过 180°，且永远都处于稳定状态。但是实际上，该模型只是近似的，除了被排除在电路之外的杂散电阻外，在运算放大器或开关换相过程中还会有时间延迟。这些可能会增加足够的延迟（与附加的相位滞后具有相同的效果），从而将角度增加到 180° 以上并导致不稳定。RC 低通滤波器及其拉普拉斯变换模块如图 12.25 所示，该模块增加了一个额外的极点，进一步使相位延迟。在实际的变换器中，低通滤波器的极点被设置在远低于开关频率的位置，使得该极点主导传递函数。可以使用双极点或更高阶的滤波器，但每个额外的极点都需要额外的元件，并且会产生更多的延迟相位。因此，在变换器的反馈中不经常使用多极点滤波器。

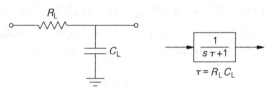

图 12.25　RC 低通滤波器以及变换模块

如何在不影响控制的情况下提高相位裕度？当滤波器带来额外的相位滞后时，这个问题尤为重要。**补偿**过程可以改变相位行为并提高相位裕度，其两种常用的方法是**相位超前补偿和相位滞后补偿**。用于超前和滞后补偿的 RC 电路如图 12.26 所示。相位超前补偿的目的是通过在传递函数中增加正相位以达到直接增加相位裕度的目的。相位超前电路还可以增加增益以提高穿越频率。必须选择合适的元件值，这样即使在较高的穿越频率下，相位裕度也会提高。相位滞后补偿的目的是通过降低穿越频率来提高相位裕度。该电路还会增大系统相位滞后。

一个通用的超前 - 滞后型补偿器（包括这两个电路和其他形式的补偿器）具有如下拉普

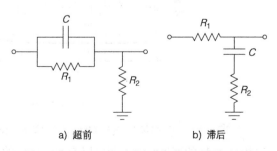

a）超前　　　　　　b）滞后

图 12.26　实现 RC 电路的相位超前和相位滞后电路

拉斯变换：

$$G(s) = k_l \frac{s + \omega_z}{s + \omega_p} \tag{12.56}$$

式中，k_l 为补偿增益；ω_z 和 ω_p 分别是与零点和极点相关的弧频率。对于相位超前补偿器，选择的值为 $|\omega_z| < |\omega_p|$。极点和零点都必须出现在左半平面中。对于相位滞后补偿器，选择的值为 $|\omega_p| < |\omega_z|$。图 12.26 中的 RC 相位超前补偿电路有以下参数：

$$\omega_z = \frac{1}{R_1 C}, \qquad \omega_p = \frac{R_1 + R_2}{R_1 R_2 C}, \qquad k_l = 1 \tag{12.57}$$

RC 相位滞后电路的参数为

$$\omega_z = \frac{1}{R_2 C}, \qquad \omega_p = \frac{1}{(R_1 + R_2) C}, \qquad k_l = \frac{R_2}{R_1 + R_2} \tag{12.58}$$

对于两个电路，相位变化在几何平均频率 $\omega_m = \sqrt{\omega_z \omega_p}$ 处达到峰值。最大的相位变化 θ_m 为

$$\sin \theta_m = \frac{\omega_p - \omega_z}{\omega_p + \omega_z} \tag{12.59}$$

可以通过设置 $|\omega_p| > |\omega_z|$ 来提高此比值。但是，相位值存在实际的限制。例如，$\omega_p = 10 \omega_z$ 给出的相位超前值只有 54.9°，而不是理想的最大值 90°。为了产生 75° 的变化，则需要 $\omega_p / \omega_z = 57.7$。有时还可以通过级联补偿器来增加相位变化。

图 12.27 给出了 RC 相位超前电路的波特图。注意，ω_z 和 ω_p 之前的频率以 20dB/decade 的速度增加，低频增益为 ω_z / ω_p，并且以分贝为单位的值为 $20\log(\omega_z / \omega_p)$。在频率 ω_m 处，以分贝为单位的增益为 $10\log(\omega_z / \omega_p)$。高频增益是统一的。通常将相位超前电路与 $k_l = \omega_p / \omega_z$ 级联，以使整体低频增益恢复一致，并且在以分贝为单位的 ω_m 处的增益为 $10\log(\omega_p / \omega_z)$。当在反馈回路中使用完整的补偿电路时，这种额外的增益将提高穿越频率。通常，设计人员选择 ω_m 以匹配新的穿越频率，然后选择 ω_p 和 ω_z 的值以提供所需的相位裕度。

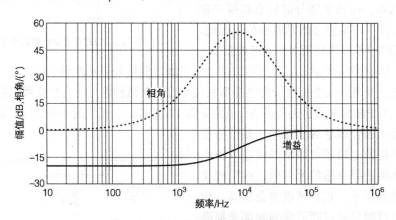

图 12.27　RC 相位超前补偿电路波特图

例 12.4.2　反馈控制系统的相位裕度为 10°，穿越频率为 100kHz。在穿越频率处，增益以 20dB/decade 的速度衰减，相位以 30°/decade 的速度减小。设计一个相位超前补偿器，将相位裕

度提高到 45°。

由于未补偿的相位裕度为 10°，因此至少需要 35° 的额外相位超前。然而，在校正后的 k_I 保持低频增益的情况下，穿越频率会随着补偿而升高，甚至需要更多的相位超前。我们将频率增加一倍，并留出一些裕量。50° 的相位超前可能是一个很好的起点，因此 ω_m 应该对应的穿越频率为 200kHz，或 $\omega_m = 1.26 \times 10^6$rad/s。根据式（12.59），比值（$\omega_p - \omega_z$）/（$\omega_p + \omega_z$）= sin50° = 0.766，能同时满足这些约束条件、$\omega_p = 3.45 \times 10^6$rad/s 以及 $\omega_z = 4.57 \times 10^5$rad/s。以分贝为单位的额外增益为 10log（ω_p/ω_z）= 8.78dB。在无补偿系统中，−8.78dB 的增益对应的穿越频率为 275kHz，因此，新的穿越频率应为 275kHz。在此频率下，原系统相位裕度为 −3.17°（假设整个衰减范围的总变化为 30° 并遵循对数线性特性）。经过补偿，净相位裕度为 −3.17° + 50° = 46.8°。该补偿器满足了相位裕度要求，同时使系统带宽增加了一倍以上。图 12.28 给出该系统补偿前后的波特图。

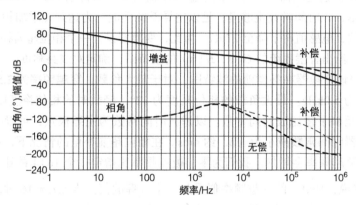

图 12.28 例 12.4.2 的补偿前后的波特图

图 12.29 给出了相位滞后网络的波特图。这种网络的使用与相位超前电路有很大的不同，其目的是通过衰减效应来提高增益裕度。在这种情况下，几何平均频率 $\sqrt{\omega_p \omega_z}$ 远低于目标穿越频率。这样，在穿越处几乎没有额外的相位滞后，但是频率将大幅降低。例如，在例 12.4.2 中，可以将增益降低为 24dB，相位裕度设置为 45°，将使穿越频率降低到约 6300Hz，并将相位裕度增加到 10° + 36° = 46°。但是，带宽的损失是一个重要的限制因素。在例 12.4.2 中，由于穿越频率是开关频率的 1/25，并且还有增加的空间，所以采用超前补偿器更符合逻辑。

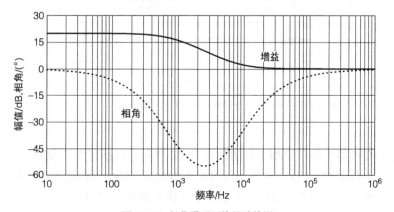

图 12.29 相位滞后网络的波特图

选择使用超前补偿还是滞后补偿取决于应用的要求。相位超前补偿通常可以改善系统带宽，加快对瞬态变化的响应。这意味着操作对噪声也可能变得更加敏感。对于高性能 dc-dc 变换器，这将是合适的选择，尤其是在负载快速变化的情况下。相位滞后补偿降低了系统带宽，但提高了抗噪能力。如果变换器不受电路或负载快速变化的影响，通常首选相位滞后补偿。

12.4.4 补偿反馈实例

下面重新讨论一些设计实例，了解在添加补偿时性能是如何变化的。整流器通常应用于慢瞬态，针对这种情况开发了一种相位滞后补偿器。

例 12.4.3 例 11.5.1 中开发了 buck 变换器，可在 $100 \sim 500W$ 的范围内实现 12V 至 18V 的转换。在该实例中，建议的开关频率为 100kHz。电感和电容器组分别设置为 54μH 和 10μF。对于反馈控制，应用低通滤波器，选择比例增益以使输出调节保持在 1% 左右。低通滤波器的时间常数设置为 8ms，该时间常数足够慢，足以主导系统性能。为达到在增加相位裕度的同时改善系统响应的目的，电感值将下降至 27μH。为此，变换器设计一个相位超前补偿器，尽可能降低滤波时间常数。给出补偿系统的 $G(s)H(s)$ 的波特图，确定对线路和负载瞬变的时间响应。

图 12.30 给出该变换器在补偿前的波特图。对于最大负载，穿越频率为 2.5kHz，对于最小负载，穿越频率为 5.0kHz。最大负载的相位裕度为 32°，轻载时的相位裕度则更高。在 20Hz 处，斜率的变化反映了慢滤波时间常数。以滤波时间常数为主导极点，可以降低滤波时间常数。尝试将滤波器时间常数减小为 1/2，约 4ms。在相位超前补偿的情况下，由于额外增益和滤波器的变化，穿越频率会增加。我们为零、极点频率比指定一个 16:1 的比值。经过几次迭代，对于 $\sqrt{f_p f_z}$ 来说，16kHz 的穿越频率似乎是一个合理的值。当 $f_p/f_z = 16$ 时，则 $f_p = 64kHz$，$f_z = 4000Hz$。补偿前后的弧度分别为 $4.02 \times 10^5 rad/s$ 和 $2.51 \times 10^4 rad/s$，时间常数分别为 2.5μs 和 40μs。图 12.31 给出满足以上特性的具有低频增益校正的相位超前补偿电路。

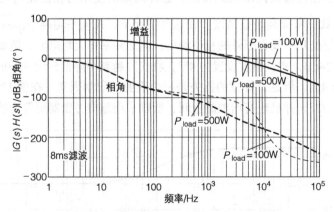

图 12.30　具有 8ms 低通滤波器且 $k_p = 5$ 的 12V 至 18V 变换器波特图

带有补偿的变换器小信号模型波特图如图 12.32 所示，包括最大负载和最小负载情形。新的穿越点在最大负载时为 5kHz，在最小负载时为 16kHz。最大负载时的相位裕度提高至 60°，而最小负载时的相位裕度减小至 20°，这是由于变换器谐振点的影响。图 12.33 给出了负载为 240W 时输出的瞬态响应。滤波时间常数进一步降低至 0.4ms，响应速度比未补偿时快得多。

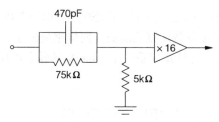

图 12.31 零点在 6.3kHz 且极点在 63kHz 的相位超前补偿电路

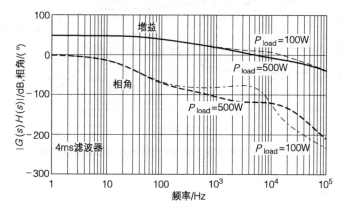

图 12.32 具有补偿和 $k_p = 5$ 的 buck 变换器波特图

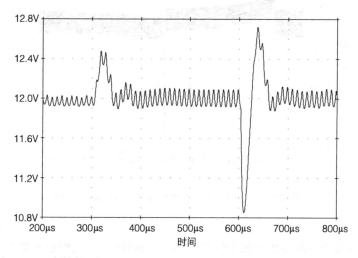

图 12.33 比例控制、低通滤波器，$k_p = 5$ 和相位超前补偿 buck 变换器的瞬态响应

例 12.4.4 在例 12.4.1 的变换器中加入相位超前补偿，以加速其瞬态响应。

补偿可与 PI 控制结合使用。该变换器的开关频率为 250kHz，电感为 25μH，输出电容为 22μF，这是一种 14V 转 3.3V 的变换器，输出为 1 ~ 20W。原设计 $k_p = 0.2$，$k_i = 1000$，穿越频率约为 10kHz。在轻载条件下，相位裕度非常小。为了实现补偿，让我们假定一个新的穿越频率为 20kHz。如果将零点设置为 5kHz，则应将极点设置为 80kHz，使最大相位与预期的穿越频率相对应。

包含该相位超前补偿网络的波特图如图 12.34 所示，相位裕度大大提高。即使积分增益仍为 1000，在轻载条件下相位裕度也为 60°。瞬态响应如图 12.35 所示，它要快得多。在不到 150μs 的时间内，变换器从 10% 负载恢复到满载。同样重要的是，变换器能够直接响应负载变化。在无补偿的情况下，负载变化的瞬间造成了 200mV 的瞬态电压，在补偿的情况下，瞬态电压为 100mV。

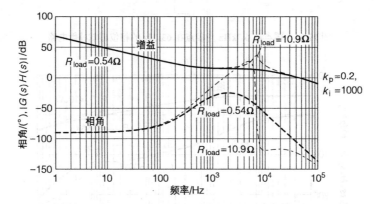

图 12.34　采用 PI 控制和超前补偿的 buck 变换器的波特图

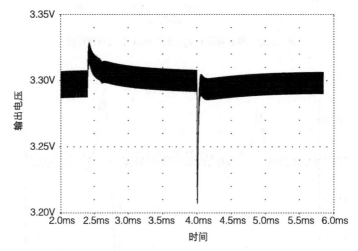

图 12.35　PI 控制下超前补偿 buck 变换器的瞬态响应

例 12.4.5　六脉冲整流器用于化工生产过程。在 60Hz 时，三相输入逐步降低至 $20V_{ll}$。在电流为 4500A 时的额定输出电压为 12.6V。变换器具有一个 50μH 的输出电感，以保持输出电流近似恒定。在实际应用中，抗噪性能是非常重要的。在如此高的电流下，晶闸管整流器中的瞬时毛刺将具有破坏性。使用 PI 控制和比较器来设置相位角这是必需的，因为电压必须符合工艺要求，而电流是由操作人员调整以实现所需的动作。为了保持较高的抗扰度，采用相位滞后补偿的方法。检查该应用并给出实际的控制器参数。有了这些参数，瞬态响应又如何呢？

$20V_{ll}$ 表示线间有效值。对于六脉冲整流器，其峰值电压为 $\sqrt{2}\,V_{ll} = 28.3V$，平均输出为 $(6V_0/\pi)\sin(\pi/6)\cos\alpha$，或者是 $(27V)\cos\alpha$。在 12.6V 电压下，电流为 4500A，因此输出电阻为 0.0028Ω。平均模型为

$$(27V)\cos\alpha = L\frac{\mathrm{d}i}{\mathrm{d}t} + iR \qquad (12.60)$$

令 $k = \cos\alpha$，输出电压为 iR，拉普拉斯变换为

$$i = \frac{27k/R}{s\tau+1}, \qquad v_{\text{out}} = \frac{27k}{s\tau+1}, \qquad \tau = \frac{L}{R} \qquad (12.61)$$

电路时间常数 L/R 为 0.0179s。图 12.36 给出了基于 PI 控制的波特图。在反馈回路中增加了一个低通滤波器，以避免谐波，但增益值设置得过大。在这种情况下，由于高增益，穿越频率要高于开关频率。为了提高增益裕度，可以使用相位滞后补偿器将交叉点变为一个较低的值，图 12.37 所示。该设计同样满足设计要求，同时可避免受到电路谐波的影响。

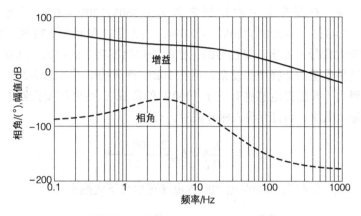

图 12.36 例 12.4.5 整流控制波特图

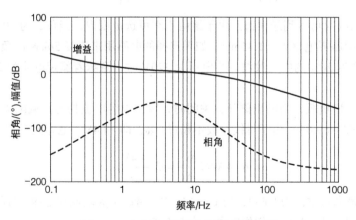

图 12.37 相位滞后补偿整流控制的波特图

相位超前补偿器和相位滞后补偿器是控制回路补偿的两大类电路，被广泛使用。例如，Ⅱ型补偿器将相位超前网络与积分器级联，具有一个零点和两个极点，其中一个极点在原点。就像上面的相位超前电路一样，相位增益在零点和极点的几何平均值处最大，选择该几何平均值等于穿越频率来选择零点和极点。Ⅲ型补偿器级联两个带积分器的相位超前网络，因此它有两个零点和三个极点，其中一个极点在原点。许多设计者使用重合的极点和零点（除了积分器极点）作为Ⅲ型补偿器，以实现双相位超前网络。

12.5 设计实例

12.5.1 升压变换器控制实例

dc-dc 变换器通常使用经典的 PI 方法进行控制。下例需要依靠占空比限制器来使传统的控制方法能应用于升压变换器。

例 12.5.1 在混合动力电动汽车中，双向升压变换器用作电池组和主逆变器总线之间的接口。电池额定电压为 360V，电压允许范围为 220 ~ 410V，总线电压为 720V。行驶时功率等级可达 40kW，制动时功率等级可达 50kW。开关频率为 25kHz。设计一个可实现母线的纹波峰 - 峰值小于 2% 变换器的，并使用 PI 控制进行调节。功率的流动方向是如何影响设计呢？

对于该变换器，有源开关占空比额定值为 1–360V/720V = 0.5。占空比限值范围为（1–410V/720V）= 0.431 ~（1–220V/720V）= 0.694。当占空比限制为 0.75 时，应能使该变换器工作，同时可避免大信号不稳定。变换器的工作范围包括零功率的情况，这意味着电路有时会处于断续模式。这使电感的选择变得复杂，但在 10kW 潮流功率下，选择 20% 的输入电流纹波峰 - 峰值也是合理的（即临界电感将对应于 1000W 的负载）。在升压变换器中，平均输入电流是输出功率除以输入电压。当打开输入侧开关时，有：

$$v_{\text{in}} = L_{\text{crit}} \frac{2I_{\text{in}}}{D_1 T} = L_{\text{crit}} \frac{2 \times 1000 / V_{\text{in}}}{D_1 T} \tag{12.62}$$

由于 $V_{\text{in}} = (1 - D_1) V_{\text{out}}$，负载为 1000W 时的临界电感可以由下式推出：

$$\frac{v_{\text{in}}^2 D_1 T}{2000} = L_{\text{crit}}, \qquad L_{\text{crit}} = \frac{(1 - D_1)^2 D_1 V_{\text{out}}^2 T}{D_1 T} \tag{12.63}$$

上式在占空比为 1/3 时可得到最大值。由于该值不在可选范围内，当负载为 1000W 时，取占空比 $D_1 = 0.43$，可得临界电感 $L = 1.45\text{mH}$。如果选择的电感用来连接 50kW 的负载，那么在连接 10kW 负载时会产生 20% 的电流纹波。当电压为 220V 时，意味着额定电流为 227A，这会是体积很大的元件。

建模时考虑阻性负载，当输出侧开关关闭时，输出电容电流将与负载电流匹配。最大负载电流为 50kW/720V = 69.4A。由于母线纹波不超过 2%，即 14.4V，电容关系为

$$69.4\text{A} = C \frac{\Delta v_{\text{C}}}{\Delta t} = C \frac{14.4\text{V}}{D_1 T} \tag{12.64}$$

最大值对应最高占空比为 0.694，得 $C = 134\mu\text{F}$。考虑到大电流和 ESR 问题，可能会并联使用几个 100μF 电容。此设计中我们指定电容为 300μF。

boost 变换器小信号模型（基于连续传导模式）见式（12.33）。要计算这些值，需要一个工作点。假设以 40kW/360V 输入为计算的开始，输入电流为 111A，占空比为 0.5。该模型为

$$\begin{cases} 1.45\text{mH} \dfrac{d\tilde{i}_{\text{L}}}{dt} = \tilde{v}_{\text{in}} + \tilde{d}_1 (720\text{V}) - \tilde{v}_{\text{C}} / 2 \\[2mm] 300\mu\text{F} \dfrac{d\tilde{v}_{\text{C}}}{dt} = -\tilde{d}_1 (111\text{A}) + \dfrac{\tilde{i}_{\text{L}}}{2} - \dfrac{\tilde{v}_{\text{C}}}{12.96\Omega} \end{cases} \tag{12.65}$$

当消除电流并在没有输入电压扰动的情况下进行处理，关系式变为

$$\tilde{v}_C = \frac{2234 - s}{0.00705s^2 + 1.81s + 4050} \times 2610\tilde{d}_1 \qquad (12.66)$$

图 12.38 显示了这种开环控制下输出传递函数的大小和相位。为了加入 PI 控制，占空比需要一个如式（12.52）所示的附加方程，以代替式（12.66）中的占空比 d_1。将式（12.66）作为开环反馈 $G(s)$，PI 反馈为 $H(s)$，带低通滤波器的乘积为

$$G(s)H(s) = \frac{2234 - s}{0.00705s^2 + 1.81s + 4050} \times 2610\left(k_p + \frac{k_i}{s}\right)\frac{1}{s\tau + 1} \qquad (12.67)$$

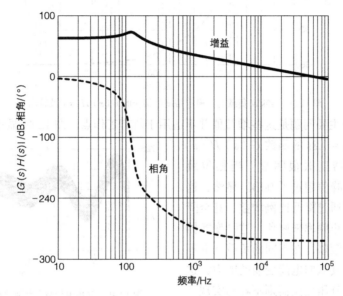

图 12.38   例 12.5.1 汽车升压变换器的 $G(s)$ 波特图

图 12.38 中的传递函数对控制设计提出了严峻的挑战：相位延迟不利，在不到 200Hz 时就超过 $-180°$，并朝 $-270°$ 方向变化。这一点也可从式（12.66）和式（12.67）的分子中看出来。在 $s = 2234$ rad/s 时有一个零点，这个"右半平面零点"表示如果占空比稍微增加，则输出在一开始会降低。这是电路结构的一个基本特性，也是不可能克服的影响，因为间接能量交换过程存在于 boost 变换器本身。它确实限制了该变换器的动态性能。穿越频率必须低于右半平面零点，以确保变换器的响应跟随占空比扰动。式（12.67）中的直接增益很高（为 2610），因此需要大幅降低增益以实现稳定性。这两个增益和低通滤波器时间常数给调整运行提供了的参数。

在 40kW 负载条件下，$k_p = 0.1$、$k_i = 0.3$ 和 $\tau = 1.8$s 的值满足所有要求。它们在整个范围内提供至少 45° 的相位裕度、大约 12dB 的增益裕度以及确保零稳态误差的积分增益。图 12.39 显示了取这些值时开环函数 $G(s)H(s)$ 的波特图。响应很慢，穿越频率仅为 15Hz，远低于变换器谐振频率和右半平面零点。增益裕度接近 12dB。通过 PSpice 仿真，图 12.40 显示了输出电压从几伏到 720V 稳定电压的瞬态响应。可以看出有 4V 左右的峰 - 峰值电压纹波；该值远低于 2% 的目标值，但不包括 ESR 引起的纹波。该变换器需要大约 25ms 才能稳定到工作点，这比给定的约 15Hz 穿越频率要快一点。

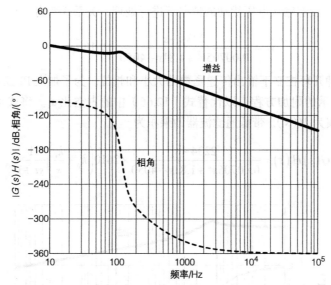

图 12.39 40kW 负载时，稳定裕度可接受的 $G(s)H(s)$ 波特图

但这里有一个主要问题是这些增益值并不适用于所有工作点。图 12.41 显示了 1kW 负载下，$k_p = 0.1$、$k_i = 0.3$、$\tau = 1.8s$ 的函数 $G(s)H(s)$ 的波特图。变换器谐振很明显，当相位跳到 $-270°$ 时，增益峰值超过了 0dB。显然，这是不稳定的。可以通过降低比例增益、甚至降低低通滤波器的截止频率来避免。这种变换器中可使用增益调度策略，在不同的负载下取不同的增益值。由于其双向电能变换的能力，这种策略尤为重要。升压变换器则不容易实现。

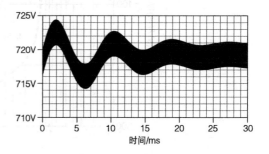

图 12.40 输出电压从几伏到 720V 的瞬态响应

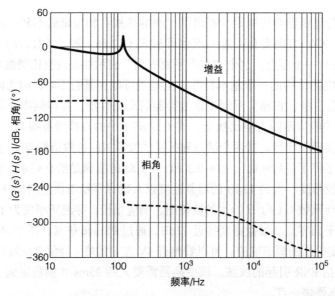

图 12.41 减小负载时 $G(s)H(s)$ 波特图（增益与图 12.39 相同）

在双向应用中，功率流动的方向至少在两个方面影响设计。首先，两个功率器件都必须是有源功率器件，采用同步整流的方式互补运行。这将需要两个门极驱动和死区时间来防止直通问题。另外，双向功率流动有一个基础的控制问题。在电动汽车的应用中，当汽车制动并将能量送回蓄电池时，控制动作可能需要调节蓄电池电流和电压，而不太重视控制直流母线电压。这意味着控制动作发生了变化，如从调节逆变器母线电压的 PI 环变为调节电池电压的另一个回路。前者处理 boost 变换器，后者涉及 buck 变换器。这些类型的多任务控制器具有挑战性，它是电力电子综合系统中的一个重要问题。

12.5.2 电流模式控制的 buck 变换器

buck 变换器在各种设备中广泛应用。本实例讨论适用于固态照明的特定情况。相关的概念也适用于电池充电器和其他几种变换器。

例 12.5.2 广域固态灯使用 dc–dc buck 变换器进行控制。一个建筑使用 96V 直流配电用于照明和控制。该灯使用多个发光二极管串联，其额定工作状态要求为 24V/2A。使用电流模式控制。这样，当要调整 LED 电流时，控制器中的一个微型处理器可以通过直接施加电流参考信号（通过调整电流，灯可以从 0% 变暗到 100%），也可以使用输出电压反馈使它稳定到刚好 24V。为该功能设计一个控制器，考虑其工作在满功率。那么在降低功率时需要改变什么呢？

在固态照明中，灯闪烁是一个难题，但人类的眼睛无法察觉几百赫兹以上的闪烁。这个变换器的额定功率约为 50W，通常使用 100kHz 的开关频率，而灯在这个频率下的闪烁不会有太大影响。因此，在一定的电流下，电感可以选择在临界值附近，输出电容不应太大而影响低频性能。在 100kHz/96V 输入和 24V/2A 输出时，额定占空比为 0.25，临界电感为 45μH。指定电感为 450μH，这将使灯泡在低至 10% 负载的情况下仍处于连续模式，并在满载时将高频电流纹波保持在 20% 的峰 - 峰值以下。电容的选择基于下式：

$$\Delta v_C = \frac{T\Delta i}{8C} \tag{12.68}$$

因此，约 2.2μF 的电容值可使电压纹波保持在 1% 以下。

由于电流模式控制注重电感电流，因此用式（12.42）来找到电感电流和占空比之间的传递函数。消去 v，结果得到：

$$\frac{i}{d} = \frac{sR_{load}CV_{in} + V_{in}}{s^2 LCR_{load} + sL + R_{load}} \tag{12.69}$$

对于电流模式控制，这是不完整的[16]，因为电感电流将取代 PWM 锯齿波，但这有助于设计。如图 12.42 所示，控制过程使用置位复位锁存器。"置位"在每个循环开始时打开 buck 的功率器件，电流增加达到参考值 I_{ref}，触发"复位"并关断功率器件。参考电平可以是峰值电流设定点，也可以来自电压或电流反馈回路。在这个特殊的变换器中，占空比不会超过 50%，因此不需要额外的斜坡补偿，尽管添加了将会更加稳定。式（12.69）在图 12.43 的波特图中用作 $G(s)$。左半平面的分子项

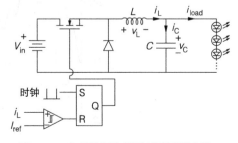

图 12.42 实现当前模式控制的锁存器电路

中的零点补偿了其中一个极点的相位延迟，因此相位接近 –90°。在电流模式的情况下，电流参考值 [等效于式（12.69）的占空比输入] 被设置为固定值或由电压误差乘以 PI 环节之后给出。图 12.44 显示了带 PI 控制的 $G(s)H(s)$ 波特图，其中，$k_p = 0.4$、$k_i = 1500$。电压传感器有一个低通滤波器，时间常数为 10μs，在高频时相位延迟为 –180°。该控制设计显示，在约 12kHz 的穿越频率下相位裕度超过了 45°。对于该变换器，图 12.45 给出了 PSpice 时域仿真。在开始时刻给出 1V 初始小扰动，输出大约在 160μs 内收敛至 24V。

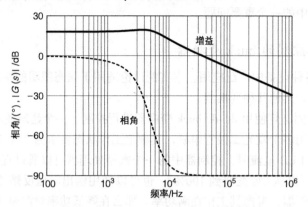

图 12.43 buck 变换器控制电流传递函数波特图

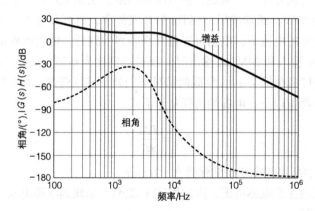

图 12.44 PI 控制的 $G(s)H(s)$ 波特图

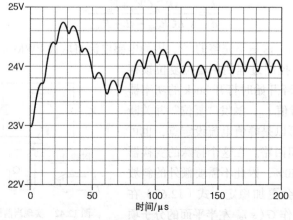

图 12.45 小扰动下的变换器运行仿真波形

电流模式控制和 buck 变换器比具有右半平面零点的变换器更适合于小信号平均模型。为了说明这一点，可以再检查两个极端情况。基于额定工作条件和小信号扰动，增益 $k_p = 0.4$ 和 $k_i = 1500$ 是良好的选择。那大信号扰动呢？在图 12.46 中，同一个变换器使用这种控制从零电流和零电压启动，参考信号为 24V（大信号瞬态条件）。虽然电流响应是非线性的，但电压按欠阻尼指数进行衰减，在大约 200μs 内稳定在其终值附近。虽然存在输出电压超调（可以通过缓慢升高参考电压而不是立即将其设置为最终值来避免），但响应快速且稳定。这种控制允许较大的变化。

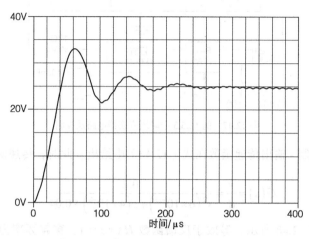

图 12.46　大信号扰动下变换器运行瞬态过程

12.5.3　电压模式控制的 buck 变换器

电流模式控制固然具有很多优点，但许多实际应用中仍采用电压模式控制。在下面实例中，考虑一个低压 buck 变换器，并设计闭环控制，使其具有精确的输出。

例 12.5.3　高性能微处理器需要一个 dc-dc 变换器。电路板上有 5V 供电电源。该处理器在 2V 的额定电压下可消耗高达 100W 的功率。它的负载可能会快速变化（高达 200A/μs），建议变换器的电感能够以 50A/μs 或更快的速度变化来应对该挑战。尝试使用 1MHz 的开关频率使响应变得迅速。输出电容纹波峰-峰值不应超过 10mV，部分原因是由于输出电容 ESR 引起额外的变化。在不考虑杂散电阻和闭环电压模式控制的情况下，基于同步整流来设计变换器，将使其具有良好的性能。

在额定电压为 2V 时，变换器负载为 100W，电流为 50A。当开关打开时，电感上施加 3V 电压，当开关关闭时，电压为 -2V。额定占空比为 2/5。如果施加 2V 电压时电感电流以 50A/μs 的速度变化，由 $v_L = L di/dt$，电感值不得超过 40nH。在这个变换器中，一个 40nH 的电感将导致电流变化为

$$3V = 40nH \frac{\Delta i}{D_1 T} = 40nH \frac{\Delta i}{0.4 \mu s} \tag{12.70}$$

这意味着电流变化峰-峰值将为 30A，并且电感在满负载时高于临界值。额定负载电阻为 0.04Ω。电容应确保电压变化低于 10mV，同时有：

$$\Delta v = \frac{T\Delta i}{8C} = \frac{1\mu s \times 30A}{8C} \leqslant 0.01V \tag{12.71}$$

电容值为 375μF，可由多个并联电容器实现。图 12.47 所示为变换器带有一个合适的控制器。

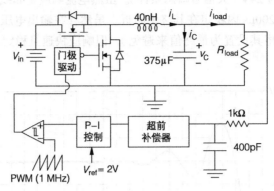

图 12.47　例 12.5.3 中降压变换器电路及控制

降压变换器的控制 - 输出传递函数在式（12.44）中给出。此时，传递函数为

$$G(s) = \frac{v}{d} = \frac{0.2}{s^2(6\times 10^{-13}) + s(4\times 10^{-8}) + 0.04} \tag{12.72}$$

$G(s)$ 的波特图如图 12.48 所示，等效于反馈函数 $H(s) = 1$。穿越频率为 100kHz，相位裕度只有几度。在这种情况下，输出反馈需要一个低通滤波器，然后需要一个类似 PI 环的调节器。如果低通滤波器的截止频率足够低，它可以降低增益以获得足够的相位裕度，但这会降低动态性能。更好的选择是增加一个相位超前补偿器，以提高相位裕度。穿越频率需要保持在 100～200kHz（通过低通滤波器），因为变换器的响应速度不会超过开关频率的 1/10 左右。设法在 120kHz 时增加大约 60° 的相位裕度。由于低通滤波器也会造成相位滞后，因此需要额外的裕度。

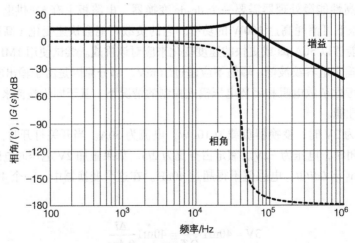

图 12.48　降压变换器的 $G(s)$ 波特图

对于相位超前补偿器，极点和零点的几何平均值为 $120\text{kHz} \times 2\pi = 754 \times 10^3 \text{rad/s}$。将此值和 60° 联立求解式（12.59），结果接近于 $\omega_p = 2.8 \times 10^6 \text{rad/s}$ 和 $\omega_z = 200 \times 10^3 \text{rad/s}$，该补偿器使直流电

压衰减为 1/14，因此可以使用 14 倍的额外增益将其输出放大到 2V。开环传递函数为

$$G(s)H(s) = \frac{2.8}{s^2\left(6\times10^{-13}\right) + s\left(4\times10^{-8}\right) + 0.04} \times$$

$$\frac{s + 200\times10^3}{s + 2.8\times10^6}\left(k_p + \frac{k_i}{s}\right)\frac{1}{s\tau + 1} \tag{12.73}$$

当增益 $k_p = 0.4$、$k_i = 2\times10^4$ 时，该函数的波特图如图 12.49 所示。低通滤波器时间常数为 0.4μs。该图显示在约 120kHz 穿越频率下的 45° 相位裕度。积分器和超前网络的结合形成了一个 Ⅱ 型补偿器，通常用于 dc-dc 类型的变换器。

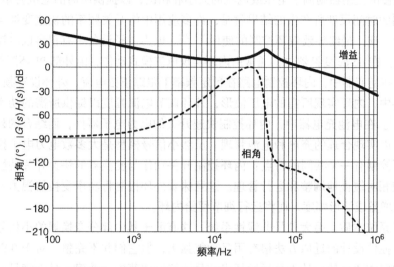

图 12.49　带 PI 电压控制器、低通滤波器和超前补偿器的降压变换器开环 $G(s)H(s)$ 波特图

图 12.50 显示了在 PSpice 中大约 5% 电压扰动的时域响应仿真。粗线是输出电压，三角线是放大后的电感电流 $i_{L(t)}R_{load}$。瞬态响应恢复大约需要 8μs，与 120kHz 的穿越频率一致。在输出端恢复到 2V 需要更长的时间。如图 12.49 所示，在 10kHz 时抗干扰的增益最小约为 10dB。这意味着较小的输出电压误差将比快速瞬态响应恢复得更慢，且恢复时间（此处未显示）接近 200μs。小的误差衰减与快速瞬态响应可以实现合理的平衡。

12.6　应用讨论

　　闭环控制将电力电子技术从电源和波形发生器的领域带到了一个新领域，在这一领域中，能量管理起着重要的作用。在计算机和数据中心中，高性能的 dc-dc 变换器对支持先进的图形处理器、大规模并行多核微处理器和显示器至关重要。在便携式设备中，在确保严格的电压调节的同时，能够在全功率

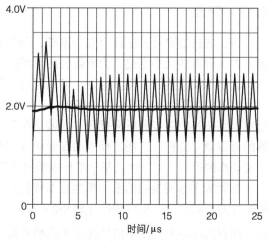

图 12.50　例 12.5.3 中电压模式降压变换器的时域响应仿真

范围内快速切换，从而能够更高效地使用电池和能源存储。在太阳能和风能系统中，电力电子设备的快速控制使逆变器和变换器能够对不断变化的情况立即做出响应。平均模型和小信号控制设计是解决这些需求的有效工具，但电路拓扑和控制方法是热门的研究领域[17-19]。

在许多应用中，对负载的要求相对较低，可以简化功率变换器的控制。例如，即使是一辆高性能的电动跑车，由于机械惯性大，并需要避免电池和组件的过度耐压，其工作时间不能超过 100ms。这些车辆的逆变器需要产生良好的交流正弦波，但在其他情况下，响应速度不必超过几毫秒。环路能够在 100Hz 或更低的频率下闭合。大型风力发电机具有很高的惯性，不能像电力电子设备那样快速响应。在电机驱动和机械应用中，逆变器控制器通常强调良好的波形质量，而速度较慢的控制器则调节电压或电流的大小和相位，以提供所需的电机转矩或转速。

完全不同的时间尺度所产生的结果就是，许多应用中将开关频率的快速变换与相对缓慢的响应时间进行对比，最终导致双环控制的使用[20, 21]。电力电子设备中有很多以电流模式控制为例的双环控制。在 dc-dc 变换器中，通常由内环实现电流模式动作，由外部 PI 环调整设定值以调节输出电压。在逆变器中，内环控制电路在预定频率下跟踪正弦电流，外环设置频率和振幅[22]。在有源整流器中，内环实现所需的电压波形，外环调节电流幅度以提供所需的功率，并使电压误差降至零[23]。在电池充电器中，内环控制快速开关的电力电子器件，而综合的外环执行电流和电压限制，以实现合理的充电和电池管理。虽然小信号模型是大多数电力电子控制器设计的基础，但双环控制有一个共同的特点：内环控制开关动作与变换器的快速开关特性产生相互作用；外环控制相对缓慢地调整和运行管理。这意味着外环控制将功率变换器视为波形发生器或放大器，调节增益或波形幅度，而将运行细节留给内环。

电力电子系统本质上是大信号非线性系统，这有助于其中部分变换器的小信号建模、分析和控制设计。控件设计的近似方法很有用且功能强大，但它们并不完整。对于性能要求相对较低的应用，这些方法可使设计人员远远超出"足够好"的范围，并建立易于满足或超过要求的控制器和变换器。近似方法的适用范围很广，几乎涵盖了所有需求。对于要求最佳和最快性能的应用，有一些可供选择的方案[24-26]，还有些尚未发明。但在最严苛的应用中，近似方法只能产生"模型受限的控制"，这些控件可能无法使电源变换器达到要求，尤其当变换器本身具有有限的动态特性时（如间接变换器中的右半平面零点[27]）。

12.7　回顾

传统的控制设计方法针对线性系统，因此需要一个线性化步骤。在线性化过程中，基于额定工作点附近的微小变化，为所研究的系统建立模型。严格地说，电力电子系统不涉及小的变化，它们不能直接线性化。但是，可以利用平均法来建立近似的变换器模型。这些平均模型可以线性化，并作为小信号模型的基础。平均模型与第 11 章中介绍的快速开关模型相同，可以通过对电路拓扑的逐步分析来推导。一般情况下，最终结果用占空比代替开关函数，并导出变换器的近似微分方程。这些方程中的变量跟踪网络中电流和电压的平均值，却忽略了纹波或其他快速动作的影响。可以建立基于平均值的电路模型，它们对于仿真和各种设计问题都很有帮助。

尽管大多数变换器的平均模型是非线性的，涉及占空比和状态变量的乘积，但线性化可以用来支持控制设计。形成线性化模型的一种方法是用扰动表达式代替状态变量和输入。这个表达式用直流项加上交流小信号扰动来代替变量，因此，电容电压 $v_C(t)$ 变为 $v_{C(nom)} + \tilde{v}_C(t)$。替换完成后，表达式包括一组直流项、一组线性扰动项以及一些扰动乘积。由于扰动被定义得很小，因此模型中忽略了两个扰动项的乘积，直流项和交流项可以分开求解，其余的表达式构成一个线性系统，表示功率变换器的小信号平均模型。一般来说，该模型包括作为参数写入的工作点信息。因此，额定占空比 $D_{1\,(\text{nom})}$ 可以表示小信号模型中受控源的增益。每个工作点将有一组不同的参数。

一旦有了小信号模型，就可以通过拉普拉斯变换或时域线性系统方法进行分析，画出框图，分析各种反馈。拉普拉斯变换得到变换器频域响应的传递函数。重要的传递函数包括控制-输出传递函数，通常为 v_{out}/d。系统的开环传递函数为 $G(s)$，并支持频域控制设计方法。输入源到输出的传递函数为 $v_{\text{out}}/v_{\text{in}}$，也称为音频敏感度（audio susceptibility），用于测量较小的线路干扰或噪声对变换器输出的影响。输出阻抗传递函数 $v_{\text{out}}/i_{\text{out}}$ 测量负载变化的影响。如果变换器负载使用电阻模型，则给 i_{out} 引入单独的扰动源，用来帮助识别该传递函数。每个传递函数为相关拉普拉斯变换项之比，其他项设为空。

在适当的反馈函数 $H(s)$ 下，等效的开环传递函数 $G(s)H(s)$ 表示备选反馈设计的效果。通过奈奎斯特准则对该传递函数进行检验，可以用来评价闭环系统的稳定性。简而言之，环路增益一定不能增强干扰，意味着如果系统增益超过 1，相位比不能超过 $\pm180°$，从而将负反馈转变为正反馈。在控制实验中，$G(s)H(s)$ 被称为开环传递函数，代替 $G(s)$。闭环传递函数 $K(s)=G(s)/[1+G(s)H(s)]$ 是控制系统的最终传递函数。这个函数分母的根必须全部在复平面的左半平面上，以确保其稳定性。

反馈设计实例是根据常规频域技术从开环传递函数发展而来的。使用这些方法可以做到：①快速评估不同的增益设置或其他效果；②进行图形调整以满足性能要求，并建立增益和相位裕度。如果开环函数未达到预期特性，则可通过补偿对其进行校正，该方法在控制系统中具有普遍意义。一些最常用的方法包括相位超前补偿和相位滞后补偿，这两种方法都会产生一对极、零点，并将该组合用作反馈传递函数。相位超前补偿通过在穿越频率处增加相位超前来提高相位裕度，它通常能扩大系统带宽，是加快瞬态响应的有效方法。相位滞后补偿通过降低穿越频率和降低增益衰减来提高增益裕度，这种方法减小了系统带宽，是提高抗噪性的很好的方法。Ⅱ型补偿器将相位超前补偿与 PI 控制结合在一起，在 dc-dc 变换器中普遍应用。有时会使用Ⅲ型补偿器，将两个级联的相位超前补偿器与 PI 控制器结合使用。虽然相位超前和相位滞后方法都适用于功率变换器，但工作点的选取可能成为一个难点。一个工作点的额外相位裕量并不能保证所有工作点的额外相位裕量。如果需要鲁棒控制设计，设计者必须检查最不理想的情况。如果控制设计不满足所有相关点的要求，则可能造成局部不稳定。小信号方法为控制设计提供了一个很好的途径，尽管根据定义，它们在处理较大的瞬态响应时有局限性。

在许多应用中，使用内环控制快速变换器的动态特性和使用外环控制进行调节的双环控制很有价值。电流模式 dc-dc 变换器是双环控制的典型例子。内环利用电感电流波形和基本逻辑来设置 PWM，外环根据输出电压误差或其他控制命令来设置电流基准值。在逆变器和有源整流器中，内环驱动正弦电流，外环设置电流幅值以满足功率和调节要求。

在间接功率变换器（包括升压 dc-dc 变换器）中，接连发生的能量交换过程会增加延迟，即增加右半平面零点。在这些变换器中，初始的瞬态响应动作似乎适得其反，当输入电感电流升高时，输出电压可能下降。控制器必须考虑到这种额外的延迟，而且许多控制器还需要添加约束条件（如占空比限制），以避免不期望的响应。间接功率变换器倾向于使用慢速控制器来避免基于额外延迟的控制问题。

习题

1. 用于汽车传感器中的 buck 变换器能在 1W 的额定负载下将 12V 转换为 2.7V。基于满载条件下，电感值设计为 $5L_{crit}$，电容器将输出纹波峰 - 峰值限制在 20mV 内，开关频率为 250kHz。找出该变换器的元件参数和额定工作点。确定好平均模型并绘制平均电路模型。负载为 0.25W 时，模型会如何变化？

2. 图 12.4 为具有电阻寄生效应和电容 ESR 的降压变换器。在这种非理想情况下，分析具有电阻寄生效应的 boost 变换器的情况，并根据图 12.8 建立平均电路模型。

3. 反激式变换器使用 30：1 的匝数比来实现应用中 400V 至 12V 之间的转换。该电路是一个前端为功率因数控制的电池充电器，可产生必要的 400V 输入。建立反激式变换器平均模型的一般形式，并绘制相应的平均电路模型。

4. 模拟 boost-buck 变换器对输入瞬态的开环响应。变换器的 $C = 100\mu F$，开关频率为 50kHz。两个电感均为 $400\mu H$，输入电压额定值为 20V，输出电压为 -12V。其中负载为 100W，当输入电压增加 10% 时，变换器会有何反应？

5. boost 变换器设计用于太阳能电池板给电池组充电。其中变换器开关频率为 12kHz，额定输入为 15V，最大电流为 5A，额定输出为 72V。电感值为 $500\mu H$，一个 $5\mu F$ 电容器与电池组连接，其中电感的电阻为 0.2Ω。晶体管采用 $R_{ds(on)} = 0.2\Omega$ 的 MOSFET，二极管可建模为 0.5V 电压降和 0.02Ω 电阻串联。

1）绘制电路。

2）为该电路构建一个平均模型，额定工作点是多少？由于输出给电池，电容电压是否应作为状态变量包括在内？

3）为防止大信号不稳定，需要限制占空比，推荐一个极限值。

6. 建立单端初级电感变换器或者 SEPIC 电路的平均模型，忽略内阻和残压，其小信号模型是怎样的？

7. 建立反激式变换器的平均模型，并建立小信号模型。其中，耦合电感上的匝数比为 a:1，且变换器以连续导通模式工作。建立并绘制与反激式小信号模型相对应的平均电路。

8. buck 变换器需要对电感值和电容值之间的折中设计进行测试。考虑一个降压变换器，其输出端具有传统的 LC，并具有阻性负载。反馈控制采用比例增益，负载为 5V，最高可达 100W，输入为 12V，开关频率为 100kHz。

1）创建 $C = 0$ 情况下的小信号平均模型。当 $L = 100L_{crit}$ 时，为系统提供波特图。给定增益的带宽是多少？

2）针对 $L = L_{crit}$ 和纹波为 ±1% 的电容 C，创建小信号平均模型，提供波特图，给定增益的带宽是多少？

3）考虑当 $L = 10L_{crit}$ 和纹波为 ±1% 的电容 C 时的一个中间情况。提供一个模型、一个波特图和系统带宽。

4）比较以上情况。从控制的角度来看，它们是否相似，或者某个特定的选择是否改善了整个系统的动态性能？

9. 在第 11 章中提到，如果不限制占空比，则许多变换器可能会出现大信号不稳定性。这是很难用小信号模型来捕获的。考虑一个 dc-dc boost 变换器，变换器最初为"关断"状态，这意味着晶体管已关断很长时间，并且 $v_C = V_{in}$，$i_L = V_{in}/R_{load}$。在 $t = 0$ 时，以 $d = k_p (V_{ref} - v_C)$ 起动比例控制（$0 \leq d \leq 1$），其中，$V_{ref} = 24V$，$k_p = 10$。对于某些负载电阻和其他参数，这稳定吗？行为又是怎样的呢？在同样的情况下，小信号平均模型是否稳定？

10. 如果需要额外的相移，可以级联补偿电路。提供以下情况的波特图：

1）级联两个相位超前补偿器，具有匹配的极点和零点。

2）级联两个相位滞后补偿器，具有匹配的极点和零点。

3）一个相位超前电路与一个相位滞后电路级联。超前电路的极点为滞后电路的零点；反之亦然。

11. 某系统的穿越频率为 20kHz，相位裕度为 10°。增益每十倍频程变化 40dB，f_C 附近的相位变化率为每十倍为 90°。

1）可以设计相位超前补偿器将相位裕度提高到 60° 吗？如果可以，新的穿越频率是多少？

2）考虑两个相位超前电路的级联，是否可以将相位裕度提高到 60° 或者更好呢？那么新的穿越频率又是多少？

12. buck 变换器使用 ESR 很大的电容。ESR 值是负载电阻值的一半。具体应用在 5V 至 2.5V 的 80W 的变换器。在 100kHz 的开关频率下，电感值设定约为 $10L_{crit}$，电容值为 1000μF。建立小信号平均模型，开环情况下极点和零点的值是多少？ESR 是如何影响模型的？为模型提供一个波特图。

13. 在理想的 boost 变换器中，模型表明可以实现无限大的输出，但我们更倾向于获得真实的数据——受内部损耗限制的最大输出值。为升压变换器建立平均模型，该晶体管在导通状态时电阻不为零，那么这个平均模型（仍然是一个大信号模型）是否存在最大输出极限？

14. 设计一个 5V 转换至 24V 的升压变换器。开关频率为 120kHz，负载范围为 0 ~ 20W。输入电压可以变化 ±4V，输出纹波应小于 ±1%，电路和负载调整率应 0.5% 或者更高。

1）选择满足输出纹波要求的 L 和 C。

2）在变换器中增加 PI 控制和占空比限制器（用于严格调节和大信号稳定）。能找到相应的比例和积分增益值，以在相对较高的穿越频率下提供 45° 或更高的相位裕度吗？

3）根据你所选择的 PI 增益值，仿真负载从 100% 下降至 50% 时的电路响应。此时，系统稳定吗？

4）讨论右半平面零点对设计的影响。

15. 对于交流系统，类似于均值的方法被称为描述函数法。在计算均值时，主要关注系统的直流特性。通过描述函数，将重点放在其他的傅里叶分量上。考虑一个输出为 400Hz、开关频率为 20kHz 的 PWM 逆变器，尝试为所期望的输出部分建立一个模型。

16. 设计一个 12V 直流输入、$170\cos(377t)$ V 输出且误差小于 3% 的逆变器，负载范围为 0 ~ 300W。建议采用闭环控制来实现此功能。

17. 图 12.1 所示为一个特定设计的反激式变换器对增加 10% 负载时的响应图。其应用在 360V 至 12V 的转换中，开关频率为 150kHz，输出电容为 30μF，负载为 30Ω。从输出侧测量的电感为 250μH。求出这种情况下的平均模型，然后给出线性化系统的波特图。是否可以仅通过比例增益和输出电压反馈来得到稳定的闭环控制？

18. 设计一个可在 0 ~ 20W 功率下实现 12V 转换至 5V 的系统。应提供反馈控制来支持 0.1% 的负载调节，输出纹波的峰-峰值不应超过 100mV。

19. 设计一个额定功率为 40W、48V 转换至 -12V 的系统。负载可在 10 ~ 40W 之间变化，其线性容差为 ±25%，电路和负载的调节率不应超过 1%。

20. 设计一个可在 10 ~ 100 W 功率间实现 6V 转换为 24V 的系统。添加反馈控制以支持输入和负载调节率优于 0.05%，保持输出纹波的峰 - 峰值低于 1%。只选择一个增益值，是否有可能在整个负载范围内提供可接受的增益和相位裕量？为设计提供 $G(s)H(s)$ 波特图，建议的穿越频率是多少？

参考文献

[1] H. Sira-Ramirez, "Sliding-mode control on slow manifolds of dc-to-dc power converters," *Int. J. Control*, vol. 47, no. 5, pp. 1323–1340, 1988.

[2] P. T. Krein, J. Bentsman, R. M. Bass, and B. C. Lesieutre, "On the use of averaging for the analysis of power electronic systems," *IEEE Trans. Power Electron.*, vol. 5, no. 2, pp. 182–190, Apr. 1990.

[3] S. R. Sanders, J. M. Noworolski, X. Z. Liu, and G. C. Verghese, "Generalized averaging method for power conversion circuits," *IEEE Trans. Power Electron.*, vol. 6, no. 2, pp. 251–259, Apr. 1991.

[4] G. W. Wester and R. D. Middlebrook, "Low frequency characterization of dc–dc converters," *IEEE Trans. Aerosp. Electron. Syst.*, vol. AES-9, no. 3, pp. 376–385, May 1973.

[5] R. D. Middlebrook and S. Ćuk, "A general unified approach to modelling switching-converter power stages," in *IEEE Power Electronics Specialists Conf. Rec.*, 1976, pp. 18–34.

[6] S. Cuk and R. D. Middlebrook, "A general unified approach to modeling switching dc-to-dc converters in discontinuous conduction mode," in *IEEE Power Electron. Specialists Conf. Rec.*, 1977, pp. 36–57.

[7] V. Vorperian, "Simplified analysis of PWM converters using model of PWM switch. II. Discontinuous conduction mode," *IEEE Trans. Aerosp. Electron. Syst.*, vol. 26, no. 3, pp. 497–505, 1990.

[8] J. Sun, D. M. Mitchell, M. F. Greuel, P. T. Krein, and R. M. Bass, "Averaged modeling of PWM converters operating in discontinuous conduction mode," *IEEE Trans. Power Electron.*, vol. 16, no. 4, pp. 482–492, July 2001.

[9] S. R. Sanders and G. C. Verghese, "Synthesis of averaged circuit models for switched power converters," *IEEE Trans. Circuits Syst.*, vol. 38, no. 8, pp. 905–915, 1991.

[10] D. M. Mitchell, *Dc–Dc Switching Regulator Analysis*. New York: McGraw-Hill, 1988.

[11] L. Marco, A. Poveda, E. Alarcon, and D. Maksimovic, "Bandwidth limits in PWM switching amplifiers," in *Proc. IEEE Int. Symp. Circuits Syst. (ISCAS)*, pp. 5323–5326, 2006.

[12] R. C. Dorf and R. H. Bishop, *Modern Control Systems*, 12th ed. Englewood Cliffs, NJ: Prentice Hall, 2011.

[13] G. F. Franklin, J. D. Powell, and A. Emami-Naeini, *Feedback Control of Dynamic Systems*, 6th ed. Boston: Pearson, 2010.

[14] A. Tanwani, A. D. Dominguez-Garcia, and D. Liberzon, "An inversion-based approach to fault detection and isolation in switching electrical networks," *IEEE Trans. Control Syst. Tech.*, vol. 19, no. 5, pp. 1059–1074, Sept. 2011.

[15] D. Liberzon and S. Trenn, "Switched nonlinear differential algebraic equations: solution theory, Lyapunov functions, and stability," *Automatica*, vol. 48, pp. 954–963, 2012.

[16] R. D. Middlebrook, "Modeling current-programmed buck and boost regulators," *IEEE Trans. Power Electron.*, vol. 4, no. 1, pp. 36–52, Jan. 1989.

[17] B. Mahdavikhah, P. Jain, and A. Prodic, "Digitally controlled multi-phase buck-converter with merged

capacitive attenuator," in *Proc. IEEE Applied Power Electronics Conf.*, 2012, pp. 1083–1087.

[18] J. D. Dasika, B. Bahrani, M. Saeedifard, A. Karimi, and A. Rufer, "Multivariable control of single-inductor dual-output buck converters," *IEEE Trans. Power Electron.*, vol. 29, no. 4, pp. 2061–2070, Apr. 2014.

[19] D. Boroyevich, I. Cvetkovic, D. Dong, R. Burgos, F. Wang, and F.-C. Lee, "Future electronic power distribution systems: a contemplative view," in *Proc. Int. Conf. Optimization Electrical Electronic Equip. (OPTIM)* 2010, pp. 1369–1380.

[20] R. B. Ridley, B. H. Cho, and F. C. Lee, "Analysis and interpretation of loop gains of multiloop-controlled switching regulators," *IEEE Trans. Power Electron.*, vol. 3, no. 4, pp. 489–498, Oct. 1988.

[21] H.-C. Chen and J.-Y. Liao, "Bidirectional current sensorless control for full-bridge AC/DC converter considering both inductor resistance and conduction voltages," *IEEE Trans. Power Electron.*, vol. 29, no. 4, pp. 2071–2082, Apr. 2014.

[22] D.-C. Lee, S.-K. Sul, and M.-H. Park, "High performance current regulator for a field-oriented con trolled induction motor drive," *IEEE Trans. Ind. Appl.*, vol. 30, no. 5, pp. 1247–1257, 1994.

[23] F. A. Huliehel, F.C. Lee, and B. H. Cho, "Small-signal modeling of the single-phase boost high power factor converter with constant frequency control," in *IEEE Power Electronics Specialists Conf. Rec.*, 1992, pp. 475–482.

[24] P. T. Krein, "Feasibility of geometric digital controls and augmentation for ultrafast dc–dc converter response," in *Proc. IEEE Workshop on Control, Modeling, and Simulation of Power Electronics (COMPEL)* 2006, pp. 48–56.

[25] J. Wang, A. Prodic, and W. T. Ng, "Mixed-signal-controlled flyback-transformer-based buck con verter with improved dynamic performance and transient energy recycling," *IEEE Trans. Power Electron.*, vol. 28. no. 2, pp. 970–984, Feb. 2013.

[26] J. M. Galvez, M. Ordonez, F. Luchino, and J. E. Quaicoe, "Improvements in boundary control of boost converters using the natural switching surface," *IEEE Trans. Power Electron.*, vol. 26, no. 11, pp. 3367–3376, Nov. 2011.

[27] J. B. Hoagg and D. S. Bernstein, "Nonminimum-phase zeros," *IEEE Control Syst. Mag.*, vol. no. pp. 45–57, June 2007.